实例025　绘制椭圆

实例026　绘制多边形

实例027　钢笔工具

实例031　小说书籍脊背与底面

实例032　工作证正面设计

实例033　工作证背面设计

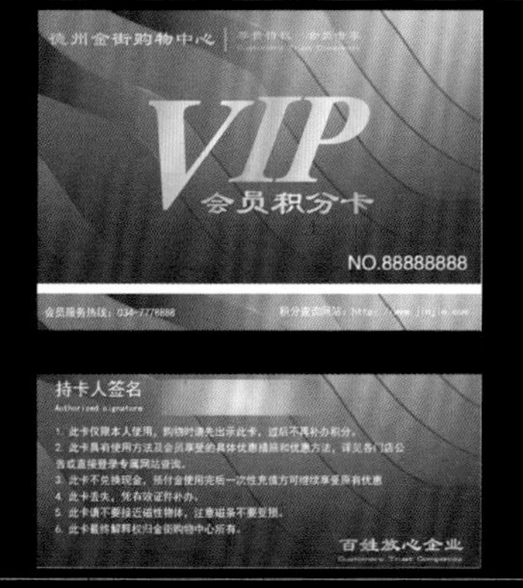

实例039　VIP积分卡背面

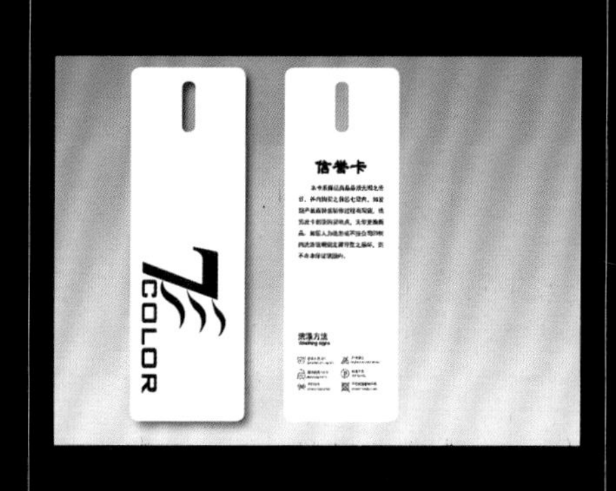

实例041　服装吊牌背面

实例044　手机日历

实例045　台历

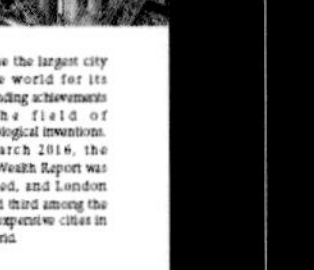

实例048　旅游杂志内页设计

实例050　几何杂志版面

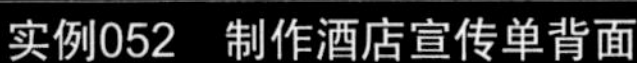

实例052　制作酒店宣传单背面

实例055　制作企业宣传单正面

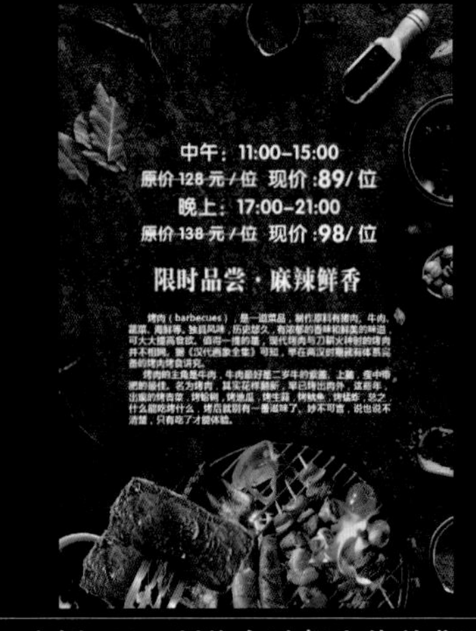

实例058　制作自助餐宣传单背面

实例059　旅游宣传展架

实例062　健身宣传展架

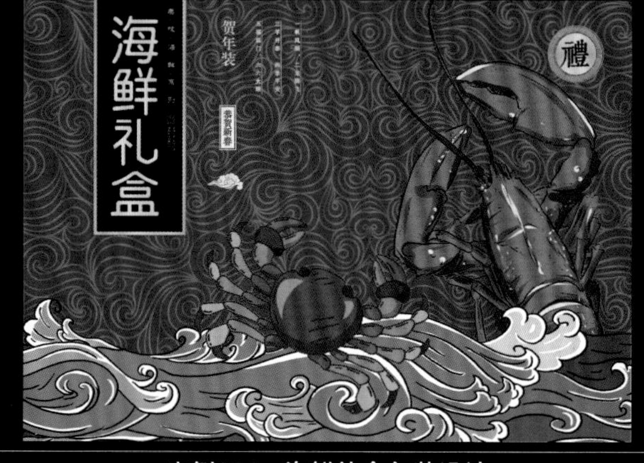

实例064　海鲜礼盒包装设计

实例066　核桃包装设计

实例070　西餐厅菜单封面

实例074　饮品店菜单封面

实例076　西式牛排菜单封面

实例084　旅游海报

实例086　护肤品海报

实例087　口红海报

实例093 旅游画册封面设计

实例094 旅游画册内页设计

实例096 企业画册内页设计

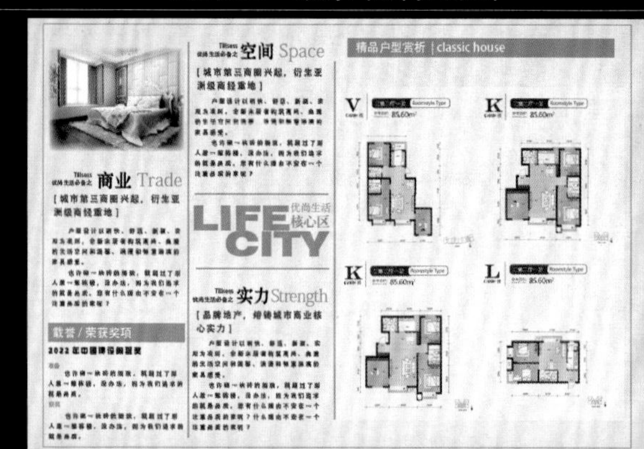

实例099 房地产宣传画册内页2

实例103 环保广告

实例104 手表广告

实例106 企业折页背面

实例108 婚礼折页背面

InDesign 设计+制作+商业模板制作

完全实训手册

相世强　编著

清華大学出版社
北　京

内 容 简 介

本书通过 110 个精心挑选和制作的实例，向大家展示如何使用 InDesign CC 2018 设计与处理图像。全书共分 13 章。将 InDesign CC 2018 枯燥的知识点融入实例之中，并进行了简要而深刻的说明。读者通过对这些实例的学习，举一反三，一定能够掌握 InDesign 排版设计的精髓。

本书按照软件功能以及实际应用进行划分，每一章的实例在编排上循序渐进，其中既有打基础、筑根基的部分，又不乏综合创新的例子。其特点是把 InDesign CC 2018 的知识点融入实例中，读者可从中学到 InDesign CC 2018 的基本操作、文字排版、卡片设计、日历的制作、杂志和报纸版式设计、宣传单设计、宣传展板设计、包装设计、菜单设计、海报设计、画册设计、户外广告、折页设计等制作技术，并掌握思路。

本书内容丰富，语言通俗，结构清晰，适合 InDesign 的初学者学习使用，同时对具有一定 InDesign 使用经验的读者也有很好的参考价值，还可以作为大中专院校相关专业、相关计算机培训机构的上机指导教材。

图书在版编目(CIP)数据

InDesign 设计 + 制作 + 商业模板制作完全实训手册 / 相世强编著 . —北京：清华大学出版社，2021.8
ISBN 978-7-302-57904-5

Ⅰ . ① I… Ⅱ . ①相… Ⅲ . ①电子排版－应用软件－手册 Ⅳ . ① TS803.23-62

中国版本图书馆 CIP 数据核字 (2021) 第 060965 号

责任编辑：张彦青
封面设计：李　坤
责任校对：吴春华
责任印制：杨　艳

出版发行：清华大学出版社
网　址：http://www.tup.com.cn，http://www.wqbook.com
地　址：北京清华大学学研大厦 A 座　**邮　编：**100084
社 总 机：010-62770175　**邮　购：**010-62786544
投稿与读者服务：010-62776969，c-service@tup.tsinghua.edu.cn
质 量 反 馈：010-62772015，zhiliang@tup.tsinghua.edu.cn
印 装 者：小森印刷霸州有限公司
经　销：全国新华书店
开　本：210mm×260mm　**印　张：**18.25　**插　页：**2　**字　数：**444 千字
版　次：2021 年 8 月第 1 版　**印　次：**2021 年 8 月第 1 次印刷
定　价：89.00 元

产品编号：087216-01

前 言

InDesign是一款定位于专业排版领域的设计软件，也是面向公司专业出版方案的新平台。该软件为用户提供了专业的布局和排版工具，基于一个开放的面向对象体系，可实现高度的扩展性。其建立了一个由第三方开发者和系统集成者可提供自定义杂志、广告设计、目录、零售商设计工作室和报纸出版方案的核心，支持插件功能。

Adobe InDesign整合了多种关键技术，包括所有Adobe专业软件拥有非常丰富的排版、图像、图形、表格等素材，能很好地满足用户制作各种杂志、广告、目录、报纸等内容来进行印刷。

所谓版面编排设计就是把已处理好的文字、图形图像通过赏心悦目的安排，以达到突出主题的目的。因此在编排期间，文字处理是影响创意发挥和工作效率的重要环节，是否能够灵活处理文字显得非常关键，InDesign在这方面的优越性则表现得非常突出。

1. 本书内容

本书以学以致用为写作出发点，系统并详细地讲解了InDesign排版软件的使用方法和操作技巧。

全书共分13章，包括InDesign CC 2018的基本操作、文字排版、卡片设计、日历的制作、杂志和报纸版式设计、宣传单设计、宣传展架设计、包装设计、菜单设计、海报设计、画册设计、户外广告、折页设计等内容。

本书内容几乎覆盖了InDesign中全部工具、命令的相关功能，是市场上内容最为全面的图书之一，适合广大初学InDesign CC 2018的用户使用，也可作为各类高等院校相关专业的教材。

2. 本书特色

（1）案例丰富，讲解极为详细，便于读者深入理解、灵活运用。

（2）每个案例都是精心挑选的，可以引导读者发挥想象力，调动学习的积极性。

（3）案例实用，技术含量高，与实践紧密结合。

（4）配套资源丰富，方便教学。

3. 海量的电子学习资源和素材

本书附带大量的学习资料和视频教程，下面截图给出部分概览。

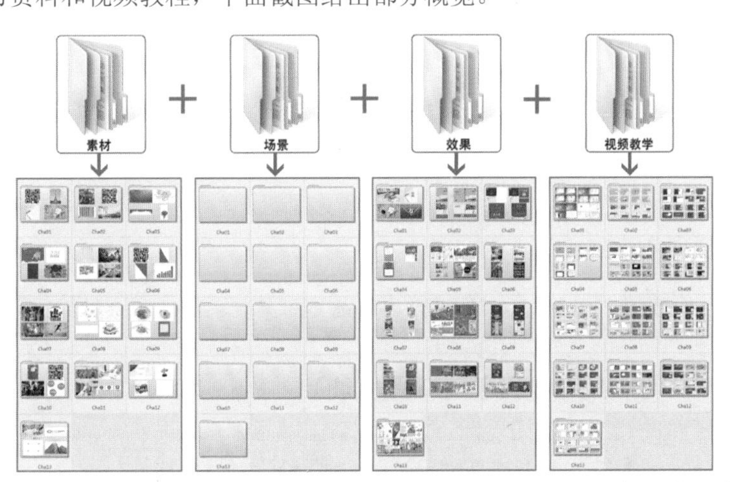

本书附带所有的素材文件、场景文件、效果文件、多媒体有声视频教学录像，读者在学完本书内容以后，可以调用这些资源进行深入学习。

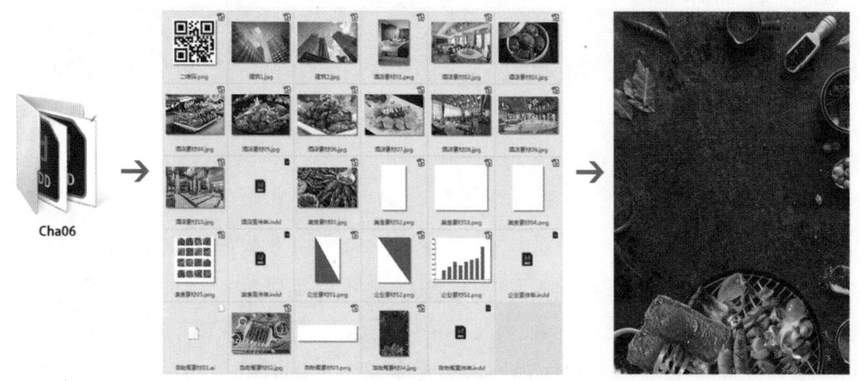

本书视频教学贴近实际，几乎手把手教学。

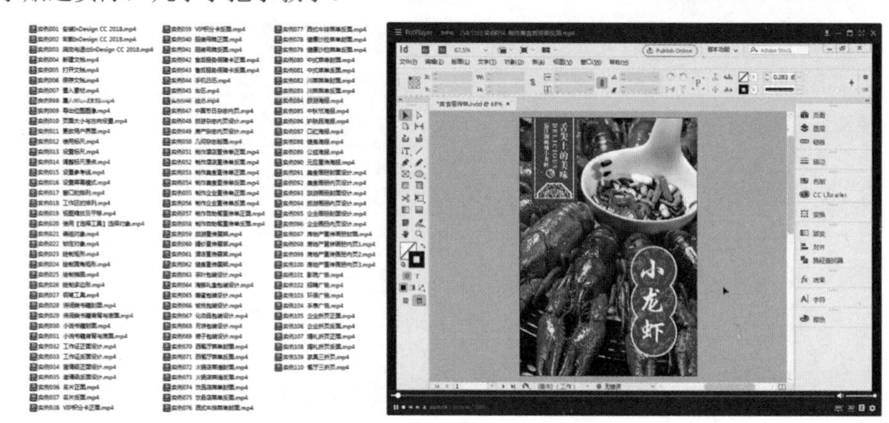

4. 本书约定

为便于阅读理解，本书的写作遵从如下约定。

本书中出现的中文菜单和命令将用【】括起来，以示区分。此外，为了使语句更简洁易懂，本书中所有的菜单和命令之间以竖线（|）分隔，例如，单击【编辑】菜单，再选择【移动】命令，就用【编辑】|【移动】来表示。

用加号（+）连接的两个或三个键表示快捷组合键，在操作时表示同时按下这两个或三个键。例如，Ctrl+V是指在按下Ctrl键的同时，按下V字母键；Ctrl+Alt+F10是指在按下Ctrl和Alt键的同时，按下功能键F10。

在没有特殊指定时，单击、双击和拖动是指用鼠标左键单击、双击和拖动，右击是指用鼠标右键单击。

5. 读者对象

（1）InDesign初学者。

（2）大中专院校和社会培训机构平面设计及其相关专业的学生。

（3）平面设计从业人员。

6. 致谢

本书的出版凝结了许多优秀教师的心血，在这里衷心感谢对本书出版给予帮助的编辑老师、视频测试老师，感谢你们！

本书主要由德州职业技术学院的相世强老师编写，同时参与本书编写工作的还有：朱晓文、刘蒙蒙、安洪宇，谢谢你们在书稿前期材料的组织、版式设计、校对、编排以及大量图片的处理方面所做的工作。

在创作的过程中，由于时间仓促，疏漏在所难免，希望广大读者批评指正。

编　者

目 录

总目录

第1章　InDesign CC 2018的基本操作

第2章　书籍封面、背面及底面设计

第3章　卡片设计

第4章 日历的制作

第5章 杂志和报纸版式设计

第6章 宣传单设计

第7章 宣传展架设计

第8章 包装设计

第9章 菜单设计

第10章 海报设计

第11章 画册设计

第12章　户外广告

第13章　折页设计

附录　InDesign CC 2018常用快捷键

第1章 InDesign CC 2018的基本操作

本章导读

在用InDesign CC 2018排版过程中，经常会用到图形，本章将主要介绍InDesign CC 2018的基本操作和简单图形的绘制，其中提供了多种绘图工具，如矩形工具、椭圆工具和钢笔工具等为绘制图形提供了便利。通过本章的学习，读者可以运用强大的路径工具绘制任意图形，使画面更加丰富。

实例 001 安装InDesign CC 2018

安装InDesign CC 2018需要64位操作系统，安装InDesign CC 2018软件的方法非常简单，只需根据操作步骤指示便可轻松完成安装，具体操作步骤如下。

Step 01 打开InDesign CC 2018安装文件包，找到Set-up.exe文件，双击打开，如图1-1所示。

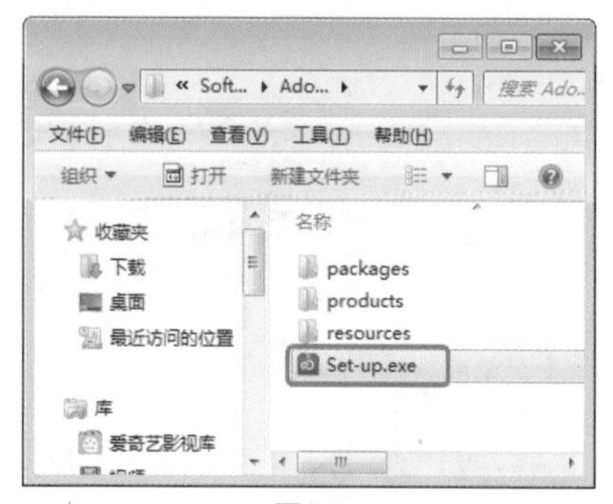

图1-1

Step 02 运行安装程序，首先等待初始化，如图1-2所示。

Step 03 初始化完成后，将会出现带有安装进度条的界面，说明正在安装InDesign CC 2018软件，如图1-3所示。

图1-2　　图1-3

实例 002 卸载InDesign CC 2018

卸载InDesign CC 2018的方法有两种，一种方法是通过【控制面板】卸载，另一种方法是通过软件管家等卸载软件卸载。下面将具体介绍如何通过【控制面板】卸载InDesign CC 2018。

Step 01 单击左下角的【开始】按钮，在弹出的下拉列表中选择【控制面板】选项，如图1-4所示。

图1-4

Step 02 单击控制面板下方的【卸载程序】按钮，如图1-5所示。

图1-5

Step 03 选择Adobe InDesign CC 2018，单击【卸载/更改】按钮，如图1-6所示。

Step 04 单击【是，确定删除】按钮，开始卸载，如图1-7所示。

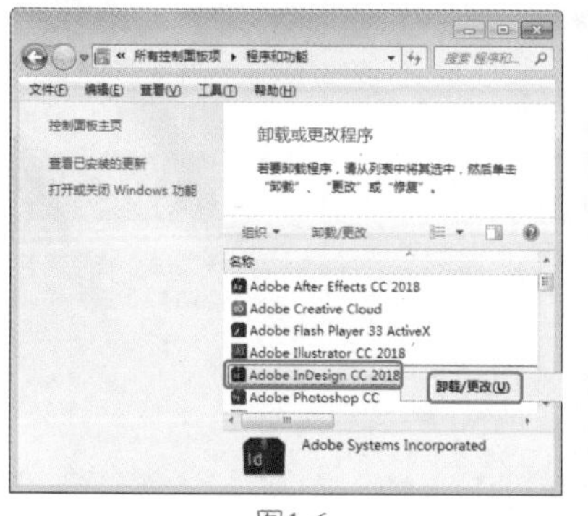

图1-6　　图1-7

Step 05 等待卸载，卸载界面如图1-8所示。

Step 06 单击【关闭】按钮，如图1-9所示。

图1-8

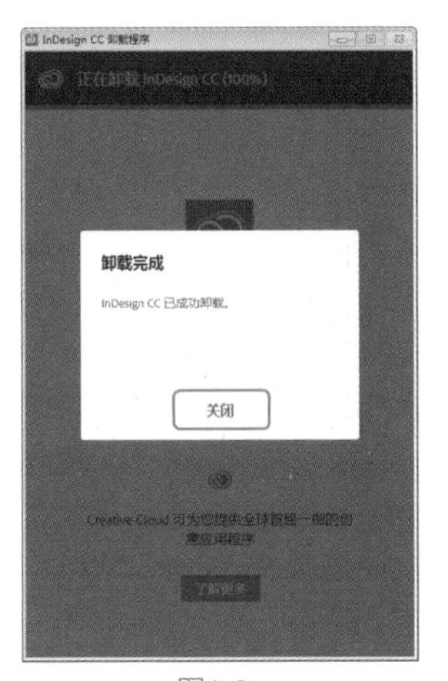

图1-9

实例 003 启动与退出InDesign CC 2018

如果用户的计算机上已经安装好InDesign CC 2018程序，即可启动程序。启动程序的方法如下。

Step 01 在Windows系统的【开始】菜单中选择【所有程序】| Adobe InDesign CC 2018选项，如图1-10所示。

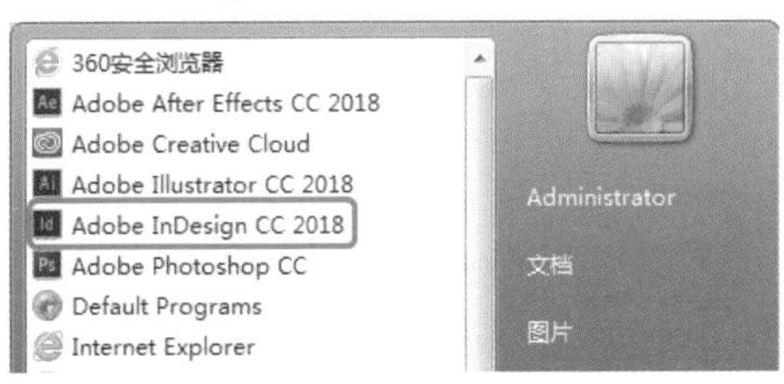

图1-10

Step 02 启动Adobe InDesign CC 2018后会出现如图1-11所示的开始使用界面，单击右上角的关闭图标，可退出程序。

图1-11

> ◎提示
>
> 通过按Alt+F4快捷组合键，也可以关闭软件。

实例 004 新建文档

在使用InDesign进行绘图前，必须新建一个文档，新建文档就好比画画前先准备一张白纸一样，下面将进行详细介绍。

Step 01 在【开始使用】界面单击【新建】按钮，弹出【新建文档】对话框，如图1-12所示，在该对话框中可进行相应的参数设置，然后单击【边距和分栏】按钮。

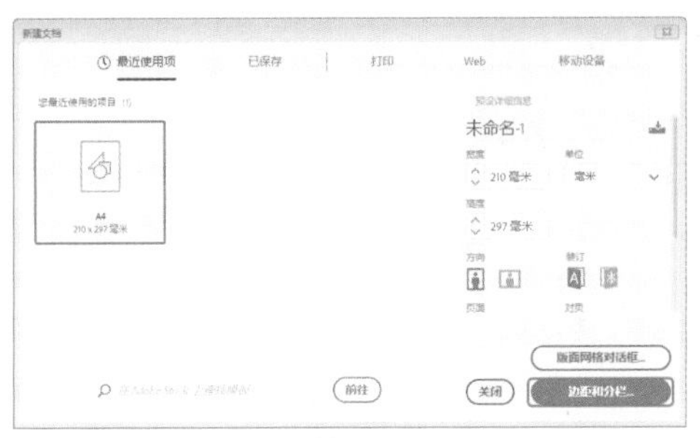

图1-12

Step 02 在弹出的【新建边距和分栏】对话框中，可进行相应的参数设置，然后单击【确定】按钮即可新建文档，如图1-13所示。

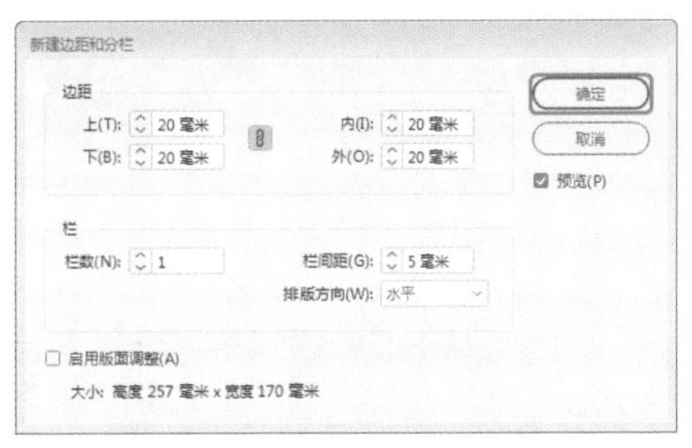

图1-13

> ◎提示
>
> 在一般情况下也可以使用以下任意一种方法新建文档。
>
> 在菜单栏中选择【文件】|【新建】命令。
>
> 在工具栏中单击【新建】按钮。
>
> 按Ctrl+N快捷组合键，执行【新建】命令。

实例 005 打开文档

素材：素材\Cha01\文档素材.indd

本案例将讲解如何在InDesign CC 2018中打开文档，

具体操作步骤如下。

Step 01 在菜单栏中选择【文件】|【打开】命令，弹出如图1-14所示的【打开文件】对话框，选择“素材\Cha01\文档素材.indd”素材文件，单击【打开】按钮，也可以直接双击要打开的文件。

图1-14

Step 02 打开文档后的效果如图1-15所示。

图1-15

实例006 保存文档

素材：素材\Cha01\艺术素材.indd

本案例将讲解如何在InDesign CC 2018中保存文档，具体操作步骤如下。

Step 01 打开软件后，按Ctrl+O快捷组合键，打开“素材\Cha01\艺术素材.indd”素材文件，如图1-16所示。

图1-16

Step 02 单击工具箱中的【文字工具】按钮，在文档窗口中单击并拖曳出一个适当大小的文本框，输入文本ART，将【字体】设置为Angilla Tattoo Personal Use，将【字体大小】设置为800点，将文本的【填色】设置为白色，如图1-17所示。

图1-17

Step 03 在菜单栏中选择【文件】|【存储为】命令，如图1-18所示。

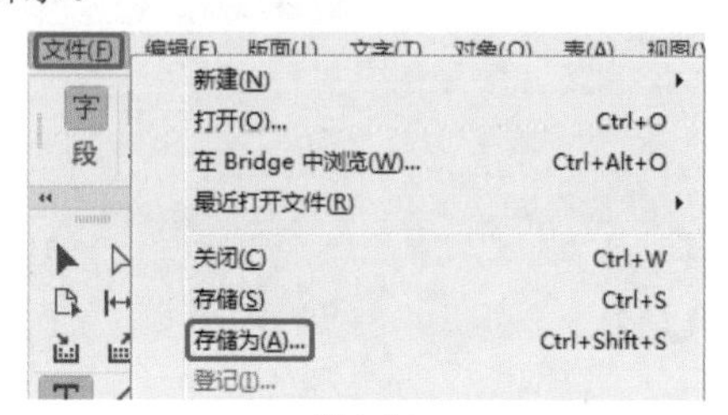

图1-18

Step 04 在弹出的【存储为】对话框中，选择要保存的路径位置，然后单击【保存】按钮，如图1-19所示。

图1-19

实例007 置入素材

素材：素材\Cha01\雨中女孩.jpg

本案例将讲解如何在InDesign CC 2018中置入素材，具体操作步骤如下。

Step 01 启动InDesign CC 2018，新建一个【宽度】、【高度】分别为800毫米、450毫米，【页面】为1的文档，并将边距均设置为20毫米。在菜单栏中选择【文件】|【置入】命令，如图1-20所示。

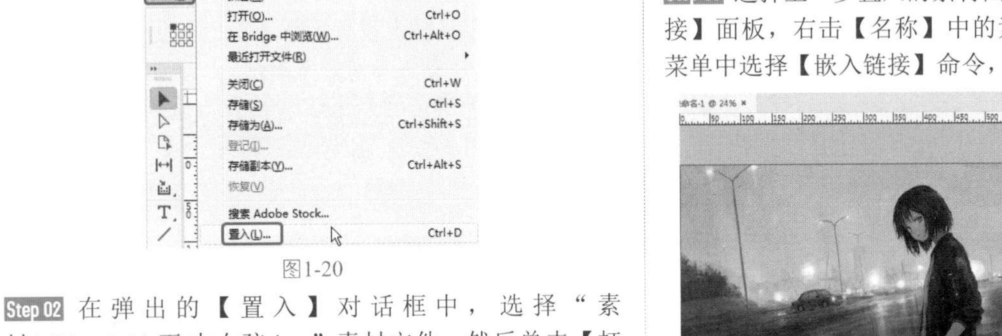

图1-20

Step 02 在弹出的【置入】对话框中，选择“素材\Cha01\雨中女孩.jpg”素材文件，然后单击【打开】按钮，如图1-21所示。

图1-21

Step 03 在弹出的【图像导入选项】对话框中单击【确定】按钮，如图1-22所示。

图1-22

Step 04 将左上角的定点图标移至图纸的左上角，单击并按住鼠标左键不放，然后拖动鼠标指针至图纸的右下角，在合适位置释放鼠标左键即可确定导入图像的大小与位置，如图1-23所示。

图1-23

Step 05 选择上一步置入的素材图片，打开界面右侧的【链接】面板，右击【名称】中的素材图片，在弹出的快捷菜单中选择【嵌入链接】命令，如图1-24所示。

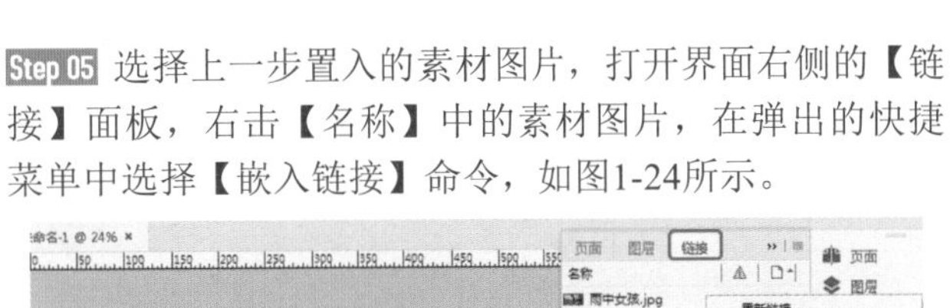

图1-24

实例008 置入Word文档

素材：素材\Cha01\紫金信条.doc

本案例将讲解如何在InDesign CC 2018中置入Word文档，具体操作步骤如下。

Step 01 启动InDesign CC 2018，新建一个【宽度】、【高度】分别为100毫米、100毫米，【页面】为1的文档，并将边距均设置为20毫米。在菜单栏中选择【文件】|【置入】命令，在弹出的【置入】对话框中，选择“素材\Cha01\紫金信条.doc”素材文件，然后单击【打开】按钮，如图1-25所示。

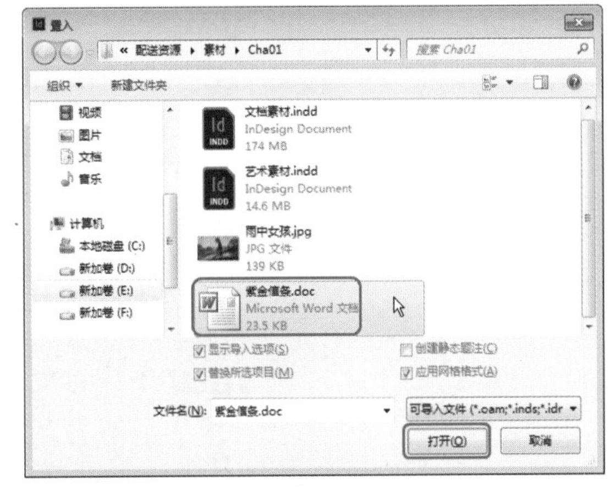

图1-25

Step 02 在弹出的【Microsoft Word 导入选项】对话框中单击【确定】按钮，如图1-26所示。

Step 03 在文档窗口中单击并拖曳出一个适当大小的文本框，Word文档中的文本内容即可置入进来，如图1-27所示。

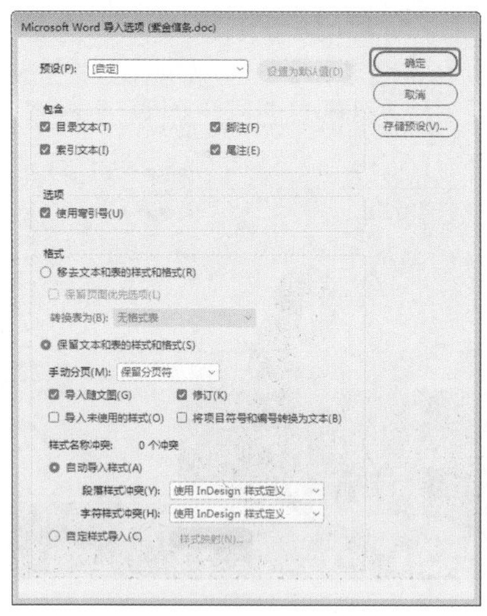

图1-26

我多想回到那些意大利的黄昏，看孩童时的你模仿录像带中鹰鸟的身姿；我多想回到那些费城球馆安静的夜晚，陪伴你枕着西炙热真爱的练习；我多想回到那些斯台普斯沸腾般狂欢的岁月，倾听你关于十七年追梦的回忆。恍惚间你已不再年轻，但脑海中始终是那个身披8号、留着小爆炸头的你，倘若今年真将是你紫金的最后时光，没关系，我们仍旧记得那个在球场上穿梭的黑曼巴，那个叼着球衣环顾千方闪闪眸子的少年（写给所有喜欢科比的朋友）

图1-27

素材：素材\Cha01\海滩风光.indd

本案例将讲解如何在InDesign CC 2018中导出位图图像，具体操作步骤如下。

Step 01 启动软件后，打开“素材\Cha01\海滩风光.indd”素材文件，如图1-28所示。

Step 02 在菜单栏中选择【文件】|【导出】命令，如图1-29所示。

图1-28

文件(F)
新建(N)
打开(O)... Ctrl+O
在 Bridge 中浏览(W)... Ctrl+Alt+O
最近打开文件(R)
关闭(C) Ctrl+W
存储(S) Ctrl+S
存储为(A)... Ctrl+Shift+S
登记(I)...
存储副本(Y)... Ctrl+Alt+S
恢复(V)
搜索 Adobe Stock...
置入(L)... Ctrl+D
从 CC 库置入...
导入 XML(I)...
Adobe PDF 预设(B)
导出(E)... Ctrl+E

图1-29

Step 03 在弹出的【导出】对话框中选择要导出的路径位置，将【保存类型】设置为JPEG（*.jpg），然后单击【保存】按钮，即可导出位图图像，如图1-30所示。

图1-30

实例010 页面大小与方向设置

本案例将讲解如何在InDesign CC 2018中设置页面大小与方向，具体操作步骤如下。

Step 01 启动InDesign CC 2018，新建一个【宽度】、【高度】分别为210毫米、297毫米，【页面】为1的文档，并将边距均设置为20毫米。单击工具箱中的【页面工具】按钮，此时控制栏会显示当前文档页面的大小和方向，如图1-31所示。

Step 02 单击控制栏上的【横向】按钮，原本纵向的页面会变成横向页面，此时页面的宽度和高度也会发生改变，如图1-32所示。

图1-31

图1-32

Step 03 在控制栏中的W处可以设置页面的宽度，在H处可以设置页面的高度，将【宽度】、【高度】分别设置为200毫米、140毫米，如图1-33所示。

> **提示**
>
> 只有在选中【页面工具】按钮时，才可以对页面进行修改。

图1-33

实例011 更改用户界面颜色

本案例将讲解如何在InDesign CC 2018中更改用户界面颜色，具体操作步骤如下。

Step 01 启动InDesign CC 2018，新建一个任意大小的文档，此时软件界面的颜色为白色，如图1-34所示。

图1-34

Step 02 在菜单栏中选择【编辑】|【首选项】|【界面】命令，如图1-35所示。

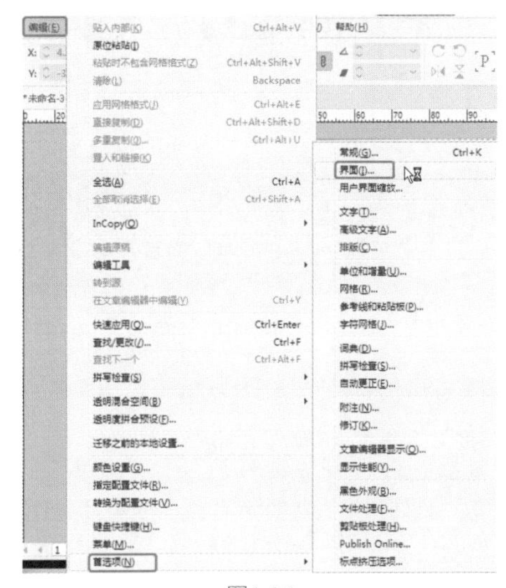

图1-35

Step 03 选择【外观】|【颜色主题】中的黑色方块，然后单击【确定】按钮，如图1-36所示。

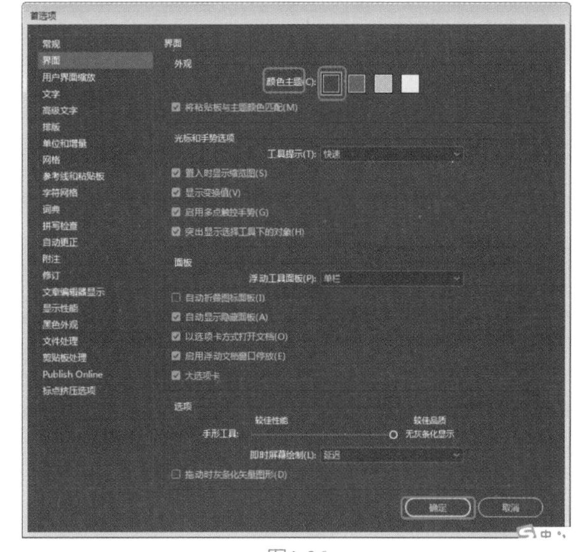

图1-36

Step 04 此时软件界面的颜色已经变成了黑色，如图1-37所示。

图1-37

实例012 使用标尺

素材：素材\Cha01\圣诞雪人.indd

本案例将讲解如何在InDesign CC 2018中使用标尺，具体操作步骤如下。

Step 01 启动软件后，打开“素材\Cha01\圣诞雪人.indd”素材文件，此时文档中并没有标尺，如图1-38所示。

图1-38

Step 02 在菜单栏中选择【视图】|【显示标尺】命令，如图1-39所示。

Step 03 此时横向标尺和纵向标尺会在文档窗口的上方和左侧显示出来，如图1-40所示。

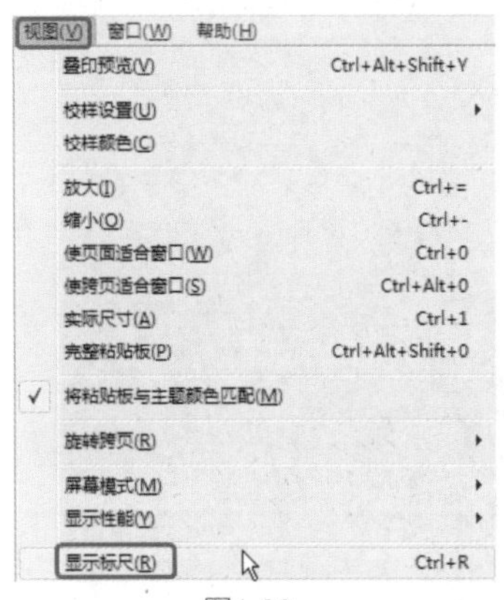

图1-39

图1-40

◎提示

按Ctrl+R快捷组合键也可以显示标尺或隐藏标尺。

实例 013 设置标尺

素材：素材\Cha01\圣诞雪人.indd

本案例将讲解如何在InDesign CC 2018中设置标尺，具体操作步骤如下。

Step 01 在标尺处右击，在弹出的快捷菜单中可以对标尺的单位进行设置，此时标尺的单位是毫米，如图1-41所示。

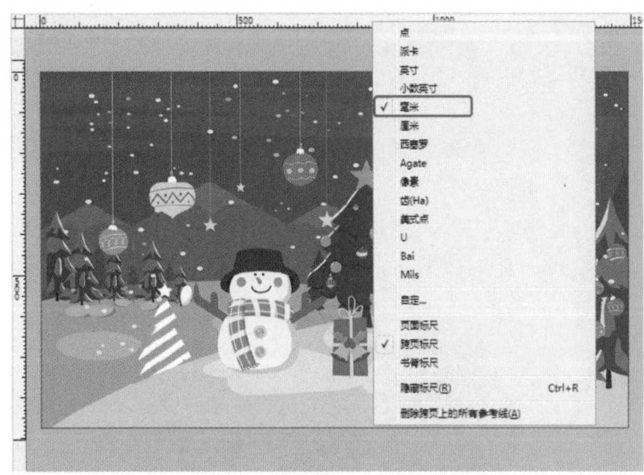

图1-41

Step 02 选择【厘米】命令，此时文档窗口中横向标尺的单位变成了厘米，如图1-42所示。

图1-42

实例 014 调整标尺原点

素材：素材\Cha01\圣诞雪人.indd

本案例将讲解如何在InDesign CC 2018中调整标尺原点，具体操作步骤如下。

Step 01 默认标尺的原点在文档窗口的左上角，如图1-43所示。

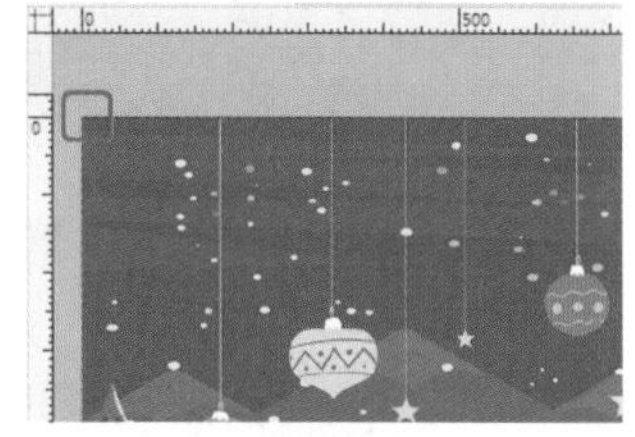
图1-43

Step 02 将鼠标指针移到标尺左上角的交界处，单击并拖曳至版面中释放，即可改变标尺原点的位置，如图1-44所示。

图1-44

实例 015 设置参考线

素材：素材\Cha01\圣诞雪人.indd

本案例将讲解如何在InDesign CC 2018中设置参考线，具体操作步骤如下。

Step 01 将鼠标指针移到纵向标尺处，单击并拖曳到合适的位置释放，即可建立纵向参考线，如图1-45所示。

Step 02 将鼠标指针移到横向标尺处，单击并拖曳到合适的位置释放，即可建立横向参考线，如图1-46所示。

图1-45

图1-46

实例016 设置屏幕模式

素材：素材\Cha01\游乐园.indd

本案例将讲解如何在InDesign CC 2018中设置屏幕模式，具体操作步骤如下。

Step 01 启动InDesign CC 2018，打开“素材\Cha01\游乐园.indd”素材文件，此时是【正常】模式，如图1-47所示。

图1-47

Step 02 在标题栏单击【屏幕模式】下拉三角，选择【预览】模式命令，此时屏幕模式就变成了预览模式，如图1-48所示。

图1-48

实例017 窗口的排列

素材：素材\Cha01\护肤品海报.indd、口红海报.indd

本案例将讲解如何在InDesign CC 2018中排列窗口，具体操作步骤如下。

Step 01 启动InDesign CC 2018，打开“素材\Cha01\护肤品海报.indd、口红海报.indd”素材文件，此时只能看到口红海报，如图1-49所示。

图1-49

Step 02 在菜单栏中选择【窗口】|【排列】|【平铺】命令，如图1-50所示。

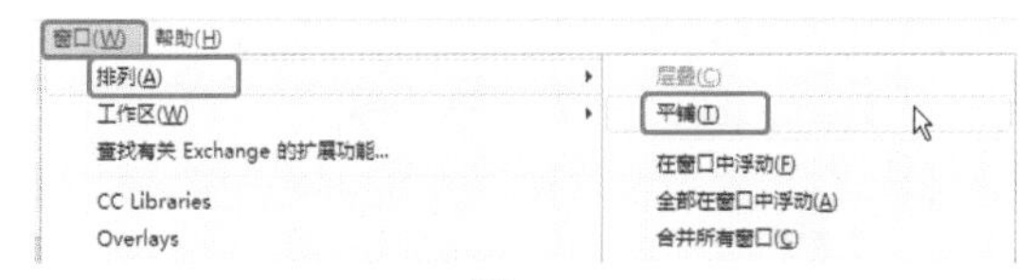

图1-50

Step 03 此时软件的窗口会平铺排列，可以同时看到护肤品海报和口红海报，如图1-51所示。

图1-51

Step 04 在菜单栏中选择【窗口】|【排列】|【合并所有窗口】命令，如图1-52所示，此时窗口又变回了一个。

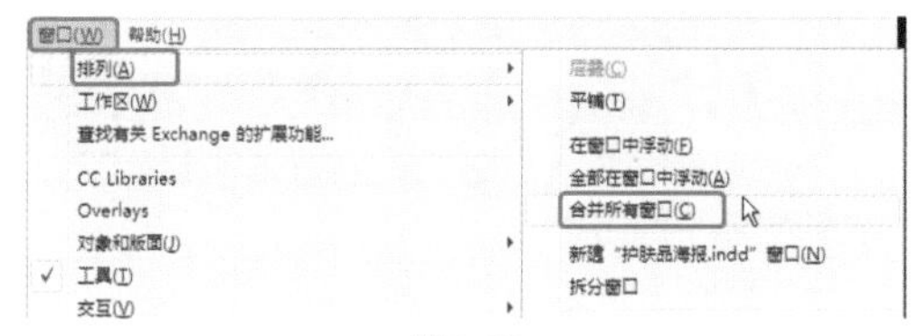

图1-52

实例 018 工作区的排列

素材：素材\Cha01\护肤品海报.indd

本案例将讲解如何在InDesign CC 2018中排列工作区，具体操作步骤如下。

Step 01 继续上一个案例的操作，回到护肤品海报窗口，此时工作区的排列为【基本功能】，如图1-53所示。

图1-53

Step 02 在菜单栏中选择【窗口】|【工作区】|【排版规则】命令，如图1-54所示。

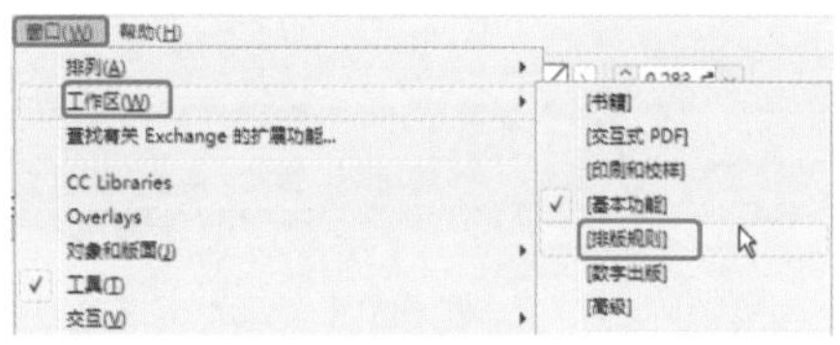

图1-54

Step 03 此时的工作区面板已经从【基本功能】变成了【排版规则】，如图1-55所示。

图1-55

实例 019 视图缩放及平移

素材：素材\Cha01\口红海报.indd

本案例将讲解如何在InDesign CC 2018中对视图进行缩放及平移，具体操作步骤如下。

Step 01 继续上一个案例的操作，回到口红海报窗口，单击工具箱中的【缩放显示工具】按钮，如图1-56所示。

Step 02 将光标移至文档窗口对象上，左键单击并拖曳出需要放大的区域，如图1-57所示。

图1-56

图1-57

Step 03 此时视图已经被放大，如图1-58所示。

Step 04 将光标移至文档窗口对象上，按下Alt键单击并拖曳出需要缩小的区域，如图1-59所示。

图1-58

图1-59

Step 05 此时视图已经被缩小，如图1-60所示。

Step 06 单击工具箱中的【抓手工具】按钮，即可在文档窗口拖曳平移视图，以便对各种图形对象进行调整观察，如图1-61所示。

图1-60

图1-61

实例 020 使用【选择工具】选择对象

素材：素材\Cha01\服装.indd

本案例将讲解如何在InDesign CC 2018中使用【选择工具】选择对象，具体操作步骤如下。

Step 01 启动InDesign CC 2018，打开“素材\Cha01\服装.indd”素材文件，如图1-62所示。

图1-62

Step 02 单击工具箱中的【选择工具】按钮，单击文档窗口中右侧的服装，此时该对象会被选中，如图1-63所示。

图1-63

Step 03 按住Shift键的同时，单击并选择左侧的服装，此时两个对象都会被选中，如图1-64所示。

图1-64

实例 021 编组对象

素材：素材\Cha01\服装.indd

本案例将讲解如何在InDesign CC 2018中编组对象，具体操作步骤如下。

Step 01 继续上一个案例的操作，按住Shift键的同时，用鼠标左键依次单击并选择两个对象，右击并在弹出的快捷菜单中选择【编组】命令，如图1-65所示。

图1-65

Step 02 此时两个对象已经编组成了一个对象，如图1-66所示。

图1-66

Step 03 再次右击编组的对象，在弹出的快捷菜单中选择【取消编组】命令，如图1-67所示，此时之前编组的对象又分成了两个对象。

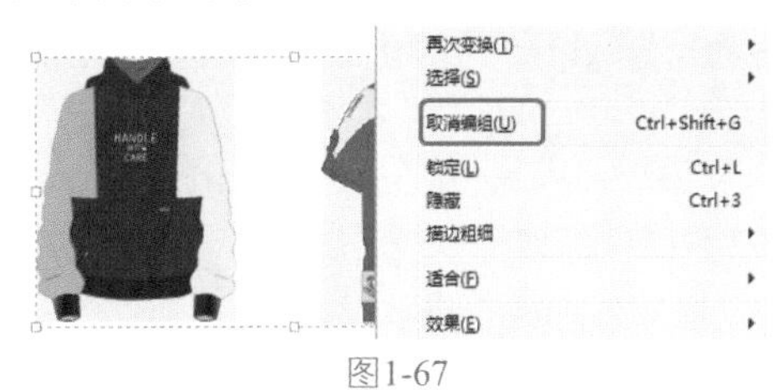

图1-67

实例 022 锁定对象

素材：素材\Cha01\服装.indd

本案例将讲解如何在InDesign CC 2018中锁定对象，具体操作步骤如下。

Step 01 继续上一个案例的操作，按住Shift键的同时，用鼠标左键依次单击选择两个对象，右击并在弹出的快捷菜单中选择【锁定】命令，如图1-68所示。

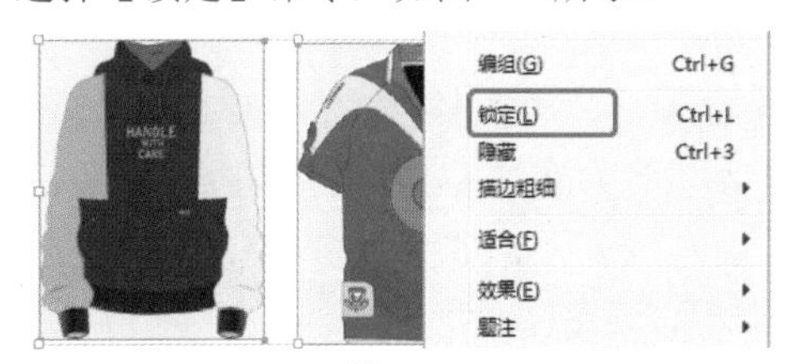

图1-68

Step 02 此时两个对象都无法被选中，无法对其进行任何操作。

Step 03 在菜单栏中选择【对象】|【解锁跨页上的所有内容】命令，即可将被锁定的对象解锁，如图1-69所示。

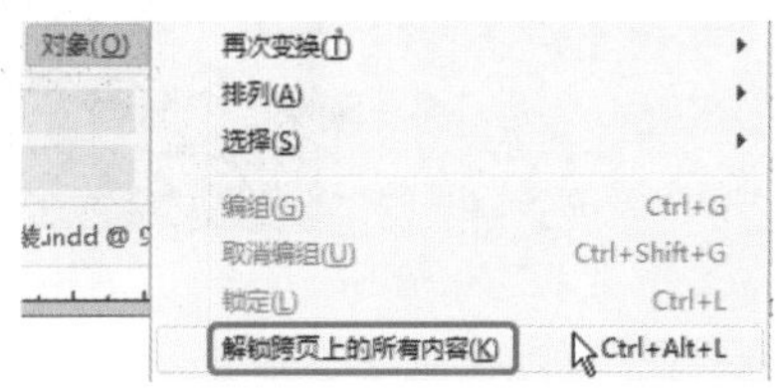

图1-69

实例023 绘制矩形

素材：素材\Cha01\魔方背景.jpg

场景：场景\Cha01\实例023 绘制矩形.indd

本案例将讲解如何使用【矩形工具】制作魔方，为了使魔方更加真实，为魔方添加了投影效果，完成后效果如图1-70所示。

图1-70

Step 01 启动InDesign CC 2018，新建一个【宽度】、【高度】分别为1920毫米、1245毫米，【页面】为1的文档，并将边距均设置为20毫米。

Step 02 按Ctrl+D快捷组合键，在弹出的对话框中选择"素材\Cha01\魔方背景.jpg"素材文件，将其置入文档中。在【链接】面板中，右击置入的素材，在弹出的快捷菜单中选择【嵌入链接】命令，如图1-71所示。

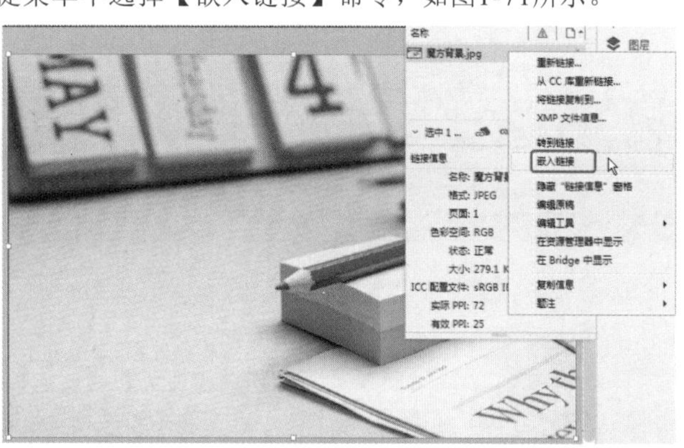

图1-71

Step 03 单击工具箱中的【矩形工具】按钮，在文档窗口中绘制正方形，【粗细】设置为5点，将【宽度】、【高度】都设置为78毫米，如图1-72所示。

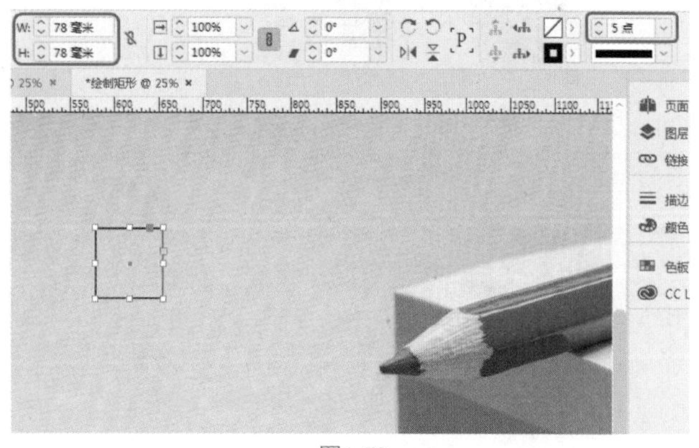

图1-72

Step 04 选择上一步绘制的正方形，将【描边】设置为白色，将【填色】的CMYK值设置为75、6、100、0，如图1-73所示。

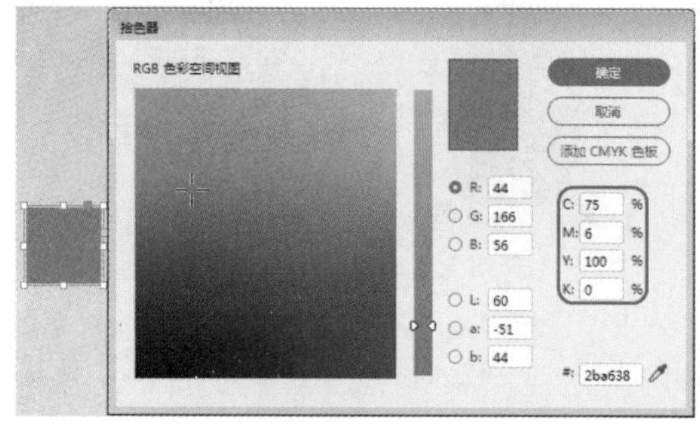

图1-73

Step 05 使用同样的方法绘制其他正方形，将蓝色的CMYK值设置为89、77、0、0，黄色的CMYK值设置为0、0、100、0，橙色的CMYK值设置为0、70、100、0，红色的CMYK值设置为0、96、94、0，如图1-74所示。

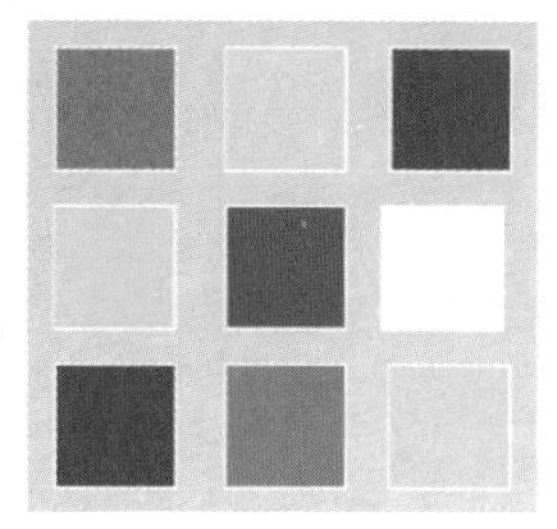

图1-74

Step 06 将九个正方形调整至合适的位置，按住Shift键依次选中后，右击并在弹出的快捷菜单中选择【编组】命令，如图1-75所示。

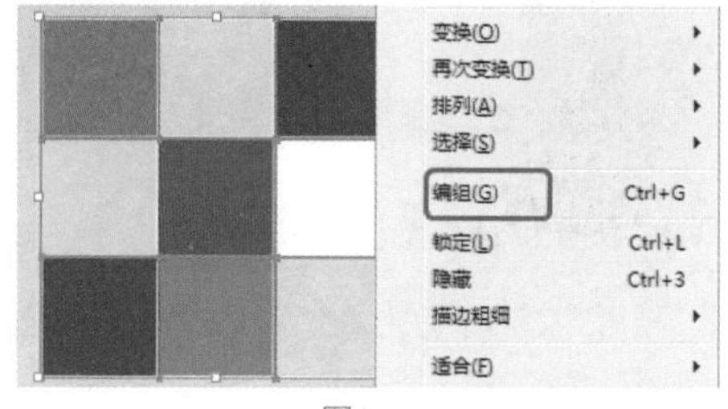

图1-75

Step 07 选择编组后的图形对象，按住Shift+Alt快捷组合键的同时单击并拖曳，在原图形对象的右侧复制出一个相同的图形对象，如图1-76所示。

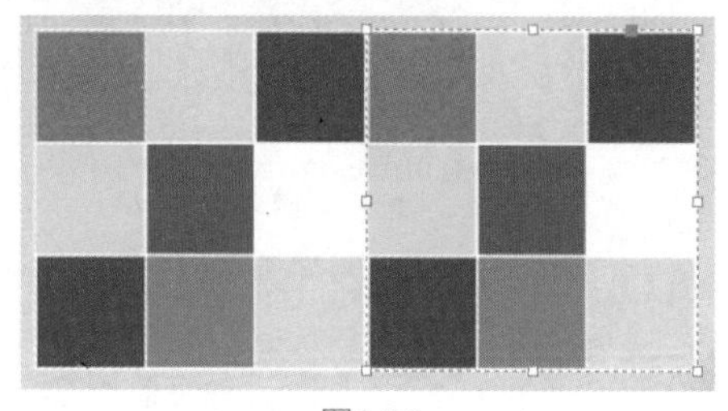

图1-76

Step 08 选择上一步复制出来的图形，在菜单栏中选择【对象】|【变换】|【缩放】命令，在弹出的对话框中将【X缩放】设置为30%，单击【确定】按钮，如图1-77所示。

Step 09 在菜单栏中选择【对象】|【变换】|【切变】命令，在弹出的对话框中将【切变角度】设置为45°、【轴】设置为【垂直】，单击【确定】按钮，如图1-78所示。

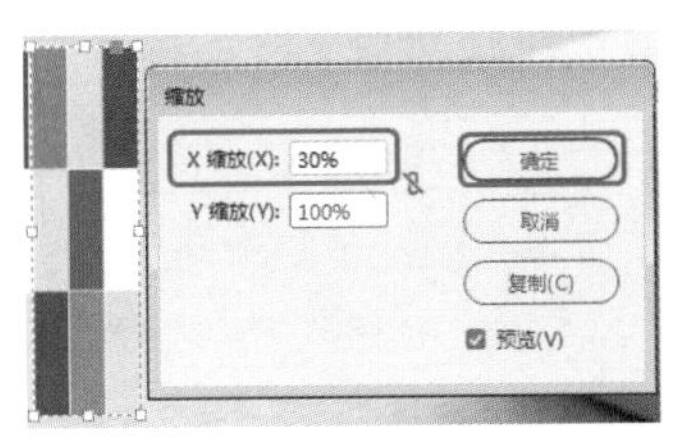

图1-77

图1-78

Step 10 使用同样的方法再复制出一个编组后的正方形对象，调整至合适的位置，如图1-79所示。

Step 11 选择上一步复制出来的图形，在菜单栏中选择【对象】|【变换】|【缩放】命令，在弹出的对话框中将【X缩放】设置为100%，【Y缩放】设置为30%，单击【确定】按钮，如图1-80所示。

图1-79

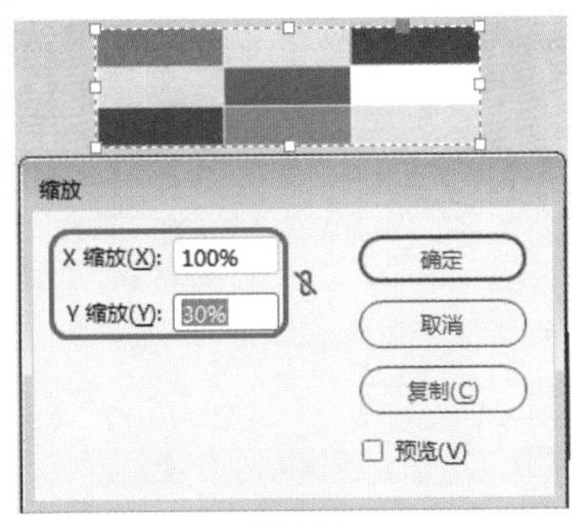

图1-80

Step 12 在菜单栏中选择【对象】|【变换】|【切变】命令，在弹出的对话框中将【切变角度】设置为45°、【轴】设置为【水平】，单击【确定】按钮，如图1-81所示。

Step 13 将三个图形对象调整至合适的位置，按住Shift键选择魔方侧面的两个图形对象，右击并在弹出的快捷菜单中选择【取消编组】命令，如图1-82所示。

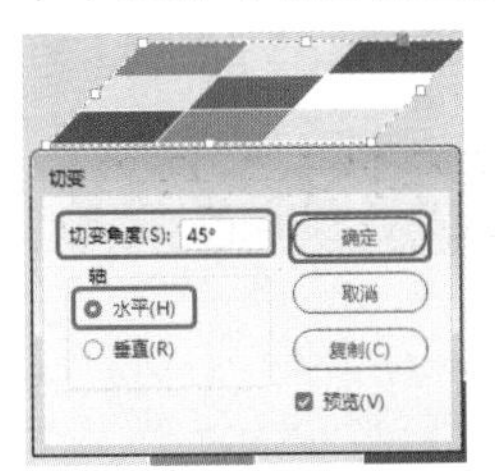

图1-81

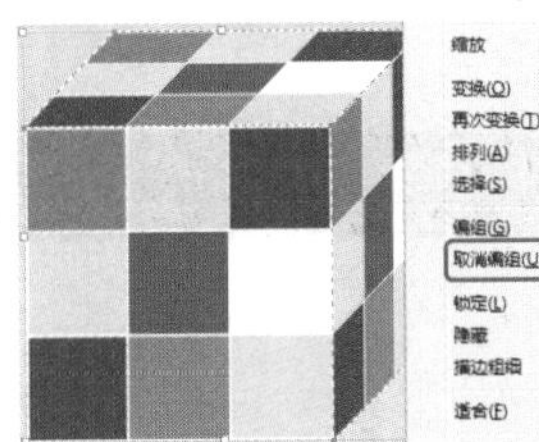

图1-82

Step 14 将取消编组后的18个图形对象的【描边】均设置为5点，如图1-83所示。

Step 15 将所有图形对象编组，使用相同的方法将魔方移动并复制，如图1-84所示。

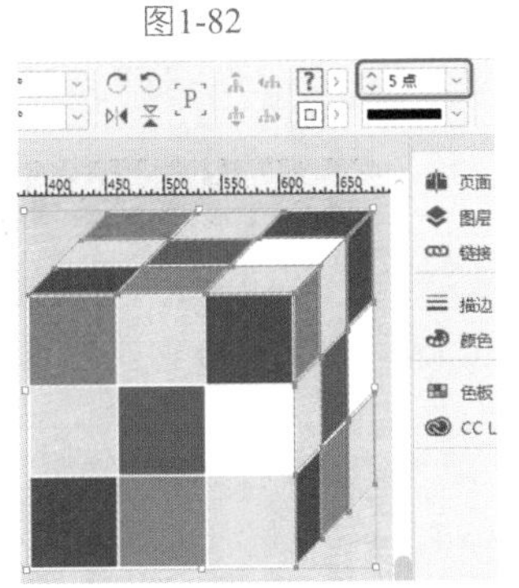

图1-83

Step 16 选择上一步复制出来的魔方，在菜单栏中选择【对象】|【变换】|【旋转】命令，在弹出的控制栏中将【角度】设置为-30°，单击【确定】按钮，如图1-85所示。

图1-84

图1-85

Step 17 将上一步选择的魔方调整至合适的位置，按住Shift键选择两个魔方，在菜单栏中选择【对象】|【效果】|【投影】命令，在弹出的对话框中将【模式】设置为【正常】、【不透明度】设置为90%、【距离】设置为20毫米、【角度】设置为70°、【大小】设置为20毫米，单击【确定】按钮，如图1-86所示。

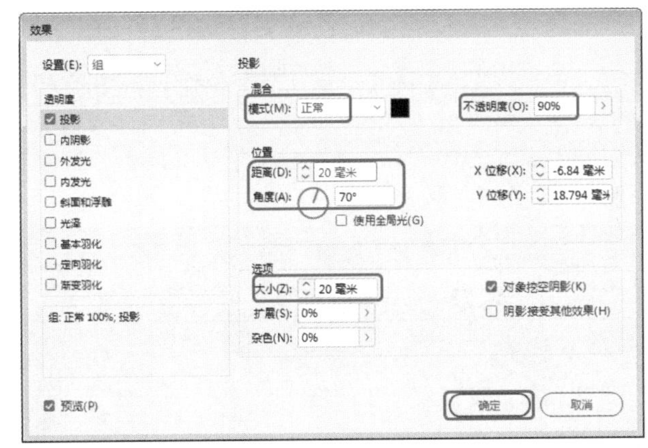

图1-86

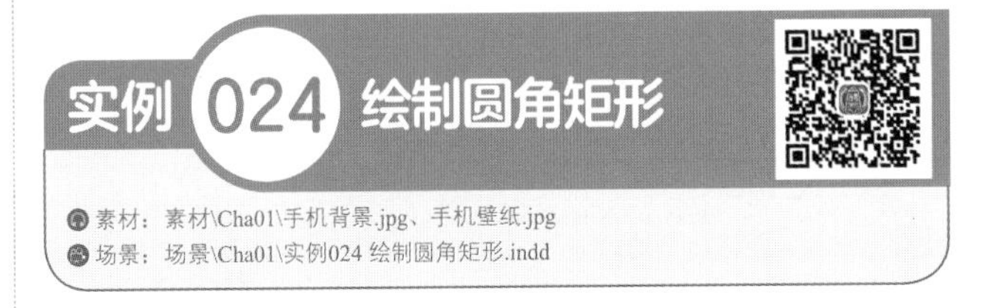

实例024 绘制圆角矩形

素材：素材\Cha01\手机背景.jpg、手机壁纸.jpg

场景：场景\Cha01\实例024 绘制圆角矩形.indd

本案例将讲解如何使用【矩形工具】绘制手机对象，执行【对象】|【转换形状】|【圆角矩形】命令可将对象转换为圆角矩形，完成后效果如图1-87所示。

Step 01 启动InDesign CC 2018，新建一个【宽度】、

【高度】分别为340毫米、400毫米，【页面】为1的文档，并将边距均设置为20毫米。

图1-87

Step 02 按Ctrl+D快捷组合键，在弹出的对话框中选择“素材\Cha01\手机背景.jpg”素材文件，将其置入文档中。在【链接】面板中，右击置入的素材，在弹出的快捷菜单中选择【嵌入链接】命令，如图1-88所示。

图1-88

Step 03 单击工具箱中的【矩形工具】按钮▢，在文档窗口中绘制矩形，将【填色】、【描边】都设置为白色，【粗细】设置为10点，将【宽度】、【高度】分别设置为72毫米、144毫米，如图1-89所示。

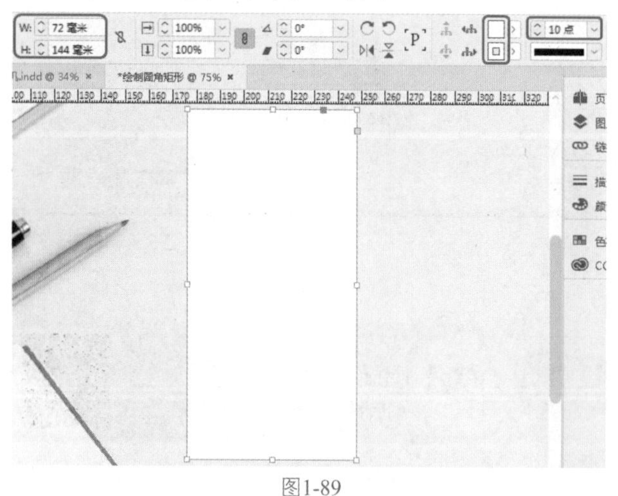

图1-89

Step 04 选择上一步绘制的矩形，在菜单栏中选择【对象】|【转换形状】|【圆角矩形】命令，此时矩形已经被转换成了圆角矩形，如图1-90所示。

Step 05 单击工具箱中的【椭圆工具】按钮◯，在文档窗口中绘制正圆，将【填色】设置为黑色，【描边】设置为无，将【宽度】、【高度】都设置为1.8毫米，如图1-91所示。

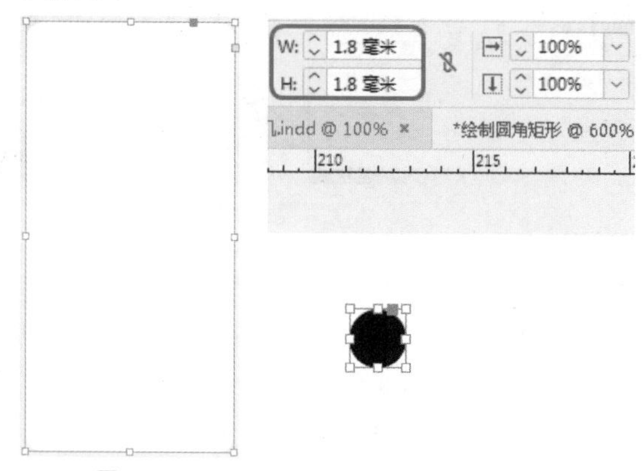

图1-90　　图1-91

Step 06 单击工具箱中的【椭圆工具】按钮，在文档窗口中绘制正圆，将【填色】设置为黑色、【描边】设置为无，将【宽度】、【高度】都设置为2.4毫米，如图1-92所示。

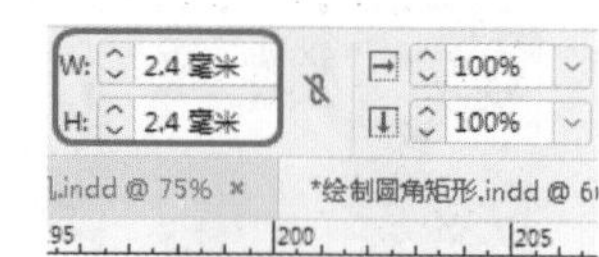

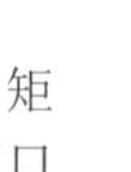

图1-92

Step 07 单击工具箱中的【矩形工具】按钮，在文档窗口中绘制矩形，将【宽度】、【高度】分别设置为18毫米、1.6毫米，将【填色】和【描边】都设置为黑色，如图1-93所示。

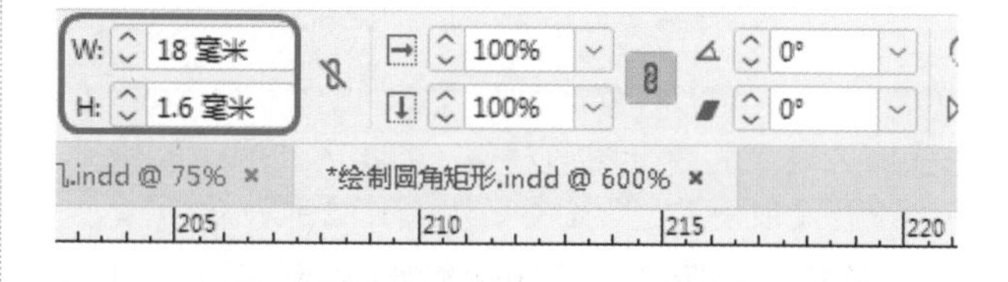

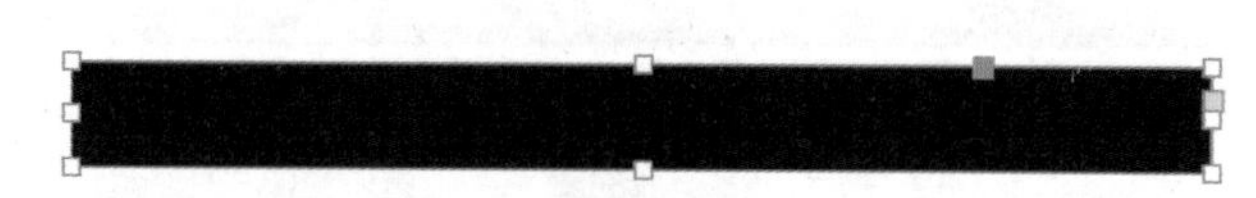

图1-93

Step 08 选择上一步绘制的矩形，在菜单栏中选择【对象】|【转换形状】|【圆角矩形】命令，此时矩形已经被转换成了圆角矩形，如图1-94所示。

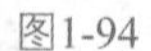

图1-94

Step 09 按Ctrl+D快捷组合键，在弹出的对话框中选择“素材\Cha01\手机壁纸.jpg”素材文件，将其置入文档中，将其调整至合适的位置并适当调整大小。在【链接】面板中，右击置入的素材，在弹出的快捷菜单中选择【嵌入链接】命令，如图1-95所示。

图1-95

Step 10 单击工具箱中的【椭圆工具】按钮，在文档窗口中绘制正圆，将【填色】设置为无，【描边】的CMYK值设置为28、29、62、0，【粗细】设置为2点，将【宽度】、【高度】都设置为10.7毫米，如图1-96所示。

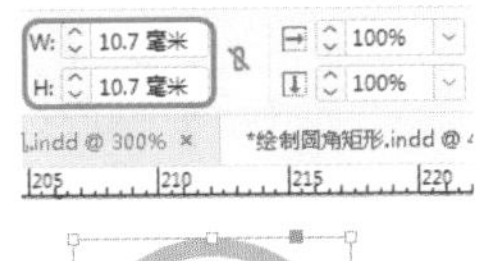

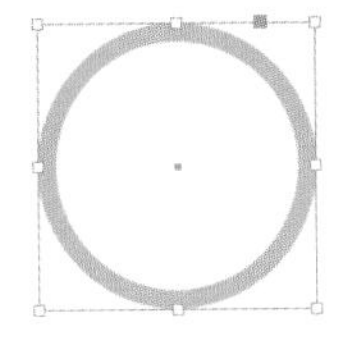

图1-96

Step 11 按住Shift键的同时，左键依次单击选择除背景外的所有对象，将其编组。在菜单栏中选择【对象】|【效果】|【外发光】命令，在弹出的对话框中将【模式】设置为【正常】，【颜色】设置为黑色，【不透明度】设置为90%，【大小】设置为6毫米，单击【确定】按钮，如图1-97所示。

Step 12 设置完成后，外发光效果如图1-98所示。

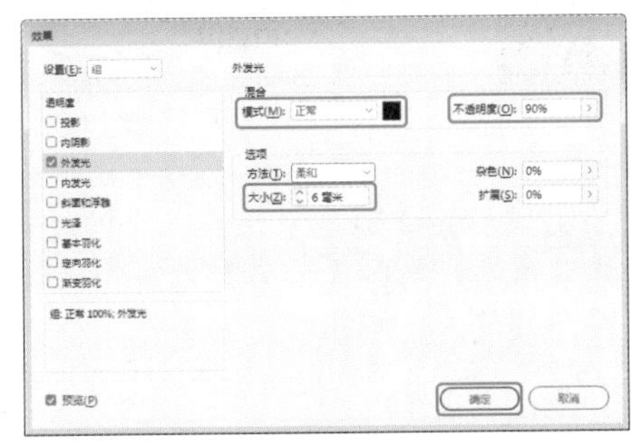

图1-97

图1-98

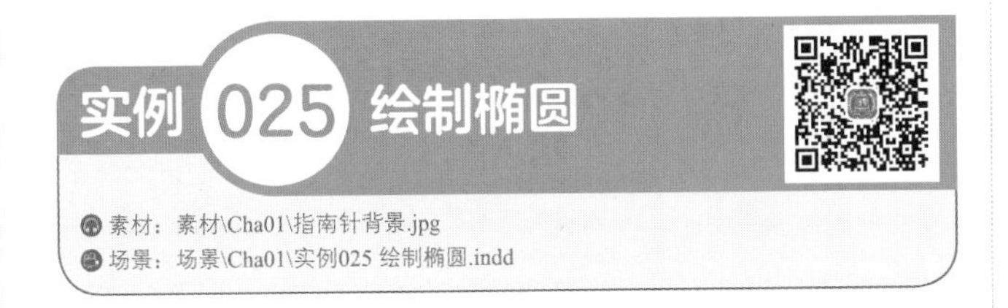

实例025 绘制椭圆

素材：素材\Cha01\指南针背景.jpg

场景：场景\Cha01\实例025 绘制椭圆.indd

本案例将讲解如何使用【椭圆工具】制作指南针，完成后效果如图1-99所示。

图1-99

Step 01 启动InDesign CC 2018，新建一个【宽度】、【高度】分别为1920毫米、1280毫米，【页面】为1的文档，并将边距均设置为20毫米。

Step 02 按Ctrl+D快捷组合键，在弹出的对话框中选择“素材\Cha01\指南针背景.jpg”素材文件，将其置入文档中。在【链接】面板中，右击置入的素材，在弹出的快捷菜单中选择【嵌入链接】命令，如图1-100所示。

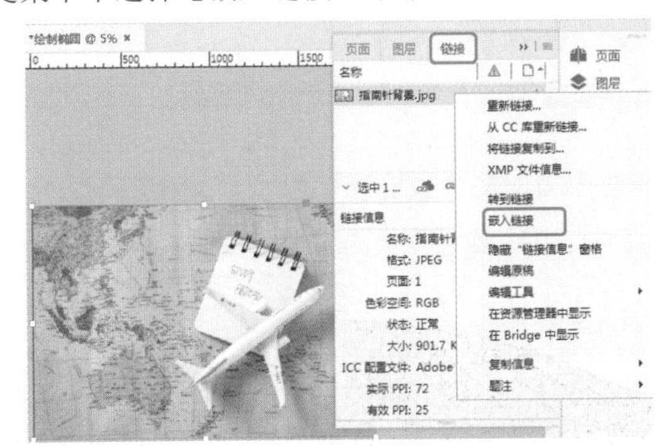

图1-100

Step 03 单击工具箱中的【椭圆工具】按钮，在文档窗口中绘制正圆，将【宽度】、【高度】都设置为418毫米，将【填色】的CMYK值设置为0、0、0、20，如图1-101所示。

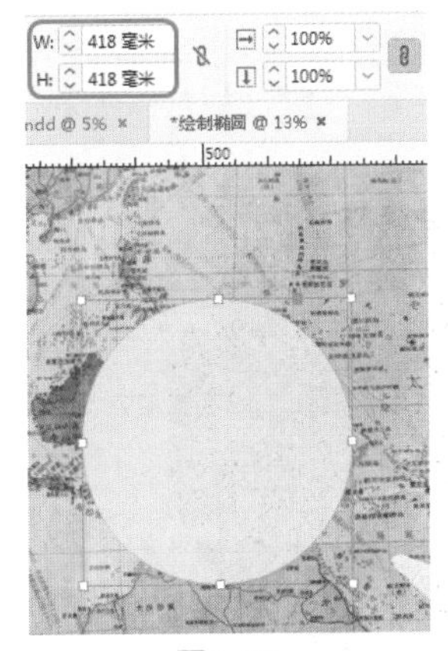

图1-101

Step 04 单击工具箱中的【椭圆工具】按钮，在文档窗口中绘制正圆，将【填色】设置为黑色、【描边】设置为无，将【宽度】、【高度】都设置为362毫米，如图1-102所示。

Step 05 单击工具箱中的【矩形工具】按钮，在文档窗口中绘制矩形，将【填色】设置为白色、【描边】设置为无，将【宽度】、【高度】分别设置为6毫米、22毫米，如图1-103所示。

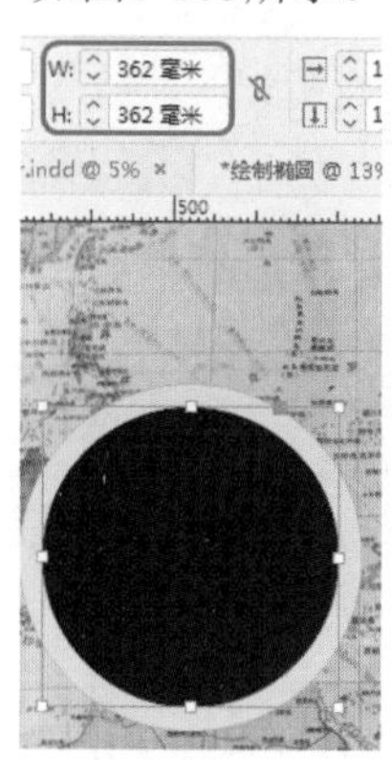

图1-102

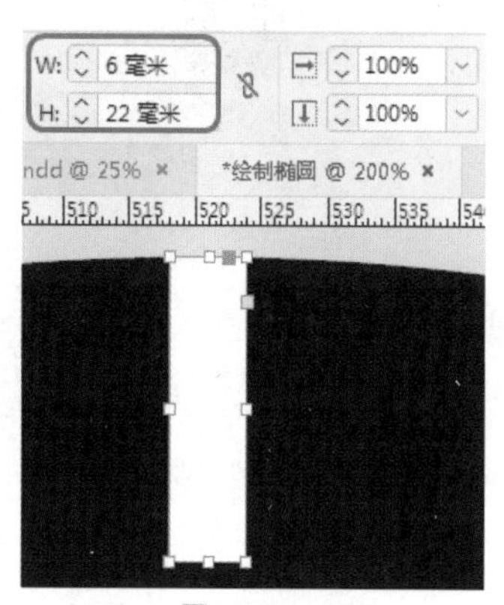

图1-103

Step 06 选择上一步绘制的矩形，在菜单栏中选择【对象】|【变换】|【旋转】命令，在弹出的对话框中将【角度】设置为30°，单击【复制】按钮，将其调整至合适的位置，如图1-104所示。

Step 07 使用相同的方法旋转并复制出其他图形，完成后效果如图1-105所示。

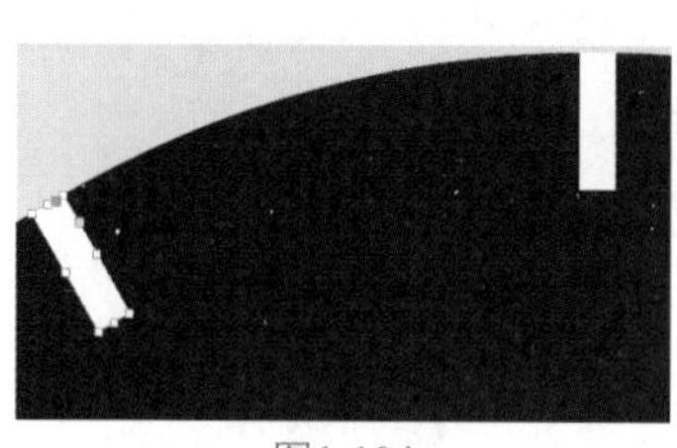
图1-104

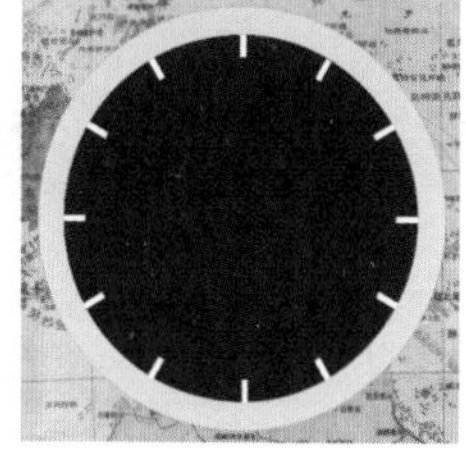
图1-105

Step 08 单击工具箱中的【文字工具】按钮，在文档窗口中单击并拖曳出四个适当大小的文本框，输入文本"N""S""W""E"，在【字符】面板中将【字体】设置为Arial、【字体大小】设置为100点，如图1-106所示。

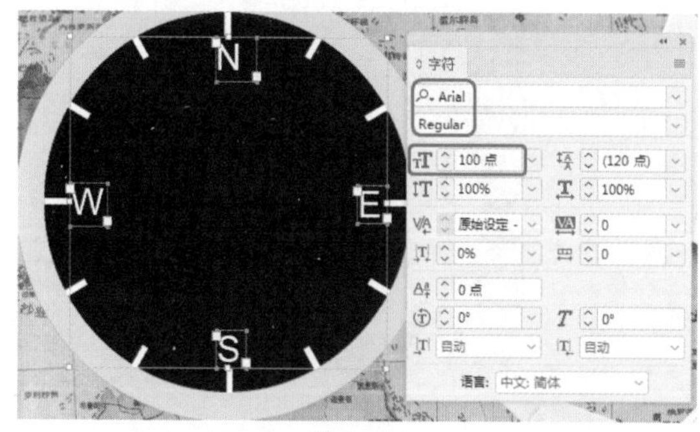

图1-106

Step 09 单击工具箱中的【钢笔工具】按钮，在文档窗口中绘制如图1-107所示的图形，将【填色】的CMYK值设置为97、83、0、0。

Step 10 单击工具箱中的【钢笔工具】按钮，在文档窗口中绘制如图1-108所示的图形，将【填色】的CMYK值设置为11、98、100、0。

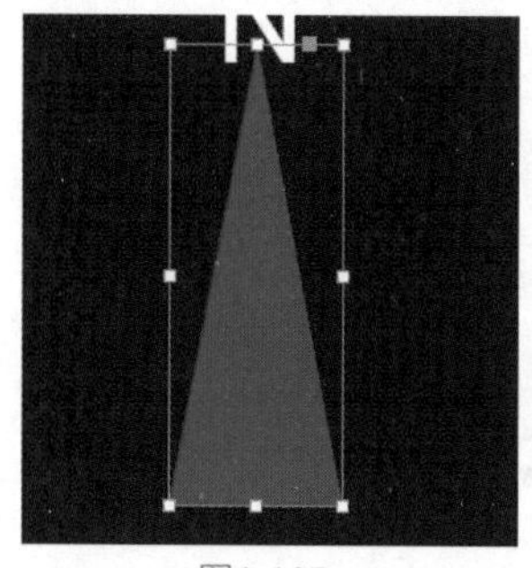
图1-107

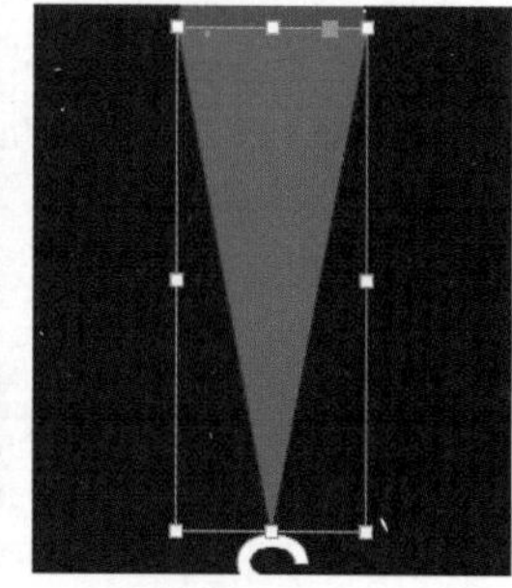
图1-108

Step 11 单击工具箱中的【椭圆工具】按钮，在文档窗口中绘制正圆，将【填色】的CMYK值设置为0、0、0、20，【描边】设置为无，将【宽度】、【高度】都设置为13毫米，如图1-109所示。

Step 12 按住Shift键的同时，用左键单击选择指针的两个三角形和圆形，将其编组，在菜单栏中选择【对象】|【变换】|【旋转】命令，将【角度】设置为-30°，单击【确定】按钮，将其调整至合适的位置，如图1-110所示。

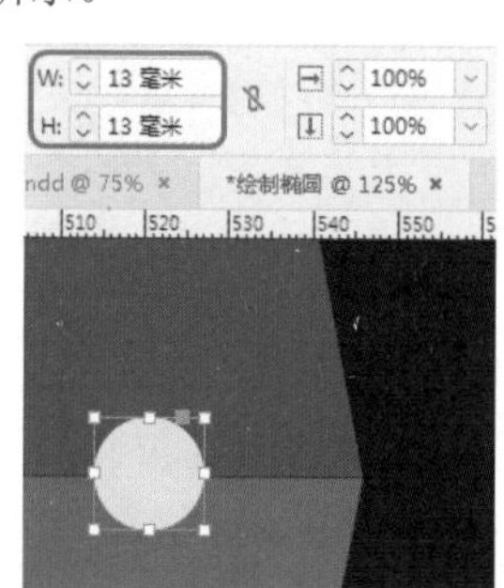

图1-109

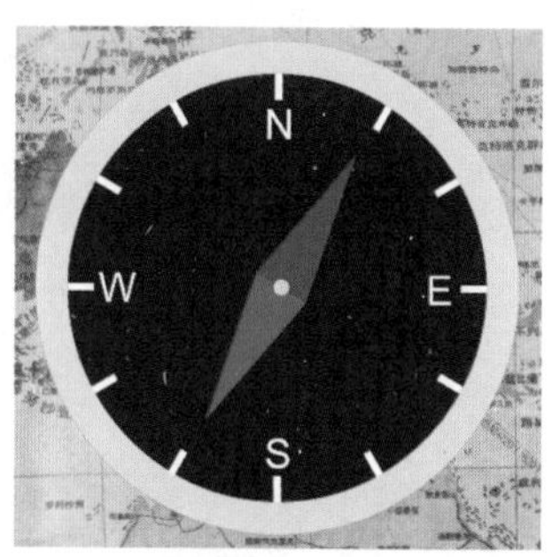

图1-110

Step 13 将除背景外的所有图形对象编组，在菜单栏中选择【对象】|【效果】|【投影】命令，在弹出的对话框中将【不透明度】设置为90%、【距离】设置为15毫米、【大小】设置为15毫米，单击【确定】按钮，如图1-111所示。

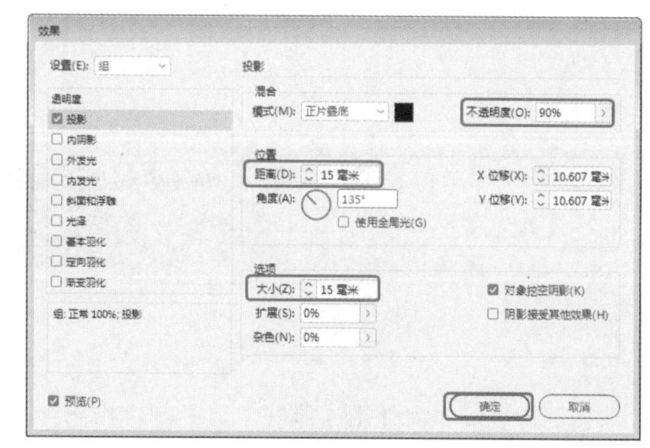

图1-111

Step 14 设置完成后，投影效果如图1-112所示。

图1-112

实例 026 绘制多边形

素材：素材\Cha01\足球背景.jpg

场景：场景\Cha01\实例026 绘制多边形.indd

本案例将讲解如何使用【多边形工具】制作足球，完成后效果如图1-113所示。

图1-113

Step 01 启动InDesign CC 2018，新建一个【宽度】、【高度】分别为960毫米、638.5毫米，【页面】为1的文档，并将边距均设置为20毫米。

Step 02 按Ctrl+D快捷组合键，在弹出的对话框中选择“素材\Cha01\足球背景.jpg”素材文件，将其置入文档中。在【链接】面板中，右击置入的素材，在弹出的快捷菜单中选择【嵌入链接】命令，如图1-114所示。

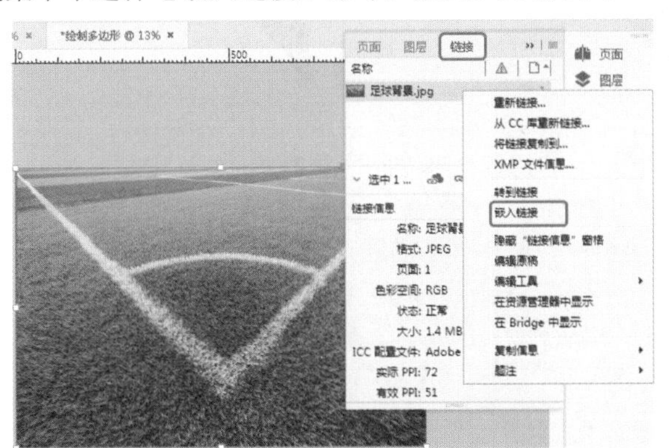

图1-114

Step 03 单击工具箱中的【椭圆工具】按钮，在文档窗口中绘制正圆，将【填色】的CMYK值设置为0、0、0、15，【描边】设置为无，将【宽度】、【高度】都设置为217毫米，如图1-115所示。

图1-115

Step 04 单击工具箱中的【多边形工具】按钮，在文档窗口中绘制正五边形，将【宽度】、【高度】都设置为72毫米，将【填色】设置为黑色，然后旋转-22°，如图1-116所示。

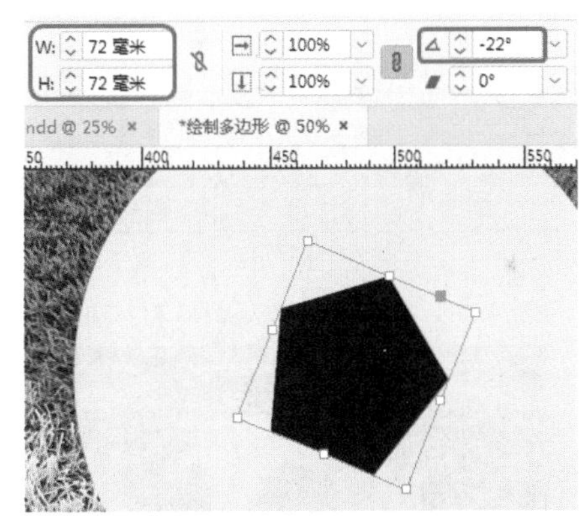

图1-116

Step 05 将上一步绘制的五边形复制出一个，使用【钢笔工具】和【直接选择工具】对复制的图形进行调整，如图1-117所示。

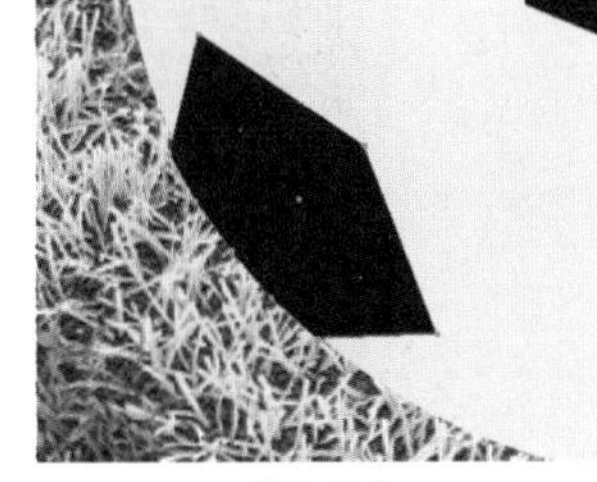

图1-117

Step 06 选择上一步调整好的图形，在菜单栏中选择【对象】|【变换】|【旋转】命令，在弹出的对话框中将【角度】设置为72°，单击【复制】按钮，调整至合适的位置，全部完成后效果如图1-118所示。

Step 07 单击工具箱中的【直线工具】按钮，在文档窗口中绘制若干条直线段，将【粗细】设置为2点，如图1-119所示。

图1-118

图1-119

Step 08 按住Shift键的同时，单击并选择除背景图片外的所有图形对象，将其编组，在菜单栏中选择【对象】|【效果】|【投影】命令，在弹出的对话框中将【距离】设置为20毫米、【角度】设为110°、【大小】设置为10毫米，单击【确定】按钮，如图1-120所示。

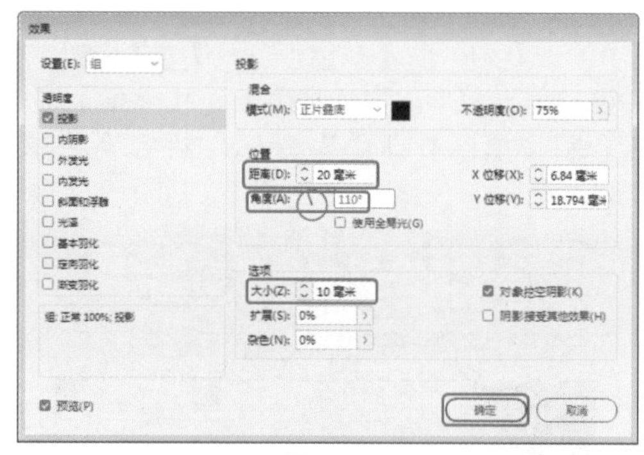

图1-120

Step 09 设置完成后，投影效果如图1-121所示。

图1-121

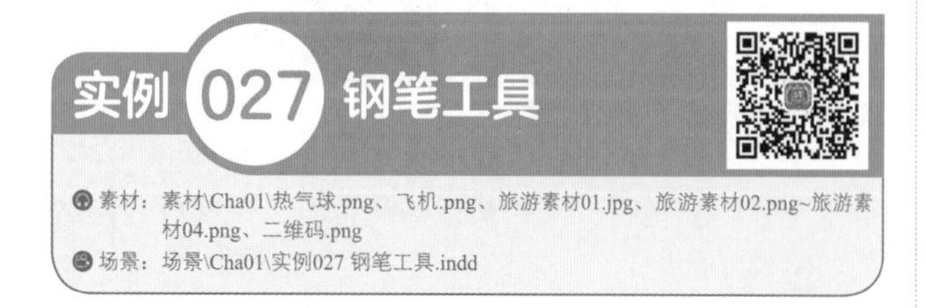

实例 027 钢笔工具

素材：素材\Cha01\热气球.png、飞机.png、旅游素材01.jpg、旅游素材02.png~旅游素材04.png、二维码.png

场景：场景\Cha01\实例027 钢笔工具.indd

本案例将讲解如何使用【钢笔工具】制作简约旅游海报，完成后效果如图1-122所示。

Step 01 启动软件，按Ctrl+N快捷组合键，在弹出的对话框中将【宽度】、【高度】分别设置为198毫米、297毫米，将【页面】设置为1，将【起点】设置为1，单击【边距和分栏】按钮，在弹出的对话框中将【上】、【下】、【内】、【外】均设置为20毫米，将【栏数】设置为1，单击【确定】按钮，将【屏幕模式】设置为预览，按Ctrl+D快捷组合键，置入“素材\Cha01\旅游素材01.jpg”素材文件，适当调整对象的大小及位置，效果如图1-123所示。

图1-122

图1-123

Step 02 在工具箱中单击【钢笔工具】按钮，绘制如图1-124所示的图形，设置【填色】的CMYK值为85、81、80、68，【描边】设置为无。

Step 03 在工具箱中单击【钢笔工具】按钮，绘制如图1-125所示的图形，设置【填色】的CMYK值为6、40、90、0，【描边】设置为无。

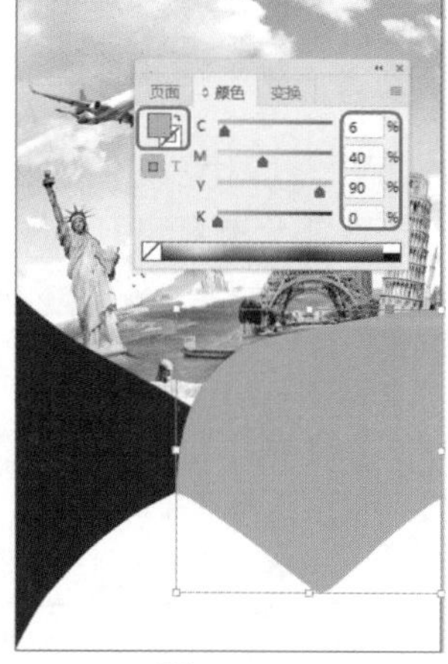

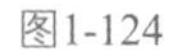

图1-124　　图1-125

Step 04 在工具箱中单击【钢笔工具】按钮，绘制如图1-126所示的图形，设置【填色】的CMYK值为4、26、89、0，【描边】设置为无。

Step 05 在工具箱中单击【钢笔工具】按钮，绘制如图1-127所示的图形，设置【填色】的CMYK值为18、13、13、0，【描边】设置为无。

Step 06 在工具箱中单击【钢笔工具】按钮，绘制如图1-128所示的图形，设置【填色】的CMYK值为

80、45、0、0，【描边】设置为无。

图1-126

图1-127

图1-128

Step 07 按Ctrl+D快捷组合键，置入“素材\Cha01\飞机.png”素材文件，适当调整对象的大小及位置，如图1-129所示。

图1-129

Step 08 选中飞机对象，按住Alt键的同时拖动鼠标，进行复制，在复制后的飞机上右击，在弹出的快捷菜单中选择【变换】|【旋转180°】命令，适当调整对象的位置，如图1-130所示。

Step 09 按Ctrl+D快捷组合键，置入“素材\Cha01\热气球.png、旅游素材02.png、旅游素材03.png”素材文件，适当调整对象的大小及位置，如图1-131所示。

图1-130

图1-131

Step 10 使用【钢笔工具】绘制线段，将【填色】设置为无，将【描边】设置为白色，在【描边】面板中将【粗细】设置为1.5点，设置【类型】为虚线（3和2），如图1-132所示。

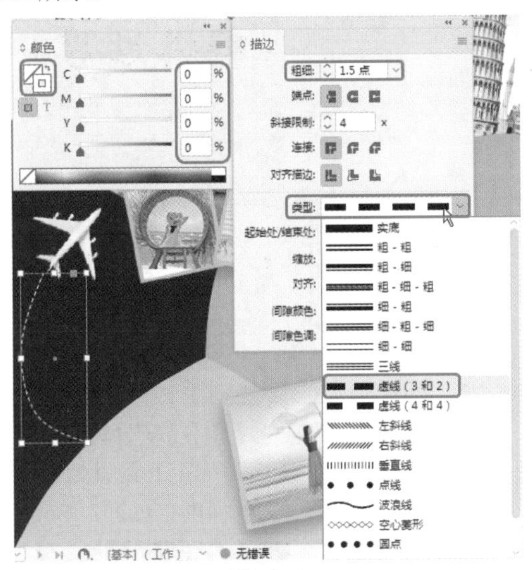
图1-132

Step 11 按Ctrl+D快捷组合键，置入“素材\Cha01\旅游素材04.png”素材文件，适当调整对象的大小及位置，如图1-133所示。

图1-133

Step 12 在工具箱中单击【文字工具】按钮T，绘制文本框并输入文本，将【字体】设置为【方正粗黑宋简体】，将【字体大小】设置为14点，将【字符间距】设置为0，将【填色】的CMYK值设置为0、0、0、0，如图1-134所示。

图1-134

Step 13 在工具箱中单击【文字工具】按钮，绘制文本框并输入文本，将【字体】设置为【汉仪蝶语体简】，将【字体大小】设置为45点，将【字符间距】设置为0，将【填色】的CMYK值设置为0、0、0、100，如图1-135所示。

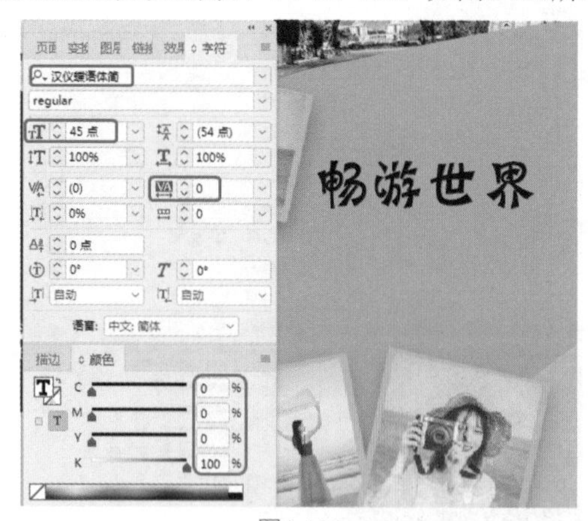

图1-135

Step 14 在工具箱中单击【文字工具】按钮，绘制文本框并输入文本，将【字体】设置为【汉仪蝶语体简】，将【字体大小】设置为26点，将【字符间距】设置为0，将【填色】的CMYK值设置为0、0、0、100，如图1-136所示。

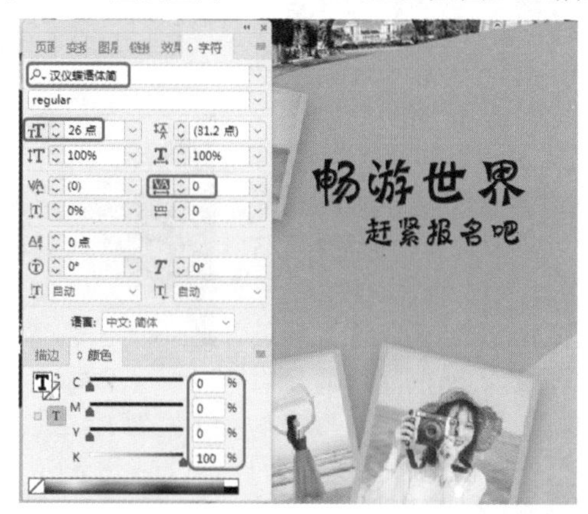

图1-136

Step 15 在工具箱中单击【文字工具】按钮，绘制文本框并输入文本，将【字体】设置为Blackadder ITC，将【字体大小】设置为26点，将【字符间距】设置为0，将【填色】的CMYK值设置为0、0、0、100，如图1-137所示。

图1-137

Step 16 在工具箱中单击【文字工具】按钮，绘制文本框并输入文本，将【字体】设置为Blackadder ITC，将【字体大小】设置为13点，【行距】设置为15点，将【字符间距】设置为0，将【段落】设置为右对齐，将【填色】的CMYK值设置为0、0、0、100，如图1-138所示。

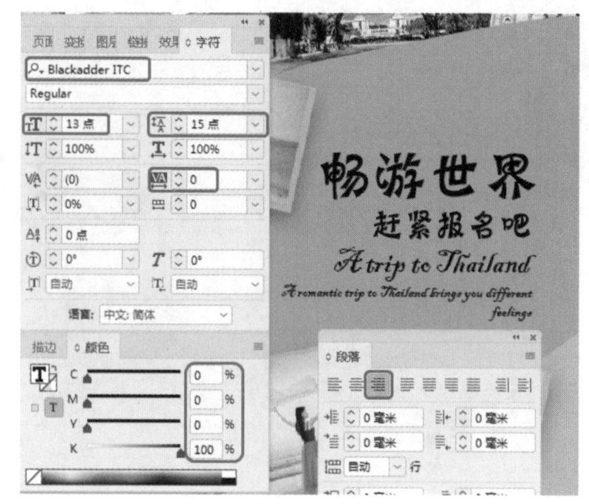

图1-138

Step 17 按Ctrl+D快捷组合键，置入“素材\Cha01\二维码.png”素材文件，适当调整对象的大小及位置，如图1-139所示。

图1-139

Step 18 在工具箱中单击【文字工具】按钮，绘制文本框并输入文本，将【字体】设置为【Adobe 黑体 Std】，将【字体大小】设置为13点，将【字符间距】设置为0，将【填色】的CMYK值设置为0、0、0、100，如图1-140所示。

图1-140

第2章 书籍封面、背面及底面设计

本章导读

书籍是人类进步和文明的重要标志之一，跨入21世纪，书籍已成为传播知识、科学技术和保存文化的主要工具之一。在本章的学习中，还介绍了包装盒的设计制作，包装设计综合运用了自然科学和美学知识，产品通过包装设计的特色来体现产品的独特和新颖之处，以此来吸引更多的消费者前来购买，更有人把它当作礼品外送。因此，我们可以看出包装设计对产品的推广和建立品牌是至关重要的。

实例 028 诗词类书籍封面

素材：素材\Cha02\诗词1.jpg

场景：场景\Cha02\实例028 诗词类书籍封面.indd

书籍封面需要有效而恰当地反映书籍的内容、特色和著译者的意图，符合读者不同年龄、职业、性别的需要，还要考虑大多数人的审美欣赏习惯，并体现不同的民族风格和时代特征。本案例将讲解诗词类书籍封面的制作方法，完成后效果如图2-1所示。

图2-1

Step 01 启动InDesign CC 2018，新建一个【宽度】、【高度】分别为456毫米、303毫米，【页面】为1的文档，并将边距均设置为20毫米。

Step 02 单击工具箱中的【矩形工具】按钮，在文档窗口中绘制矩形，将【填色】的CMYK值设置为50、10、0、0，【描边】设置为无，将W、H分别设置为456毫米、303毫米，如图2-2所示。

图2-2

Step 03 单击工具箱中的【直排文字工具】按钮，在文档窗口中用左键单击并拖曳出两个适当大小的文本框，输入文本“诗词的”“魅力”，按Ctrl+T快捷组合键，在弹出的【字符】面板中将【字体】设置为【汉仪大宋简】，将文本“诗词的”的【字体大小】设置为60点，文本“魅力”的【字体大小】设置为65点，如图2-3所示。

Step 04 单击工具箱中的【矩形工具】按钮，在文档窗口中绘制矩形，将【填色】设置为黑色、【描边】设置为无，将W、H分别设置为5毫米、30毫米，如图2-4所示。

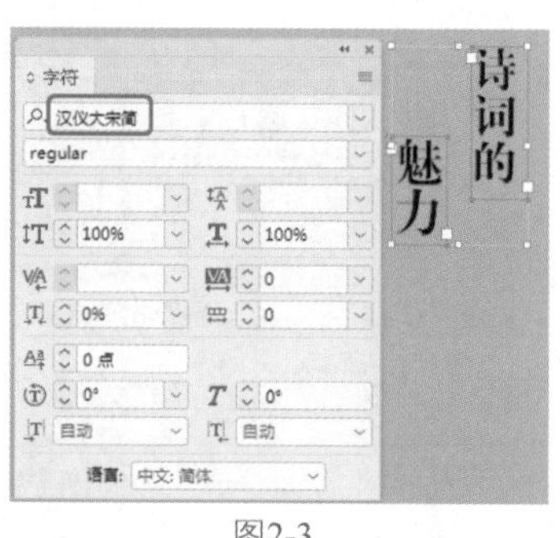

图2-3

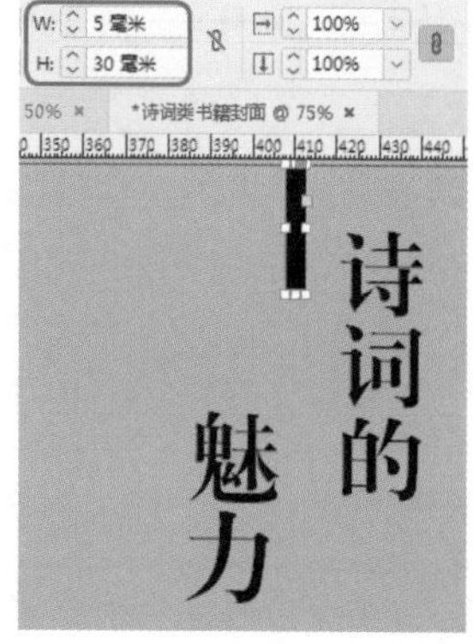

图2-4

Step 05 单击工具箱中的【文字工具】按钮，在文档窗口中用左键单击并拖曳出一个适当大小的文本框，输入如图2-5所示的文本。按Ctrl+T快捷组合键，在弹出的【字符】面板中将【字体】设置为【Adobe 宋体 Std】，将【字体大小】设置为18点、【行间距】设置为36点。

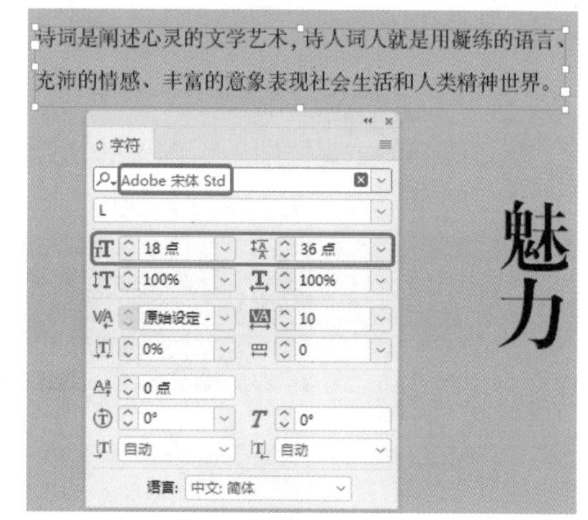

图2-5

Step 06 单击工具箱中的【文字工具】按钮，输入文本“张婷/著”，按Ctrl+T快捷组合键，在弹出的【字符】面板中将【字体】设置为【方正楷体简体】，将【字体大小】设置为28点，如图2-6所示。

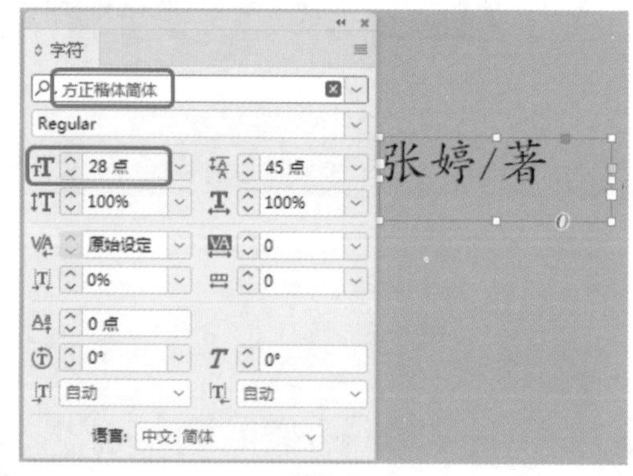

图2-6

Step 07 按Ctrl+D快捷组合键，在弹出的对话框中选择“素材\Cha02\诗词1.jpg”素材文件，将其置入文档中，并适当地对图像进行调整。在【链接】面板中，右击置入的素材，在弹出的快捷菜单中选择【嵌入链接】命令，如图2-7所示。

图2-7

Step 08 单击工具箱中的【文字工具】按钮，在文档窗口中用左键单击并拖曳出一个适当大小的文本框，输入文本“匠品文化艺术出版社”，按Ctrl+T快捷组合键，在弹出的【字符】面板中将【字体】设置为【Adobe 仿宋 Std】，将【字体大小】设置为25点，将【字符间距】设置为100，如图2-8所示。

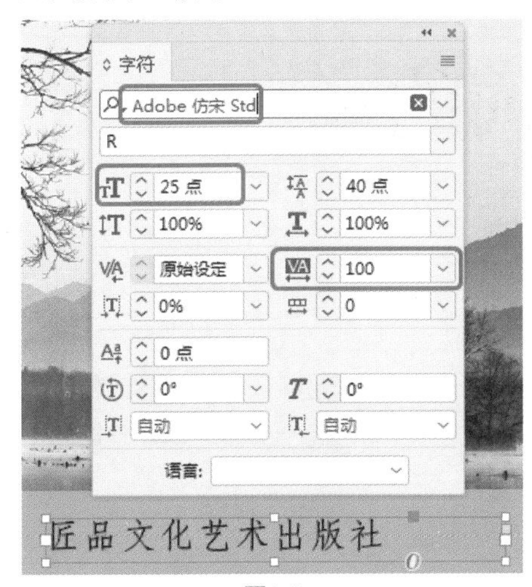

图2-8

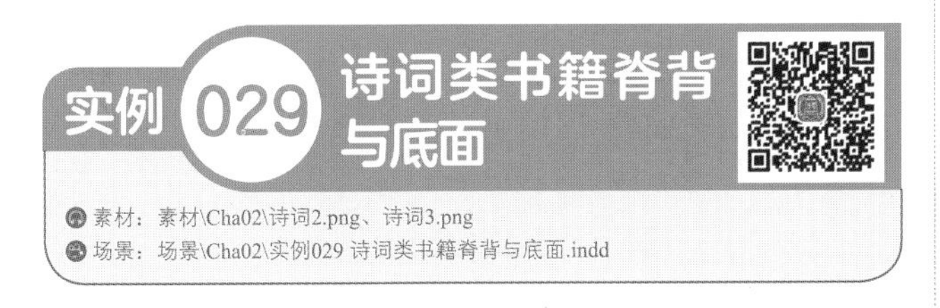

实例029 诗词类书籍脊背与底面

素材：素材\Cha02\诗词2.png、诗词3.png

场景：场景\Cha02\实例029 诗词类书籍脊背与底面.indd

书籍封面制作完成后，本案例将讲解如何制作书籍脊背与底面，效果如图2-9所示。

图2-9

Step 01 单击工具箱中的【矩形工具】按钮，在文档窗口中绘制矩形，将【填色】的CMYK值设置为55、24、0、0，【描边】设置为无，将W、H分别设置为30毫米、303毫米，如图2-10所示。

图2-10

Step 02 按Ctrl+D快捷组合键，在弹出的对话框中选择“素材\Cha02\诗词2.png”素材文件，将其置入文档中，并调整其大小与位置。在【链接】面板中，右击置入的素材，在弹出的快捷菜单中选择【嵌入链接】命令，如图2-11所示。

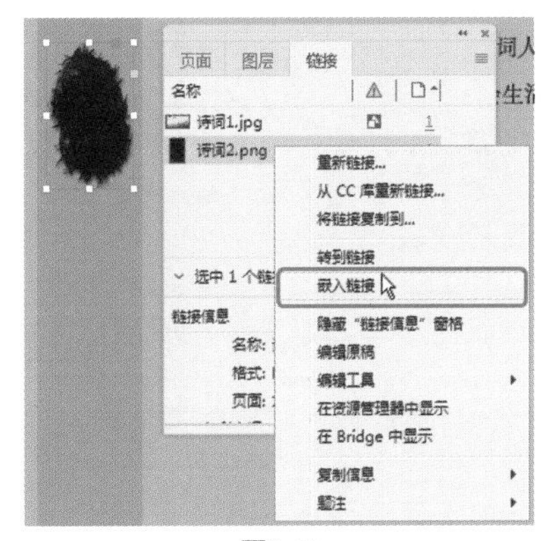

图2-11

Step 03 单击工具箱中的【直排文字工具】按钮，在文档窗口中单击并拖曳出一个适当大小的文本框，输入文本“典藏”。按Ctrl+T快捷组合键，在弹出的【字符】

面板中将【字体】设置为【苏新诗卵石体】，将【字体大小】设置为38点，将文本【填色】的CMYK值设置为45、7、0、0，如图2-12所示。

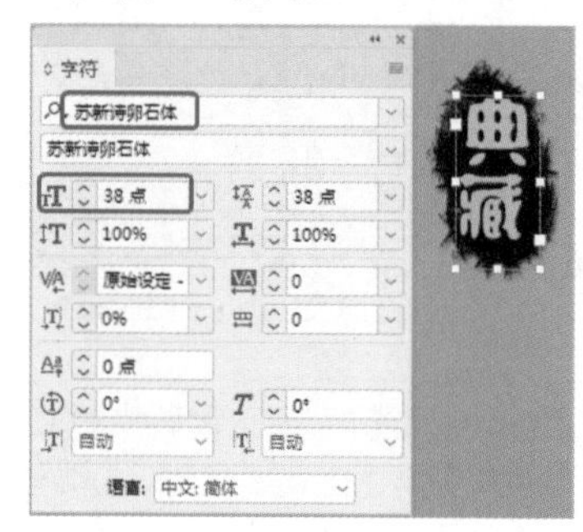

图2-12

Step 04 单击工具箱中的【直排文字工具】按钮，在文档窗口中单击并拖曳出一个适当大小的文本框，输入文本“诗词的魅力”。按Ctrl+T快捷组合键，在弹出的【字符】面板中将【字体】设置为【方正楷体简体】，将【字体大小】设置为45点，如图2-13所示。

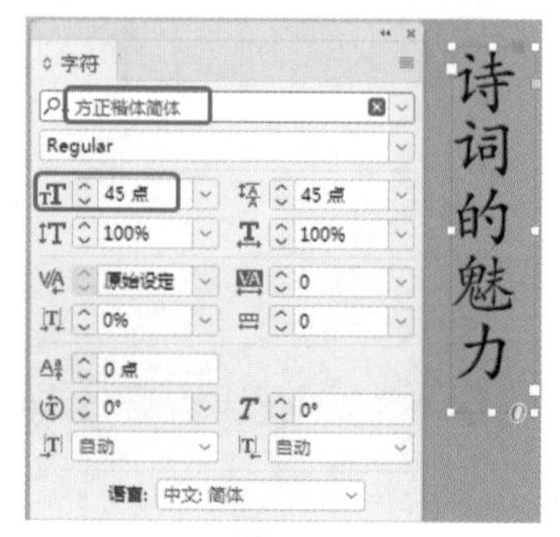

图2-13

Step 05 单击工具箱中的【直排文字工具】按钮，在文档窗口中单击并拖曳出两个适当大小的文本框，输入文本“张婷”“著”。按Ctrl+T快捷组合键，在弹出的【字符】面板中将【字体】设置为【方正楷体简体】，将【字体大小】设置为28点，如图2-14所示。

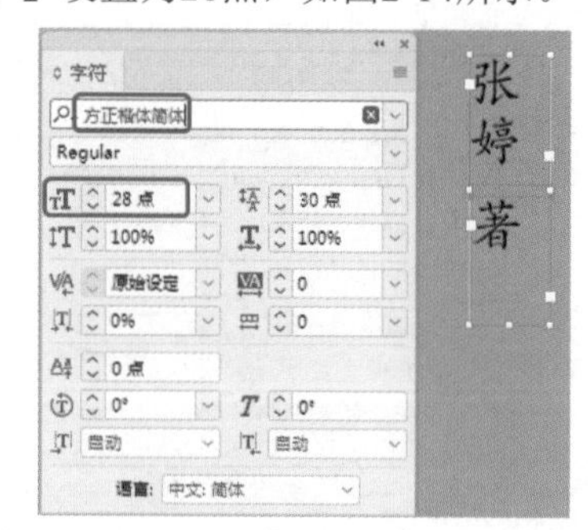

图2-14

Step 06 单击工具箱中的【直排文字工具】按钮，在文档窗口中单击并拖曳出一个适当大小的文本框，输入文本“匠品文化艺术出版社”。按Ctrl+T快捷组合键，在弹出的【字符】面板中将【字体】设置为【Adobe 仿宋 Std】，将【字体大小】设置为25点，如图2-15所示。

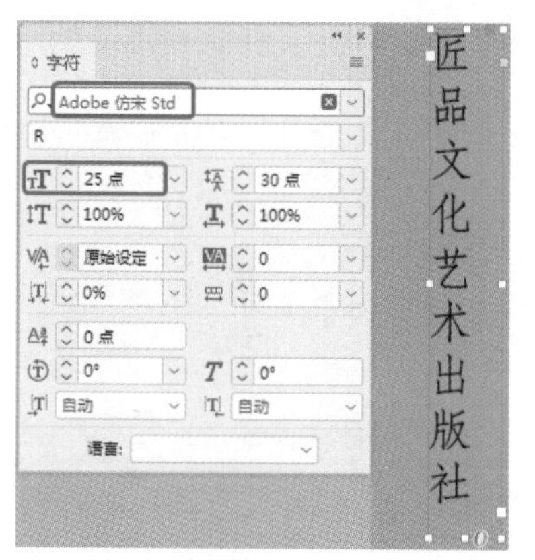

图2-15

Step 07 单击工具箱中的【文字工具】按钮T，在文档窗口中用左键单击并拖曳出两个适当大小的文本框，输入文本“诗词的”“魅力”，按Ctrl+T快捷组合键，在弹出的【字符】面板中将【字体】设置为【汉仪大宋简】，将文本“诗词的”的【字体大小】设置为115点，将文本“魅力”的【字体大小】设置为70点，如图2-16所示。

Step 08 单击工具箱中的【选择工具】按钮▶，按住Shift键选择上一步输入的两组文本。按Ctrl+Shift+F10快捷组合键，在弹出的【效果】面板中将【混合模式】设置为【正片叠底】，将【不透明度】设置为20%，如图2-17所示。

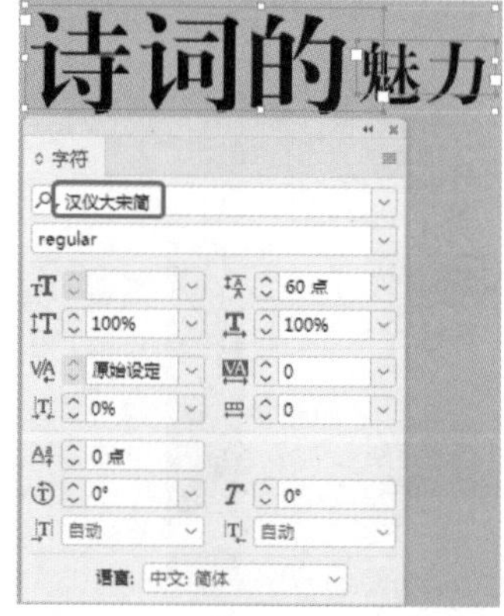

图2-16

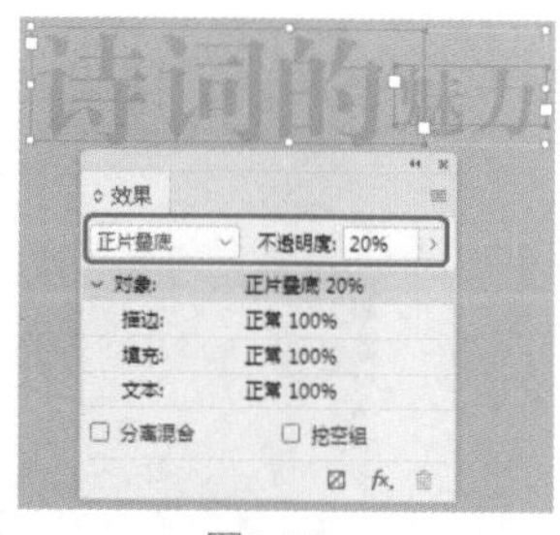

图2-17

Step 09 单击工具箱中的【文字工具】按钮，在文档窗口中单击并拖曳出两个适当大小的文本框，输入文本“诗词的”“魅力”。按Ctrl+T快捷组合键，在弹出的【字符】面板中将【字体】设置为【汉仪大宋简】，将文本“诗词的”的【字体大小】设置为55点，将文本“魅力”的【字体大小】设置为35点，如图2-18所示。

Step 10 单击工具箱中的【钢笔工具】按钮，按住Shift键在文档窗口中绘制一条长度为120毫米的水平线段，将【描边】的CMYK值设置为49、57、100、4，将描边粗细设置为5点，将描边设置为【实底】，如图2-19所示。

图2-18

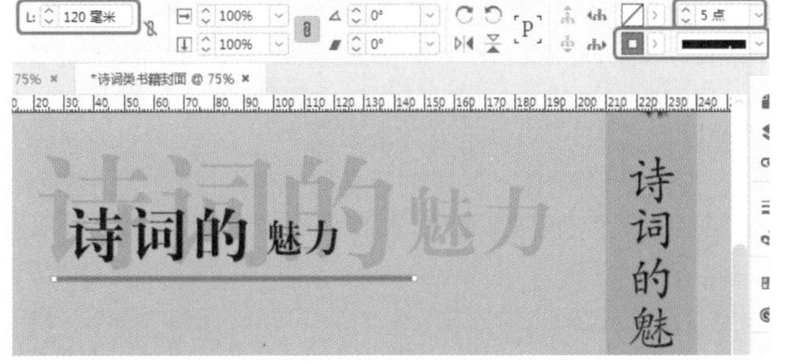

图2-19

Step 11 单击工具箱中的【文字工具】按钮，在文档窗口中单击并拖曳出一个适当大小的文本框，输入如图2-20所示的文本。按Ctrl+T快捷组合键，在弹出的【字符】面板中将【字体】设置为【宋体】，将【字体大小】设置为16点，【行距】设置为30点。

Step 12 单击工具箱中的【矩形工具】按钮，在文档窗口中绘制矩形，将【填色】设置为白色，【描边】设置为无，将W、H分别设置为39毫米、42毫米，如图2-21所示。

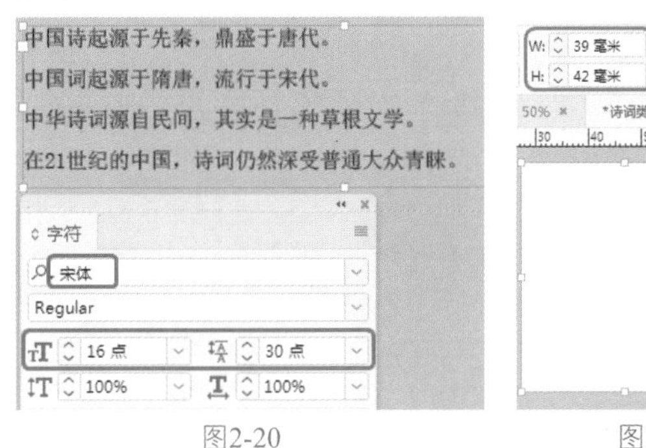

图2-20

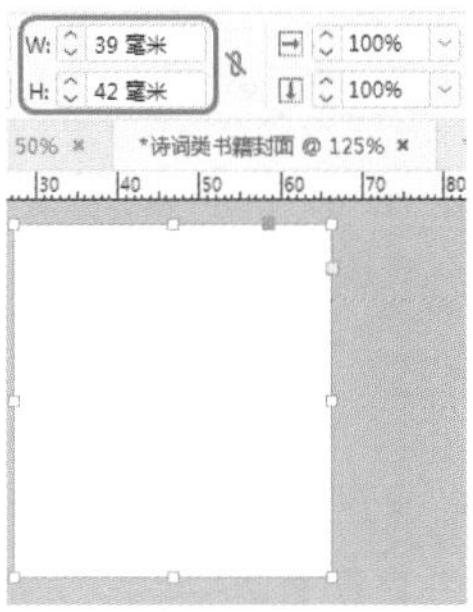

图2-21

Step 13 按Ctrl+D快捷组合键，在弹出的对话框中选择“素材\Cha02\诗词3.png”素材文件，将其置入文档中，并调整其大小与位置。在【链接】面板中，右击置入的素材，在弹出的快捷菜单中选择【嵌入链接】命令，如图2-22所示。

Step 14 单击工具箱中的【文字工具】按钮，在文档窗口中单击并拖曳出一个适当大小的文本框，输入文本“扫码在线阅读”。按Ctrl+T快捷组合键，在弹出的【字符】面板中将【字体】设置为【黑体】，将【字体大小】设置为10点，将【字符间距】设置为600，如图2-23所示。

图2-22

图2-23

Step 15 单击工具箱中的【文字工具】按钮，在文档窗口中单击并拖曳出一个适当大小的文本框，输入文本GDWZ-240-567866。按Ctrl+T快捷组合键，在弹出的【字符】面板中将【字体】设置为【宋体】，将【字体大小】设置为16点，如图2-24所示。

图2-24

Step 16 单击工具箱中的【钢笔工具】按钮，在文档窗口中按住Shift键绘制一条长44毫米的水平线段，在【描边】面板中将【粗细】设置为2点，如图2-25所示。

Step 17 单击工具箱中的【文字工具】按钮，在文档窗口中单击并拖曳出一个适当大小的文本框，输入文本“定价：66元”。按Ctrl+T快捷组合键，在弹出的【字符】面板中将【字体】设置为【宋体】，将【字体大小】设置为20点，如图2-26所示。

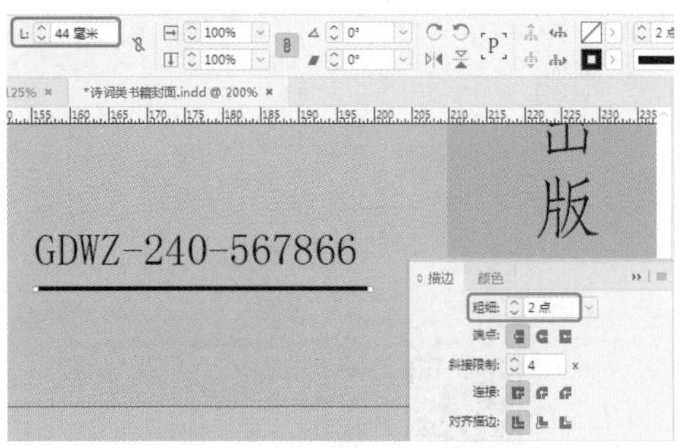

图2-25

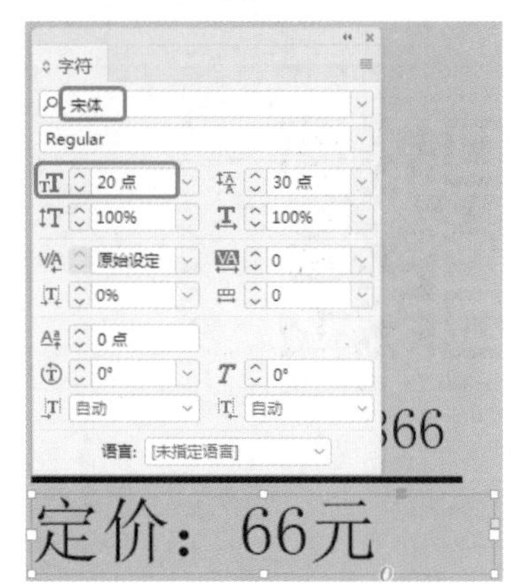

图2-26

实例030 小说书籍封面

素材：素材\Cha02\小说1.jpg

场景：场景\Cha02\实例030 小说书籍封面.indd

小说经常以刻画人物形象为中心，是通过完整的故事情节和环境描写来反映社会生活的文学体裁。本节将介绍如何制作小说书籍封面，效果如图2-27所示。

图2-27

Step 01 启动InDesign CC 2018，新建一个【宽度】、【高度】分别为470毫米、297毫米，【页面】为1的文档，并将边距均设置为20毫米。

Step 02 单击工具箱中的【矩形工具】按钮，在文档窗口中绘制矩形，将W、H分别设置为470毫米、297毫米，将【填色】的CMYK值设置为9、7、7、0，【描边】设置为黑色，如图2-28所示。

图2-28

Step 03 按Ctrl+D快捷组合键，在弹出的对话框中选择“素材\Cha02\小说1.jpg”素材文件，将其置入文档中并适当调整其高度。在【链接】面板中，右击置入的素材，在弹出的快捷菜单中选择【嵌入链接】命令，如图2-29所示。

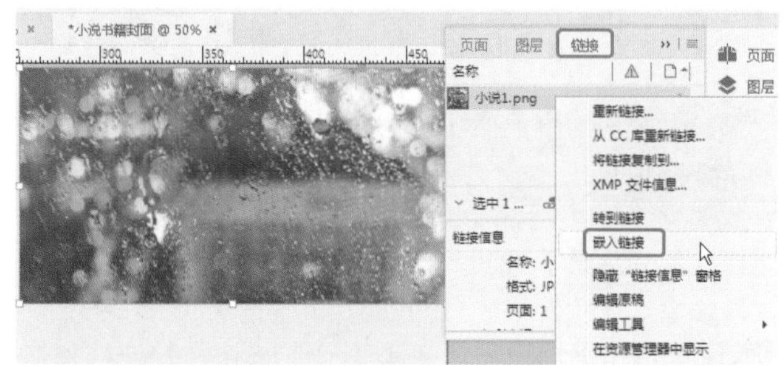

图2-29

Step 04 单击工具箱中的【钢笔工具】按钮，在文档窗口中绘制如图2-30所示的图形，将【填色】设置为白色，将【描边】设置为无，在【效果】面板中将【不透明度】设置为85%。

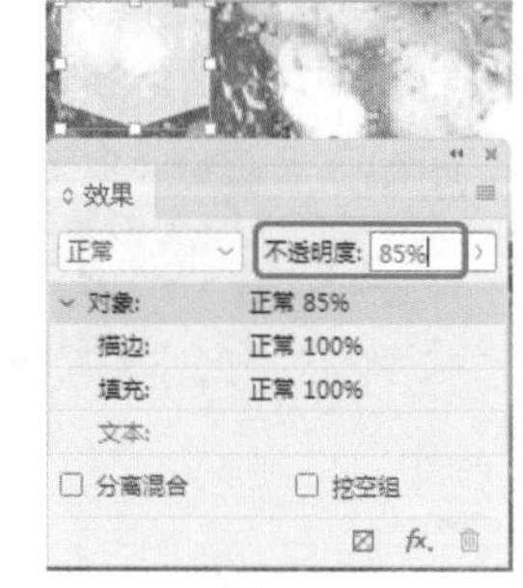

图2-30

Step 05 单击工具箱中的【钢笔工具】按钮，在文档窗口中绘制如图2-31所示的线条，将【描边】设置为白色，在【描边】面板中将【粗细】设置为5点，在【效果】面板中将【不透明度】设置为85%。

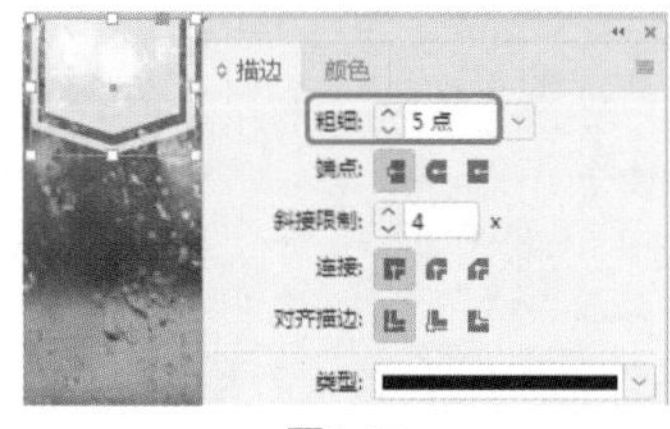

图2-31

Step 06 单击工具箱中的【直排文字工具】按钮，在文档窗口中单击并拖曳出一个适当大小的文本框，输入文本“她从”，将文本的【填色】设置为白色。按Ctrl+T快捷组合键，在弹出的【字符】面板中将【字体】设置为【方正书宋简体】，将【字体大小】设置为84点，如图2-32所示。

图2-32

Step 07 单击工具箱中的【直排文字工具】按钮，在文档窗口中单击并拖曳出一个适当大小的文本框，输入文本“雨”。按Ctrl+T快捷组合键，在弹出的【字符】面板中将【字体】设置为【方正书宋简体】，将【字体大小】设置为62点，如图2-33所示。

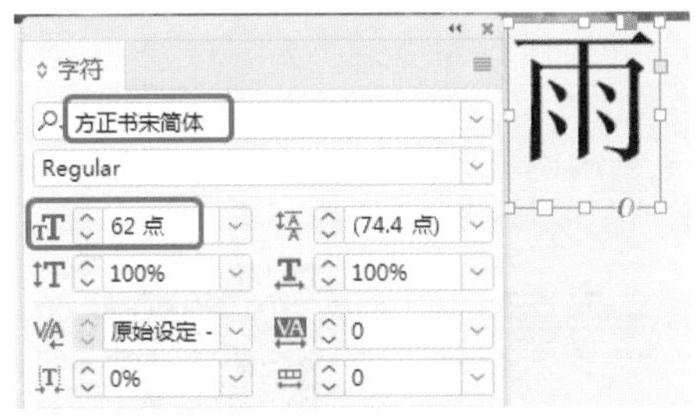

图2-33

Step 08 单击工具箱中的【椭圆工具】按钮，在文档窗口中绘制正圆，将【填色】设置为黑色，【描边】设置为无，将W、H都设置为5毫米，如图2-34所示。

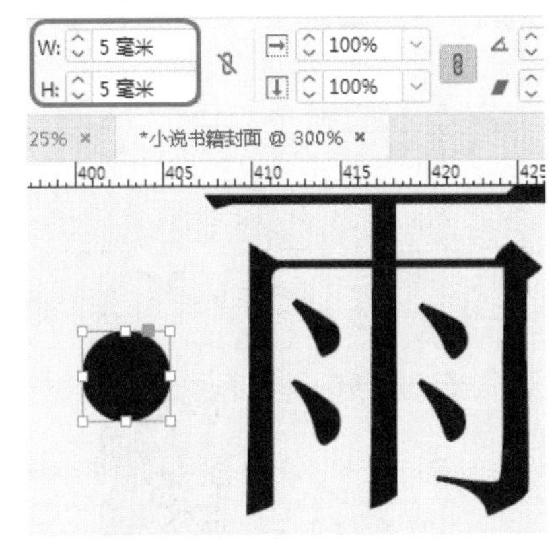

图2-34

Step 09 单击工具箱中的【直排文字工具】按钮，在文档窗口中单击并拖曳出一个适当大小的文本框，输入文本“中来”。按Ctrl+T快捷组合键，在弹出的【字符】面板中将【字体】设置为【方正书宋简体】，将【字体大小】设置为84点，如图2-35所示。

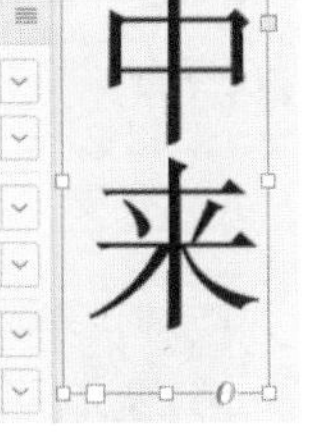

图2-35

Step 10 单击工具箱中的【文字工具】按钮，在文档窗口中单击并拖曳出一个适当大小的文本框，输入如图2-36所示的文本。按Ctrl+T快捷组合键，在弹出的【字符】面板中将【字体】设置为【方正大黑简体】，将【字体大小】设置为12点，将【行距】设置为24点，将【填色】的CMYK值设置为79、73、71、43。

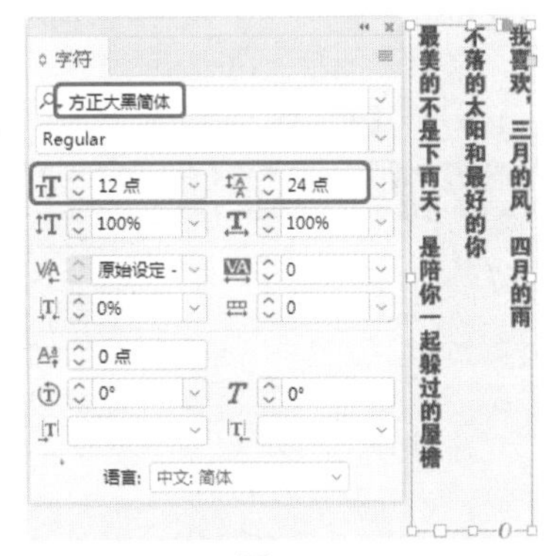

图2-36

Step 11 单击工具箱中的【文字工具】按钮，在文档窗口中单击并拖曳出一个适当大小的文本框，输入文本“蓝枫　　著”。按Ctrl+T快捷组合键，在弹出的【字符】面板中将【字体】设置为【Adobe 宋体 Std】，将【字体大小】设置为15点，如图2-37所示。

Step 12 单击工具箱中的【文字工具】按钮，在文档窗口中单击并拖曳出一个适当大小的文本框，输入如图2-38所示的文本。按Ctrl+T快捷组合键，在弹出的【字符】面板中将【字体】设置为【Adobe 宋体 Std】，将【字体大小】设置为9点，将【行距】设置为14点。

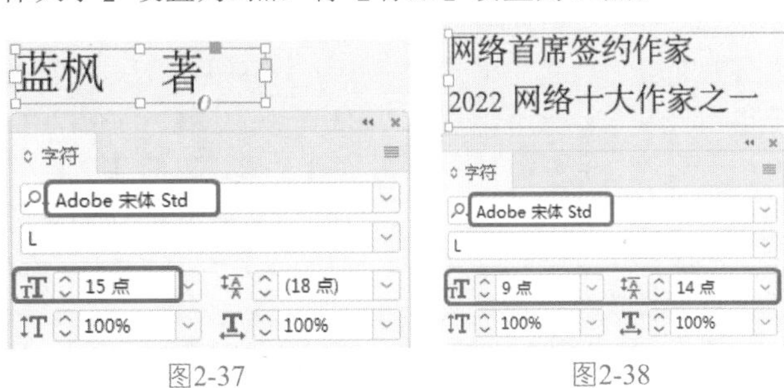

图2-37　　图2-38

Step 13 单击工具箱中的【矩形工具】按钮，在文档窗口中绘制矩形，将【填色】的CMYK值设置为25、94、84、0，【描边】设置为无，将W、H分别设置为210毫米、72毫米，如图2-39所示。

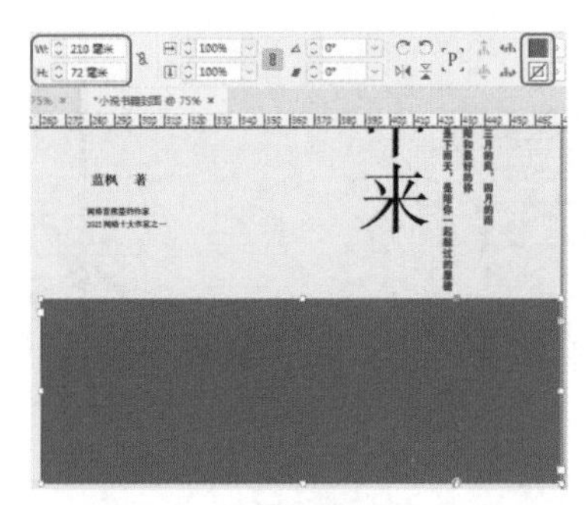

图2-39

Step 14 单击工具箱中的【文字工具】按钮，在文档窗口中单击并拖曳出一个适当大小的文本框，输入如图2-40所示的文本。按Ctrl+T快捷组合键，在弹出的【字符】面板中将文本“15年”“百万册”“全新力作”的【字体】设置为【方正大黑简体】，其他文本的【字体】设置为【黑体】，将【字体大小】设置为28点，将【字符间距】设置为10，将【填色】设置为白色。

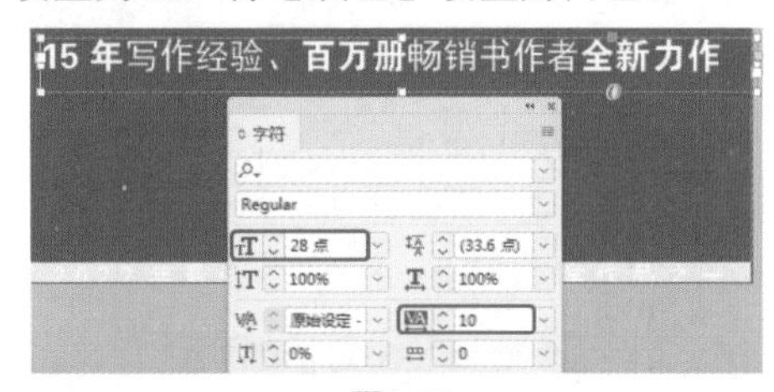

图2-40

Step 15 单击工具箱中的【文字工具】按钮，在文档窗口中单击并拖曳出一个适当大小的文本框，输入如图2-41所示的文本。按Ctrl+T快捷组合键，在弹出的【字符】面板中将【字体】设置为【黑体】，将【字体大小】设置为20点，将【字符间距】设置为390，将【填色】设置为白色。

图2-41

Step 16 单击工具箱中的【文字工具】按钮，在文档窗口中单击并拖曳出一个适当大小的文本框，输入如图2-42所示的文本。按Ctrl+T快捷组合键，在弹出的【字符】面板中将【字体】设置为【方正大黑简体】，将【字体大小】设置为24点，将【字符间距】设置为110，将【填色】设置为白色。

图2-42

Step 17 单击工具箱中的【文字工具】按钮，在文档窗口中单击并拖曳出一个适当大小的文本框，输入文本“匠品文艺出版社”。按Ctrl+T快捷组合键，在弹出的【字符】面板中将【字体】设置为【黑体】，将【字体大小】设置为18点，将【填色】设置为白色，在【段落】面板中单击【全部强制双齐】按钮，如图2-43所示。

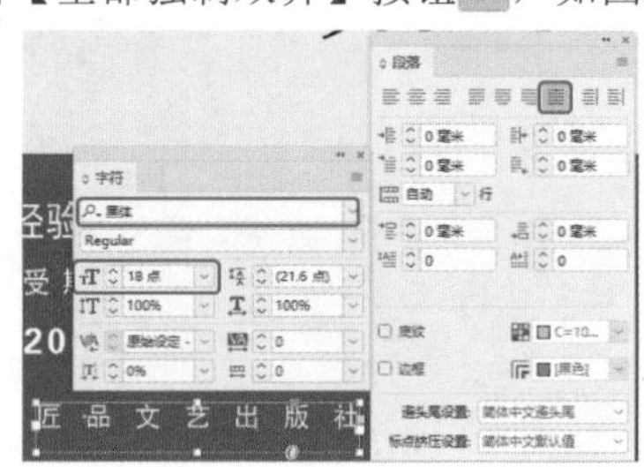

图2-43

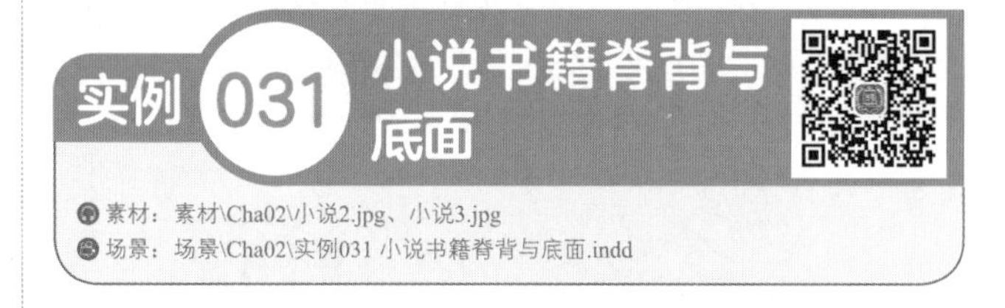

实例031 小说书籍脊背与底面

素材：素材\Cha02\小说2.jpg、小说3.jpg

场景：场景\Cha02\实例031 小说书籍脊背与底面.indd

小说封面制作完成后，本案例将讲解如何制作书籍脊背与底面，完成后效果如图2-44所示。

图2-44

Step 01 单击工具箱中的【矩形工具】按钮，在文档窗口中绘制矩形，将W、H分别设置为50毫米、297毫米，将【填色】设置为无，【描边】设置为黑色，如图2-45所示。

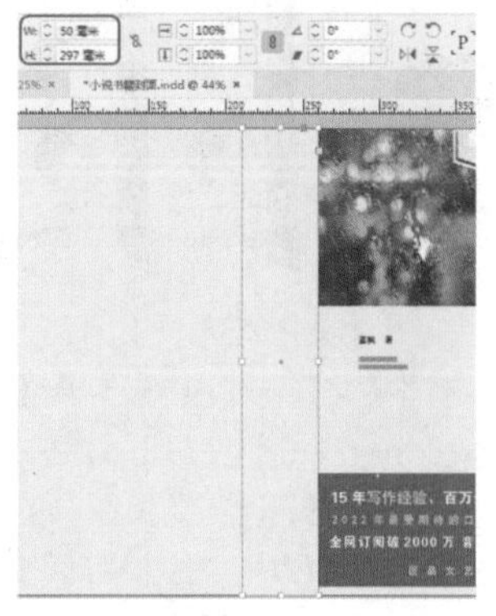

图2-45

Step 02 单击工具箱中的【直排文字工具】按钮，在文档窗口中单击并拖曳出一个适当大小的文本框，输入文本“她从雨中来”。按Ctrl+T快捷组合键，在弹出的【字符】面板中将【字体】设置为【方正楷体简体】，将【字体大小】设置为72点，如图2-46所示。

Step 03 单击工具箱中的【直排文字工具】按钮，在文档窗口中单击并拖曳出一个适当大小的文本框，输入如图2-47所示的文本。按Ctrl+T快捷组合键，在弹出的【字符】面板中将【字体】设置为Arial，将字体样式设置为Bold，将【字体大小】设置为30点，【字符间距】设置为-50，将【填色】的CMYK值设置为25、94、84、0。

图2-46

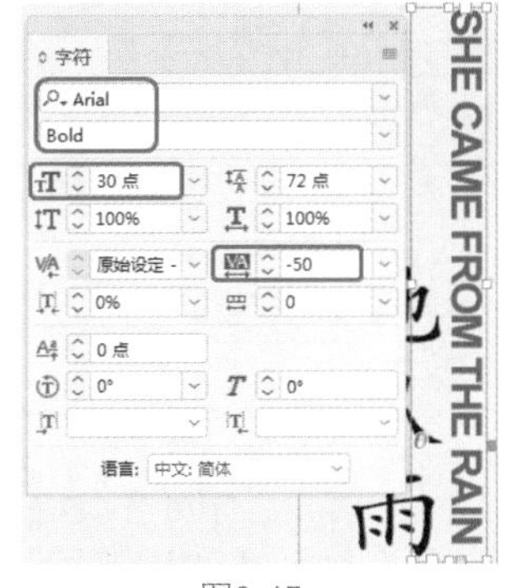

图2-47

Step 04 单击工具箱中的【椭圆工具】按钮，在文档窗口中绘制圆形，在【描边】面板中将【粗细】设置为4点，将【描边】的CMYK值设置为25、94、84、0，将W、H都设置为20毫米，如图2-48所示。

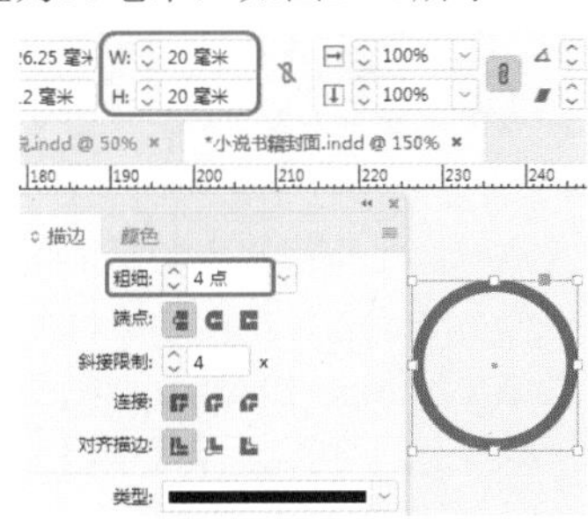

图2-48

Step 05 单击工具箱中的【文字工具】按钮，在文档窗口中单击并拖曳出一个适当大小的文本框，输入文本LF。按Ctrl+T快捷组合键，在弹出的【字符】面板中将【字体】设置为Arial，将字体样式设置为Regular，将【字体大小】设置为30点，将【填色】的CMYK值设置为25、94、84、0，如图2-49所示。

图2-49

Step 06 单击工具箱中的【文字工具】按钮，在文档窗口中单击并拖曳出一个适当大小的文本框，输入如图2-50所示的文本。按Ctrl+T快捷组合键，在弹出的【字符】面板中将【字体】设置为【方正大黑简体】，将【字体大小】设置为14点，将【行距】设置为24。

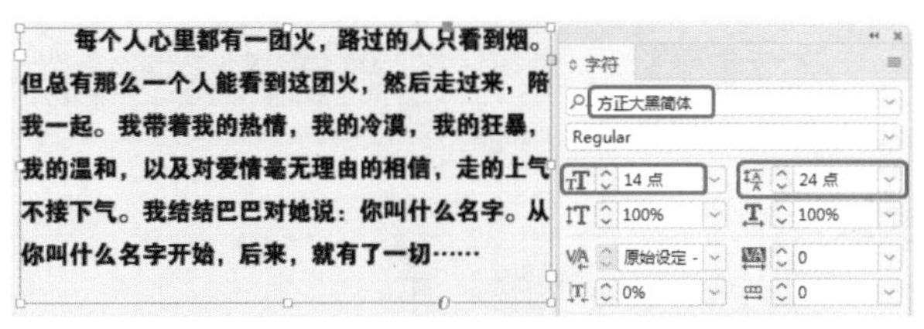

图2-50

Step 07 单击工具箱中的【矩形工具】按钮，在文档窗口中绘制矩形，将【填色】的CMYK值设置为25、94、84、0，【描边】设置为无，将W、H分别设置为260毫米、72毫米，如图2-51所示。

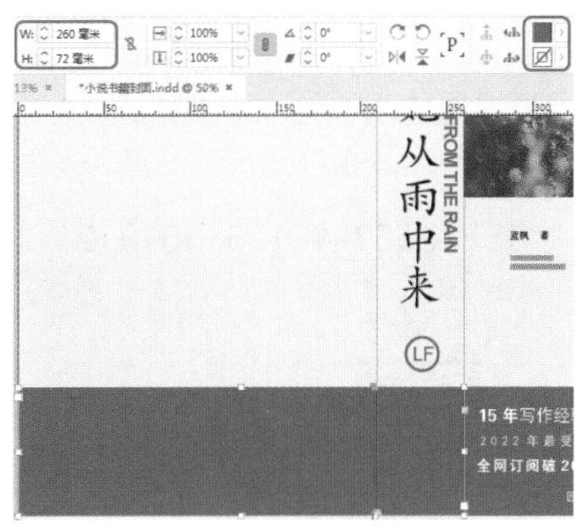

图2-51

Step 08 按Ctrl+D快捷组合键，在弹出的对话框中选择“素材\Cha02\小说2.png”素材文件，将其置入文档中，并调整其大小与位置。在【链接】面板中，右击置入的素材，在弹出的快捷菜单中选择【嵌入链接】命令，如图2-52所示。

图2-52

Step 09 单击工具箱中的【文字工具】按钮，在文档窗口中单击并拖曳出两个适当大小的文本框，输入如图2-53所示的文本。按Ctrl+T快捷组合键，在弹出的【字符】面板中将【字体】设置为【微软雅黑】，将字体样式设置为Regular，将【字体大小】设置为14点，将【行距】设置为24，将【填色】设置为白色。

Step 10 单击工具箱中的【矩形工具】按钮，在文档窗口中绘制矩形，将【填色】设置为白色，【描边】设置为无，将W、H分别设置为55毫米、50毫米，如图2-54所示。

图2-53

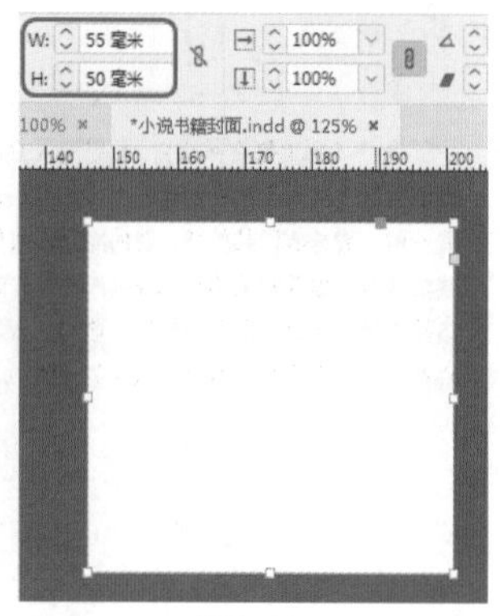

图2-54

Step 11 单击工具箱中的【文字工具】按钮，在文档窗口中单击并拖曳出一个适当大小的文本框，输入如图2-55所示的文本。按Ctrl+T快捷组合键，在弹出的【字符】面板中将【字体】设置为【方正黑体简体】，将【字体大小】设置为10点，【字符间距】设置为5。

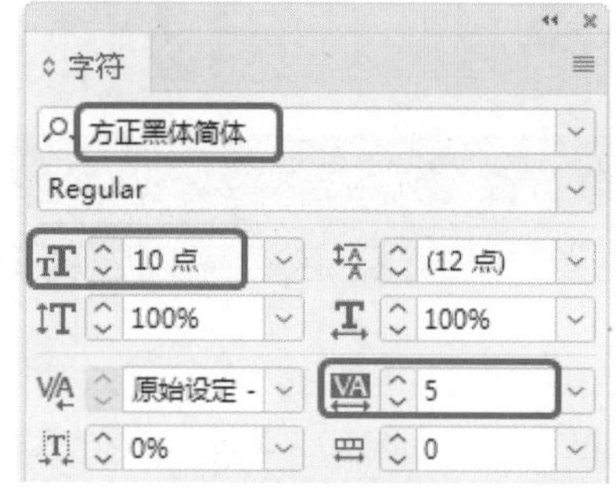

图2-55

Step 12 按Ctrl+D快捷组合键，在弹出的对话框中选择“素材\Cha02\小说3.jpg”素材文件，将其置入文档中。在【链接】面板中，右击置入的素材，在弹出的快捷菜单中选择【嵌入链接】命令，如图2-56所示。

图2-56

Step 13 单击工具箱中的【文字工具】按钮，在文档窗口中单击并拖曳出两个适当大小的文本框，输入如图2-57所示的文本。按Ctrl+T快捷组合键，在弹出的【字符】面板中将【字体】设置为【黑体】，将【字体大小】设置为12点。

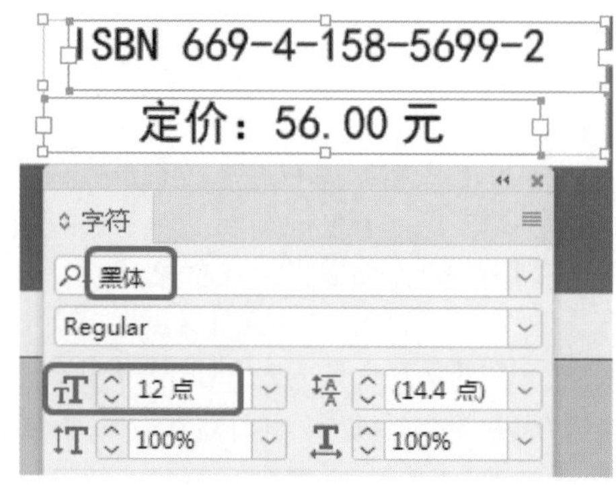

图2-57

Step 14 单击工具箱中的【钢笔工具】按钮，按住Shift键在文档窗口中绘制一条长度为48毫米的水平直线，在【描边】面板中将【粗细】设置为1点，并调整其位置，效果如图2-58所示。

图2-58

Step 15 单击工具箱中的【直排文字工具】按钮，在文档窗口中单击并拖曳出一个适当大小的文本框，输入文本“匠品文艺出版社”。按Ctrl+T快捷组合键，在弹出的【字符】面板中将【字体】设置为【黑体】，将【字体大小】设置为18点，将【填色】设置为白色，在【段落】面板中单击【全部强制双齐】按钮，如图2-59所示。

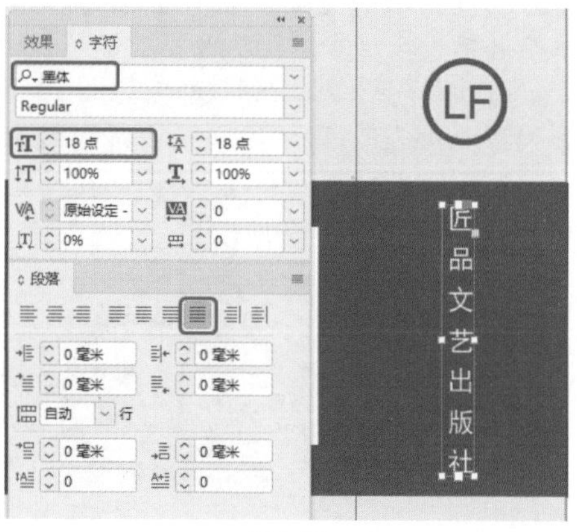

图2-59

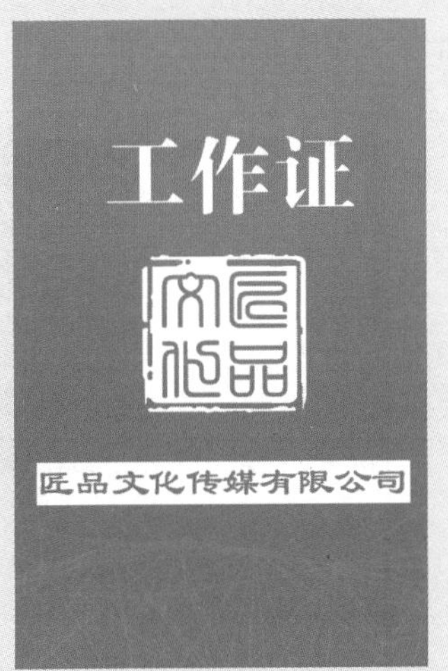

第3章 卡片设计

 本章导读

卡片是承载信息的物品，名片、电话卡、会员卡、吊牌、贺卡等均属此类。其制作材料可以是PVC、透明塑料、金属以及纸质材料等。本章将来介绍卡片的设计。

实例032 工作证正面设计

素材：素材\Cha03\工作证素材01.indd

场景：场景\Cha03\实例032 工作证正面设计.indd

本案例将介绍工作证正面的设计。本案例主要利用【矩形工具】绘制工作证轮廓，并为绘制的矩形设置角选项，最后输入文字进行完善，效果如图3-1所示。

图3-1

Step 01 新建一个【宽度】、【高度】分别为490毫米、373毫米，页面为1，边距为0毫米的文档。在工具箱中单击【矩形工具】，在文档窗口中绘制一个矩形，在【颜色】面板中将【填色】的颜色值设置为48、54、61，将【描边】设置为无，在【变换】面板中将W、H分别设置为242毫米、373毫米，如图3-2所示。

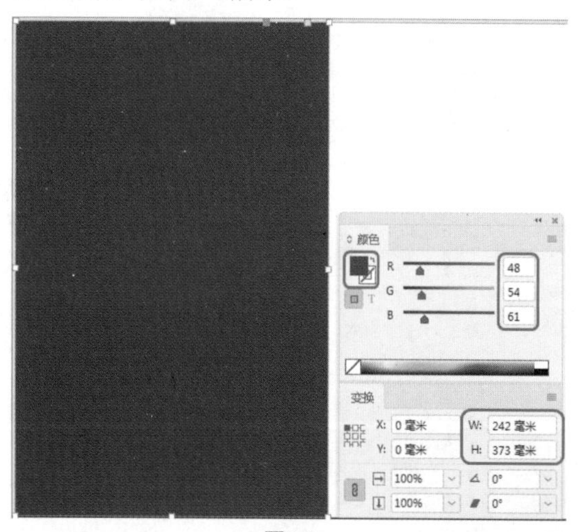

图3-2

Step 02 将"工作证素材01.indd"素材文件置入文档中，并调整其大小与位置，效果如图3-3所示。

图3-3

Step 03 在工具箱中单击【矩形工具】，在文档窗口中绘制一个矩形，在【颜色】面板中将【描边】的颜色值设置为255、255、255，在【描边】面板中将【粗细】设置为4点，将【类型】设置为【虚线（4和4）】，在【变换】面板中将W、H分别设置为84毫米、104毫米，如图3-4所示。

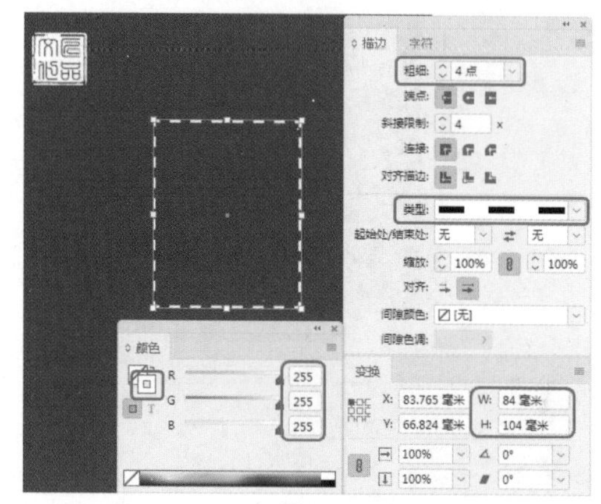

图3-4

Step 04 选中绘制的矩形，在菜单栏中选择【对象】|【角选项】命令，在弹出的对话框中将转角大小设置为5毫米，将形状设置为【圆角】，如图3-5所示。

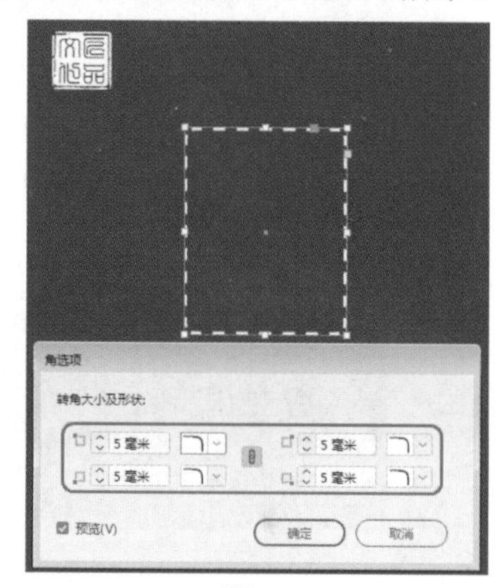

图3-5

Step 05 设置完成后，单击【确定】按钮，在工具箱中单击【椭圆工具】，在文档窗口中按住Shift键绘制一个正圆，在【颜色】面板中将【填色】的颜色值设置为112、115、120，将【描边】设置为无，在【变换】面板中将W、H均设置为50毫米，并调整其位置，效果如图3-6所示。

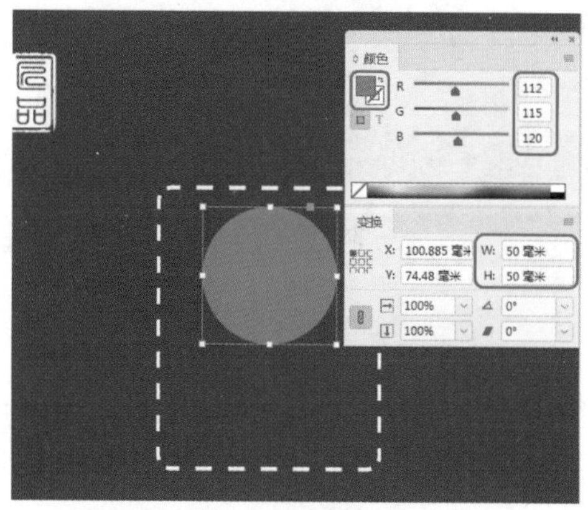

图3-6

Step 06 在工具箱中单击【钢笔工具】，在文档窗口中绘制如图3-7所示的图形，为其填充任意一种颜色，将【描边】设置为无，并调整其位置。

Step 07 在文档窗口中选择新绘制的图形与圆形，按Ctrl+8快捷组合键，为选中的对象创建复合路径，并使用前面介绍的方法在文档窗口中绘制其他图形，效果如图3-8所示。

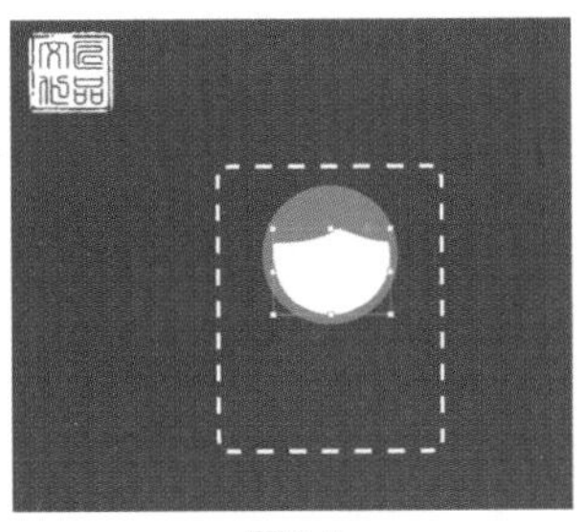

图3-7

图3-8

Step 08 在工具箱中单击【矩形工具】，在文档窗口中绘制一个矩形，在【颜色】面板中将【填色】的颜色值设置为232、232、232，将【描边】设置为无，在【变换】面板中将W、H分别设置为242毫米、165毫米，并调整其位置，效果如图3-9所示。

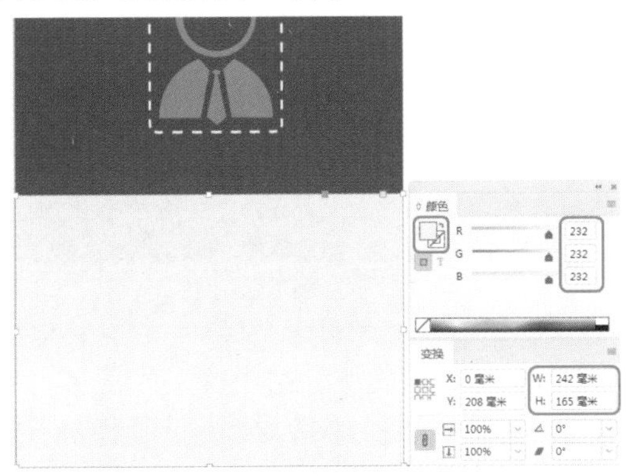

图3-9

Step 09 在工具箱中单击【钢笔工具】，在文档窗口中绘制如图3-10所示的图形，选中绘制的图形，在【颜色】面板中将【填色】的颜色值设置为161、31、41，将【描边】设置为无，并调整其位置。

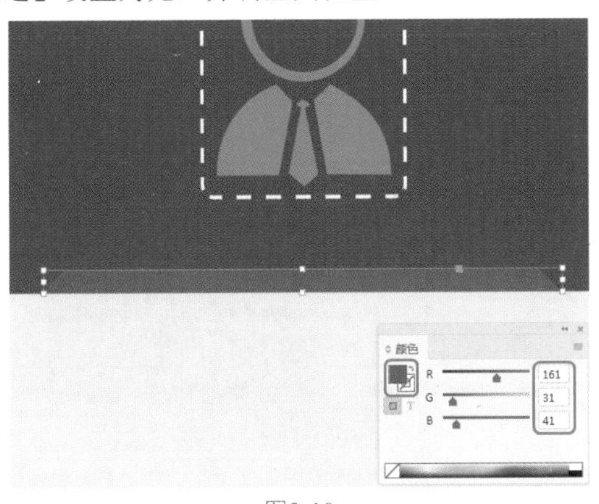

图3-10

Step 10 再次使用【钢笔工具】在文档窗口中绘制如图3-11所示的图形，在【颜色】面板中将【填色】的颜色值设置为222、36、48，将【描边】设置为无，并调整其位置。

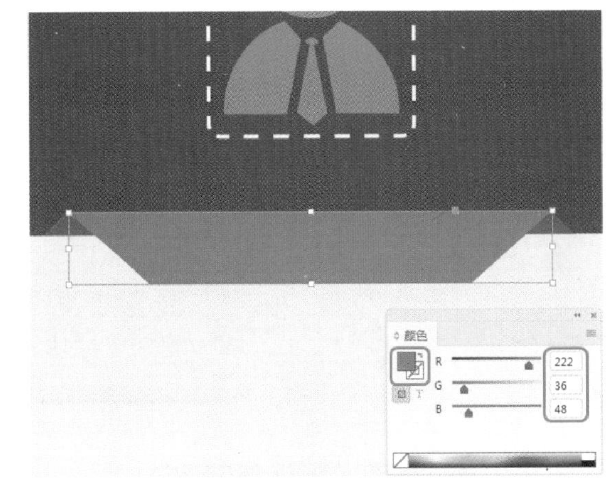

图3-11

Step 11 在工具箱中单击【文字工具】，在文档窗口中绘制一个文本框，输入文字。选中输入的文字，在【字符】面板中将字体设置为【汉仪大隶书简】，将【字体大小】设置为33点，将【字符间距】设置为100，在【颜色】面板中将【填色】的颜色值设置为255、255、255，并调整其位置，效果如图3-12所示。

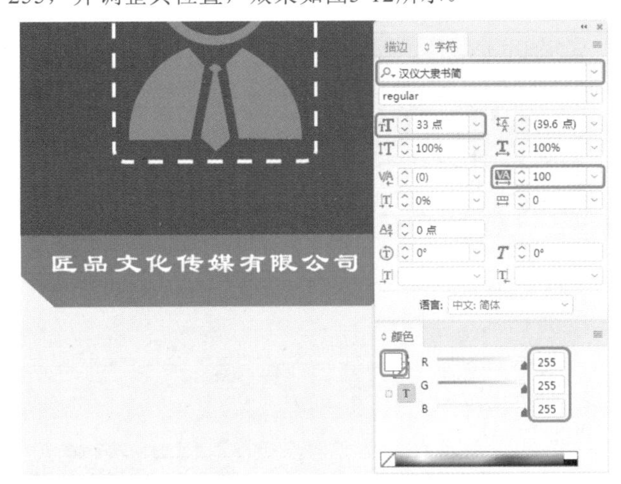

图3-12

Step 12 再次使用【文字工具】在文档窗口中绘制一个文本框，输入文字。选中输入的文字，在【字符】面板中将字体设置为【Adobe 黑体 Std】，将【字体大小】设置为18点，将【字符间距】设置为115，在【颜色】面板中将【填色】的颜色值设置为255、255、255，并调整其位置，效果如图3-13所示。

Step 13 使用同样的方法在文档窗口中输入其他文字内容，并进行相应的设置，效果如图3-14所示。

Step 14 在工具箱中单击【直线工具】，在文档窗口中绘制四条水平直线，在【描边】面板中将【粗细】设置为

1点，在【颜色】面板中将【描边】设置为黑色，效果如图3-15所示。

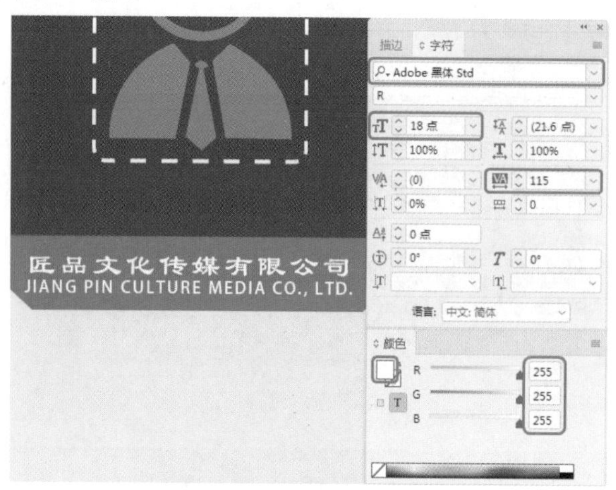

图3-13

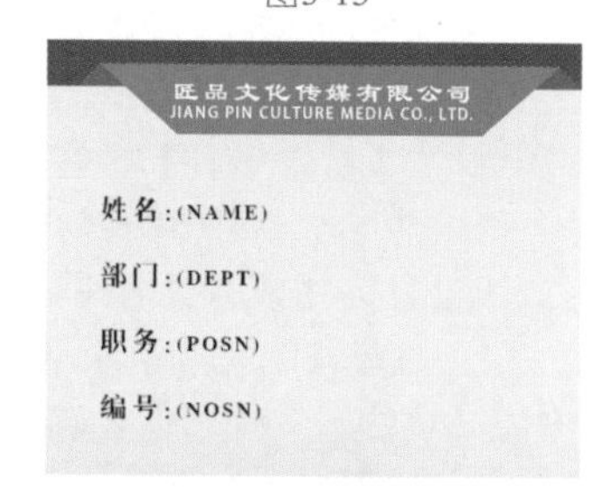

图3-14

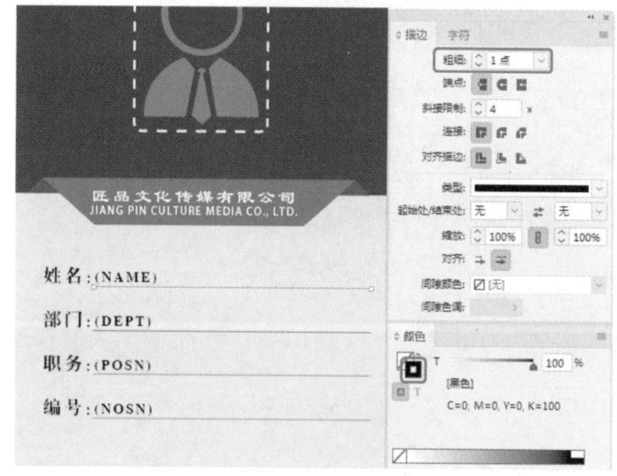

图3-15

实例033 工作证背面设计

素材：素材\Cha03\工作证素材01.indd、工作证素材02.indd

场景：场景\Cha03\实例033 工作证背面设计.indd

本案例将介绍工作证背面的设计。本案例主要利用【矩形工具】绘制工作证底色，并为其填充渐变颜色，然后使用【文字工具】输入文字，置入相应的素材文件，效果如图3-16所示。

图3-16

Step 01 继续上面的操作，在工具箱中单击【矩形工具】，在文档窗口中绘制一个矩形，在【渐变】面板中将【类型】设置为【线性】，将【角度】设置为90°，将左侧色标的颜色值设置为190、24、31，将右侧色标的颜色值设置为230、36、44，将【描边】设置为无，在【变换】面板中将W、H分别设置为242毫米、373毫米，效果如图3-17所示。

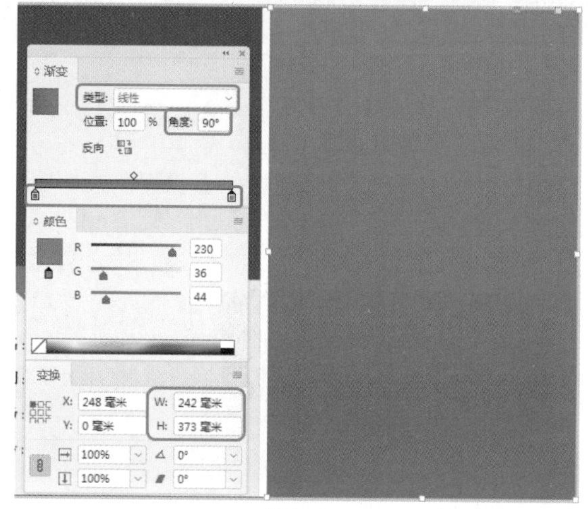

图3-17

Step 02 在工具箱中单击【文字工具】，在文档窗口中绘制一个文本框，输入文字。选中输入的文字，在【字符】面板中将字体设置为【方正大标宋简体】，将【字体大小】设置为141点，在【颜色】面板中将【填色】的颜色值设置为255、255、255，效果如图3-18所示。

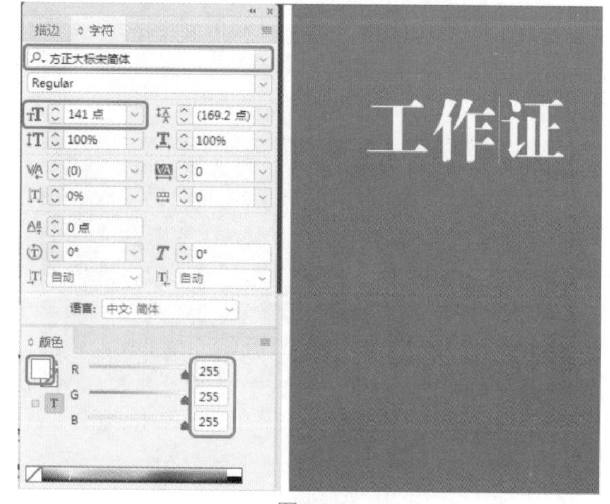

图3-18

Step 03 将“工作证素材01.indd”素材文件置入文档中，并调整其位置，效果如图3-19所示。

图3-19

Step 04 将“工作证素材02.indd”素材文件置入文档中，并调整其位置。选中置入的素材文件，在【效果】面板中将【混合模式】设置为【叠加】，效果如图3-20所示。

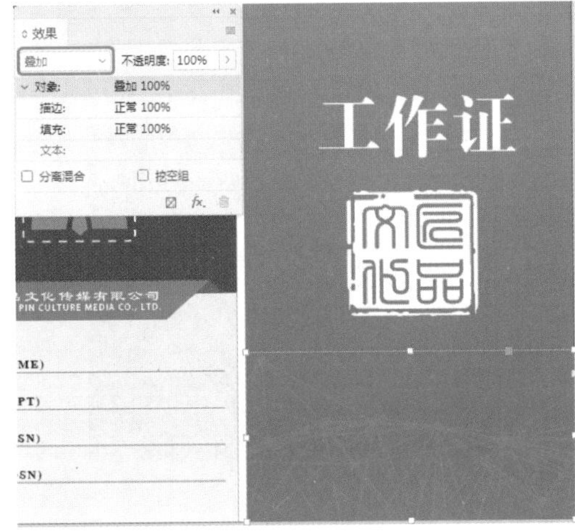

图3-20

Step 05 在工具箱中单击【矩形工具】，在文档窗口中绘制一个矩形，在【颜色】面板中将【填色】的颜色值设置为255、255、255，将【描边】设置为无，在【变换】面板中将W、H分别设置为219毫米、24.5毫米，并调整其位置，效果如图3-21所示。

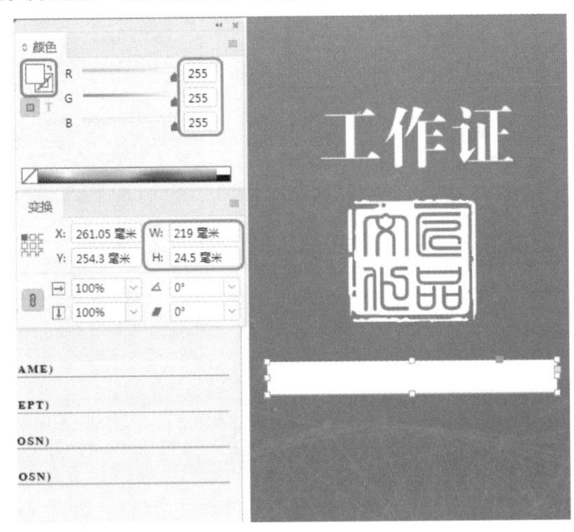

图3-21

Step 06 在工具箱中单击【文字工具】，在文档窗口中绘制一个文本框，输入文字。选中输入的文字，在【字符】面板中将字体设置为【汉仪大隶书简】，将【字体大小】设置为65点，将【字符间距】设置为-50，在【颜色】面板中将【填色】的颜色值设置为188、44、50，并调整其位置，效果如图3-22所示。

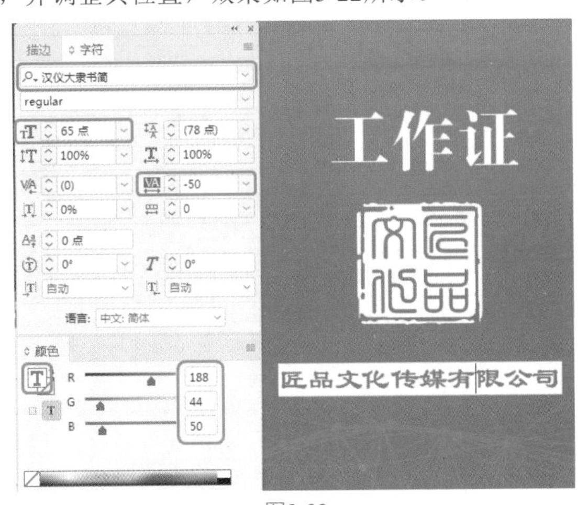

图3-22

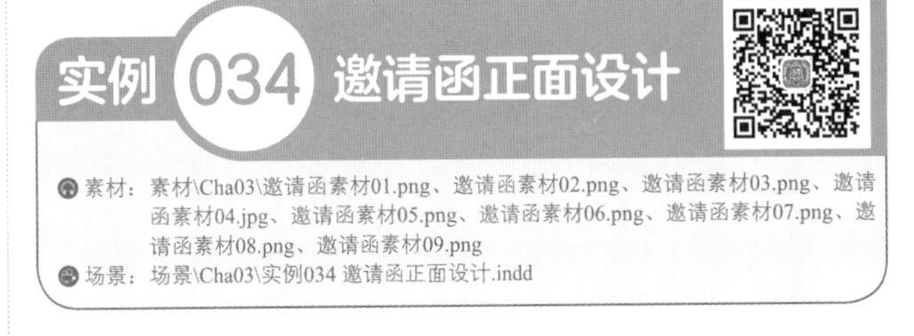

实例034 邀请函正面设计

素材：素材\Cha03\邀请函素材01.png、邀请函素材02.png、邀请函素材03.png、邀请函素材04.jpg、邀请函素材05.png、邀请函素材06.png、邀请函素材07.png、邀请函素材08.png、邀请函素材09.png

场景：场景\Cha03\实例034 邀请函正面设计.indd

本案例将介绍邀请函正面的设计。本案例主要利用【矩形工具】绘制邀请函边框，并为绘制的矩形填充渐变颜色，设置角选项，输入文字，将输入的文字转换为轮廓，为其添加素材文件，使文字更加美观，最后置入相应的素材文件，输入其他文字内容即可，效果如图3-23所示。

图3-23

Step 01 新建一个【宽度】、【高度】均为180毫米，页面为2，边距为0毫米的文档。在工具箱中单击【矩形工具】，在文档窗口中绘制一个矩形，在【颜色】面板中将【填色】的颜色值设置为23、99、100、0，将【描边】设置为无，在【变换】面板中将W、H分别设置为180毫米、90毫米，并调整其位置，如图3-24所示。

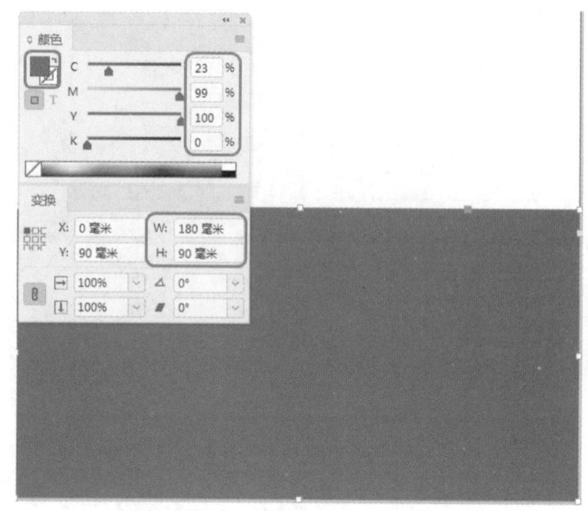

图3-24

Step 02 将“邀请函素材01.png”素材文件置入文档中，并调整其大小与位置。选中置入的素材文件，在【效果】面板中将【混合模式】设置为【颜色减淡】，效果如图3-25所示。

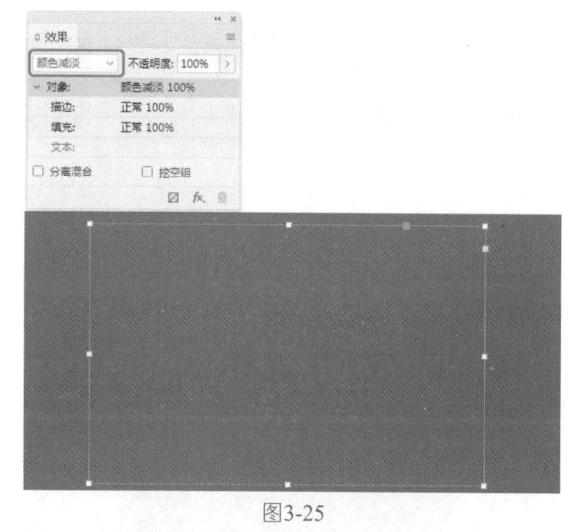

图3-25

Step 03 在文档窗口中选择前面绘制的矩形，按住Alt键对其向上进行复制，效果如图3-26所示。

图3-26

Step 04 在工具箱中单击【直线工具】，在文档窗口中按住Shift键绘制一条水平直线，在【描边】面板中将【粗细】设置为0.3点，在【变换】面板中将L设置为180毫米，并调整其位置，效果如图3-27所示。

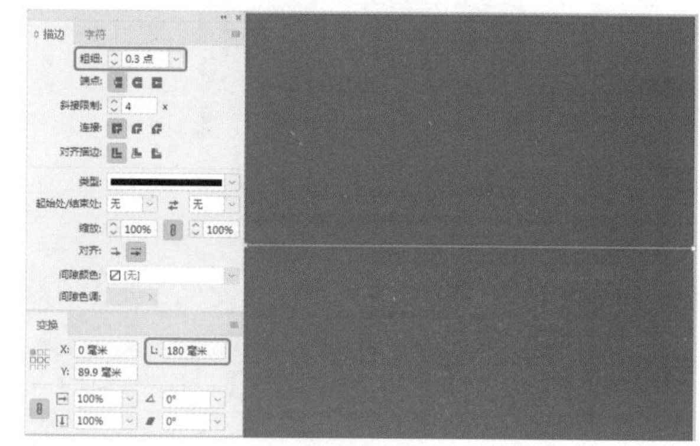

图3-27

Step 05 将“邀请函素材02.png”素材文件置入文档窗口中，并调整其大小与位置，效果如图3-28所示。

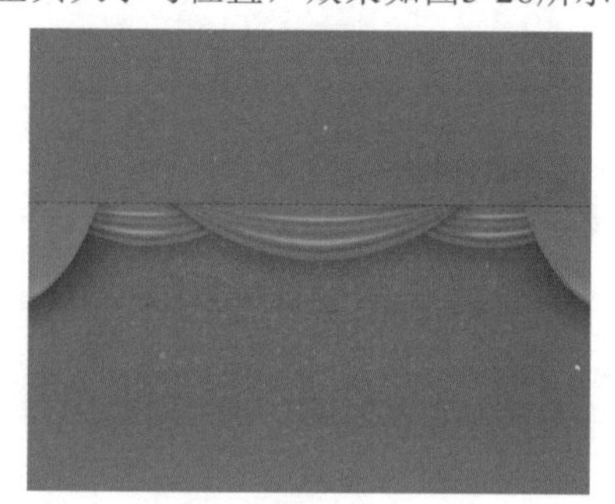

图3-28

Step 06 使用同样的方法将“邀请函素材03.png”素材文件置入文档窗口中，并调整其位置。选中置入的素材文件，右击鼠标，在弹出的快捷菜单中选择【排列】|【后移一层】命令，如图3-29所示。

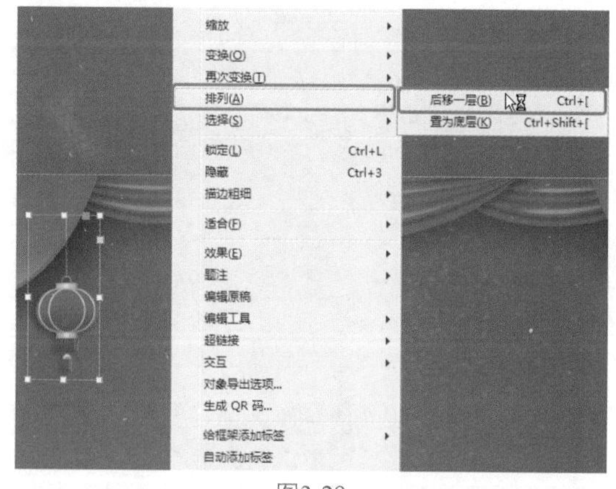

图3-29

Step 07 选中调整排放顺序后的素材文件，按住Alt键向右进行复制。在工具箱中单击【矩形工具】，在文档窗口中绘制一个矩形，在【描边】面板中将【粗细】设置为2点，在【颜色】面板中单击描边，在【渐变】面板中将【类型】设置为【线性】，将【角度】设置为0，将左侧色标的颜色值设置为13、14、36、0，在28%位置处添加一个色标，将其颜色值设置为24、34、57、0，在69%位置处添加一个色标，将其颜色值设置为14、16、39、0，将右侧色标的颜色值设置为24、34、57、0，在【变换】面板中将W、H分别设置为110毫米、61毫米，效果如图3-30所示。

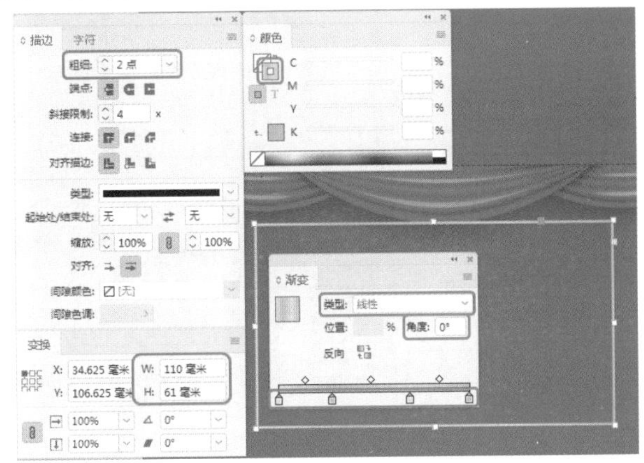

图3-30

Step 08 选中绘制的矩形，在菜单栏中选择【对象】|【角选项】命令，在弹出的对话框中将转角大小设置为9毫米，将形状设置为【花式】，如图3-31所示。

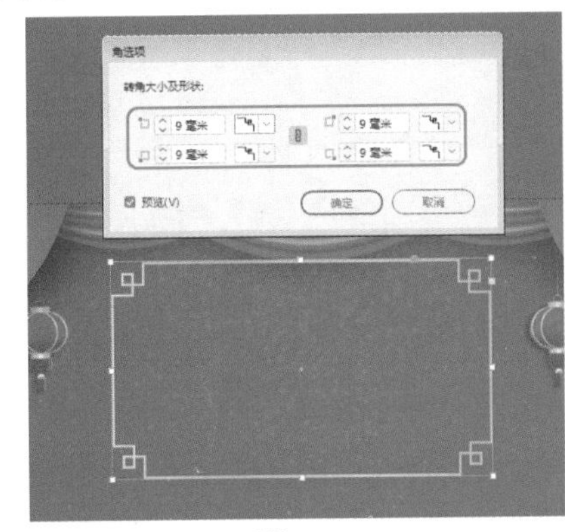

图3-31

Step 09 设置完成后，单击【确定】按钮。在工具箱中单击【钢笔工具】，在文档窗口中绘制如图3-32所示的图形，将其填充为白色，并将【描边】设置为无。

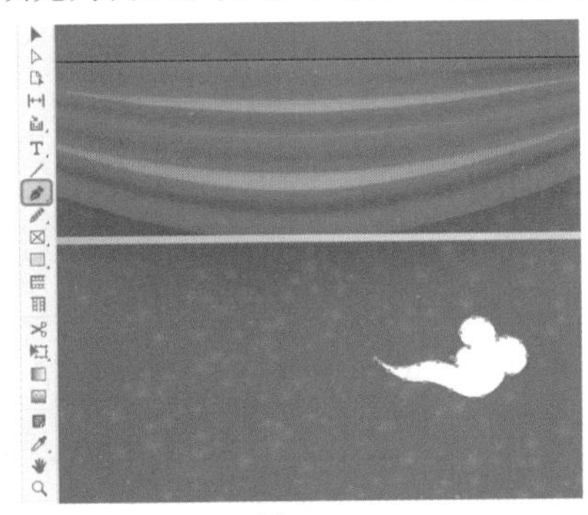

图3-32

Step 10 使用【钢笔工具】在文档窗口中绘制如图3-33所示的图形，并为其填充任意一种颜色，将【描边】设置为无。

Step 11 选中新绘制的图形与前面绘制的白色图形，在菜单栏中选择【对象】|【路径查找器】|【减去】命令，将顶层的图形减去，并使用同样的方法在文档窗口中绘制其他图形，效果如图3-34所示。

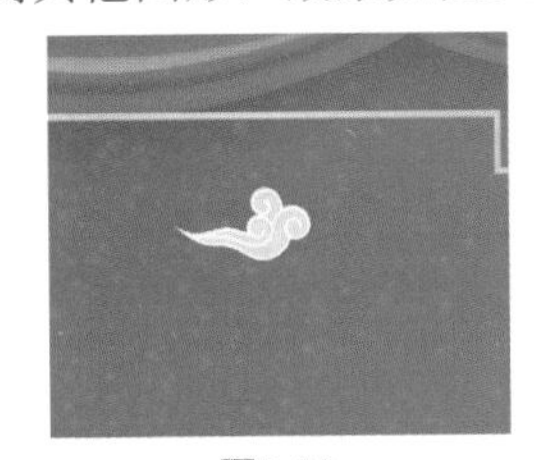

图3-33

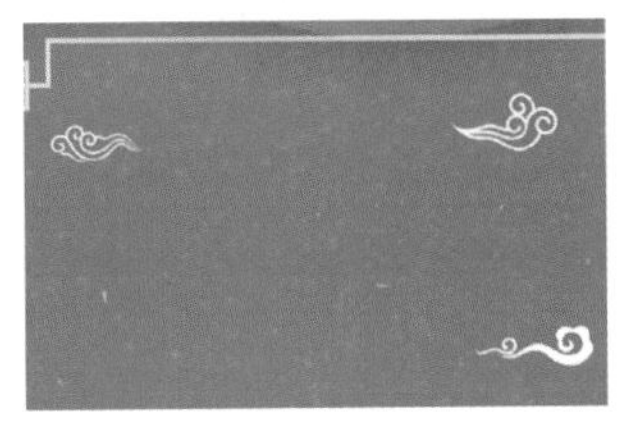

图3-34

Step 12 在工具箱中单击【文字工具】，在文档窗口中绘制一个文本框，输入文字。选中输入的文字，在【字符】面板中将字体设置为【电影海报字体】，将【字体大小】设置为100点，将【字符间距】设置为-270，并调整其位置，效果如图3-35所示。

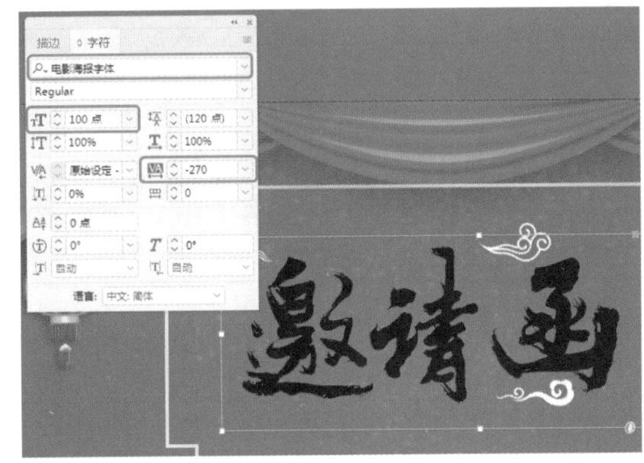

图3-35

Step 13 继续选中文字对象，在菜单栏中选择【文字】|【创建轮廓】命令，如图3-36所示。

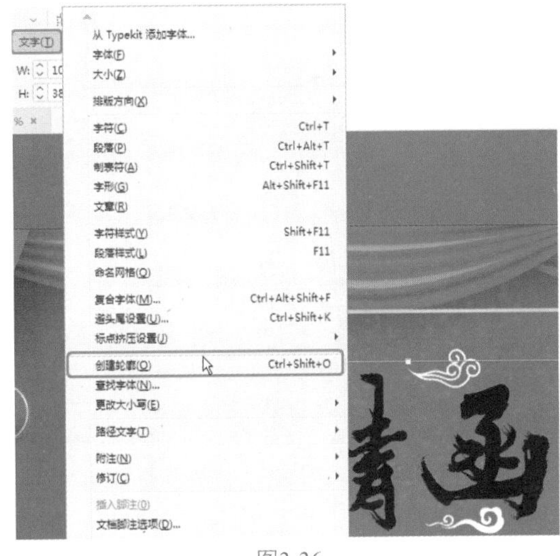

图3-36

Step 14 执行该操作后，即可为文字创建轮廓，在绘图区中选择如图3-37所示的图形对象。

Step 15 按Ctrl+8快捷组合键为选中的对象建立符合对象，效果如图3-38所示。

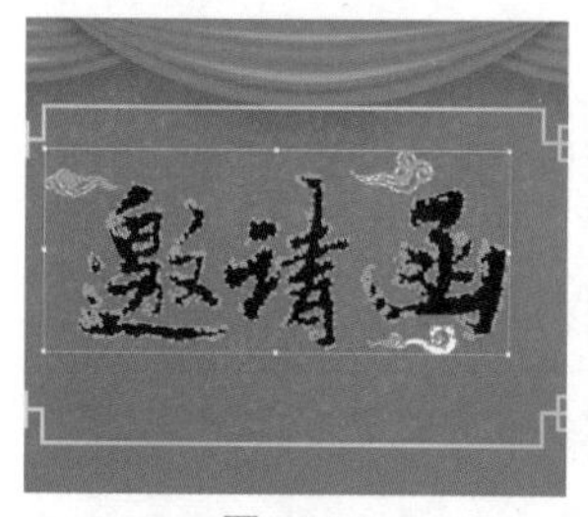

图3-37

图3-38

Step 16 选中建立符合对象的对象，按Ctrl+D快捷组合键，在弹出的对话框中选择“素材\Cha03\邀请函素材04.jpg”素材文件，单击【打开】按钮，在文档窗口中调整其位置，效果如图3-39所示。

Step 17 根据前面所介绍的方法在文档窗口中置入其他素材文件，并调整其大小与位置，效果如图3-40所示。

图3-39

图3-40

Step 18 在工具箱中单击【文字工具】，在文档窗口中绘制一个文本框，输入文字。选中输入的文字，在【字符】面板中将字体设置为【方正大黑简体】，将【字体大小】设置为9点，将【字符间距】设置为500，在【颜色】面板中将【填色】的颜色值设置为23、31、53、0，在文档窗口中调整其位置，效果如图3-41所示。

图3-41

Step 19 再次使用【文字工具】在文档窗口中绘制一个文本框，输入文字。选中输入的文字，在【字符】面板中将字体设置为【Adobe 宋体 Std】，将【字体大小】设置为5点，将【行距】设置为8点，在【颜色】面板中将【填色】的颜色值设置为23、31、53、0，在【段落】面板中单击【居中对齐】按钮，在文档窗口中调整其位置，效果如图3-42所示。

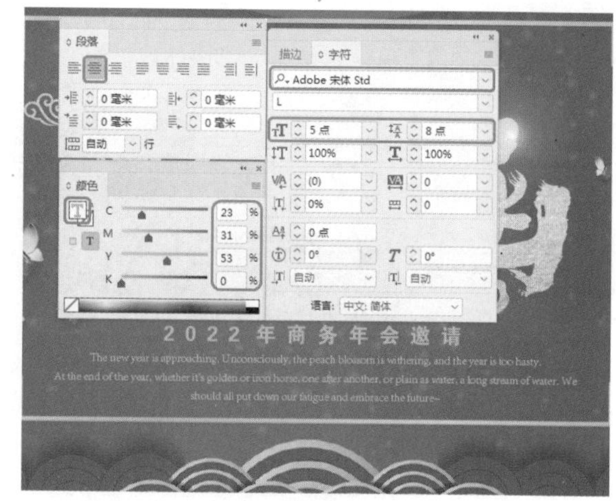

图3-42

Step 20 根据前面所介绍的方法在文档窗口中绘制其他图形，并输入文字，置入相应的素材文件，效果如图3-43所示。

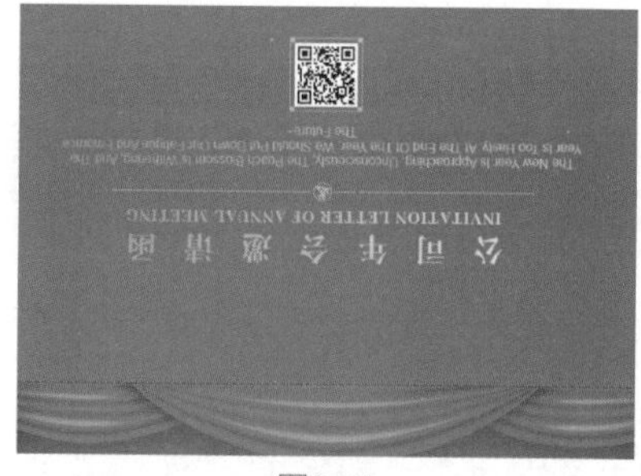

图3-43

实例 035 邀请函背面设计

- 素材：素材\Cha03\邀请函素材10.png、邀请函素材11.png
- 场景：场景\Cha03\实例035 邀请函背面设计.indd

本案例将介绍邀请函背面的设计。本案例主要用邀请函正面的内容进行复制、粘贴，并绘制矩形，输入相应的文字内容，效果如图3-44所示。

图3-44

Step 01 继续上面的操作，在页面1中选择两个红色矩形、水平直线以及“邀请函素材02.png”素材文件，如图3-45所示。

Step 02 按Ctrl+C快捷组合键对选中的对象进行复制，在【页面】面板中双击页面2，按Ctrl+V快捷组合键进行粘贴，并调整素材文件的位置，效果如图3-46所示。

图3-45

图3-46

Step 03 在工具箱中单击【矩形工具】，在文档窗口中绘制一个矩形，在【颜色】面板中将【填色】的颜色值设置为33、99、100、1，将【描边】设置为无，在【变换】面板中将W、H分别设置为118毫米、148毫米，效果如图3-47所示。

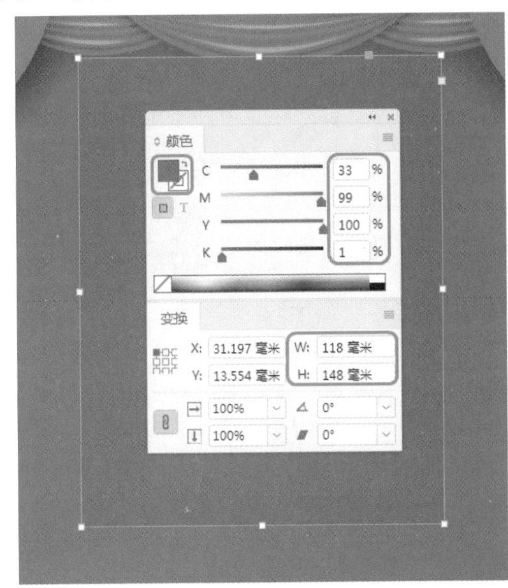

图3-47

Step 04 再次使用【矩形工具】在文档窗口中绘制一个矩形，在【描边】面板中将【粗细】设置为1点，在【颜色】面板中单击描边，在【渐变】面板中将【类型】设置为【线性】，将【角度】设置为-45°，将左侧色标的颜色值设置为2、0、19、0，在45.5%位置处添加一个色标，将其颜色值设置为14、36、67、0，在70%位置处添加一个色标，将其颜色值设置为2、0、37、0，将右侧色标的颜色值设置为14、36、67、0，在【变换】面板中将W、H分别设置为112毫米、142毫米，效果如图3-48所示。

Step 05 在文档窗口中选择水平直线与"邀请函素材02.png"素材文件，右击鼠标，在弹出的快捷菜单中选择【排列】|【置于顶层】命令，如图3-49所示。

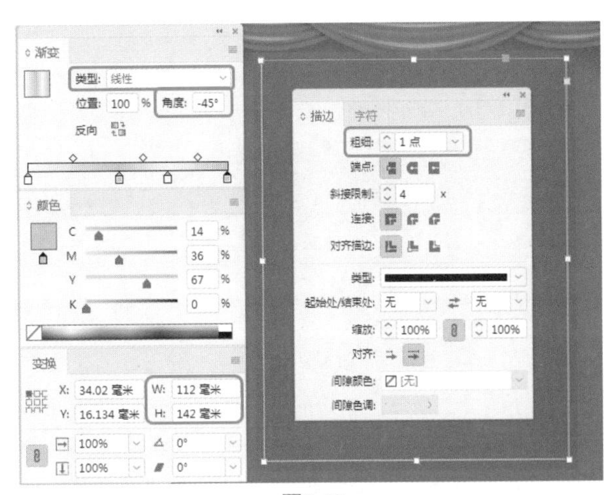

图3-48

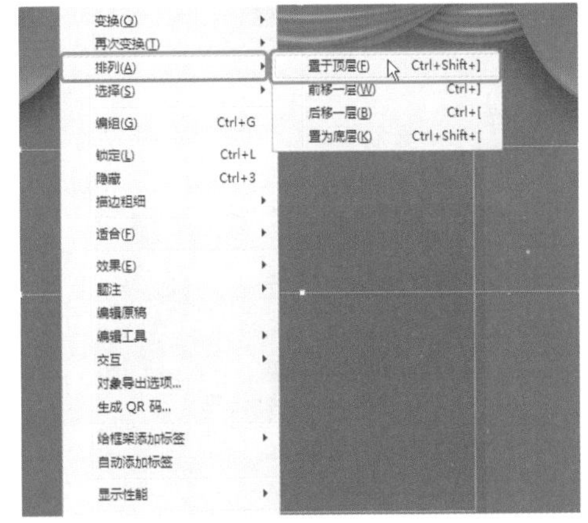

图3-49

Step 06 在工具箱中单击【文字工具】，在文档窗口中绘制一个文本框，输入文字。选中输入的文字，在【字符】面板中将字体设置为【Adobe 黑体 Std】，将【字体大小】设置为43.5点，将【字符间距】设置为400，在【颜色】面板中将【填色】的颜色值设置为6、16、47、0，效果如图3-50所示。

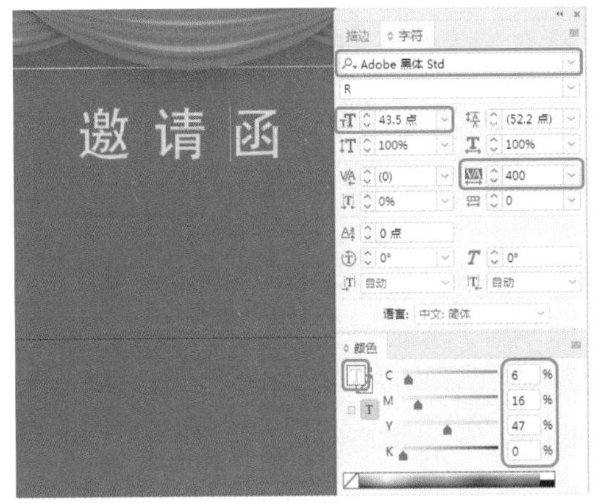

图3-50

Step 07 再次使用【文字工具】在文档窗口中绘制一个文本框，输入文字。选中输入的文字，在【字符】面板中将字体设置为【方正隶书简体】，将【字体大小】设置为18点，在【颜色】面板中将【填色】的颜色值设置为6、16、47、0，效果如图3-51所示。

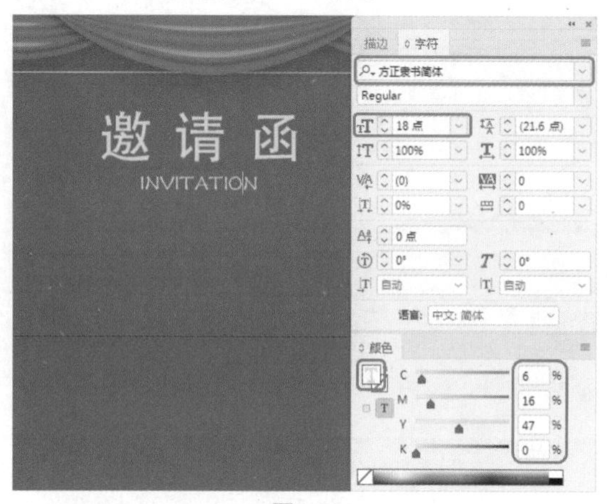

图3-51

Step 08 使用同样的方法在文档窗口中输入其他文字内容，效果如图3-52所示。

图3-52

Step 09 在工具箱中单击【直线工具】，在文档窗口中绘制两条水平直线，在【描边】面板中将【粗细】设置为1点，在【颜色】面板中将【描边】的颜色值设置为3、14、46、0，效果如图3-53所示。

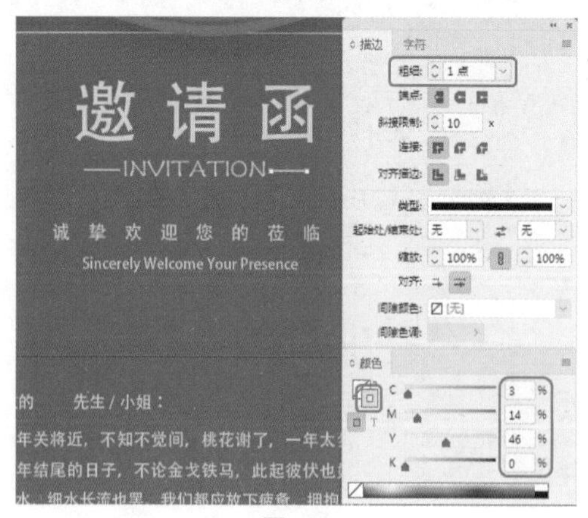

图3-53

Step 10 根据前面介绍的方法将其他素材文件置入文档中，并调整其大小与位置，效果如图3-54所示。

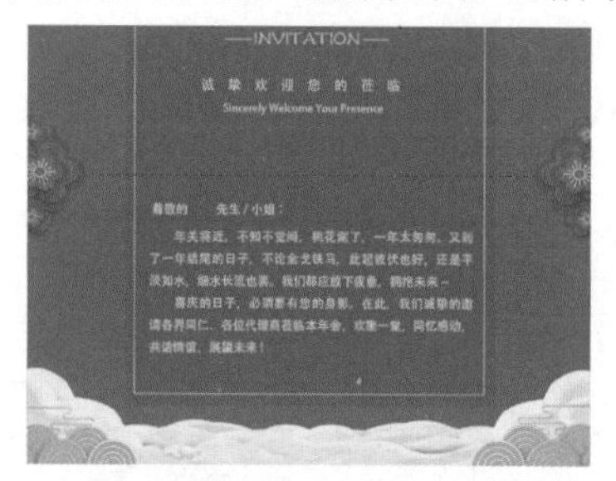

图3-54

实例036 名片正面

素材：素材\Cha03\名片素材.indd

场景：场景\Cha03\实例036 名片正面.indd

名片代表集体、个人形象，一款好的名片可以让我们事半功倍。

本例讲解【钢笔工具】、【文字工具】、【矩形工具】的基本操作。首先打开素材文件，在文档中绘制图形，并为图形添加不同的颜色效果，最后讲述对图形进行编组，最终制作的名片正面效果如图3-55所示。

图3-55

Step 01 按Ctrl+O快捷组合键，弹出【打开】对话框，选择“素材\Cha03\名片素材.indd”素材文件，单击【打开】按钮。使用【文字工具】T，拖曳鼠标绘制文本框并输入文本，将【字体】设置为【方正魏碑简体】，将【字体大小】设置为31点，在【颜色】面板中将RGB值设置为255、255、255，如图3-56所示。

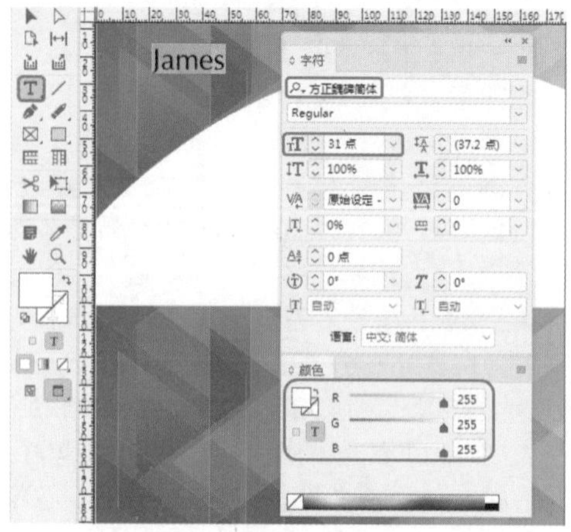

图3-56

Step 02 再次使用【文字工具】T，拖曳鼠标绘制文本框并输入文本，将【字体】设置为【微软雅黑】，将【字体大小】设置为13点，将【填色】的RGB值设置为255、255、255，如图3-57所示。

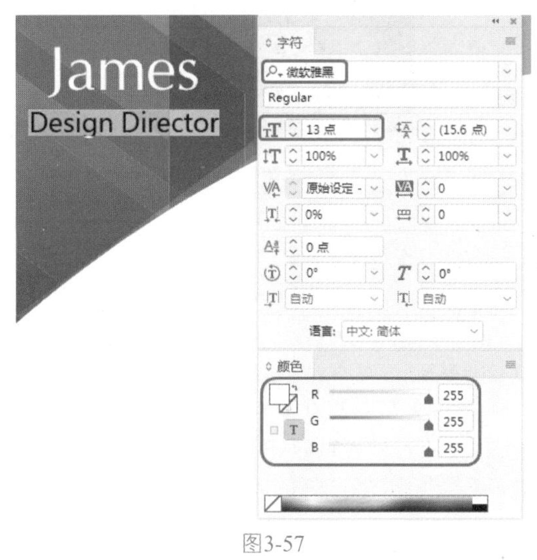

图3-57

> **提示**
>
> 按Ctrl+T快捷组合键，可打开【字符】面板。

Step 03 单击工具箱中的【钢笔工具】按钮，在文档窗口中绘制图形，将【填色】的RGB值设置为250、176、59，将【描边】设置为无，如图3-58所示。

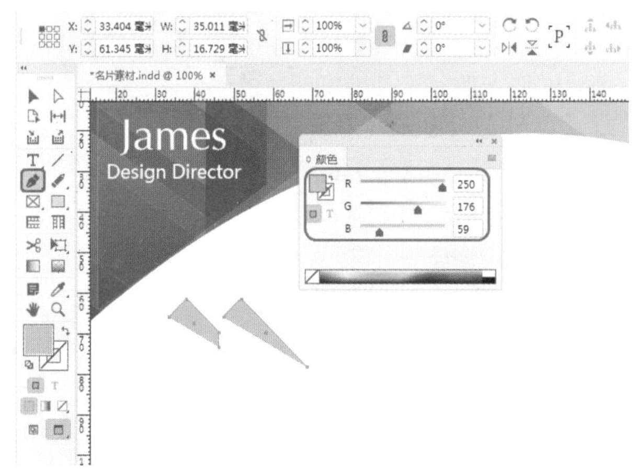

图3-58

Step 04 再次使用【钢笔工具】绘制如图3-59所示的图形，将【填色】的RGB值设置为194、38、46，将【描边】设置为无。

Step 05 使用【矩形工具】绘制如图3-60所示的图形，将【填色】的RGB值设置为250、176、59，将【描边】设置为无，将W、H都设置为2毫米。

Step 06 单击工具箱中的【文字工具】按钮T，拖曳鼠标绘制文本框并输入文本，将【字体】设置为【长城新艺体】，将【字体大小】设置为17点，在【颜色】面板中将RGB值设置为193、39、45，如图3-61所示。

图3-59

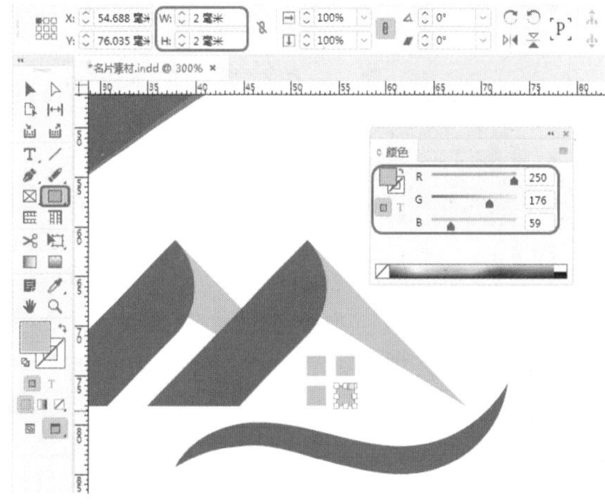

图3-60

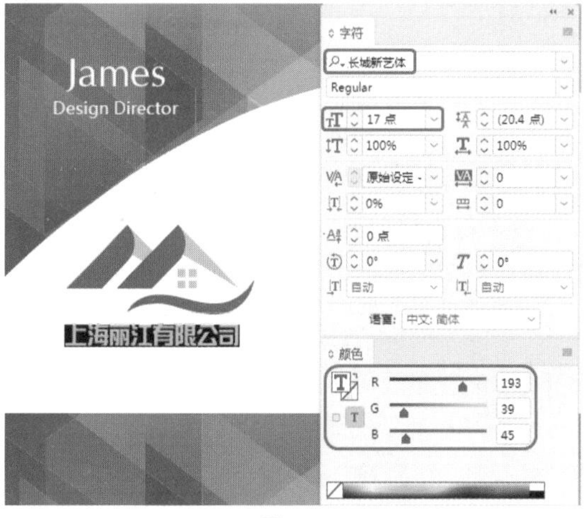

图3-61

Step 07 使用【文字工具】，拖曳鼠标绘制文本框并输入文本，将【字体】设置为【黑体】，将【字体大小】设置为10点，在【颜色】面板中将RGB值设置为241、90、36，如图3-62所示。

Step 08 单击工具箱中的【钢笔工具】按钮，在文档窗口中绘制图形，将【填色】的RGB值设置为205、87、

39，【描边】设置为无，如图3-63所示。

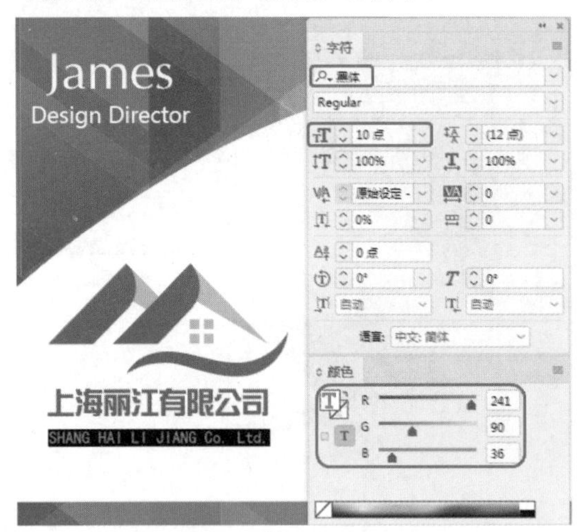

图3-62

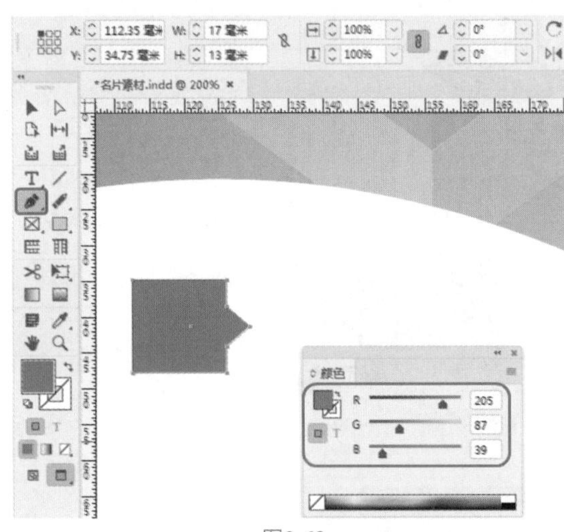

图3-63

Step 09 再次使用【钢笔工具】绘制图形，将【填色】设置为纸色，将【描边】设置为无，设置完成后调整图形位置，如图3-64所示。

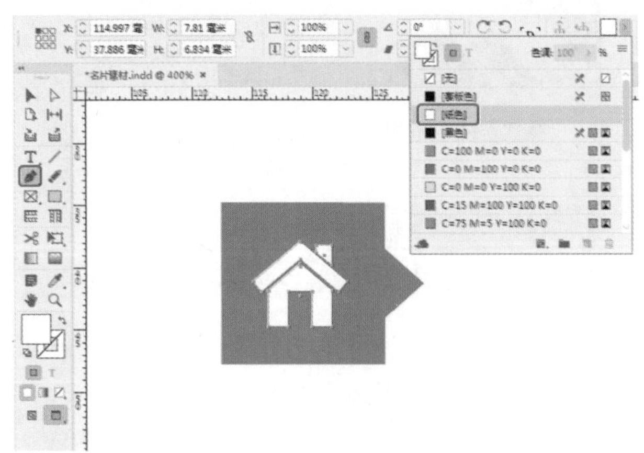

图3-64

Step 10 按住Shift键选中所绘制的图形，单击鼠标右键，在弹出的快捷菜单中选择【编组】命令，如图3-65所示。

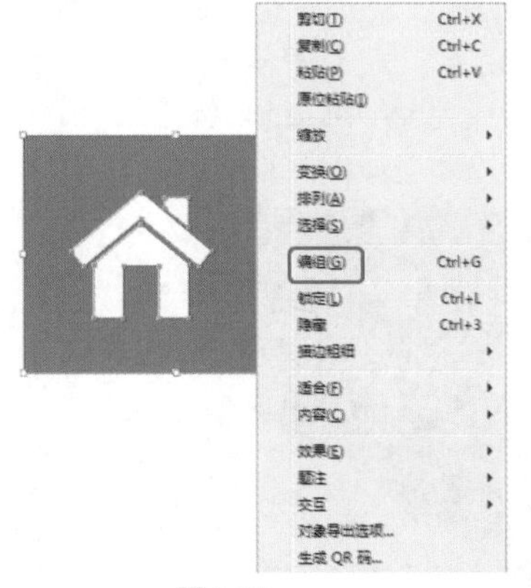

图3-65

Step 11 单击工具箱中的【文字工具】按钮T，拖曳鼠标绘制文本框并输入文本，将【字体】设置为【创艺简老宋】，将【字体大小】设置为11点，在【颜色】面板中将RGB值设置为249、118、0，如图3-66所示。

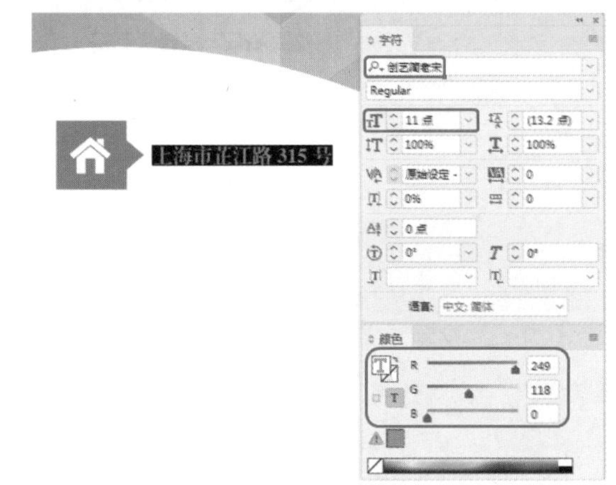

图3-66

Step 12 根据前面介绍的方法绘制其他图形与文字，设置完成后调整位置，如图3-67所示。

图3-67

下面介绍如何用InDesign CC 2018 快速、轻松地制作

名片背面。其效果如图3-68所示。

图3-68

Step 01 继续上面的操作，将logo对象进行复制，调整复制后logo的大小及位置，将【填色】设置为255、255、255，如图3-69所示。

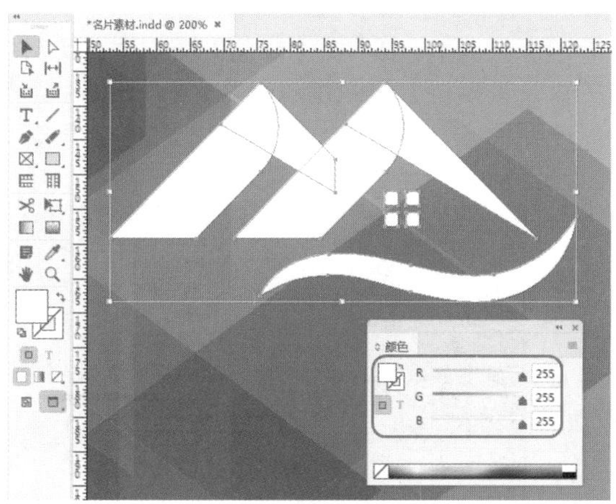

图3-69

Step 02 单击工具箱中的【文字工具】按钮T，输入文本“上海丽江有限公司”，将【字体】设置为【长城新艺体】，【字体大小】设置为30点，在【颜色】面板中将RGB值设置为255、255、255。使用同样的方法输入文本“SHANG HAI LI JIANG Co. Ltd.”，将【字体】设置为【黑体】，将【字体大小】设置为18点，将【填色】设置为白色，如图3-70所示。

图3-70

实例038 VIP积分卡正面

素材：素材\Cha03\ VIP会员积分卡素材.jpg
场景：场景\Cha03\实例038 VIP积分卡正面.indd

积分卡是一种消费服务卡，采用PVC材质制作，常用于商场、超市、卖场、娱乐、餐饮、服务等行业。本实例讲解会员积分卡的制作方法。

首先将素材文件置入文档中，然后使用【文字工具】输入文本。本例以为文字添加渐变效果为重点，最后对文字进行旋转，最终制作出的VIP积分卡正面效果如图3-71所示。

图3-71

Step 01 按Ctrl+N快捷组合键，弹出【新建文档】对话框，将【宽度】和【高度】分别设置为90毫米、110毫米，将【页面】设置为1。单击【边距和分栏】按钮，弹出【新建边距和分栏】对话框，将【边距】选项组中的【上】、【下】、【内】、【外】设置为0毫米，单击【确定】按钮。在菜单栏中选择【文件】|【置入】命令，弹出【置入】对话框，选择“素材\Cha03\VIP积分卡素材.jpg”素材文件，单击【打开】按钮，拖曳鼠标调整素材的位置与大小，释放鼠标即可置入素材，如图3-72所示。

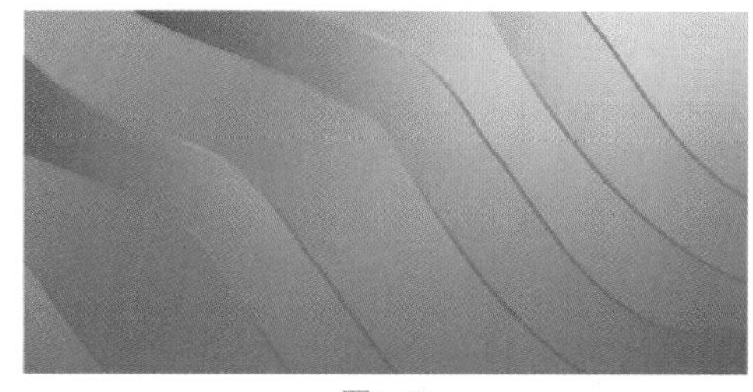

图3-72

Step 02 使用【文字工具】，拖曳鼠标绘制文本框并输入文本，将【字体】设置为【方正小标宋简体】，【字体大小】设置为88点，【倾斜】设置为20°，在【渐变】面板中将【类型】设置为【线性】，将0%位置处的RGB值设置为217、183、102，将50%位置处的RGB值设置为250、238、178，将100%位置处的RGB值设置为217、183、102，如图3-73所示。

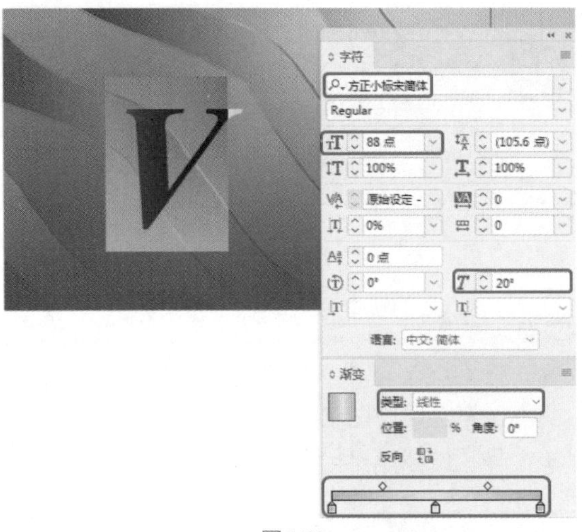

图3-73

Step 03 使用【文字工具】，拖曳鼠标绘制文本框并输入文本，将【字体】设置为【方正小标宋简体】，【字体大小】设置为70点，【倾斜】设置为20°，根据前面介绍的方法，为文本设置渐变颜色，如图3-74所示。

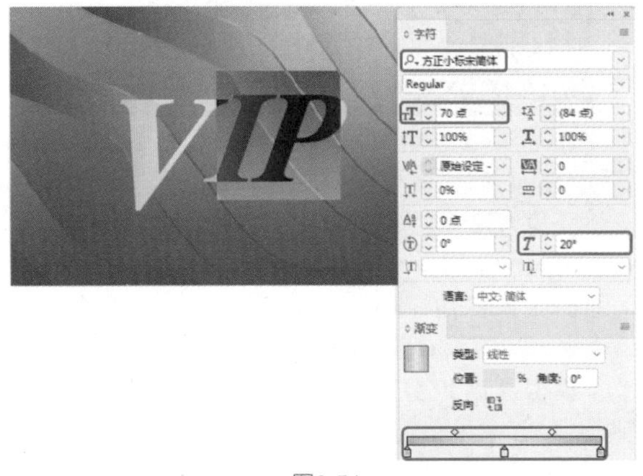

图3-74

Step 04 使用【文字工具】，拖曳鼠标绘制文本框并输入文本，将【字体】设置为【方正隶书简体】，【字体大小】设置为20点，【倾斜】设置为0°，根据前面介绍的方法，为文本设置渐变颜色，如图3-75所示。

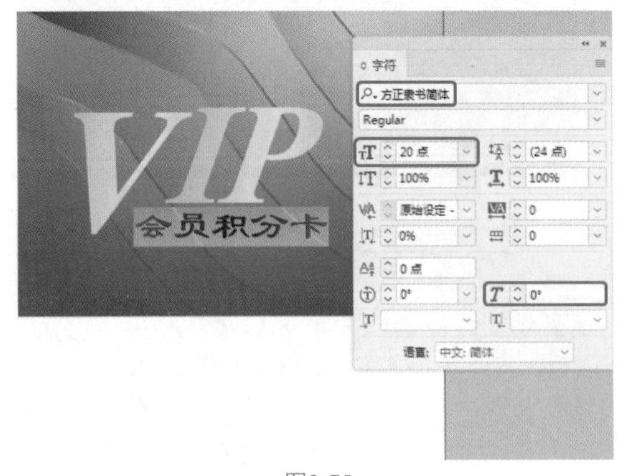

图3-75

Step 05 使用【文字工具】，拖曳鼠标绘制文本框并输入文本，将【字体】设置为【经典隶书简】，将【字体大小】设置为12点，根据前面介绍的方法，为文本设置相应的渐变颜色，如图3-76所示。

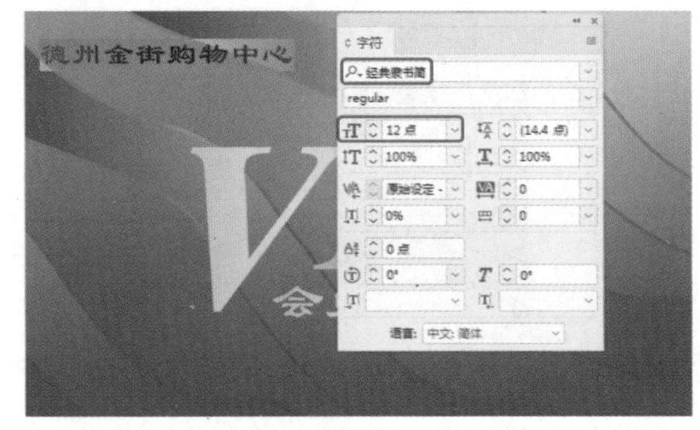

图3-76

Step 06 使用【直线工具】绘制直线，在【描边】面板中将【粗细】设置为1点，在【颜色】面板中将【填色】设置为无，【描边】的RGB值设置为217、183、102，如图3-77所示。

图3-77

Step 07 使用【文字工具】，拖曳鼠标绘制文本框并输入文本，将【字体】设置为【经典隶书简】，【字体大小】设置为8点，根据前面介绍的方法，为文本设置渐变颜色，如图3-78所示。

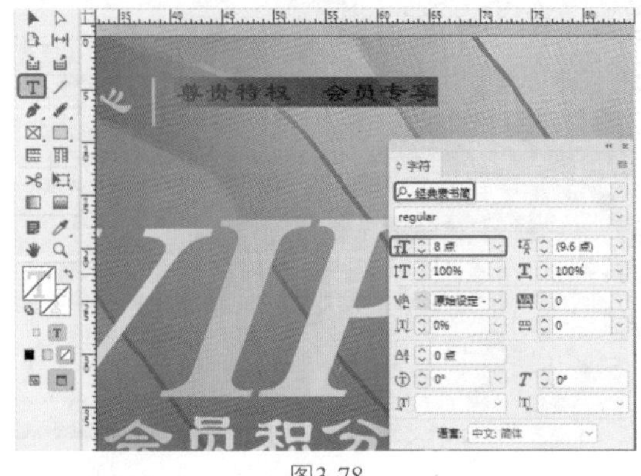

图3-78

Step 08 使用【文字工具】，拖曳鼠标绘制文本框并输入文本，将【字体】设置为【经典隶书简】，【字体大小】设置为5点，根据前面介绍的方法，为文本设置渐变颜色，如图3-79所示。

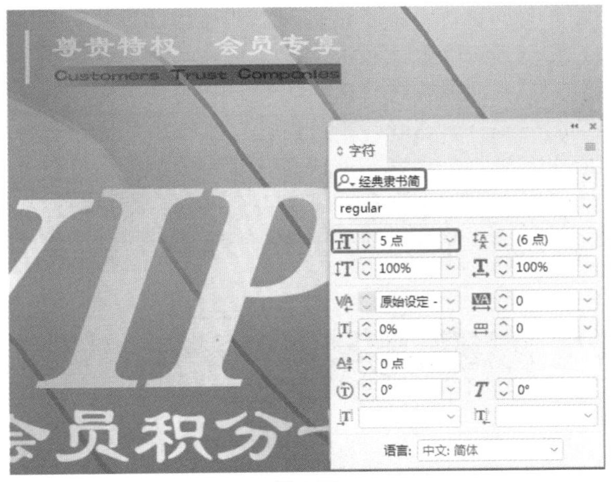

图3-79

Step 09 再次使用【文字工具】，拖曳鼠标绘制文本框并输入文本，将【字体】设置为【方正黑体简体】，【字体大小】设置为11点，在【颜色】面板中将RGB值设置为255、255、255，如图3-80所示。

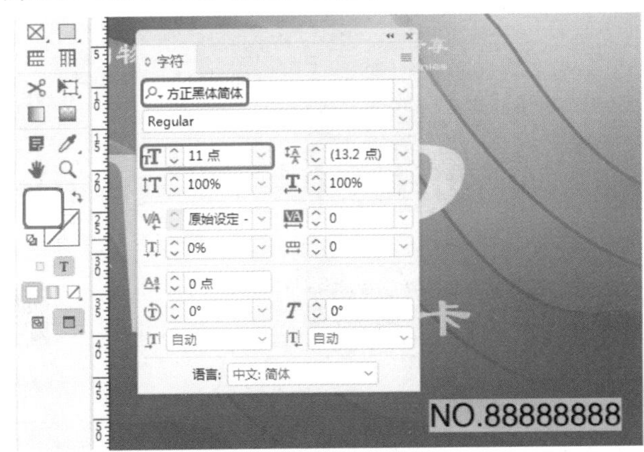

图3-80

实例039 VIP积分卡背面

素材：素材\Cha03\ VIP会员积分卡背景.jpg

场景：场景\Cha03\实例039 VIP积分卡背面.indd

下面介绍VIP积分卡背面的制作方法，效果如图3-81所示。

继续上面的操作，打开【图层】面板选中【<VIP积分卡素材.jpg>】图层，将【<VIP积分卡素材.jpg>】图层拖曳至【创建新图层】按钮上，如图3-82所示。

Step 01 继续上面的操作，打开【图层】面板选中【<VIP积分卡素材.jpg>】图层，将【<VIP积分卡素材.jpg>】图层拖曳至【创建新图层】按钮上，如图3-82所示。

图3-81

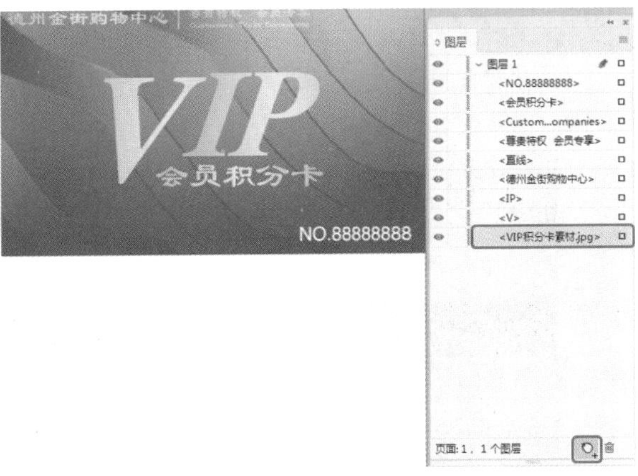

图3-82

Step 02 调整复制图层的位置，使用【文字工具】，分别绘制文本框并输入文本，将【字体】设置为【黑体】，【字体大小】设置为6点，在【颜色】面板中将【填色】设置为白色，如图3-83所示。

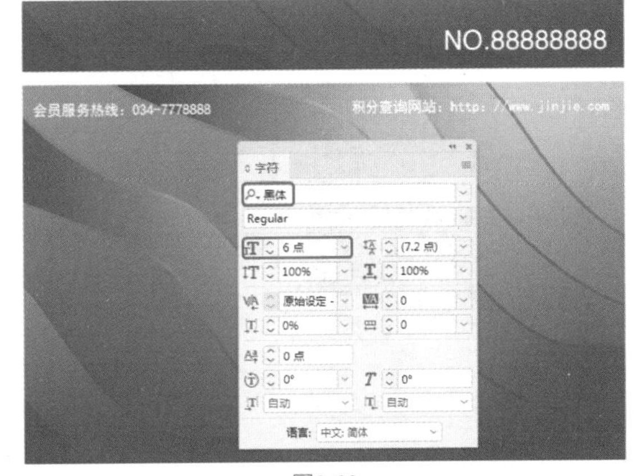

图3-83

Step 03 使用【矩形工具】绘制矩形，将【填色】设置为黑色，将【描边】设置为无，在控制栏中将W、H分别设置为90毫米、8.5毫米，设置完成后调整图形位置，如图3-84所示。

图3-84

Step 04 使用【文字工具】，拖曳鼠标绘制文本框并输入文本，将【字体】设置为【黑体】，【字体大小】设置为10点，在【颜色】面板中将【填色】设置为白色，如图3-85所示。

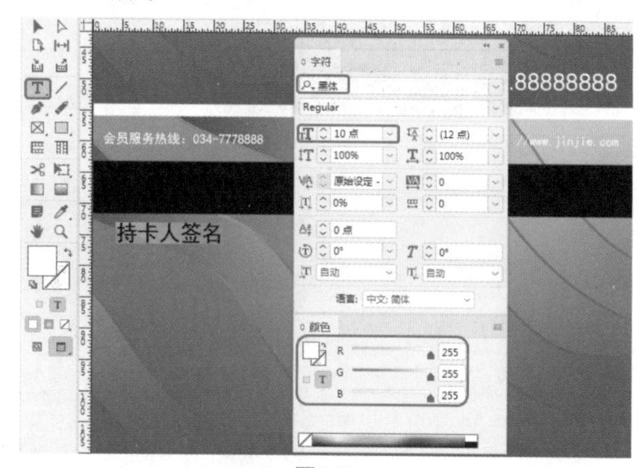

图3-85

Step 05 使用【文字工具】，拖曳鼠标绘制文本框并输入文本，将【字体】设置为【黑体】，将【字体大小】设置为5点，在【颜色】面板中将【填色】设置为白色，如图3-86所示。

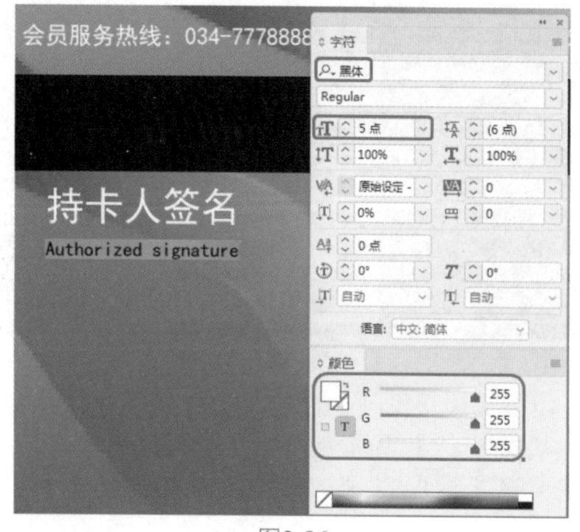

图3-86

Step 06 使用【矩形工具】绘制矩形，将【描边】设置为无，单击【填色】色块，在【渐变】面板中将【类型】设置为径向，将0%位置处的RGB值设置为228、228、229，将100%位置处的RGB值设置为141、140、141，删除多余的色标，将【W】、【H】设置为32毫米、7毫米，如图3-87所示。

图3-87

Step 07 使用【文字工具】，拖曳鼠标绘制文本框并输入文本，将【字体】设置为【黑体】，【字体大小】设置为6点，将【行距】设置为9点，在【颜色】面板中将RGB值设置为255、255、255，如图3-88所示。

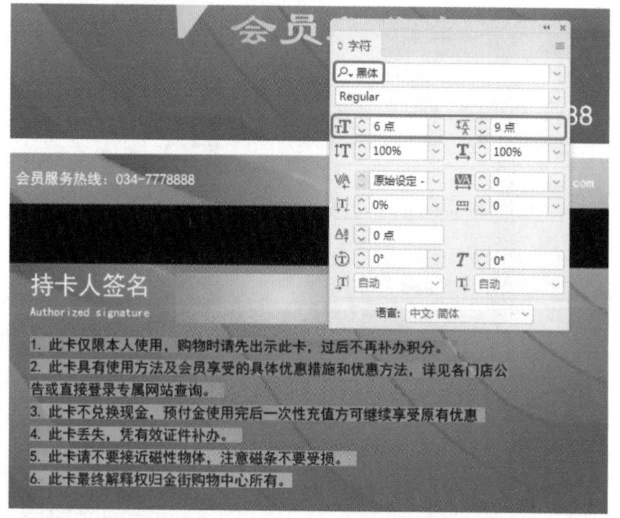

图3-88

Step 08 再次使用【文字工具】，输入文本【百姓放心企业】，将【字体】设置为经典隶书简，【字体大小】设置为12点，在【渐变】面板中将【类型】设置为线性，将0%位置处的RGB值设置为217、183、102，将50%位置处的RGB值设置为250、238、178，将100%位置处的RGB值设置为217、183、102，使用同样方法输入文本【Customers Trust Companies】，并将【字体】设置为经典隶书简，将【字体大小】设置为5点，并设置渐变颜色，如图3-89所示。

图3-89

实例040 服装吊牌正面

场景：场景\Cha03\实例040 服装吊牌正面.indd

本实例讲解服装吊牌正面的制作方法。

首先讲解【文字工具】、【矩形工具】、【钢笔工具】的基本操作，以及如何为图形创建复合路径。在文档中制作吊牌后，将输入的吊牌文字进行旋转，最终制作出服装吊牌正面效果，如图3-90所示。

图3-90

Step 01 按Ctrl+N快捷组合键，弹出【新建文档】对话框，将【宽度】和【高度】分别设置为297毫米、210毫米。单击【边距和分栏】按钮，弹出【新建边距和分栏】对话框，保持默认设置，单击【确定】按钮。使用【矩形工具】绘制一个与文档大小一样的矩形，在【渐变】面板中将【类型】设置为【线性】，将【角度】设置为90°，将0%位置处的RGB值设置为228、228、229，将100%位置处的RGB值设置为141、140、141，将【描边】设置为无，如图3-91所示。

Step 02 使用【矩形工具】绘制图形，将【填色】设置为白色，将【描边】设置为无，在菜单栏中选择【对象】|【角选项】命令，在弹出的对话框中将【形状】设置为圆角，将【转角大小】设置为5毫米，单击【确定】按钮，设置完成后调整矩形位置，如图3-92所示。

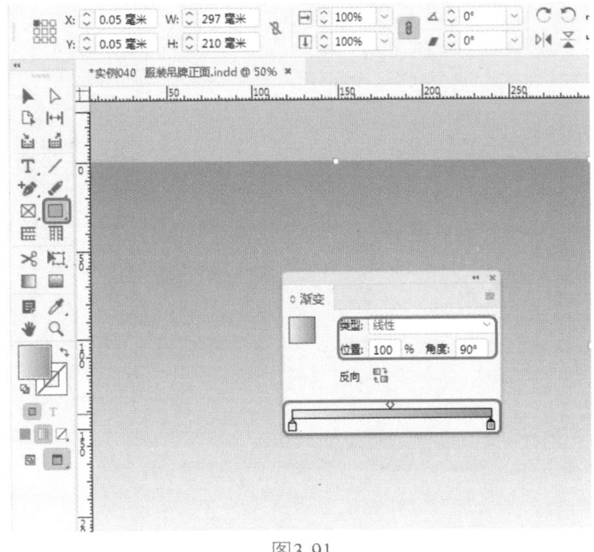

图3-91

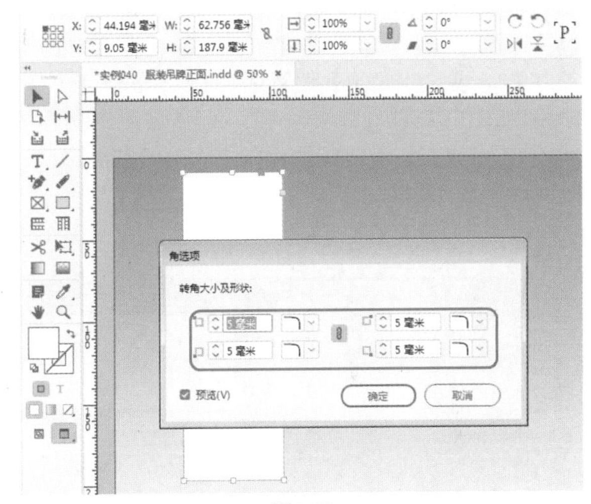

图3-92

Step 03 使用同样方法绘制一个矩形，将【填色】设置为白色，将【描边】设置为无，将【形状】设置为圆角，将【转角大小】设置为5毫米，单击【确定】按钮，设置完成后调整矩形的位置，如图3-93所示。

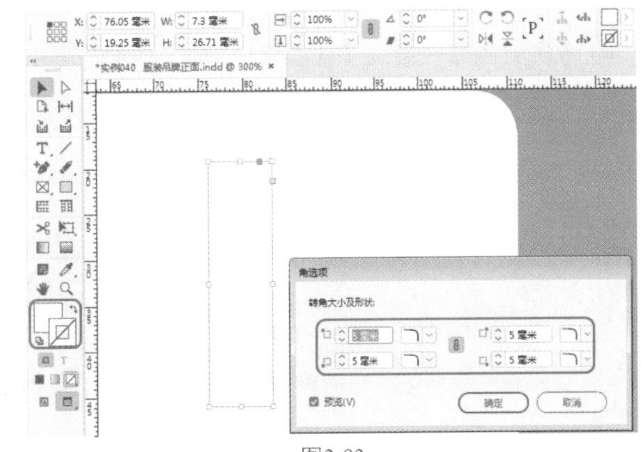

图3-93

Step 04 选中绘制的两个矩形，在菜单栏中选择【对象】|【路径】|【建立复合路径】命令，如图3-94所示。

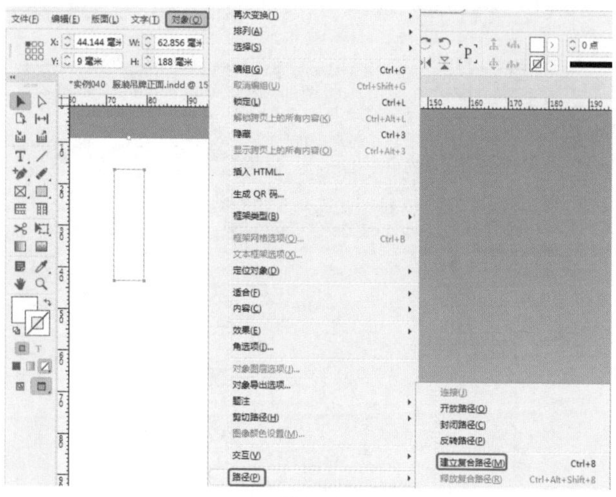

图3-94

Step 05 单击工具箱中的【文字工具】按钮T，拖曳鼠标绘制文本框并输入文本，将【字体】设置为【方正小标宋简体】，【字体大小】设置为172点，在【颜色】面板中将RGB值设置为32、24、22，将【旋转角度】设置为-90°，设置完成后调整文本的位置，如图3-95所示。

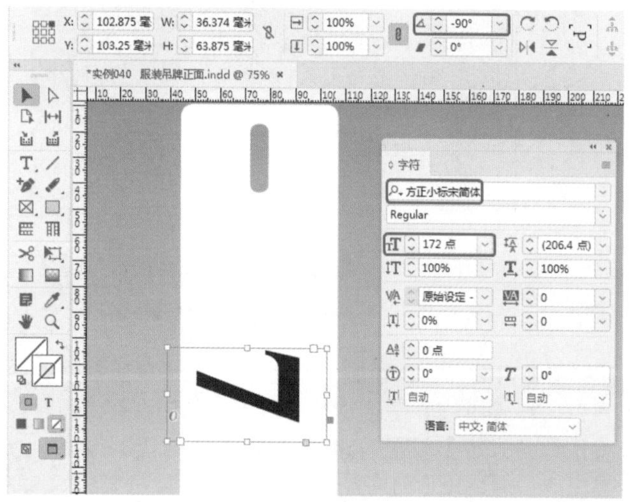

图3-95

Step 06 再次使用【文字工具】输入文本，并选中文字将【字体】设置为BankGothic Md BT，将【字体大小】设置为54点，在【颜色】面板中将RGB值设置为32、24、22，将【旋转角度】设置为-90°，设置完成后调整文本的位置，如图3-96所示。

Step 07 单击工具箱中的【钢笔工具】按钮，在文档窗口中绘制图形，在【颜色】面板中将RGB值设置为33、25、23，将【描边】设置为无，将【旋转角度】设置为-42°，设置完成后调整图形的位置，如图3-97所示。

Step 08 使用同样方法绘制其他图形，并为图形设置填充与旋转角度，如图3-98所示。

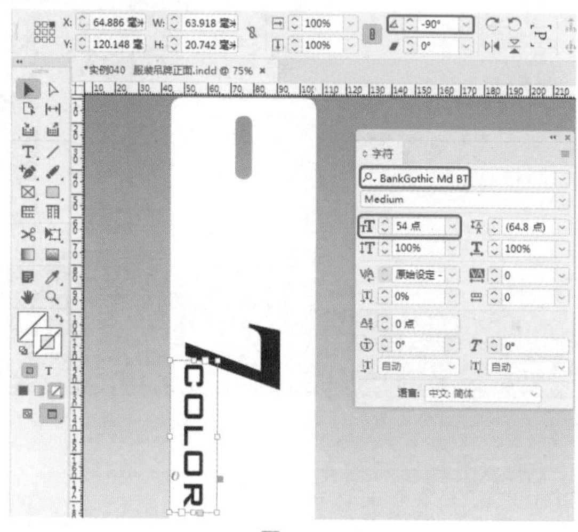

图3-96

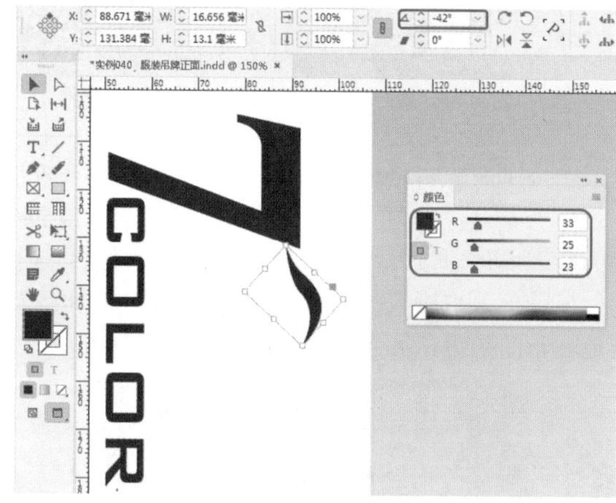

图3-97

图3-98

Step 09 在【图层】面板中，选中如图3-99所示的图层，单击鼠标右键，在弹出的快捷菜单中选择【编组】命令。

Step 10 选中【组】图层，在菜单栏中选择【窗口】|【效果】命令，打开【效果】面板，单击右下角的【向选定的目标添加对象效果】按钮fx，弹出下拉菜单，选择【投影】命令，在【投影】选项卡中，将【不透明度】设置为75%，将【距离】设置为4毫米，将【角度】设置为135°，将【大小】、【扩展】、【杂色】分别设置为4毫米、2%、0%，单击【确定】按钮，如图3-100所示。

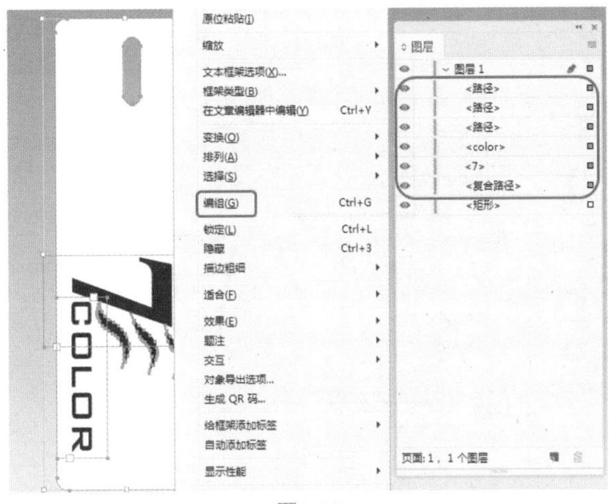

图3-99

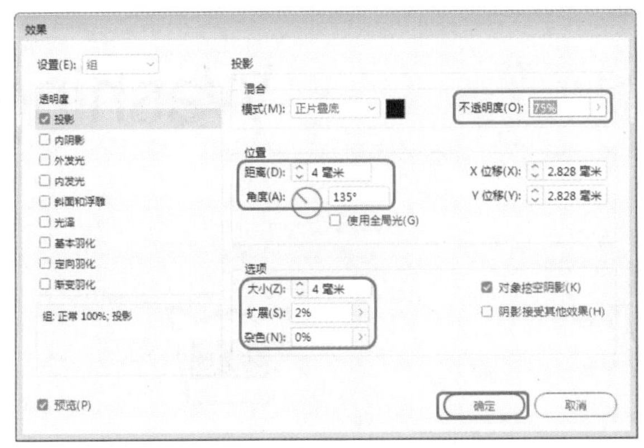

图3-100

实例041 服装吊牌背面

场景：场景\Cha03\实例041 服装吊牌背面.indd

图3-101

本实例讲解吊牌背面的制作方法，效果图如图3-101所示。

Step 01 继续上面的操作，根据前面介绍的方法绘制图形并创建复合路径，设置完成后调整图形位置，如图3-102所示。

Step 02 单击工具箱中的【文字工具】按钮，拖曳鼠标绘制文本框并输入文本，将【字体】设置为【汉仪方隶简】，【字体大小】设置为28点，将【字符间距】设置为-25，在【颜色】面板中将RGB值设置为6、0、1，设置完成后调整文本位置，如图3-103所示。

图3-102

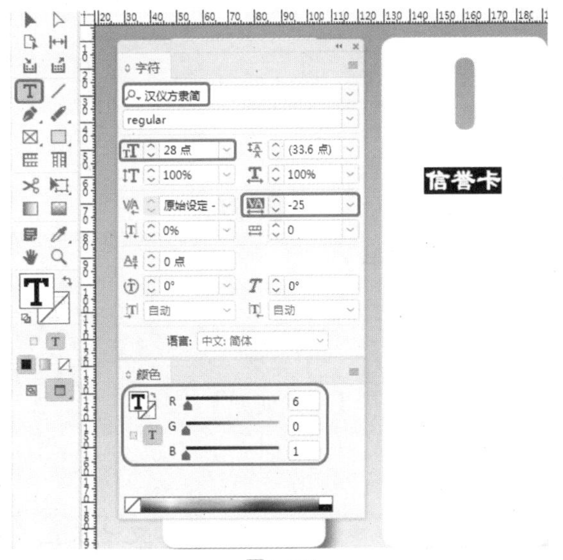

图3-103

Step 03 再次使用【文字工具】输入文本，将【字体】设置为【黑体】，将【字体大小】设置为9点，将【行距】设置为17点，将【字符间距】设置为-25，在【颜色】面板中将RGB值设置为6、0、1，单击【双齐末行齐左】按钮，设置完成后调整文本位置，如图3-104所示。

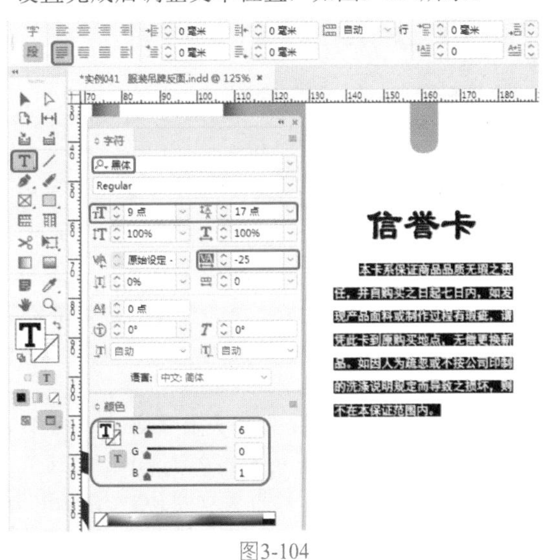

图3-104

Step 04 使用同样方法在文档窗口中输入文本，将【字体】设置为【黑体】，将【字体大小】设置为12点，将【字符间距】设置为-25，在【颜色】面板中将RGB值设置为0、0、0，设置完成后调整文本位置，如图3-105所示。

图3-105

Step 05 使用【文字工具】输入文本，将【字体】设置为Arial，将【字体样式】设置为Regular，将【字体大小】设置为8点，将【字符间距】设置为-25，在【颜色】面板中将RGB值设置为0、0、0，设置完成后调整文本位置，如图3-106所示。

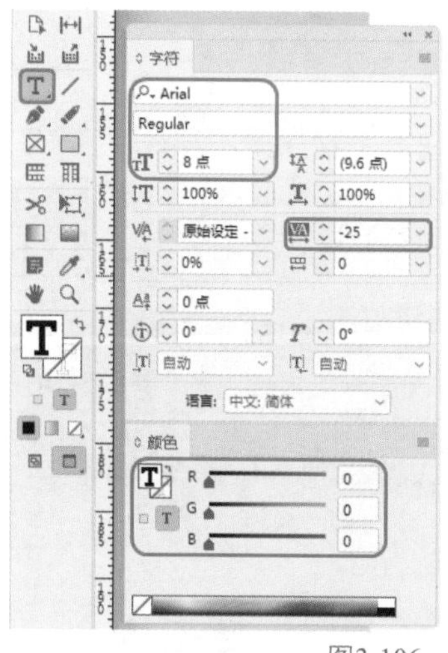

图3-106

Step 06 单击工具箱中的【钢笔工具】按钮，在文档窗口中绘制图形，在【描边】面板中，将【粗细】设置为0.5点，将【填色】设置为无，将【描边】设置为35、22、20，如图3-107所示。

Step 07 使用【文字工具】输入文本，将【字体】设置为【黑体】，将【字体大小】设置为4点，将【字符间距】设置为0，在【颜色】面板中将RGB值设置为6、0、1，设置完成后调整文本位置，如图3-108所示。

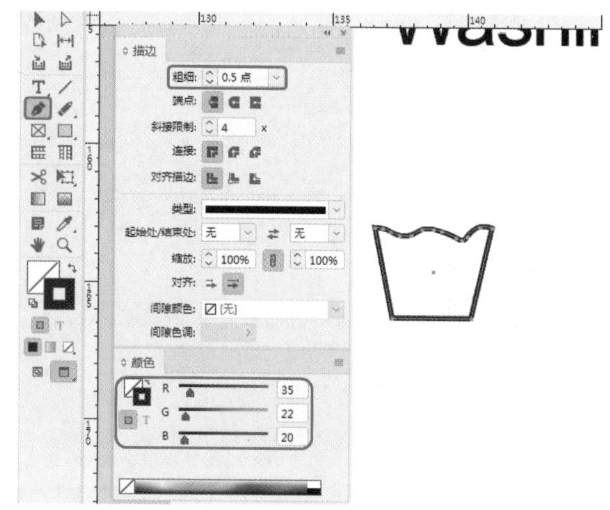

图3-107

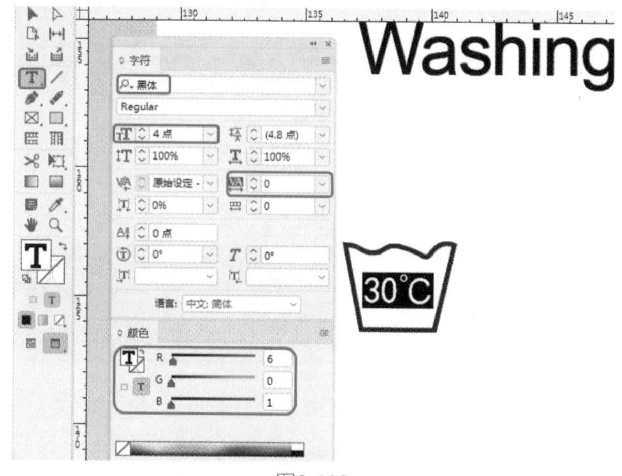

图3-108

Step 08 使用【文字工具】输入文本，将【字体】设置为【黑体】，将【字体大小】设置为5点，将【字符间距】设置为-25，在【颜色】面板中将RGB值设置为0、0、0，设置完成后调整文本位置，如图3-109所示。

图3-109

Step 09 再次使用【文字工具】输入文本，将【字体】设置为Arial，将【字体样式】设置为Regular，将【字体大小】设置为4点，将【字符间距】设置为-25，在【颜色】面板中将RGB值设置为0、0、0，设置完成后调整文本位置，如图3-110所示。

图3-110

Step 10 选中绘制的图形与输入的文本，单击鼠标右键，在弹出的快捷菜单中选择【编组】命令，如图3-111所示。

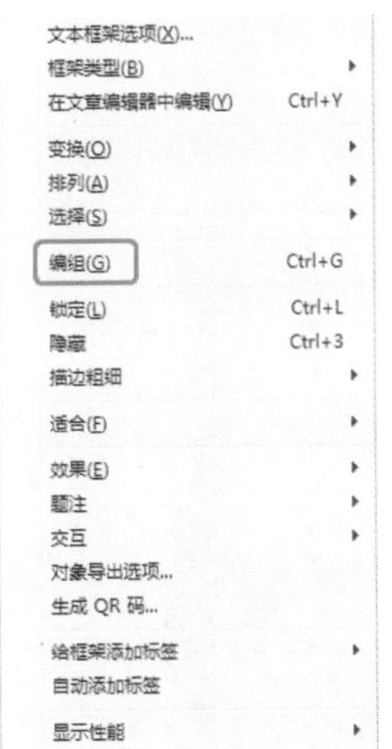

图3-111

Step 11 使用同样方法绘制其他图形并输入文字，设置完成后调整至合适位置，如图3-112所示。

图3-112

Step 12 选中绘制的图形与输入的文本，单击鼠标右键，在弹出的快捷菜单中选择【编组】命令，如图3-113所示。

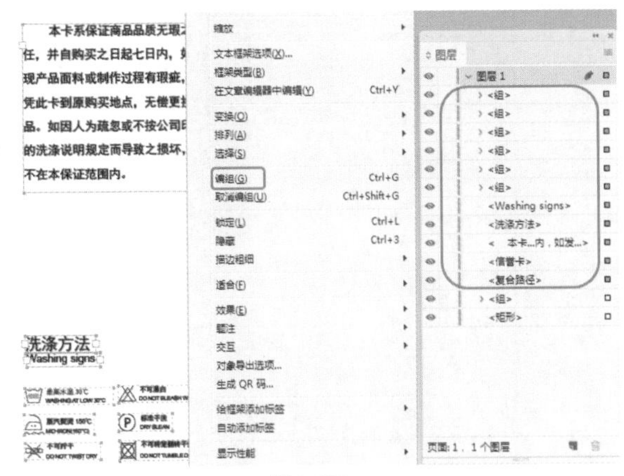

图3-113

实例042 售后服务保障卡正面

素材：素材\Cha03\售后保障卡素材.indd

场景：场景\Cha03\实例042 售后服务保障卡正面.indd

随着互联网的快速发展，网上购物已逐渐成为一种普遍的购物形式。随之而来的就是各式各样的售后服务保障卡，它们与产品一起快递到消费者手中，通过该卡可以方便买家退换货物。本实例讲解售后服务保障卡的制作方法，效果如图3-114所示。

Step 01 按Ctrl+O快捷组合键，弹出【打开文件】对话框，选择“素材\Cha03\售后保障卡素材.indd”素材文件，单击【打开】按钮，打开素材文件后的效果如图3-115所示。

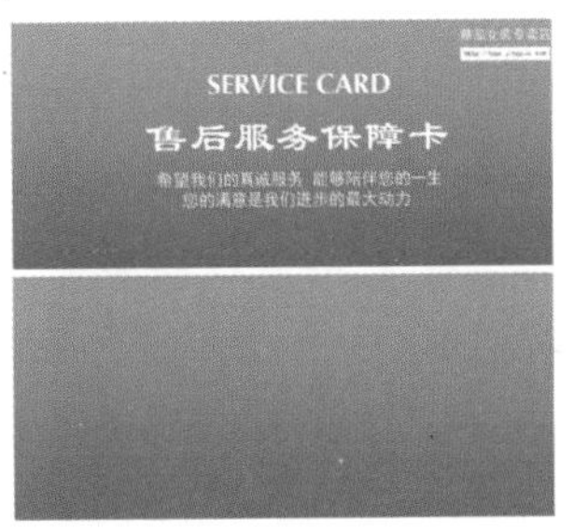

图3-114

图3-115

Step 02 单击工具箱中的【文字工具】按钮T，拖曳鼠标绘制文本框并输入文本，在【字符】面板中，将【字体】设置为【方正康体简体】，将【字体大小】设置为30点，将【填色】设置为白色，如图3-116所示。

Step 03 使用【文字工具】拖曳鼠标绘制文本框并输入文本，将【字体】设置为【汉仪大隶书简】，将【字体大小】设置为48点，【填色】设置为白色，设置完成后调整文本位置，如图3-117所示。

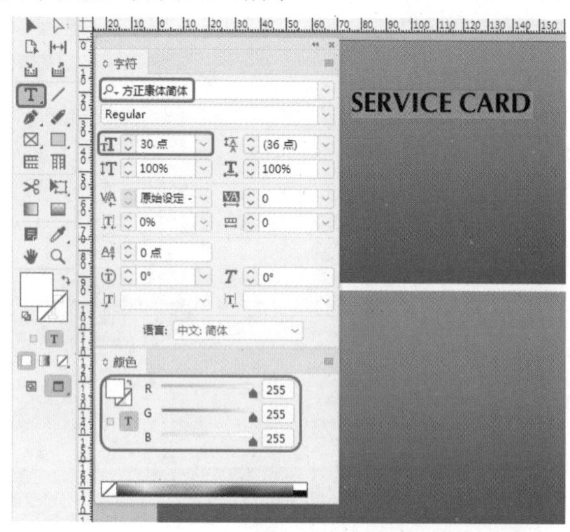

图3-116

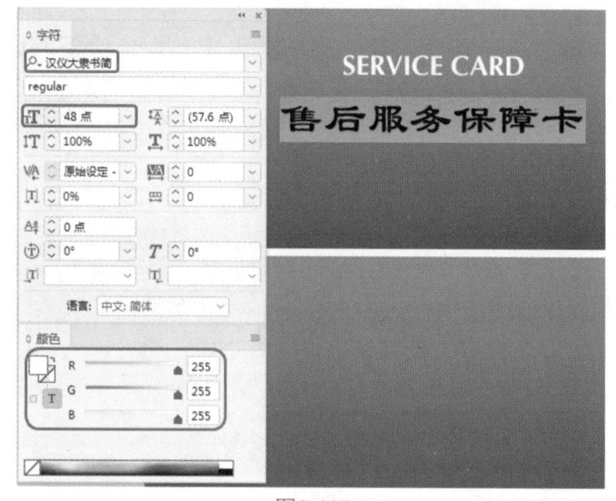

图3-117

Step 04 使用同样方法输入文本，在【字符】面板中，将【字体】设置为【黑体】，【字体大小】设置为18点，【填色】设置为白色，设置完成后调整文本位置，如图3-118所示。

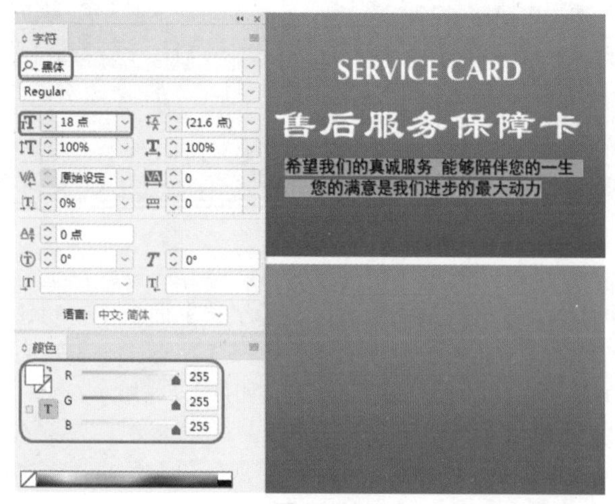

图3-118

Step 05 使用【矩形工具】绘制矩形，将【填色】设置为白色，【描边】设置为无，将W、H分别设置为34毫米、5毫米，使用【文字工具】，拖曳鼠标绘制文本框并输入文本，将【字体】设置为【黑体】，【字体大小】设置为8点，【填色】的RGB值设置为105、42、26，如图3-119所示。

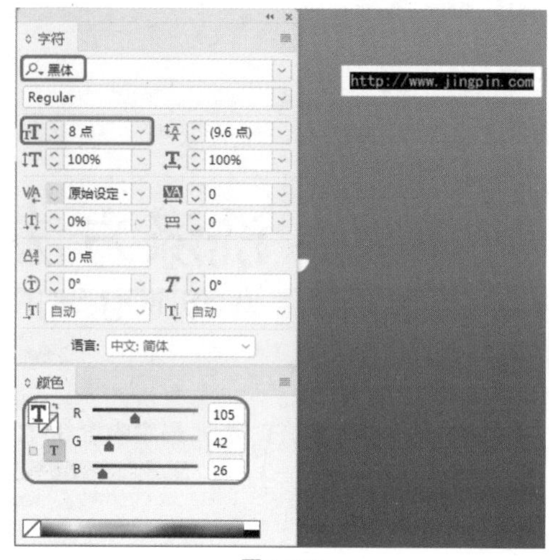

图3-119

Step 06 使用【文字工具】拖曳鼠标绘制文本框并输入文本，将【字体】设置为【黑体】，【字体大小】设置为14点，【填色】的RGB值设置为255、255、255，如图3-120所示。

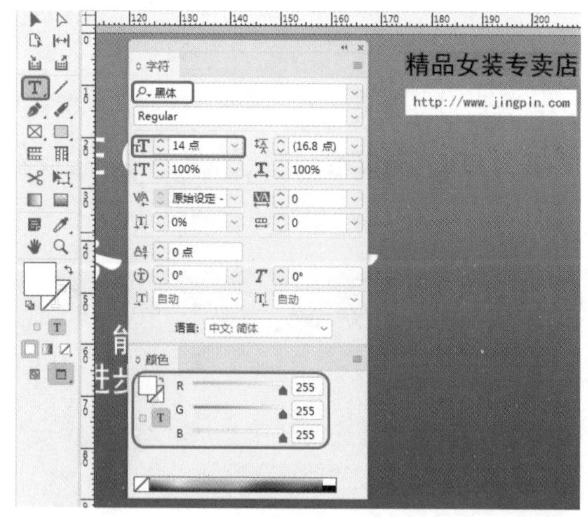

图3-120

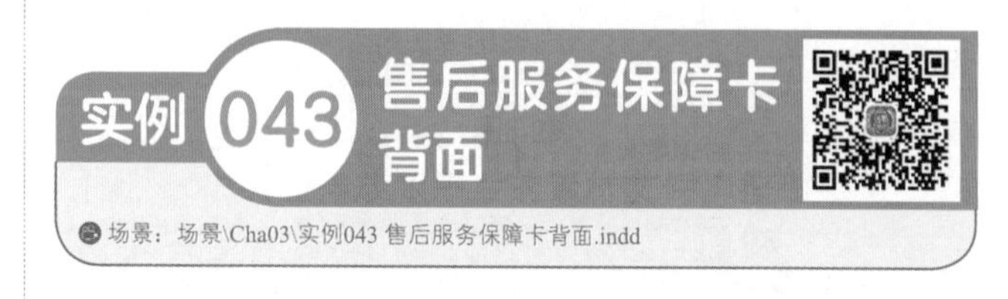

实例043 售后服务保障卡背面

场景：场景\Cha03\实例043 售后服务保障卡背面.indd

本次讲解【文字工具】、【矩形工具】、【直线工具】的基本操作。首先打开素材文件，在文档中输入文字，并为文字添加颜色效果，然后讲述图形的绘制，制作出的售后服务保障卡背面效果如图3-121所示。

图3-121

Step 01 继续上面的操作，使用【文字工具】拖曳鼠标绘制文本框并输入文本，在【字符】面板中将【字体】设置为【方正康体简体】，将【字体大小】设置为14点，将【填色】设置为白色，如图3-122所示。

图3-122

Step 02 使用【文字工具】拖曳鼠标绘制文本框并输入文本，在【字符】面板中将【字体】设置为【黑体】，将【字体大小】设置为9点，将【填色】设置为白色，如图3-123所示。

Step 03 单击工具箱中的【矩形工具】按钮，在文档窗口中绘制图形，将【填色】设置为白色，将【描边】设置为无，将W、H分别设置为90毫米、15毫米，如图3-124所示。

Step 04 使用【文字工具】拖曳鼠标绘制文本框并输入文本，将【字体】设置为【黑体】，【字体大小】设置为7点，将【行距】设置为11，将【填色】的RGB值设置为158、31、36，选中输入的文本“温馨提示：”，将【字体大小】设置为9点，如图3-125所示。

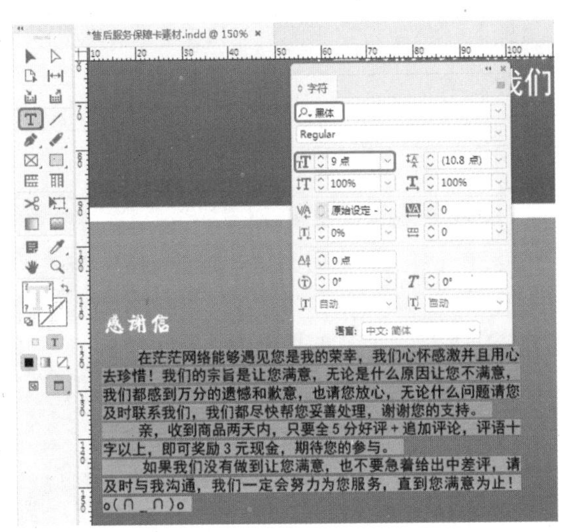

图3-123

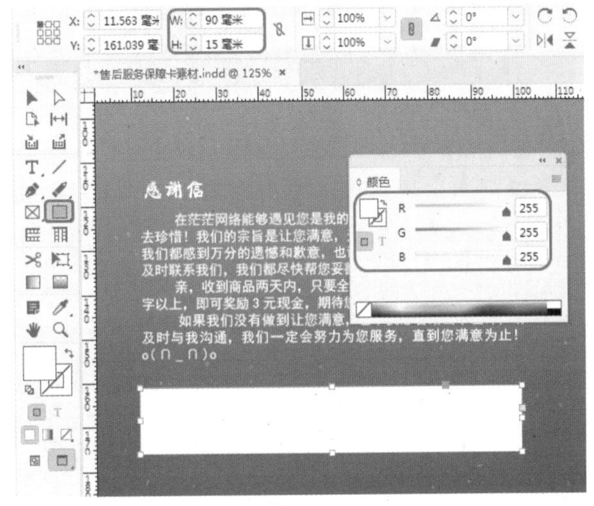

图3-124

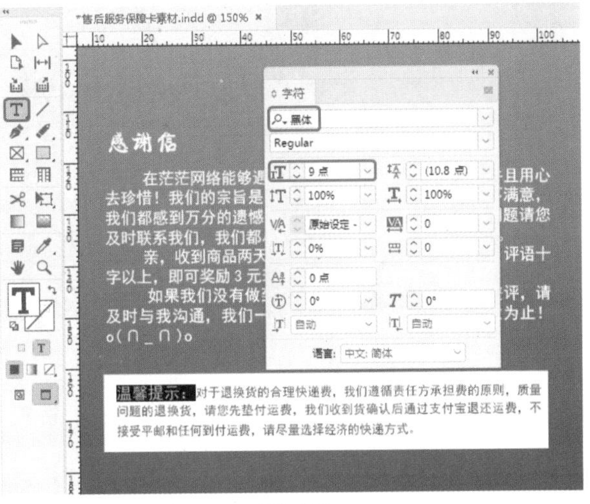

图3-125

Step 05 单击工具箱中的【矩形工具】按钮，在文档窗口中绘制图形，将【填色】设置为白色，【描边】设置为无，将W、H分别设置为34毫米、8毫米，将X、Y分别设置为119毫米、113毫米，如图3-126所示。

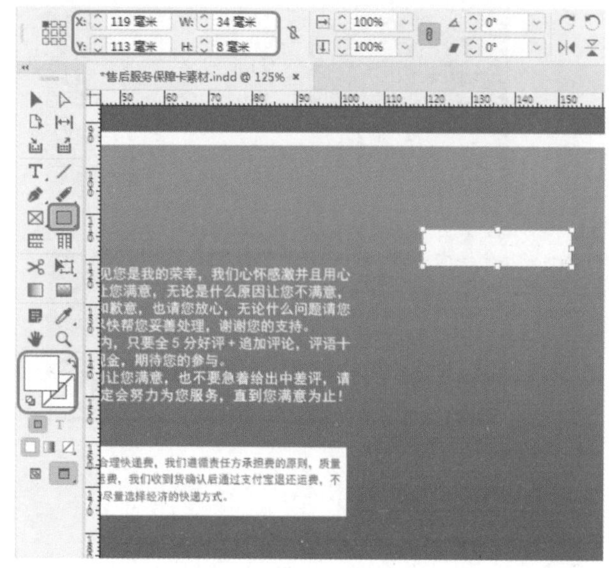

图3-126

Step 06 使用【文字工具】拖曳鼠标绘制文本框并输入文本，在【字符】面板中，将【字体】设置为【方正行楷简体】，将【字体大小】设置为13点，将【填色】的RGB值设置为158、31、36，设置完成后调整文本位置，如图3-127所示。

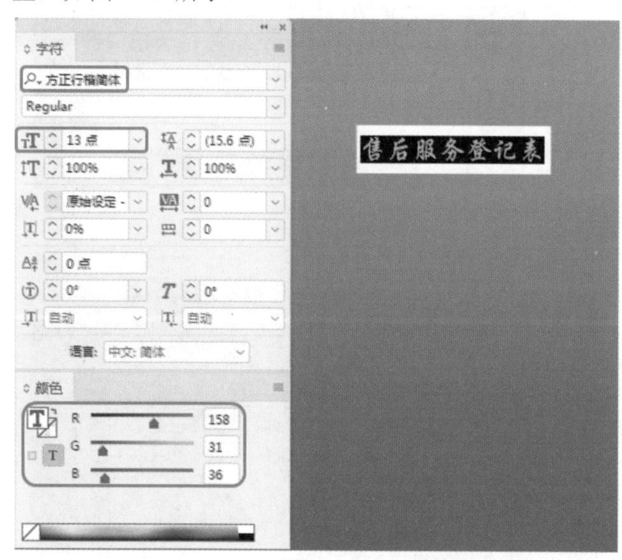

图3-127

Step 07 使用【文字工具】拖曳鼠标绘制文本框并输入文本，将【字体】设置为【黑体】，【字体大小】设置为9点，【填色】设置为白色，如图3-128所示。

Step 08 使用【直线工具】绘制线段，在【描边】面板中，将【粗细】设置为1点，将【填色】设置为无，【描边】设置为白色，设置完成后调整线段位置，如图3-129所示。

Step 09 使用【矩形工具】绘制两个矩形，将【填色】设置为白色，将【描边】设置为无，将W、H分别设置为11毫米、6毫米，设置完成后调整矩形位置，如图3-130所示。

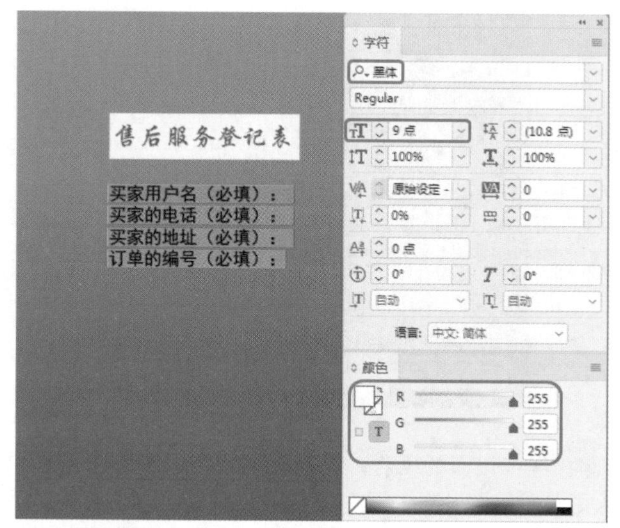

图3-128

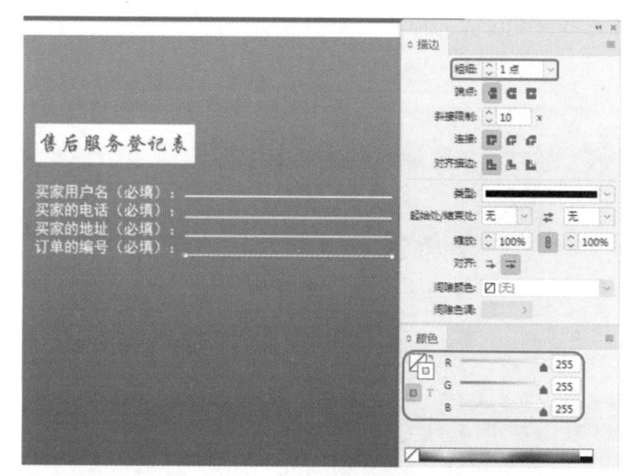

图3-129

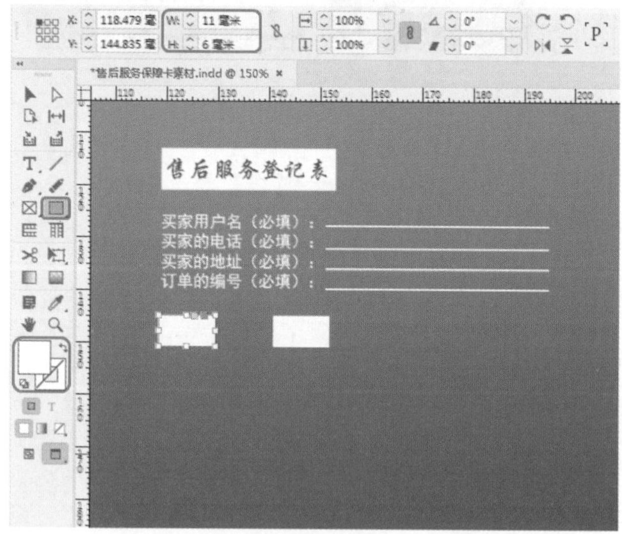

图3-130

Step 10 使用【文字工具】输入文本“换货”“退货”，将【字体】设置为【方正行楷简体】，将【字体大小】设置为13点，将【填色】的RGB值设置为158、31、36，设置完成后调整文本位置，如图3-131所示。

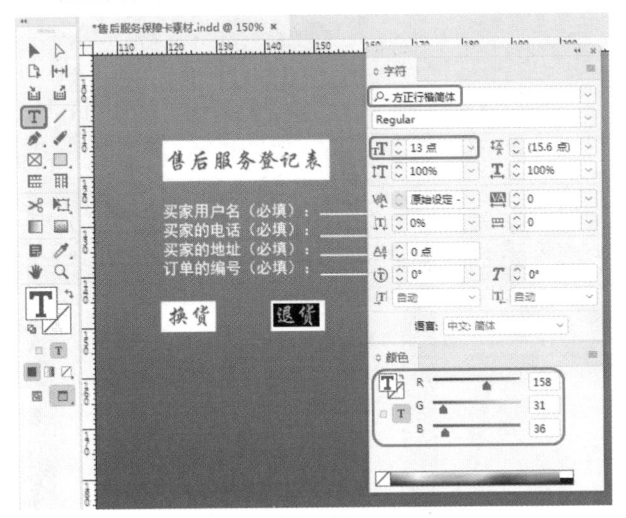

图3-131

Step 11 使用【矩形工具】绘制两个矩形，在【描边】面板中将【粗细】设置为1点，将【填色】设置为无，将【描边】设置为白色，将W、H均设置为6毫米，设置完成后调整矩形位置，如图3-132所示。

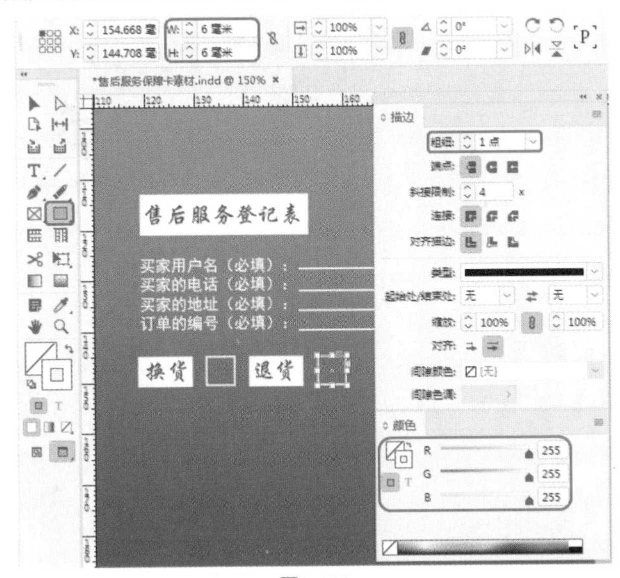

图3-132

Step 12 使用【矩形工具】绘制矩形，在【描边】面板中将【粗细】设置为1点，将【填色】设置为无，将【描边】设置为白色，将W、H分别设置为76毫米、22毫米，如图3-133所示。

Step 13 在工具箱中单击【直线工具】按钮，在文档窗口中绘制线段，在控制栏中将L设置为75.5毫米，将【粗细】设置为1点，将【填色】设置为无，将【描边】设置为白色，如图3-134所示。

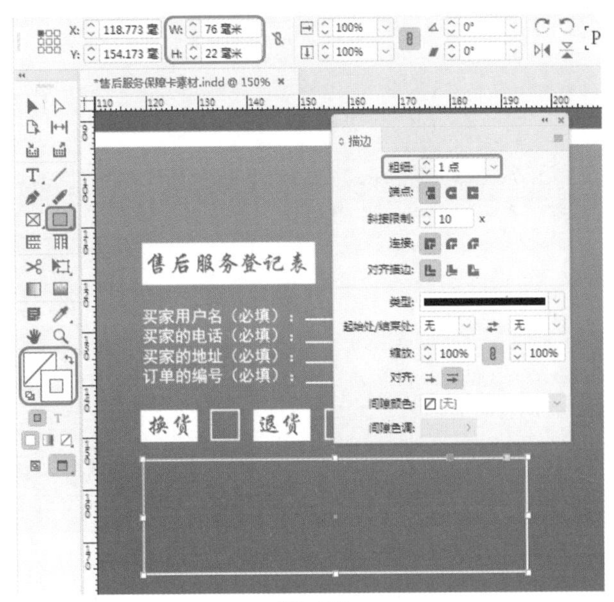

图3-133

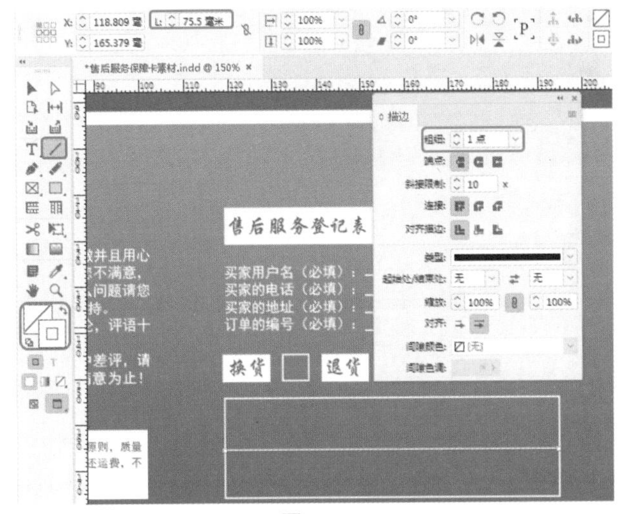

图3-134

Step 14 使用【文字工具】，输入文本“退换货原因：”“需要换出的货物（货号）：”，将【字体】设置为【黑体】，将【字体大小】设置为8点，将【填色】设置为白色，如图3-135所示。

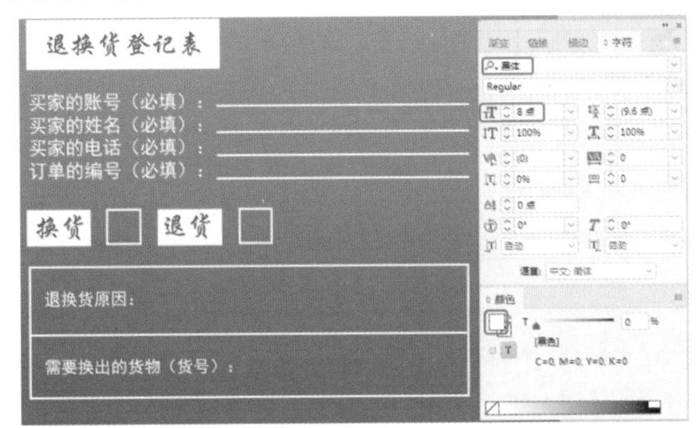

图3-135

第4章 日历的制作

本章导读

每页显示一日信息的叫日历，每页显示一个月信息的叫月历，每页显示全年信息的叫年历。有多种形式，如挂历、台历、年历卡等，如今又有电子日历。挂历和台历就是由日历发展来的，随着日历向大众化，家庭化的发展，人们也就把历书上的干支月令，节气及黄道吉日都印在日历上，并留下供记事用的大片空白。

实例044 手机日历

素材：素材\Cha04\日历素材01.png、日历素材02.png
场景：场景\Cha04\实例044 手机日历.indd

本例讲解使用【渐变颜色】填充背景图形，然后使用【矩形工具】绘制图形，为图形添加不透明度效果，然后再为空白部分添加文字效果，最终制作出手机日历效果，如图4-1所示。

图4-1

Step 01 新建一个【宽度】、【高度】分别为378毫米、672毫米，【页面】为1的文档，并将边距均设置为0毫米，单击【确定】按钮，使用【矩形工具】绘制一个矩形，将【描边】设置为无，单击【填色】色块，打开【渐变】面板，将【类型】设置为线性，将【角度】设置为90°，将左侧颜色块的RGB值设置为255、90、123，将位置于100%的颜色块RGB值设置为255、135、119，将W、H分别设置为378、672毫米，如图4-2所示。

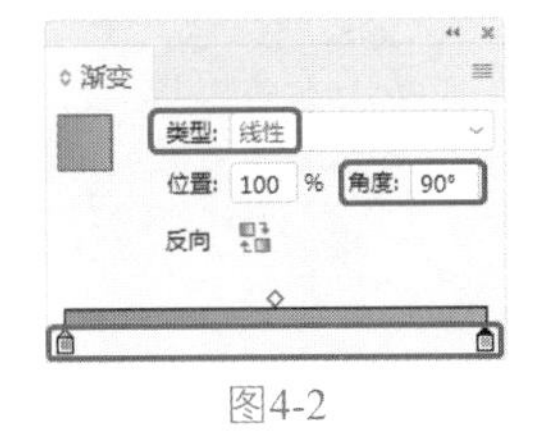

图4-2

Step 02 在菜单栏中选择【编辑】|【透明混合空间】|【文档RGB】命令，如图4-3所示。

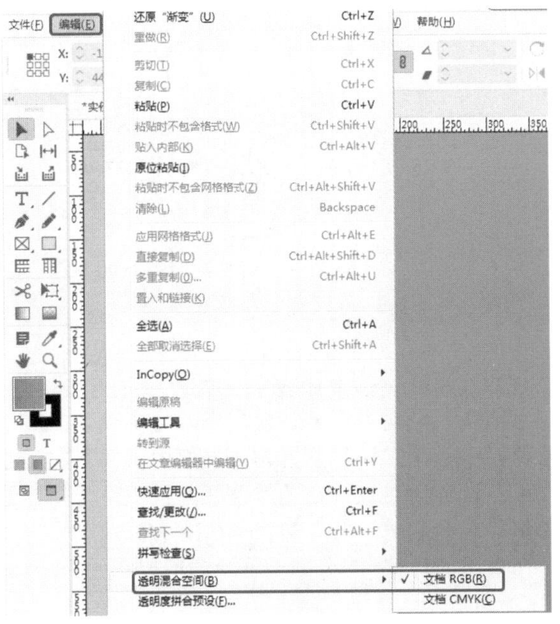

图4-3

Step 03 在菜单栏中选择【文件】|【置入】命令，弹出【置入】对话框，选择“素材\Cha04\日历素材01.png”素材文件，单击【打开】按钮，拖动鼠标将图片移至合适的位置，如图4-4所示。

图4-4

Step 04 在工具箱中单击【文字工具】按钮T，在文档窗口中绘制一个文本框，输入文字。选中输入的文字，在控制栏中将【字体】设置为【微软雅黑】，将【字体大小】设置为55点，在【颜色】面板中将【填色】的RGB值设置为255、255、255，如图4-5所示。

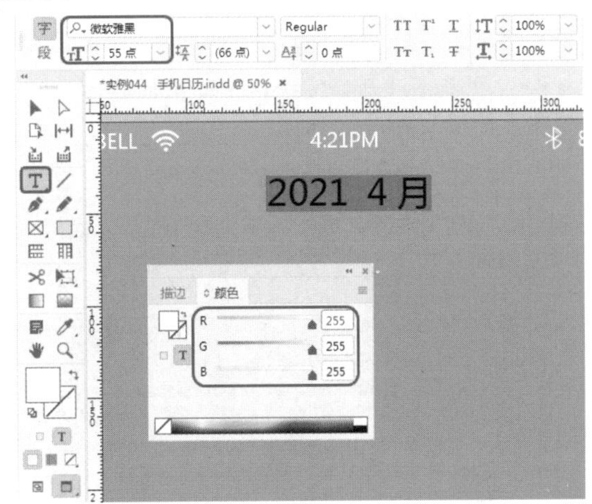

图4-5

Step 05 在工具箱中单击【钢笔工具】，在文档窗口中绘制如图4-6所示的图形，在【颜色】面板中将【填色】的RGB值设置为255、255、255，将【描边】设置为无。

图4-6

Step 06 选中绘制的三角形，按住Alt键向右拖动鼠标，对三角形进行复制，在复制的三角形上单击鼠标右击，在弹出的快捷菜单中选择【变换】|【水平翻转】命令，如图4-7所示。

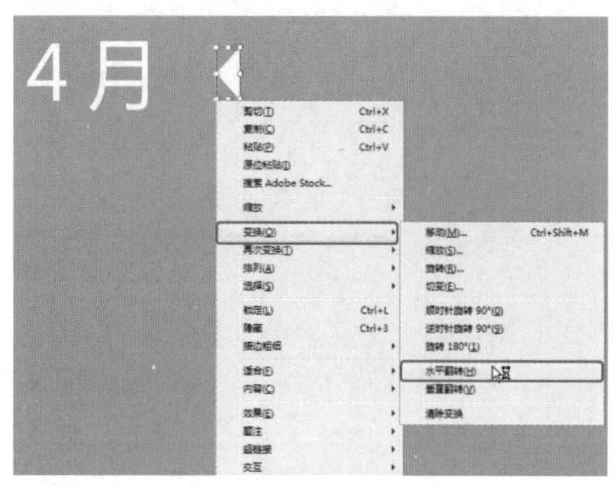

图4-7

Step 07 在菜单栏中选择【文件】|【置入】命令，弹出【置入】对话框，选择“素材\Cha04\日历素材02.png”素材文件，单击【打开】按钮，拖动鼠标将图片移至合适的位置，如图4-8所示。

图4-8

Step 08 在工具箱中单击【矩形工具】按钮，在文档窗口中绘制矩形，将【填色】设置为白色，将【描边】设置为无，将W、H分别设置为323、290毫米，在菜单栏中选择【对象】|【角选项】命令，弹出【角选项】对话框，设置转角大小及形状如图4-9所示，设置完成后，单击【确定】按钮。

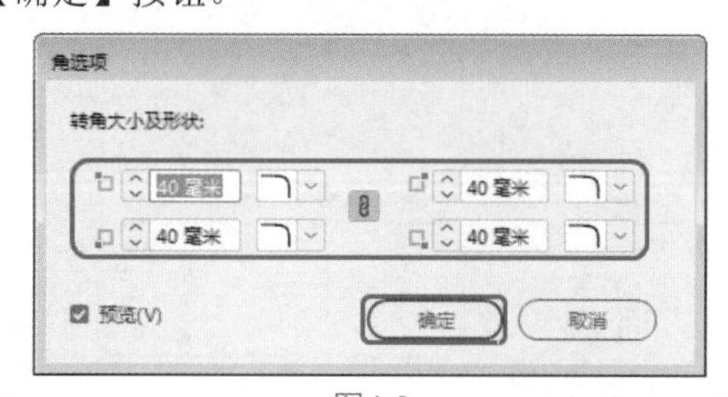

图4-9

Step 09 选中绘制的图形，在菜单栏中选择【窗口】|【效果】命令，打开【效果】面板，将【不透明度】设置为50%，如图4-10所示。

Step 10 选中绘制的图形进行复制，将复制图形的宽度、高度分别设置为330毫米、301毫米，如图4-11所示。

图4-10

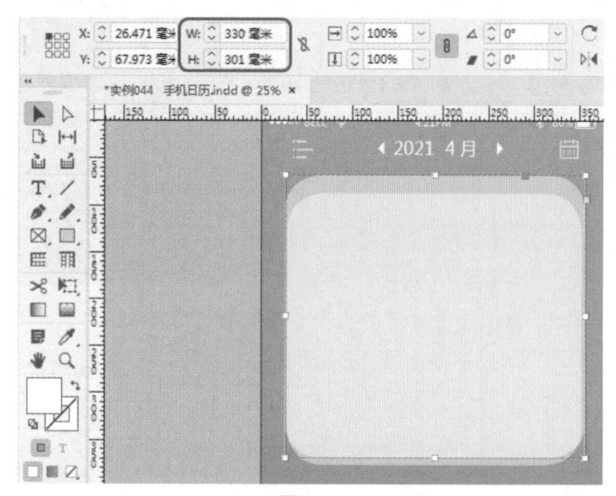

图4-11

Step 11 使用同样的方法将图形进行复制，打开【效果】面板，将【不透明度】设置为100%，调整图形的位置与大小，如图4-12所示。

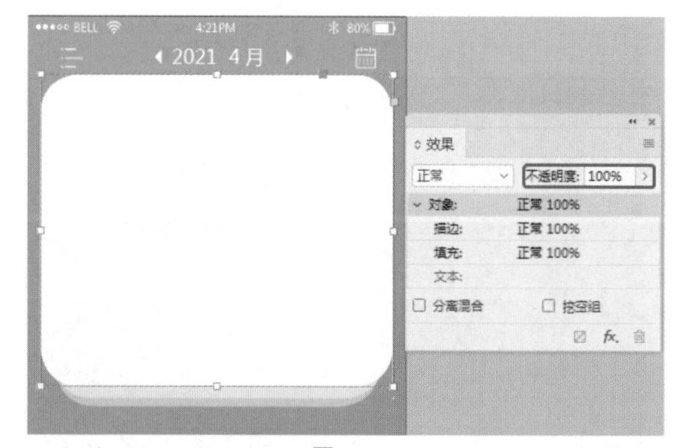

图4-12

Step 12 在工具箱中单击【文字工具】按钮T，在文档窗口中绘制一个文本框，输入文字。选中输入的文字，在控制栏中将【字体】设置为【汉仪中黑简】，将【字体大小】设置为44点，在【颜色】面板中将【填色】的RGB值设置为140、140、139，将X、Y分别设置为27毫米、76毫米，将W、H分别设置为328毫米、20毫米，如图4-13所示。

Step 13 在菜单栏中选择【文字】|【制表符】命令，在【制表符】面板中单击【将面板放在文本框架上方】按

钮，在【制表符】面板中每隔50毫米添加一个左对齐制表符，如图4-14所示。

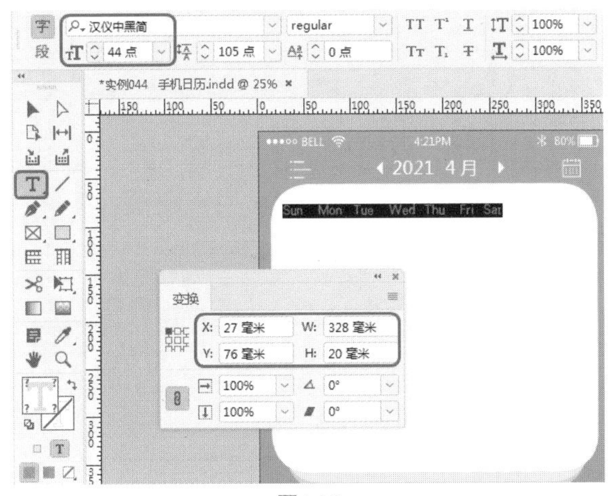

图4-13

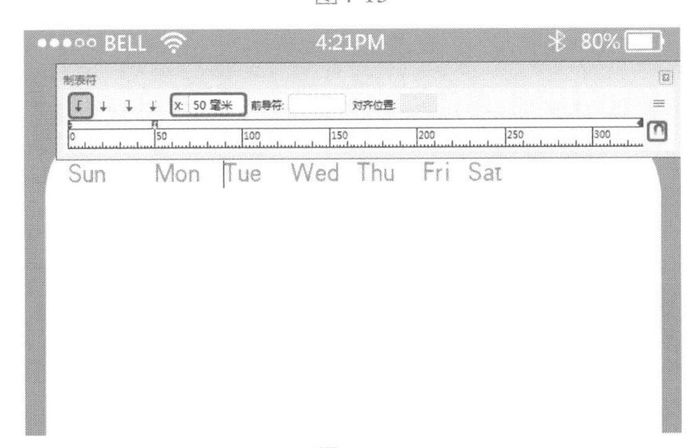

图4-14

Step 14 将光标置于文字的左侧，按Table键将文字与制表符对齐，使用同样的方法将其他文字与制表符对齐，如图4-15所示。

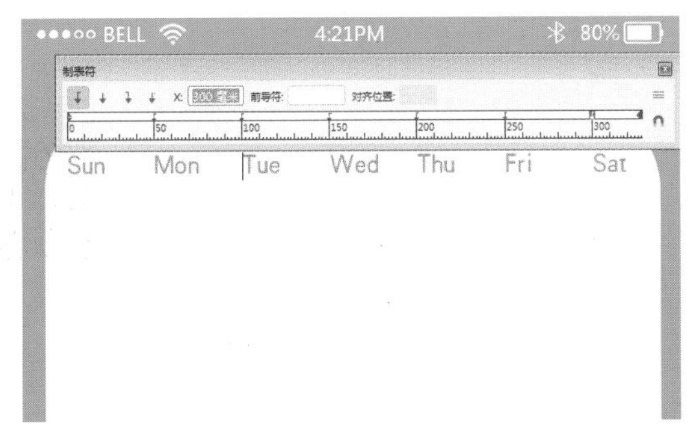

图4-15

◎提示

需要精准地添加制表符时，可以在【制表符】面板中的X文本框中输入制表符的位置，然后按Enter键。

Step 15 将【制表符】面板关闭，在工具箱中单击【文字工具】按钮，在文档窗口中绘制一个文本框，输入文字。选中输入的文字，在控制栏中将【字体】设置为【汉仪中黑简】，将【字体大小】设置为48点，将【行距】设置为105点，在【颜色】面板中将【填色】的RGB值设置为0、0、0，并调整其位置，如图4-16所示。

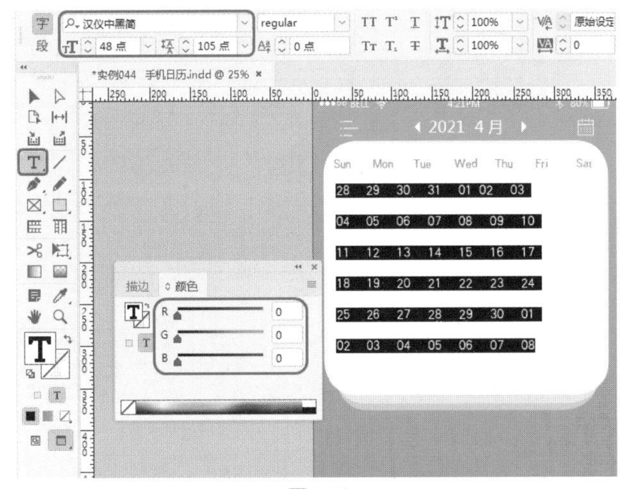

图4-16

Step 16 将28~31、01~08的【填色】设置为199、68、57，如图4-17所示。

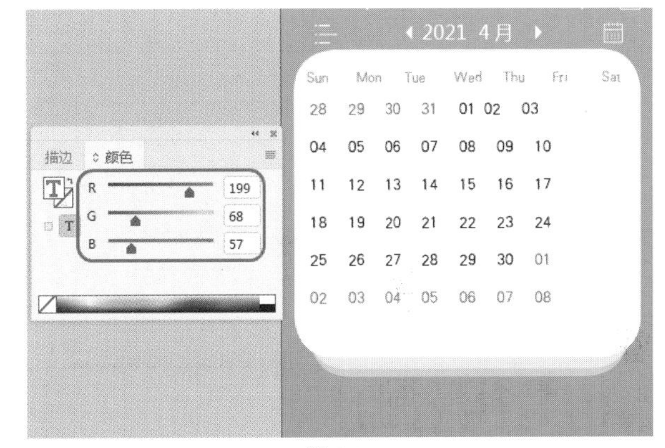

图4-17

Step 17 使用同样方法参照图4-18进行设置。

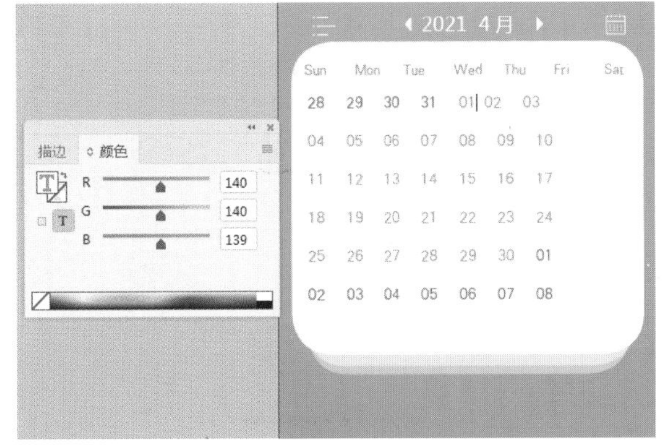

图4-18

Step 18 使用【选择工具】选中新绘制的文本框，在菜单栏中选择【文字】|【制表符】命令，在【制表符】面板中单击【将面板放在文本框架上方】按钮，在【制表

符】面板中每隔50毫米添加一个左对齐制表符，并将光标依次放置在文字的左侧，按Tab键将文字与制表符对齐，如图4-19所示。

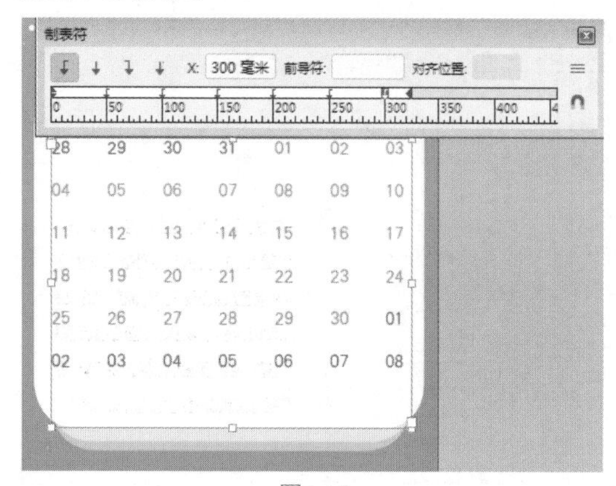

图4-19

Step 19 在工具箱中单击【椭圆工具】，在文档窗口中按住Shift键绘制一个正圆，在【颜色】面板中将【填色】设置为黑色，将【描边】设置为无，如图4-20所示。

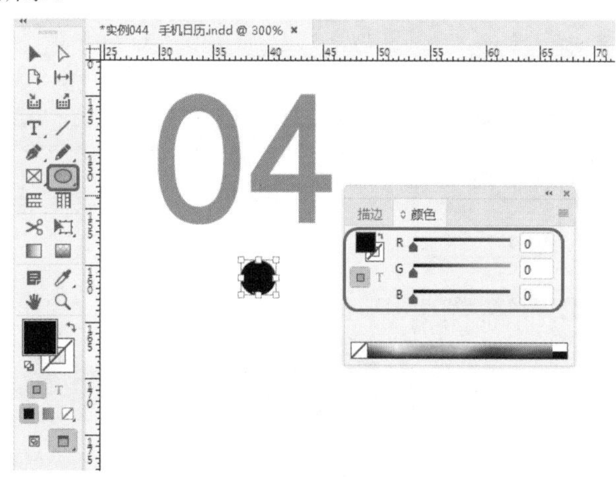

图4-20

Step 20 使用同样的方法绘制一个椭圆图形，将【填色】设置为无，将【描边】的RGB值设置为255、241、0，将【描边粗细】设置为4点，如图4-21所示。

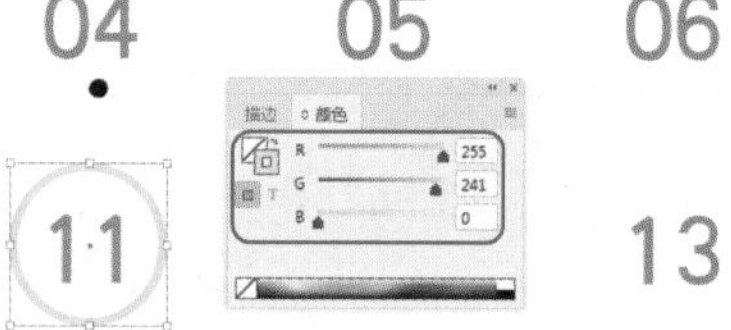

图4-21

Step 21 再次使用【椭圆工具】在文档窗口中按住Shift键绘制一个正圆，在【颜色】面板中将【填色】的RGB值设置为153、196、233，将【描边】设置为无，效果如图4-22所示。

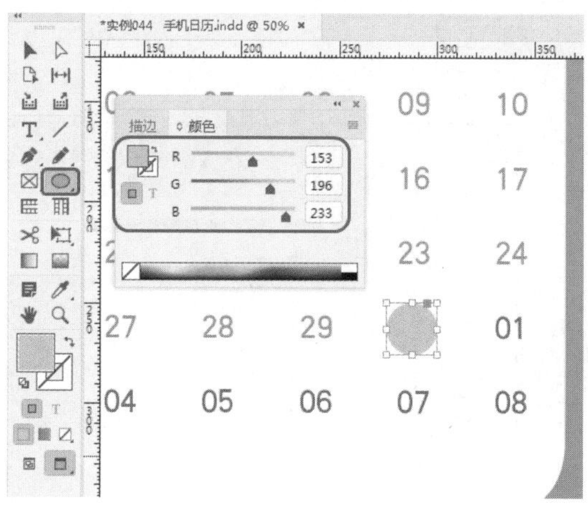

图4-22

Step 22 选中日历数字，右击，在弹出的快捷菜单中选择【排列】|【置于顶层】命令，根据前面介绍的方法在文档窗口中设置其他图形与文字，效果如图4-23所示。

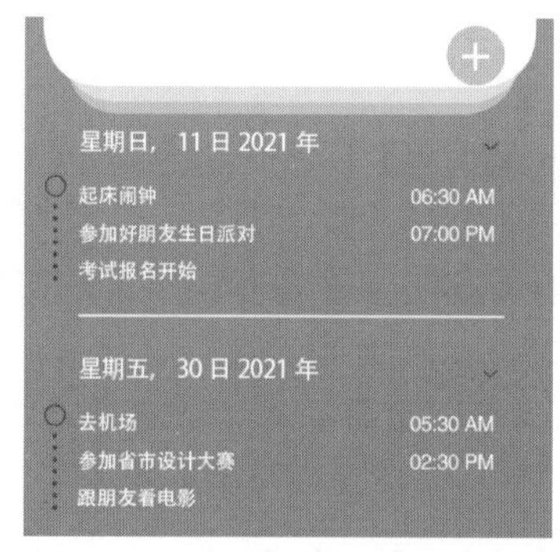

图4-23

实例045 台历

素材：素材\Cha04\台历素材01.jpg、台历素材02.png

场景：场景\Cha04\实例045 台历.indd

首先导入素材图片，然后使用【矩形工具】、【文字工具】为素材填充效果，之后对文字应用【将文本转换为表】命令，最终制作的台历效果如图4-24所示。

Step 01 新建一个【宽度】、【高度】分别为216毫米、288毫米，【页面】为1的文档，并将边距均设置为0毫米，单击【确定】按钮。在菜单栏中选择【文件】|【置入】命令，弹出【置入】对话框，选择“素材\Cha04\台历素材01.jpg”素材文件，单击【打开】按钮，拖动鼠标将图片移至合适的位置并调整大小，如图4-25所示。

图4-24

图4-25

Step 02 在菜单栏中选择【编辑】|【透明混合空间】|【文档RGB】命令，如图4-26所示。

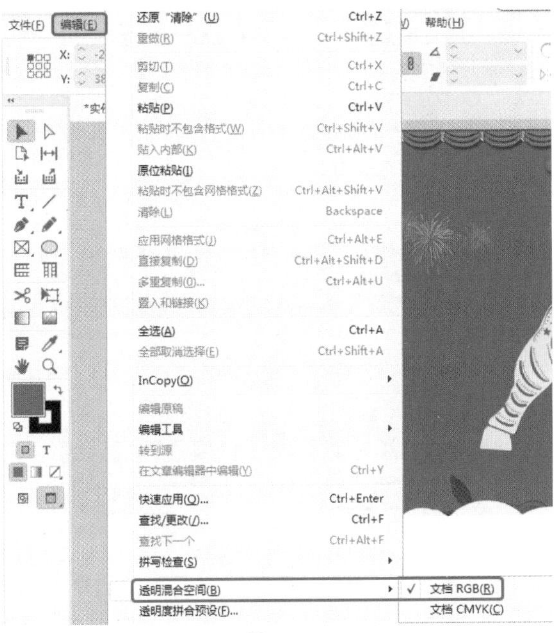

图4-26

Step 03 使用同样的方法置入"台历素材02.png"素材文件，并调整大小与位置，如图4-27所示。

图4-27

Step 04 在工具箱中单击【文字工具】按钮T，在文档窗口中绘制一个文本框，输入文字。选中输入的文字，在控制栏中将【字体】设置为【创艺简黑体】，将【字体大小】设置为12点，将【填色】设置为249、227、159，如图4-28所示。

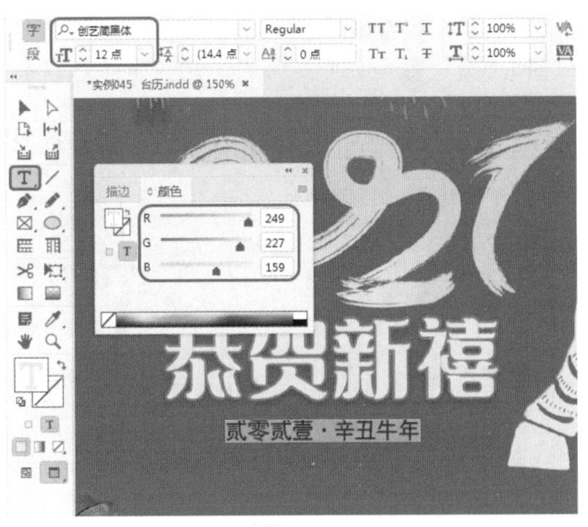

图4-28

Step 05 使用同样方法输入文字，将【字体】设置为Bodoni Bd BT，将【字体大小】设置为26点，将【填色】设置为243、221、155，打开【效果】面板，将【不透明度】设置为63%，如图4-29所示。

图4-29

Step 06 在工具箱中单击【矩形工具】按钮，在文档窗口中绘制一个矩形，在【颜色】面板中将【填色】的RGB值设置为251、251、251，将【描边】设置为无，将W、H分别设置为216毫米、144毫米，如图4-30所示。

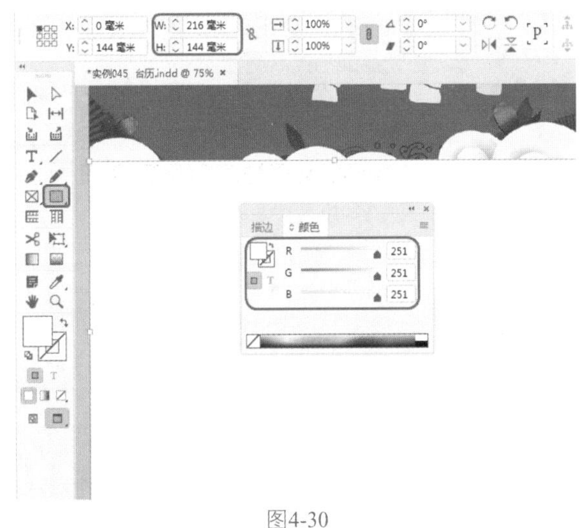

图4-30

Step 07 在【色板】面板中单击☰按钮，在弹出的下拉列表中选择【新建颜色色板】命令，在弹出的对话框中将【颜色模式】设置为RGB，将【红色】、【绿色】、【蓝色】分别设置为223、46、54，单击【确定】按钮，如图4-31所示。

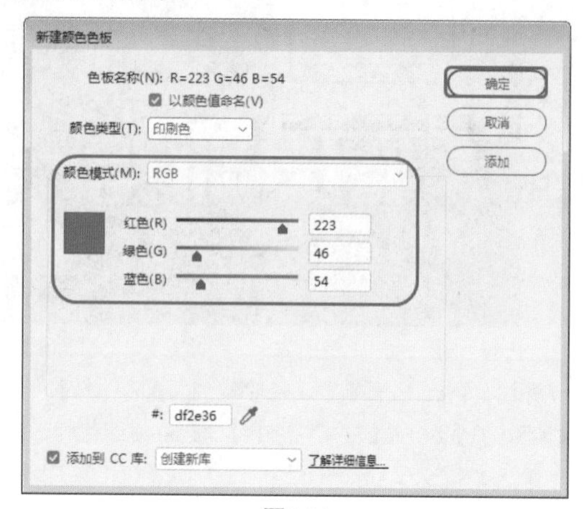

图4-31

Step 08 使用同样的方法在【色板】面板中新建【红色】、【绿色】、【蓝色】分别设置为172、173、174，【红色】、【绿色】、【蓝色】分别设置为209、47、54的色板，如图4-32所示。

图4-32

Step 09 在工具箱中单击【文字工具】按钮T，在文档窗口中绘制一个文本框，输入文字。选中输入的文字，在控制栏中将【字体】设置为【微软雅黑】，将【字体大小】设置为14点，如图4-33所示。

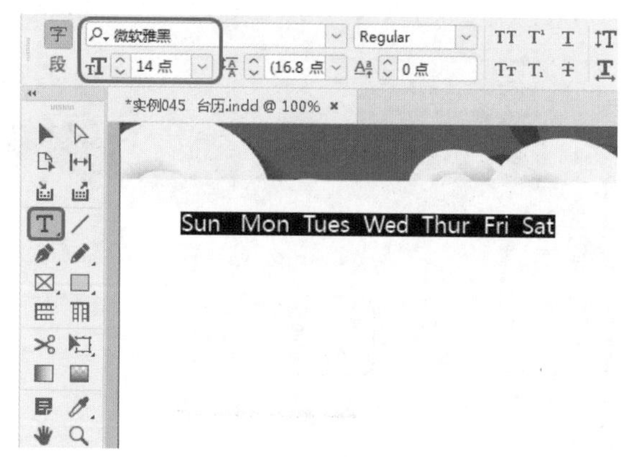

图4-33

Step 10 在文档窗口中选择绘制的文本框，在菜单栏中选择【文字】|【制表符】命令，在弹出的【制表符】面板中单击【将面板放在文本框架上方】按钮，分别在【制表符】面板中23、46、69、92、115、138的位置添加左对齐制表符，并将文字分别与制表符对齐，如图4-34所示。

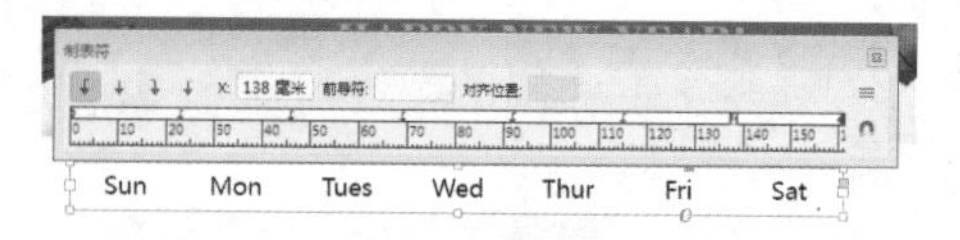

图4-34

Step 11 关闭【制表符】面板，使用【文字工具】T将文本选中，在菜单栏中选择【表】|【将文本转换为表】命令，如图4-35所示。

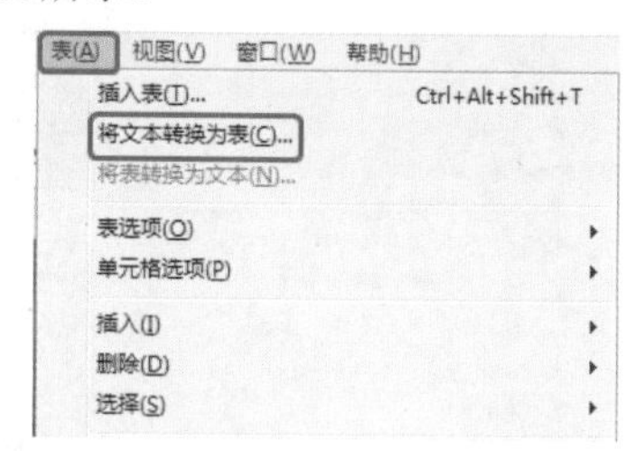

图4-35

Step 12 在弹出的对话框中将【列分隔符】设置为【制表符】，其他使用默认设置即可，如图4-36所示。

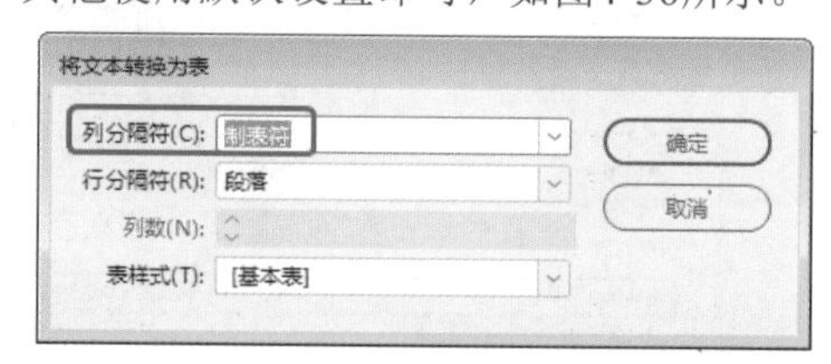

图4-36

Step 13 设置完成后，单击【确定】按钮，即可将选中的文字转换为表格。在文档窗口中将鼠标指针移至表格底部的边框上，按住鼠标向下拖动，调整表格的高度。选中所有的表格，在控制栏中单击【居中对齐】按钮，然后再单击表格组中的【居中对齐】按钮，如图4-37所示。

图4-37

Step 14 在文档窗口中选择如图4-38所示的表格，在【色板】面板中单击R=172 G=173 B= 174的色板。

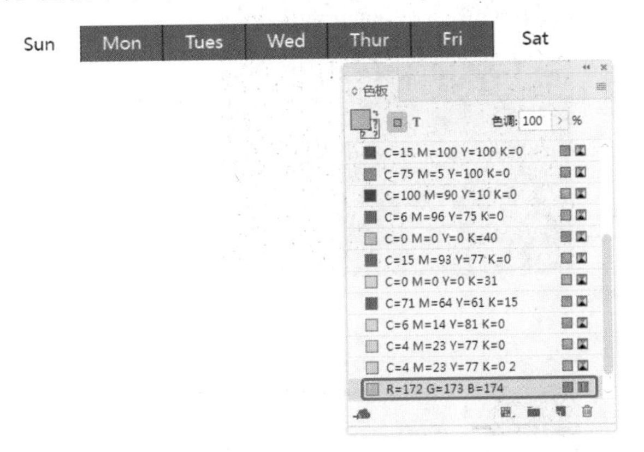

图4-38

Step 15 打开【色板】面板，将第一列与最后一列单元格设置为R=209 G=47 B= 54的色板，如图4-39所示。

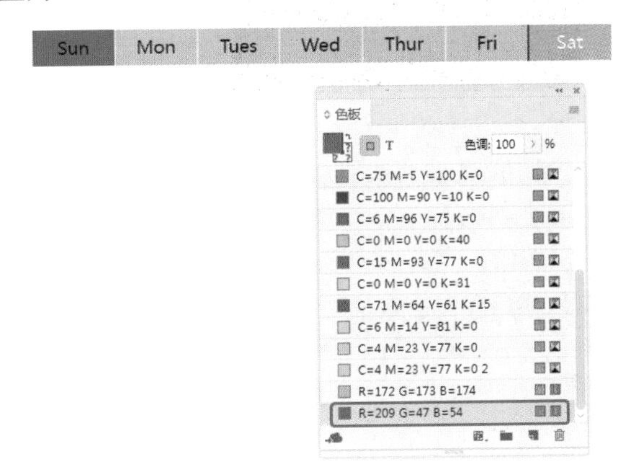

图4-39

Step 16 在文档窗口中选中所有单元格，在【色板】面板中单击【格式针对文本】按钮T，将【填色】设置为【纸色】，如图4-40所示。

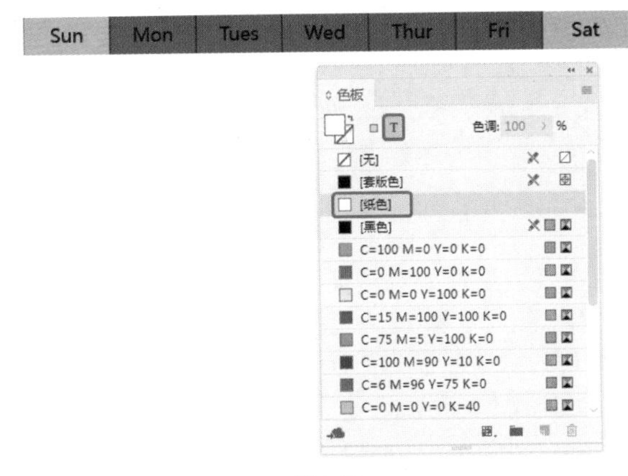

图4-40

Step 17 继续选中表格，单击鼠标右键，在弹出的快捷菜单中选择【表选项】|【表设置】命令，如图4-41所示。

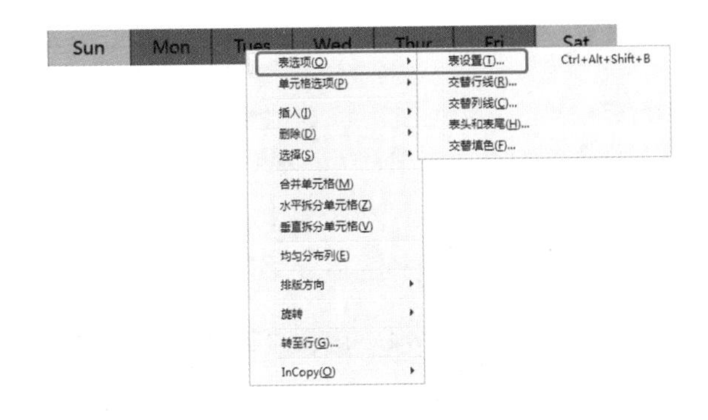

图4-41

Step 18 在弹出的对话框中切换到【表设置】选项卡，在【表外框】选项组中将【粗细】设置为0点，如图4-42所示。

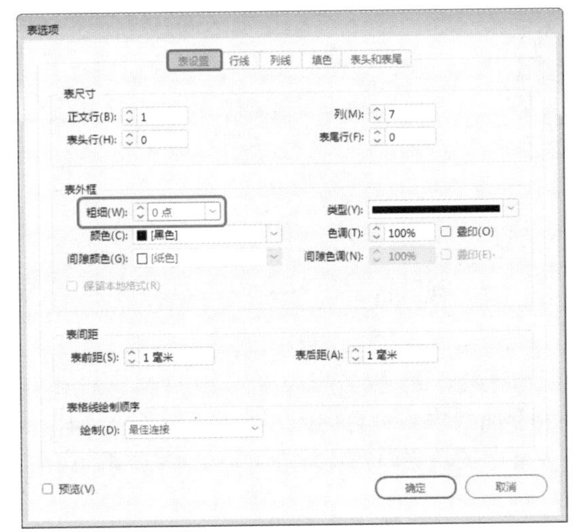

图4-42

Step 19 切换到【列线】选项卡，将【交替模式】设置为【自定列】，在【交替】选项组中将【颜色】都设置为【纸色】，设置完成后，单击【确定】按钮，如图4-43所示。

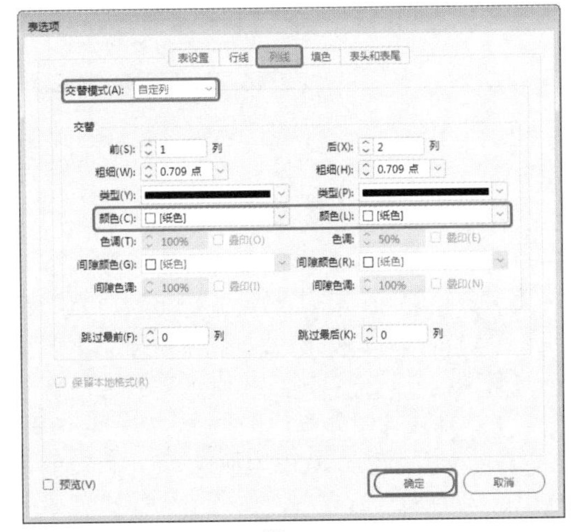

图4-43

Step 20 在工具箱中单击【文字工具】，在文档窗口中绘制一个文本框，输入文字。选中输入的文字，在【字符】面板中将【字体】设置为【微软雅黑】，将【字体大小】设置为14点，将W、H分别设置为161毫米、116毫米，如图4-44所示。

图4-44

◎提示

输入文字时，每组数字之间按Tab键进行分隔。

Step 21 选择03、04、10、11、17、18、24、25数字，在【颜色】面板中将填色的RGB值设置为209、47、54，将其他文字的填色RGB值设置为88、87、87，如图4 -45所示。

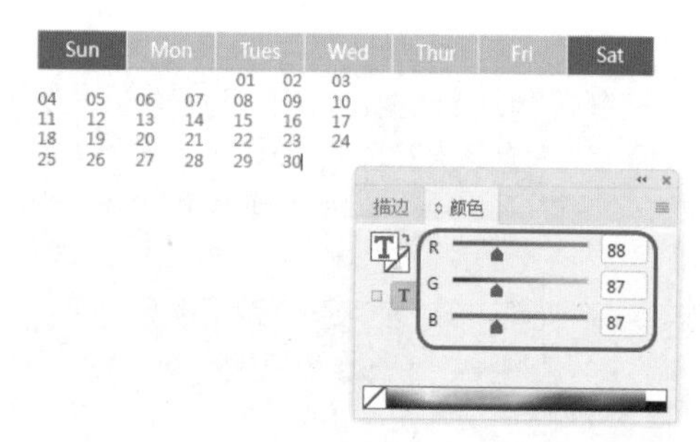

图4-45

Step 22 选中输入的文本，在菜单栏中选择【表】|【将文本转换为表】命令，在弹出的对话框中将【列分隔符】设置为【制表符】，单击【确定】按钮。在文档窗口中将光标移至表格底部的边框上，按住鼠标向下拖动，调整表格的高度，并选中表格，单击鼠标右键，在弹出的快捷菜单中选择【均匀分布行】命令，如图4-46所示。

Step 23 新建一个颜色模式RGB为181、181、182的色板，继续选中插入的表格，右击，在弹出的快捷菜单中选择【表选项】|【表设置】命令，如图4-47所示。

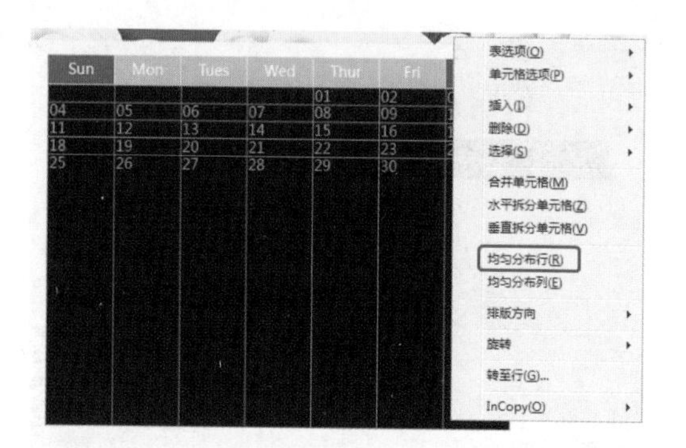

图4-46

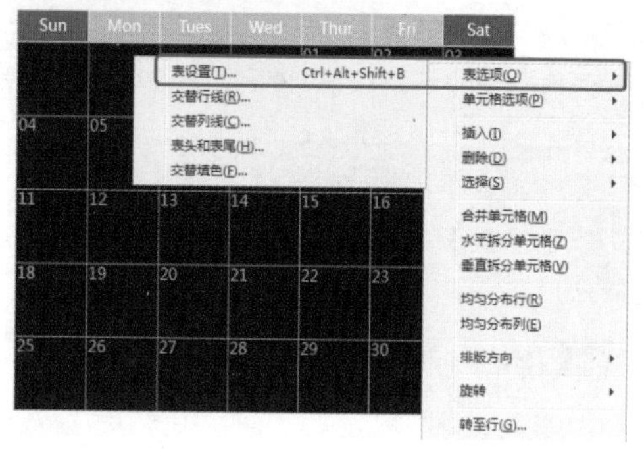

图4-47

Step 24 在弹出的对话框中切换到【表设置】选项卡，在【表外框】选项组中将【粗细】设置为0.5点，将【颜色】设置为181、181、182，如图4-48所示。

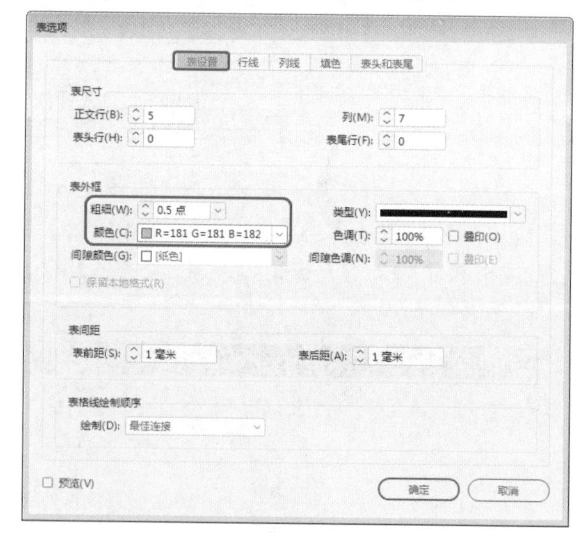

图4-48

Step 25 在【表选项】对话框中切换到【行线】选项卡，将【交替模式】设置为【自定行】，将【粗细】均设置为0.5点，将【颜色】均设置为R=181、G=181、B=182，如图4-49所示。

Step 26 在该对话框中切换到【列线】选项卡，将【交替模式】设置为【自定列】，将【粗细】均设置为0.5点，将【颜色】均设置为R=181、G=181、B=182，设置完成后，单击【确定】按钮，如图4-50所示。

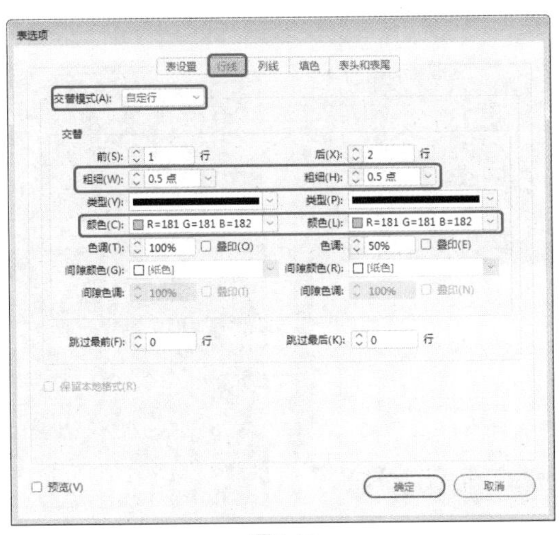

图4-49

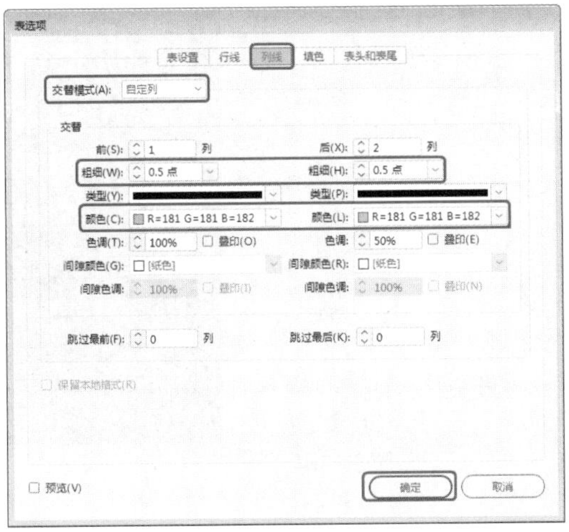

图4-50

Step 27 继续选中该表格，单击鼠标右键，在弹出的快捷菜单中选择【单元格选项】|【文本】命令，在弹出的对话框中将【单元格内边距】选项组中的【上】、【下】、【左】、【右】均设置为2毫米，如图4-51所示。

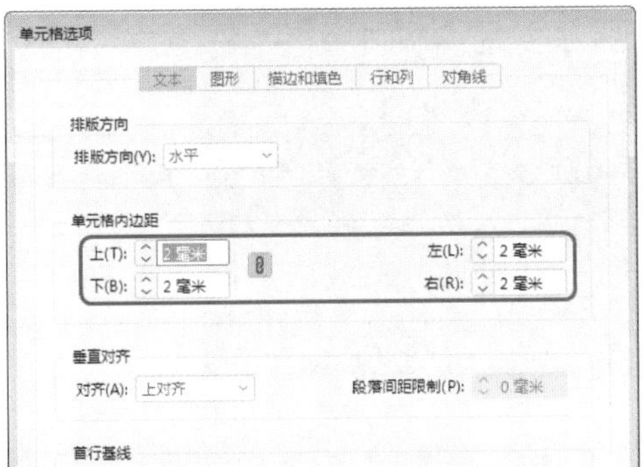

图4-51

Step 28 设置完成后，单击【确定】按钮，根据前面介绍的方法创建其他表格，并进行相应的设置，效果如图4-52所示。

图4-52

Step 29 在工具箱中单击【矩形工具】，在文档窗口中绘制一个矩形。选中绘制的矩形，将【描边】设置为无，单击【填色】色块，在【色板】面板中选择R=223、G=46、B=54的色板，在【变换】面板中将W、H分别设置为37毫米、126毫米，将X、Y分别设置为173.5毫米、153毫米，如图4-53所示。

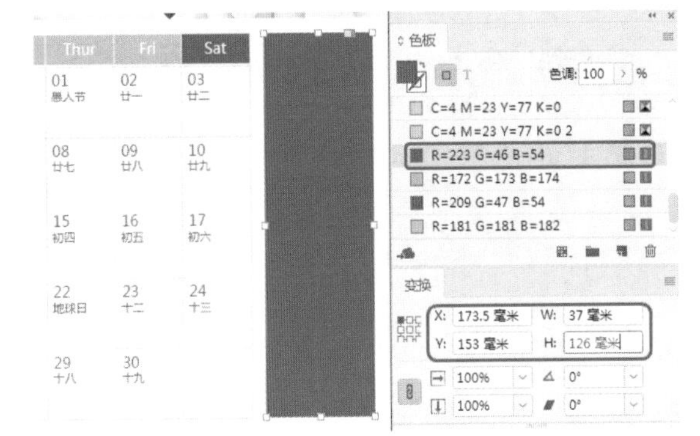

图4-53

Step 30 在工具箱中单击【文字工具】，在文档窗口中绘制一个文本框，输入文字。选中输入的文字，在【字符】面板中将【字体】设置为【方正小标宋简体】，将【字体大小】设置为30，在【颜色】面板中将填色设置为白色，并调整其位置，如图4-54所示。

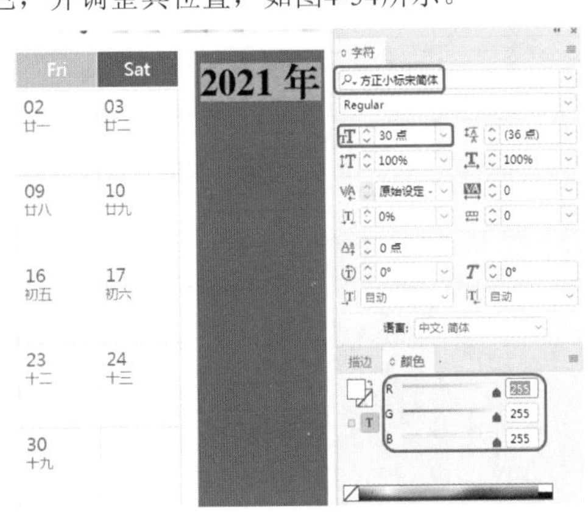

图4-54

Step 31 使用【文字工具】在文档窗口中绘制一个文本框，输入文字。选中输入的文字，在【字符】面板中将【字体】设置为【方正小标宋简体】，将【字体大小】设置为14点，将【字符间距】设置为400，在【颜色】面板中将【填色】设置为白色，并调整其位置，如图4-55所示。

图4-55

Step 32 根据前面介绍的方法在文档窗口中创建其他图形与文字，并进行设置，效果如图4-56所示。

Sun	Mon	Tues	Wed	Thur	Fri	Sat
				01 愚人节	02 廿一	03 廿二
04 清明节	05 廿四	06 廿五	07 廿六	08 廿七	09 廿八	10 廿九
11 三十	12 三月	13 初二	14 初三	15 初四	16 初五	17 初六
18 初七	19 初八	20 谷雨	21 初十	22 地球日	23 十二	24 十三
25 十四	26 十五	27 十六	28 十七	29 十八	30 十九	

2021 年 农历辛丑年 22 April 肆月

图4-56

实例046 挂历

素材：素材\Cha04\挂历素材01.jpg、挂历素材02.jpg、挂历素材03.png、挂历素材04.png

场景：场景\Cha04\实例046 挂历.indd

本例先导入素材图片，然后使用【文字工具】、【矩形工具】为素材填充效果，为绘制的图形添加颜色，对文字应用【将文本转换为表】命令，然后对矩形应用【圆角矩形】命令，最终制作出挂历效果，如图4-57所示。

Step 01 新建一个【宽度】、【高度】分别为240毫米、360毫米，【页面】为1的文档，并将边距均设置为0毫米，单击【确定】按钮。在菜单栏中选择【文件】|【置入】命令，弹出【置入】对话框，选择"素材\Cha04\挂历素材01.jpg、挂历素材02.jpg"素材文件，单击【打开】按钮，拖动鼠标将图片移至合适的位置，并调整大小，如图4-58所示。

图4-57

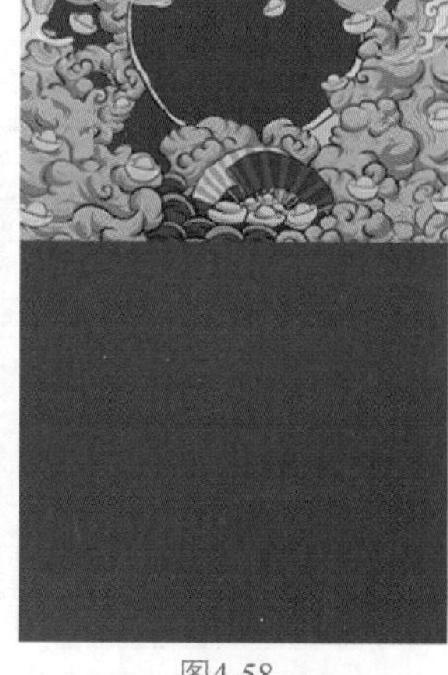

图4-58

Step 02 使用同样方法置入"挂历素材03.png"素材文件，并调整素材文件的位置与大小，如图4-59所示。

图4-59

Step 03 在工具箱中单击【矩形工具】按钮，在文档窗口中绘制一个矩形。选中绘制的矩形，在【颜色】面板中将【填色】的CMYK值设置为25、95、100、0，将【描边】设置为无，在【变换】面板中将W、H分别设置为202毫米、161毫米，将X、Y分别设置为20毫米、159毫米，如图4-60所示。

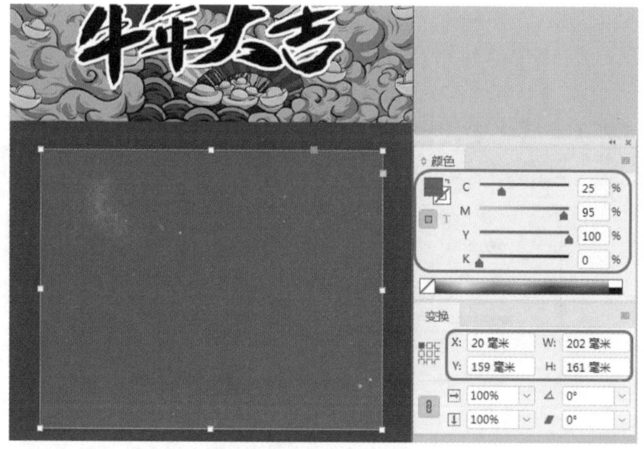

图4-60

Step 04 继续选中绘制的矩形，在菜单栏中选择【对象】|【转换形状】|【圆角矩形】命令，如图4-61所示。

Step 05 将转换后的圆角矩形进行复制，并选中复制后的圆角矩形，在【颜色】面板中将【填色】的CMYK值设置为0、0、0、0，在【变换】面板中将W、H分别设置为198毫米、157毫米，将X、Y分别设置为22毫米、161

毫米，如图4-62所示。

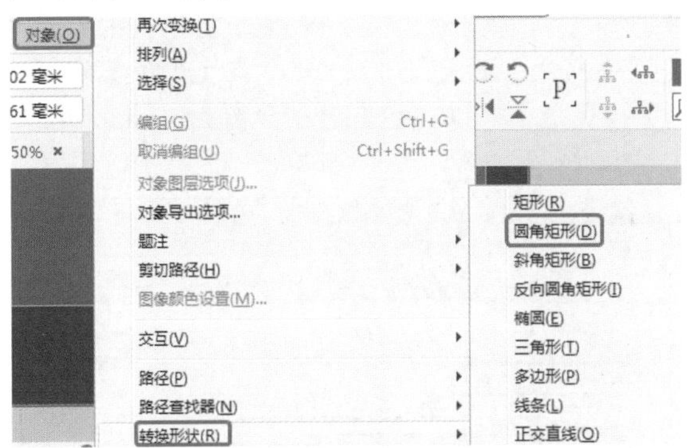

图4-61

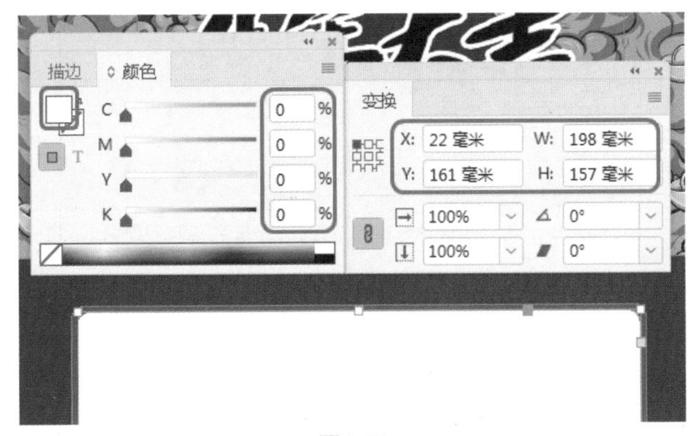

图4-62

Step 06 在工具箱中单击【文字工具】T，在文档窗口中绘制文本框并输入内容，将【字体】设置为【方正大黑简体】，将【字体大小】设置为30。打开【渐变】面板，将【类型】设置为径向，将左侧颜色块的CMYK值设置为35、100、100、2，将100%位置处的颜色块CMYK值设置为37、100、100、3，如图4-63所示。

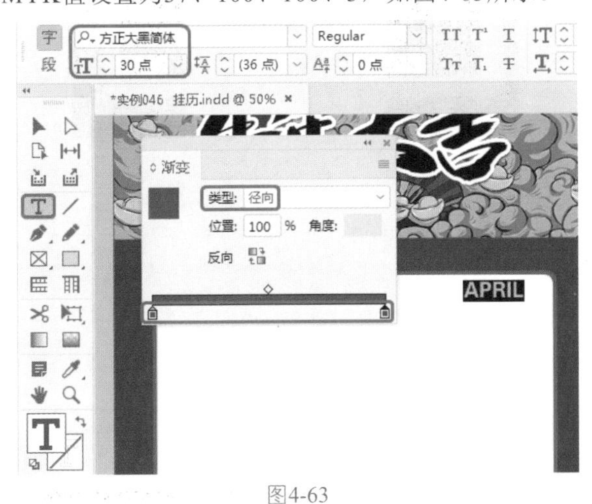

图4-63

Step 07 在工具箱中单击【文字工具】T，在文档窗口中绘制文本框并输入内容，并输入内容将【字体】设置为【汉仪中黑简】，将【字体大小】设置为22.5点，在【颜色】面板中将【填色】的CMYK值设置为63、100、100、61，如图4-64所示。

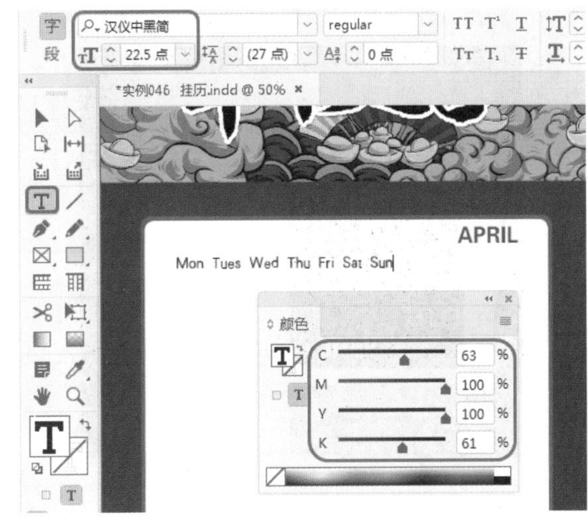

图4-64

Step 08 在菜单栏中选择【文字】|【制表符】命令，单击【将面板放在文本框架上】按钮，分别在25.6、51、77、102、128、153.6位置处添加左对齐制表符，将输入的文字之间按Tab键进行隔开，将文字与制表符对齐，如图4-65所示。

图4-65

Step 09 使用同样的方法在文档窗口中输入文字，并对其进行相应的设置，效果如图4-66所示。

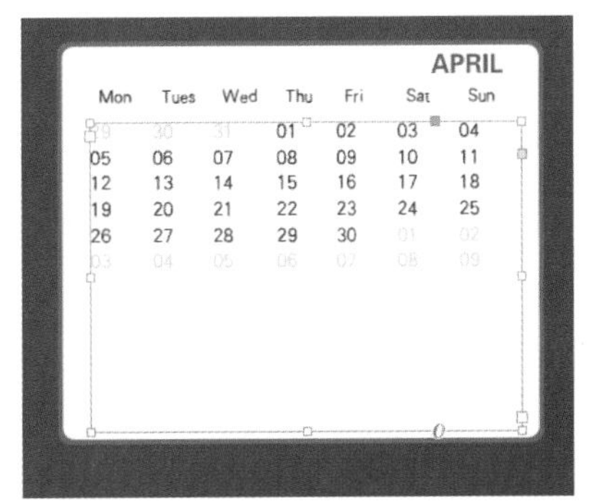

图4-66

Step 10 选中输入的文本，在菜单栏中选择【表】|【将文本转换为表】命令，在弹出的对话框中将【列分隔符】设置为制表符，单击【确定】按钮。在文档窗口中调整

表格的高度，并选中表格，单击鼠标右键，在弹出的快捷菜单中选择【均匀分布行】命令，如图4-67所示。

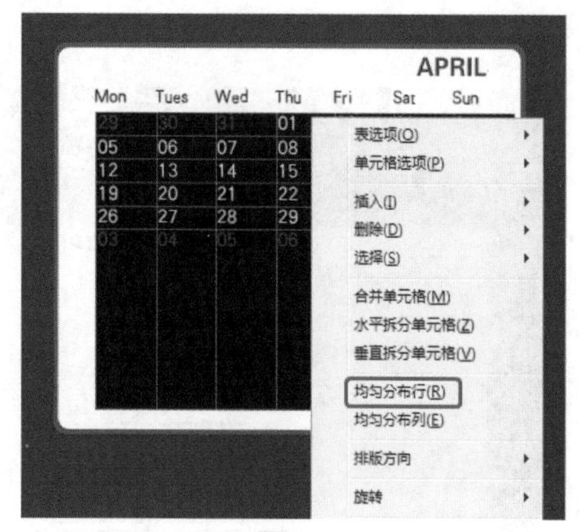

图4-67

Step 11 选中所有表格，在控制栏中单击【居中对齐】按钮，并单击鼠标右键，在弹出的快捷菜单中选择【单元格选项】|【文本】命令，如图4-68所示。

图4-68

Step 12 在弹出的对话框中将【垂直对齐】选项组中的【对齐】设置为【居中对齐】，设置完成后，单击【确定】按钮，如图4-69所示。

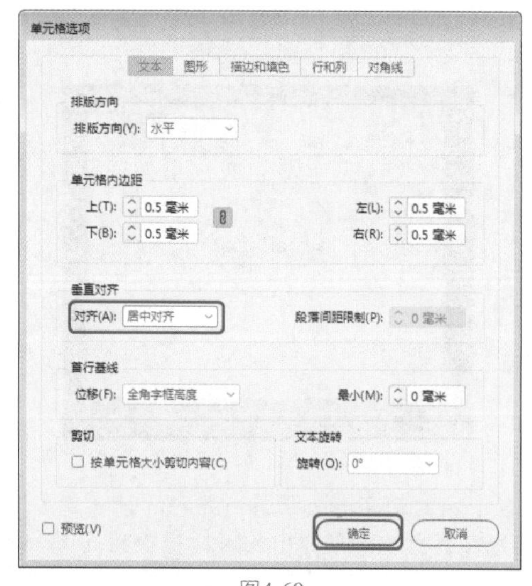

图4-69

Step 13 在【色板】面板中单击按钮，在弹出的下拉列表中选择【新建颜色色板】命令，在弹出的对话框中将【颜色模式】设置为CMYK，将【青色】、【洋红色】、【黄色】、【黑色】分别设置为0、43、91、0，如图4-70所示。

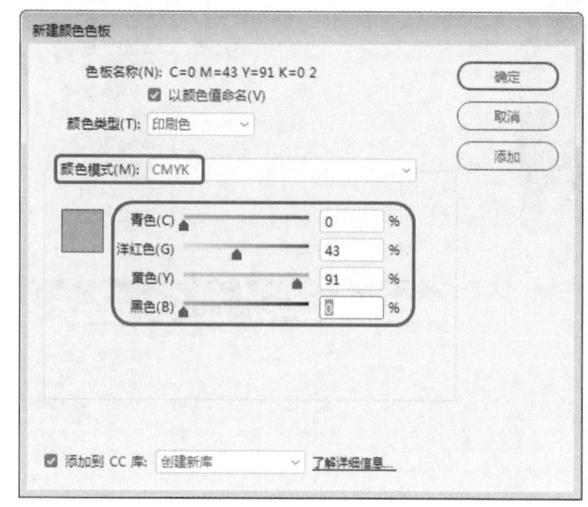

图4-70

Step 14 设置完成后，单击【确定】按钮，在文档窗口中继续选中表格，右击，在弹出的快捷菜单中选择【表选项】|【表设置】命令，如图4-71所示。

图4-71

Step 15 在弹出的对话框中将【表外框】选项组中的【粗细】设置为0点，如图4-72所示。

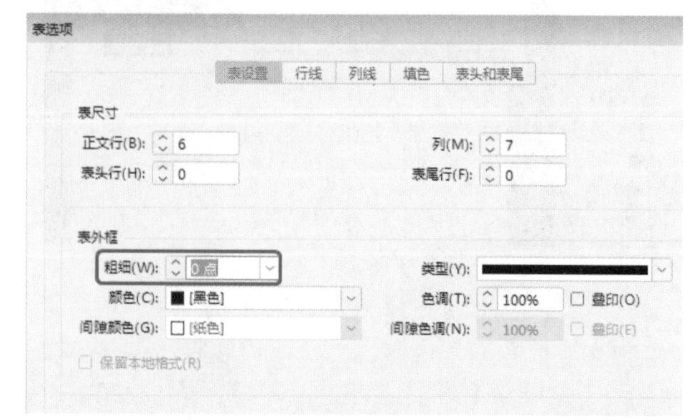

图4-72

Step 16 在【表选项】对话框中切换到【行线】选项卡，将【交替模式】设置为【自定行】，将【粗细】均设置为0.5点，将【颜色】均设置为C=0 M=43 Y=91 K=0，如图4-73所示。

Step 17 在【表选项】对话框中切换到【列线】选项卡，将【交替模式】设置为【自定列】，将【粗细】均设置为0点，如图4-74所示。

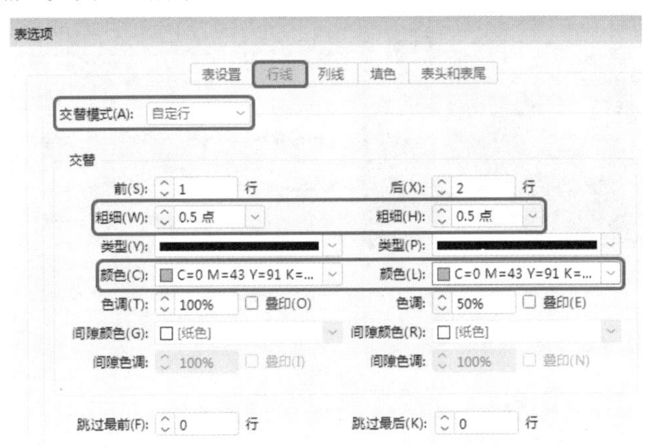

图4-73

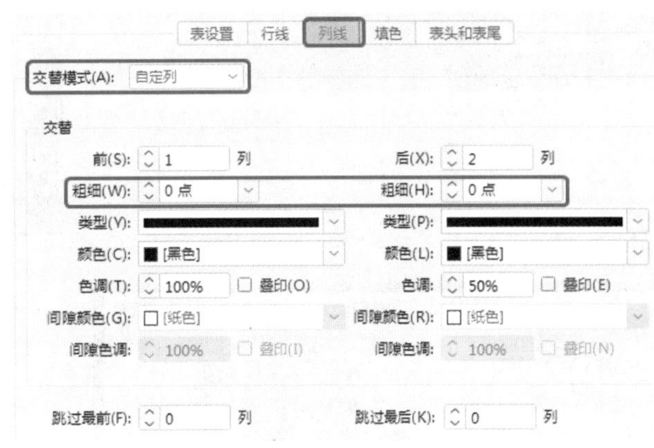

图4-74

Step 18 设置完成后，单击【确定】按钮。根据相同的方法制作其他文字效果，在菜单栏中选择【文件】|【置入】命令，弹出【置入】对话框，选择“素材\Cha04\挂历素材04.png”素材文件，单击【打开】按钮，拖动鼠标将图片移至合适的位置，如图4-75所示。

图4-75

TAs we all know Paris is the capital of France.It is such a beautiful place that all the people would like to visit it some day.The weather is neither hot in summer nor cold in winter.There are many places of interest in that city such as Notre-Dame de Paris（巴黎圣母院）and Versailles Palace（凡尔赛宫）You can see many museums ,theatres ,gardens,fountains（喷泉）and sculptures（雕塑）everywhere.It is really a civilized（文明的）and beautiful city.People in Paris are very gentle. They have colorful life

London is the capital, the largest city and the largest port in England and the UK. It is also one of the largest metropolitan areas in Europe. Since the establishment of the city by the Romans more than 2,000 years ago, London has had great influence in the world.
However, at the latest since the 19th century, the name "London" also represented the surrounding area developed around the City of London. These satellite cities form the metropolitan area of London and the Greater London area.
London is one of the world's four world-class cities, alongside New York, Paris, France and Tokyo, Japan. London is not a British city status, officially not a city, but since the 18th century she has been one of the most important political, economic, cultural, artistic and entertainment centers in the world, most people mistakenly think she is a city.
From 1801 to the beginning of the 20th century, as the world's empire, the capital of the British Empire, London became the largest city in the world for its outstanding achievements in the field of technological inventions. In March 2016, the 2016 Wealth Report was released, and London ranked third among the most expensive cities in the world.

Disappoin
Sad Amd Painful

choice
Expresse

passionate breeze
refreshing

passionate
breeze
refreshing

In spite of you and me and the silly world going to pieces around us I love you Do you understand the feeling of missing someone It is just like that you will spend a long hard time to turn the ice-cold water you have drunk into tears

丽江开盘 华丽盛典

A magnificent opening invitation

去年以来，数家高档的大户型楼盘在山东地区做了声势浩大的推广，但至今绝大多数楼盘的销售情况都是很差的，个别盘的销售情况完全可以用"一败涂地"一词来形容，业内专业分析认定产品定位不准是主要的原因，没有自身的特色亦是一个重要的方面。

单从对德州住房的购买力来说，目前尚未有突破的迹象，也就是说高收入者对入深购房的意愿是较低的，从这次调查后的数据就可以看得出来，其中高收入者在10年内入深购房的意愿不足15%较中低收入者的购房意愿要低得多。

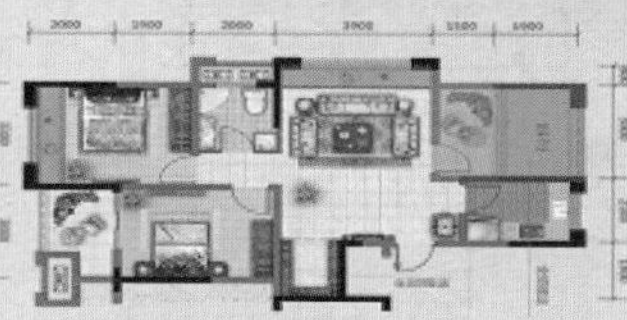

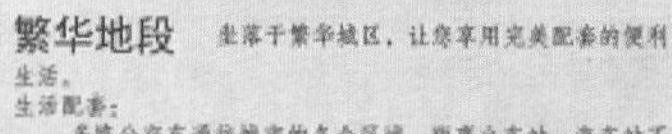

虽然德州中等收入者对入深购房的意愿也不很高，但找准的产品的定位也是不愁市场的，目前一些小户型商务公寓和普景盘的开发成功就说明了这一点，但现在针对德州中等收入者的开发相对山东地产整体开发来说还是很不足的。

品质户型

多种户型精彩纷呈，诠释时尚，优雅的生活品质，景观阳台，宽大飘窗，营造空中花园生活，室外美景尽收眼底。

繁华地段　坐落于繁华城区，让您享用完美配套的便利生活。

生活配套：

多路公交车通往城市的各个区域，距离火车站、汽车站不到800米。

购物餐饮：

各大超市、餐饮位于锦源丽都四周，可以满足您高尚的品质生活。

教育配套：

铁营四小、第七中学、德州学院等学校汇聚周边，助闲下子女成龙成凤。

金融配套：

农业银行、德州银行、建设银行等各大银行尽在咫尺。

娱乐休闲：

中山公园、人民公园、中心广场等都是您休闲、娱乐、健身的好去处。

保值增值

城市中央、配套完善、交通便利，您的工作、生活、社交、购物、时尚、休闲、居家等各种需求一应俱全。投资、居家皆相宜，超值购买稳赚不赔。

献给您一个温暖舒适的家
Give you a comfortable home

兴和家园

地址：德州市东风中路32号　兴和家园　订购电话 0513666/0513777

第5章 杂志和报纸版式设计

杂志是类似于报纸且注重时效的手册，兼顾了更加详尽的评论。本章将介绍杂志和报纸版式的设计。

实例047 中国节日杂志内页

素材：素材\Cha05\节日素材01.jpg、节日素材02.jpg、节日素材03.jpg、节日素材04.jpg、节日素材05.jpg

场景：场景\Cha05\实例047 中国节日杂志内页.indd

本例讲解如何制作中国节日杂志内页。首先设置页面面板，为页面添加素材，然后在空白处填充段落文字效果，如图5-1所示。

图5-1

Step 01 新建一个【宽度】、【高度】分别为210毫米、285毫米，【页面】为2的文档，勾选【对页】复选框，并将边距均设置为10毫米。按F12键打开【页面】面板，然后单击面板右上角的 ≡ 按钮，在弹出的下拉菜单中取消【允许文档页面随机排布】选项与【允许选定的跨页随机排布】选项的选择状态，如图5-2所示。

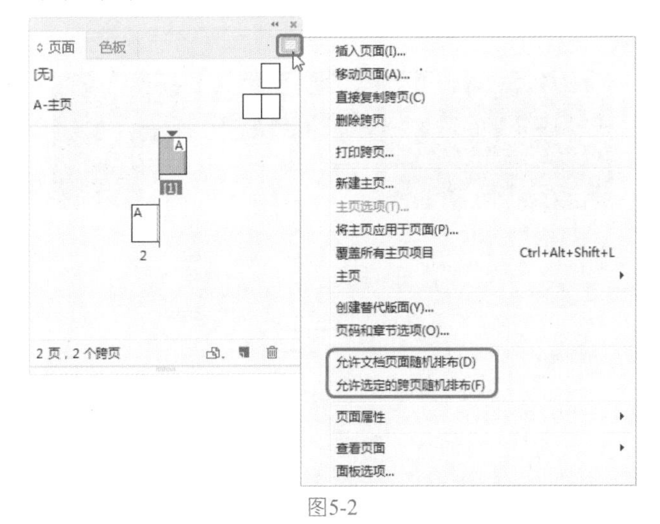

图5-2

Step 02 在【页面】面板中选择第二页，并将其拖动至第一页的右侧，如图5-3所示。

Step 03 松开鼠标左键，即可将页面排列成如图5-4所示的样式。

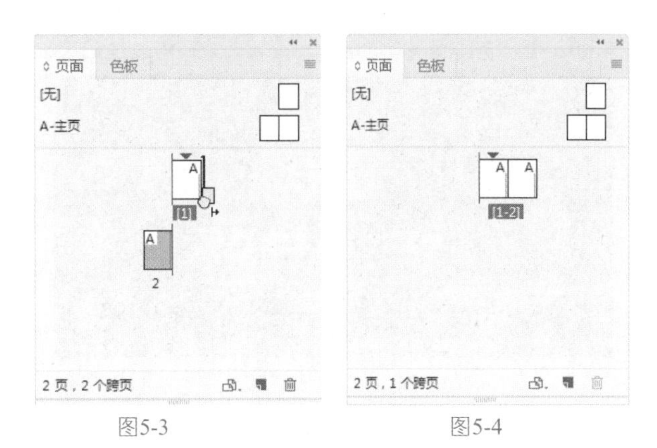

图5-3　　图5-4

Step 04 在菜单栏中选择【文件】|【置入】命令，弹出【置入】对话框，选择“素材\Cha05\节日素材01.jpg”素材文件，单击【打开】按钮，拖动鼠标将图片移至合适的位置，如图5-5所示。

图5-5

◎提示

按Ctrl+D快捷组合键，可快速打开【置入】对话框。

Step 05 在工具箱中选择【文字工具】T，然后绘制文本框并输入文字。选择输入的文字，在【字符】面板中将【字体】设置为【方正综艺简体】，将【字体大小】设置为65点，将文字颜色的RGB值设置为255、241、0，如图5-6所示。

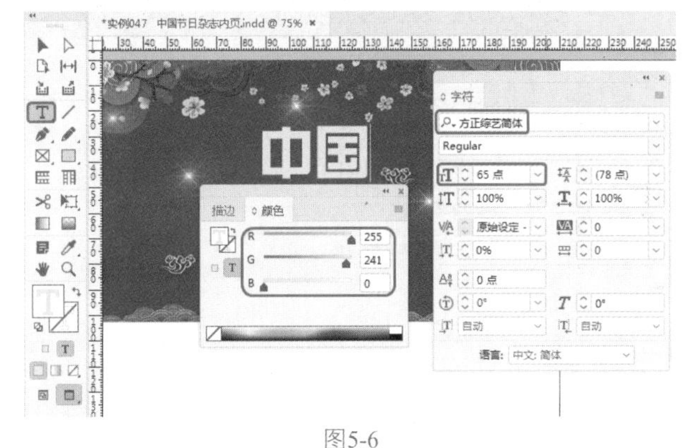

图5-6

Step 06 使用同样的方法，输入其他文字，并设置文字的字体和大小，如图5-7所示。

图5-7

Step 07 在工具箱中选择【钢笔工具】，然后绘制图形。选择绘制的图形，在控制栏中将【描边】设置为无，如图5-8所示。

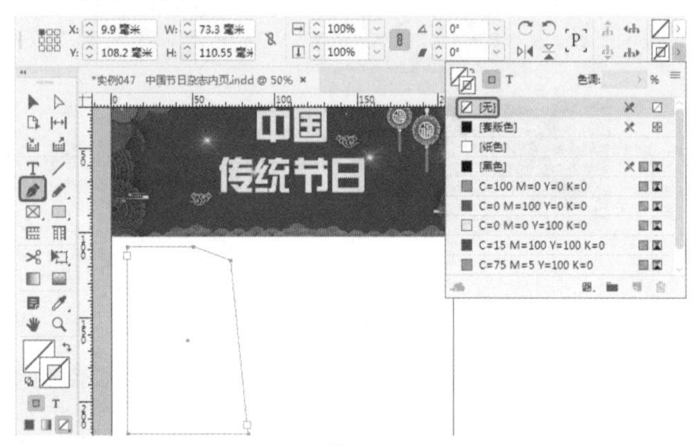

图5-8

Step 08 在工具箱中选择【文字工具】，然后在绘制的图形中输入文字。选择输入的文字，在控制栏中将【字体】设置为【Adobe 宋体 Std】，将【字体大小】设置为15点，如图5-9所示。

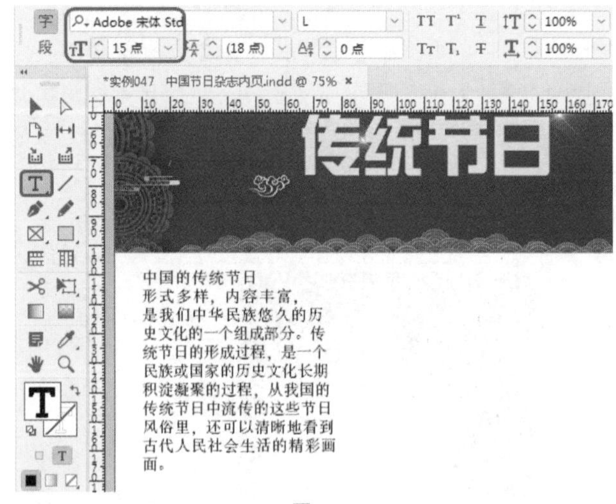

图5-9

Step 09 选择文字“中”，在控制栏中将【字体大小】设置为18点，如图5-10所示。

Step 10 在菜单栏中选择【窗口】|【文字和表】|【段落】命令，如图5-11所示。

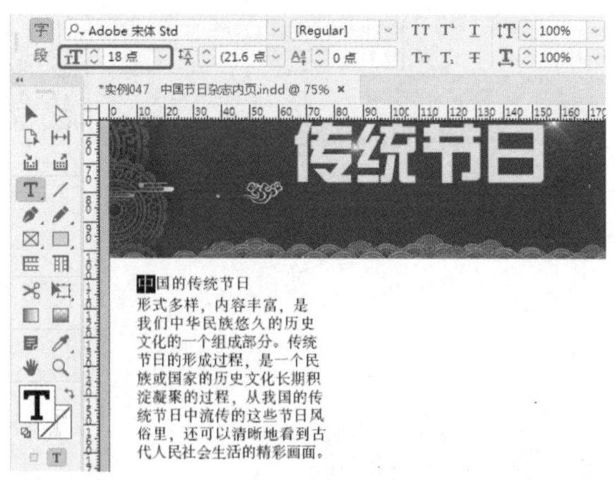

图5-10

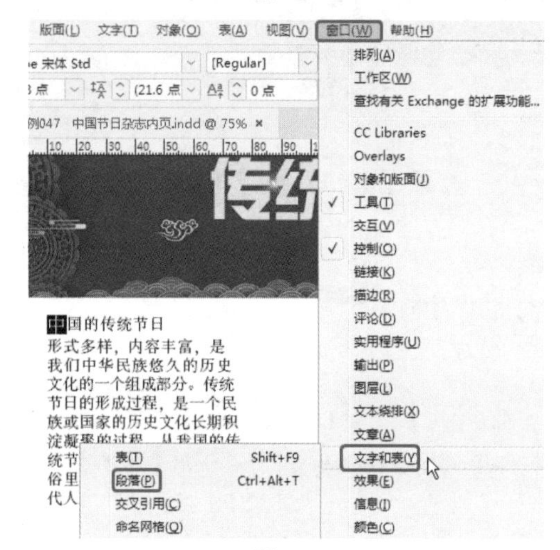

图5-11

Step 11 将光标置入段落中的任意位置，然后在【段落】面板中将【首字下沉行数】设置为2，效果如图5-12所示。

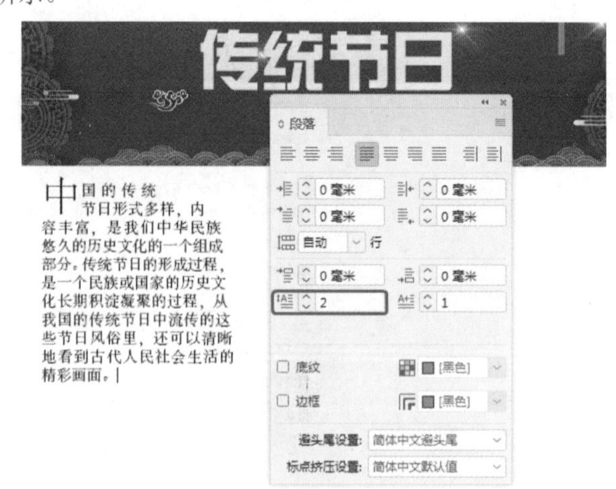

图5-12

Step 12 再次选择文字“中”，在【字符】面板中将【字体】设置为【方正大黑简体】，将填色的RGB值设置为231、18、27，效果如图5-13所示。

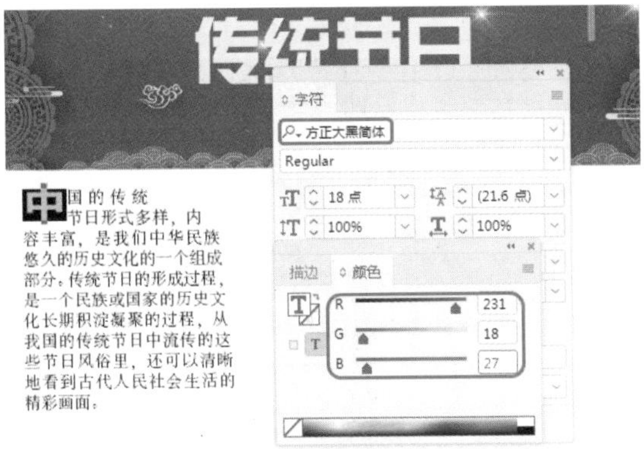

图5-13

Step 13 打开【段落】面板，将【强制行数】设置为2行，效果如图5-14所示。

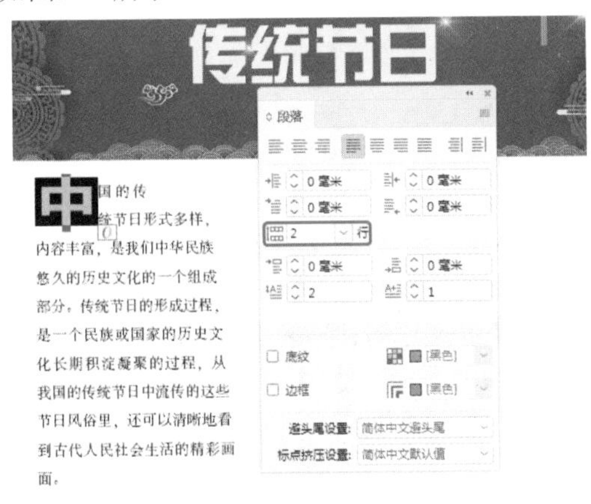

图5-14

Step 14 在工具箱中选择【钢笔工具】，在文档窗口中绘制图形，并选择绘制的图形，将描边粗细设置为3点，将描边样式设置为虚线，在【颜色】面板中将【描边】的RGB值设置为208、18、27，如图5-15所示。

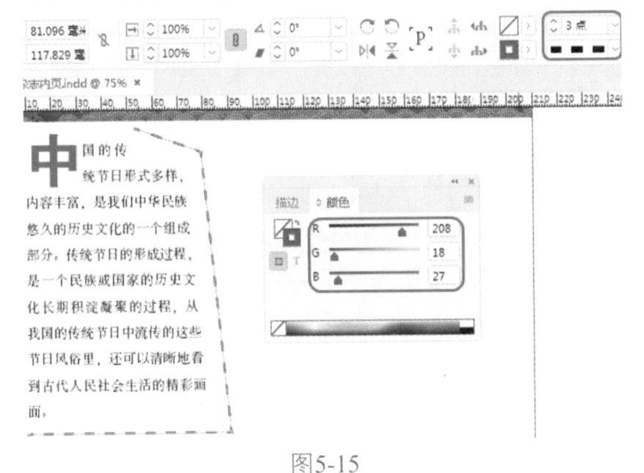

图5-15

> **◎提示**
>
> 在控制栏中，单击【描边】右侧的三角按钮，在弹出的下拉列表中选择需要的颜色，可快速设置图形的描边颜色。

Step 15 在工具箱中选择【矩形工具】，在文档窗口中绘制矩形，并在控制栏中将填充RGB值设置为208、18、27，将描边设置为无，如图5-16所示。

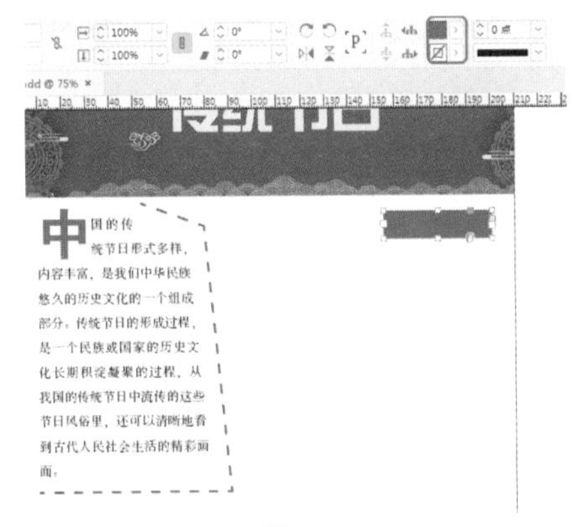

图5-16

Step 16 在工具箱中选择【文字工具】，绘制文本框并输入文字，然后选择输入的文字，在控制栏中将【字体】设置为【方正大黑简体】，将【字体大小】设置为26点，如图5-17所示。

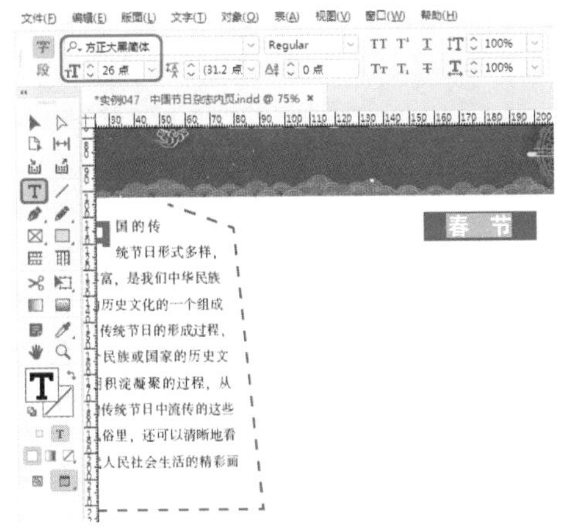

图5-17

Step 17 在菜单栏中选择【窗口】|【颜色】|【颜色】命令，然后将文字的填色设置为白色，效果如图5-18所示。

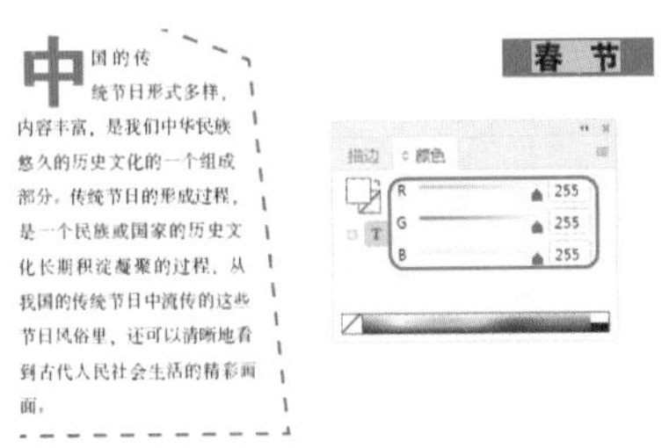

图5-18

Step 18 在工具箱中选择【钢笔工具】，然后在文档窗口中绘制图形。选择绘制的图形，将【描边】设置为无，如图5-19所示。

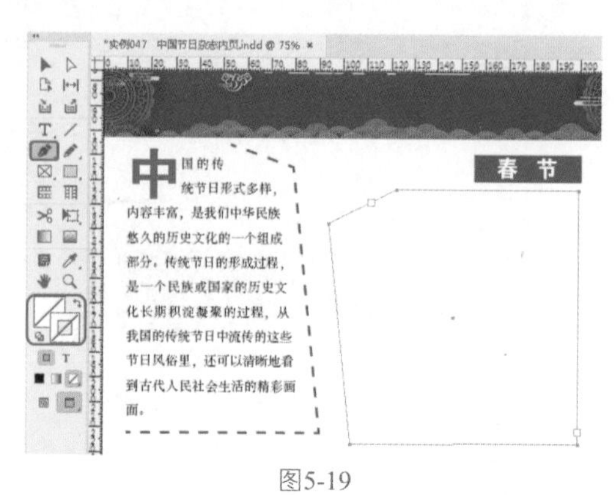

图5-19

Step 19 在绘制的图形中输入文字，在控制栏中将【字体】设置为【Adobe 宋体 Std】，将【字体大小】设置为15点，在【段落】面板中将【强制行数】设置为2，效果如图5-20所示。

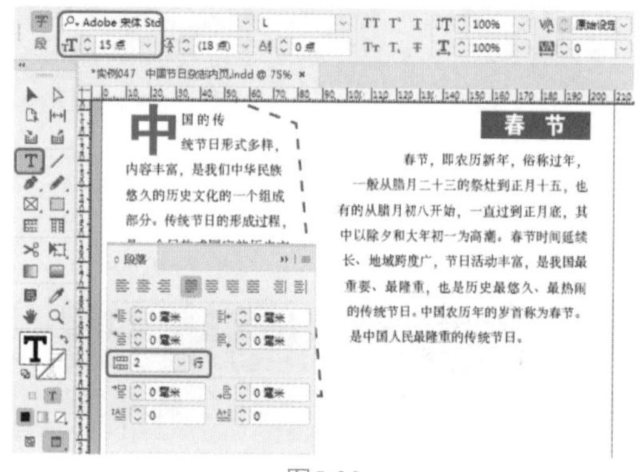

图5-20

Step 20 在工具箱中选择【钢笔工具】，在文档窗口中绘制图形，并选择绘制的图形，在控制栏中将描边的RGB颜色值设置为208、18、27，将描边样式设置为虚线，将描边粗细设置为3点，如图5-21所示。

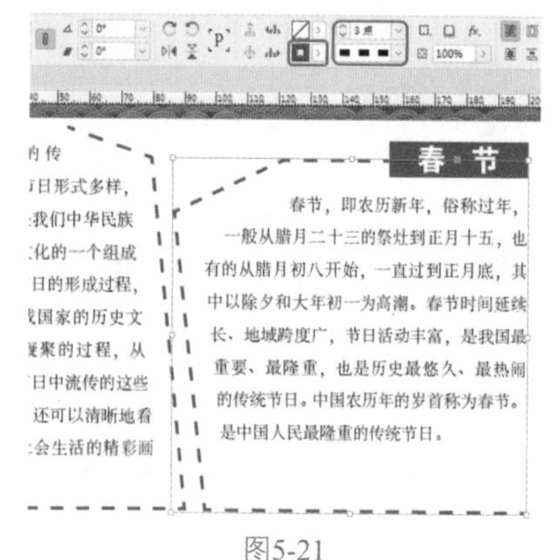

图5-21

Step 21 在文档窗口中按住Shift键的同时选择绘制的矩形和文字“春节”，然后按Ctrl+C快捷组合键进行复制，如图5-22所示。

Step 22 再按Ctrl+V快捷组合键进行粘贴，并调整复制对象的位置，然后使用【文字工具】将“春节”更改为“元宵节”，如图5-23所示。

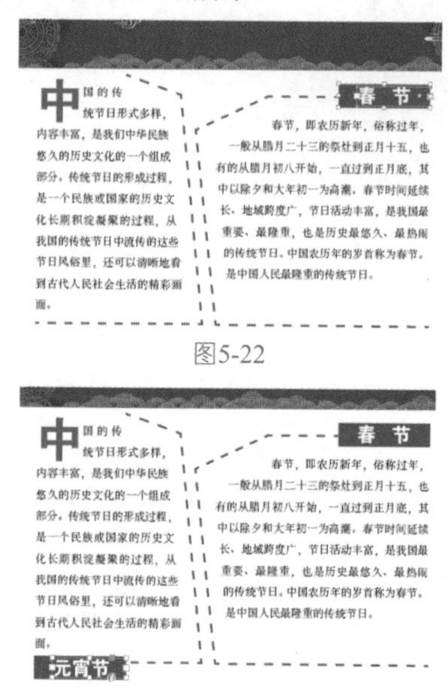

图5-22

图5-23

Step 23 使用【钢笔工具】绘制图形，将图形的描边设置为无，并在图形中输入文字，然后对输入的文字进行设置，效果如图5-24所示。

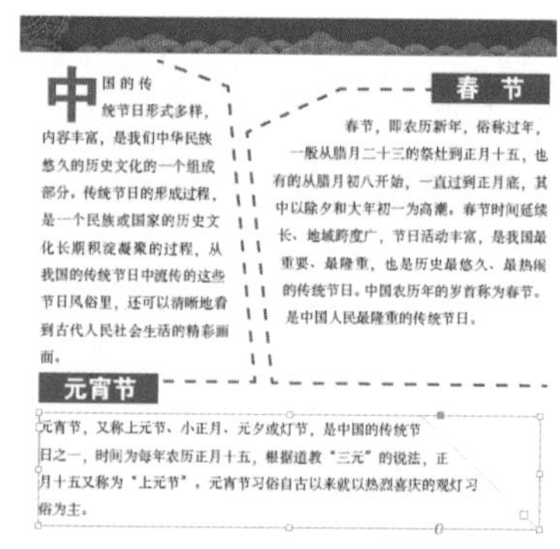

图5-24

Step 24 在工具箱中选择【钢笔工具】，在文档窗口中绘制图形，并选择绘制的图形，在控制栏中将描边的RGB颜色值设置为208、18、27，将描边样式设置为虚线，将描边粗细设置为3点，如图5-25所示。

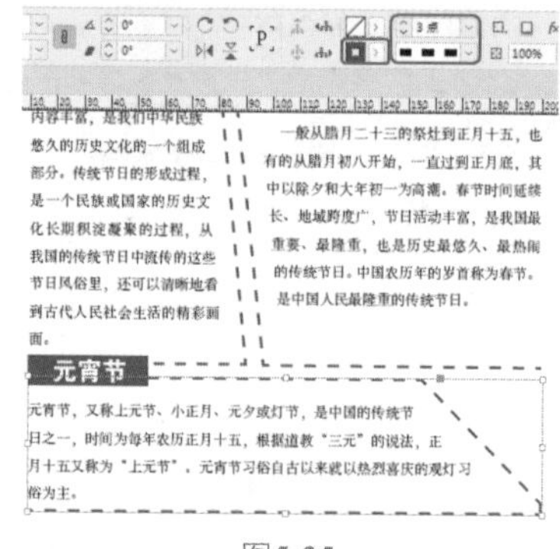

图5-25

Step 25 选中绘制的图形，单击鼠标右键，在弹出的快捷菜

单中选择【排列】|【后移一层】命令，如图5-26所示。

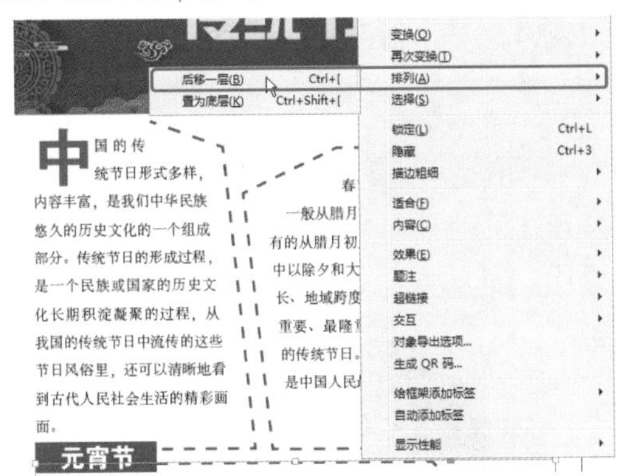

图5-26

Step 26 在工具箱中选择【椭圆工具】，按住Shift键绘制正圆，然后在控制栏中将填色设置为无，将描边的RGB值设置为208、18、27，将描边样式设置为虚线，将描边粗细设置为3点，如图5-27所示。

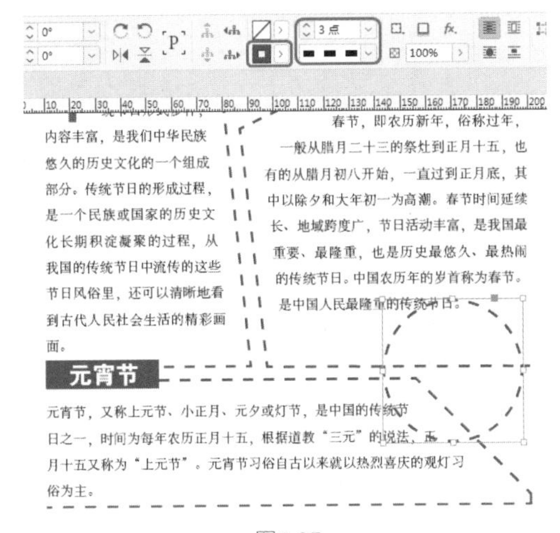

图5-27

Step 27 在菜单栏中选择【文件】|【置入】命令，弹出【置入】对话框，选择“素材\Cha05\节日素材02.jpg”素材文件，单击【打开】按钮，即可将选择的图片置入图形中，然后双击图片将其选中，并在按住Shift键的同时拖动图片调整其大小和位置，如图5-28所示。

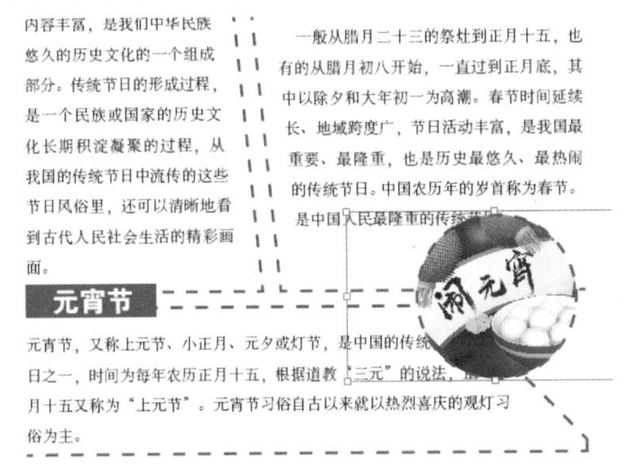

图5-28

Step 28 单击选择绘制的正圆，在菜单栏中选择【窗口】|【文本绕排】命令，如图5-29所示。

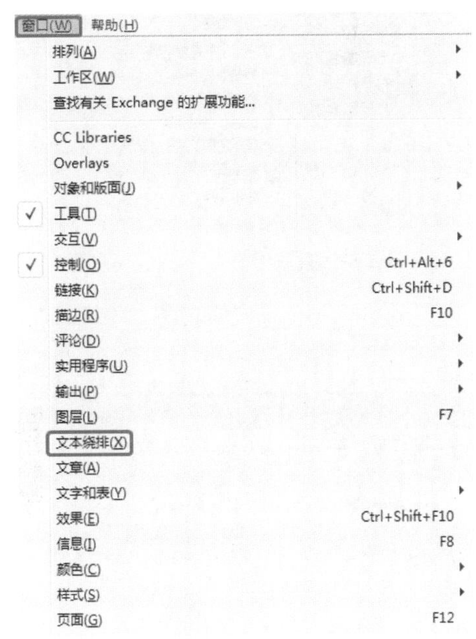

图5-29

Step 29 打开【文本绕排】面板，在该面板中单击【沿对象形状绕排】按钮，并将【上位移】设置为4毫米，如图5-30所示。

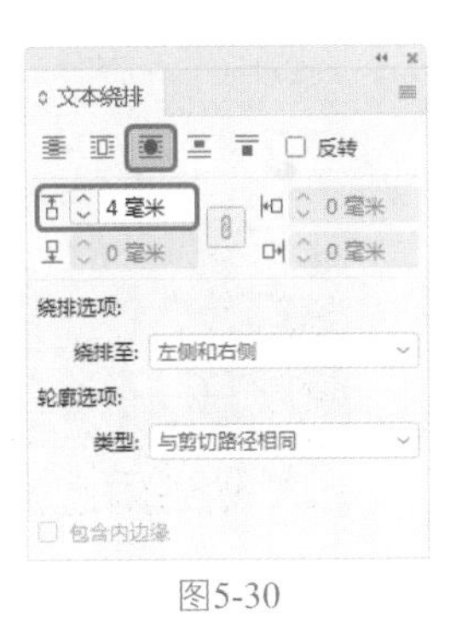

图5-30

Step 30 为正圆设置文本绕排后，使用上面介绍的方法，制作右侧页面效果，如图5-31所示。

Step 31 打开【链接】面板，选择所有置入的对象，单击鼠标右键，在弹出的快捷菜单中选择【嵌入链接】命令，效果如图5-32所示。

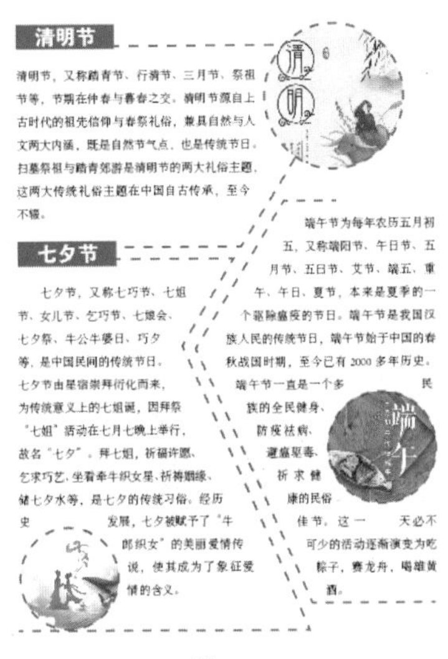

图5-31

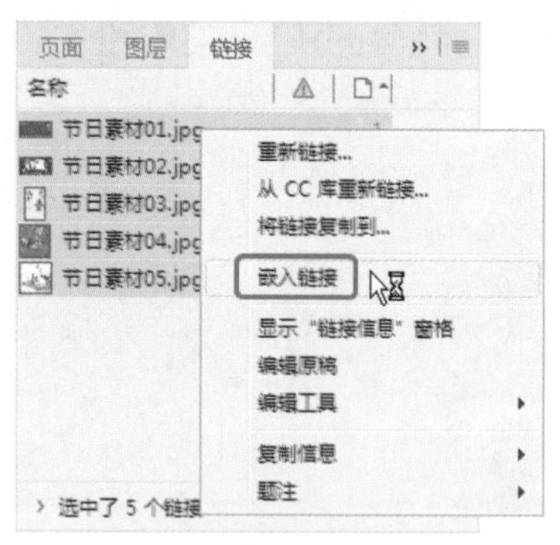

图5-32

实例048 旅游杂志内页设计

素材：素材\Cha05\旅行素材01.jpg、旅行素材02.jpg、旅行素材03.jpg、旅行素材04.jpg

场景：场景\Cha05\实例048 旅游杂志内页设计.indd

本例讲解如何使用【剪刀工具】裁剪置入的素材文件，然后使用【矩形工具】、【段落】效果来完善空白处，最终制作的旅游杂志内页效果如图5-33所示。

As we all know Paris is the capital of France.It is such a beautiful place that all the people would like to visit it some day.The weather is neither hot in summer nor cold in winter.There are many places of interest in that city such as Notre-Dame de Paris（巴黎圣母院）and Versailles Palace（凡尔赛宫）You can see many museums, theatres, gardens, fountains（喷泉）and sculptures（雕塑）everywhere.It is really a civilized（文明的）and beautiful city.People in Paris are very gentle. They have colorful life

London is the capital, the largest city and the largest port in England and the UK. It is also one of the largest metropolitan areas in Europe. Since the establishment of the city by the Romans more than 2,000 years ago, London has had great influence in the world.

However, at the latest since the 19th century, the name "London" also represented the surrounding area developed around the City of London. These satellite cities form the metropolitan area of London and the Greater London area.

London is one of the world's four world-class cities, alongside New York, Paris, France and Tokyo, Japan. London is not a British city status, officially not a city, but since the 18th century she has been one of the most important political, economic, cultural, artistic and entertainment centers in the world, most people mistakenly think she is a city.

From 1801 to the beginning of the 20th century, as the world's empire, the capital of the British Empire, London became the largest city in the world for its outstanding achievements in the field of technological inventions. In March 2016, the 2016 Wealth Report was released, and London ranked third among the most expensive cities in the world.

图5-33

Step 01 新建一个【宽度】、【高度】分别为296毫米、285毫米的文档，【页面】为1，并将边距均设置为10毫米。按Ctrl+D快捷组合键，弹出【置入】对话框，选择“素材\Cha05\旅游素材01.jpg”素材文件，单击【打开】按钮，置入素材并进行调整，如图5-34所示。

图5-34

Step 02 在工具箱中选择【剪刀工具】，将鼠标指针放到图形边框上，当鼠标指针变成形状后，在图形边框上单击，如图5-35所示。

图5-35

Step 03 再次在图形边框的其他位置上单击，即可完成裁剪。使用工具箱中的【选择工具】选择文档中的图形，可以看到图形已经被切成两半，然后选择右侧的图形，按Delete键将其删除，删除后的效果如图5-36所示。

图5-36

Step 04 在工具箱中选择【钢笔工具】绘制一个图形，将填色、描边都设置为无，如图5-37所示。

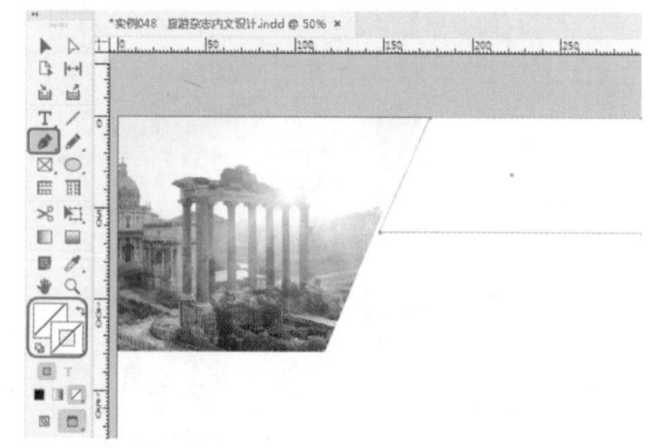

图5-37

Step 05 在菜单栏中选择【文件】|【置入】命令，弹出【置入】对话框，选择“素材\Cha05\旅游素材02.jpg”素材文件，单击【打开】按钮，即可将选择的图片置入图

形中。双击图片将其选中，并在按住Shift键的同时拖动图片调整其大小和位置，如图5-38所示。

Step 06 使用同样方法绘制其他图形并置入“旅游素材03.jpg、旅游素材04.jpg”素材文件，效果如图5-39所示。

图5-38

图5-39

Step 07 选中如图5-40所示的素材文件，单击鼠标右键，在弹出的快捷菜单中选择【变换】|【水平翻转】命令，然后调整素材位置。

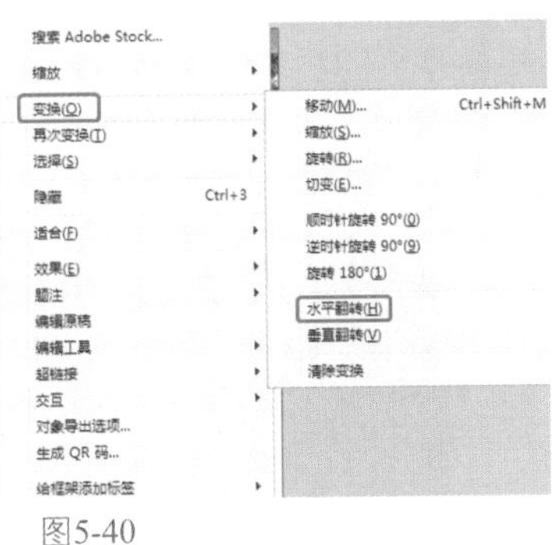

图5-40

Step 08 在工具箱中选择【钢笔工具】绘制一个图形，将填色设置为208、18、27，描边设置为无，效果如图5-41所示。

图5-41

Step 09 在工具箱中单击【椭圆工具】按钮，按住Shift键绘制正圆，在【颜色】面板中将填色设置为无，描边的RGB值设置为255、241、0，描边粗细设置为3点，如图5-42所示。

Step 10 在工具箱中单击【文字工具】按钮T，在文档窗口中绘制文本框并输入文字。选择输入的文字，将【字体】设置为Arial，【字体系列】设置为Black，【字体大小】设置为30点，文本颜色设置为白色，如图5-43所示。

图5-42

图5-43

Step 11 在工具箱中单击【钢笔工具】按钮，绘制一个图形，在【颜色】面板中将填色设置为54、118、188，【描边】设置为无，如图5-44所示。

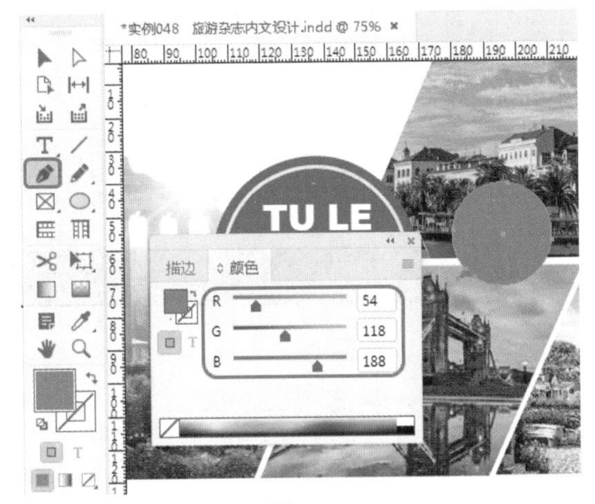

图5-44

Step 12 在工具箱中单击【文字工具】按钮T，然后在文档窗口中绘制文本框并输入文字。选择输入的文字，将【字体】设置为【黑体】，【字体大小】设置为11点，在【段落】面板中单击【居中对齐】按钮，在【颜色】面板中将【填色】设置为白色，如图5-45所示。

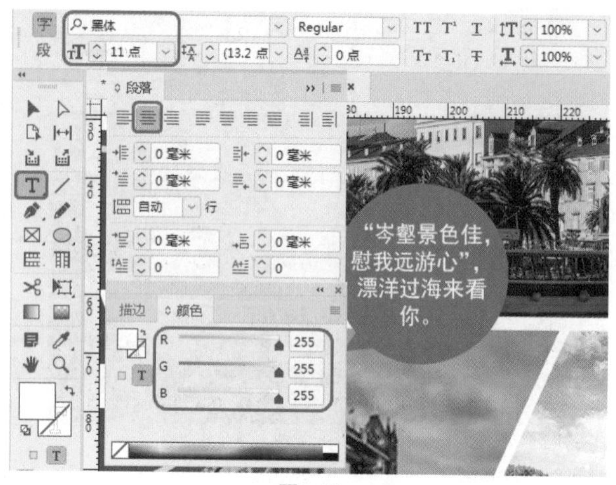

图5-45

Step 13 继续使用【文字工具】，输入如图5-46所示的文本，将【字体】设置为【Adobe 宋体 Std】，【字体大小】设置为11点。

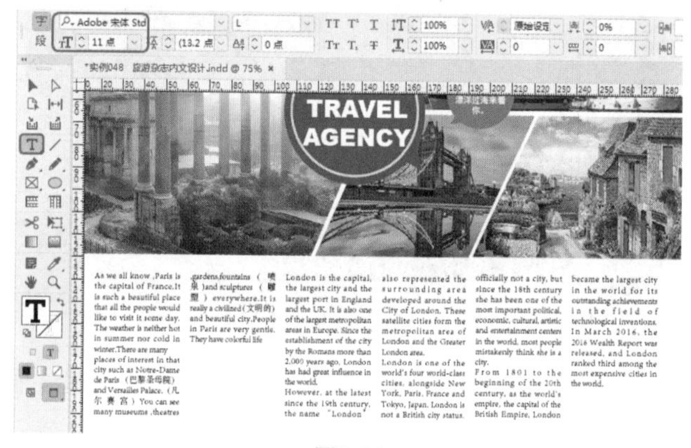

图5-46

Step 14 在工具箱中单击【矩形工具】按钮，绘制一个矩形，在【颜色】面板中填充的RGB值设置为228、0、127，将W、H均设置为7.8毫米，如图5-47所示。

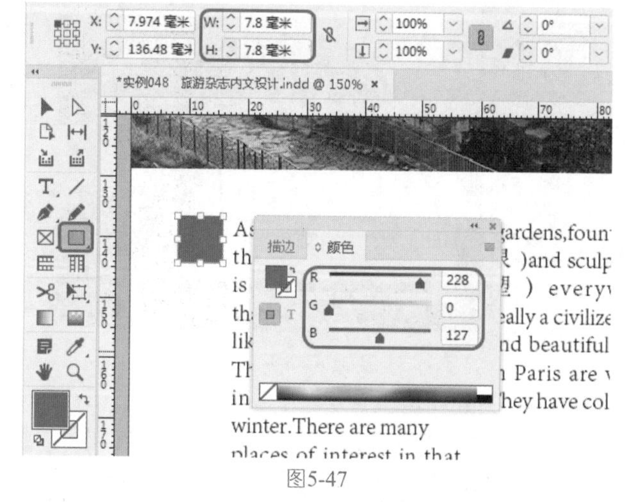

图5-47

Step 15 在工具箱中单击【文字工具】按钮T，然后在文档窗口中绘制文本框并输入文字。选择输入的文字，将【字体】设置为【Adobe 宋体 Std】，【字体大小】设置为22点，将【填色】设置为白色，如图5-48所示。

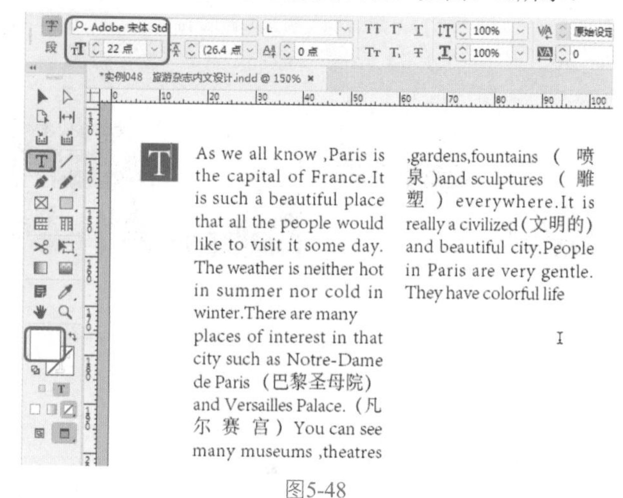

图5-48

Step 16 选择矩形和文字对象，单击右键鼠标，在弹出的快捷菜单中选择【编组】命令，如图5-49所示。

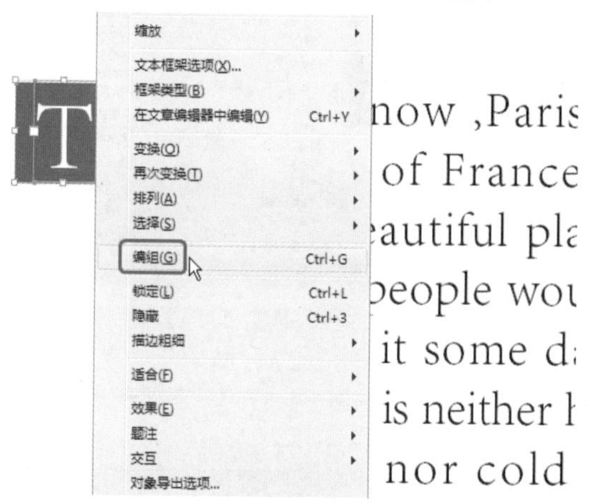

图5-49

Step 17 将对象进行编组，然后调整对象的位置，在菜单栏中选择【窗口】|【文本绕排】命令，然后打开【文本绕排】面板，单击【沿对象形状绕排】按钮，如图5-50所示。

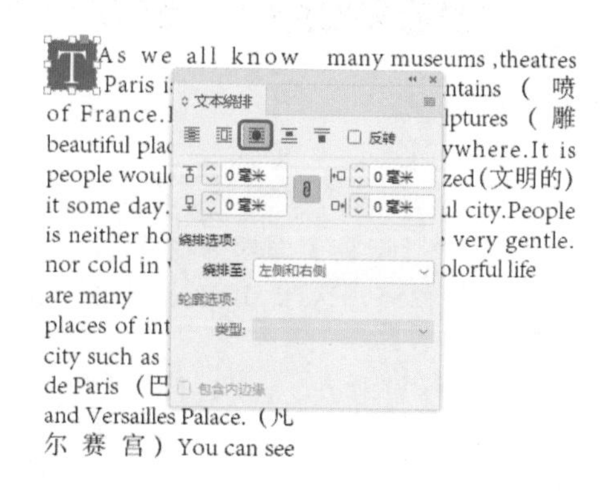

图5-50

Step 18 打开【链接】面板，选择置入的所有对象，右击，在弹出的快捷菜单中选择【嵌入链接】命令，如图5-51所示。

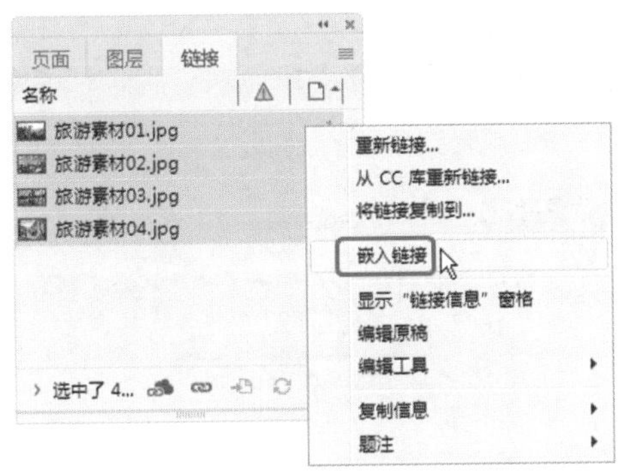

图5-51

> ◎提示
>
> 在菜单栏中选择【窗口】|【文本绕排】命令，即可打开【文本绕排】面板。

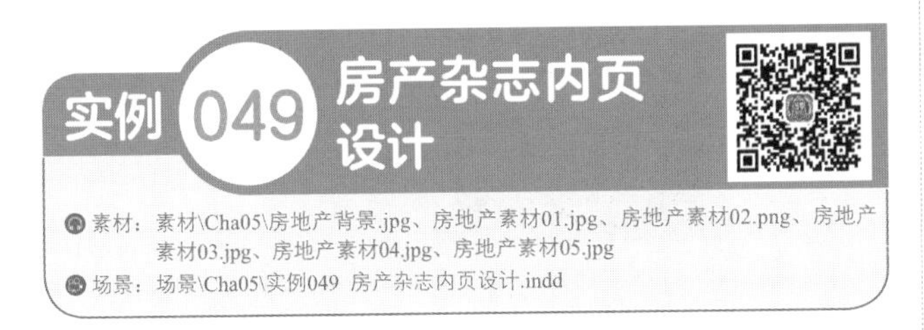

实例049 房产杂志内页设计

素材：素材\Cha05\房地产背景.jpg、房地产素材01.jpg、房地产素材02.png、房地产素材03.jpg、房地产素材04.jpg、房地产素材05.jpg

场景：场景\Cha05\实例049 房产杂志内页设计.indd

本例讲解如何使用【投影】、【渐变羽化】效果为置入的素材添加视觉效果，然后使用【文字工具】效果来完善空白处，最终制作的房地产杂志内页设计效果如图5-52所示。

Step 01 新建一个【宽度】、【高度】分别为430毫米、575毫米的文档，并将边距均设置为10毫米。按Ctrl+D快捷组合键，弹出【置入】对话框，选择"素材\Cha05\房地产素材.jpg"素材文件，单击【打开】按钮，置入素材并进行调整，如图5-53所示。

图5-52　　图5-53

Step 02 在工具箱中单击【文字工具】按钮T，在文档窗口中绘制一个文本框，并输入文字，将文字选中，在控制栏中将【字体】设置为【方正行楷简体】，将【字体大小】设置为60点，如图5-54所示。

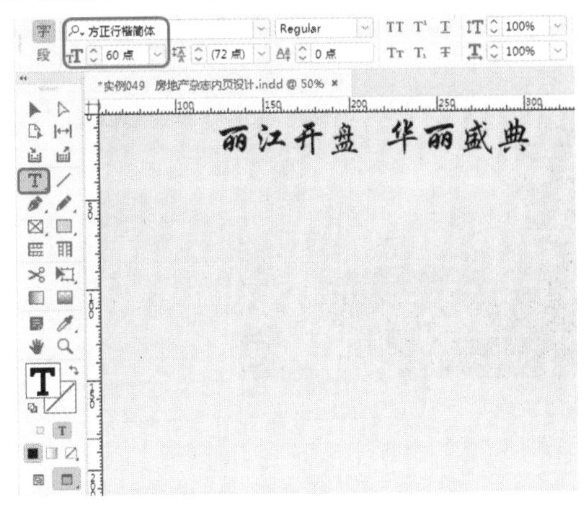

图5-54

Step 03 继续输入文本，在控制栏中将【字体】设置为【黑体】，将【字体大小】设置为31点，如图5-55所示。

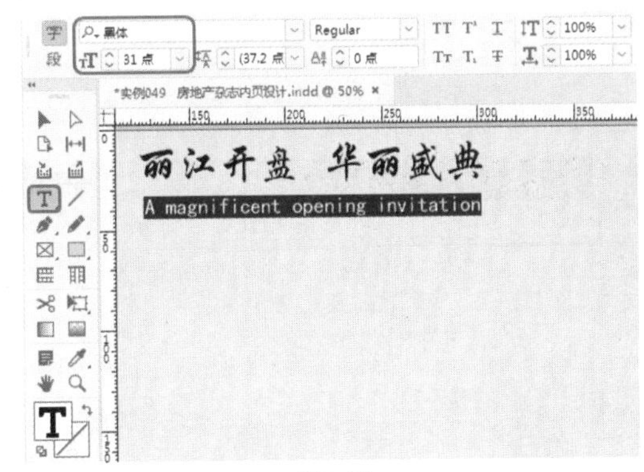

图5-55

Step 04 在文档窗口中选择输入的文字，按F6键打开【颜色】面板，单击【格式针对文本】按钮T，单击面板右上角的☰按钮，在弹出的下拉菜单中选择CMYK，将CMYK值设置为37、100、100、3，如图5-56所示。

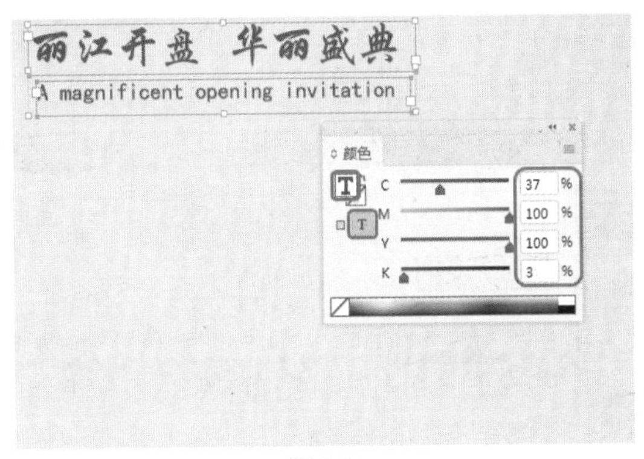

图5-56

Step 05 在菜单栏中选择【文件】|【置入】命令，弹出【置入】对话框，选择“素材\Cha05\房地产素材01.jpg”素材文件，单击【打开】按钮，置入素材后调整其大小和位置，如图5-57所示。

图5-57

Step 06 在工具箱中单击【文字工具】按钮T，在文档窗口中绘制一个文本框，并输入文字。将输入的文字选中，在控制栏中将【字体】设置为【方正仿宋简体】，将【字体大小】设置为24点，在【段落】面板中单击【左对齐】按钮，如图5-58所示。

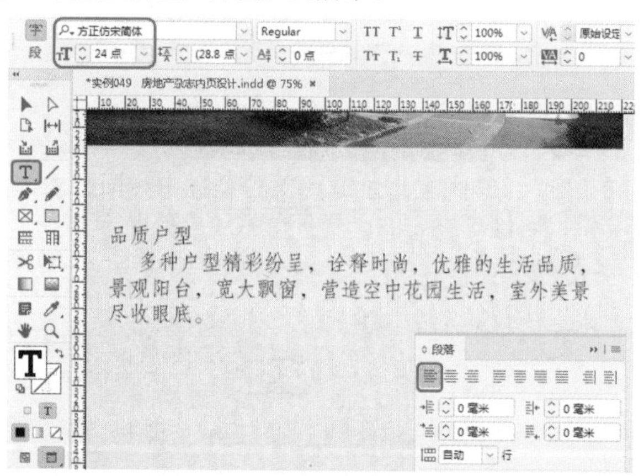

图5-58

Step 07 选择“品质户型”文字，在控制栏中将其【字体】设置为【黑体】，将【字体大小】设置为36点，如图5-59所示。

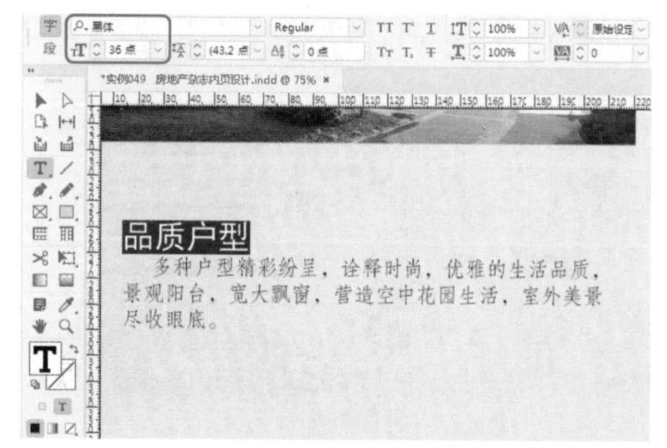

图5-59

Step 08 按F6键打开【颜色】面板，在该面板中单击【填色】按钮，单击该面板右上角的 ≡ 按钮，在弹出的下拉菜单中选择CMYK，将CMYK值设置为0、100、100、50，如图5-60所示

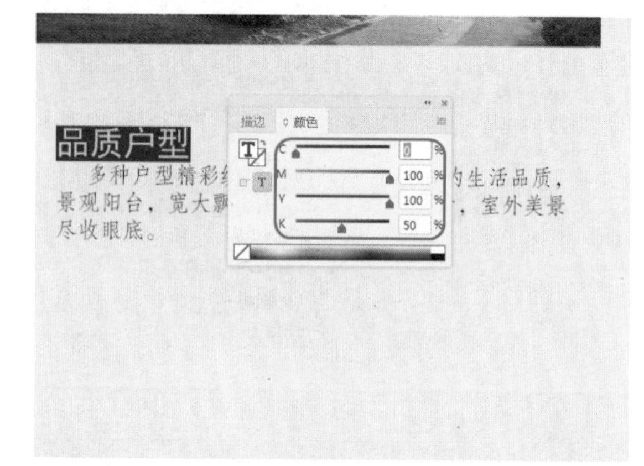

图5-60

Step 09 使用同样的方法输入其他文字，并对其进行相应的设置，效果如图5-61所示。

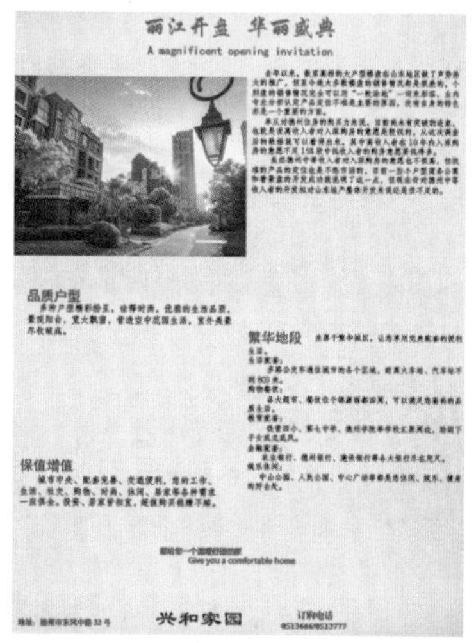

图5-61

Step 10 在菜单栏中选择【文件】|【置入】命令，弹出【置入】对话框，选择“素材\Cha05\房地产素材05.jpg”素材文件，单击【打开】按钮，置入素材后调整其大小和位置，如图5-62所示。

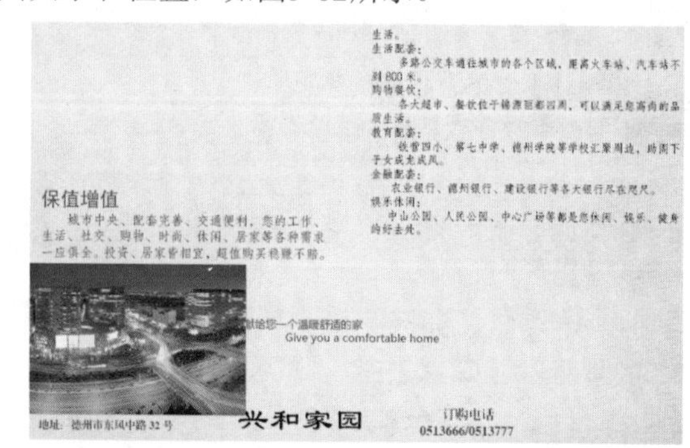

图5-62

Step 11 在菜单栏中选择【窗口】|【效果】命令，在【效果】面板中单击【向选定的目标添加对象效果】按钮，在弹出的下拉菜单中选择【渐变羽化】命令，如图5-63所示。

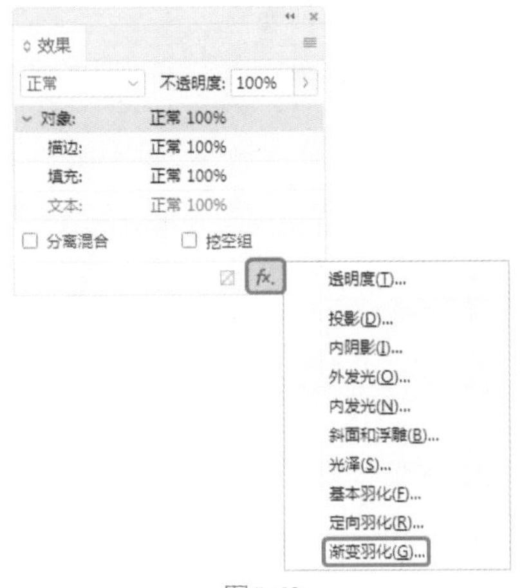

图5-63

Step 12 在弹出的对话框中选择左侧的色标，将其【位置】设置为50%，将【类型】设置为【径向】，设置完成后，单击【确定】按钮，如图5-64所示。

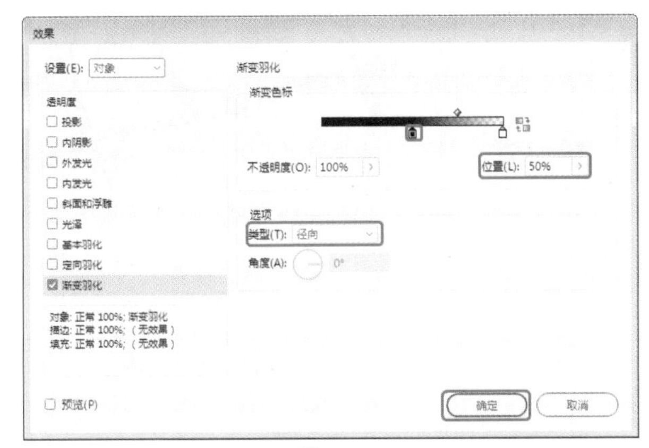

图5-64

Step 13 在菜单栏中选择【文件】|【置入】命令，弹出【置入】对话框，选择“素材\Cha05\房地产素材02.png”素材文件，单击【打开】按钮，置入素材后调整其大小和位置，如图5-65所示。

图5-65

Step 14 选择置入的素材文件，在菜单栏中选择【窗口】|【文本绕排】，打开【文本绕排】面板，单击【沿对象形状绕排】按钮，如图5-66所示。

图5-66

Step 15 在菜单栏中选择【文件】|【置入】命令，弹出【置入】对话框，选择“素材\Cha05\房地产素材03.jpg”素材文件，单击【打开】按钮，置入素材后调整其大小和位置，如图5-67所示。

图5-67

Step 16 打开【效果】面板，在该面板中单击【向选定的目标添加对象效果】按钮，在弹出的下拉菜单中选择【投影】命令，将【不透明度】设置为31%，将【距离】设置为4毫米，【角度】设置为120°，【X位移】、【Y位移】分别设置为2毫米、3.464毫米，单击【确定】按钮，如图5-68所示。

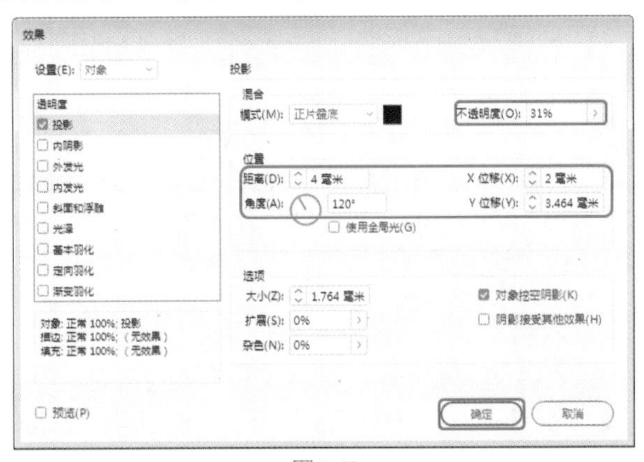

图5-68

Step 17 在菜单栏中选择【文件】|【置入】命令，弹出【置入】对话框，选择“素材\Cha05\房地产素材04.jpg”素材文件，单击【打开】按钮，置入素材后调整其大小、角度及位置，如图5-69所示。

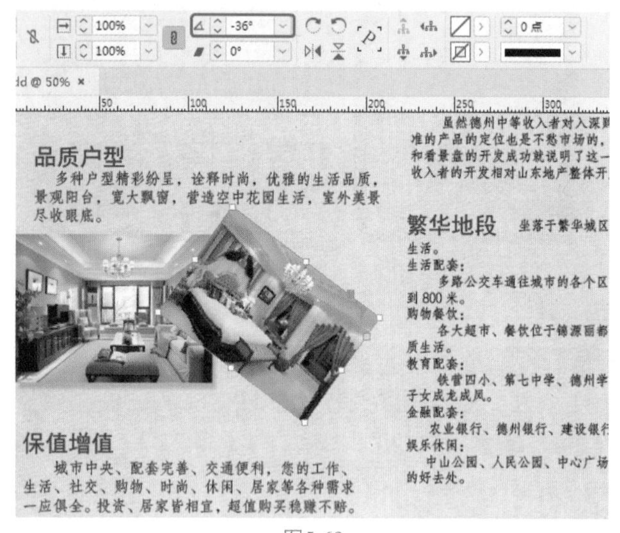

图5-69

Step 18 打开【效果】面板，在该面板中单击【向选定的目标添加对象效果】按钮，在弹出的下拉菜单中选择【投影】命令，将【不透明度】设置为23%，【角度】设置为120°，如图5-70所示。

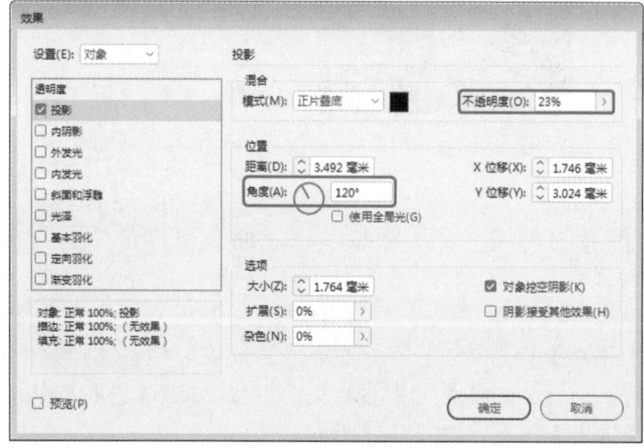

图5-70

Step 19 勾选【基本羽化】复选框，将【羽化宽度】设置为5毫米，单击【确定】按钮，如图5-71所示。

Step 20 根据前面所介绍的方法绘制图形，并为绘制的图形建立复合路径，在【颜色】面板中将填色的CMYK值设置为30、100、100，30，将描边设置为无，如图5-72所示。

Step 21 在工具箱中单击【文字工具】按钮T，在文档窗口中绘制一个文本框，并输入文字。将输入的文字选中，在控制面板中将【字体】设置为【Adobe 宋体 Std】，将【字体大小】设置为15点，将【填色】设置为白色，并设置其旋转角度，如图5-73所示。

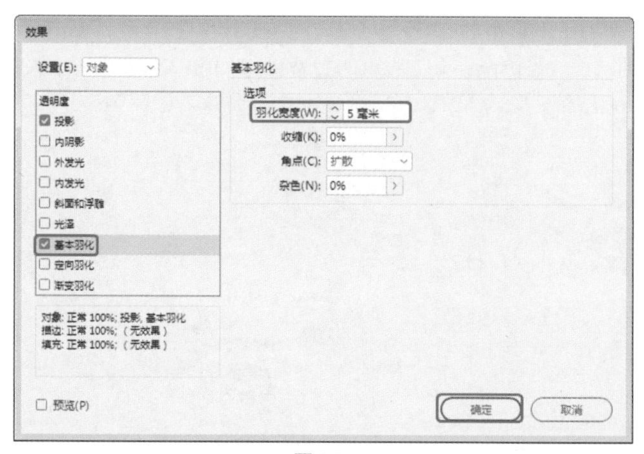

图5-71

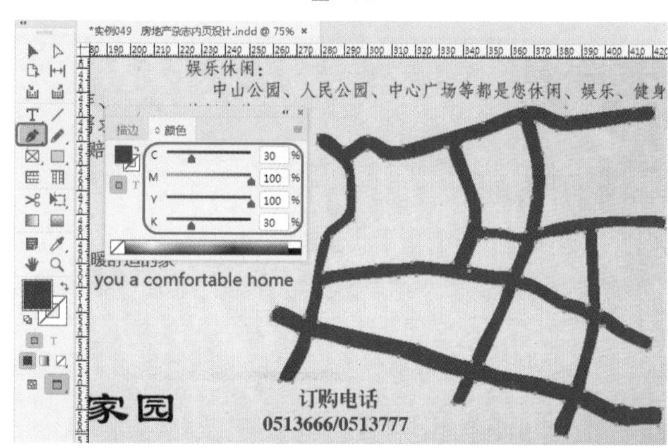

图5-72

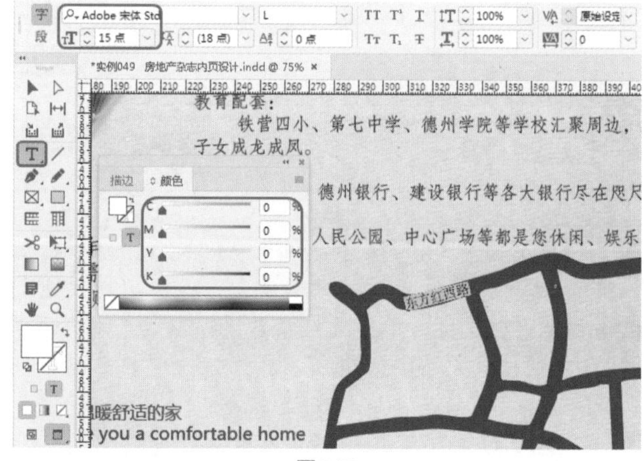

图5-73

Step 22 使用相同的方法输入其他文字，并进行相应的设置，如图5-74所示。

Step 23 在工具箱中单击【椭圆工具】按钮，在文档窗口中按住Shift键绘制一个正圆，在【颜色】面板中，将填色设置为15、100、100、0，将描边设置为无，如图5-75所示。

Step 24 在工具箱中单击【钢笔工具】按钮，在文档窗口中绘制图形，并调整图形位置，如图5-76所示。

图5-74

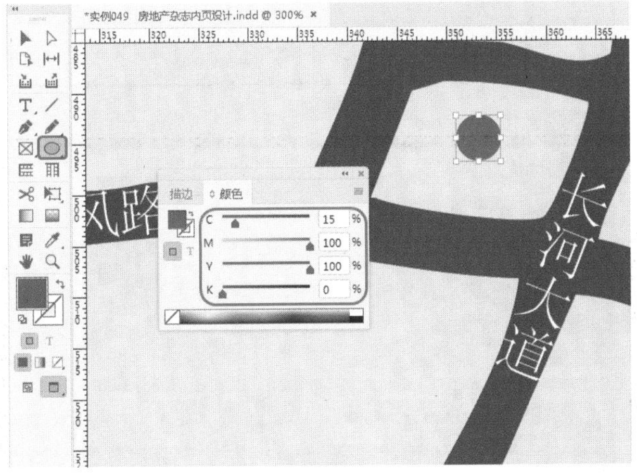

图5-75

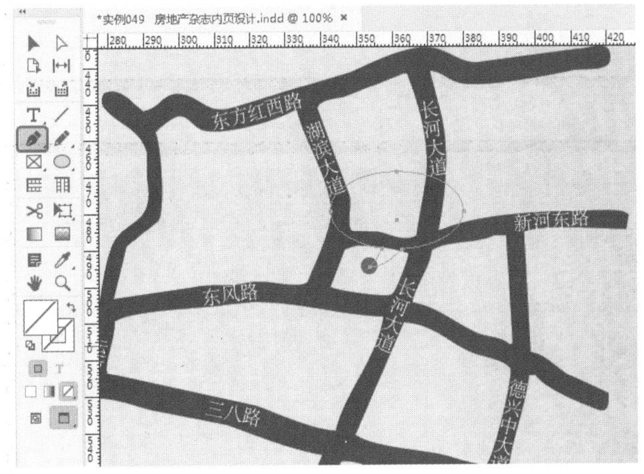

图5-76

Step 25 按F6键打开【颜色】面板，在面板中将【填色】的CMYK值设置为0、0、0、0，将【描边】设置为无，如图5-77所示的图形。

Step 26 在工具箱中单击【文字工具】按钮T，绘制一个文本框，并输入文字。将输入的文字选中，在控制栏中将【字体】设置为【创艺简黑体】，将【字体大小】设置为22点，如图5-78所示。

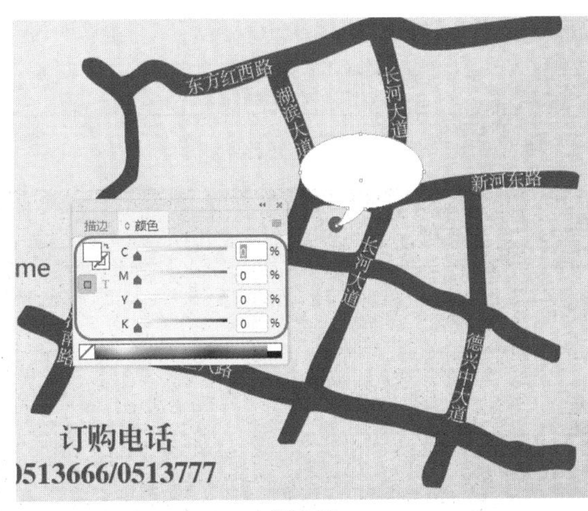

图5-77

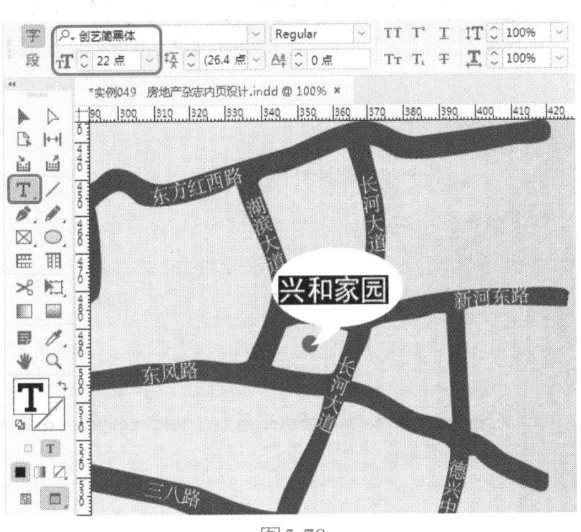

图5-78

实例050 几何杂志版面

素材：素材\Cha05\杂志素材01.jpg、杂志素材02.jpg、杂志素材03.jpg、杂志素材04.jpg

场景：场景\Cha05\实例050 几何杂志版面.indd

本例讲解如何使用【矩形工具】、【钢笔工具】、【椭圆工具】为页面添加素材效果，为绘制的图形设置美感，然后导入素材文件并填充文字，最终制作的几何杂志版面效果如图5-79所示。

图5-79

Step 01 创建一个A4大小的横版文档，并将边距均设置为10毫米。单击工具箱中的【矩形工具】按钮，在页面中绘制一个与页面等大的矩形，在控制栏中将填色设置为黑色，将描边设置为无，如图5-80所示。

图5-80

Step 02 使用同样方法绘制一个图形，将填色设置为白色，将描边设置为无，将图形的W、H分别设置为285毫米、197毫米，并调整图形的位置，如图5-81所示。

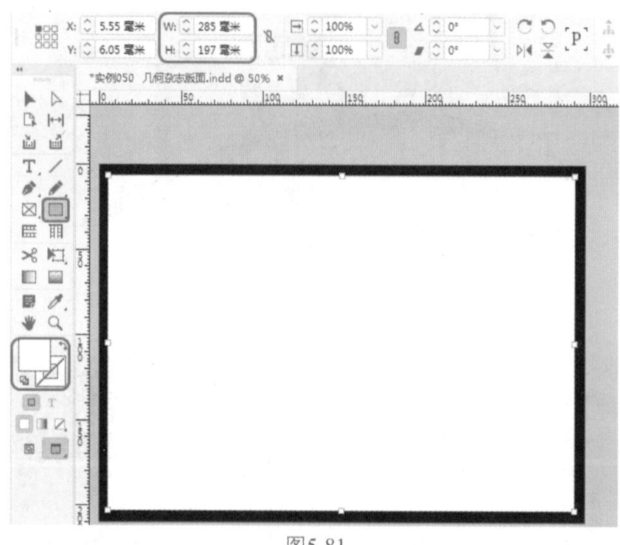

图5-81

Step 03 在工具箱中单击【钢笔工具】按钮，绘制一个图形，将填色的RGB值设置为171、41、43，将描边设置为无，将X、Y分别设置为12毫米、13毫米，将【宽度】、【高度】分别设置为35毫米、184毫米，如图5-82所示。

Step 04 使用同样的方法绘制其他路径图形，并设置图形的颜色与位置，如图5-83所示。

Step 05 在工具箱中单击【钢笔工具】按钮，绘制一个图形，在菜单栏中选择【文件】|【置入】命令，弹出【置入】对话框，选择“素材\Cha05\杂志素材01.jpg”素材文件，单击【打开】按钮，即可将选择的图片置入图形中，然后双击图片将其选中，并在按住Shift键的同时拖动图片调整其大小和位置，如图5-84所示。

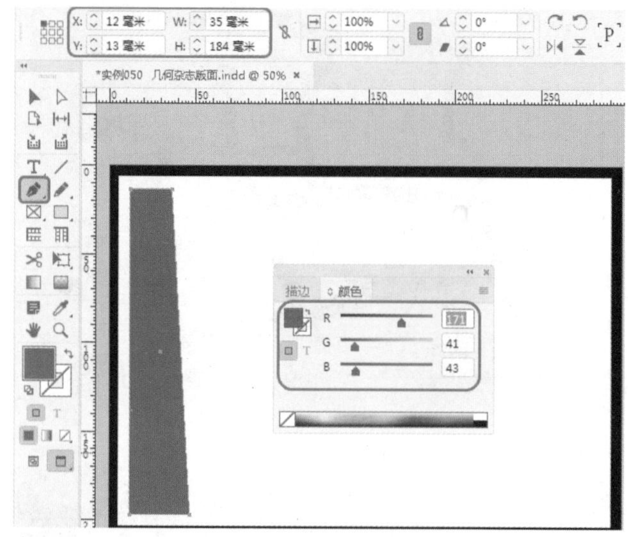

图5-82

图5-83

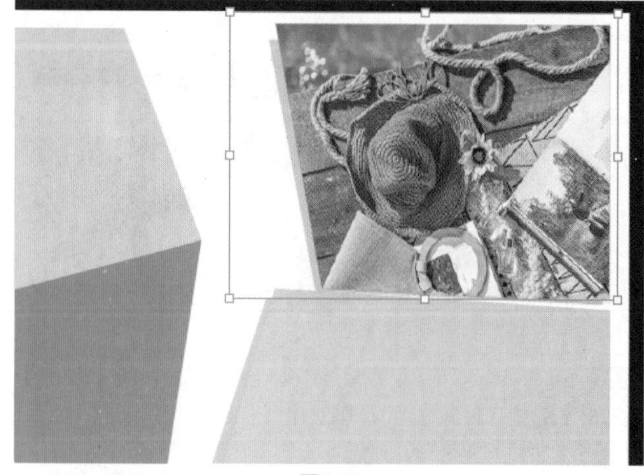

图5-84

Step 06 使用同样的方法绘制图形并置入“杂志素材02.jpg、杂志素材03.jpg、杂志素材04.jpg”素材文件，调整素材的大小与位置，如图5-85所示。

图5-85

Step 07 在工具箱中单击【文字工具】按钮，按住鼠标左键拖曳出一个文本框，在文本框中输入文字，将【旋转角度】设置为14°，将【字体】设置为Arial，将【字体样式】设置为Black，将【字体大小】设置为17点，将【行距】设置为18点，将【填色】设置为白色，如图5-86所示。

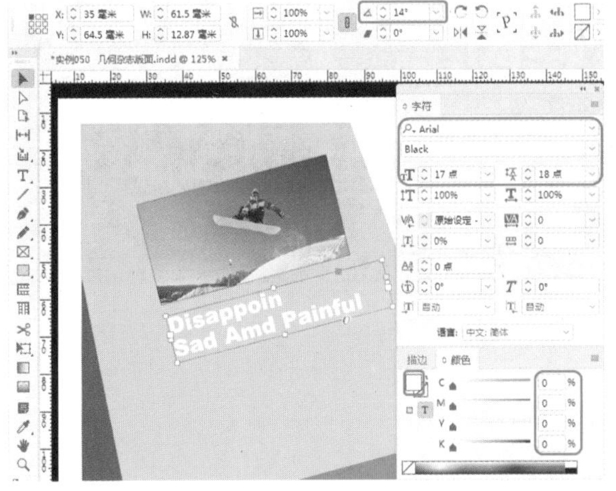

图5-86

Step 08 使用同样的方法输入其他文字，效果如图5-87所示。

图5-87

Step 09 单击工具箱中的【椭圆工具】按钮，绘制一个图形，将填色设置为黑色，描边设置为无，然后使用【文字工具】，在黑色图形上输入文字，将【字体】设置为Arial，将【字体样式】设置为Bold，将【字体大小】设置为24点，将填充的CMYK值设置为37、100、100、3，如图5-88所示。

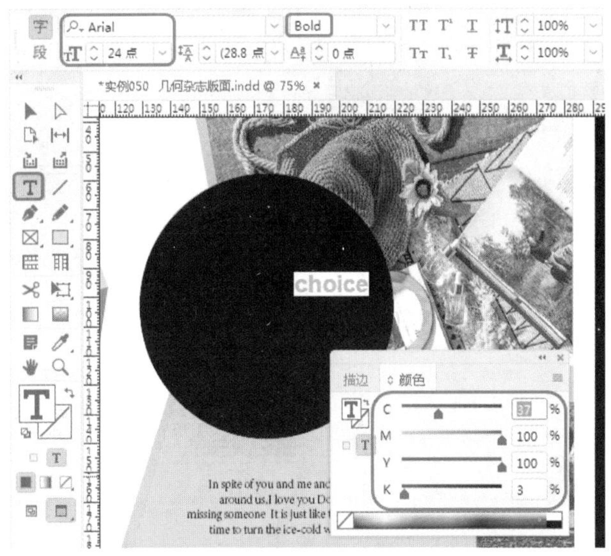

图5-88

Step 10 使用同样方法输入文字，将【字体样式】设置为Black，将【字体大小】设置为40点，将填色设置为白色，如图5-89所示。

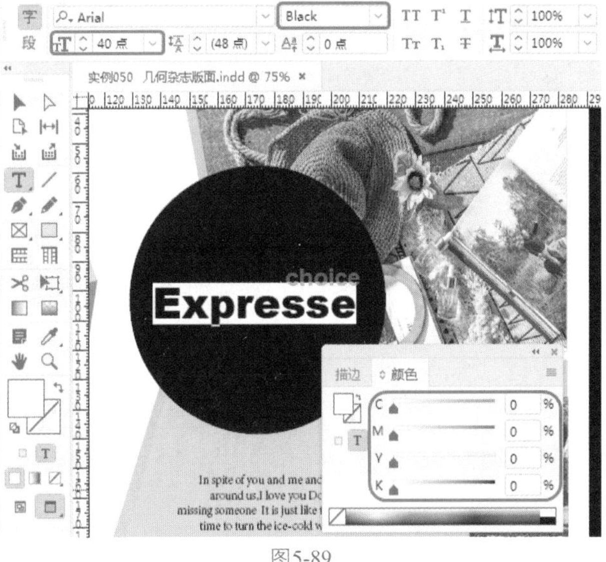

图5-89

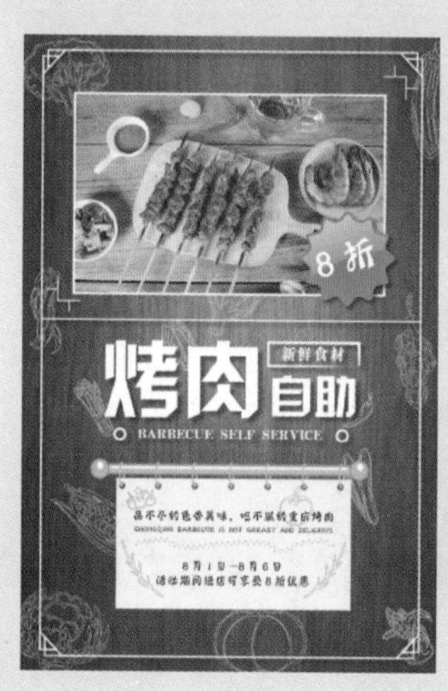

第6章 宣传单设计

宣传单又称宣传单页，是商家宣传产品的一种印刷品，一般为单张双面印刷或单面印刷。传单一般分为两大类，一类的主要作用是推销产品、发布一些商业信息或寻人启事等。另外一类是义务宣传，例如鼓励人们无偿献血、服兵役等。

实例051 制作酒店宣传单正面

素材：素材\Cha06\酒店宣传单.indd、酒店素材01.jpg、二维码.png

场景：场景\Cha06\实例051 制作酒店宣传单正面.indd

酒店的宣传单设计要求体现高档、享受等感觉，在设计时可以用一些元素来体现酒店的品质，效果如图6-1所示。

Step 01 按Ctrl+O快捷组合键，打开“素材\Cha06\酒店宣传单.indd”素材文件，在【页面】面板中选择第1个页面，按Ctrl+D快捷组合键，在弹出的对话框中选择“素材\Cha06\酒店素材01.jpg”素材文件，单击【打开】按钮，将素材置入文档窗口中，适当调整对象的大小及位置，如图6-2所示。

图6-1

图6-2

Step 02 在工具箱中单击【文字工具】T，绘制一个文本框并输入文字。选中输入的文字，在【字符】面板中将【字体】设置为【方正粗黑宋简体】，将【字体大小】设置为38 点，将【字符间距】设置为100，在【颜色】面板中将【填色】设置为白色，效果如图6-3所示。

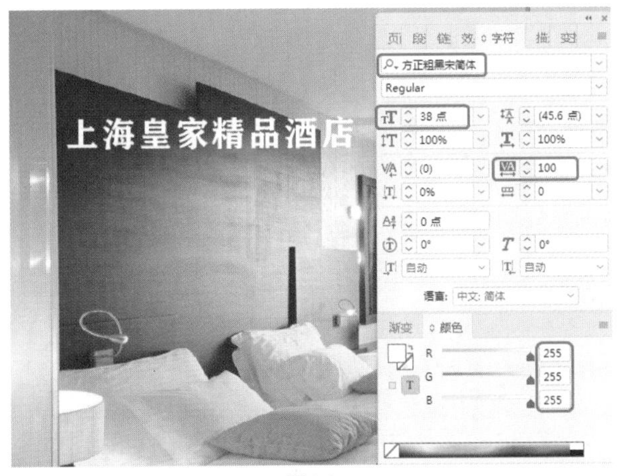

图6-3

Step 03 在工具箱中单击【文字工具】按钮，输入文本，将【字体】设置为【方正粗黑宋简体】，【字体大小】设置为12点，【行距】设置为15点，【字符间距】设置为0，在【颜色】面板中将【填色】设置为白色，如图6-4所示。

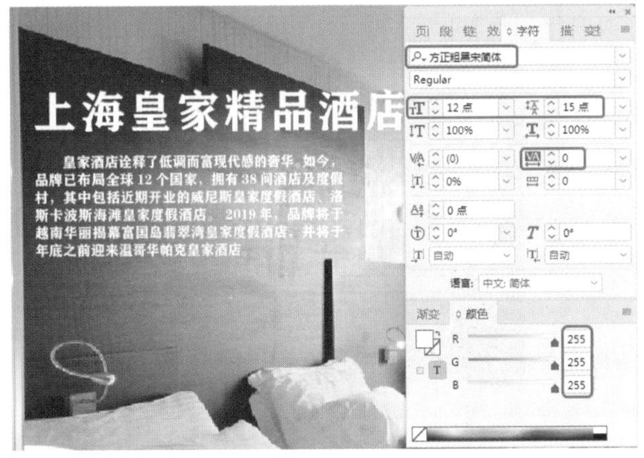

图6-4

Step 04 在工具箱中单击【钢笔工具】按钮，绘制图形，将【填色】的RGB值设置为221、226、206，将【描边】设置为无，如图6-5所示。

图6-5

Step 05 使用【钢笔工具】绘制图形，在【渐变】面板中将填色的【类型】设置为【线性】，将0%位置处的RGB值设置为218、223、201，将100%位置处的RGB值设置为149、153、123，将【角度】设置为156°，将【描边】设置为无，如图6-6所示。

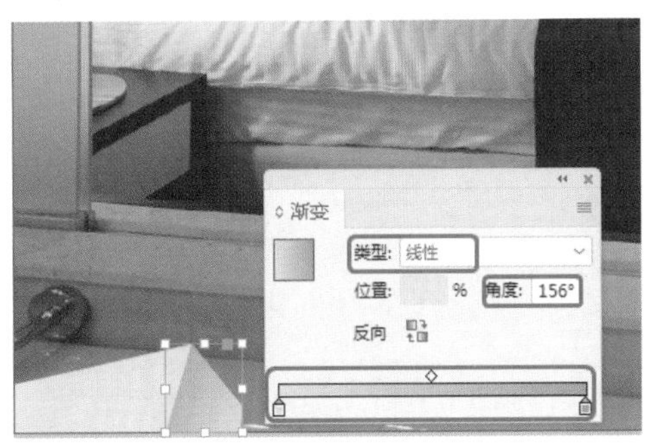

图6-6

Step 06 使用【钢笔工具】绘制图形，在【渐变】面板中将填色的【类型】设置为【线性】，将0%位置处的RGB值设置为218、223、201，将100%位置处的RGB值设置为195、198、171，将【角度】设置为0°，将【描边】设置为无，如图6-7所示。

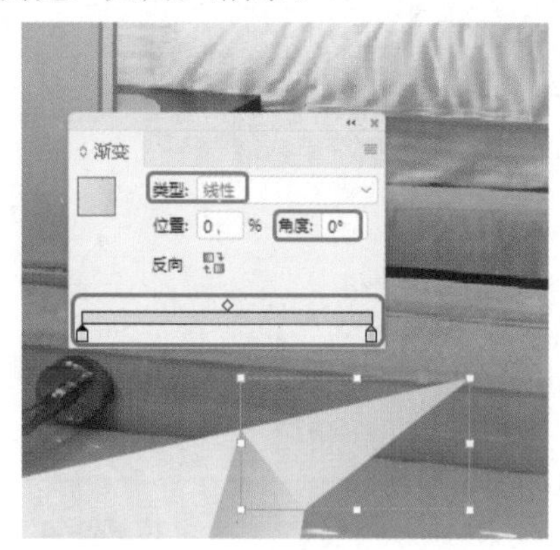

图6-7

Step 07 使用同样的方法绘制其他图形，并设置相应的颜色，效果如图6-8所示。

图6-8

Step 08 选择所有绘制的图形，按Ctrl+G快捷组合键，编组对象，在【效果】面板中单击【向选定的目标添加对象效果】按钮fx，在弹出的下拉列表中选择【投影】命令，在弹出的对话框中将混合模式设置为【正片叠底】，将【颜色】设置为黑色，将【不透明度】设置为25%，将【距离】设置为2毫米，将【角度】设置为-56°，将【大小】、【扩展】、【杂色】分别设置为1.7毫米、0%、0%，如图6-9所示，单击【确定】按钮。

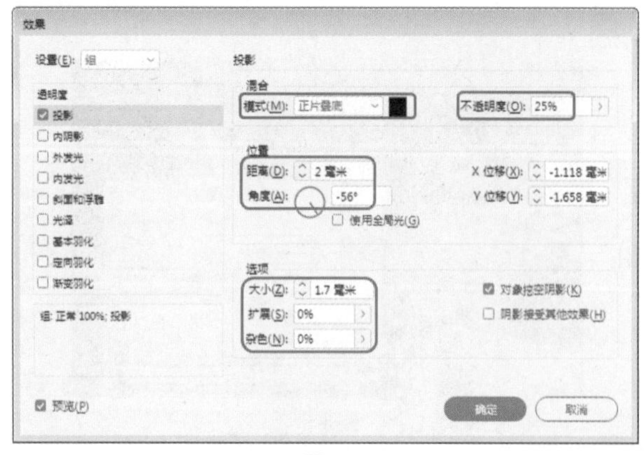

图6-9

Step 09 按Ctrl+D快捷组合键，在弹出的对话框中选择"素材\Cha06\二维码.png"素材文件，单击【打开】按钮，置入素材并调整位置，如图6-10所示。

图6-10

Step 10 在工具箱中单击【文字工具】按钮，输入文本，将【字体】设置为【方正粗黑宋简体】，【字体大小】设置为14点，【字符间距】设置为200，将【填色】设置为黑色，如图6-11所示。

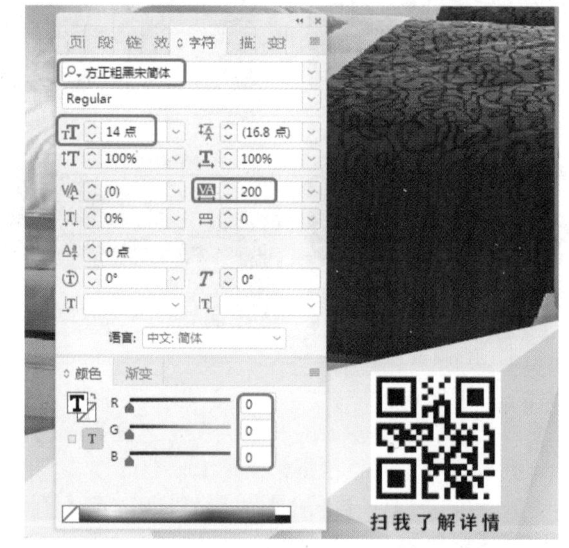

图6-11

实例052 制作酒店宣传单背面

素材：素材\Cha06\酒店素材02.jpg~酒店素材10.jpg

场景：场景\Cha06\实例052 制作酒店宣传单背面.indd

本例将讲解如何制作酒店宣传单背面，首先通过【钢笔工具】绘制宣传单背面的背景部分，为对象添加渐变颜色，使用【椭圆工具】和【钢笔工具】制作酒店的logo，然后置入酒店素材的相关图片，使用【文字工具】输入其他的文本，效果如图6-12所示。

Step 01 继续上一个案例的操作，将编组的对象复制到第2个页面中，右击，在弹出的快捷菜单中选择【变换】|【旋转180°】命令，调整对象的位置，如图6-13所示。

图6-12　　图6-13

Step 02 在【效果】面板中单击【向选定的目标添加对象效果】按钮fx，在弹出的下拉列表中选择【投影】命令，在弹出的对话框中将【角度】设置为135°，如图6-14所示，单击【确定】按钮。

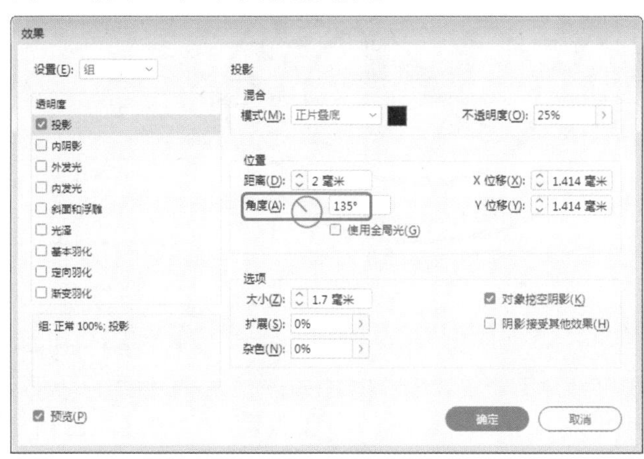

图6-14

Step 03 在工具箱中单击【椭圆工具】按钮，绘制一个圆形，将【填色】设置为白色，将【描边】的RGB值设置为181、0、5，将【描边】面板中的【粗细】设置为1点，将【变换】面板中的W、H分别设置为25毫米、18毫米，如图6-15所示。

Step 04 继续使用【椭圆工具】绘制圆形，其参数设置如图6-16所示。

Step 05 使用【钢笔工具】绘制如图6-17所示的图形，选中绘制的图形，按Ctrl+G快捷组合键将对象成组，将【填色】的RGB值设置为181、0、5，将【描边】设置为无。

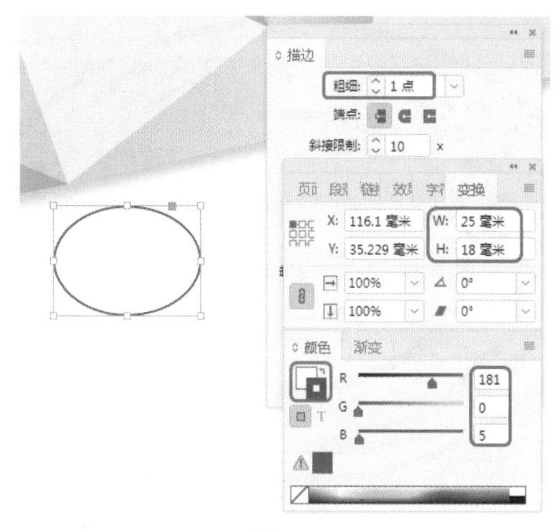

图6-15

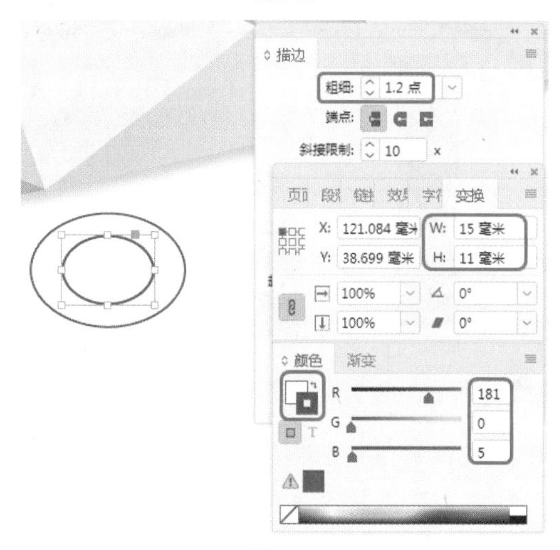

图6-16

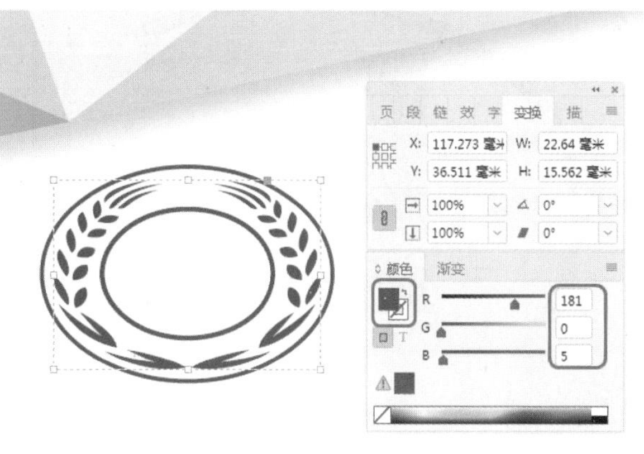

图6-17

Step 06 在工具箱中单击【矩形工具】，绘制两个W、H分别为1.9毫米、0.3毫米的矩形，将【填色】的RGB值设置为181、0、5，将【描边】设置为无，如图6-18所示。

Step 07 使用【矩形工具】绘制W、H分别为1.55毫米、6毫米的矩形，将【填色】的RGB值设置为181、0、5，将【描边】设置为无，如图6-19所示。

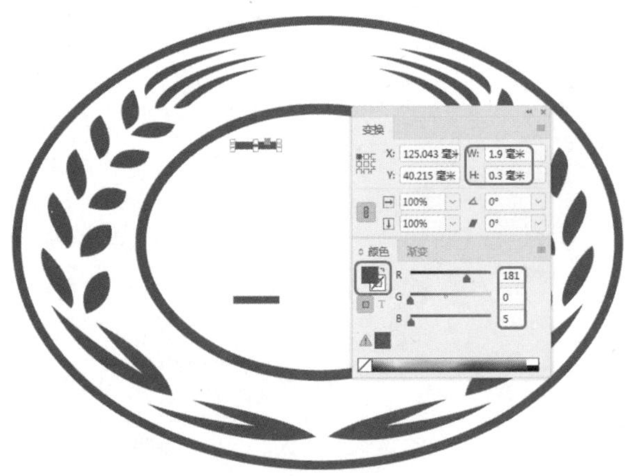

图6-18

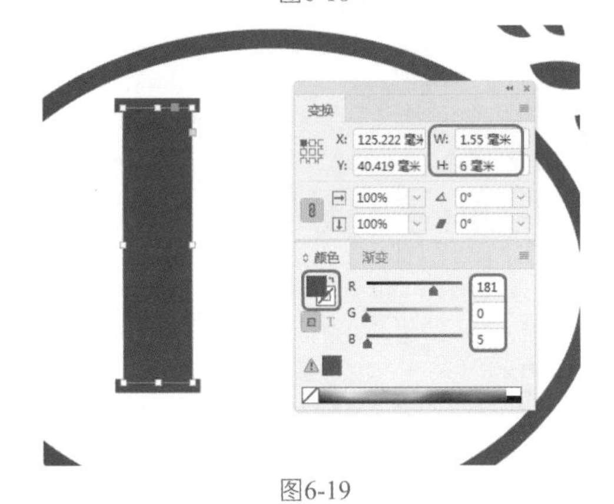

图6-19

Step 08 选择绘制的三个矩形对象，打开【路径查找器】面板，单击【相加】按钮，合并图像后的效果如图6-20所示。

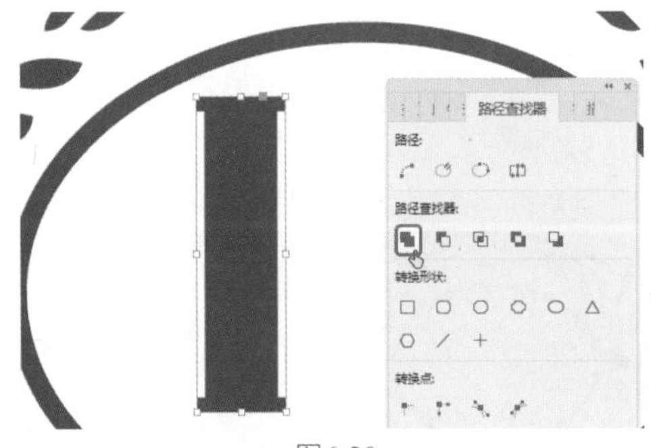

图6-20

Step 09 使用【钢笔工具】绘制图形，将【填色】的RGB值设置为181、0、5，将【描边】设置为无，如图6-21所示。

Step 10 将合并后的对象进行复制，适当调整对象的位置，效果如图6-22所示。

Step 11 在工具箱中单击【文字工具】T，绘制一个文本框，输入文字。选中输入的文字，在【字符】面板中将【字体】设置为【方正综艺简体】，将【字体大小】设置为3.8点，将【字符间距】设置为0，将【填色】的RGB值设置为177、30、35，参数效果如图6-23所示。

图6-21

图6-22

图6-23

Step 12 在工具箱中单击【文字工具】T，绘制一个文本框，输入文字。选中输入的文字，在【字符】面板中将【字体】设置为【汉仪综艺体简】，将【字体大小】设置为23点，将【字符间距】设置为0，将【填色】的RGB值设置为177、30、35，如图6-24所示。

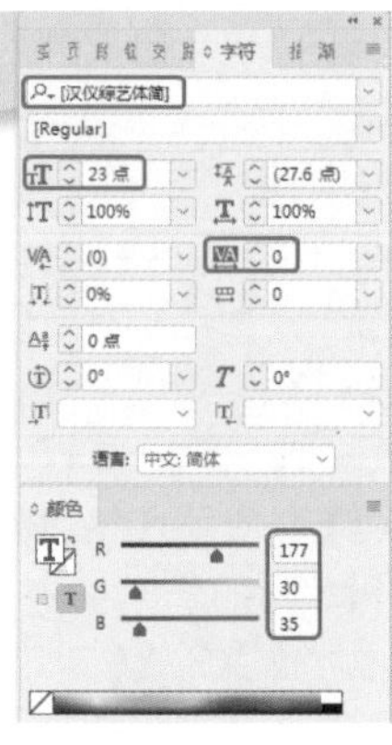

图6-24

Step 13 继续使用【文字工具】输入文本，选中文本，在【字符】面板中参照如图6-25所示的参数进行设置。

图6-25

Step 14 在工具箱中单击【直线工具】按钮，绘制长度为78毫米的水平线段，将【描边】的RGB值设置为91、90、87，将【描边】面板中的【粗细】设置为3点，如图6-26所示。

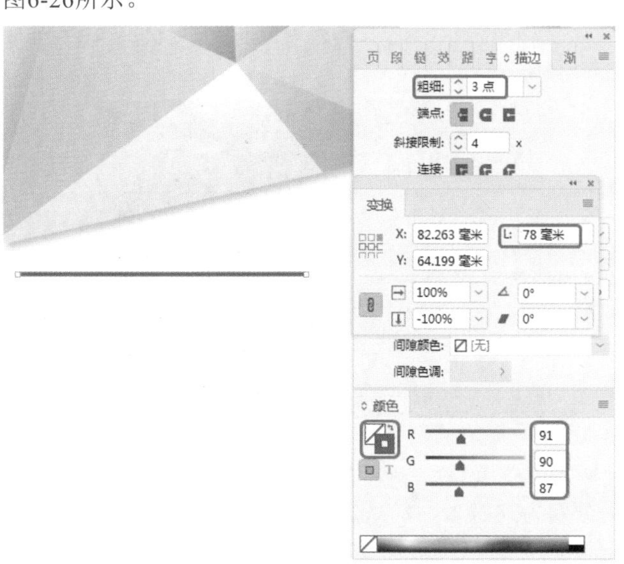

图6-26

Step 15 在工具箱中单击【椭圆工具】按钮，绘制一个圆形，将【填色】设置为无，将【描边】的RGB值设置为91、90、87，将【描边】面板中的【粗细】设置为3点，将【变换】面板中的W、H设置为5.5毫米，如图6-27所示。

Step 16 选择绘制的直线段和圆形，右击鼠标，在弹出的快捷菜单中选择【变换】|【旋转】命令，弹出【旋转】对话框，将【角度】设置为180°，单击【复制】按钮，将对象的【描边】的RGB值设置为194、199、171，适当调整对象的位置，如图6-28所示。

Step 17 按Ctrl+D快捷组合键，在弹出的对话框中选择“素材\Cha06\酒店素材02.jpg”素材文件，单击【打开】按钮，置入素材并调整位置，如图6-29所示。

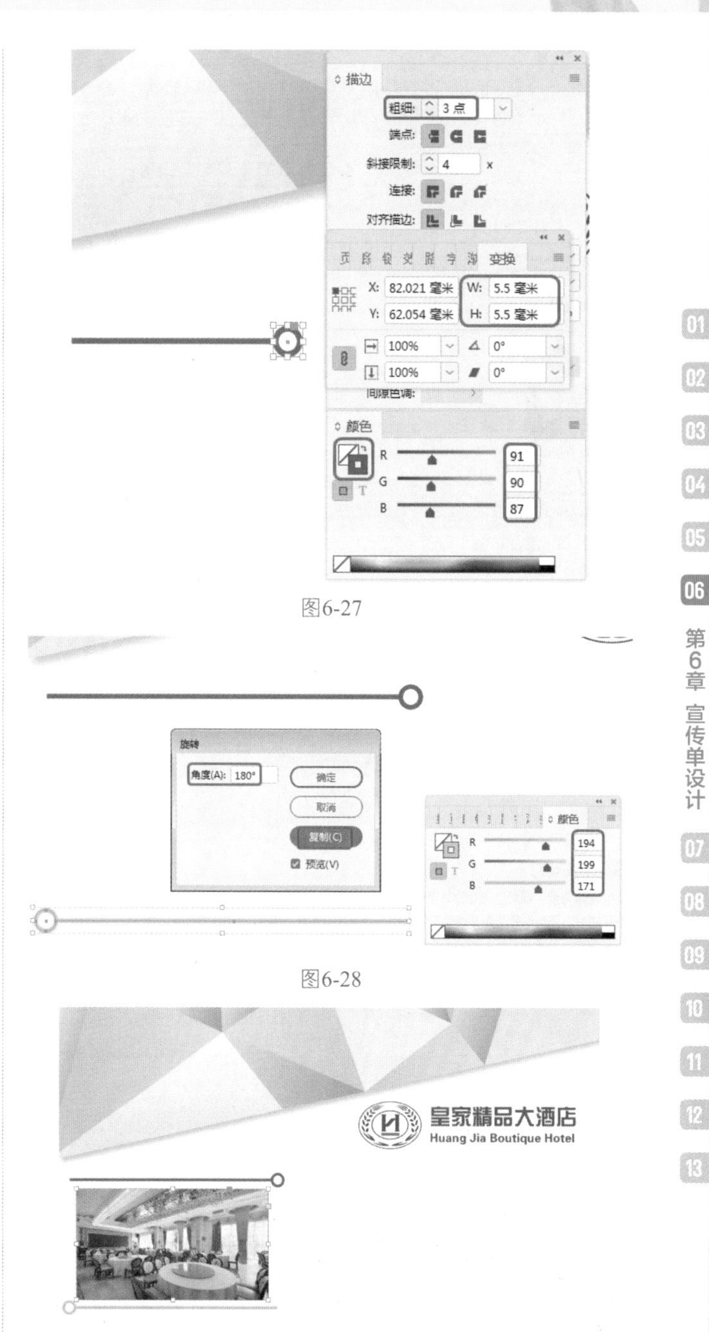

图6-27

图6-28

图6-29

Step 18 在工具箱中单击【文字工具】T，绘制一个文本框，输入文字。选中输入的文字，在【字符】面板中将【字体】设置为【黑体】，将【字体大小】设置为18 点，将【字符间距】设置为0，在【颜色】面板中将【填色】设置为黑色，如图6-30所示。

Step 19 在工具箱中单击【文字工具】T，绘制一个文本框，输入文字。选中输入的文字，在【字符】面板中将【字体】设置为【华文细黑】，将【字体大小】设置为12 点，将【行距】设置为21点，将【字符间距】设置为0，在【颜色】面板中将【填色】设置为黑色，如图6-31所示。

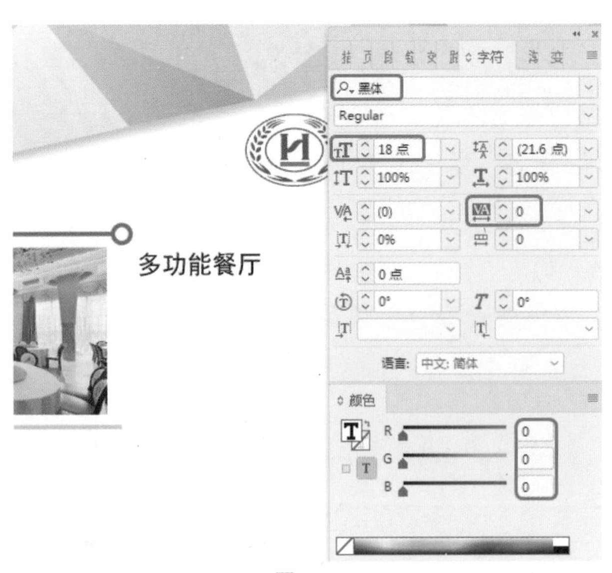

图6-30

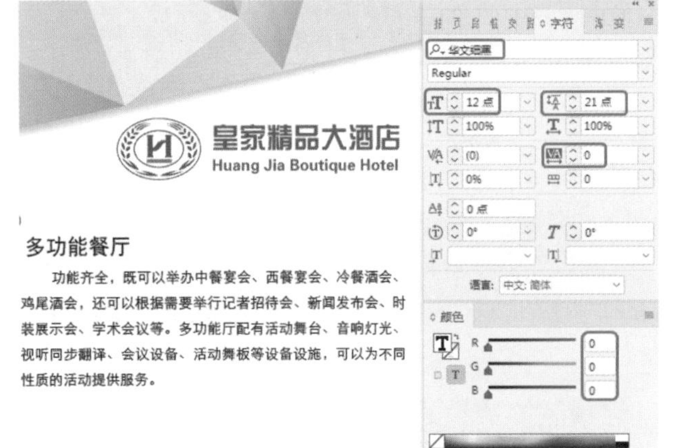

图6-31

Step 20 使用同样的方法制作其他内容，置入相应的素材文件，并进行调整，效果如图6-32所示。

图6-32

实例053 制作美食宣传单正面

素材：素材\Cha06\美食宣传单.indd、美食素材01.jpg、美食素材02.png~美食素材04.png
场景：场景\Cha06\实例053 制作美食宣传单正面.indd

美食宣传单设计要从食品的特点出发，来体现视觉、味觉等特点，诱发消费者的食欲，进而产生购买欲望，效果如图6-33所示。

图6-33

Step 01 按Ctrl+O快捷组合键，打开“素材\Cha06\美食宣传单.indd”素材文件，在【页面】面板中选择第1个页面，按Ctrl+D快捷组合键，在弹出的对话框中选择“素材\Cha06\美食素材01.jpg”素材文件，单击【打开】按钮，将素材置入文档窗口中，适当调整对象的大小及位置，效果如图6-34所示。

图6-34

Step 02 在工具箱中单击【矩形工具】，绘制一个W、H分别为38毫米、70毫米的矩形，在【颜色】面板中将【填色】的RGB值设置为201、31、29，将【描边】设置为无，效果如图6-35所示。

图6-35

Step 03 按Ctrl+D快捷组合键，在弹出的对话框中选择“素材\Cha06\美食素材02.png”素材文件，单击【打开】按钮，将素材置入文档窗口中，适当调整对象的大小及位置，如图6-36所示。

图6-36

Step 04 在工具箱中单击【直排文字工具】按钮 ，绘制文本框并输入文本，将【字体】设置为【方正大标宋繁体】，将【字体大小】设置为22点，将【字符间距】设置为0，将【填色】设置为白色，如图6-37所示。

图6-37

Step 05 在工具箱中单击【直排文字工具】按钮 ，绘制文本框并输入文本，将【字体】设置为【创艺简老宋】，将【字体大小】设置为14.5点，将【字符间距】设置为200，将【填色】设置为白色，如图6-38所示。

图6-38

Step 06 继续使用【直排文字工具】输入文本，在【字符】面板中设置文本参数，参数效果如图6-39所示，将【颜色】设置为白色。

图6-39

Step 07 按Ctrl+D快捷组合键，置入“素材\Cha06\美食素材03.png”素材文件，适当调整对象的大小及位置，如图6-40所示。

图6-40

Step 08 在工具箱中单击【椭圆工具】按钮 ，绘制W、H为38毫米的圆形，将【填色】的RGB值设置为201、31、29，将【描边】设置为白色，将【描边】面板中的【粗细】设置为3点，如图6-41所示。

图6-41

Step 09 对绘制的圆形进行复制并调整对象的位置，如图6-42所示。

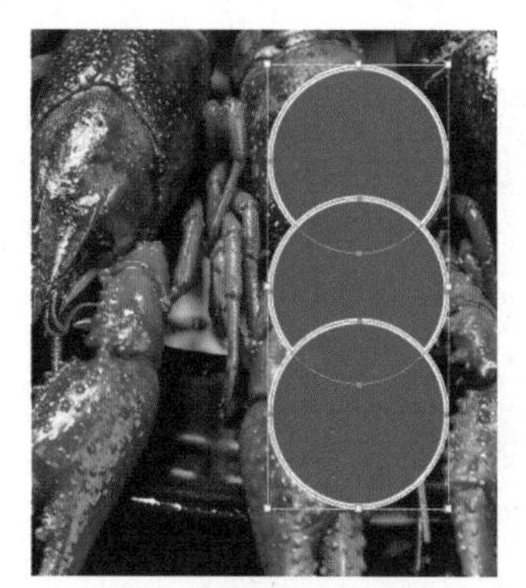

图6-42

Step 10 选中三个圆形对象，在【路径查找器】面板中单击【相加】按钮，相加后的效果如图6-43所示。

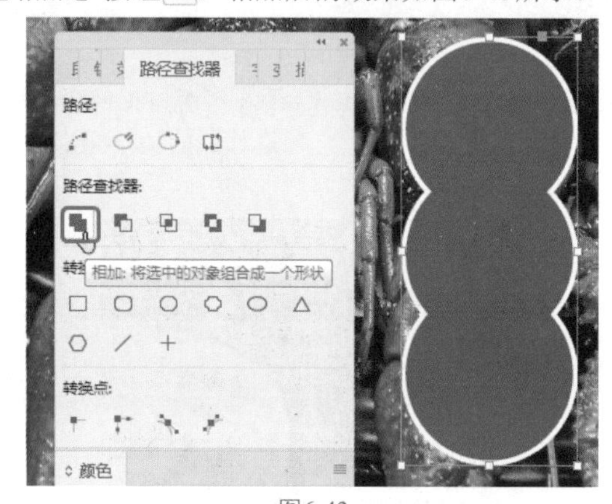

图6-43

Step 11 选中相加后的图形，按Ctrl+D快捷组合键，在弹出的对话框中选择“素材\Cha06\美食素材04.png”素材文件，单击【打开】按钮，将素材置入文档窗口中，如图6-44所示。

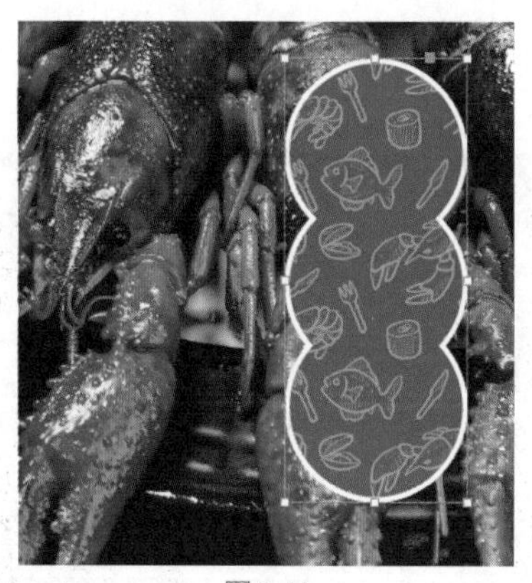

图6-44

Step 12 在工具箱中单击【直排文字工具】按钮，绘制文本框并输入文本，将【字体】设置为【方正行楷简体】，将【字体大小】设置为70点，将【字符间距】设置为0，将【填色】设置为白色，如图6-45所示。

图6-45

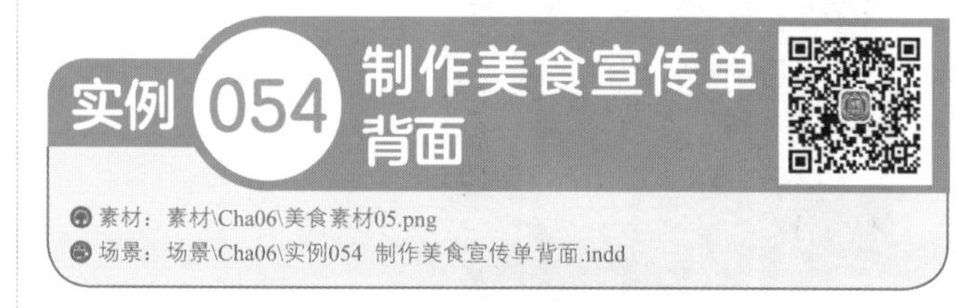

实例054 制作美食宣传单背面

素材：素材\Cha06\美食素材05.png

场景：场景\Cha06\实例054 制作美食宣传单背面.indd

本例将讲解如何制作美食宣传单背面，首先通过【矩形工具】绘制背景部分，使用【椭圆工具】和【文字工具】制作其他内容，然后置入美食图片并调整位置，效果如图6-46所示。

Step 01 继续上一个案例的操作，在页面2中，使用【矩形工具】，绘制一个W、H分别为150毫米、212毫米的矩形，将【填色】设置为黑色，将【描边】设置为无，如图6-47所示。

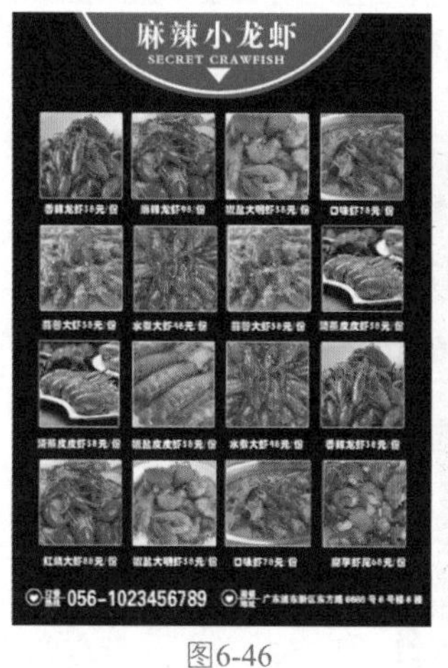

图6-46

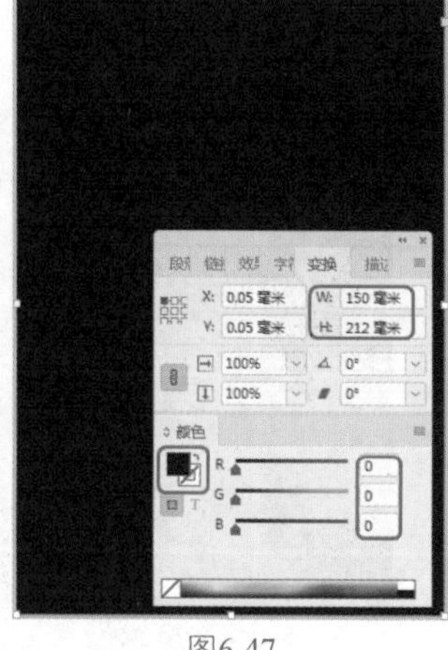

图6-47

Step 02 在工具箱中单击【椭圆工具】按钮，绘制W、H分别为114.75毫米、110毫米的圆形，将【填色】的

RGB值设置为201、31、29，将【描边】设置为无，如图6-48所示。

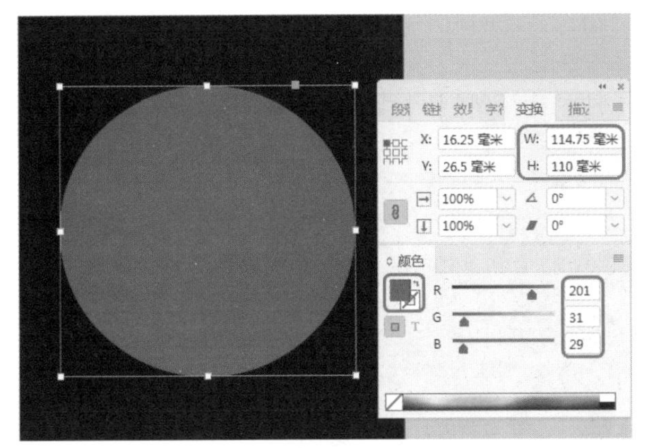

图6-48

Step 03 在工具箱中单击【椭圆工具】按钮，绘制W、H均为111毫米的圆形，将【填色】设置为无，将【描边】设置为白色，如图6-49所示。

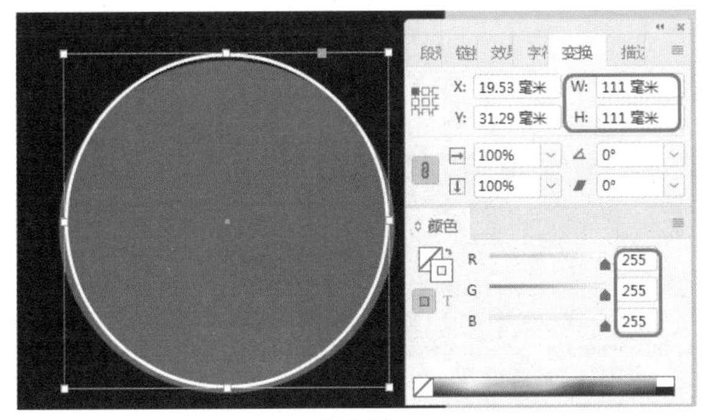

图6-49

Step 04 选中绘制的两个圆形，调整对象的位置，效果如图6-50所示。

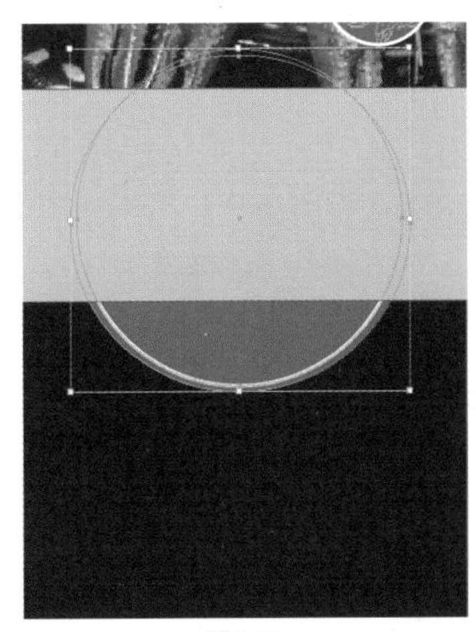

图6-50

Step 05 在工具箱中单击【文字工具】T，绘制一个文本框，输入文字。选中输入的文字，在【字符】面板中将【字体】设置为【方正大标宋简体】，将【字体大小】设置为30 点，将【字符间距】设置为100，在【颜色】面板中将【填色】的RGB值设置为255、255、255，如图6-51所示。

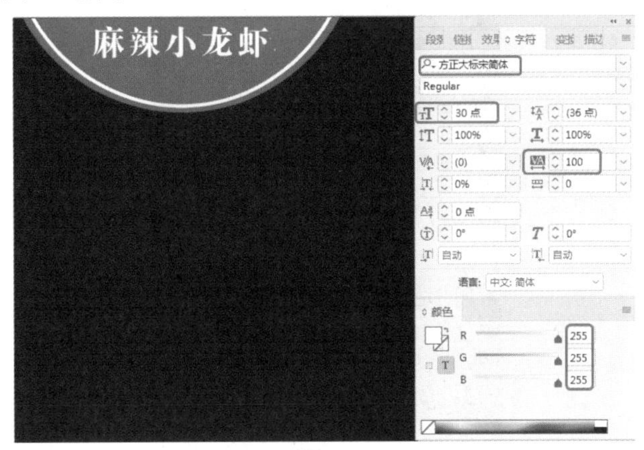

图6-51

Step 06 继续使用【文字工具】输入文本，对文本进行如图6-52所示的参数设置。

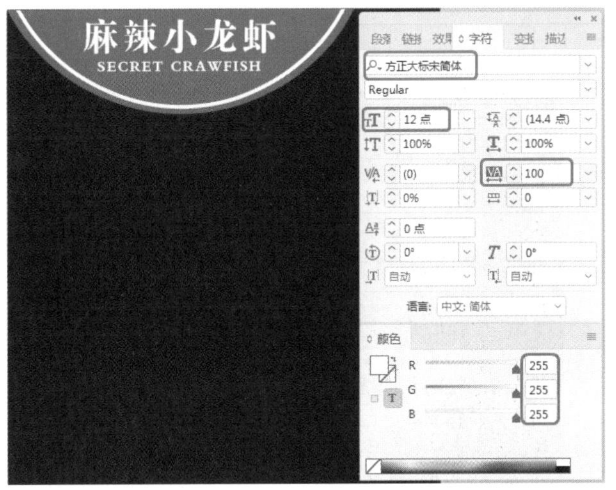

图6-52

Step 07 使用【钢笔工具】绘制如图6-53所示的白色三角形，将【描边】设置为无。

图6-53

Step 08 按Ctrl+D快捷组合键，在弹出的对话框中选择“素材\Cha06\美食素材05.png”素材文件，单击【打开】按钮，将素材置入文档窗口中，适当调整对象的大小及位置，效果如图6-54所示。

图6-54

Step 09 在工具箱中单击【椭圆工具】按钮，绘制W、H均为5.7毫米的圆形，将【填色】设置为无，将【描边】设置为白色，将【描边】面板中的【粗细】设置为1点，如图6-55所示。

图6-55

Step 10 使用【钢笔工具】绘制白色心形对象，将【描边】设置为无，效果如图6-56所示。

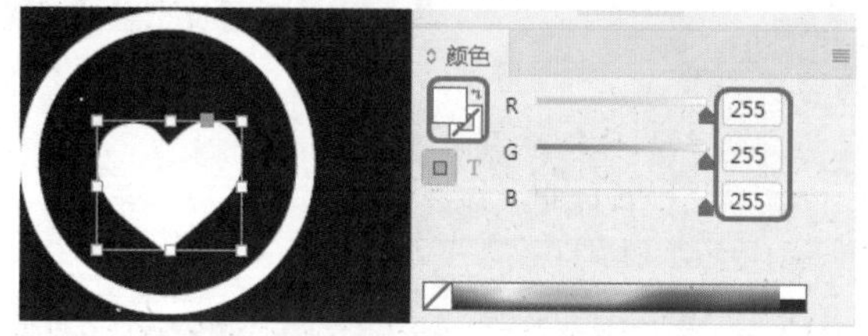

图6-56

Step 11 在工具箱中单击【直线工具】按钮，绘制直线段，将【描边】设置为白色，在【描边】面板中将【粗细】设置为1点，如图6-57所示。

Step 12 在工具箱中单击【文字工具】，绘制一个文本框，输入文字。选中输入的文字，在【字符】面板中将【字体】设置为【方正大黑简体】，将【字体大小】设置为8 点，将【行距】设置为9.8点，将【字符间距】设置为0，在【颜色】面板中将【填色】设置为白色，如图6-58所示。

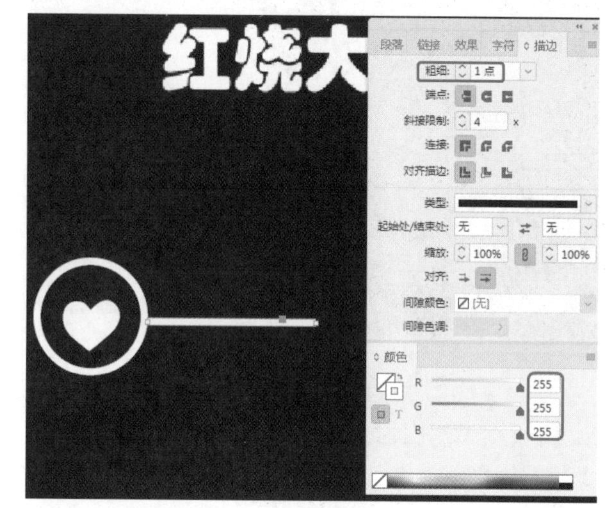

图6-57

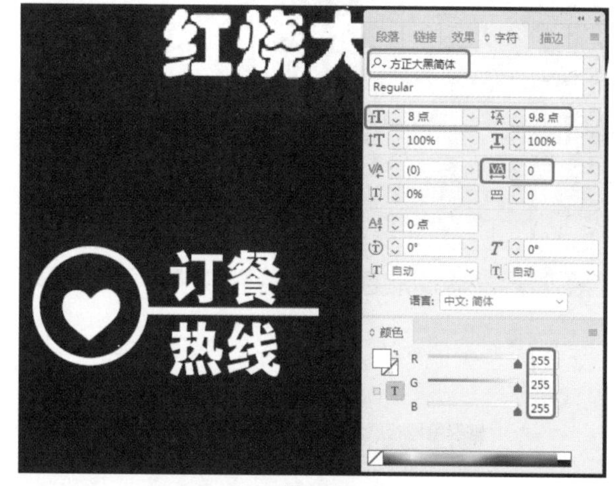

图6-58

Step 13 继续使用【文字工具】输入文本内容，参照如图6-59所示的参数进行设置。

图6-59

Step 14 使用同样的方法制作如图6-60所示的内容。

图6-60

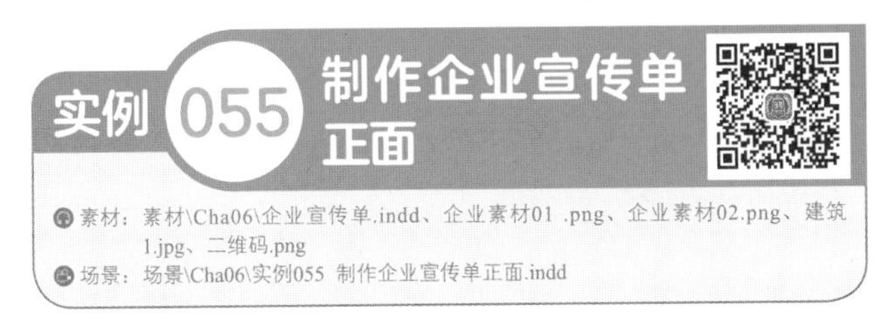

素材：素材\Cha06\企业宣传单.indd、企业素材01 .png、企业素材02.png、建筑1.jpg、二维码.png

场景：场景\Cha06\实例055 制作企业宣传单正面.indd

本实例讲解如何制作企业宣传单正面，企业宣传单设计要求简洁明了，融入高科技的信息，来体现企业的行业特点，最终完成效果如图6-61所示。

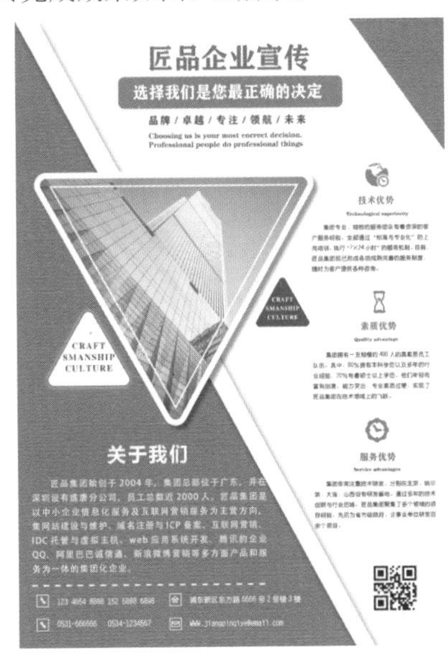

图6-61

Step 01 按Ctrl+O快捷组合键，打开“素材\Cha06\企业宣传单.indd”素材文件，在【页面】面板中选择第1个页面，按Ctrl+D快捷组合键，在弹出的对话框中选择“素材\Cha06\企业素材01.png、企业素材02.png”素材文件，单击【打开】按钮，将素材置入文档窗口中，适当调整对象的大小及位置，效果如图6-62所示。

Step 02 在工具箱中单击【钢笔工具】按钮，绘制图形，为了便于观察，先将图形的颜色设置为黑色，效果如图6-63所示。

图6-62　　图6-63

Step 03 选中绘制的图形对象，在【效果】面板中单击【向选定的目标添加对象效果】按钮 fx，在弹出的下拉列表中选择【投影】命令，在弹出的对话框中将混合【模式】设置为正片叠底，将【颜色】设置为黑色，将【不透明度】设置为75%，将【距离】设置为3.5毫米，将【角度】设置为120°，将【大小】设置为3毫米，将【扩展】、【杂色】均设置为0%，如图6-64所示。

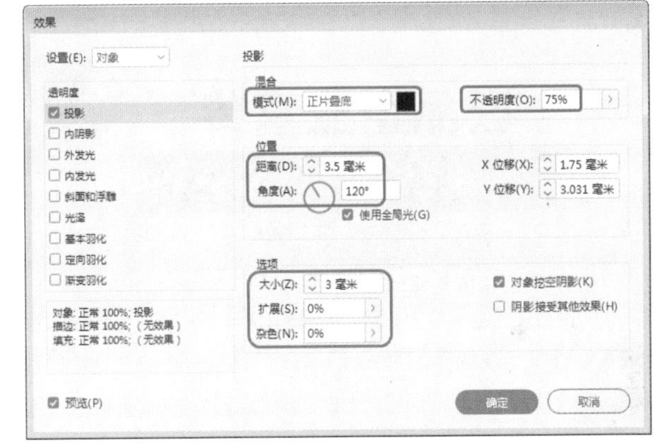

图6-64

Step 04 单击【确定】按钮，将对象的【填色】设置为白色，将【描边】设置为无，如图6-65所示。

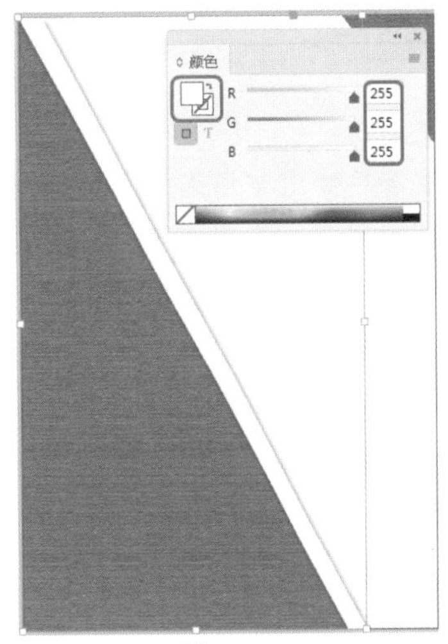

图6-65

Step 05 在工具箱中单击【文字工具】按钮T，输入文本，将【字体】设置为【方正粗黑宋简体】，将【字体大小】设置为38点，将【字符间距】设置为0，将【颜色】面板中【填色】的RGB值设置为83、83、84，如图6-66所示。

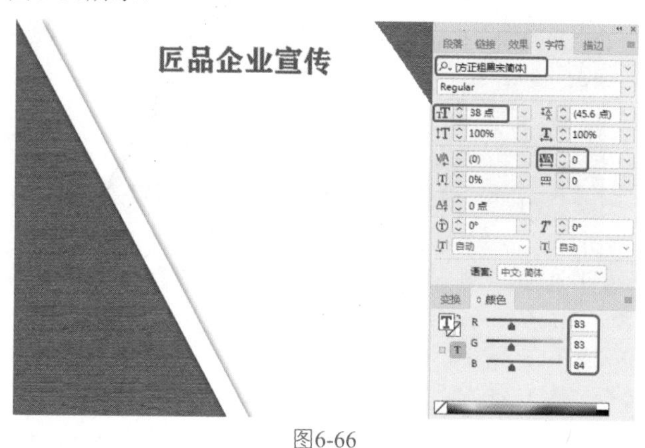

图6-66

Step 06 使用【矩形工具】绘制一个矩形，将【填色】的RGB值设置为35、102、176，将【描边】设置为无，将W、H分别设置为110毫米、15毫米，如图6-67所示。

图6-67

Step 07 选中绘制的矩形对象，在菜单栏中选择【对象】|【角选项】命令，弹出【角选项】对话框，将【转角形状】设置为圆角，将【转角大小】设置为3毫米，如图6-68所示。

Step 08 单击【确定】按钮，在工具箱中单击【文字工具】按钮T，输入文本，将【字体】设置为【方正粗黑宋简体】，将【字体大小】设置为22点，将【字符间距】设置为0，将【颜色】面板中的【填色】设置为白色，如图6-69所示。

Step 09 在工具箱中单击【文字工具】按钮T，输入文本，将【字体】设置为【方正粗黑宋简体】，将【字体大小】设置为14点，将【字符间距】设置为200，将【颜色】面板中【填色】的RGB值设置为14、46、64，如图6-70所示。

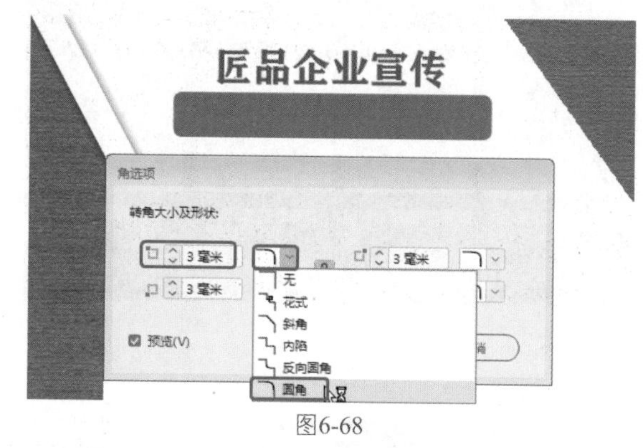

图6-68

图6-69

图6-70

Step 10 在工具箱中单击【文字工具】按钮T，输入文本，将【字体】设置为【方正粗黑宋简体】，将【字体大小】设置为10.5点，将【行距】设置为12点，将【字符间距】设置为0，将【颜色】面板中【填色】的RGB值设置为14、46、64，如图6-71所示。

Step 11 使用【钢笔工具】绘制如图6-72所示的三角形，将【填色】设置为黑色，将【描边】设置为白色，将【描边】的【粗细】设置为8点。

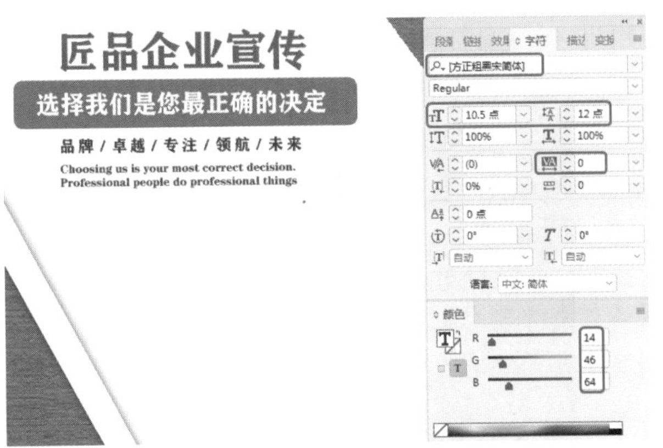

图6-71

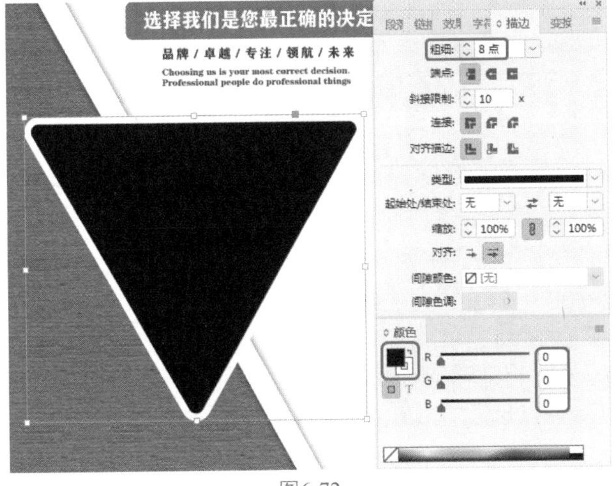

图6-72

Step 12 在【效果】面板中单击【向选定的目标添加对象效果】按钮 fx，在弹出的下拉列表中选择【投影】命令，在弹出的对话框中将混合【模式】设置为正片叠底，将【颜色】设置为黑色，将【不透明度】设置为50%，将【距离】设置为3毫米，将【角度】设置为135°，将【大小】、【扩展】、【杂色】分别设置为1.5、0%、0%，如图6-73所示，单击【确定】按钮。

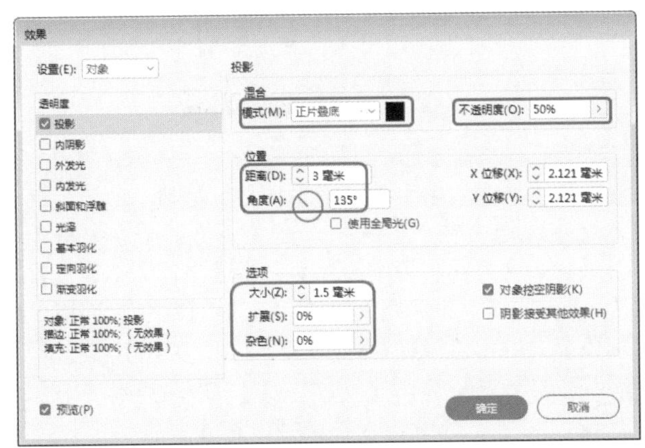

图6-73

Step 13 选中三角对象，按Ctrl+D快捷组合键，在弹出的对话框中选择“素材\Cha06\建筑1.jpg”素材文件，单击【打开】按钮，适当调整对象的大小及位置，如图6-74所示。

图6-74

Step 14 通过【钢笔工具】绘制其他三角形，并设置其填充与描边，效果如图6-75所示。

图6-75

Step 15 选择左侧的白色三角形，在【效果】面板中单击【向选定的目标添加对象效果】按钮 fx，在弹出的下拉列表中选择【外发光】命令，在弹出的对话框中将【混合】组中的【模式】设置为滤色，将【颜色】设置为白色，将【不透明度】设置为75%，将【选项】组中的【方法】设置为【柔和】，【大小】设置为3毫米，将【杂色】、【扩展】均设置为0%，如图6-76所示，单击【确定】按钮。

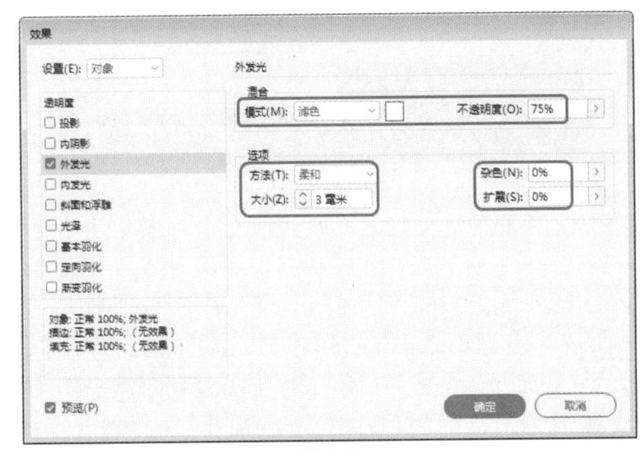

图6-76

Step 16 使用【文字工具】在文档窗口中绘制一个文本框，输入文本，将【字体】设置为【方正小标宋繁体】，将【字体大小】设置为7.76点，将【行距】设置为12点，将【字符间距】设置为100，将文本颜色设置为白色，如图6-77所示。

图6-77

Step 17 继续使用【文字工具】在左侧白色三角形上方绘制一个文本框，输入文本，将【字体】设置为【方正小标宋繁体】，将【字体大小】设置为12点，将【行距】设置为15点，将【字符间距】设置为100，将【填色】的RGB值设置为14、46、64，如图6-78所示。

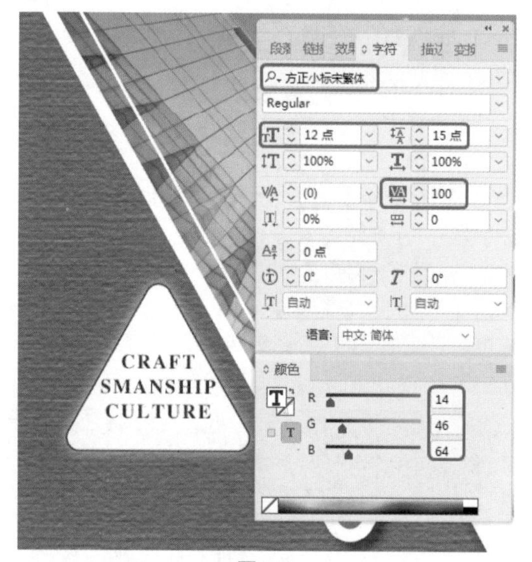

图6-78

Step 18 使用【文字工具】输入其他文本对象，使用【矩形工具】和【钢笔工具】绘制其他图标对象，并设置文本和图形的填色和描边，如图6-79所示。

Step 19 在工具箱中单击【直线工具】按钮 ，绘制直线段，将【描边】设置为白色，将【描边】面板中的【粗细】设置为2点，设置【类型】为虚线（4和4），效果如图6-80所示。

Step 20 使用【钢笔工具】绘制如图6-81所示的图形，将【填色】的RGB值设置为36、102、176，将【描边】设置为无。

图6-79

图6-80

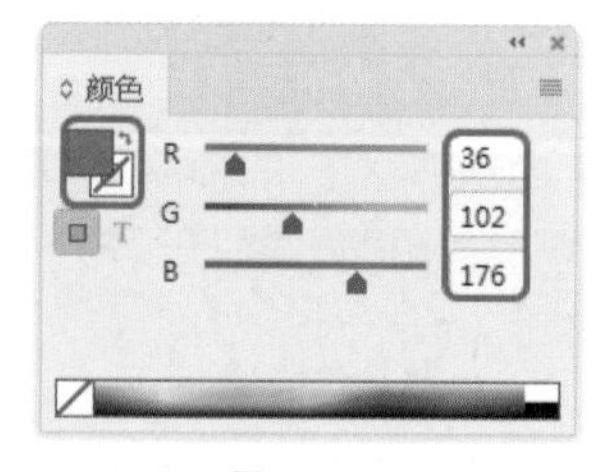

图6-81

Step 21 在工具箱中单击【文字工具】，绘制一个文本框，输入文字。选中输入的文字，在【字符】面板中将【字体】设置为【方正粗黑宋简体】，将【字体大小】设置为12.58 点，将【字符间距】设置为0，在【颜色】面板中将【填色】的RGB值设置为35、102、176，如图6-82所示。

Step 22 在工具箱中单击【文字工具】 ，绘制一个文本框，输入文字。选中输入的文字，在【字符】面板中将【字体】设置为【方正粗黑宋简体】，将【字体大小】设置为7 点，将【字符间距】设置为0，在【颜色】面板中将【填色】的RGB值设置为0、0、0，如图6-83所示。

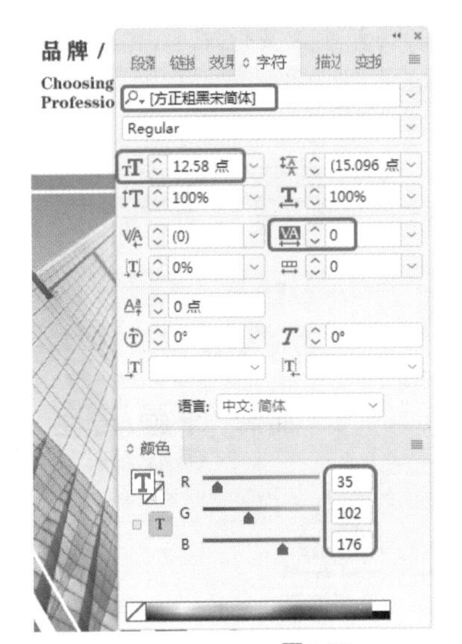

图6-82

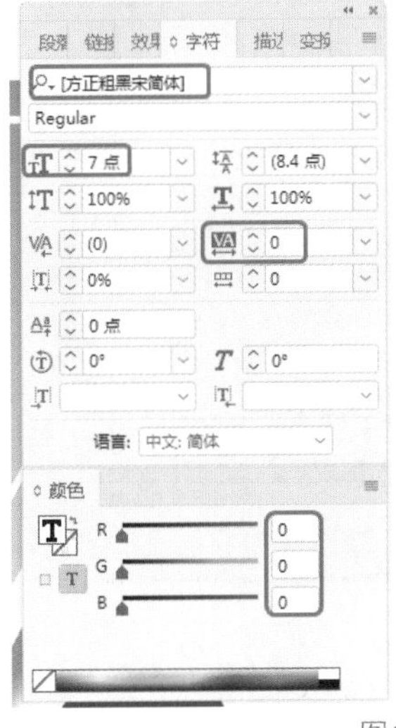

图6-83

Step 23 使用【文字工具】输入文本，将【字体】设置为【长城粗圆体】，将【字体大小】设置为8点，将【行距】设置为14点，将【字符间距】设置为0，将【填色】的RGB值设置为0、0、0，如图6-84所示。

图6-84

Step 24 使用同样的方法制作其他内容，按Ctrl+D快捷组合键，在弹出的对话框中选择“素材\Cha06\二维码.png”素材文件，单击【打开】按钮，将素材置入文档窗口中，适当调整对象的大小及位置，如图6-85所示。

图6-85

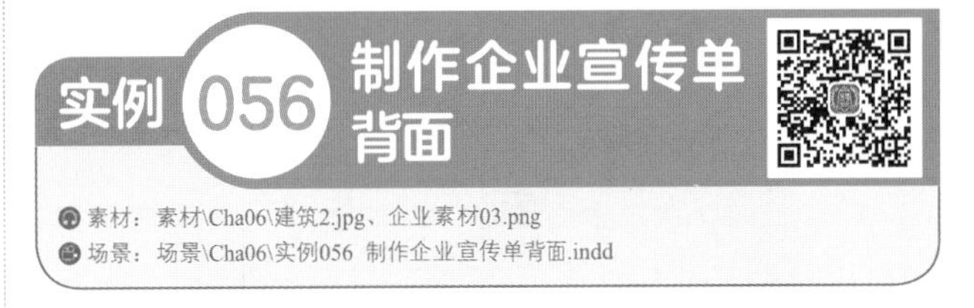

本实例讲解如何制作企业宣传单背面，通过【钢笔工具】和【文字工具】完善企业宣传单背面内容，并置入相应的素材文件，最终完成效果如图6-86所示。

图6-86

Step 01 继续上一个案例的操作，参照企业宣传单正面的方法，在页面2中制作如图6-87所示的内容，在三角形内部置入“素材\Cha06\建筑2.jpg”素材文件。

图6-87

Step 02 选中制作的对象，按Ctrl+G快捷组合键编组，适当调整对象的位置，使用【矩形工具】和【钢笔工具】绘制如图6-88所示的图形对象，将【填色】的RGB值设置为33、96、171，将【描边】设置为无，将矩形的W、H分别设置为88毫米、12毫米。

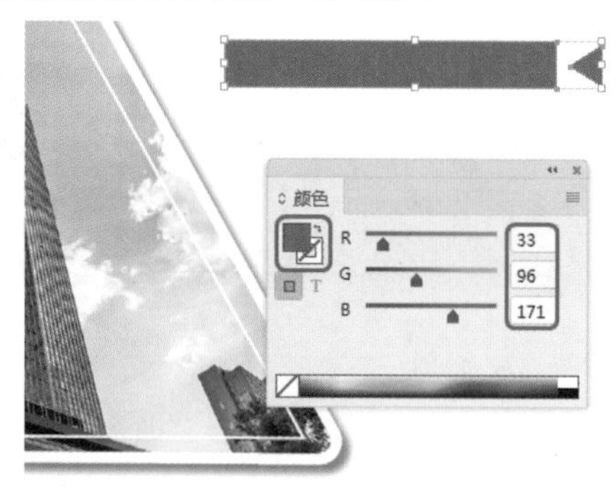

图6-88

Step 03 在工具箱中单击【文字工具】按钮T，输入文本，将【字体】设置为【方正粗黑宋简体】，将【字体系列】设置为Bold，【字体大小】设置为20点，【字符间距】设置为0，将【填色】设置为白色，如图6-89所示。

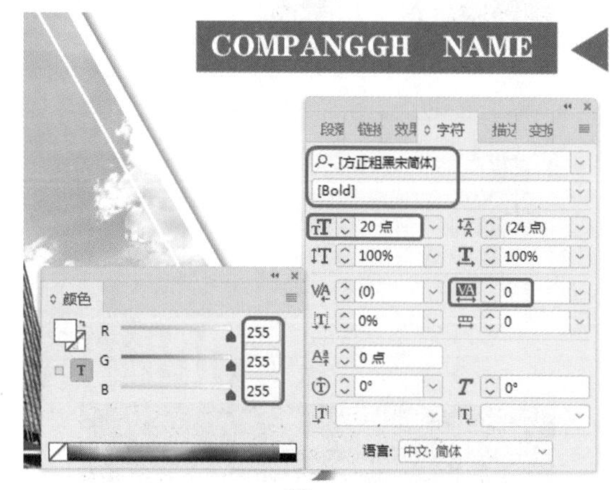

图6-89

Step 04 使用【文字工具】输入其他文本内容，并设置相应的文本颜色，选择如图6-90所示的文本，在【段落】面板中单击【双齐末行齐右】按钮。

图6-90

Step 05 使用【矩形工具】绘制一个矩形，将【填色】的RGB值设置为51、105、153，将【描边】设置为无，将W、H均设置为17.5毫米，如图6-91所示。

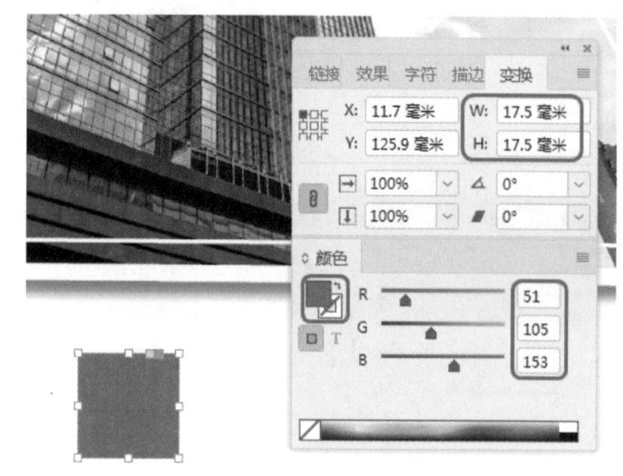

图6-91

Step 06 使用【钢笔工具】绘制如图6-92所示的白色图形，将【描边】设置为无。

图6-92

Step 07 在工具箱中单击【文字工具】按钮T，输入文本，将【字体】设置为【方正兰亭中黑_GBK】，将【字体大小】设置为7点，将【行距】设置为11点，将【字符间距】设置为0，将【颜色】面板中【填色】的

RGB值设置为50、104、154，如图6-93所示。

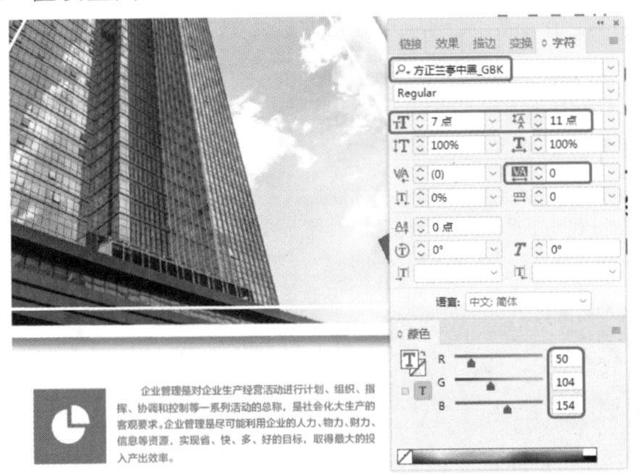

图6-93

Step 08 使用同样的方法制作其他的内容，效果如图6-94所示。

图6-94

Step 09 使用【文字工具】输入文本，在【字符】面板中将【字体】设置为【微软雅黑】，将【字体系列】设置为Bold，将【字体大小】设置为31点，将【字符间距】设置为0，将【填色】设置为35、102、176，如图6-95所示。

图6-95

Step 10 在工具箱中单击【文字工具】按钮T，输入文本，将【字体】设置为【长城粗圆体】，将【字体大小】设置为7点，将【行距】设置为14.6点，将【字符间距】设置为0，将【颜色】面板中【填色】的RGB值设置为124、124、124，如图6-96所示。

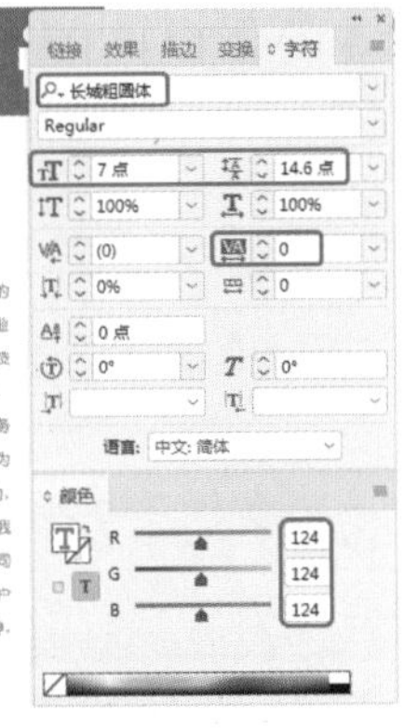

图6-96

Step 11 按Ctrl+D快捷组合键，在弹出的对话框中选择“素材\Cha06\企业素材03.png”素材文件，单击【打开】按钮，将素材置入文档窗口中，适当调整对象的大小及位置，如图6-97所示。

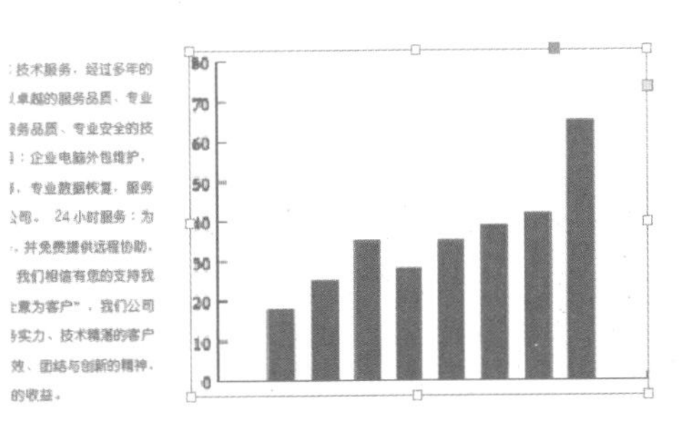

图6-97

Step 12 使用【矩形工具】绘制一个矩形，将【填色】的RGB值设置为15、46、64，将【描边】设置为无，将【变换】面板中的W、H分别设置为210毫米、33毫米，如图6-98所示。

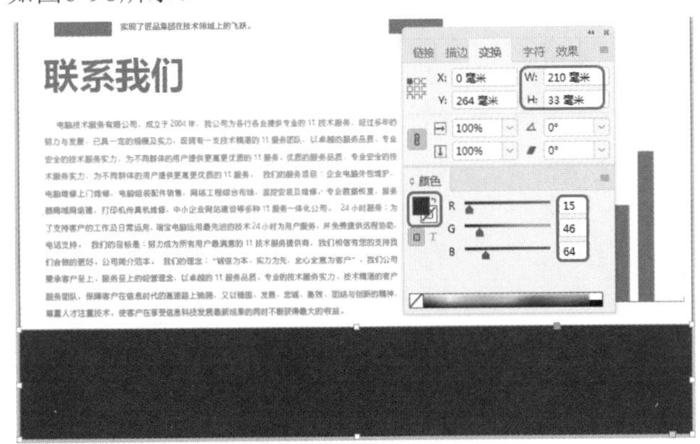

图6-98

Step 13 在工具箱中单击【文字工具】按钮T，输入文本，将【字体】设置为【黑体】，【字体大小】设置为12点，【行距】设置为14点，【字符间距】设置为20，【填色】设置为白色，如图6-99所示。

Step 14 按Ctrl+D快捷组合键，在弹出的对话框中选择

“素材\Cha06\二维码.png”素材文件，单击【打开】按钮，置入素材并调整位置，如图6-100所示。

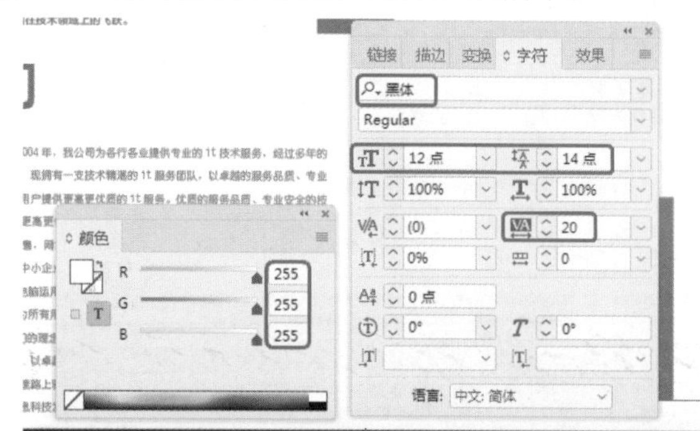

图6-99

图6-100

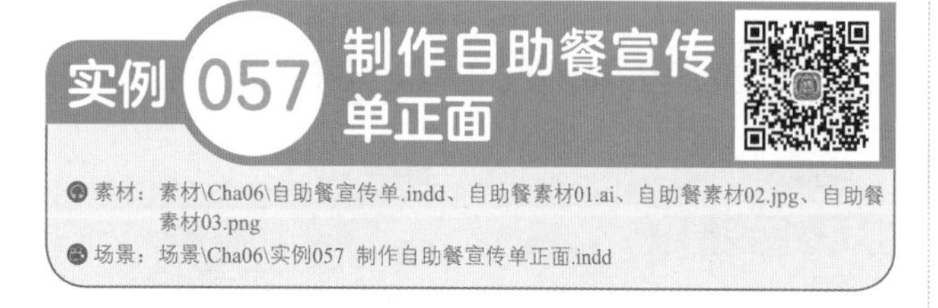

实例057 制作自助餐宣传单正面

素材：素材\Cha06\自助餐宣传单.indd、自助餐素材01.ai、自助餐素材02.jpg、自助餐素材03.png

场景：场景\Cha06\实例057 制作自助餐宣传单正面.indd

本实例将讲解如何制作自助餐宣传单正面，首先置入AI素材文件，通过【钢笔工具】和【直线段工具】制作出宣传单边框，置入素材文件并进行调整，并为素材添加白色描边，然后通过【多边形工具】和【钢笔工具】制作出自助打折的图标，通过设置渐变颜色制作图标的质感，为红色星形添加投影效果，使其更有立体感，最后通过【文字工具】完善文案，效果如图6-101所示。

图6-101

Step 01 按Ctrl+O快捷组合键，打开“素材\Cha06\自助餐宣传单.indd”素材文件，在【页面】面板中选择第1个页面，按Ctrl+D快捷组合键，在弹出的对话框中选择“素材\Cha06\自助餐素材01.ai”素材文件，单击【打开】按钮，将素材置入文档窗口中，适当调整对象的大小及位置，效果如图6-102所示。

Step 02 使用【钢笔工具】和【直线工具】绘制如图6-103所示的图形和线段。

图6-102

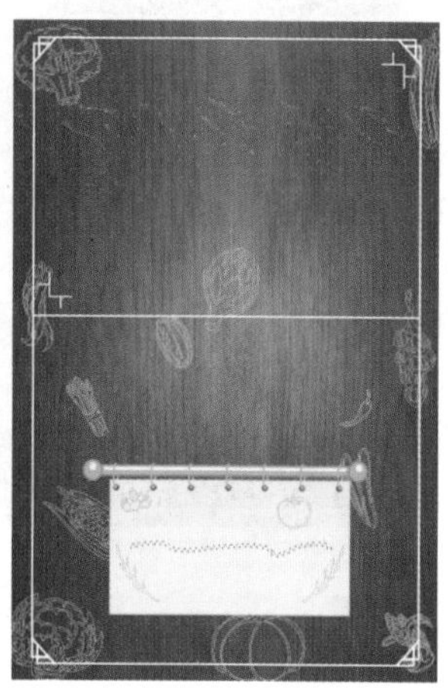

图6-103

Step 03 选中绘制的对象，在【效果】面板中单击【向选定的目标添加对象效果】按钮fx，在弹出的下拉列表中选择【投影】命令，在弹出的对话框中将混合【模式】设置为【正片叠底】，将【颜色】设置为黑色，将【不透明度】设置为75%，将【距离】设置为2毫米，将【角度】设置为101°，将【大小】设置为2毫米，将【扩展】、【杂色】均设置为0%，如图6-104所示。

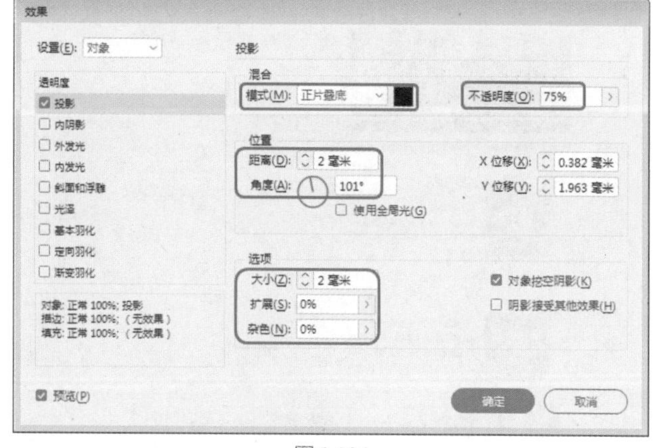

图6-104

Step 04 单击【确定】按钮，按Ctrl+D快捷组合键，在弹出的对话框中选择“素材\Cha06\自助餐素材02.jpg”素材文件，单击【打开】按钮，将素材置入文档窗口中，适当调整对象的大小及位置，打开【描边】面板，将【粗细】设置为3点，将【填色】设置为白色，如图6-105所示。

图6-105

Step 05 在工具箱中单击【多边形工具】按钮，在空白位置处单击鼠标，在弹出的【多边形】对话框中将【多边形宽度】、【多边形高度】均设置为45毫米，将【边数】设置为12，将【星形内陷】设置为20%，如图6-106所示。

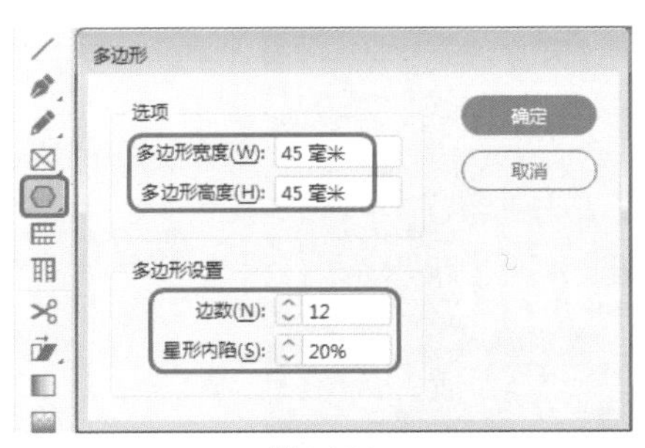

图6-106

Step 06 单击【确定】按钮，选中创建的星形对象，在菜单栏中选择【对象】|【角选项】命令，将【转角形状】设置为圆角，将【转角大小】设置为5毫米，如图6-107所示，单击【确定】按钮。

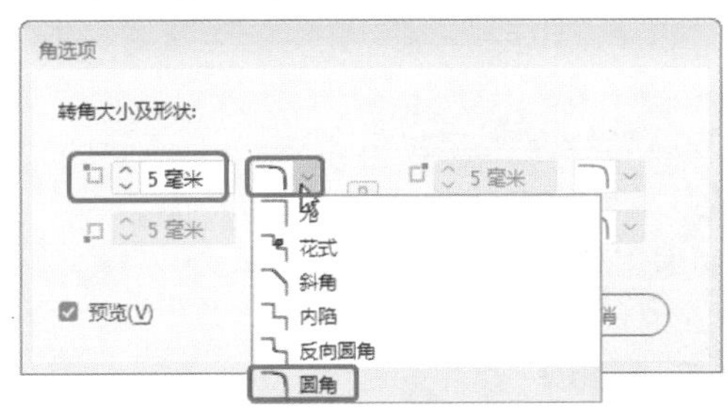

图6-107

Step 07 在【变换】面板中将【旋转角度】设置为15°，如图6-108所示。

Step 08 继续选中星形对象，在【渐变】面板中将【填色】的【类型】设置为【径向】，将左侧色块的RGB值设置为243、33、73，右侧色块的RGB值设置为236、85、36，将【描边】的RGB值设置为195、22、28，效果如图6-109所示。

Step 09 使用【钢笔工具】绘制图形，将【渐变】面板中的【类型】设置为【线性】，将左侧色标颜色设置为白色，将右侧色标颜色设置为黑色，将【角度】设置为-67.3，将图形的【描边】设置为无，如图6-110所示。

图6-108

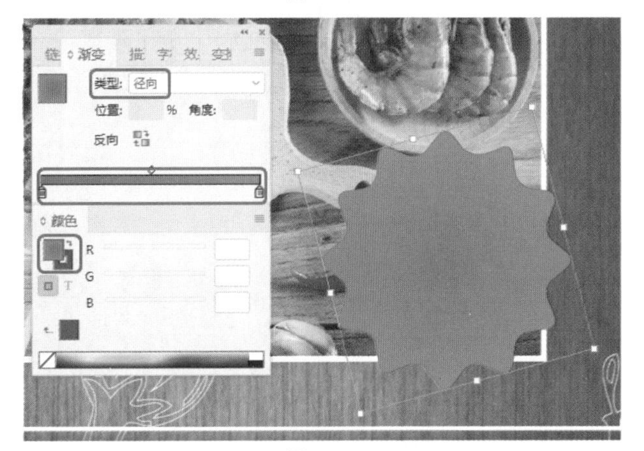

图6-109

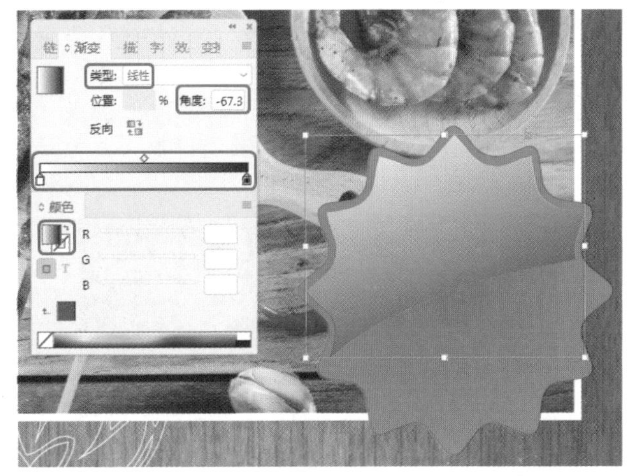

图6-110

Step 10 继续选中该图形，在【效果】面板中将混合【模式】设置为【滤色】，将【不透明度】设置为73%，如图6-111所示。

Step 11 使用【文字工具】输入文本，将【字体】设置为【汉仪蝶语体简】，将【字体大小】设置为50点，将【字符间距】设置为0，将【填色】设置为白色，将【角度】设置为15°，如图6-112所示。

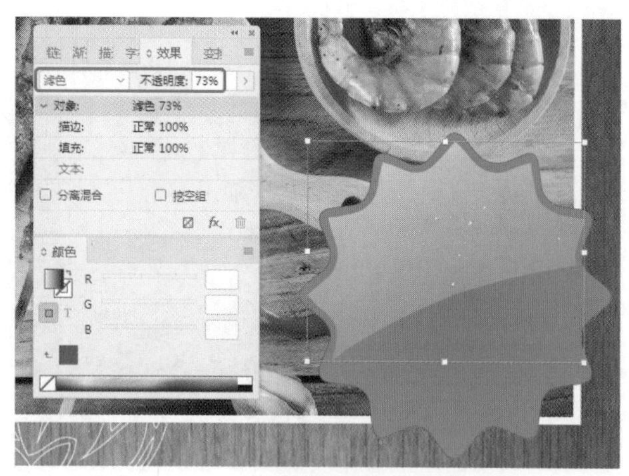

图6-111

图6-112

Step 12 使用【文字工具】输入文本，将【字体】设置为【汉仪菱心体简】，将“烤肉”的【字体大小】设置为110点，将“自助”的【字体大小】设置为60点，将【字符间距】设置为0，将文本颜色设置为白色，如图6-113所示。

图6-113

Step 13 按Ctrl+D快捷组合键，在弹出的对话框中选择“素材\Cha06\自助餐素材03.png”素材文件，单击【打开】按钮，将素材置入文档窗口中，适当调整对象的大小及位置，如图6-114所示。

图6-114

Step 14 使用【文字工具】输入文本，其参数设置如图6-115所示。

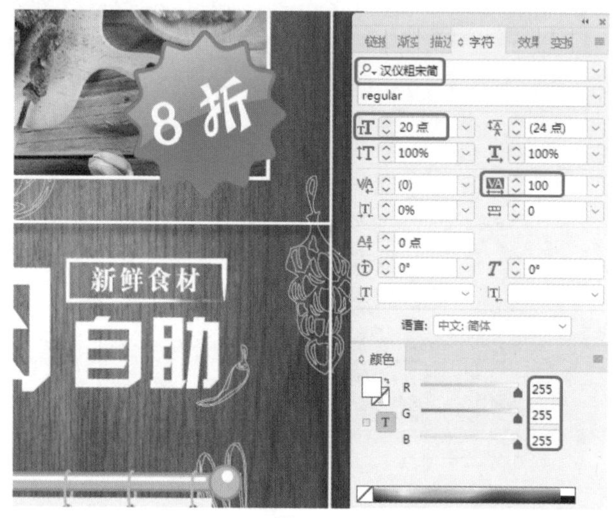

图6-115

Step 15 使用【椭圆工具】绘制一个圆形，将【填色】设置为无，将【描边】设置为白色，将【描边】面板中的【粗细】设置为3点，将【变换】面板下方的W、H均设置为6.2毫米，如图6-116所示。

图6-116

Step 16 对椭圆进行复制，并调整其位置，使用【文字工具】输入文本，将【字体】设置为【汉仪粗宋简】，将【字体大小】设置为18点，将【字符间距】设置为20，将【填色】设置为白色，如图6-117所示。

图6-117

Step 17 使用【文字工具】输入其他文本内容，并进行相应的设置，效果如图6-118所示。

图6-118

Step 18 选择前面绘制的渐变星形对象，在【效果】面板中单击【向选定的目标添加对象效果】按钮 fx.，在弹出的下拉列表中选择【投影】命令，在弹出的对话框参照图6-119所示设置参数，为星形对象添加投影效果。

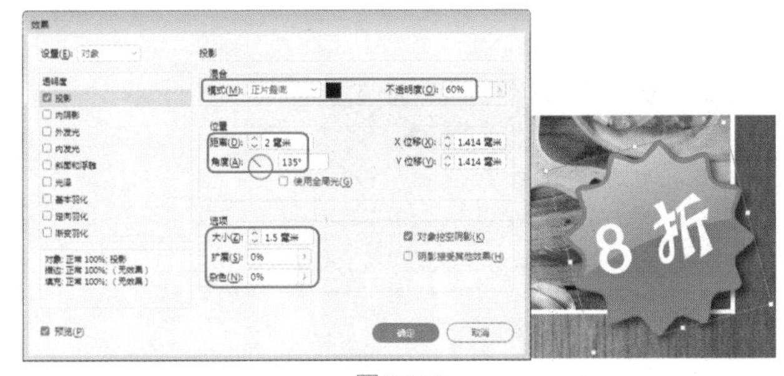

图6-119

Step 19 选择“烤肉自助”区域的文字对象，在【效果】面板中单击【向选定的目标添加对象效果】按钮 fx.，在弹出的下拉列表中选择【投影】命令，在弹出的对话框参照图6-120所示设置参数。

Step 20 为文字对象添加投影效果，如图6-121所示。

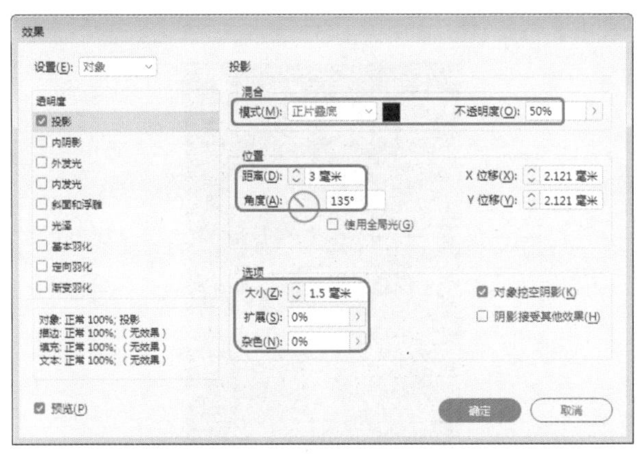

图6-120

图6-121

实例058 制作自助餐宣传单背面

素材：素材\Cha06\自助餐素材04.jpg

场景：场景\Cha06\实例058 制作自助餐宣传单背面.indd

自助餐宣传单背面的内容较为简单，只需要置入宣传单的背景，使用【文字工具】输入自助餐的文案内容即可，效果如图6-122所示。

图6-122

Step 01 继续上一个案例的操作，在页面2中，按Ctrl+D快捷组合键，在弹出的对话框中选择“素材\Cha06\自助餐素材04.png”素材文件，单击【打开】按钮，将素材置入文档窗口中，适当调整对象的大小及位置，如图6-123所示。

Step 02 在工具箱中单击【文字工具】按钮 T，输入段落文本，将【字体】设置为【方正粗圆简体】，将【字体大小】设置为28点，将【字符间距】设置为0，将【文本颜色】设置为白色，单击【段落】面板中的【双齐末行居中】按钮，如图6-124所示。

图6-123

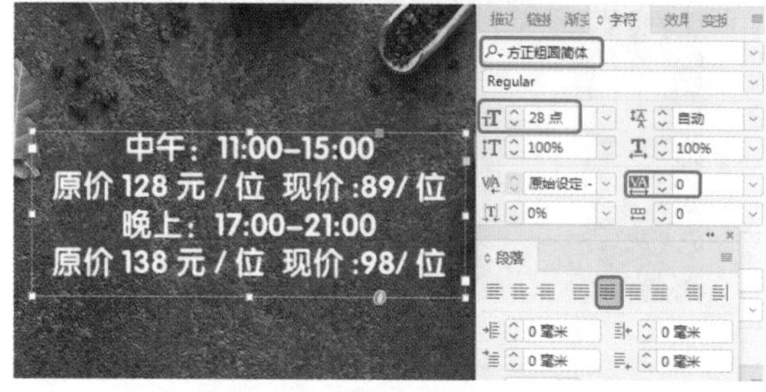

图6-124

Step 03 选择“原价128元/位”“原价138元/位”文本，在控制栏中单击【删除线】按钮，在【字符】面板中将【字符大小】设置为24点，如图6-125所示。

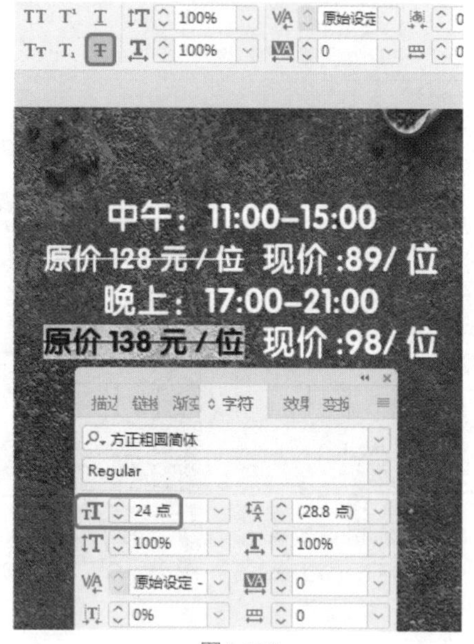

图6-125

Step 04 选择“89”“98”文本，在【字符】面板中将【字体大小】设置为35点，如图6-126所示。

Step 05 在工具箱中单击【文字工具】，绘制一个文本框，输入文字。选中输入的文字，在【字符】面板中将【字体】设置为【汉仪粗宋简】，将【字体大小】设置为33 点，将【垂直缩放】设置为110%，将【字符间距】设置为0，在【颜色】面板中将【填色】设置为白色，如图6-127所示。

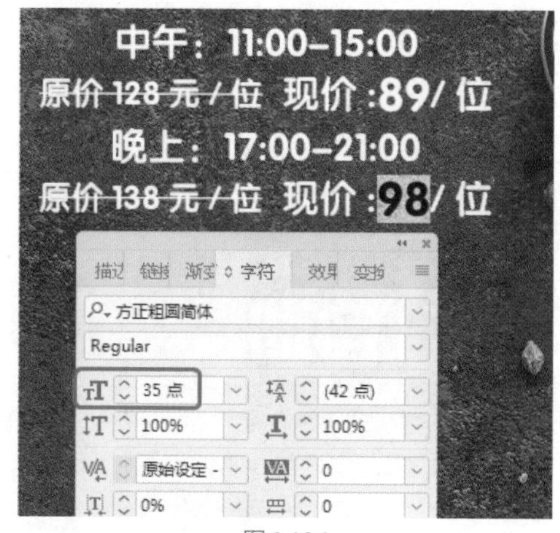

图6-126

图6-127

Step 06 继续使用【文字工具】输入文本，将【字体】设置为【微软雅黑】，将【字体系列】设置为Bold，将【字体大小】设置为13点，将【字符间距】设置为0，将【颜色】设置为白色，如图6-128所示。

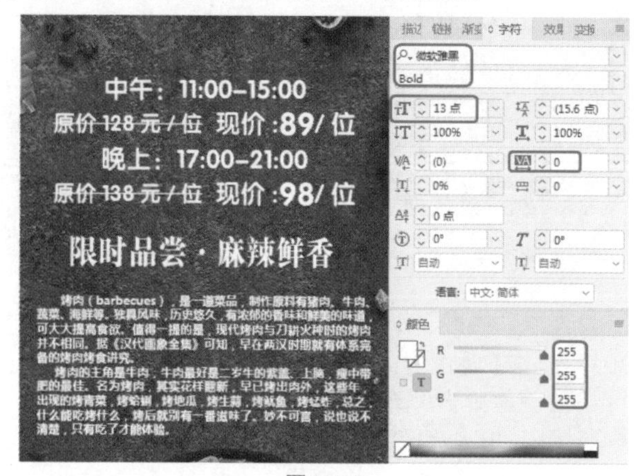

图6-128

第7章 宣传展架设计

 本章导读

展架又名产品展示架、促销架、便携式展具和资料架等。根据产品的特点，设计与之匹配的产品促销展架，再加上具有创意的LOGO标牌，使产品醒目地展现在公众面前，从而起到对产品的宣传作用。

实例 059 旅游宣传展架

素材：素材\Cha07\旅游素材01.jpg、旅游素材02.jpg、旅游素材03.jpg、旅游素材04.png
场景：场景\Cha07\实例059 旅游宣传展架.indd

本实例讲解旅游宣传展架的制作方法，精品展示架风格优美，高贵典雅，又有良好的装饰效果，可以展现出景点不同凡响的魅力，效果如图7-1所示。

Step 01 启动软件，按Ctrl+N快捷组合键，在弹出的对话框中将【宽度】、【高度】分别设置为263毫米、700毫米，单击【边距和分栏】按钮，在弹出的对话框中将【上】、【下】、【内】、【外】均设置为10毫米，将【栏数】设置为1，单击【确定】按钮。在菜单栏中选择【文件】|【置入】命令，弹出【置入】对话框，选择“素材\Cha07\旅游素材01.jpg”素材文件，单击【打开】按钮，拖曳鼠标调整位置与大小，释放鼠标即可置入素材，效果如图7-2所示。

图7-1

图7-2

Step 02 在工具箱中单击【椭圆工具】按钮，在文档窗口中绘制椭圆，将【填色】设置为18、65、100、0，将【描边】设置为纸色，在【描边】面板中将【粗细】设置为20点，如图7-3所示。

Step 03 在菜单栏中选择【窗口】|【效果】命令，打开【效果】面板，单击右下角的【向选定的目标添加对象效果】按钮，在弹出的快捷菜单中选择【投影】命令，如图7-4所示。

Step 04 在【投影】对话框中，将【不透明度】设置为62%，将【距离】设置为5毫米，将【角度】设置为133°，将【选项】组中的【大小】、【扩展】、【杂色】分别设置为39毫米、0%、0%，如图7-5所示。

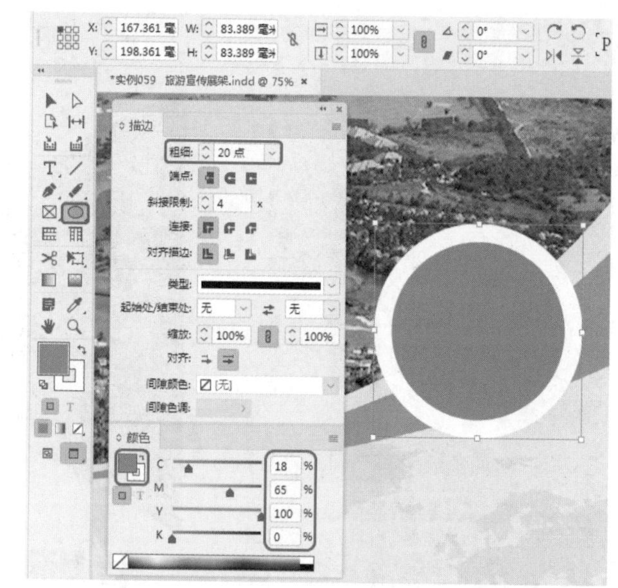

图7-3

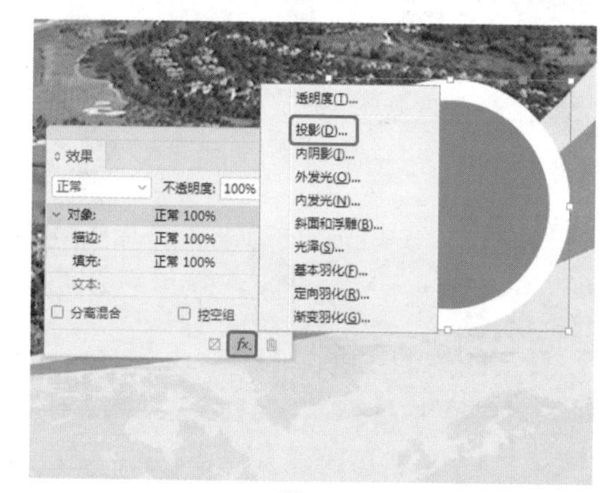

图7-4

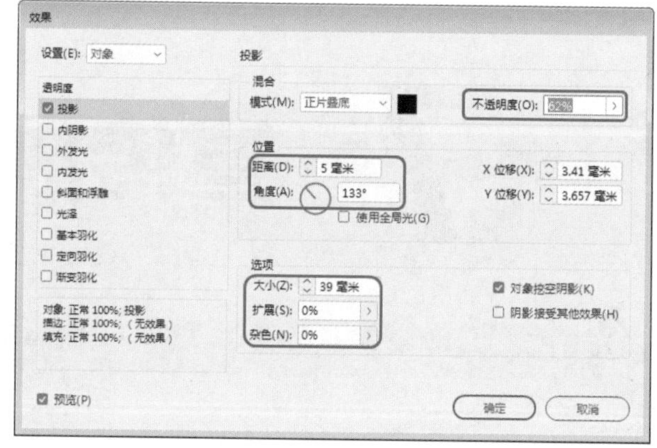

图7-5

Step 05 单击【确定】按钮，在工具箱中单击【文字工具】按钮，在文档窗口中输入文本，在【字符】面板中将【字体】设置为【Adobe 黑体 Std】，将【字体大小】设置为32点，将【填色】设置为白色，如图7-6所示。

Step 06 再次使用【文字工具】，在文档窗口中输入文本，在【字符】面板中将【字体】设置为【微软雅黑】，将【字体大小】设置为57点，将【填色】设置为白色，如图7-7所示。

图7-6

图7-7

Step 07 使用同样的方法输入文本“5天4晚游遍海口”，在【字符】面板中将【字体】设置为【Adobe 黑体 Std】，将【字体大小】设置为18点，将【字符间距】设置为50，将【填色】设置为白色，如图7-8所示。

图7-8

Step 08 在工具箱中单击【文字工具】按钮T，在文档窗口中输入文本，在【字符】面板中将【字体】设置为【方正综艺简体】，将【字体大小】设置为69点，将【字符间距】设置为50，将【填色】的CMYK值设置为79、72、71、42，如图7-9所示。

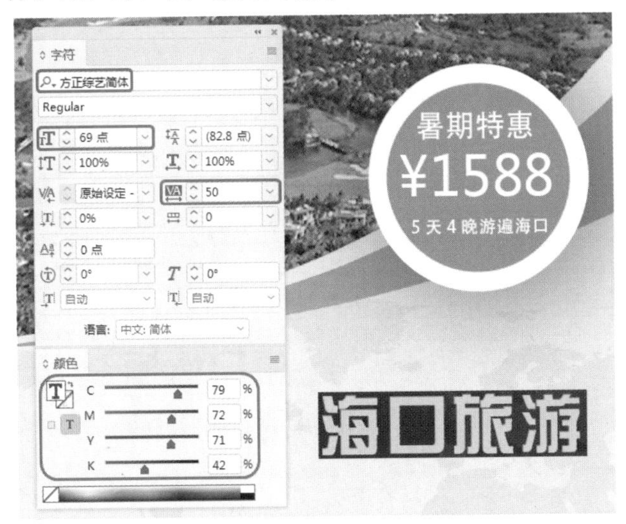

图7-9

Step 09 使用同样的方法输入文本，在【字符】面板中将【字体】设置为【Adobe 黑体 Std】，将【字体大小】设置为20点，将【行距】设置为24点，将【字符间距】设置为50，将【填色】的CMYK值设置为91、88、88、79，如图7-10所示。

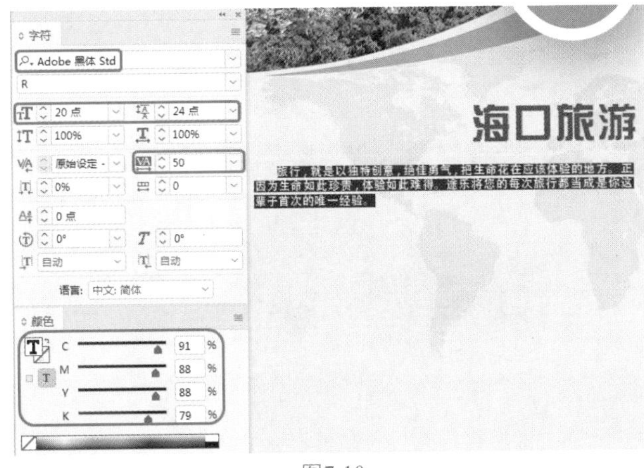

图7-10

Step 10 在工具箱中单击【矩形工具】按钮，在文档窗口中绘制矩形，将X、Y分别设置为22毫米、396毫米，将W、H分别设置为95毫米、62毫米，将【填色】的CMYK值设置为65、21、14、0，将【描边】设置为无，如图7-11所示。

Step 11 在菜单栏中选择【文件】|【置入】命令，弹出【置入】对话框，选择“素材\Cha07\旅游素材02.jpg”素材文件，单击【打开】按钮，拖曳鼠标调整位置与大小，释放鼠标即可置入素材，如图7-12所示。

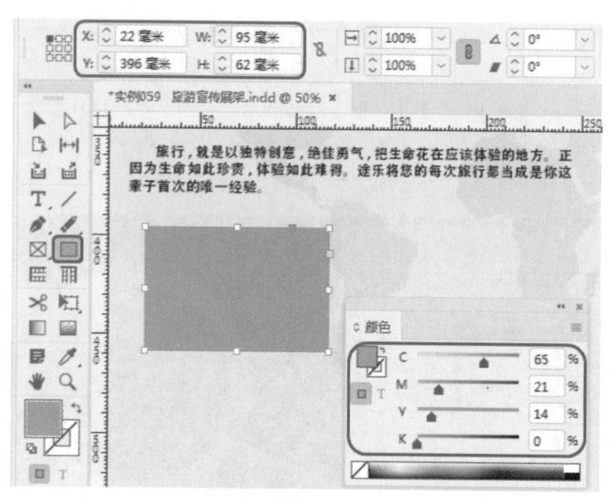

图7-11

图7-12

Step 12 根据前面介绍的方法绘制矩形，并置入“旅游素材03.jpg”素材文件，如图7-13所示。

图7-13

Step 13 在工具箱中单击【文字工具】按钮T，在文档窗口中输入文本，在【字符】面板中将【字体】设置为【微软雅黑】，将【字体大小】设置为11点，将【行距】设置为19点，将【填色】的CMYK值设置为76、70、63、26，如图7-14所示。

Step 14 在工具箱中单击【矩形工具】按钮，在文档窗口中绘制矩形，将【填色】的CMYK值设置为24、11、10、0，将【描边】设置为无，将X、Y分别设置为20毫米、495毫米，将W、H分别设置为221毫米、30毫米，如图7-15所示。

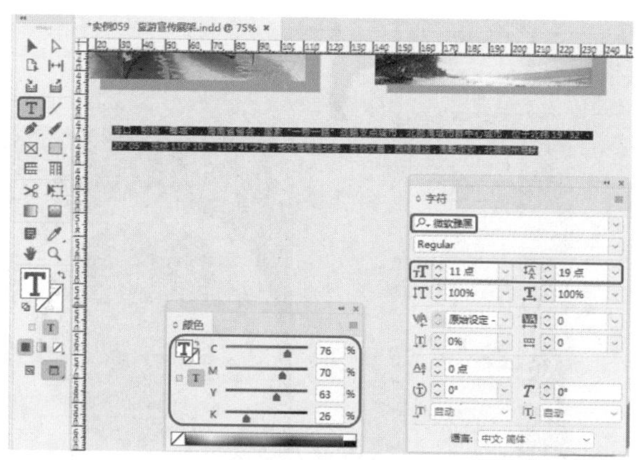

图7-14

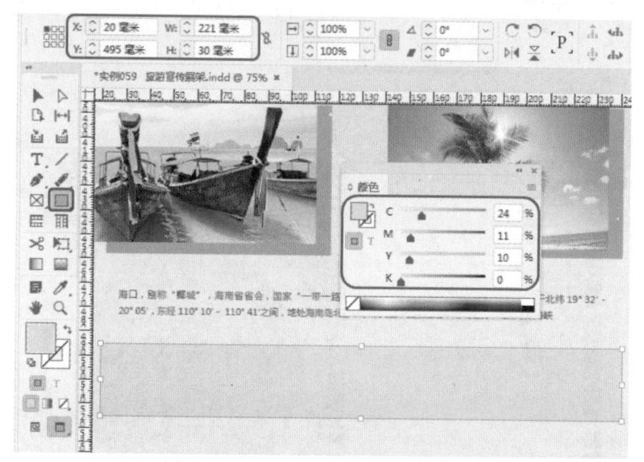

图7-15

Step 15 在菜单栏中选择【对象】|【角选项】命令，弹出【角选项】对话框，将【转角形状】设置为圆角，将【转角大小】设置为9毫米，单击【确定】按钮，如图7-16所示。

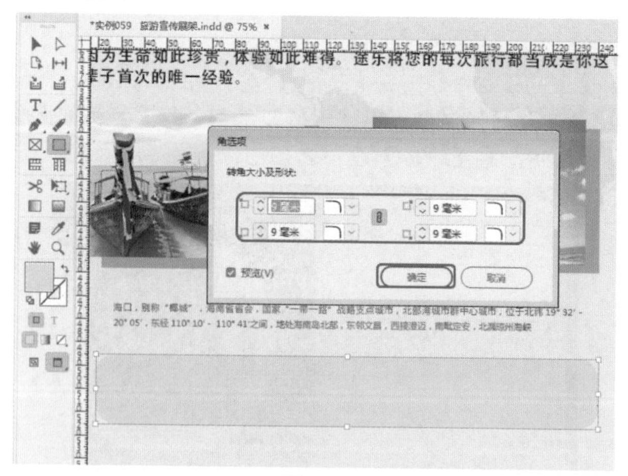

图7-16

Step 16 再次使用【矩形工具】绘制矩形，将【填色】的CMYK值设置为87、57、5、0，将【描边】设置为无，将X、Y分别设置为26.5毫米、499毫米，将W、H分别设置为42毫米、21毫米，将【转角大小】设置为6毫米，如图7-17所示。

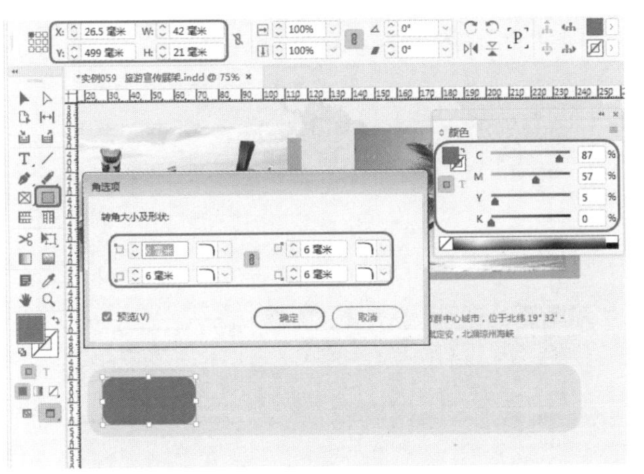

图7-17

Step 17 在工具箱中单击【文字工具】按钮，在文档窗口中输入文本“1”，在【字符】面板中将【字体】设置为【方正兰亭粗黑简体】，将【字体大小】设置为24点，将【填色】设置为纸色，使用同样方法输入文本“THE ONE”，将【字体】设置为【Adobe 黑体 Std】，将【字体】设置为12点，将【填色】设置为白色，如图7-18所示。

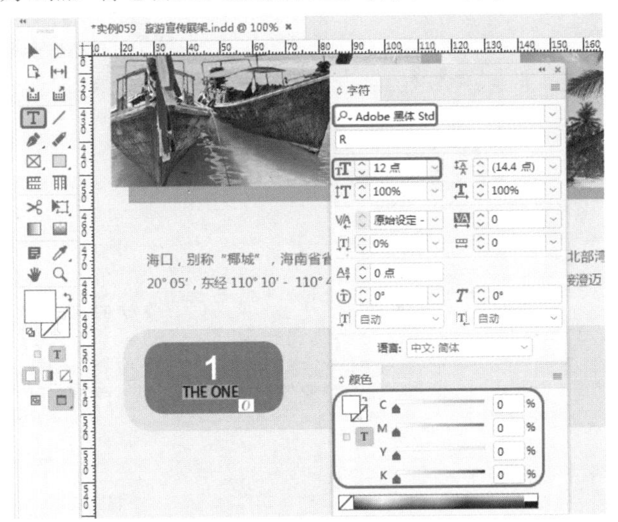

图7-18

Step 18 在工具箱中单击【椭圆工具】按钮，在文档窗口中绘制椭圆，将【填色】的CMYK值设置为99、83、46、10，将【描边】设置为无，将W、H都设置为2.3毫米，如图7-19所示。

Step 19 在工具箱中单击【文字工具】按钮 T，在文档窗口中输入文本，在【字符】面板中将【字体】设置为【微软雅黑】，将【字体样式】设置为Bold，将【字体大小】设置为22点，将【填色】的CMYK值设置为99、83、46、11，如图7-20所示。

Step 20 再次使用【文字工具】输入文本，在【字符】面板中将【字体】设置为【方正综艺简体】，将【字体大小】设置为16点，将【填色】的CMYK值设置为99、83、46、11，如图7-21所示。

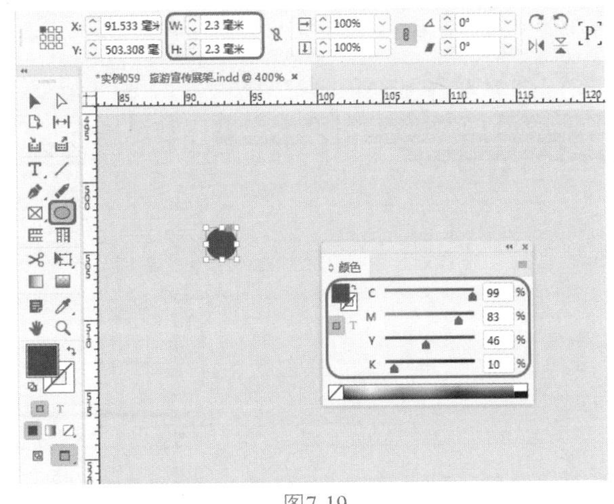

图7-19

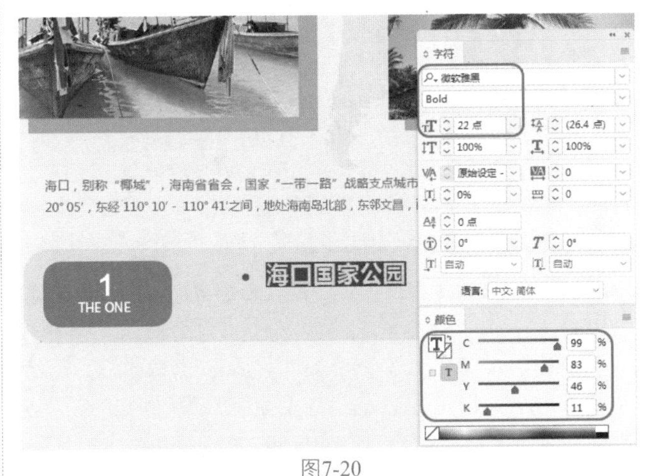

图7-20

图7-21

Step 21 使用同样的方法输入文本，在【字符】面板中将【字体】设置为【Adobe 黑体 Std】，将【字体大小】设置为8点，将【行距】设置为13点，将【字符间距】设置为-50，将【填色】的CMYK值设置为99、83、46、11，如图7-22所示。

Step 22 根据前面介绍的方法绘制图形并输入文字，如图7-23所示。

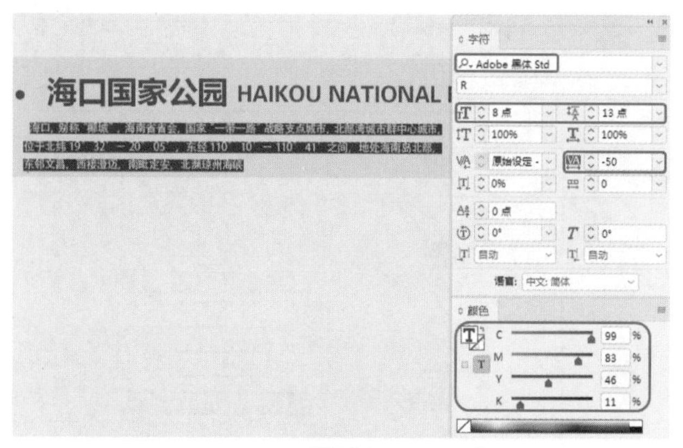

图7-22

图7-23

Step 23 在工具箱中单击【文字工具】按钮，在文档窗口中输入文本“联系我们:0534-1234-5678”，在【字符】面板中将【字体】设置为【Adobe 黑体 Std】，将【字体大小】设置为23点，将【行距】设置为29点，将【填色】的CMYK值设置为0、0、0、100，选中文本0534-1234-5678，将【字体】设置为【微软雅黑】，将【填色】的CMYK值设置为16、84、69、0，如图7-24所示。

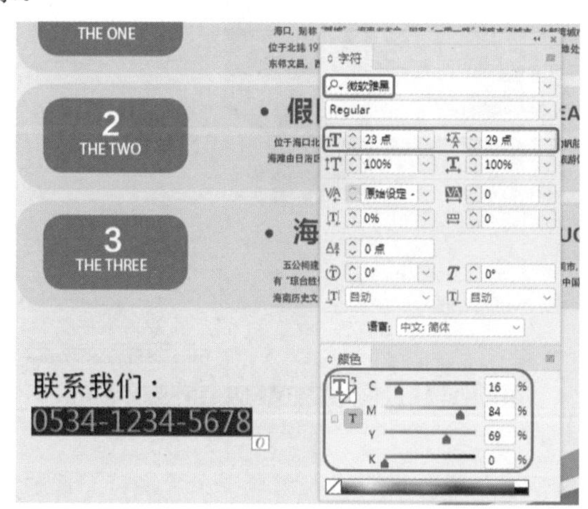

图7-24

Step 24 在文本后面按Enter键，继续输入文本，将【字体】设置为【黑体】，将【字体大小】设置为23点，将【行距】设置为29点，将【字符间距】设置为50，将【填色】的CMYK值设置为90、88、87、79，如图7-25所示。

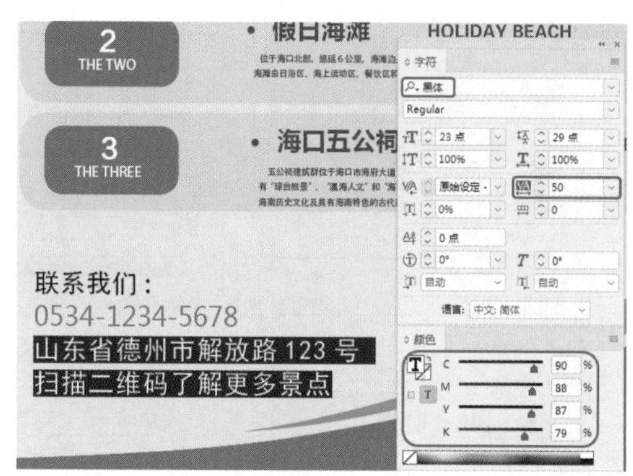

图7-25

Step 25 在菜单栏中选择【文件】|【置入】命令，弹出【置入】对话框，选择“素材\Cha07\旅游素材04.png”素材文件，单击【打开】按钮，拖曳鼠标调整位置与大小，释放鼠标即可置入素材，如图7-26所示。

图7-26

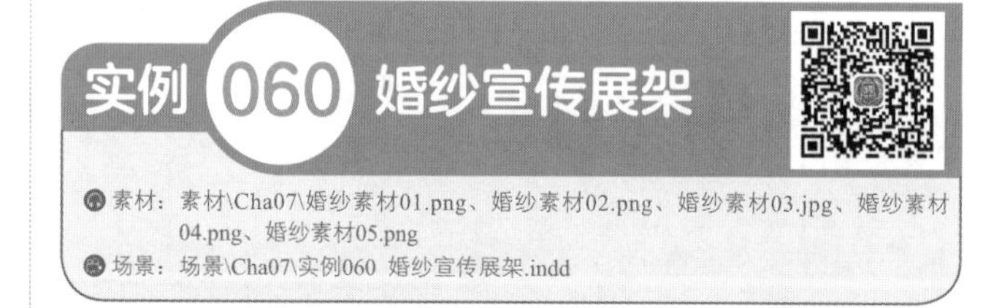

实例060 婚纱宣传展架

素材：素材\Cha07\婚纱素材01.png、婚纱素材02.png、婚纱素材03.jpg、婚纱素材04.png、婚纱素材05.png

场景：场景\Cha07\实例060 婚纱宣传展架.indd

首先置入婚礼背景，然后置入相应的素材文件，通过【文字工具】输入文本，对文本进行调整，最后输入其他文本对象，婚纱宣传展架效果如图7-27所示。

图7-27

Step 01 启动软件，按Ctrl+N快捷组合键，在弹出的对话框中将【宽度】、【高度】分别设置为311毫米、700毫米，将【页面】设置为1，单击【边距和分栏】按钮，在弹出的对话框中将【上】、【下】、【内】、【外】均设置为10毫米，将【栏数】设置为1，单击【确定】按钮。将【透明混合空间】设置为文档RGB模式，在菜

单栏中选择【文件】|【置入】命令，弹出【置入】对话框，选择“素材\Cha07\婚纱素材01.png”素材文件，单击【打开】按钮，拖曳鼠标调整位置与大小，释放鼠标即可置入素材，效果如图7-28所示。

Step 02 使用同样方法置入“婚纱素材02.png”素材文件，效果如图7-29所示。

图7-28

图7-29

Step 03 在工具箱中单击【文字工具】按钮T，在文档窗口中输入文本，在【字符】面板中将【字体】设置为【Adobe 黑体 Std】，将【字体大小】设置为66点，将【填色】的RGB值设置为222、107、134，效果如图7-30所示。

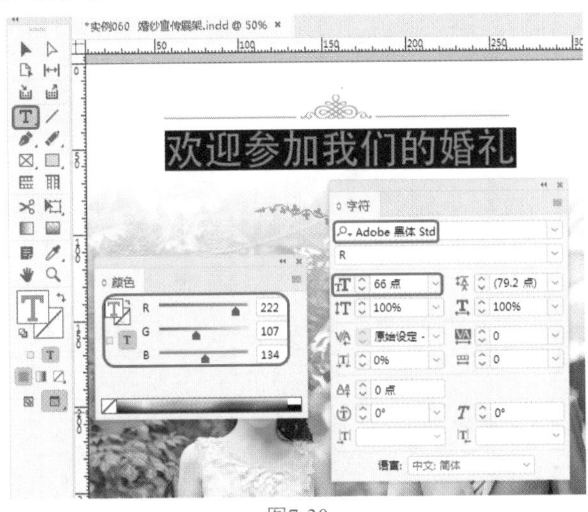

图7-30

Step 04 再次使用【文字工具】输入文本，在【字符】面板中将【字体】设置为【Adobe 黑体 Std】，将【字体大小】设置为33点，将【字符间距】设置为-75，将【填色】的RGB值设置为222、107、134，效果如图7-31所示。

Step 05 在菜单栏中选择【窗口】|【文字和表】|【字形】命令，打开【字形】面板，将【显示】设置为【整个字体】，找到字形，参照如图7-32所示进行添加，将【字体】设置为【宋体】，将【字体大小】设置为57点，将【字符间距】设置为-100。

图7-31

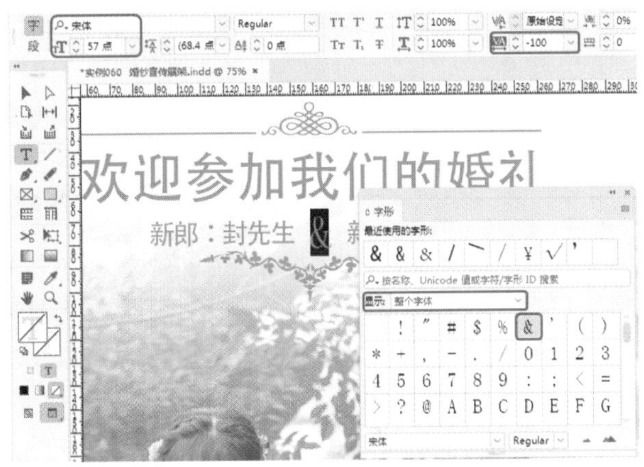

图7-32

Step 06 在菜单栏中选择【文件】|【置入】命令，弹出【置入】对话框，选择“素材\Cha07\婚纱素材03.jpg”素材文件，单击【打开】按钮，拖曳鼠标调整位置与大小，释放鼠标即可置入素材，如图7-33所示。

Step 07 选中置入的素材文件，单击鼠标右键，在弹出的快捷菜单中选择【排列】|【置为底层】命令，如图7-34所示。

图7-33　　图7-34

Step 08 在菜单栏中选择【文件】|【置入】命令，弹出【置入】对话框，选择“素材\Cha07\婚纱素材04.png”素材文件，单击【打开】按钮，拖曳鼠标调整位置与大小，释放鼠标即可置入素材，如图7-35所示。

图7-35

Step 09 在工具箱中单击【文字工具】按钮T，输入文本“时间地点”，在【字符】面板中将【字体】设置为【Adobe 黑体 Std】，将【字体大小】设置为40点，将【字符间距】设置为-75，将【填色】设置为255、255、255，根据前面介绍添加字形，参照如图7-36所示进行设置。

图7-36

Step 10 在工具箱中单击【直线工具】按钮，在文档窗口中绘制直线，将【填色】设置为无，将【描边】设置为纸色，在【描边】面板中将【粗细】设置为2点，如图7-37所示。

图7-37

Step 11 选中绘制的直线，在菜单栏中选择【窗口】|【效果】命令，打开【效果】面板，单击右下角的【向选定的目标添加对象效果】按钮fx，在弹出的快捷菜单中选择【定向羽化】命令，如图7-38所示。

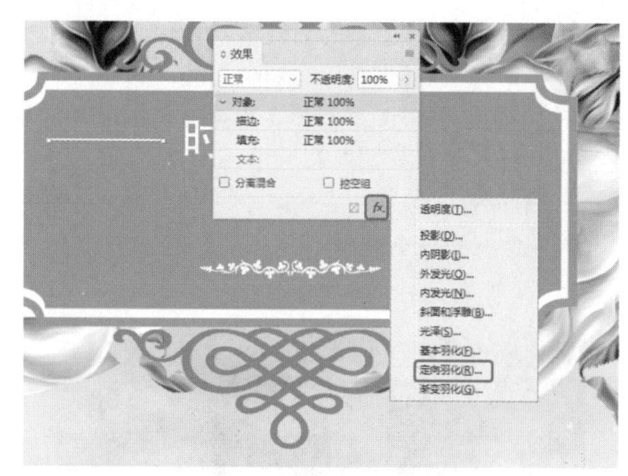

图7-38

Step 12 在【定向羽化】选项卡中，将【左】设置为17毫米，将【杂色】设置为4%，单击【确定】按钮，如图7-39所示。

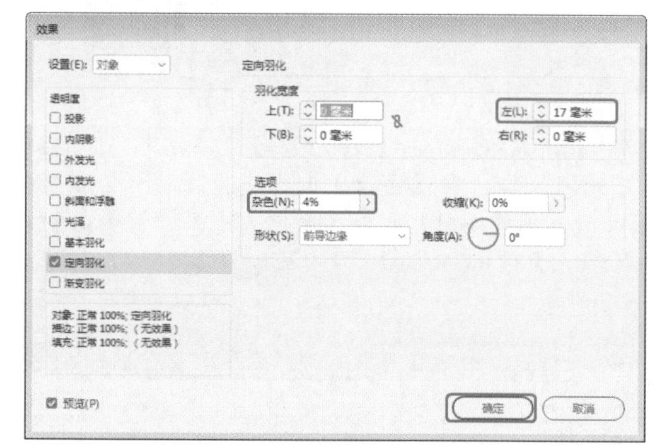

图7-39

Step 13 在工具箱中单击【椭圆工具】按钮，在文档窗口中绘制图形，将【填色】设置为白色，将【描边】设置为无，将W、H都设置为3毫米，如图7-40所示。

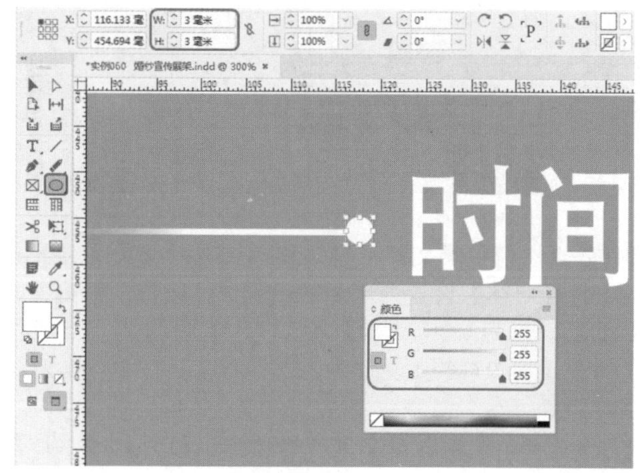

图7-40

Step 14 选中绘制的直线与椭圆，单击鼠标右键，在弹出的快捷菜单中选择【编组】命令，如图7-41所示。

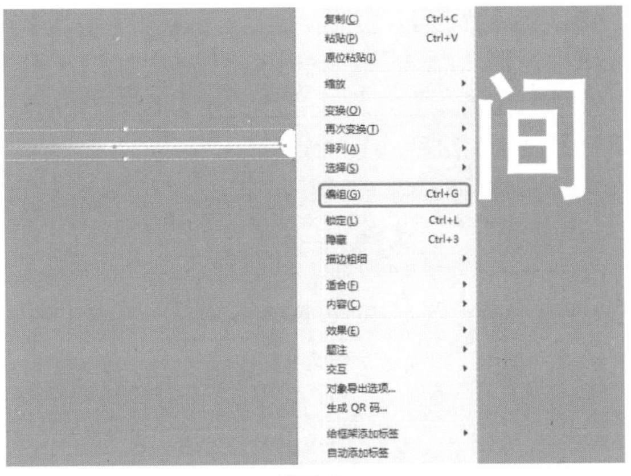

图7-41

Step 15 继续选中【编组】后的图层，按住Alt键拖曳鼠标进行复制，选中复制后的图形，单击鼠标右键，弹出快捷菜单，选择【变换】|【水平翻转】命令，并调整图形位置，如图7-42所示。

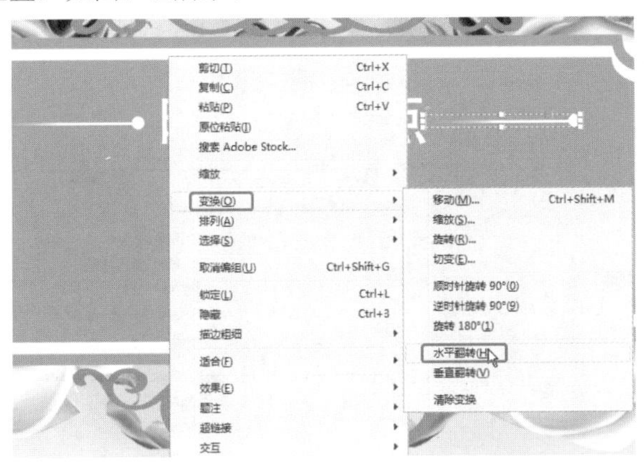

图7-42

Step 16 在工具箱中单击【文字工具】按钮T，在文档窗口中输入文本，在【字符】面板中将【字体】设置为【Adobe 黑体 Std】，将【字体大小】设置为28点，将【填色】设置为白色，如图7-43所示。

图7-43

Step 17 在工具箱中单击【钢笔工具】按钮，在文档窗口中绘制图形，将【填色】的RGB值设置为255、255、255，将【描边】设置为无，设置完成后调整合适位置，如图7-44所示。

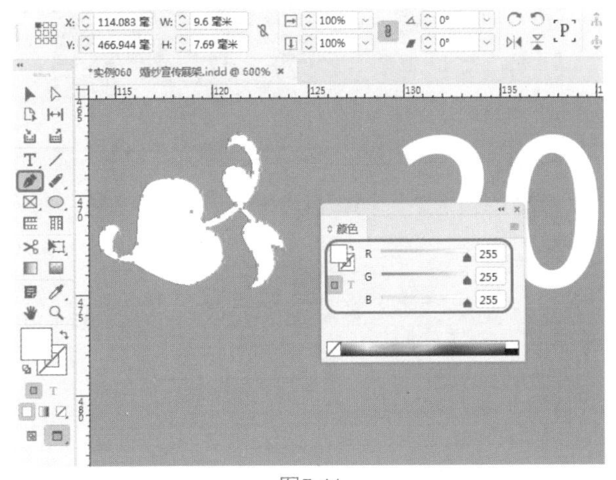

图7-44

Step 18 根据前面介绍的方法对绘制的图形进行复制，并将复制的图形进行【水平翻转】，如图7-45所示。

图7-45

Step 19 在工具箱中单击【文字工具】按钮，在文档窗口中输入文本，在【字符】面板中将【字体】设置为【Adobe 黑体 Std】，将【字体大小】设置为28点，将【字符间距】设置为-20，将【填色】设置为白色，如图7-46所示。

图7-46

Step 20 在菜单栏中选择【文件】|【置入】命令，弹出【置入】对话框，选择"素材\Cha07\婚纱素材05.png"

素材文件，单击【打开】按钮，拖曳鼠标调整位置与大小，释放鼠标即可置入素材，如图7-47所示。

图7-47

Step 21 在工具箱中单击【文字工具】按钮，在文档窗口中输入文本，在【字符】面板中将【字体】设置为Myriad Pro，将【字符样式】设置为Regular，将【字体大小】设置为16点，将【行距】设置为15点，单击【居中对齐】按钮，将【填色】的RGB值设置为218、67、91，如图7-48所示。

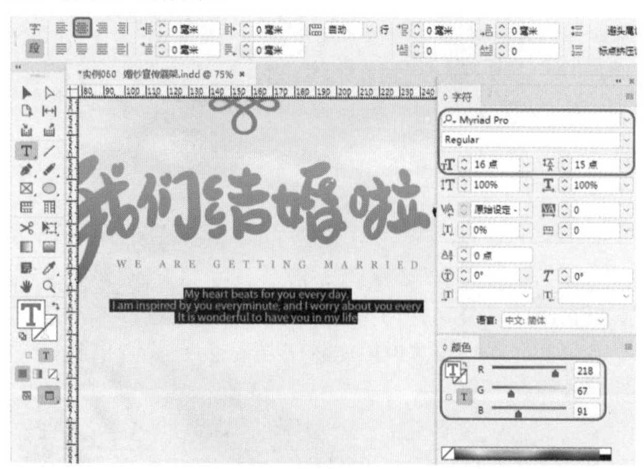

图7-48

Step 22 使用【直线工具】绘制一个描边粗细为2点的直线，将其【描边】的RGB值设置为218、67、91，设置完成后调整位置。使用【文字工具】输入文本，将【字体】设置为【方正姚体简体】，将【字体大小】设置为51点，将【字符间距】设置为40，将【填色】的RGB值设置为218、67、91，如图7-49所示。

Step 23 在工具箱中单击【矩形工具】按钮，在文档窗口中绘制图形，将【填色】设置为白色，将【描边】设置为218、67、91，在【描边】面板中将【粗细】设置为1点，设置完成后调整图形位置，如图7-50所示。

Step 24 在工具箱中单击【钢笔工具】按钮，在文档窗口中绘制三角形，将【填色】的RGB值设置为232、68、95，将【描边】设置为无。使用【文字工具】在文档窗口中，输入文本“>来宾请上二楼大厅”，将【字体】设置为【黑体】，将【字体大小】设置为28点，将【填色】设置为218、67、91，如图7-51所示。

图7-49

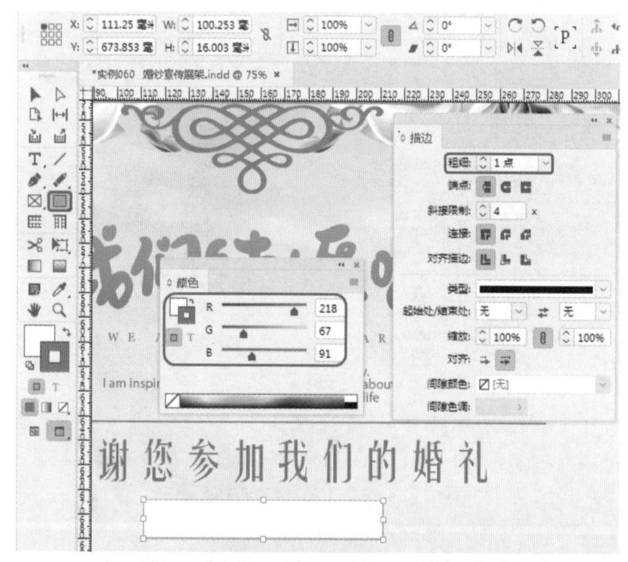

图7-50

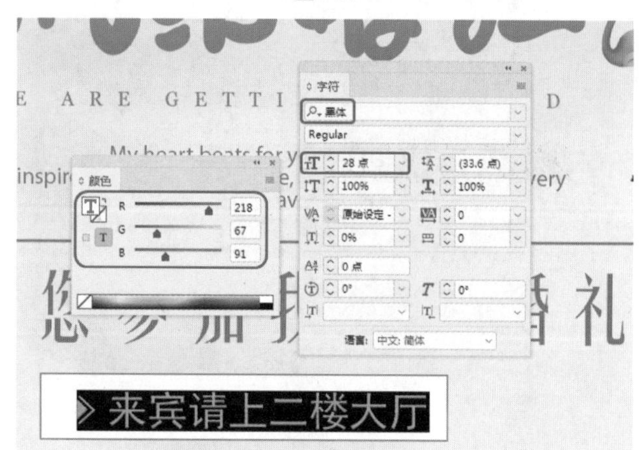

图7-51

实例 061 酒店宣传展架

素材：素材\Cha07\酒店素材01.jpg、酒店素材02.jpg、酒店素材03.jpg、酒店素材04.jpg、酒店素材05.jpg、酒店素材06.jpg、酒店素材07.jpg

场景：场景\Cha07\实例061 酒店宣传展架.indd

本实例讲解如何制作酒店宣传展架，首先置入酒店素材背景，通过【文字工具】制作出关于酒店的主要内容，最后为绘制的图形添加【阴影】效果，最终的效果如图7-52所示。

Step 01 启动软件，按Ctrl+N快捷组合键，在弹出的对话框中将【宽度】、【高度】分别设置为311毫米、700毫米，单击【边距和分栏】按钮，在弹出的对话框中将【上】、【下】、【内】、【外】均设置为10毫米，单击【确定】按钮。使用【钢笔工具】绘制图形，选中绘制的图形，将【描边】设置为无，按Ctrl+D快捷组合键，弹出【置入】对话框，选择“素材\Cha07\酒店素材01.jpg”素材文件，单击【打开】按钮，在素材图片上右击鼠标，在弹出的快捷菜单中选择【变换】|【水平翻转】命令，调整图片位置与大小，效果如图7-53所示。

Step 02 使用同样的方法绘制图形并置入“酒店素材02.jpg、酒店素材03.jpg”素材，调整素材位置，效果如图7-54所示。

图7-52

图7-53

图7-54

Step 03 在工具箱中单击【钢笔工具】按钮，在文档窗口中绘制三角形，将【填色】的RGB值设置为48、46、47，将【描边】设置为无，设置完成后调整合适位置，效果如图7-55所示。

Step 04 使用【钢笔工具】绘制图形，将【填色】的RGB值设置为255、182、25，【描边】设置为无，在【图层】面板中调整图层的顺序，在工具箱中单击【文字工具】按钮T，在文档窗口中输入文本，在【字符】面板中将【字体】设置为【方正大黑简体】，将【字体大小】设置为140点，将【填色】设置为36、38、38，如图7-56所示。

Step 05 再次用【文字工具】在文档窗口中输入文本，在【字符】面板中将【字体】设置为【叶根友行书繁】，将【字体大小】设置为166点，将【填色】设置为36、38、38，设置完成后调整文本位置，如图7-57所示。

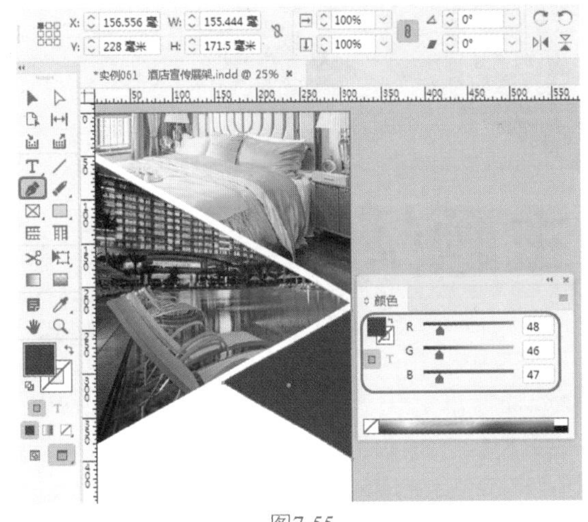

图7-55

图7-56

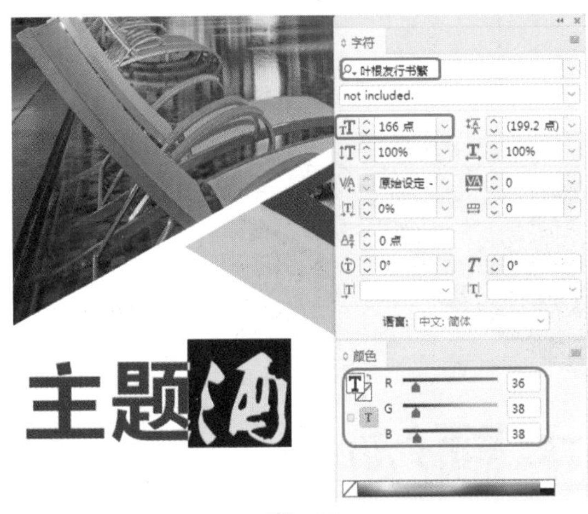

图7-57

Step 06 使用同样方法输入文本“店”，在【字符】面板中将【字体】设置为【叶根友行书繁】，将【字体大小】设置为

210点，将【填色】设置为36、38、38，如图7-58所示。

图7-58

Step 07 再次用【文字工具】在文档窗口中输入文本，在【字符】面板中将【字体】设置为【汉仪菱心体简】，将【字体大小】设置为65点，将【字符间距】设置为-50，将【填色】设置为255、182、25，设置完成后调整文本位置，如图7-59所示。

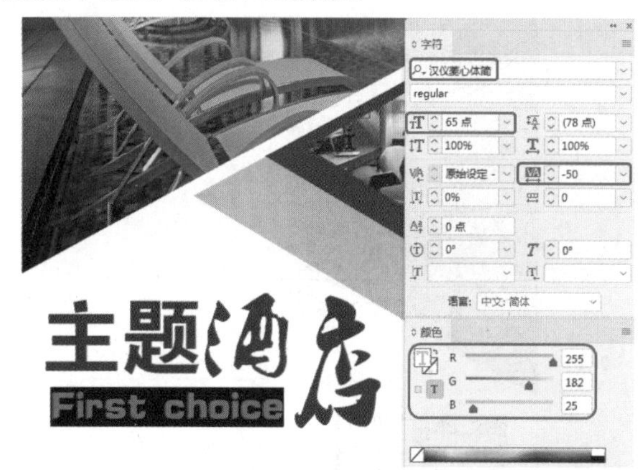

图7-59

Step 08 在工具箱中单击【直线工具】按钮，在文档窗口中绘制直线，在【描边】面板中将【粗细】设置为5点，将【填色】设置为无，将【描边】设置为黑色，设置完成后调整合适位置，如图7-60所示。

图7-60

Step 09 再次用【文字工具】在文档窗口中输入文本，在【字符】面板中将【字体】设置为【黑体】，将【字体大小】设置为33点，将【字符间距】设置为50，将【填色】设置为36、38、38，设置完成后调整文本位置，如图7-61所示。

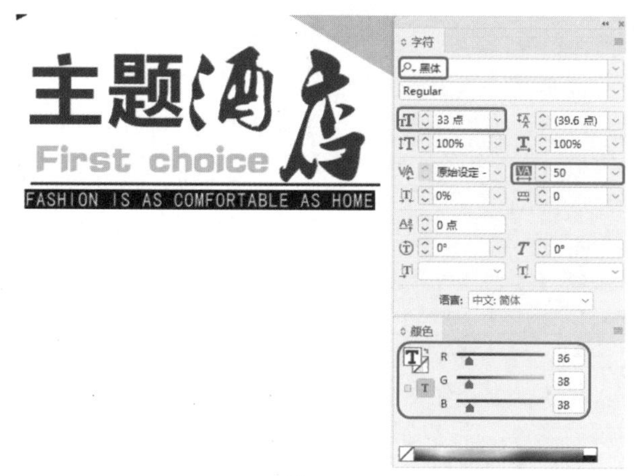

图7-61

Step 10 使用【椭圆工具】绘制图形，将【填色】设置为白色，将【描边】设置为无，将W、H都设置为64.4毫米，在菜单栏中选择【窗口】|【效果】命令，打开【效果】面板，单击右下角的【向选定的目标添加对象效果】按钮，弹出快捷菜单，选择【投影】命令，如图7-62所示。

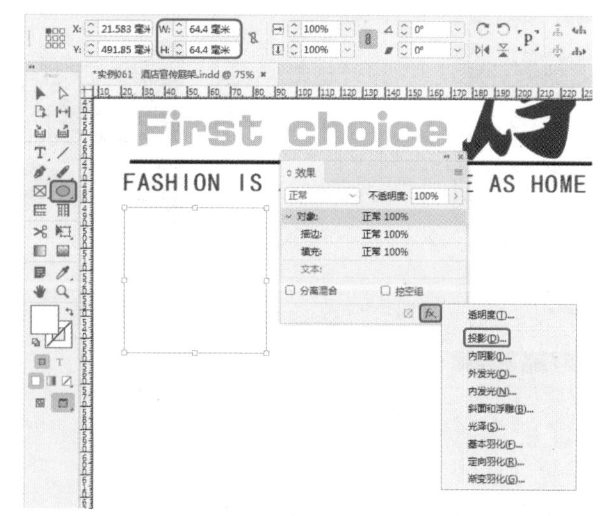

图7-62

Step 11 在【投影】选项卡中，将【混合】下的【不透明度】设置为64%，将【距离】设置为3毫米，将【角度】设置为111°，将【大小】设置为3毫米，如图7-63所示，单击【确定】按钮。

Step 12 使用同样的方法绘制椭圆，将【描边】设置为无，按Ctrl+D快捷组合键，弹出【置入】对话框，选择“素材\Cha07\酒店素材04.jpg”素材文件，单击【打开】按钮，调整素材的位置与大小，如图7-64所示。

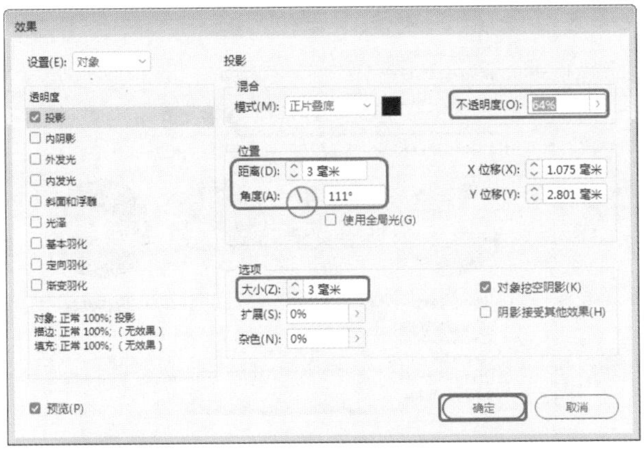

图7-63

图7-64

Step 13 在工具箱中单击【文字工具】按钮T，在文档窗口中输入文本，在【字符】面板中将【字体】设置为【方正兰亭粗黑简体】，将【字体大小】设置为24点，将【填色】设置为黑色，如图7-65所示。

图7-65

Step 14 根据前面介绍的方法绘制其他图形与输入文本，并置入“酒店素材05.jpg、酒店素材06.jpg、酒店素材07.jpg”素材文件，置入后调整素材的位置与大小，如图7-66所示。

图7-66

Step 15 在工具箱中单击【矩形工具】按钮，在文档窗口中绘制图形，将【填色】设置为无，将【描边】设置为黑色，在【描边】面板中将【粗细】设置为2点，打开【角选项】对话框，单击取消选中【统一所有设置】按钮，将【右上角】、【左下角】的【形状】设置为圆角，将【转角大小】设置为24毫米，如图7-67所示。

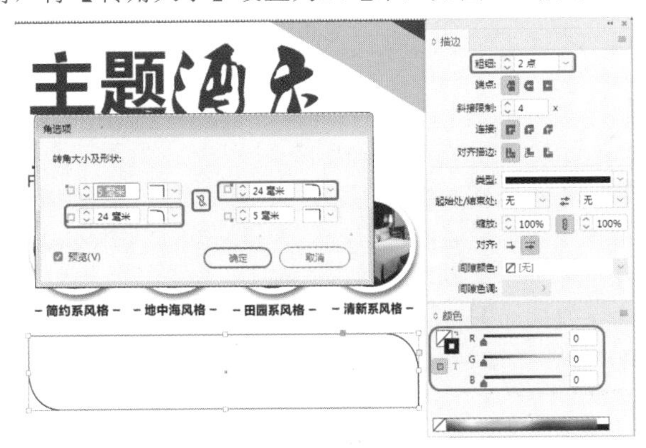

图7-67

Step 16 单击【确定】按钮，使用同样方法绘制矩形，将【填色】的RGB值设置为46、46、46，将【描边】设置为无，在菜单栏中选择【对象】|【角选项】命令，弹出【角选项】对话框，将【转角形状】设置为圆角，将【转角大小】设置为4毫米，如图7-68所示。

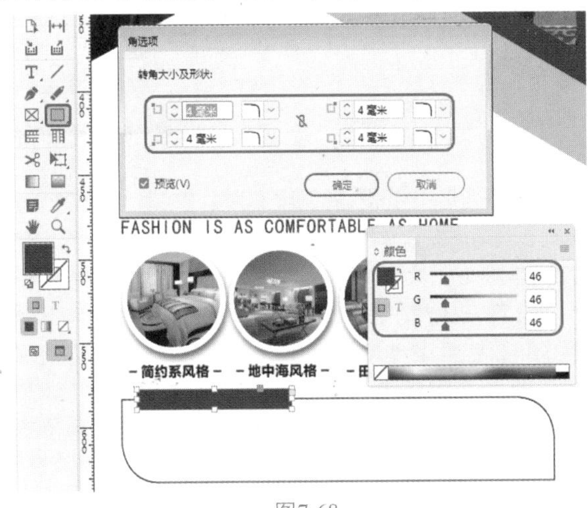

图7-68

Step 17 单击【确定】按钮，在工具箱中单击【椭圆工具】按钮，在文档窗口中绘制【填色】为白色，【描边】为无的圆形，将W、H都设置为5毫米，使用【文字工具】输入文本“酒店会所简介”，将【字体】设置为【经典黑体简】，将【字体大小】设置为25点，将【填色】的RGB值设置为255、255、255，如图7-69所示。

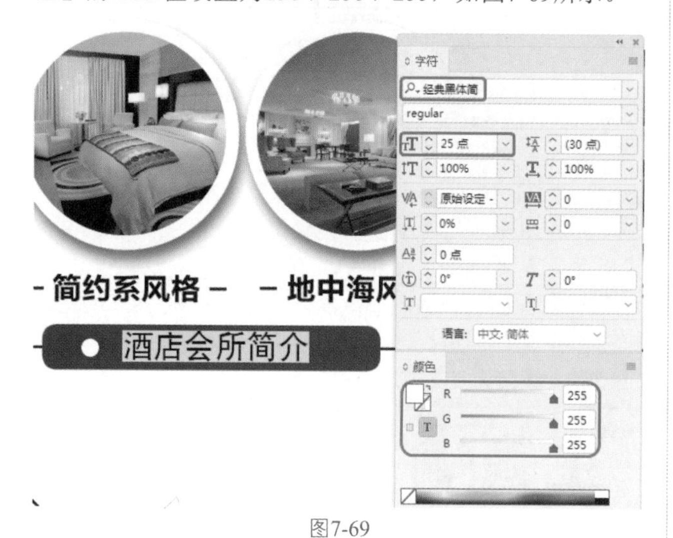

图7-69

Step 18 在工具箱中单击【文字工具】按钮，在文档窗口中输入文本，将【字体】设置为【Adobe 黑体 Std】，将【字体大小】设置为18点，将【行距】设置为31点，将【字符间距】设置为50，将【填色】的RGB值设置为6、0、1，如图7-70所示。

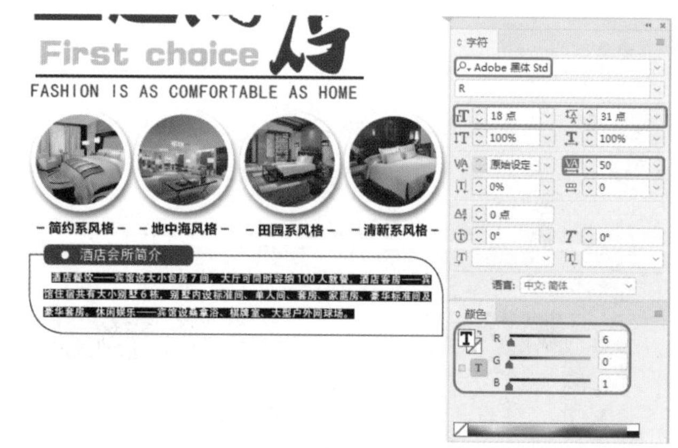

图7-70

Step 19 在工具箱中单击【矩形工具】按钮，在文档窗口中绘制图形，将【填色】的RGB值设置为46、46、46，将【描边】设置为无，将W、H分别设置为311毫米、41毫米，设置完成后调整图形位置，如图7-71所示。

Step 20 在工具箱中单击【钢笔工具】按钮，在文档窗口中绘制图形，将【填色】的RGB值设置为245、176、36，将【描边】设置为无，设置完成后调整图形位置，如图7-72所示。

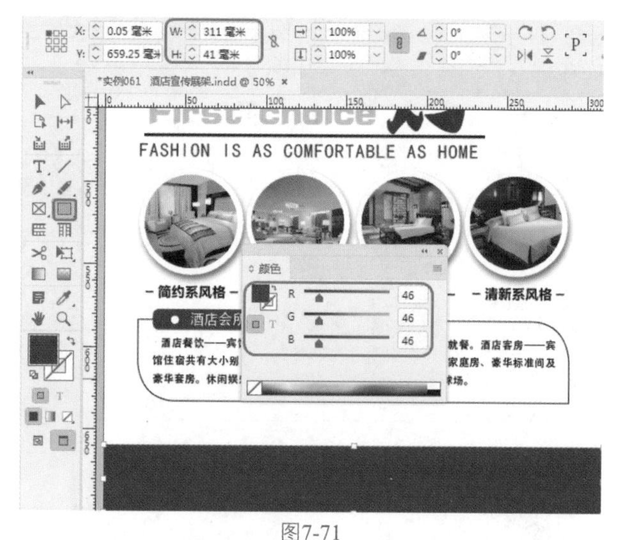

图7-71

图7-72

实例062 健身宣传展架

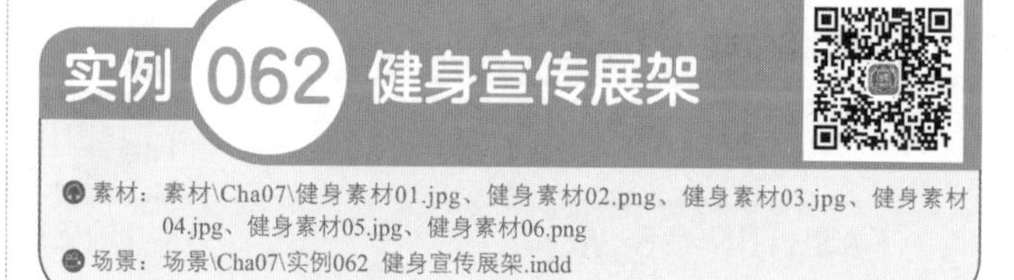

素材：素材\Cha07\健身素材01.jpg、健身素材02.png、健身素材03.jpg、健身素材04.jpg、健身素材05.jpg、健身素材06.png

场景：场景\Cha07\实例062 健身宣传展架.indd

展架已被广泛地应用于大型卖场、商场、超市、展会、公司、招聘会等场所的展览展示活动，下面讲述通过【钢笔工具】、【文字工具】和【直排文字工具】制作健身宣传展架，效果如图7-73所示。

Step 01 启动软件，按Ctrl+N快捷组合键，在弹出的对话框中将【宽度】、【高度】分别设置为263毫米、700毫米，单击【边距和分栏】按钮，在弹出的对话框中将【上】、【下】、【内】、【外】均设置为10毫米，单击【确定】按钮。在菜单栏中选择【编辑】|【透明混合空间】|【文档RGB】命令，效果如图7-74所示。

图7-73 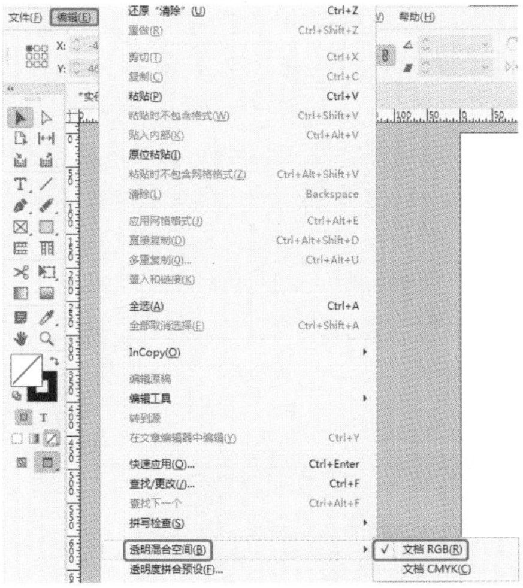　　　　图7-74

Step 02 使用【矩形工具】绘制图形，将【描边】设置为无，选择绘制的矩形，按Ctrl+D快捷组合键，弹出【置入】对话框，选择“素材\Cha07\健身素材01.jpg”素材文件，单击【打开】按钮，调整素材的位置与大小，效果如图7-75所示。

图7-75

Step 03 在工具箱中单击【文字工具】按钮，在文档窗口中输入文本，将【字体】设置为【微软雅黑】，将【字体样式】设置为Bold，将【字体大小】设置为55点，将【填色】的RGB值设置为255、255、255，打开【段落】面板，单击【右对齐】按钮，设置完成后调整文本位置，如图7-76所示。

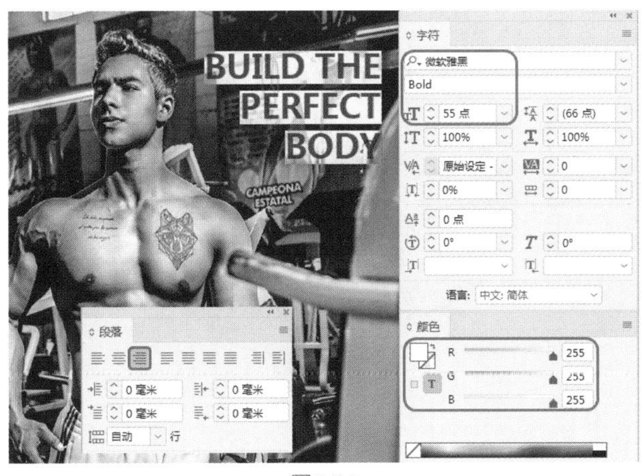

图7-76

Step 04 在【效果】面板中将【不透明度】设置为76%，在工具箱中单击【钢笔工具】按钮，在文档窗口中绘制图形，将【填色】设置为255、210、0，将【描边】设置为无，如图7-77所示。

Step 05 在工具箱中单击【文字工具】按钮，在文档窗口中输入文本“专业教练”，将【字体】设置为【汉仪海韵体简】，将【字体大小】设置为54点，将【填色】的RGB值设置为35、24、21，设置完成后调整文本位置，如图7-78所示。

图7-77

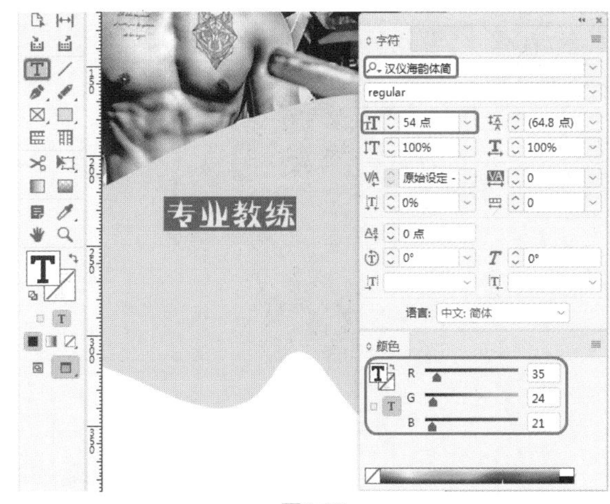

图7-78

Step 06 再次使用【文字工具】在文档窗口中，输入“一对一指导”，将【字体】设置为【汉仪海韵体简】，将【字体大小】设置为54点，将【填色】的RGB值设置为35、24、21，设置完成后调整文本位置，如图7-79所示。

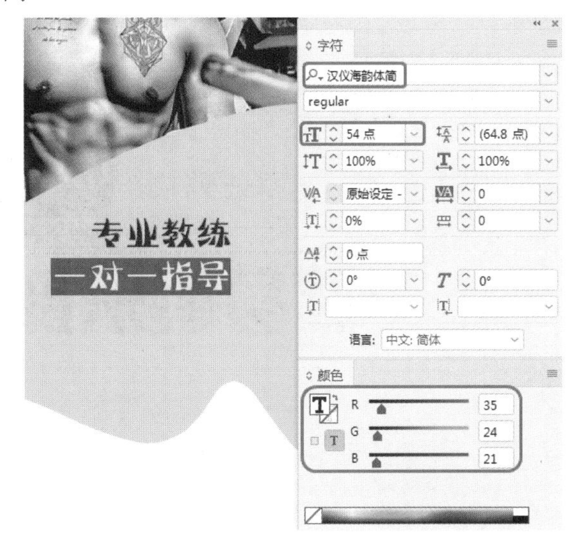

图7-79

Step 07 在菜单栏中选择【文件】|【置入】命令，弹出

【置入】对话框，选择“素材\Cha07\健身素材02.png”素材文件，单击【打开】按钮，拖曳鼠标调整位置与大小，释放鼠标即可置入素材，如图7-80所示。

图7-80

Step 08 在工具箱中单击【文字工具】按钮，在文档窗口中输入文本，将【字体】设置为【汉仪菱心体简】，将【字体大小】设置为105点，将【填色】的RGB值设置为3、0、0，设置完成后调整文本位置，如图7-81所示。

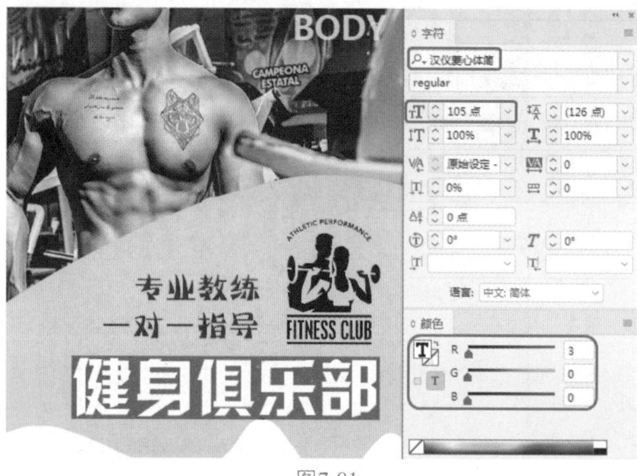

图7-81

Step 09 在工具箱中单击【椭圆工具】按钮，在文档窗口中绘制图形，将【填色】设置为241、98、56，将【描边】设置为无，将W、H都设置为47.4毫米，设置完成后调整图形的位置，如图7-82所示。

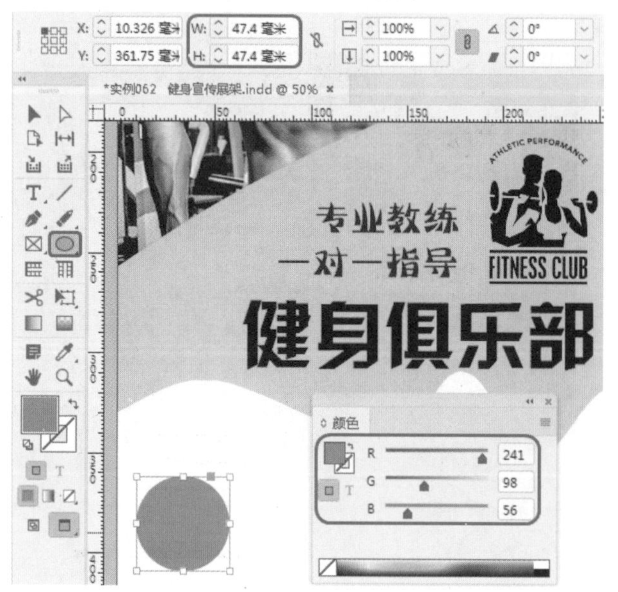

图7-82

Step 10 在工具箱中单击【椭圆工具】按钮，在文档窗口中绘制椭圆，将【填色】设置为无，将【描边】设置为纸色。打开【描边】面板，将【粗细】设置为2点，使用【钢笔工具】绘制图形，将【填色】设置为无，将【描边】设置为纸色，将【粗细】设置为3点，设置完成后调整图形的位置，如图7-83所示。

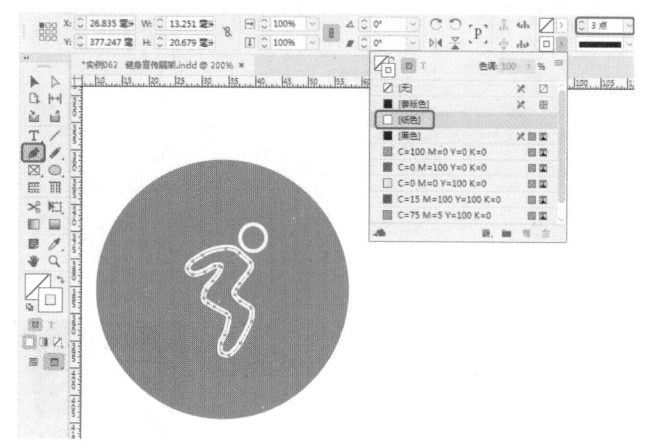

图7-83

Step 11 使用同样方法绘制其他图形，并进行相应的设置，如图7-84所示。

图7-84

Step 12 选择绘制的白色人物图层，单击鼠标右键，在弹出的快捷菜单栏中选择【编组】命令，如图7-85所示。

Step 13 在工具箱中单击【文字工具】按钮，在文档窗口中输入文本，将【字体】设置为【Adobe 黑体 Std】，将【字体大小】设置为19点，将【填色】的RGB值设置为13、29、58，设置完成后调整文本位置，如图7-86所示。

Step 14 使用同样方法输入文本Exercise lung capacity，将【字体大小】设置为11点，如图7-87所示。

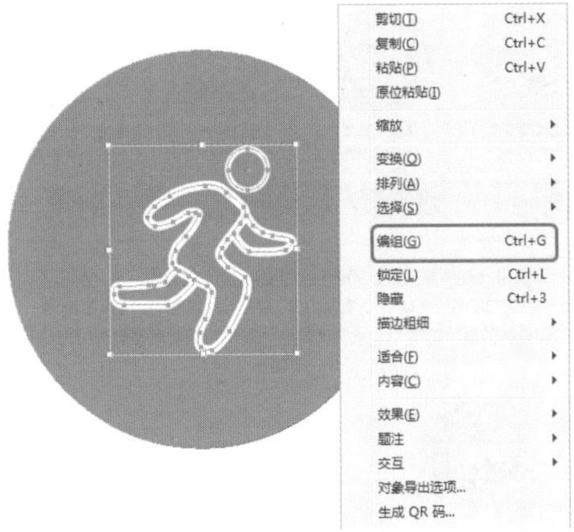

图7-85

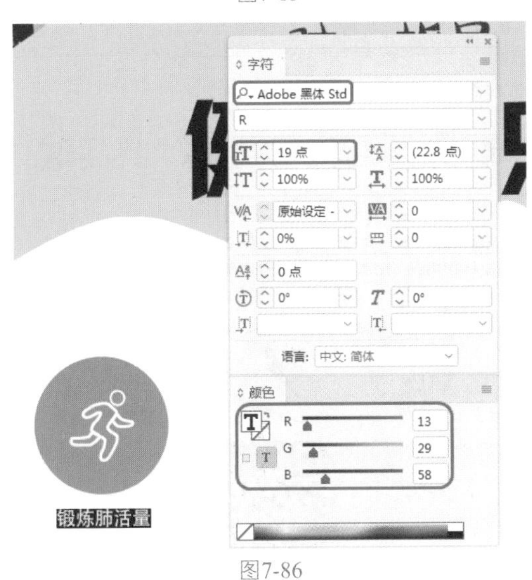

图7-86

图7-87

Step 15 根据前面介绍的方法绘制其他图形与输入其他文字，并进行相应的设置，如图7-88所示。

Step 16 在工具箱中单击【文字工具】按钮，在文档窗口中输入文本，将【字体】设置为【Adobe 黑体 Std】，将【字体大小】设置为60点，将【字符间距】设置为-120，将【填色】的RGB值设置为196、14、14，设置完成后调整文本位置，如图7-89所示。

图7-88

图7-89

Step 17 在工具箱中单击【直线工具】按钮，在文档窗口中绘制直线，将【填色】设置为无，将【描边】的RGB值设置为225、7、6，打开【描边】面板，将【粗细】设置为3点，设置完成后调整文本位置，如图7-90所示。

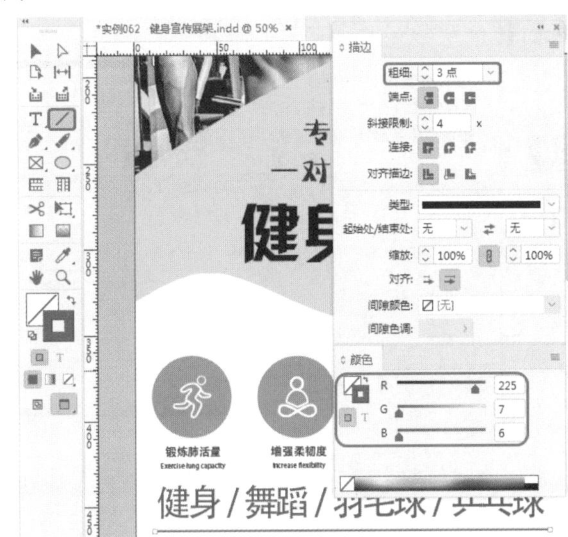

图7-90

Step 18 在工具箱中单击【文字工具】按钮，在文档窗口中输入文本，将【字体】设置为【微软雅黑】，将【字体大小】设置为23点，将【行距】设置为36点，将【填色】设置为黑色，打开【段落】面板，单击【居中对齐】按钮，设置完成后调整文本位置，如图7-91所示。

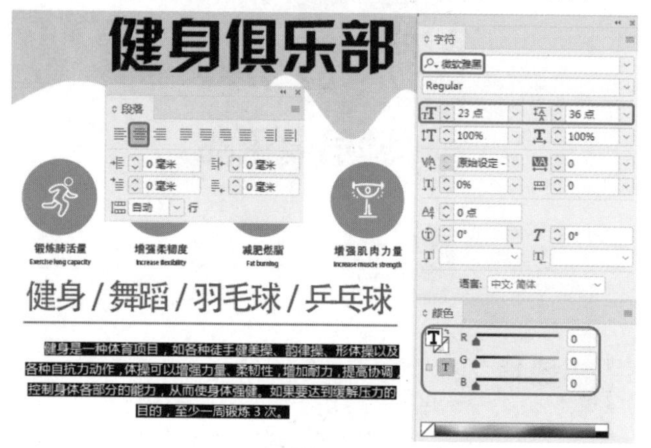

图7-91

Step 19 在工具箱中单击【椭圆工具】按钮，在文档窗口中绘制图形，将【填色】设置为无，将【描边】的RGB值设置为208、18、27，打开【描边】面板，将【粗细】设置为1点，设置完成后调整文本位置，如图7-92所示。

图7-92

Step 20 将绘制的圆形进行复制，适当调整对象的大小，选中复制后的圆形，将【描边】设置为无，在菜单栏中选择【文件】|【置入】命令，弹出【置入】对话框，选择“素材\Cha07\健身素材03.jpg”素材文件，单击【打开】按钮，置入素材后调整位置与大小，如图7-93所示。

锻炼肺活量 Exercise lung capacity　增强柔韧度 Increase flexibility　减肥燃脂 Fat burning　增强肌肉力量 Increase muscle strength

健身 / 舞蹈 / 羽毛球 / 乒乓球

健身是一种体育项目，如各种徒手健美操、韵律操、形体操以及各种自抗力动作，体操可以增强力量、柔韧性，增加耐力，提高协调，控制身体各部分的能力，从而使身体强健。如果要达到缓解压力的目的，至少一周锻炼 3 次。

图7-93

Step 21 使用同样的方法绘制其他椭圆，并置入“健身素材04.jpg、健身素材05.jpg、健身素材06.png”素材文件，置入素材后调整合适位置，如图7-94所示。

健身 / 舞蹈 / 羽毛球 / 乒乓球

健身是一种体育项目，如各种徒手健美操、韵律操、形体操以及各种自抗力动作，体操可以增强力量、柔韧性，增加耐力，提高协调，控制身体各部分的能力，从而使身体强健。如果要达到缓解压力的目的，至少一周锻炼 3 次。

图7-94

Step 22 在工具箱中单击【文字工具】按钮T，在文档窗口中输入文本，将【字体】设置为【微软雅黑】，将【字体大小】设置为30点，将【行距】设置为53点，将【填色】设置为黑色，设置完成后调整文本位置，如图7-95所示。

健身是一种体育项目，如各种徒手健美操、韵律操、形体操以及各种自抗力动作，体操可以增强力量、柔韧性，增加耐力，提高协调，控制身体各部分的能力，从而使身体强健。如果要达到缓解压力的目的，至少一周锻炼 3 次。

电话：032-1115555

地址：德州市德城区解放东路 452 号

图7-95

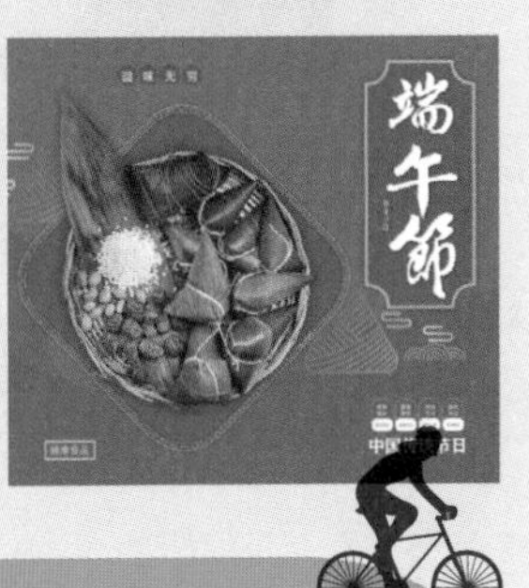

第8章 包装设计

本章导读

包装设计是一门综合运用自然科学和美学知识，为在商品流通过程中更好地保护商品，并促进商品的销售而开设的专业学科。产品通过包装设计来体现其独特新颖之处，以此吸引更多的消费者前来购买。因此，我们可以看出包装设计对产品的推广和品牌建立是至关重要的。

实例063 茶叶包装设计

素材：素材\Cha08\茶叶素材01.jpg

场景：场景\Cha08\实例063 茶叶包装设计.indd

本案例将介绍如何制作茶叶包装，首先置入一张素材图片，作为包装盒的底纹图像，然后利用【矩形工具】绘制多个图形，并使用【钢笔工具】绘制LOGO与茶叶图形，最后利用【文字工具】输入文字，并置入相应的素材文件，效果如图8-1所示。

图8-1

Step 01 新建一个【宽度】、【高度】分别为450毫米、320毫米，页面为1，边距为0毫米的文档。按Ctrl+D快捷组合键，在弹出的对话框中选择“素材\Cha08\茶叶素材01.jpg”素材文件，单击【打开】按钮，在文档窗口中单击鼠标，将选中的素材文件置入文档中，并调整其位置，效果如图8-2所示。

图8-2

Step 02 在工具箱中单击【矩形工具】，在文档窗口中绘制一个矩形，在【颜色】面板中将【填色】的颜色值设置为255、255、255，将【描边】设置为无，在【变换】面板中将W、H分别设置为93、163，并调整其位置，效果如图8-3所示。

Step 03 再次使用【矩形工具】在文档窗口中绘制一个矩形，在【颜色】面板中将【填色】设置为无，将【描边】的颜色值设置为3、0、0，在【描边】面板中将【粗细】设置为2点，在【变换】面板中将W、H分别设置为88毫米、162毫米，并调整其位置，效果如图8-4所示。

图8-3

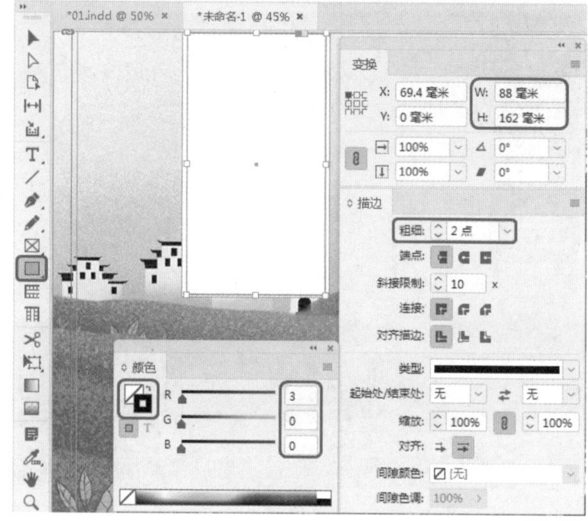

图8-4

Step 04 使用【矩形工具】在文档窗口中绘制一个矩形，在【颜色】面板中将【填色】的颜色值设置为113、157、47，将【描边】设置为无，在【变换】面板中将W、H分别设置为75毫米、88毫米，并调整其位置，效果如图8-5所示。

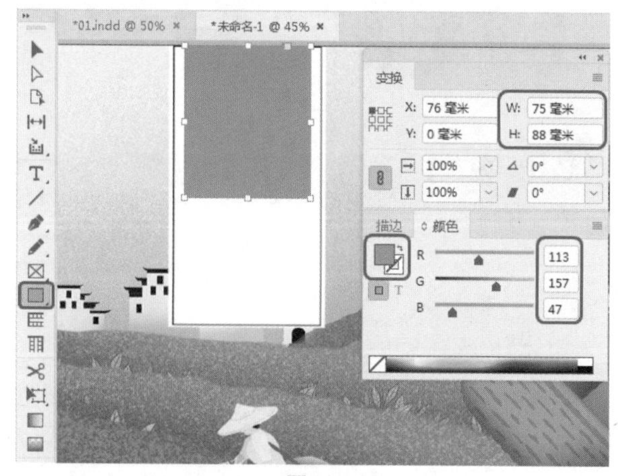

图8-5

Step 05 在工具箱中单击【直排文字工具】，在文档窗口中绘制一个文本框，输入文字。选中输入的文字，在【颜色】面板中将【填色】的颜色值设置为0、0、0，将【描边】设置为无，在【字符】面板中将【字体】设置为【华文隶书】，将【字体大小】设置为85点，将【字符间距】设置为-160，效果如图8-6所示。

图8-6

Step 06 在工具箱中单击【选择工具】，选中输入的文字，按Alt键向下拖动文字，对其进行复制，并修改复制后的文字内容，效果如图8-7所示。

图8-7

Step 07 在工具箱中单击【钢笔工具】，在文档窗口中绘制如图8-8所示的图形，在【颜色】面板中将【填色】的颜色值设置为207、28、27，将【描边】设置为无。

Step 08 使用同样的方法在文档窗口中绘制其他图形，并进行设置，效果如图8-9所示。

Step 09 在工具箱中单击【文字工具】，在文档窗口中绘制一个文本框，输入文字。选中输入的文字，在【颜色】面板中将【填色】的颜色值设置为255、255、255，将【描边】设置为无，在【字符】面板中将字体设置为【方正大标宋简体】，将【字体大小】设置为23点，将【字符间距】设置为100，并调整其位置，效果如图8-10所示。

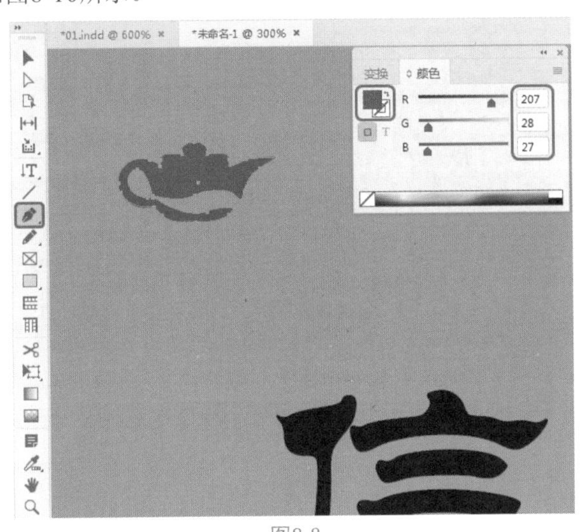

图8-8

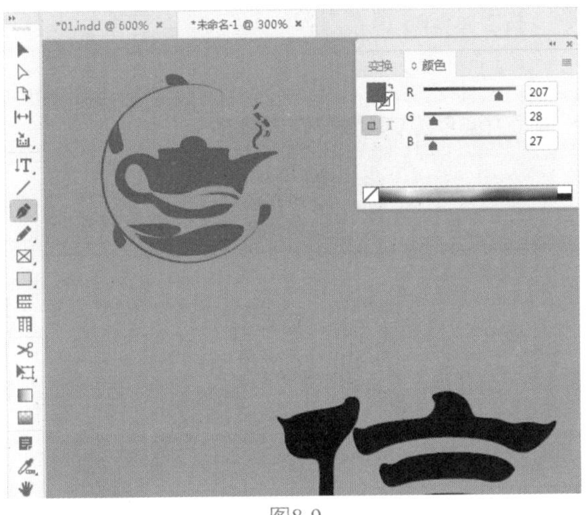

图8-9

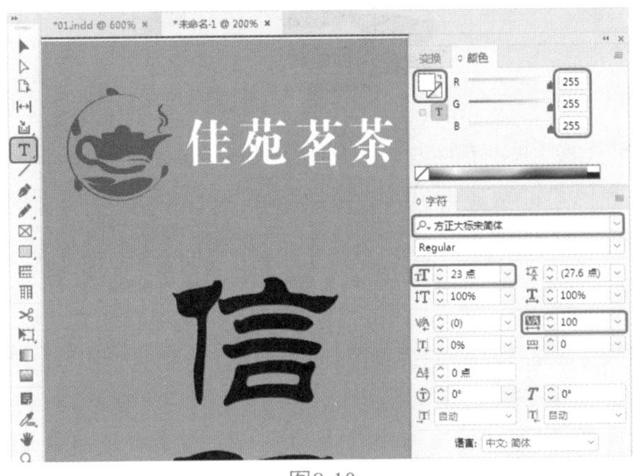

图8-10

Step 10 在工具箱中单击【文字工具】，在文档窗口中绘制一个文本框，输入文字。选中输入的文字，在

【颜色】面板中将【填色】的颜色值设置为255、255、255，将【描边】设置为无，在【字符】面板中将字体设置为Arial，将【字体大小】设置为11点，将【字符间距】设置为0，并调整其位置，效果如图8-11所示。

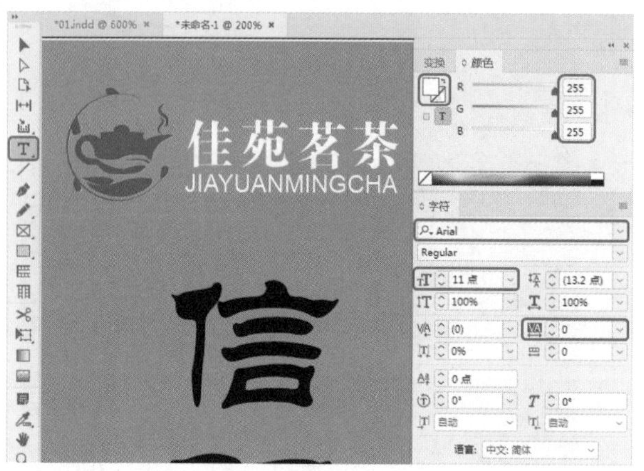

图8-11

Step 11 在工具箱中单击【钢笔工具】，在文档窗口中绘制如图8-12所示的图形，在【颜色】面板中将【填色】的颜色值设置为23、70、37，将【描边】设置为无。

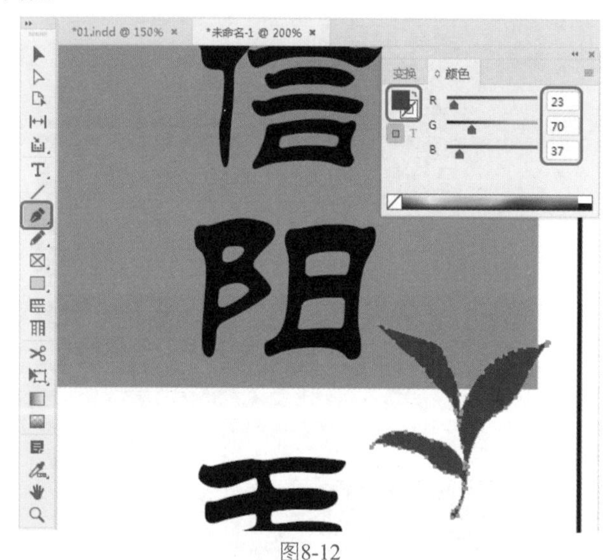

图8-12

Step 12 使用同样的方法在文档窗口中绘制其他图形，在【颜色】面板中将【填色】的颜色值设置为174、199、30，将【描边】设置为无，效果如图8-13所示。

Step 13 在工具箱中单击【文字工具】，在文档窗口中绘制一个文本框，输入文字。选中输入的文字，在【颜色】面板中将【填色】的颜色值设置为255、255、255，将【描边】设置为无，在【字符】面板中将字体设置为【方正大标宋简体】，将【字体大小】设置为24点，将【垂直缩放】设置为120%，将【字符间距】设置为0，在【变换】面板中将【旋转角度】设置为-90°，并调整其位置，效果如图8-14所示。

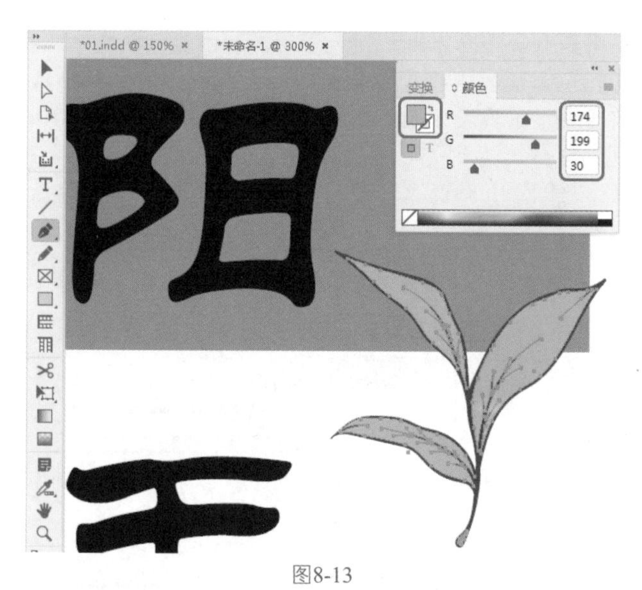

图8-13

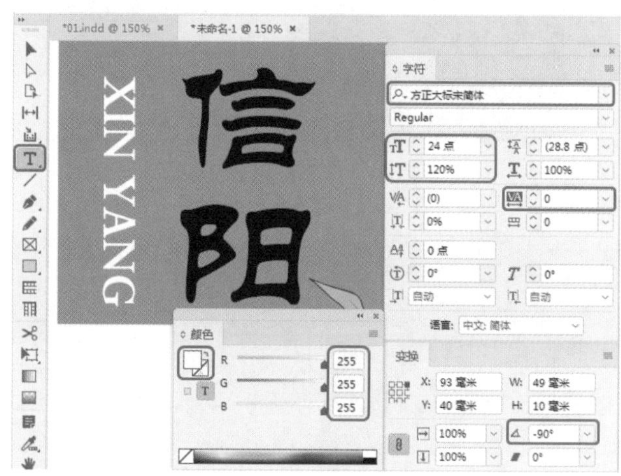

图8-14

Step 14 对输入的文字进行复制，并修改文字内容，在【颜色】面板中将【填色】的颜色值设置为3、0、0，效果如图8-15所示。

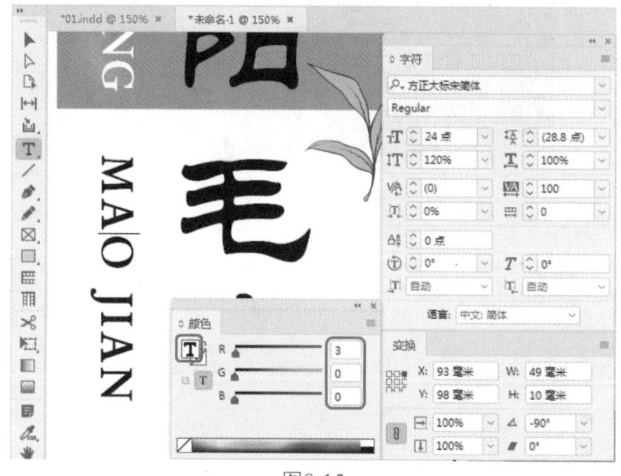

图8-15

Step 15 在工具箱中单击【椭圆工具】，在文档窗口中按住Shift键绘制一个圆形，在【颜色】面板中将【填色】的颜色值设置为207、28、27，将【描边】设置为无，在【变换】面板中将W、H均设置为7毫米，效果如图8-16所示。

图8-16

Step 16 使用【文字工具】在文档窗口中绘制一个文本框，输入文字。选中输入的文字，在【颜色】面板中将【填色】的颜色值设置为255、255、255，将【描边】设置为无，在【字符】面板中将字体设置为【创艺简老宋】，将【字体大小】设置为16点，并调整其位置，效果如图8-17所示。

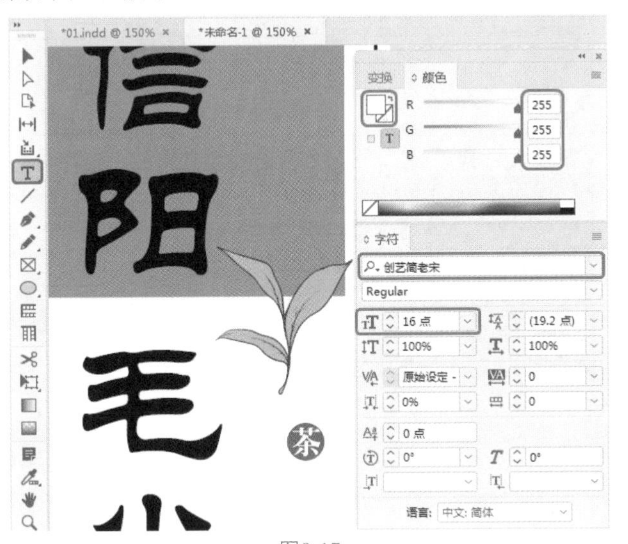

图8-17

Step 17 继续使用【文字工具】在文档窗口中绘制一个文本框，输入文字。选中输入的文字，在【颜色】面板中将【填色】的颜色值设置为0、0、0，将【描边】设置为无，在【字符】面板中将字体设置为【方正大标宋简体】，将【字体大小】设置为12点，将【行距】设置为19，在【段落】面板中单击【右对齐】按钮，并调整其位置，效果如图8-18所示。

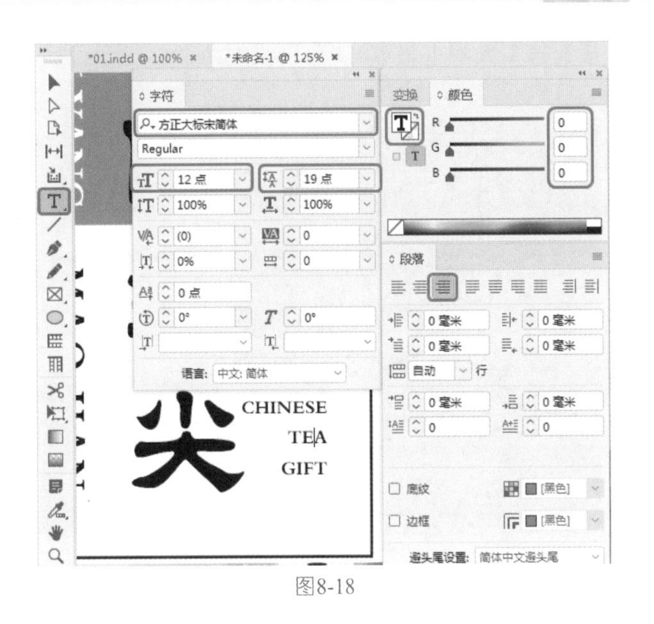

图8-18

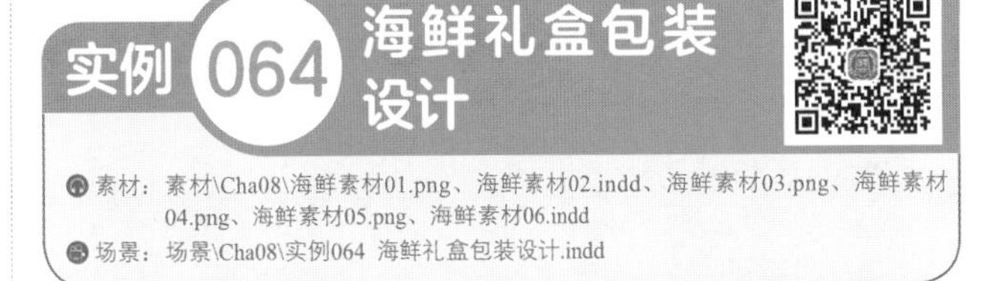

实例064 海鲜礼盒包装设计

素材：素材\Cha08\海鲜素材01.png、海鲜素材02.indd、海鲜素材03.png、海鲜素材04.png、海鲜素材05.png、海鲜素材06.indd

场景：场景\Cha08\实例064 海鲜礼盒包装设计.indd

本案例将介绍海鲜礼盒包装设计。本案例主要利用【矩形工具】绘制标题底纹，然后使用【直排文字工具】输入文字，将其转换为轮廓，并对文字轮廓进行调整，最后为输入的文字添加下划线，并对下划线进行调整，效果如图8-19所示。

图8-19

Step 01 新建一个【宽度】、【高度】分别为308毫米、219毫米，页面为1，边距为0毫米的文档。在工具箱中单击【矩形工具】，在文档窗口中绘制一个矩形，在【颜色】面板中将【填色】的颜色值设置为228、17、42，将【描边】设置为无，在【变换】面板中将W、H分别设置为308毫米、219毫米，效果如图8-20所示。

Step 02 按Ctrl+D快捷组合键，在弹出的对话框中选择“素材\Cha08\海鲜素材01.png”素材文件，在文档窗口中单击鼠标，将其置入文档中。选中置入的素材文件，在【变换】面板中将W、H分别设置为308毫米、219毫米，效果如图8-21所示。

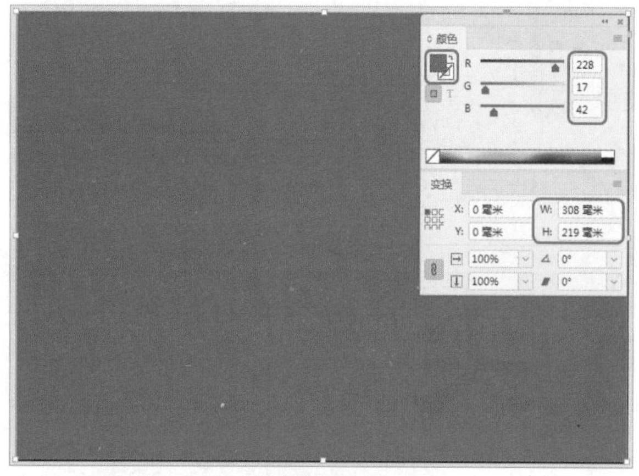

图8-20

图8-21

◎提示

在置入素材文件时，若选中绘制的矩形或其他图形，则置入的素材文件会嵌入所选的对象中。

Step 03 继续选中置入的素材文件，右击鼠标，在弹出的快捷菜单选中选择【适合】|【使内容适合框架】命令，如图8-22所示。

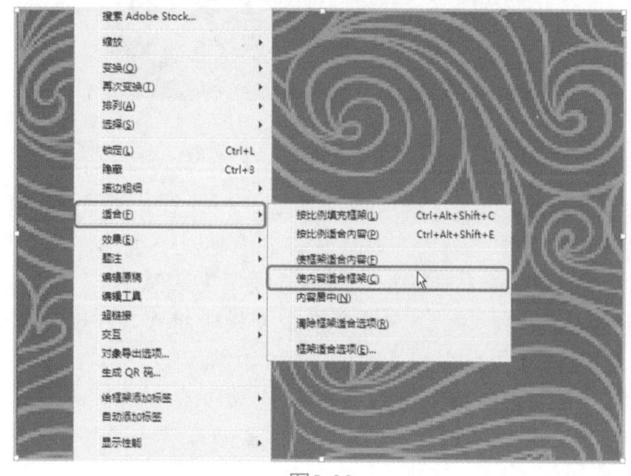

图8-22

Step 04 继续选中置入的素材文件，在【效果】面板中将【不透明度】设置为40%，如图8-23所示。

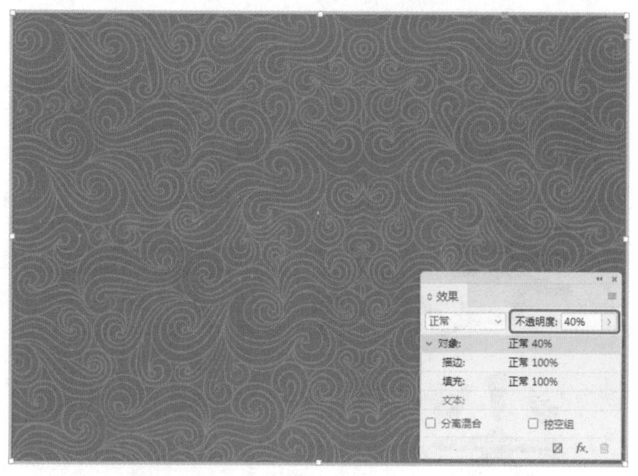

图8-23

Step 05 在工具箱中单击【矩形工具】，在文档窗口中绘制一个矩形，在【描边】面板中将【粗细】设置为0.3，在【变换】面板中将W、H分别设置为47毫米、117毫米，在【渐变】面板中将【类型】设置为【线性】，将左侧色标的颜色值设置为199、169、74，在50%位置处添加一个色标，将其颜色值设置为235、216、145，将右侧色标的颜色值设置为199、179、99，并调整其位置，效果如图8-24所示。

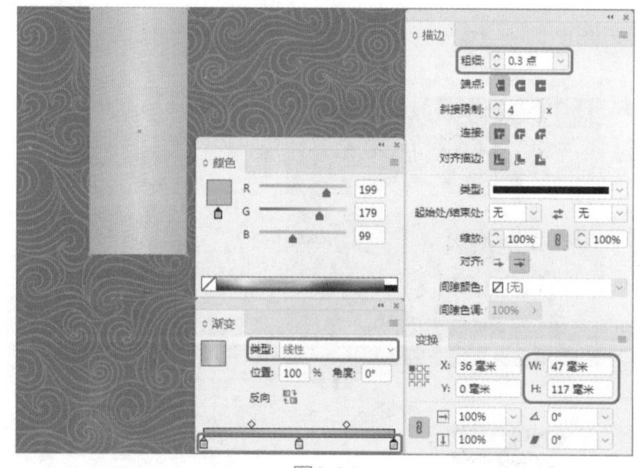

图8-24

◎提示

在对矩形进行设置时，需要先设置描边等参数，然后再对W、H进行设置，若先设置W、H参数，则设置描边参数时，W、H会自动发生改变。

Step 06 再次使用【矩形工具】在文档窗口中绘制一个矩形，在【颜色】面板中将【填色】的颜色值设置为3、0、0，将【描边】设置为无，在【变换】面板中将W、H分别设置为43毫米、115毫米，并调整其位置，效果如图8-25所示。

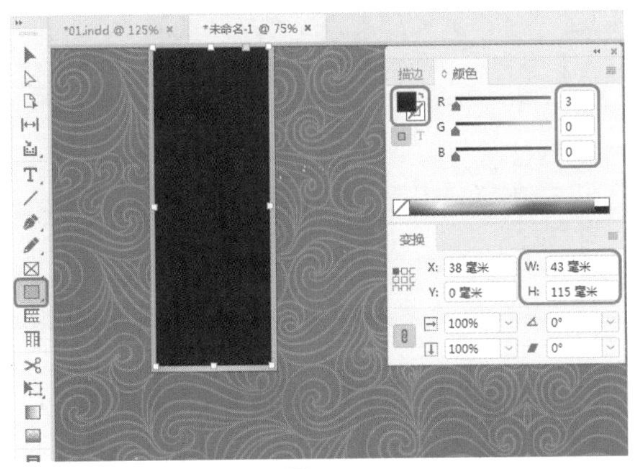
图8-25

Step 07 在工具箱中单击【直排文字工具】，在文档窗口中绘制一个文本框，输入文字。选中输入的文字，在【颜色】面板中将【填色】的颜色值设置为232、211、142，将【描边】设置为无，在【字符】面板中将字体设置为【长城粗圆体】，将【字体大小】设置为72点，并调整其位置，效果如图8-26所示。

图8-26

Step 08 使用【选择工具】选中输入的文字，按Ctrl+Shift+O快捷组合键，为选中的文字创建轮廓。选中创建轮廓的文字对象，在工具箱中单击【直接选择工具】，对文字轮廓进行调整，效果如图8-27所示。

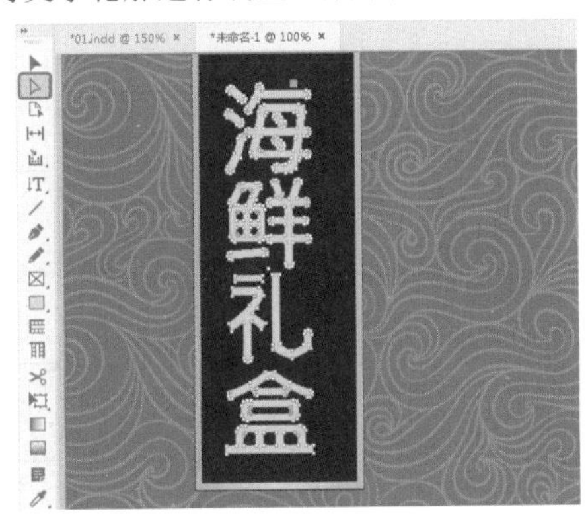
图8-27

Step 09 再次使用【直排文字工具】在文档窗口中绘制一个文本框，输入文字。选中输入的文字，在【颜色】面板中将【填色】的颜色值设置为232、211、142，将【描边】设置为无，在【字符】面板中将字体设置为【汉仪中隶书简】，将【字体大小】设置为13点，将【字符间距】设置为200，并调整其位置，效果如图8-28所示。

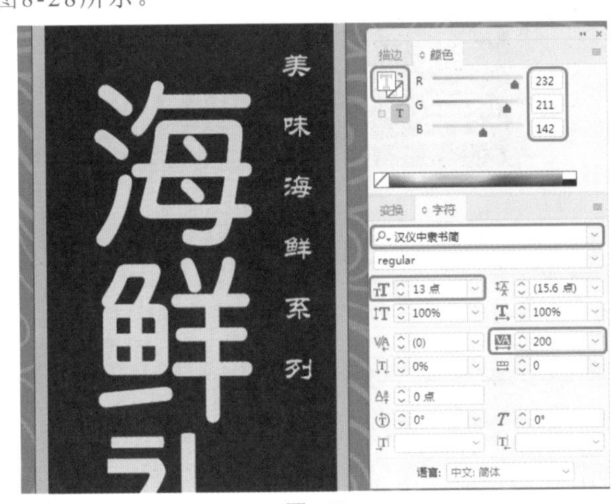
图8-28

Step 10 在工具箱中单击【直线工具】，在文档窗口中绘制多条斜线，并在【颜色】面板中将【填色】设置为无，将【描边】的颜色值设置为240、217、145，在【描边】面板中将【粗细】设置为1点，如图8-29所示。

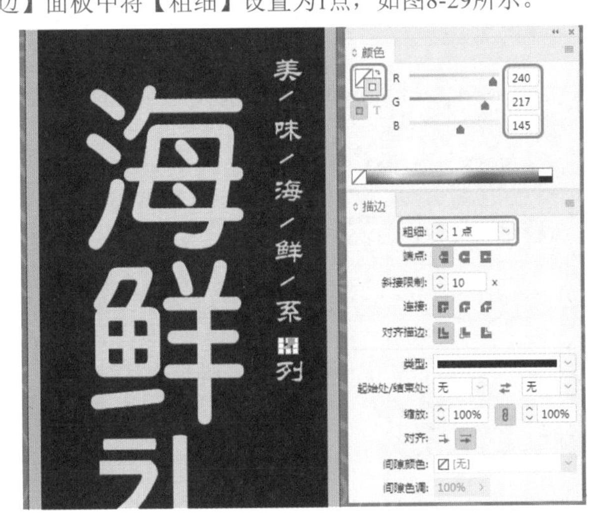
图8-29

Step 11 将“海鲜素材02.indd”素材文件置入文档中，并调整其大小与位置，根据前面介绍的方法在文档窗口中制作其他内容，效果如图8-30所示。

Step 12 在文档窗口中选择如图8-31所示的文字对象，在【字符】面板中单击≡按钮，在弹出的菜单中选择【下划线】命令。

Step 13 继续选中该文字对象，在【字符】面板中单击≡按钮，在弹出的菜单中选择【下划线选项】命令，如

图8-32所示。

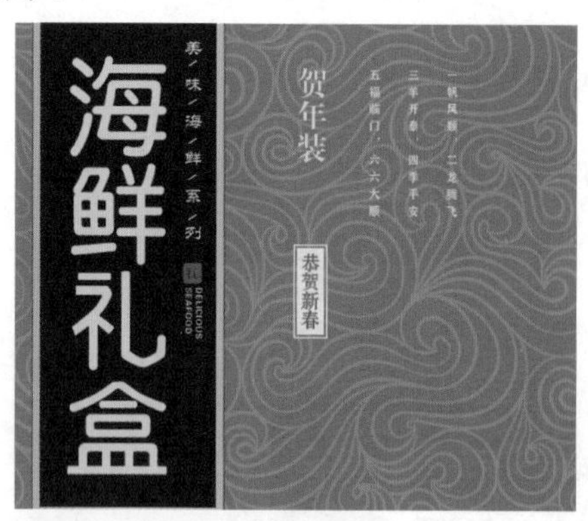
图8-30

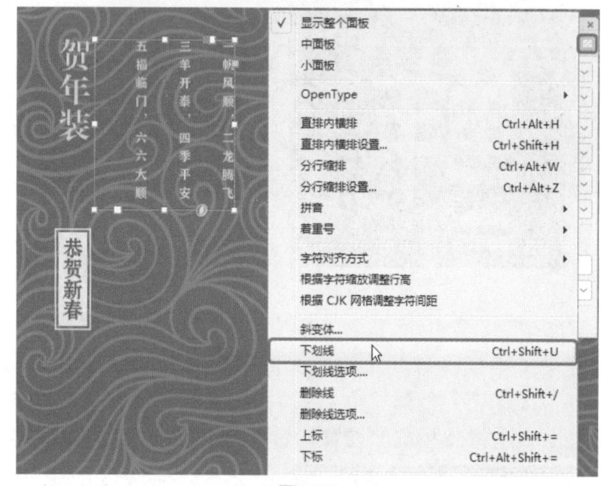
图8-31

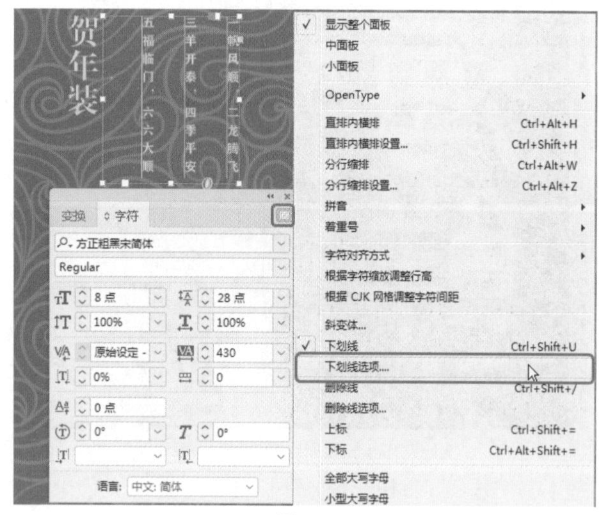
图8-32

Step 14 在弹出的对话框中将【粗细】设置为0.6点，将【位移】设置为-8点，将【颜色】设置为【文本颜色】，如图8-33所示。

Step 15 设置完成后，单击【确定】按钮。将“海鲜素材03.png”素材文件置入文档中，并调整其大小与位置，效果如图8-34所示。

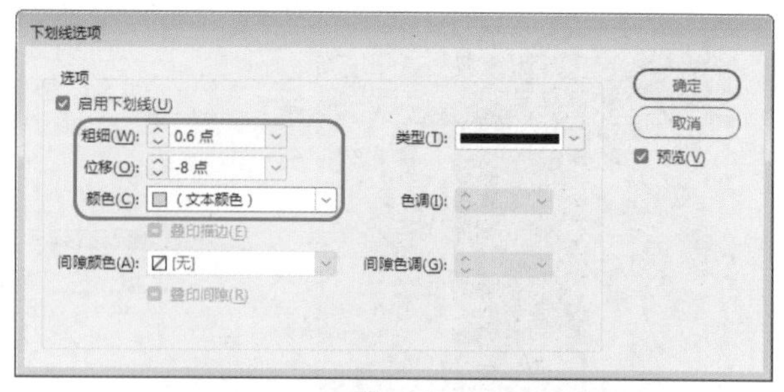
图8-33

图8-34

Step 16 将“海鲜素材04.png”素材文件置入文档中，并调整其位置。选中置入的素材文件，右击鼠标，在弹出的快捷菜单中选择【排列】|【后移一层】命令，如图8-35所示。

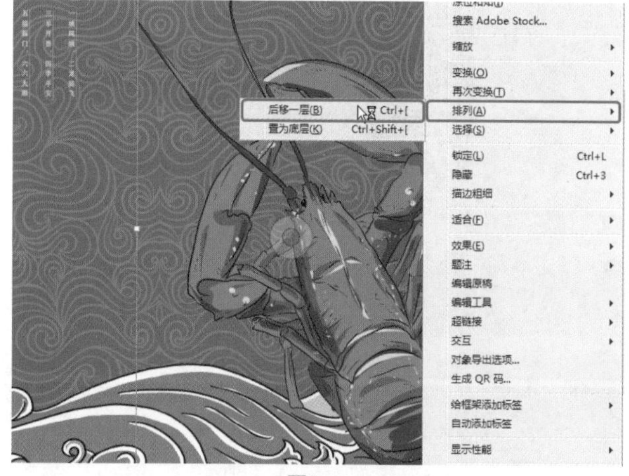
图8-35

Step 17 使用同样的方法将其他素材文件置入文档中，并对置入的素材文件进行调整，效果如图8-36所示。

图8-36

Step 18 在工具箱中单击【钢笔工具】，在文档窗口中绘制如图8-37所示的两个图形，在【颜色】面板中将【填色】的颜色值设置为247、222、148，将【描边】设置为无。

图8-37

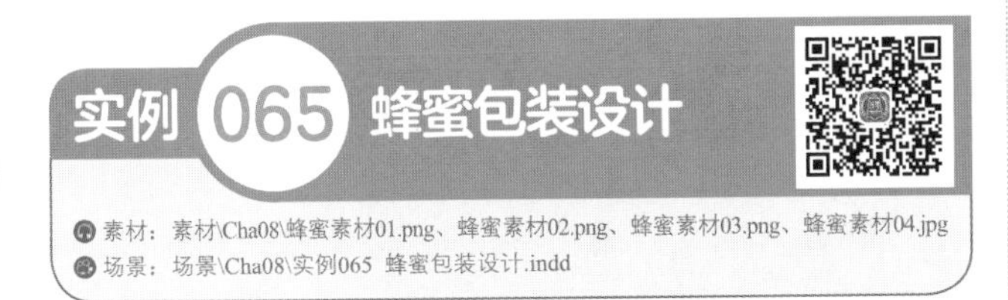

蜂蜜的营养价值较高，故而在生活中广受人们的喜爱，不少人都选择蜂蜜礼盒作为礼物赠送亲朋好友。本案例将介绍蜂蜜包装设计，效果如图8-38所示。

图8-38

Step 01 新建一个【宽度】、【高度】分别为450毫米、320毫米，页面为1，边距为0毫米的文档。按Ctrl+D快捷组合键，在弹出的对话框中选择"素材\Cha08\蜂蜜素材01.png"素材文件，单击【打开】按钮，在文档窗口中单击鼠标，将选中的素材文件置入文档中。选中置入的素材文件，将素材文件的定界框调整至与文档大小相同，并调整其位置，效果如图8-39所示。

Step 02 在工具箱中单击【文字工具】T，在文档窗口中绘制一个文本框，输入文字。选中输入的文字，在【字符】面板中将字体设置为【电影海报字体】，将【字体大小】设置为126点，在【颜色】面板中将【填色】的颜色值设置为0、0、0，并在文档窗口中调整其位置，效果如图8-40所示。

图8-39

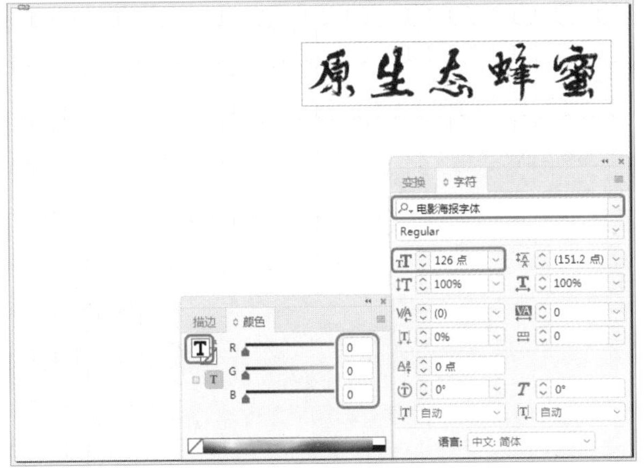

图8-40

Step 03 再次使用【文字工具】在文档窗口中绘制一个文本框，输入文字。选中输入的文字，在【字符】面板中将字体设置为【创艺简老宋】，将【字体大小】设置为30点，将【字符间距】设置为40，在【颜色】面板中将【填色】的颜色值设置为0、0、0，并在文档窗口中调整其位置，效果如图8-41所示。

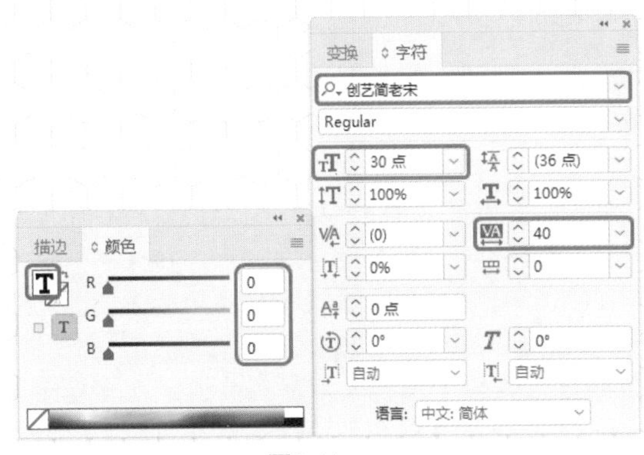

图8-41

Step 04 在工具箱中单击【直线工具】，在文档窗口中按住Shift键绘制一条水平直线，选中绘制的直线，在【描边】面板中将【粗细】设置为2.5点，在【变换】面板中将L设置为30毫米，在【颜色】面板中将【填色】设置为无，将【描边】的颜色值设置为0、0、0，并调整其位置，效果如图8-42所示。

图8-42

Step 05 在工具箱中单击【选择工具】，选中绘制的水平直线，按住Alt键向右拖动鼠标，对其进行复制，并调整其位置。在工具箱中单击【椭圆工具】，按住Shift键绘制一个正圆，选中绘制的正圆，在【颜色】面板中将【填色】的颜色值设置为194、51、38，将【描边】设置为无，在【变换】面板中将W、H均设置为15毫米，并在文档窗口中调整其位置，效果如图8-43所示。

图8-43

Step 06 根据前面介绍的方法对绘制的圆形进行复制，并调整复制对象的位置。在工具箱中单击【文字工具】，在文档窗口中绘制一个文本框，输入文字。选中输入的文字，在【字符】面板中将字体设置为【方正粗宋简体】，将【字体大小】设置为21点，将【字符间距】设置为2030，在【颜色】面板中将【填色】的颜色值设置为255、255、255，如图8-44所示。

Step 07 在工具箱中单击【矩形工具】，在文档窗口中绘制一个矩形，在【颜色】面板中将【填色】的颜色值设置为224、140、20，将【描边】设置为无，在【变换】面板中将W、H分别设置为450毫米、130毫米，如图8-45所示。

图8-44

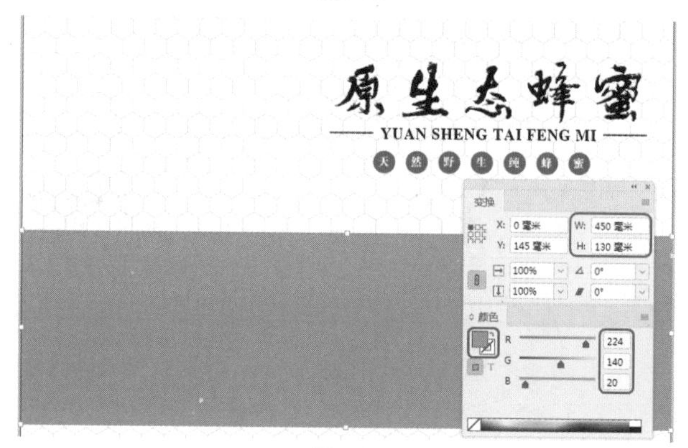

图8-45

Step 08 将“蜂蜜素材02.png、蜂蜜素材03.png”素材文件置入文档中，并调整其大小与位置，效果如图8-46所示。

图8-46

Step 09 将“蜂蜜素材04.jpg”素材文件置入文档中，在文档窗口中调整其大小与位置，选中置入的素材文件，在【效果】面板中将【混合模式】设置为【正片叠底】，如图8-47所示。

Step 10 在工具箱中单击【直排文字工具】，在文档窗口中绘制一个文本框，输入文字。选中输入的文字，在【字符】面板中将字体设置为【方正粗宋简体】，将【字体大小】设置为48点，将【字符间距】设置为240，在【颜色】面板中将【填色】的颜色值设置为255、255、255，如图8-48所示。

图8-47

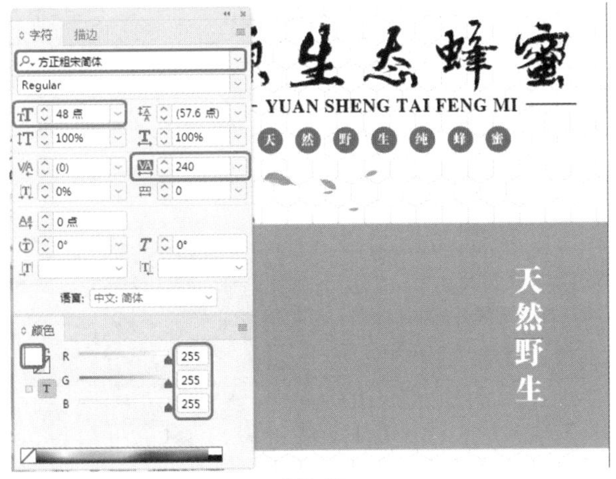

图8-48

Step 11 根据前面介绍的方法在文档窗口中输入其他文字内容，并进行设置，效果如图8-49所示。

图8-49

Step 12 在工具箱中单击【直线工具】，在文档窗口中按住Shift键绘制两条垂直直线，并在【描边】面板中将【粗细】设置为1点，在【变换】面板中将L设置为81毫米，在【颜色】面板中将【描边】的颜色值设置为255、255、255，如图8-50所示。

Step 13 在工具箱中单击【矩形工具】，在文档窗口中绘制一个矩形，在【颜色】面板中将【填色】的颜色值设置为207、28、27，将【描边】设置为无，在【变换】面板中将W、H均设置为13毫米，并在文档窗口中调整其位置，效果如图8-51所示。

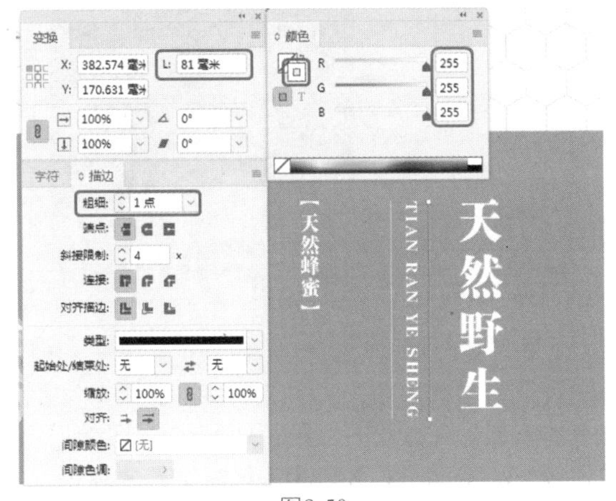

图8-50

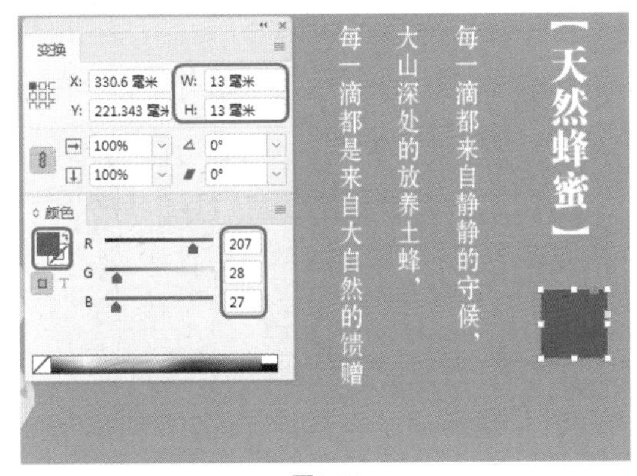

图8-51

Step 14 继续选中绘制的矩形，在菜单栏中选择【对象】|【角选项】命令，在弹出的对话框中将【转角大小】均设置为2毫米，将【转角形状】设置为【圆角】，如图8-52所示。

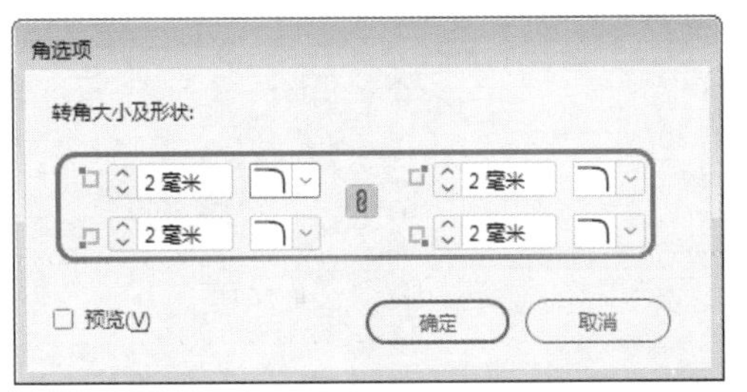

图8-52

Step 15 设置完成后，单击【确定】按钮。在工具箱中单击【直线工具】，在文档窗口中按住Shift键绘制一条垂直直线，在【颜色】面板中将【填色】设置为无，将【描边】的颜色值设置为255、255、255，在【描边】面板中将【粗细】设置为0.7点，在【变换】面板中将L设置为13毫米，并使用同样的方法在文档窗口中绘制一条水平直线，效果如图8-53所示。

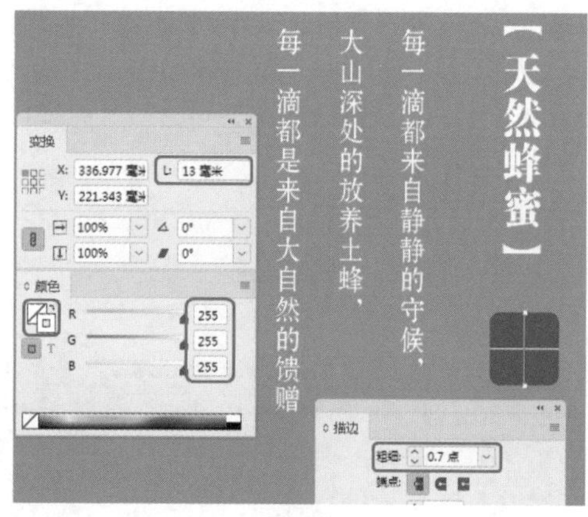

图8-53

Step 16 在工具箱中单击【直排文字工具】，在文档窗口中绘制一个文本框，输入文字并选中，在【字符】面板中将字体设置为【方正大标宋简体】，将【字体大小】设置为14点，将【行距】、【字符间距】分别设置为18点、280，在【颜色】面板中将【填色】的颜色值设置为255、255、255，如图8-54所示。

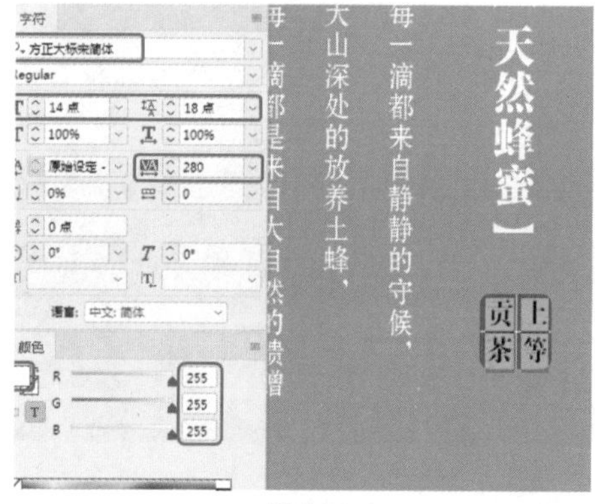

图8-54

Step 17 在工具箱中单击【钢笔工具】，在文档窗口中绘制如图8-55所示的两个图形，在【颜色】面板中将【填色】的颜色值设置为207、28、27，将【描边】设置为无。

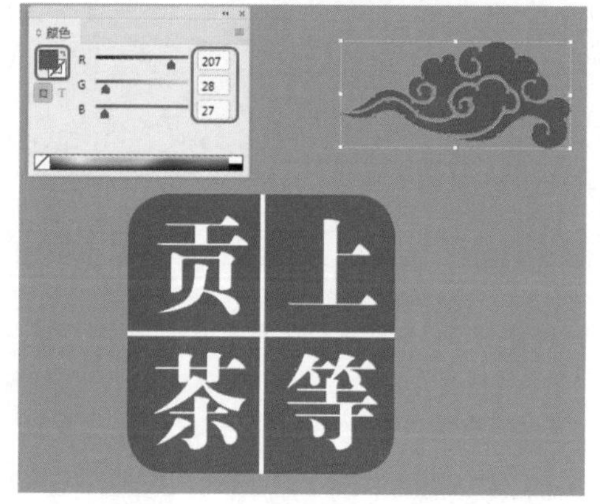

图8-55

Step 18 根据前面所介绍的方法在文档窗口中制作其他内容，并进行相应的设置，效果如图8-56所示。

图8-56

实例066 核桃包装设计

素材：素材\Cha08\核桃素材01.psd、核桃素材02.png、核桃素材03.indd、核桃素材04.indd、核桃素材05.indd

场景：场景\Cha08\实例066 核桃包装设计.indd

本案例将介绍如何制作核桃包装设计。本案例通过绘制矩形制作包装底纹，并置入相应的素材文件，然后使用【矩形工具】在文档窗口中绘制矩形，并设置矩形的角选项，效果如图8-57所示。

图8-57

Step 01 新建一个【宽度】、【高度】分别为450毫米、320毫米，页面为1，边距为0毫米的文档。在工具箱中单击【矩形工具】，在文档窗口中绘制一个矩形，在【颜色】面板中将【填色】的颜色值设置为232、55、61，将【描边】设置为无，在【变换】面板中将W、H分别设置为450毫米、320毫米，效果如图8-58所示。

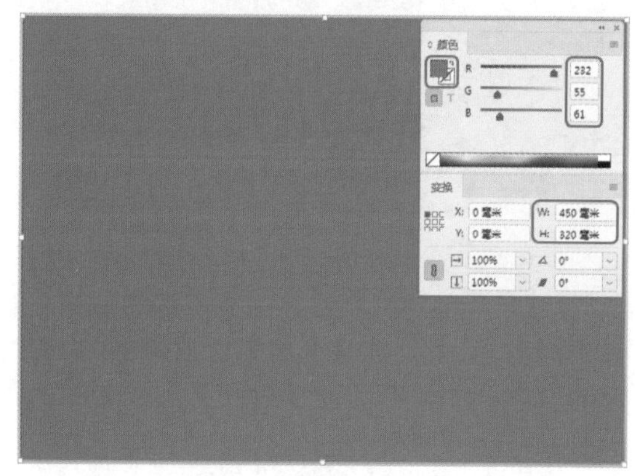
图8-58

Step 02 按Ctrl+D快捷组合键，在弹出的对话框中选择“素材\Cha08\核桃素材01.psd”素材文件，在文档窗口中单击鼠标，将其置入文档中，选中置入的素材文件，在【效果】面板中将【不透明度】设置为15%，如图8-59所示。

图8-59

Step 03 使用同样的方法将“核桃素材02.png、核桃素材03.indd、核桃素材04.indd”素材文件置入文档中，并调整其大小与位置，效果如图8-60所示。

图8-60

Step 04 在工具箱中单击【矩形工具】，在文档窗口中绘制一个矩形，在【颜色】面板中将【填色】的颜色值设置为248、224、168，将【描边】设置为无，在【变换】面板中将W、H分别设置为148毫米、282毫米，并在文档窗口中调整其位置，效果如图8-61所示。

图8-61

Step 05 在工具箱中单击【椭圆工具】，在文档窗口中按住Shift键绘制一个正圆，在【颜色】面板中将【填色】设置为196、23、31，将【描边】设置为无，在【变换】面板中将W、H均设置为14毫米，并调整其位置，效果如图8-62所示。

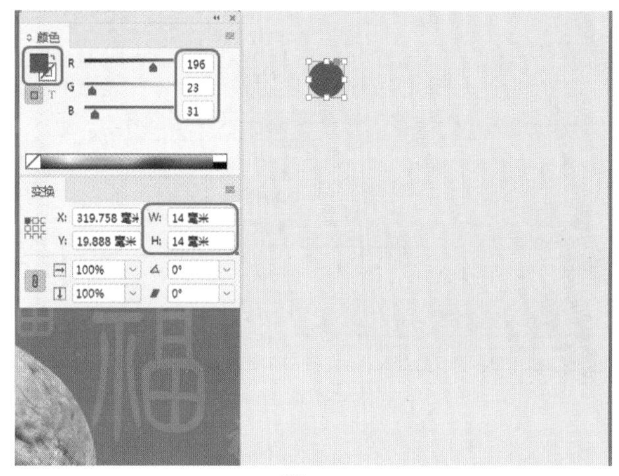

图8-62

Step 06 再次使用【椭圆工具】在文档窗口中按住Shift键绘制一个正圆，在【颜色】面板中将【填色】设置为无，将【描边】设置为196、23、31，在【描边】面板中将【粗细】设置为2点，在【变换】面板中将W、H均设置为18毫米，并调整其位置，效果如图8-63所示。

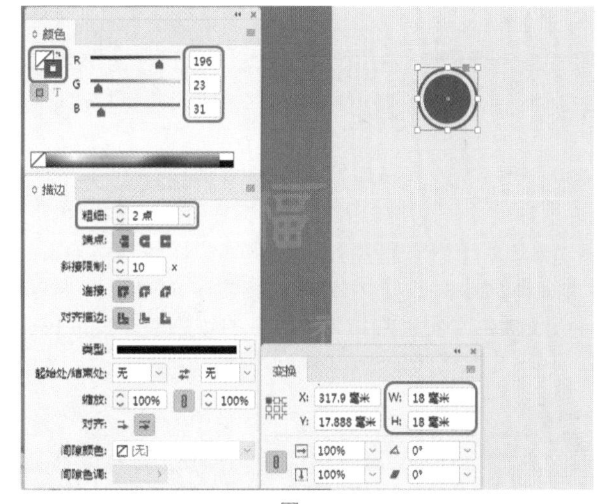

图8-63

Step 07 在文档窗口中按住Shift键选中绘制的两个正圆，右击鼠标，在弹出的快捷菜单中选择【编组】命令，如图8-64所示。

Step 08 选中编组后的对象，对其进行复制，在工具箱中单击【文字工具】，在文档窗口中绘制一个文本框，输入文字。选中输入的文字，在【字符】面板中将字体设置为【方正兰亭粗黑简体】，将【字体大小】设置为28点，将【字符间距】设置为1000，在【颜色】面板中将【填色】的颜色值设置为246、223、168，并调整其位置，效果如图8-65所示。

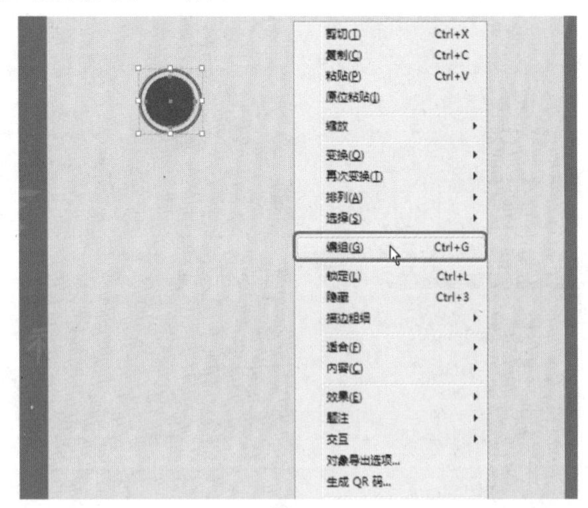

图8-64

图8-65

Step 09 使用【文字工具】在文档窗口中绘制一个文本框，输入文字。选中输入的文字，在【字符】面板中将字体设置为【微软雅黑】，将字体样式设置为Bold，将【字体大小】设置为20点，将【字符间距】设置为3，在【颜色】面板中将【填色】的颜色值设置为188、44、47，并调整其位置，效果如图8-66所示。

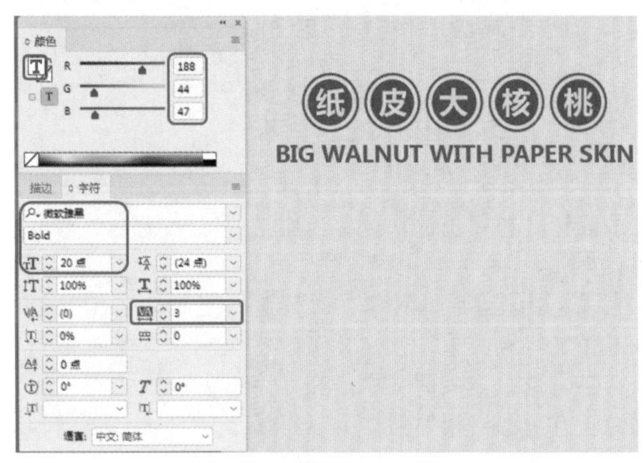

图8-66

Step 10 在工具箱中单击【矩形工具】，在文档窗口中绘制一个矩形，在【颜色】面板中将【填色】设置为无，将【描边】设置为183、35、41，在【描边】面板中将【粗细】设置为2点，在【变换】面板中将W、H分别设置为124毫米、205毫米，如图8-67所示。

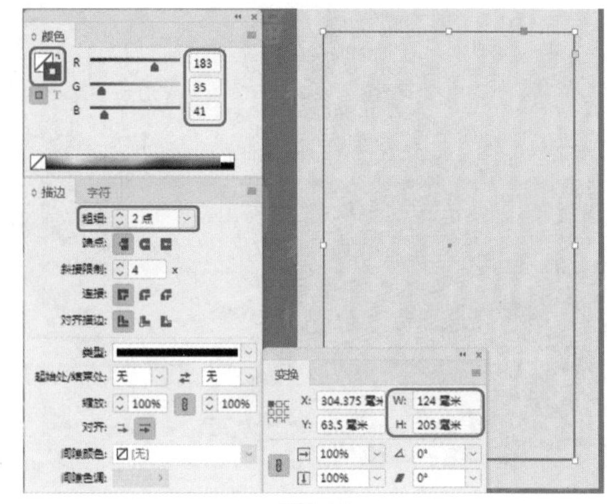

图8-67

Step 11 选中绘制的矩形，在菜单栏中选择【对象】|【角选项】命令，在弹出的对话框中将【转角大小】均设置为19毫米，将【转角形状】设置为【斜角】，如图8-68所示。

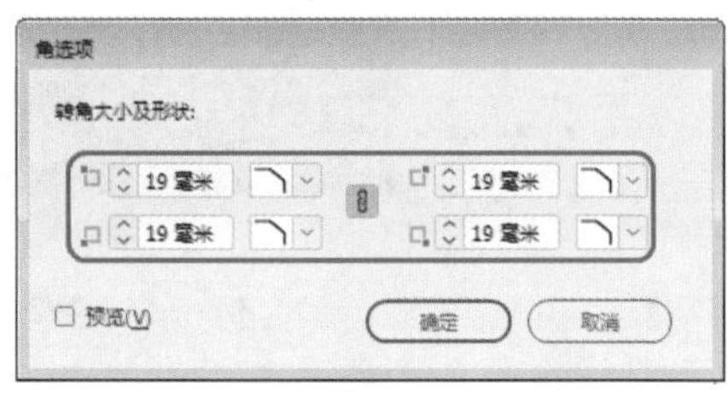

图8-68

Step 12 设置完成后，单击【确定】按钮，继续选中新绘制的矩形，按Ctrl+C快捷组合键对其进行复制，按Ctrl+V快捷组合键对其进行粘贴。选中粘贴后的对象，在【描边】面板中将【粗细】设置为4点，在【变换】面板中将W、H分别设置为130毫米、211毫米，并调整其位置，效果如图8-69所示。

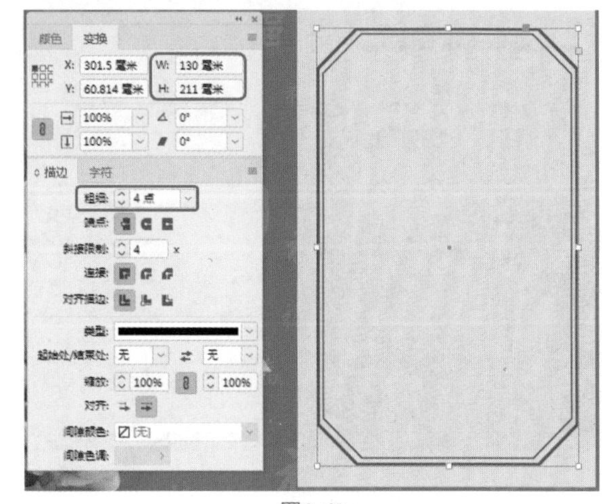

图8-69

Step 13 选中调整后的矩形，在工具箱中单击【添加锚点工具】，在选中的矩形上添加锚点，如图8-70所示。

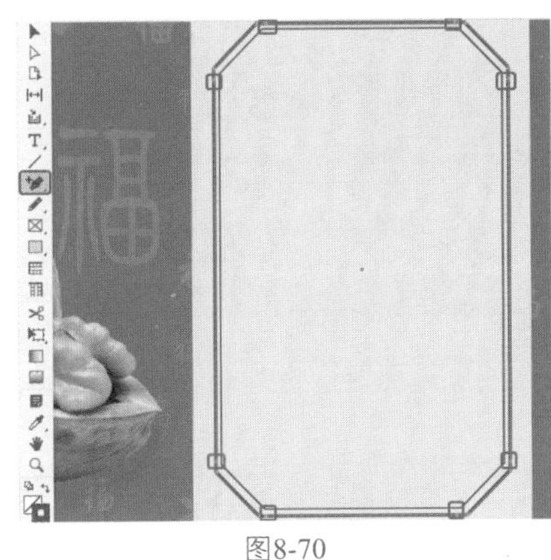

图8-70

Step 14 在工具箱中单击【直接选择工具】，在文档窗口中选择如图8-71所示的锚点。

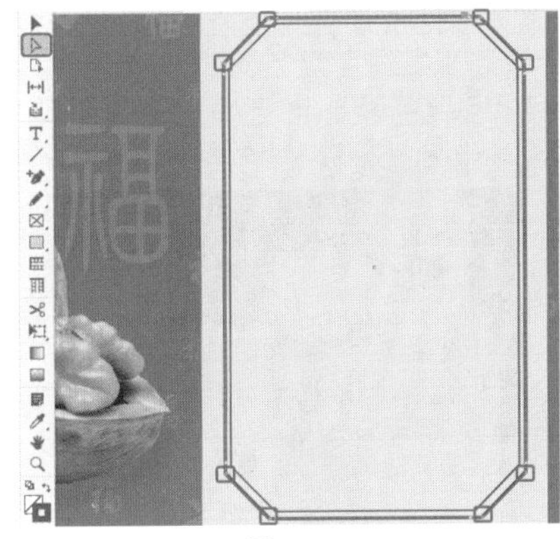

图8-71

Step 15 按Delete键将选中的锚点删除，在工具箱中单击【钢笔工具】，在文档窗口中绘制如图8-72所示的图形，在【颜色】面板中将【填色】的颜色值设置为196、23、31，将【描边】设置为无。

图8-72

Step 16 再次使用【钢笔工具】在文档窗口中绘制如图8-73所示的两个图形，并为其填充任意一种颜色，将其【描边】设置为无。

图8-73

Step 17 在文档窗口中选择新绘制的三个图形，在菜单栏中选择【对象】|【路径查找器】|【减去】命令，如图8-74所示。

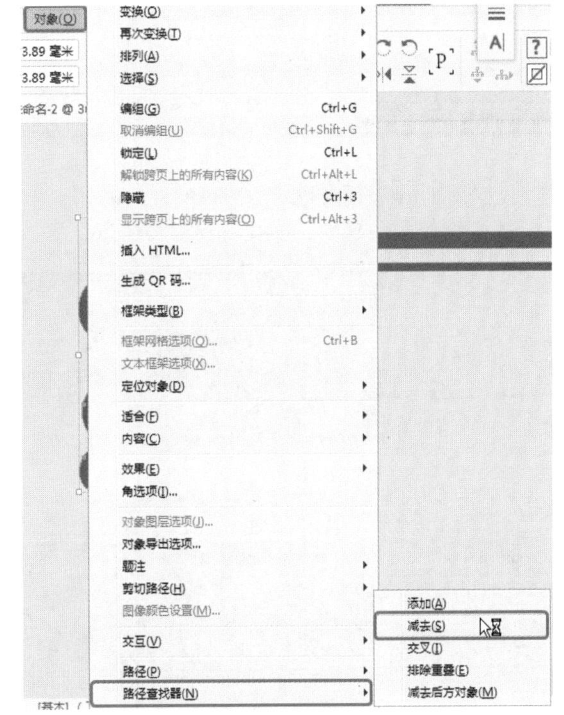

图8-74

Step 18 对减去后的图形进行复制，并调整其角度与位置，效果如图8-75所示。

图8-75

Step 19 在工具箱中单击【文字工具】，在文档窗口中绘制一个文本框，输入文字。选中输入的文字，在【字符】面板中将字体设置为【腾祥铁山楷书繁】，将【字体大小】设置为168点，在【颜色】面板中将【填色】的颜色值设置为188、44、47，如图8-76所示。

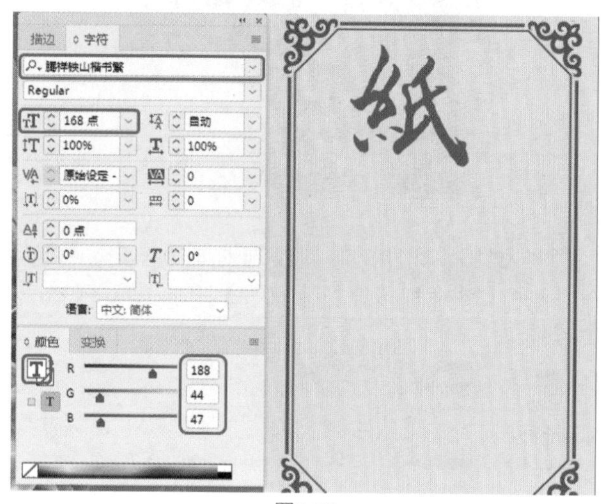

图8-76

Step 20 根据前面介绍的方法在文档窗口中输入其他文字内容，并进行相应的设置，效果如图8-77所示。

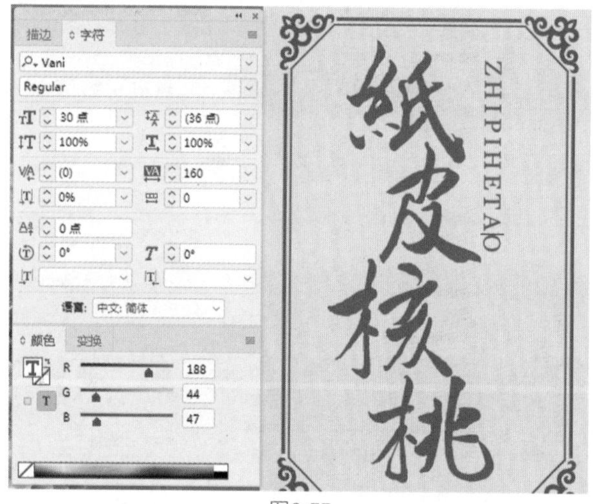

图8-77

Step 21 根据前面介绍的方法在文档窗口中绘制图形，并进行相应的设置，效果如图8-78所示。

图8-78

Step 22 将“核桃素材05.indd”素材文件置入文档中，并调整其位置，效果如图8-79所示。

图8-79

实例067 化妆品包装设计

素材：素材\Cha08\化妆品素材01.indd、化妆品素材02.png、化妆品素材03.indd

场景：场景\Cha08\实例067 化妆品包装设计.indd

本例的制作比较简单，主要是使用【矩形工具】绘制包装平面图，然后输入文字，效果如图8-80所示。

图8-80

Step 01 新建一个【宽度】、【高度】均设置为300毫米，页面为1，边距为0毫米的文档。在工具箱中单击【矩形工具】，在文档窗口中绘制一个矩形，在【渐变】面板中将【类型】设置为【径向】，将左侧色标的颜色值设置为67、59、59、6，将右侧色标的颜色值设置为85、84、80、68，将上方的滑块调整至67%位置处，将【描边】设置为无，在【变换】面板中将W、H均设置为300毫米，效果如图8-81所示。

Step 02 继续使用【矩形工具】，在文档窗口中绘制一个矩形。选中绘制的矩形，在【颜色】面板中将【填色】的颜色值设置为0、0、0、0，将【描边】的颜色值设置为0、0、0、100，在【描边】面板中将【粗细】设置为0.25点，在【变换】面板中将W、H分别设置为50毫米、130毫米，如图8-82所示。

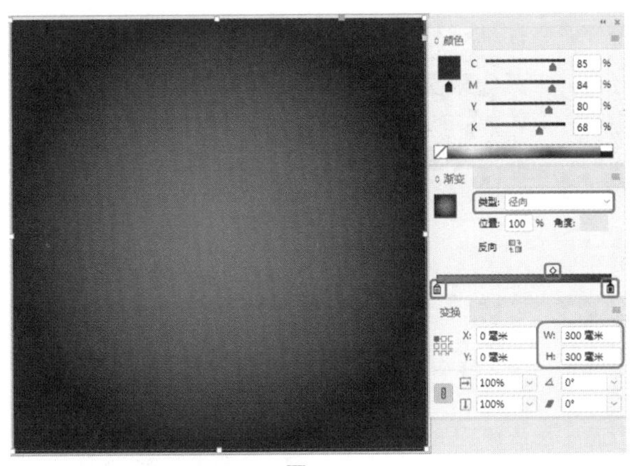

图8-81

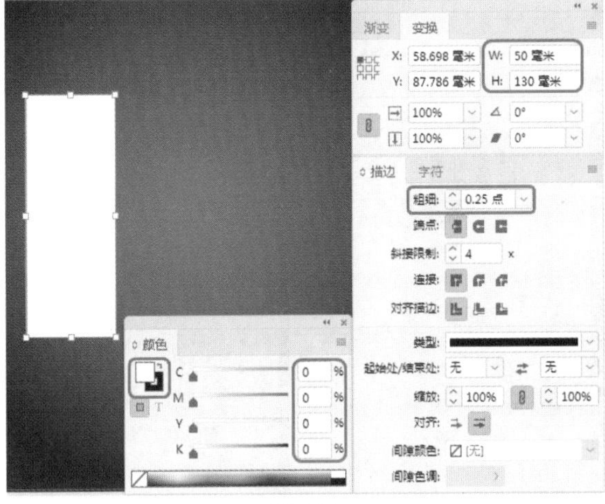

图8-82

Step 03 继续使用【矩形工具】，在文档窗口中绘制一个矩形。选中绘制的矩形，在【颜色】面板中将【填色】的颜色值设置为0、0、0、0，将【描边】的颜色值设置为0、0、0、100，在【描边】面板中将【粗细】设置为0.25点，在【变换】面板中将W、H分别设置为50毫米、65毫米，如图8-83所示。

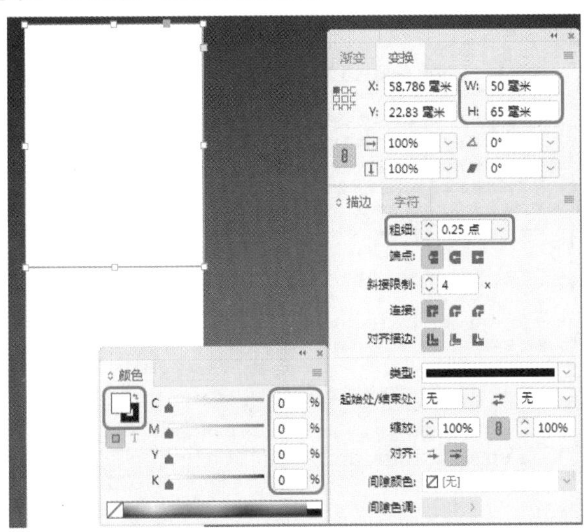

图8-83

Step 04 选中绘制的矩形，在菜单栏中选择【对象】|【角选项】命令，在弹出的对话框中将【转角大小】设置为10毫米，将【转角形状】设置为【圆角】，如图8-84所示。

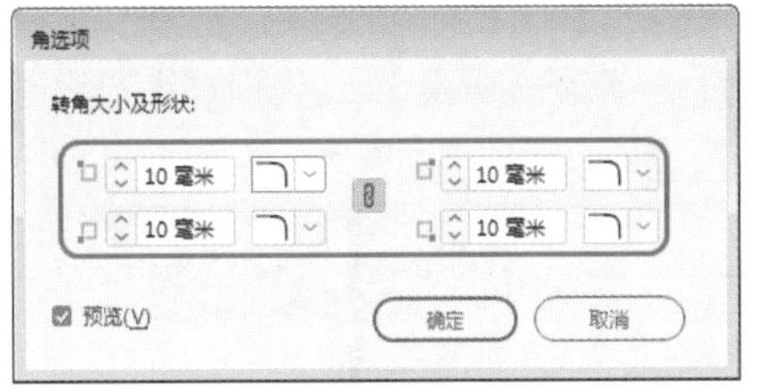

图8-84

Step 05 设置完成后，单击【确定】按钮。使用【矩形工具】，在文档窗口中绘制一个矩形。选中绘制的矩形，在【颜色】面板中将【填色】的颜色值设置为0、0、0、0，将【描边】的颜色值设置为0、0、0、100，在【描边】面板中将【粗细】设置为0.25点，在【变换】面板中将W、H均设置为50毫米，如图8-85所示。

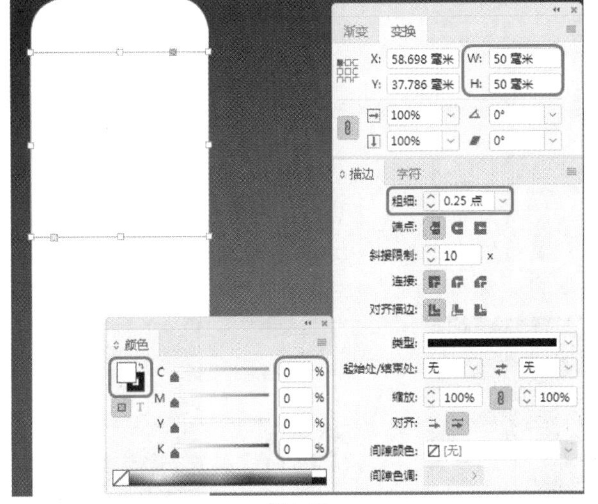

图8-85

Step 06 按Ctrl+D快捷组合键，在弹出的对话框中选择“素材\Cha08\化妆品素材01.indd”素材文件，单击【打开】按钮，在文档窗口中单击鼠标，置入选中的素材，如图8-86所示。

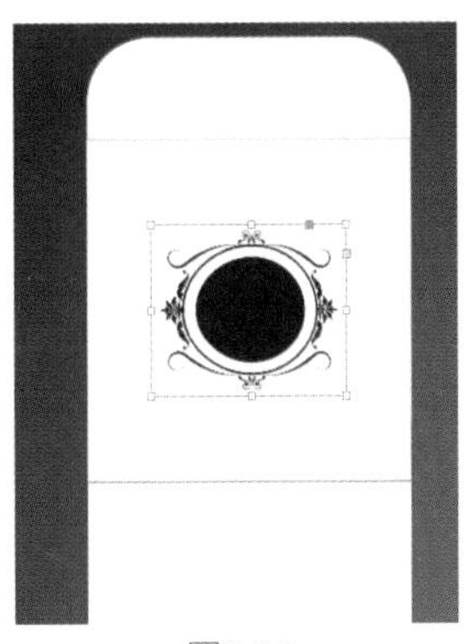

图8-86

Step 07 在工具箱中单击【文字工具】，在文档窗口中绘制一个文本框，输入文字。选中输入的文字，在【字符】面板中将字体设置为Exotc350 Bd BT，将字体样式设置为Bold，将【字体大小】设置为33点，在【颜色】面板中将【填色】的颜色值设置为0、0、0、0，在【变换】面板中将【旋转角度】设置为180°，并在文档窗口中调整其位置，效果如图8-87所示。

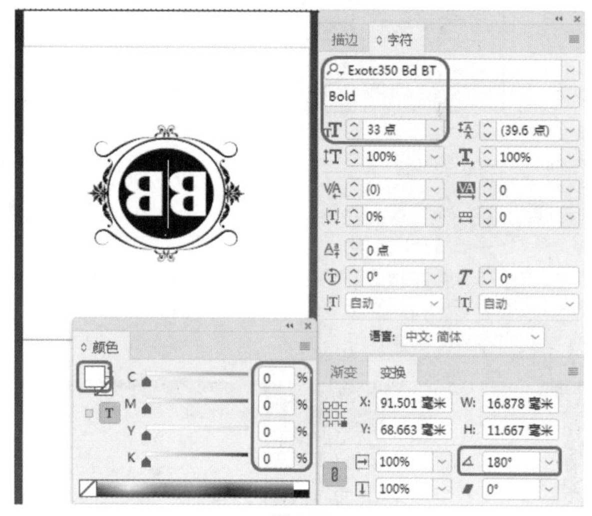

图8-87

Step 08 将“化妆品素材02.png”素材文件置入文档中，在【变换】面板中将【旋转角度】设置为180°，将【Y缩放】设置为-100%，并在文档窗口中调整其位置，效果如图8-88所示。

图8-88

Step 09 在文档窗口中调整素材定界框的大小，继续选中该素材文件，在【效果】面板中将【不透明度】设置为70%，效果如图8-89所示。

Step 10 在工具箱中单击【文字工具】，在文档窗口中绘制一个文本框，输入文字。选中输入的文字，在【字符】面板中将字体设置为【方正粗倩简体】，将【字体大小】设置为14点，在【颜色】面板中将【填色】的颜色值设置为0、0、0、100，并在文档窗口中调整其位置，如图8-90所示。

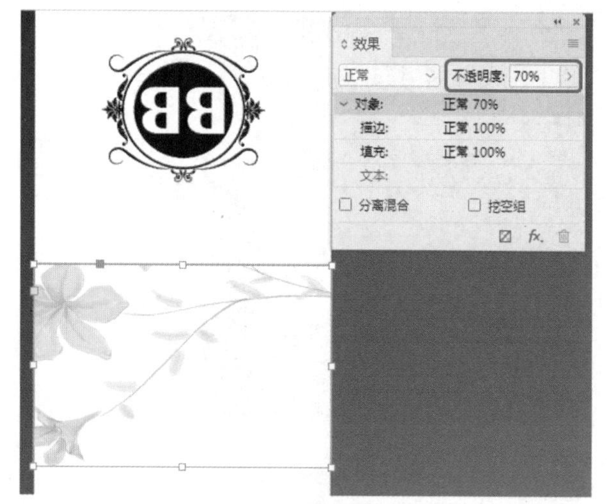

图8-89

图8-90

Step 11 使用同样的方法输入其他文字内容，并进行相应的设置，效果如图8-91所示。

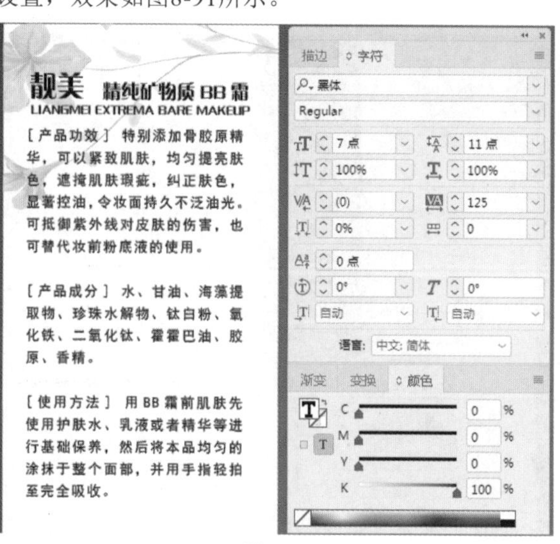

图8-91

Step 12 在文档窗口中选中置入的“化妆品素材02”素材文件，按Ctrl+C快捷组合键进行复制，按Ctrl+V快捷组合键进行粘贴。选中粘贴后的对象，并在文档窗口中调整定界框的大小和位置，效果如图8-92所示。

图8-92

Step 13 在工具箱中单击【矩形工具】，在文档窗口中绘制一个矩形。在【颜色】面板中将【填色】的颜色值设置为0、0、0、0，将【描边】设置为无，在【变换】面板中将W、H分别设置为33毫米、14毫米，并调整其位置，效果如图8-93所示。

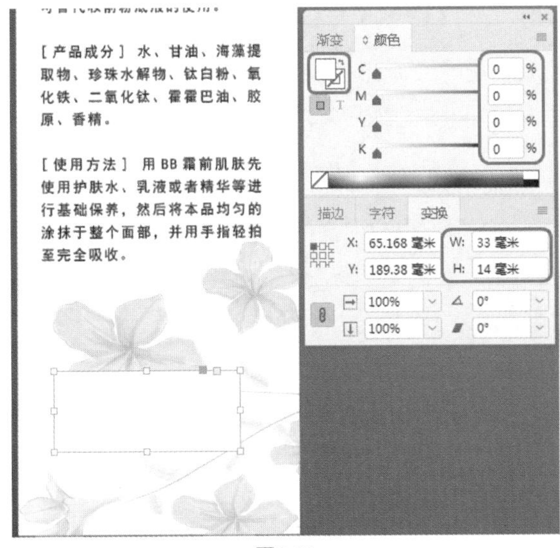

图8-93

Step 14 使用同样的方法使用【矩形工具】在文档窗口中绘制多个矩形，并对绘制的矩形进行设置，效果如图8-94所示。

图8-94

Step 15 在工具箱中单击【文字工具】，在文档窗口中绘制一个文本框，输入文字。选中输入的文字，在【字符】面板中将字体设置为Arial，将【字体大小】设置为6.5点，将【字符间距】设置为25，在【颜色】面板中将【填色】的颜色值设置为0、0、0、100，如图8-95所示。

Step 16 在工具箱中单击【椭圆工具】，在文档窗口中按住Shift键绘制一个正圆，在【颜色】面板中将【填色】的颜色值设置为0、0、0、100，将【描边】设置为无，在【变换】面板中将W、H均设置为5毫米，并在文档窗口中调整其位置，效果如图8-96所示。

图8-95

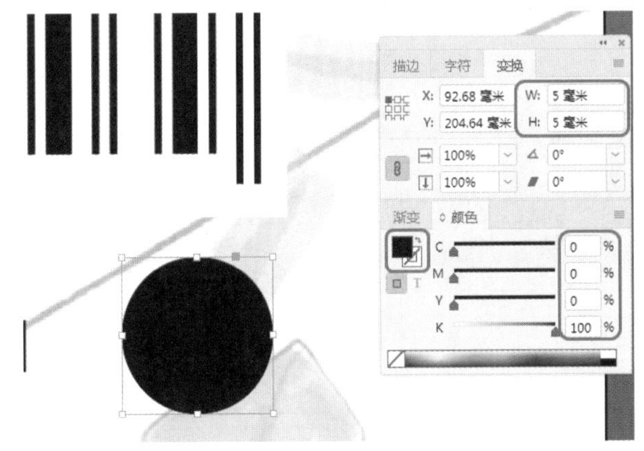

图8-96

Step 17 在工具箱中单击【钢笔工具】，在文档窗口中绘制如图8-97所示的图形，为其填充任意一种颜色，将其【描边】设置为无。

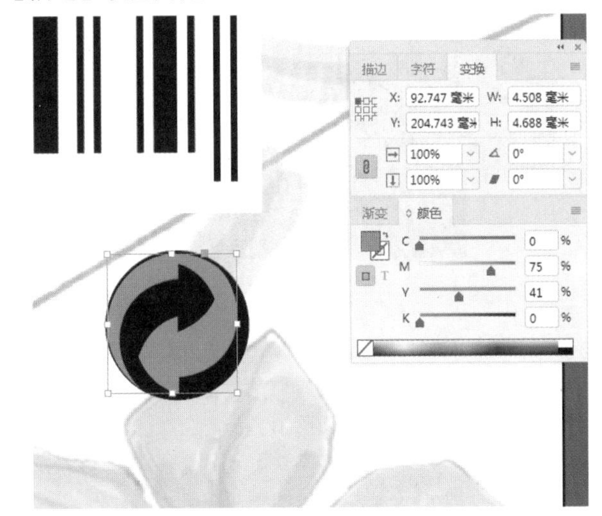

图8-97

Step 18 选中新绘制的图形与黑色圆形，按Ctrl+8快捷组合键建立复合路径，根据前面介绍的方法在文档窗口中制作其他内容，效果如图8-98所示。

图8-98

实例068 月饼包装设计

素材：素材\Cha08\月饼盒素材01.png、月饼盒素材02.png、月饼盒素材03.png、月饼盒素材04.png、月饼盒素材05.png、月饼盒素材06.png、月饼盒素材07.png、月饼盒素材08.png、月饼盒素材09.png、月饼盒素材10.png

场景：场景\Cha08\实例068 月饼包装设计.indd

本案例主要通过【矩形工具】、【椭圆工具】、【直线工具】、【文字工具】来制作包装封面，然后置入相应的素材文件，效果如图8-99所示。

图8-99

Step 01 新建一个【宽度】、【高度】分别为470毫米、360毫米，页面为1，边距为0毫米的文档。在工具箱中单击【矩形工具】，在文档窗口中绘制一个矩形，在【颜色】面板中将【填色】的颜色值设置为17、96、84、0，将【描边】设置为无，在【变换】面板中将W、H分别设置为300毫米、200毫米，效果如图8-100所示。

Step 02 将“月饼盒素材01.png”素材文件置入文档中，并调整其大小与位置，选中置入的素材文件，在【效果】面板中将【不透明度】设置为10%，如图8-101所示。

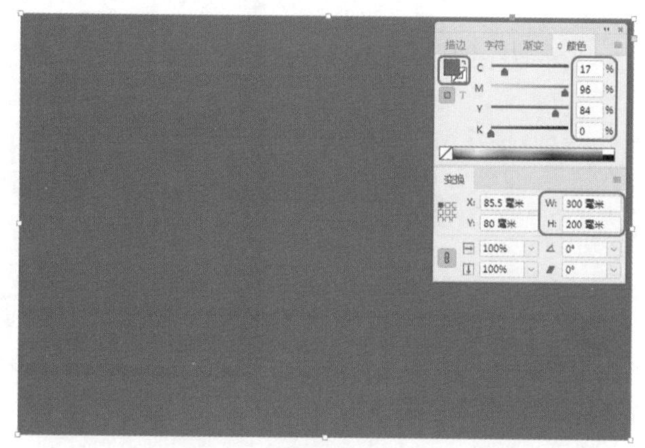

图8-100

图8-101

Step 03 使用同样的方法将“月饼盒素材02.png、月饼盒素材03.png、月饼盒素材04.png、月饼盒素材05.png、月饼盒素材06.png”素材文件置入文档中，并调整其大小与位置，效果如图8-102所示。

图8-102

Step 04 在工具箱中单击【椭圆工具】，在文档窗口中绘制一个圆形。选中绘制的圆形，在【颜色】面板中将【填色】的颜色值设置为1、3、11、0，将【描边】设置为无，在【变换】面板中将W、H分别设置为21.5毫米、20.5毫米，并在文档窗口中调整其位置，效果如图8-103所示。

Step 05 在工具箱中单击【直线工具】，在文档窗口中按住Shift键绘制一条水平直线，在【颜色】面板中将【填色】设置为无，将【描边】的颜色值设置为14、36、

70、0，在【描边】面板中将【粗细】设置为0.5点，单击【圆头端点】按钮，在【变换】面板中将L设置为4.5毫米，并调整其位置，效果如图8-104所示。

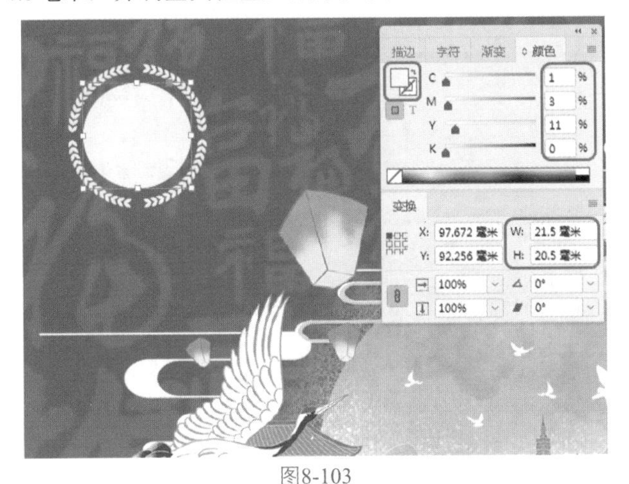

图8-103

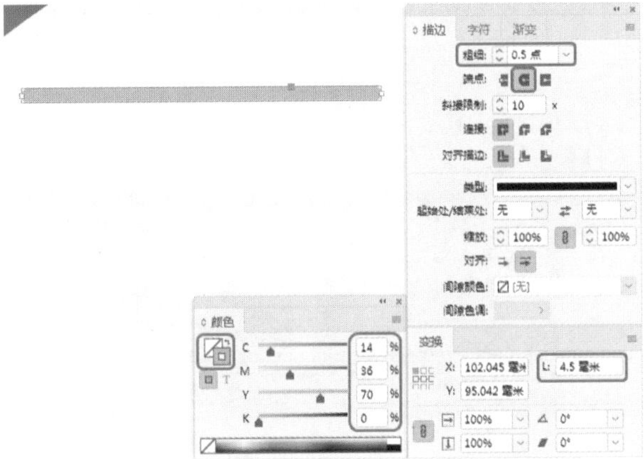

图8-104

Step 06 使用同样的方法在文档窗口中绘制其他直线，并进行相应的设置，效果如图8-105所示。

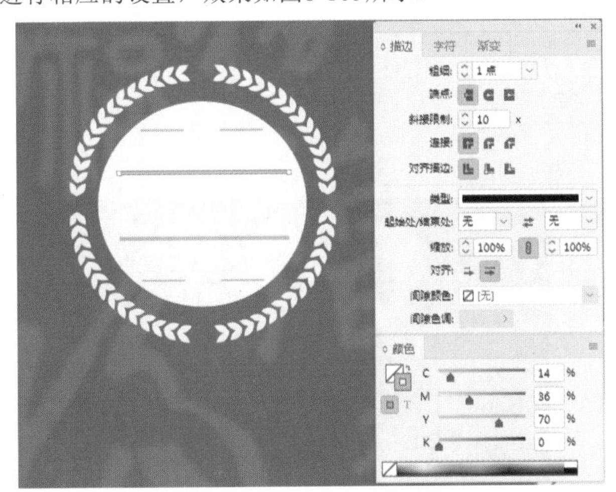

图8-105

Step 07 在工具箱中单击【钢笔工具】，在文档窗口中绘制如图8-106所示的图形，在【颜色】面板中将【填色】的颜色值设置为14、36、70、0，将【描边】设置为无。

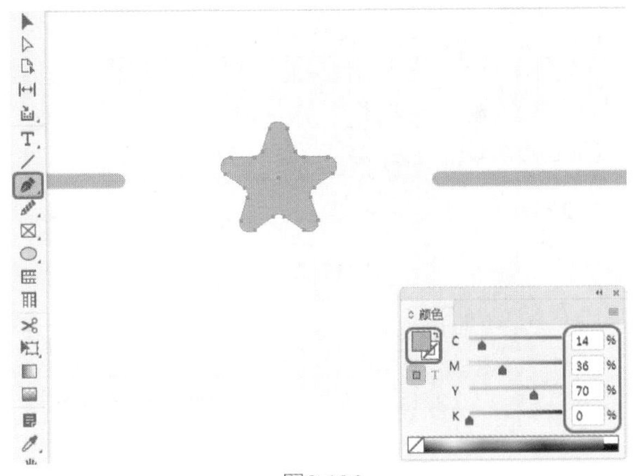

图8-106

Step 08 对绘制的图形进行复制，并调整其位置。在工具箱中单击【文字工具】，在文档窗口中绘制一个文本框，输入文字。选中输入的文字，在【字符】面板中将字体设置为【微软雅黑】，将【字体大小】设置为12点，在【颜色】面板中将【填色】的颜色值设置为14、36、70、0，并调整其位置，效果如图8-107所示。

图8-107

Step 09 再次使用【文字工具】在文档窗口中绘制一个文本框，输入文字。选中输入的文字，在【字符】面板中将字体设置为【方正新舒体简体】，将【字体大小】设置为200点，在【颜色】面板中将【填色】的颜色值设置为0、0、0、0，并调整其位置，效果如图8-108所示。

Step 10 对输入的文字进行复制，并修改复制后的文字内容，在文档窗口中调整其位置。在工具箱中单击【椭圆工具】，在文档窗口中按住Shift键绘制一个正圆，选中绘制的圆形，在【颜色】面板中将【填色】的颜色值设置为11、36、70、0，将【描边】设置为无，在【变换】面板中将W、H均设置为23毫米，并调整其位置，效果如图8-109所示。

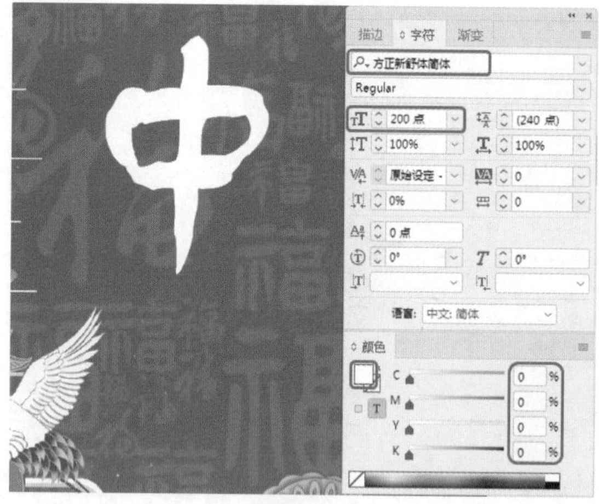

图8-108

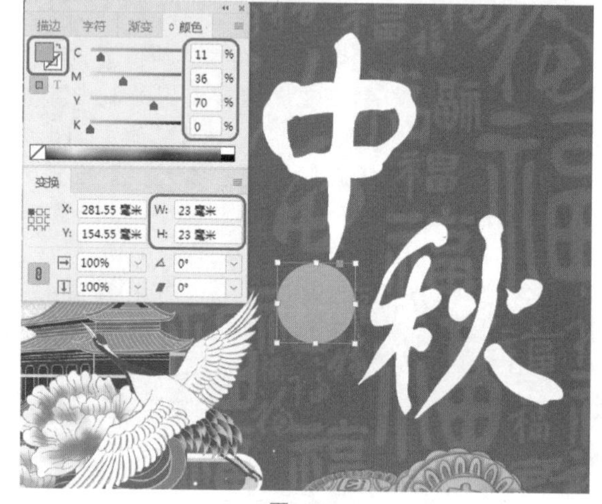

图8-109

Step 11 在工具箱中单击【文字工具】，在文档窗口中绘制一个文本框，输入文字。选中输入的文字，在【字符】面板中将字体设置为【隶书】，将【字体大小】设置为60点，在【颜色】面板中将【填色】的颜色值设置为0、0、0、0，并调整其位置，效果如图8-110所示。

图8-110

Step 12 对圆形与文字进行复制，并修改复制后的文字内容，在工具箱中单击【钢笔工具】，在文档窗口中绘制如图8-111所示的图形，在【颜色】面板中将【填色】的颜色值设置为11、36、70、0，将【描边】设置为无。

图8-111

Step 13 再次使用【钢笔工具】在文档窗口中绘制如图8-112所示的图形，为其填充任意一种颜色，将【描边】设置为无。

图8-112

Step 14 选中绘制的两个图形，在菜单栏中选择【对象】|【路径查找器】|【减去】命令，对操作后的图形进行复制，并调整其大小与位置，效果如图8-113所示。

图8-113

Step 15 根据前面所介绍的方法在文档窗口中绘制其他图形，并输入文字，效果如图8-114所示。

图8-114

Step 16 将“月饼盒素材07.png、月饼盒素材08.png、月饼盒素材09.png、月饼盒素材10.png”素材文件置入文档中，并调整其大小与位置，效果如图8-115所示。

图8-115

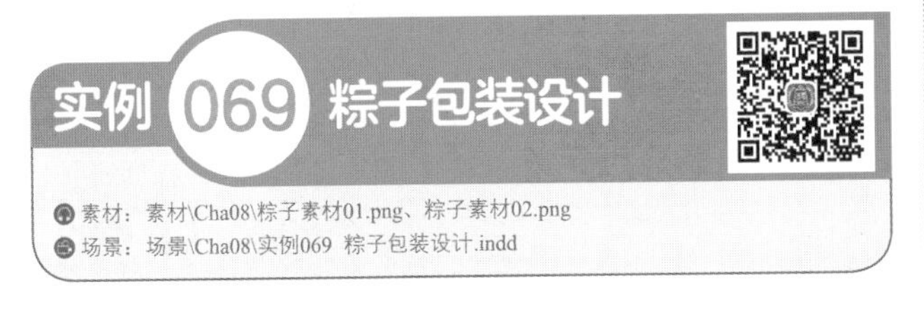

实例069 粽子包装设计

素材：素材\Cha08\粽子素材01.png、粽子素材02.png

场景：场景\Cha08\实例069 粽子包装设计.indd

本案例将介绍如何制作粽子包装设计，首先利用【矩形工具】绘制包装盒底色，使用【矩形工具】制作包装盒的标题底纹，然后为其添加【投影】效果，使制作的内容产生立体化效果，如图8-116所示。

图8-116

Step 01 新建一个【宽度】、【高度】分别为321毫米、281毫米，页面为1，边距为0毫米的文档。在工具箱中单击【矩形工具】，在文档窗口中绘制一个矩形，在【颜色】面板中将【填色】的颜色值设置为87、47、86、8，将【描边】设置为无，在【变换】面板中将W、H分别设置为321毫米、281毫米，效果如图8-117所示。

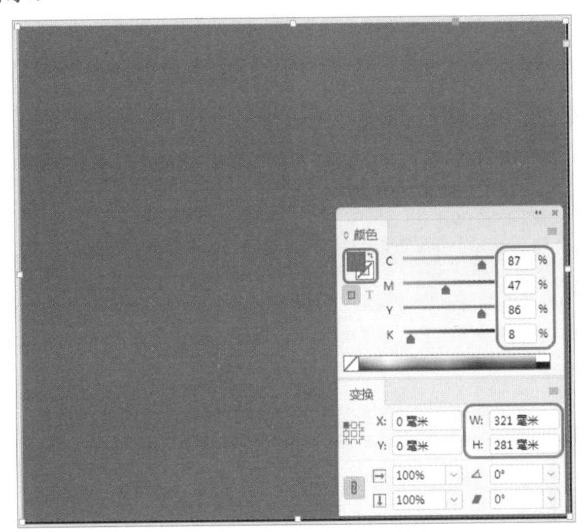

图8-117

Step 02 将“粽子素材01.png”素材文件置入文档中，并调整其位置，效果如图8-118所示。

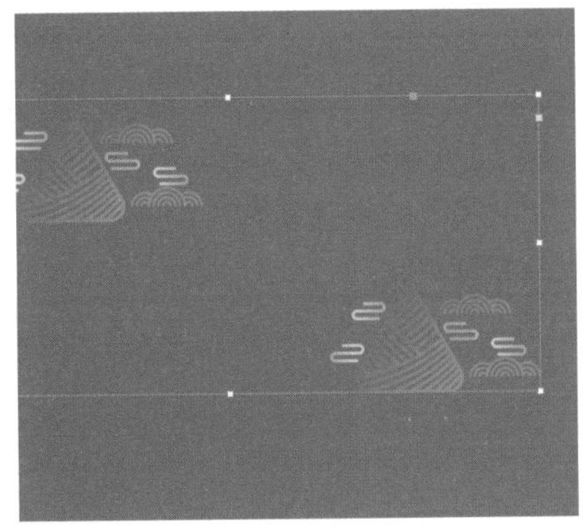

图8-118

Step 03 在工具箱中单击【矩形工具】，在文档窗口中绘制一个矩形。选中绘制的矩形，在【颜色】面板中将【填色】的颜色值设置为90、52、91、20，将【描边】的颜色值设置为23、42、54、0，在【描边】面板中将【粗细】设置为6点，在【变换】面板中将W、H分别设置为72毫米、156毫米，并调整其位置，效果如图8-119所示。

Step 04 继续选中绘制的矩形，在菜单栏中选择【对象】|【角选项】命令，在弹出的对话框中将【转角大小】设置为14毫米，将【转角形状】设置为【反向圆角】，如图8-120所示。

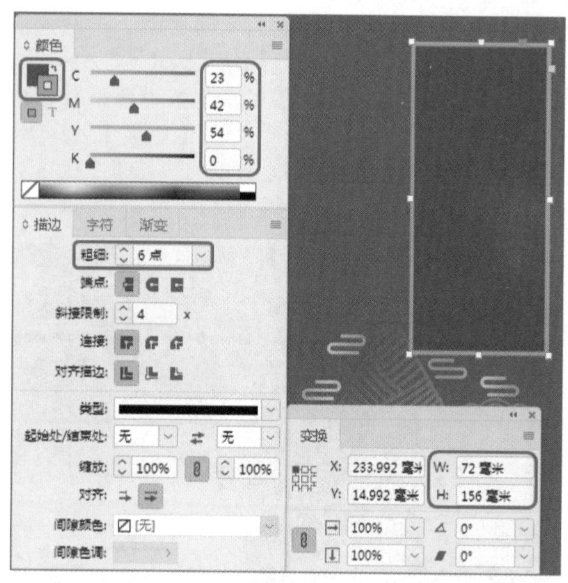

图8-119

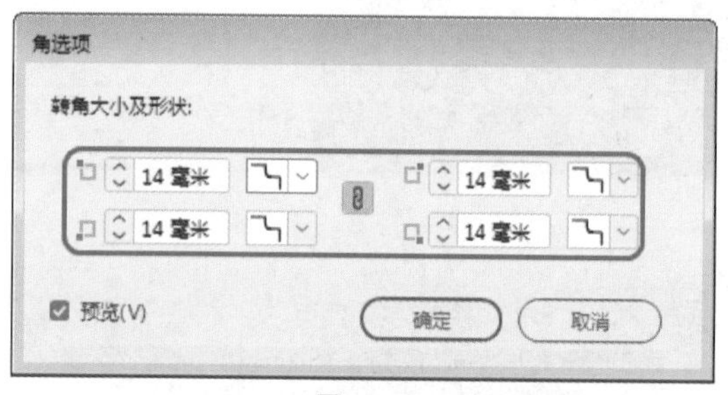

图8-120

Step 05 设置完成后，单击【确定】按钮。在【效果】面板中单击【向选定的目标添加对象效果】按钮 fx，在弹出的下拉菜单中选择【投影】命令，如图8-121所示。

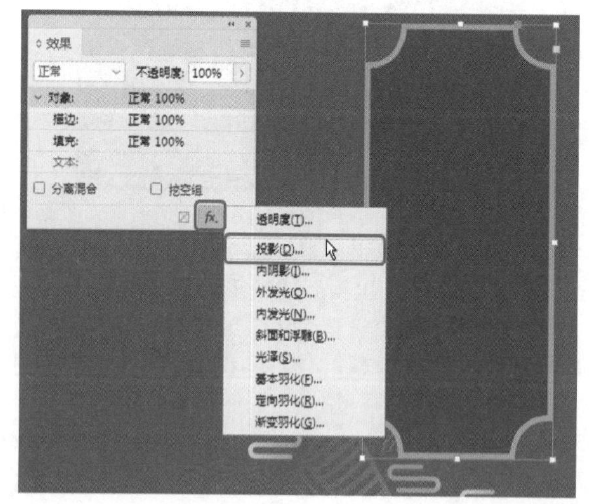

图8-121

Step 06 在弹出的对话框中将【模式】设置为【正片叠底】，将【阴影颜色】的颜色值设置为12、3、3，将【不透明度】设置为41%，将【距离】、【X位移】、【Y位移】均设置为0，将【角度】设置为180°，将【大小】设置为4毫米，如图8-122所示。

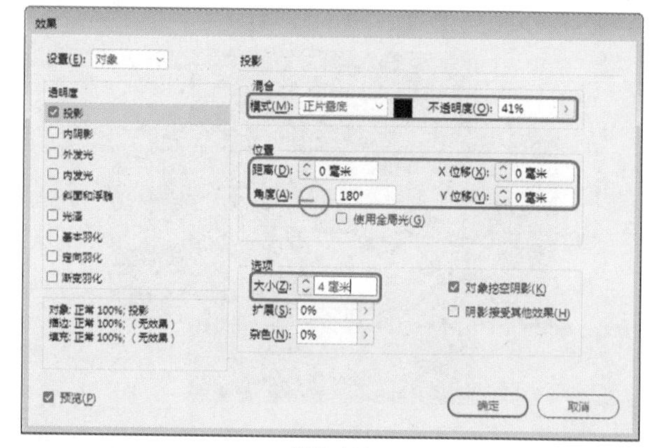

图8-122

Step 07 设置完成后，单击【确定】按钮。在工具箱中单击【直排文字工具】，在文档窗口中绘制一个文本框，输入文字。选中输入的文字，在【颜色】面板中将【填色】的颜色值设置为0、0、0、0，在【字符】面板中将字体设置为【方正启笛繁体】，将【字体大小】设置为150点，将【水平缩放】设置为115%，将【字符间距】设置为-100，并在文档窗口中调整其位置，效果如图8-123所示。

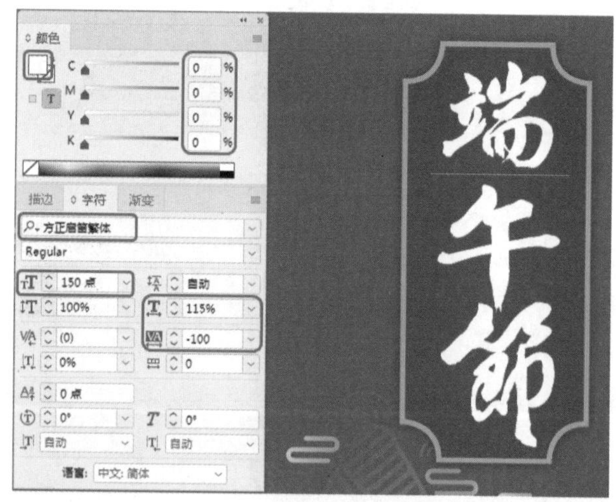

图8-123

Step 08 选中输入的文字，在【效果】面板中单击【向选定的目标添加对象效果】按钮 fx，在弹出的下拉菜单中选择【投影】命令，在弹出的对话框中将【模式】设置为【正片叠底】，将【阴影颜色】的颜色值设置为34、87、48，将【不透明度】设置为65%，将【X位移】、【Y位移】均设置为1毫米，将【角度】设置为135°，将【大小】设置为2毫米，如图8-124所示。

Step 09 设置完成后，单击【确定】按钮。在工具箱中单击【钢笔工具】，在文档窗口中绘制如图8-125所示的图形，在【颜色】面板中将【填色】的颜色值设置为39、100、100、5，将【描边】设置为无，并在文档窗口中调整其位置。

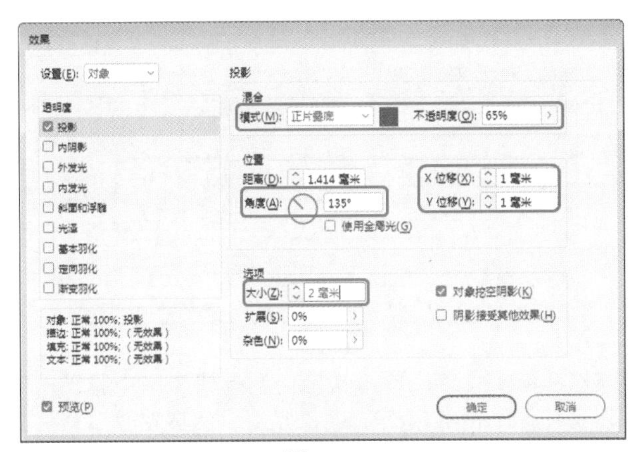

图8-124

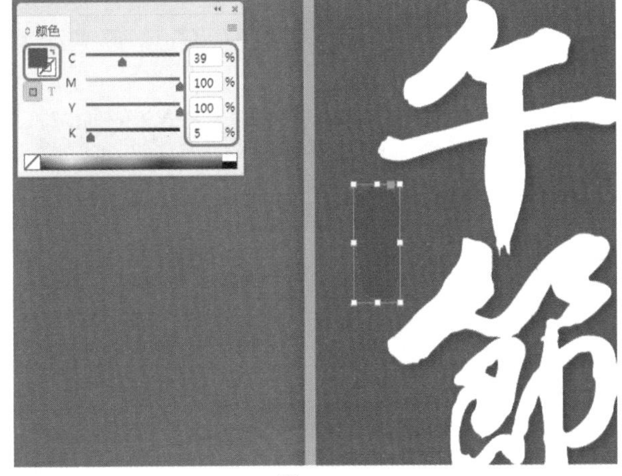

图8-125

Step 10 在工具箱中单击【直排文字工具】，在文档窗口中绘制一个文本框，输入文字。选中输入的文字，在【颜色】面板中将【填色】的颜色值设置为0、0、0、0，在【字符】面板中将字体设置为【方正黄草简体】，将【字体大小】设置为16点，将【水平缩放】设置为100%，将【字符间距】设置为-130，并在文档窗口中调整其位置，效果如图8-126所示。

图8-126

Step 11 在工具箱中单击【矩形工具】，在文档窗口中绘制一个矩形。选中绘制的矩形，在【颜色】面板中将【填色】的颜色值设置为90、53、91、20，将【描边】的颜色值设置为69、80、94、60，在【描边】面板中将【粗细】设置为2点，在【变换】面板中将W、H均设置为166毫米，将【旋转角度】设置为45°，并调整其位置，效果如图8-127所示。

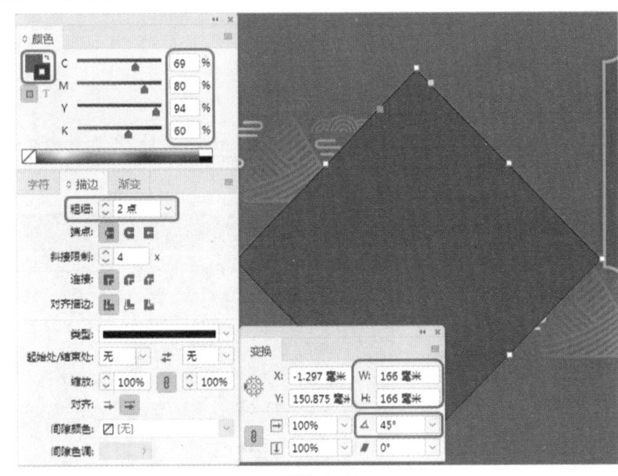

图8-127

Step 12 继续选中绘制的矩形，在菜单栏中选择【对象】|【角选项】命令，在弹出的对话框中将【转角大小】设置为32毫米，将【转角形状】设置为【圆角】，如图8-128所示。

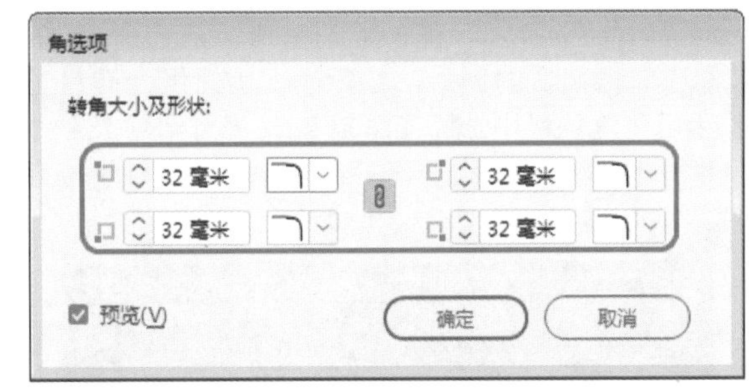

图8-128

Step 13 设置完成后，单击【确定】按钮。在【效果】面板中单击【向选定的目标添加对象效果】按钮，在弹出的下拉菜单中选择【投影】命令，在弹出的对话框中将【模式】设置为【正片叠底】，将【阴影颜色】设置为黑色，将【不透明度】设置为100%，将【X位移】、【Y位移】均设置为0，勾选【使用全局光】复选框，将【角度】设置为90°，将【大小】设置为2毫米，如图8-129所示。

Step 14 设置完成后，单击【确定】按钮。对设置后的矩形进行复制，然后在菜单栏中选择【编辑】|【原位粘贴】命令，选中粘贴的图形，在【颜色】面板中将【填色】设置为无，将【描边】的颜色值设置为23、42、54、0，如图8-130所示。

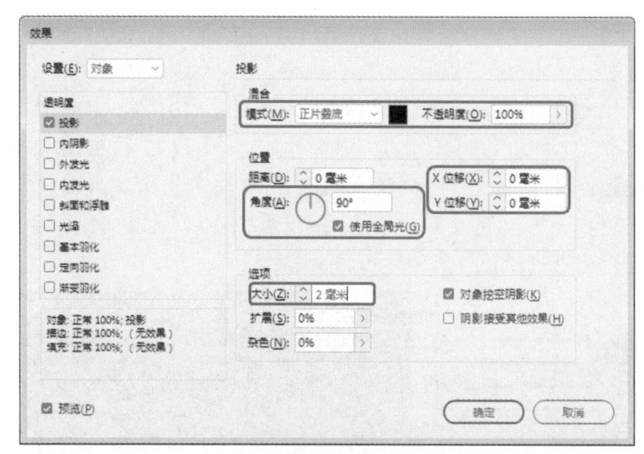

图8-129

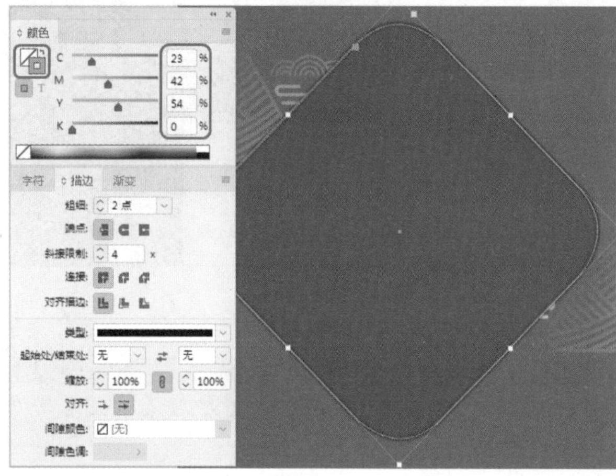

图8-130

Step 15 选中粘贴后的图形，按Ctrl+C快捷组合键进行复制，然后在菜单栏中选择【编辑】|【原位粘贴】命令，选中粘贴的图形，在【变换】面板中将W、H均设置为169毫米，并调整其位置，效果如图8-131所示。

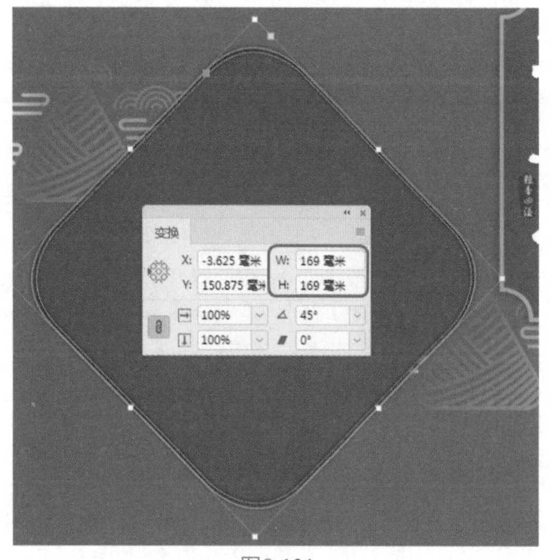

图8-131

Step 16 再次选中新粘贴的图形，在菜单栏中选择【对象】|【角选项】命令，在弹出的对话框中将【转角大小】设置为33毫米，如图8-132所示。

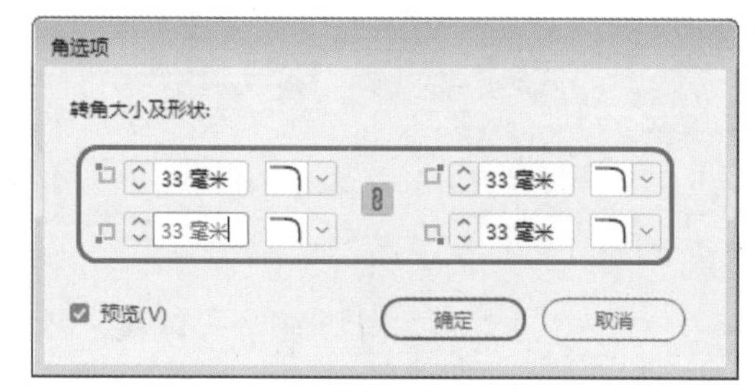

图8-132

Step 17 设置完成后，单击【确定】按钮。选中粘贴的图形，按Ctrl+C快捷组合键进行复制，然后在菜单栏中选择【编辑】|【原位粘贴】命令。选中粘贴的图形，在【变换】面板中将W、H均设置为172.5毫米，调整其位置，并根据前面介绍的方法将【转角大小】设置为34毫米，效果如图8-133所示。

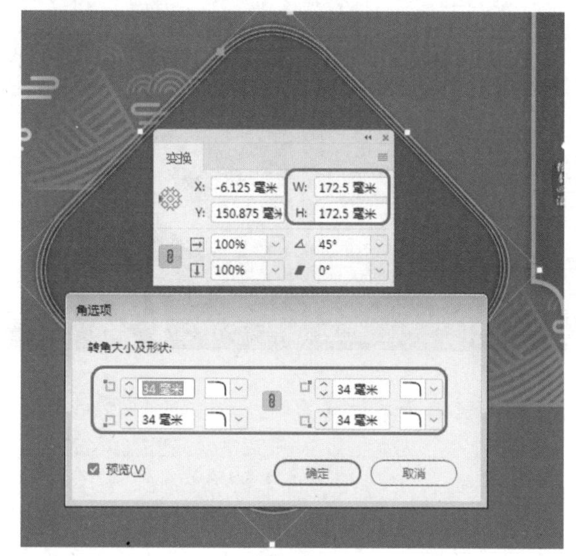

图8-133

Step 18 将“粽子素材02.png”素材文件置入文档中，并调整其大小与位置，效果如图8-134所示。

图8-134

Step 19 选中置入的素材文件，在【效果】面板中单击【向选定的目标添加对象效果】按钮 fx.，在弹出的下拉菜单中选择【投影】命令，在弹出的对话框中将【模式】设置为【正片叠底】，将【阴影颜色】设置为黑色，将【不透明度】设置为75%，将【X位移】、【Y位移】均设置为0，将【角度】设置为180°，取消勾选【使用全局光】复选框，将【大小】设置为7.8毫米，如图8-135所示。

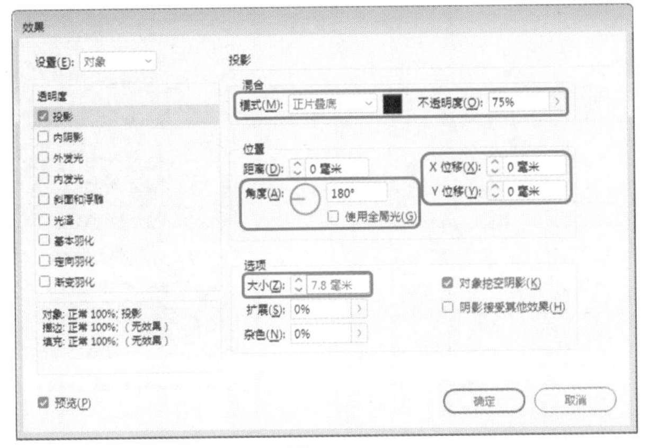

图8-135

Step 20 设置完成后，单击【确定】按钮。在工具箱中单击【钢笔工具】，在文档窗口中绘制如图8-136所示的图形，在【颜色】面板中将【填色】的颜色值设置为87、47、86、8，将【描边】设置为无，在【效果】面板中将【混合模式】设置为【正片叠底】，将【不透明度】设置为28%，并调整其位置，效果如图8-136所示。

图8-136

Step 21 在【图层】面板中选择新绘制的路径图层，按住鼠标将其调整至“粽子素材01.png”图层的下方，效果如图8-137所示。

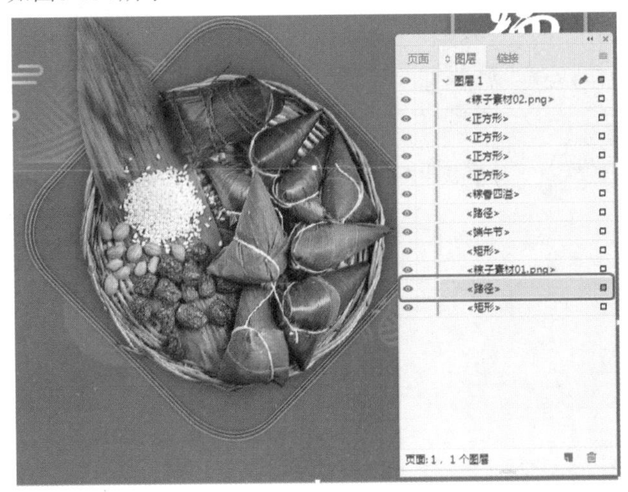

图8-137

Step 22 根据前面介绍的方法在文档窗口中制作其他内容，并进行相应的设置，效果如图8-138所示。

图8-138

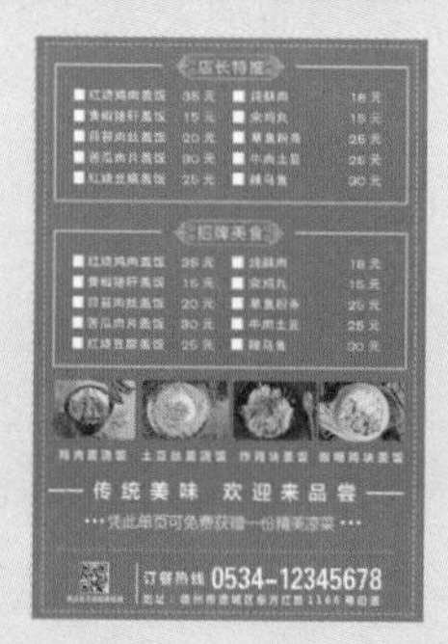

第9章 菜单设计

本章导读

菜单最初指餐馆提供的列有各种菜肴的清单。现引申指电子计算机程序进行中出现在显示屏上的选项列表，也指各种服务项目的清单等，含义更为广泛。菜单是指餐厅中一切与该餐饮企业产品、价格及服务有关的信息资料，它不仅包含各种文字图片资料、声像资料以及模型与实物资料，甚至还包括顾客点菜后服务员所写的点菜单。

实例070 西餐厅菜单封面

素材：素材\Cha09\西餐厅正面背景.jpg、西餐厅素材01.png
场景：场景\Cha09\实例070 西餐厅菜单封面.indd

对于西餐，走在时尚前沿的人士对此应该不陌生。西餐是我国人民和其他部分东方国家的人民对西方国家菜点的统称，广义上讲，也可以说是对西方餐饮文化的统称。本案例将介绍如何制作西餐厅菜单封面，效果如图9-1所示。

图9-1

Step 01 按Ctrl+N快捷组合键，在弹出的对话框中将【宽度】、【高度】分别设置为210毫米、297毫米，将【页面】设置为2，勾选【对页】复选框，单击【边距和分栏】按钮，在弹出的对话框中将【上】、【下】、【内】、【外】均设置为20毫米，将【栏数】设置为1，单击【确定】按钮，将文档模式更改为预览模式。在【页面】面板中选择第一个页面，单击鼠标右键，在弹出的快捷菜单中取消选择【允许文档页面随机排布】命令，效果如图9-2所示。

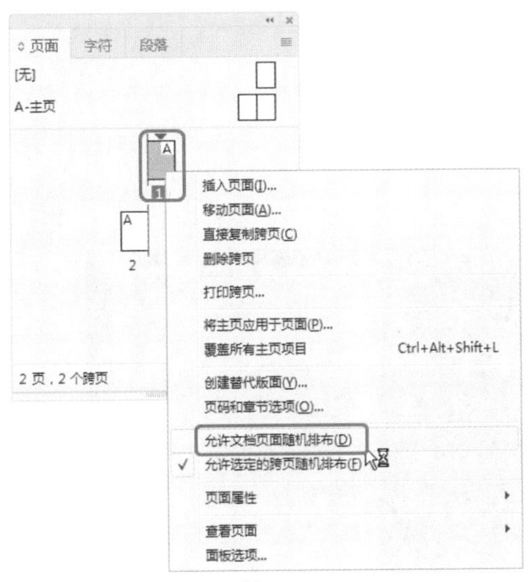

图9-2

Step 02 在【页面】面板中选择第二个页面，按住鼠标将其拖曳至第一个页面的右侧，效果如图9-3所示。

Step 03 在工具箱中单击【矩形工具】，绘制一个矩形，在【颜色】面板中将【填色】的RGB值设置为27、29、29，将【描边】设置为无，在控制栏中将W、H分别设置为210毫米、297毫米，如图9-4所示。

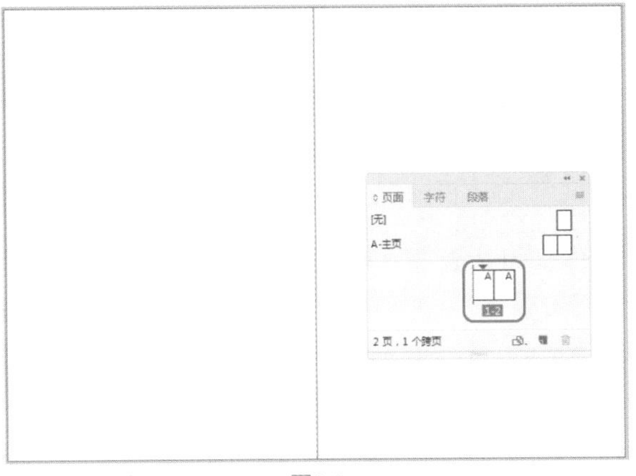

图9-3

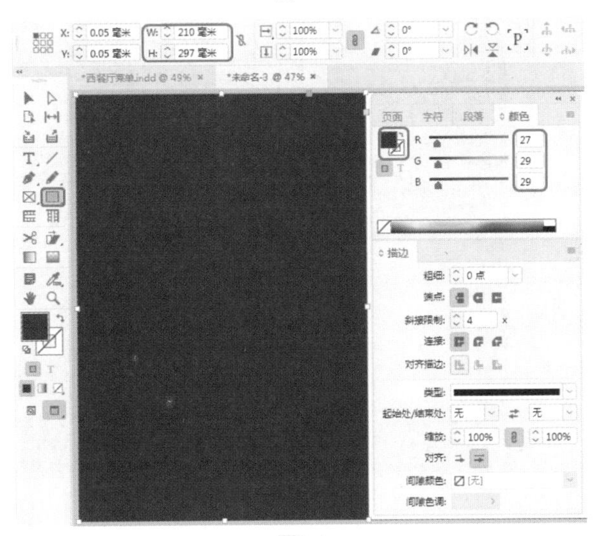

图9-4

Step 04 继续选中矩形对象，在菜单栏中选择【文件】|【置入】命令，在弹出的对话框中选择“素材\Cha09\西餐厅正面背景.jpg”素材文件，单击【打开】按钮。在对象上右击鼠标，在弹出的快捷菜单中选择【适合】|【使内容适合框架】命令，如图9-5所示。

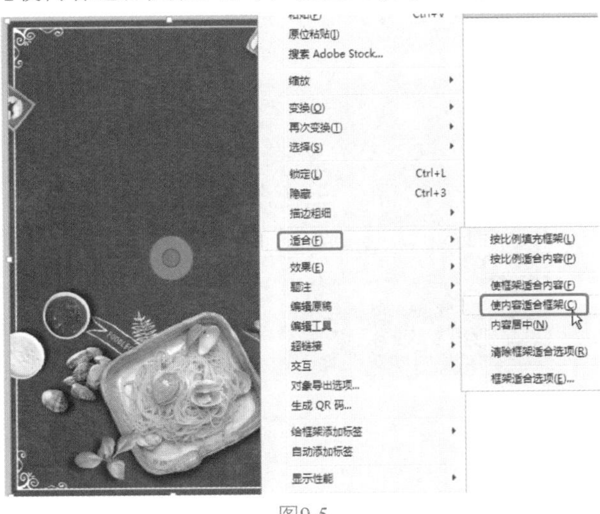

图9-5

Step 05 在空白位置处单击鼠标，按Ctrl+D快捷组合键，在弹出的对话框中选择"素材\Cha09\西餐厅素材01.png"素材文件，单击【打开】按钮。在文档窗口中单击鼠标，将选中的素材文件置入文档中，并调整其位置，效果如图9-6所示。

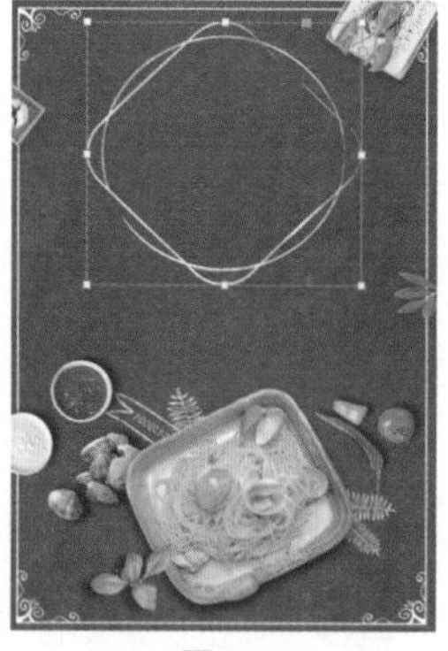

图9-6

Step 06 在工具箱中单击【钢笔工具】，绘制一个图形，在【颜色】面板中将【填色】的RGB值设置为255、255、255，将【描边】设置为无，如图9-7所示。

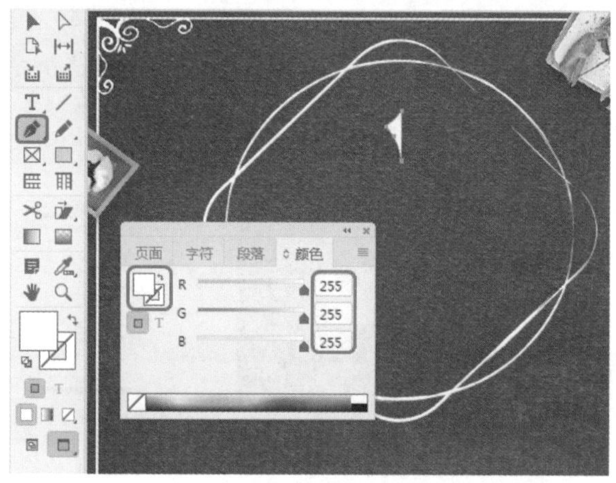

图9-7

Step 07 再次使用【钢笔工具】绘制一个图形，在【颜色】面板中将【填色】的RGB值设置为255、255、255，将【描边】设置为无，如图9-8所示。

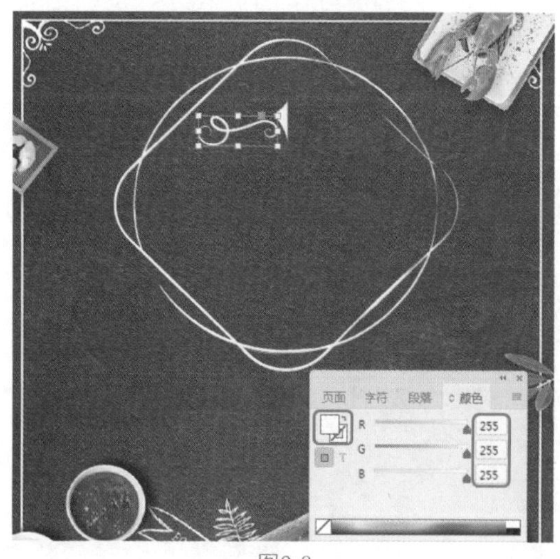

图9-8

Step 08 在文档窗口中选择绘制的两个图形，单击鼠标右键，在弹出的快捷菜单中选择【编组】命令，如图9-9所示。

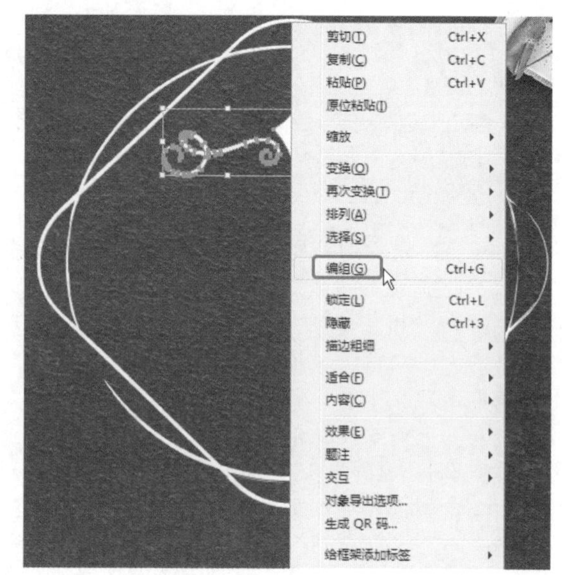

图9-9

Step 09 选中编组后的对象，按Ctrl+C快捷组合键对其进行复制，在菜单栏中选择【编辑】|【原位粘贴】命令，如图9-10所示。

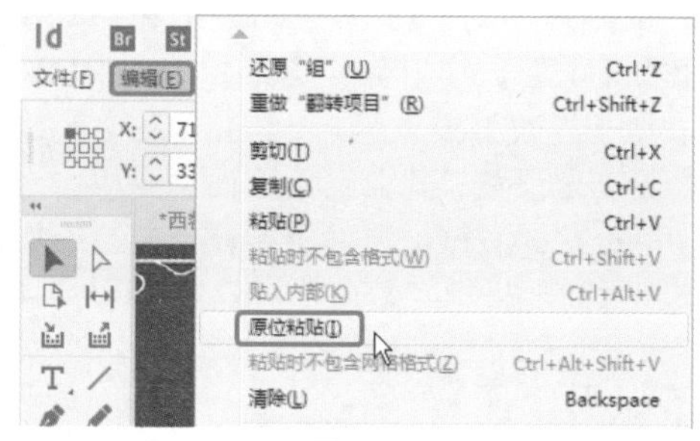

图9-10

Step 10 选择粘贴后的对象，单击鼠标右键，在弹出的快捷菜单中选择【变换】|【水平翻转】命令，如图9-11所示。

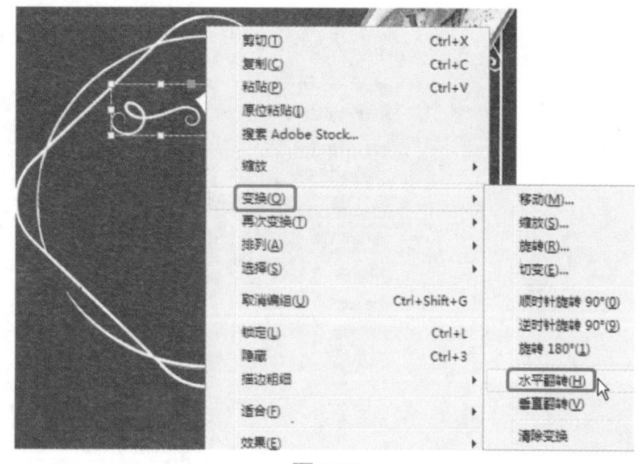

图9-11

Step 11 翻转完成后，在文档窗口中调整其位置，调整后的效果如图9-12所示。

Step 12 在工具箱中单击【文字工具】，在文档窗口中绘制一个文本框，输入文字。选中输入的文字，在

【字符】面板中将【字体】设置为【苏新诗卵石体】，将【字体大小】设置为100点，将【字符间距】设置为200，在【颜色】面板中将【填色】的RGB值设置为240、188、21，如图9-13所示。

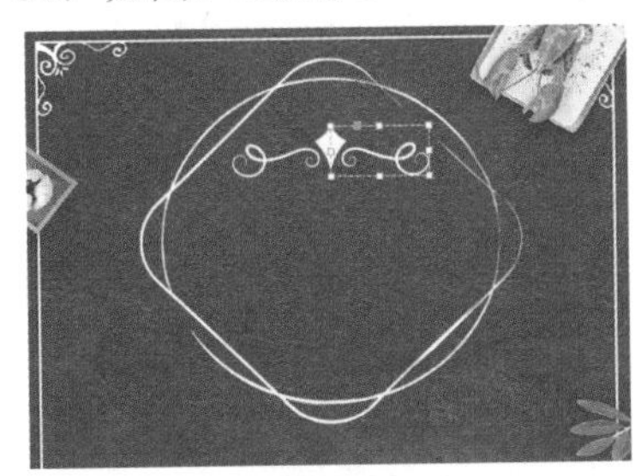

图9-12

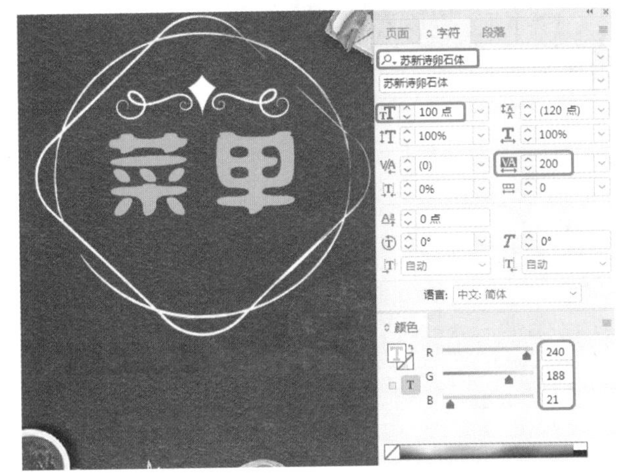

图9-13

Step 13 使用【文字工具】T再在文档窗口中绘制一个文本框，输入文字。选中输入的文字，在【字符】面板中将【字体】设置为BoltonShadowed，将【字体大小】设置为36点，将【字符间距】设置为200，在【颜色】面板中将【填色】的RGB值设置为255、255、255，如图9-14所示。

图9-14

Step 14 在工具箱中单击【矩形工具】，绘制一个矩形，在【颜色】面板中将【描边】的RGB值设置为255、255、255，在【描边】面板中将【粗细】设置为3点，单击【圆角连接】按钮，将【类型】设置为【虚线】，将【虚线】设置为9点，在控制栏中将W、H分别设置为154毫米、30毫米，如图9-15所示。

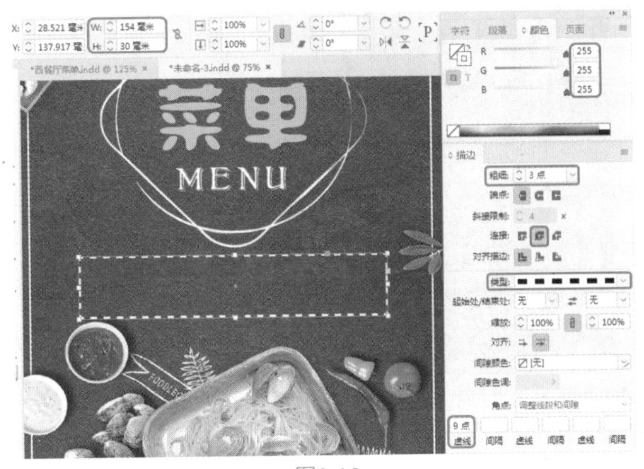

图9-15

Step 15 在工具箱单击【选择工具】，选中矩形对象，在如图9-16所示的位置处单击鼠标。

Step 16 按住Alt键拖动如图9-17所示的黄色角点，即可得到一个圆角矩形。

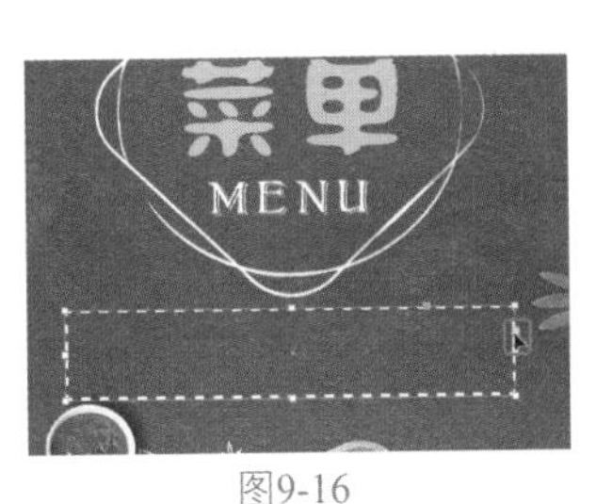

图9-16

图9-17

Step 17 在工具箱中单击【多边形工具】，在文档窗口中单击鼠标，在弹出的对话框中将【多边形宽度】、【多边形高度】分别设置为3.7毫米、3.5毫米，将【边数】设置为5，将【星形内陷】设置为30%，如图9-18所示。

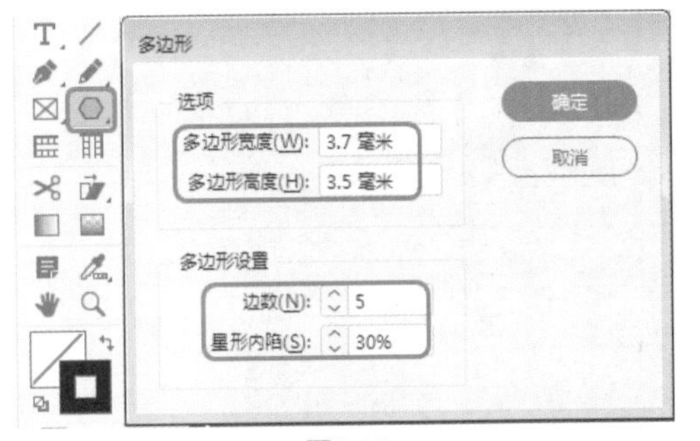

图9-18

Step 18 设置完成后，单击【确定】按钮，继续选中绘制的图形，在【颜色】面板中将【描边】的RGB值设置为255、255、255，在【描边】面板中将【粗细】设置为1点，单击【圆角连接】按钮，如图9-19所示。

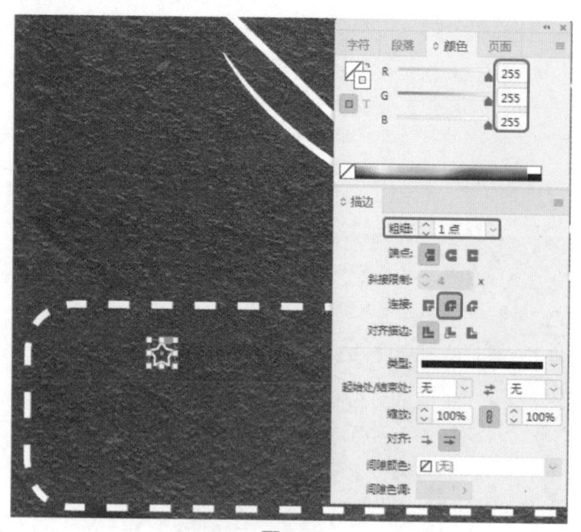

图9-19

Step 19 根据前面所介绍的方法绘制其他图形，并进行相应的设置，效果如图9-20所示。

图9-20

Step 20 在工具箱中单击【文字工具】T，绘制一个文本框，输入文字。选中输入的文字，在【字符】面板中将【字体】设置为【微软雅黑】，将【字体大小】设置为22点，将【字符间距】设置为100，在【颜色】面板中将【填色】设置为234、185、53，如图9-21所示。

图9-21

Step 21 使用【文字工具】T绘制一个文本框，输入文字。选中输入的文字，在【字符】面板中将【字体】设置为【方正黑体简体】，将【字体大小】设置为14点，将【字符间距】设置为35，在【颜色】面板中将【填色】设置为255、255、255，如图9-22所示。

图9-22

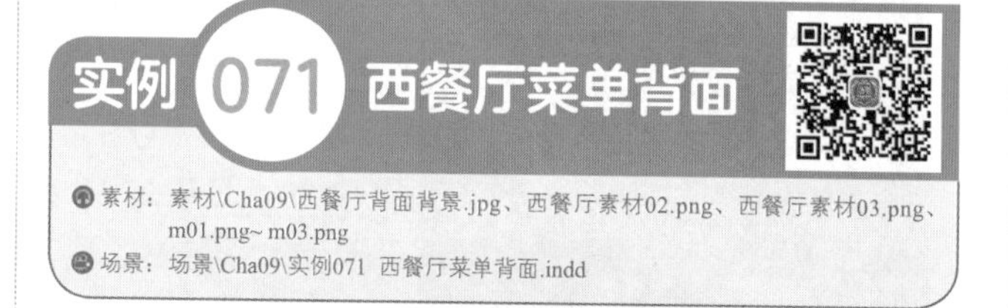

实例071 西餐厅菜单背面

素材：素材\Cha09\西餐厅背面背景.jpg、西餐厅素材02.png、西餐厅素材03.png、m01.png~ m03.png

场景：场景\Cha09\实例071 西餐厅菜单背面.indd

下面介绍西餐厅菜单背面的制作方法，置入素材后通过文字工具完善背面内容，效果如图9-23所示。

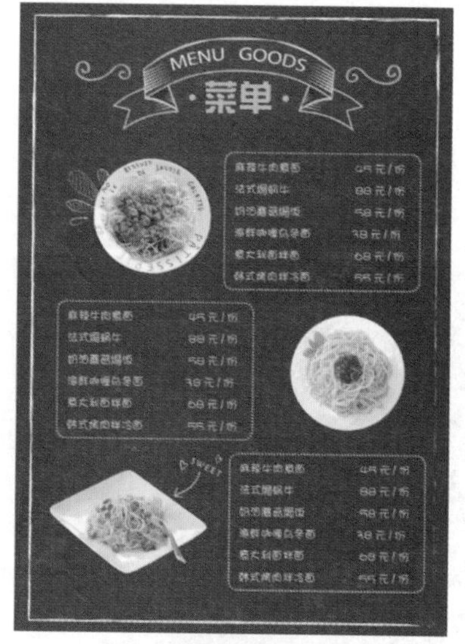

图9-23

Step 01 继续上一案例的操作，按Ctrl+D快捷组合键，置入“素材\Cha09\西餐厅背面背景.jpg、西餐厅素材02.png”素材文件，调整图像的大小及位置，效果如图9-24所示。

Step 02 使用【文字工具】T绘制一个文本框，输入文字。选中输入的文字，在【字符】面板中将【字体】设置为【微软简综艺】，将【字体大小】设置为48点，将【字符间距】设置为0，在【颜色】面板中将【填色】设置为239、193、65，如图9-25所示。

图9-24

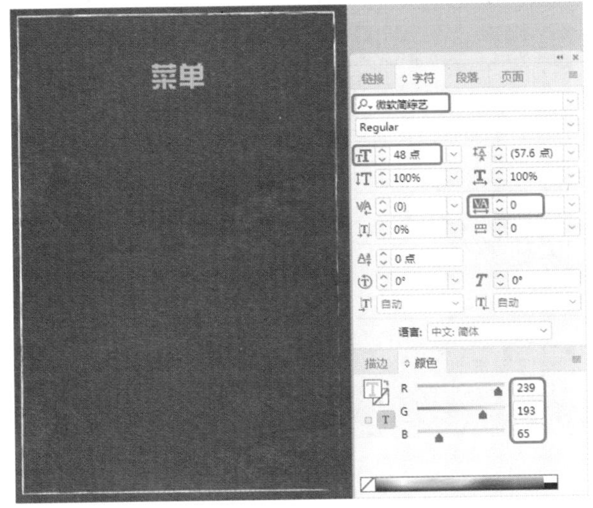

图9-25

◎提示◦

除了可以在【变换】面板中调整图像大小外，还可以在控制栏中通过设置【X缩放百分比】、【Y缩放百分比】来调整图像大小。除此之外，还可以通过设置W、H参数来调整图像大小，但是如果使用此方法，需要在设置完参数后，在选中的图像上单击鼠标右键，在弹出的快捷菜单中选择【适合】|【使内容适合框架】命令，执行该操作后，图像大小才会发生改变。

Step 03 在工具箱中单击【椭圆工具】，按住Shift键绘制一个正圆。选中绘制的正圆，在【颜色】面板中将【填色】的RGB值设置为239、193、65，在控制栏中将W、H均设置为3毫米，将【描边】设置为无，如图9-26所示。

Step 04 在工具箱中单击【选择工具】，选中绘制的圆形，按住Alt+Shift快捷组合键向右进行拖动，对其进行复制，效果如图9-27所示。

Step 05 根据前面介绍的方法将“素材\Cha09\西餐厅素材03.png、m01.png~m03.png”素材文件置入文档中，并调整其位置，效果如图9-28所示。

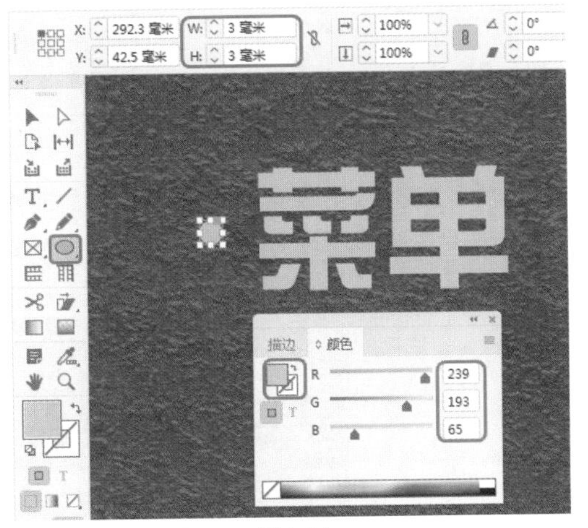

图9-26

图9-27

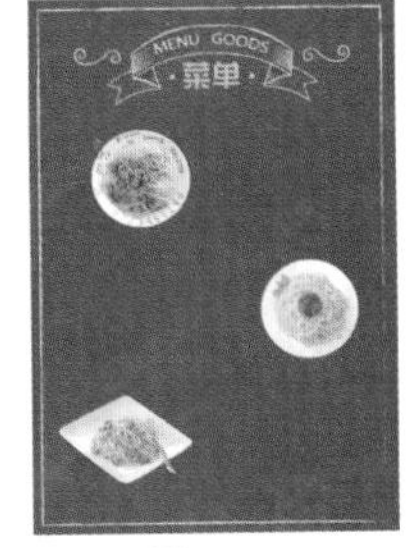

图9-28

Step 06 在工具箱中单击【矩形工具】按钮，绘制矩形，将【描边】设置为白色，在【描边】面板中将【粗细】设置为2点，将【斜接限制】设置为10，设置【类型】为虚线，将【虚线】、【间隔】设置为2点，在控制栏中将W、H分别设置为95毫米、65毫米，如图9-29所示。

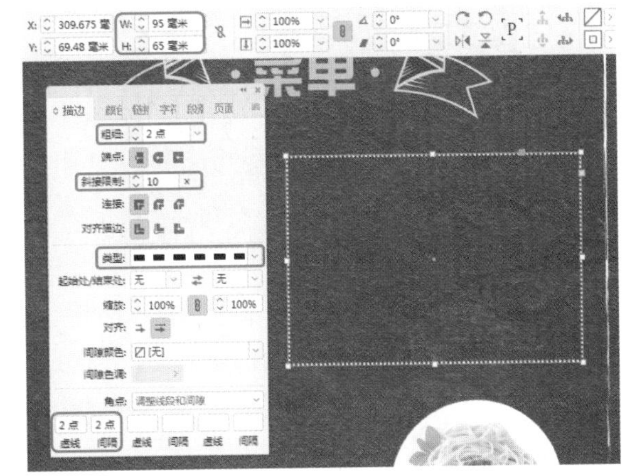

图9-29

Step 07 在菜单栏中选择【对象】|【角选项】命令，弹出【角选项】对话框，将【转角形状】设置为圆角，将【转角大小】设置为4.5毫米，如图9-30所示。

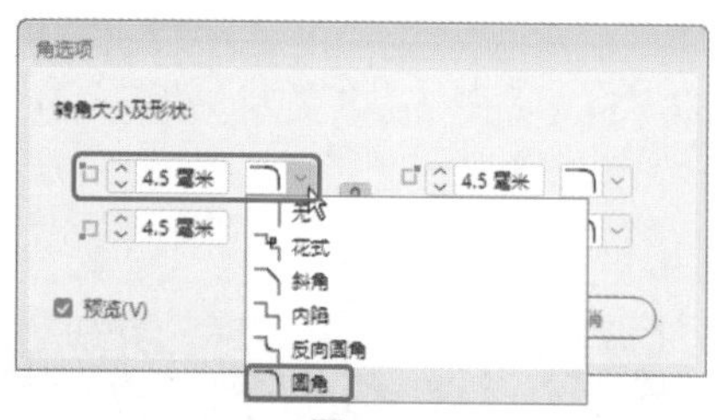

图9-30

Step 08 单击【确定】按钮，使用【文字工具】输入段落文本，在【字符】面板中进行相应的设置，参数设置如图9-31所示。

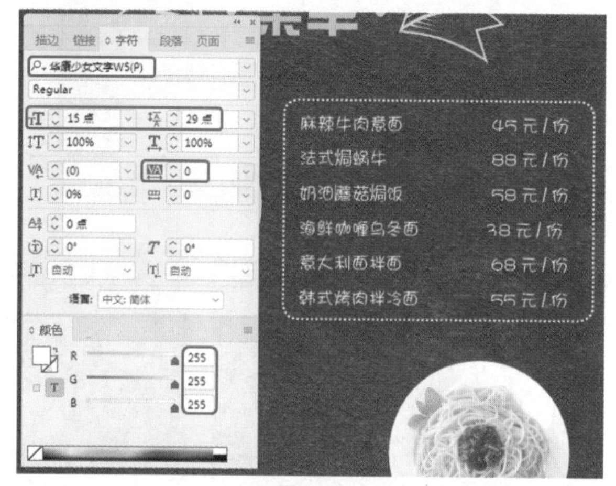

图9-31

Step 09 将绘制的虚线圆角矩形和输入的菜单文本进行复制，并调整对象的位置，效果如图9-32所示。

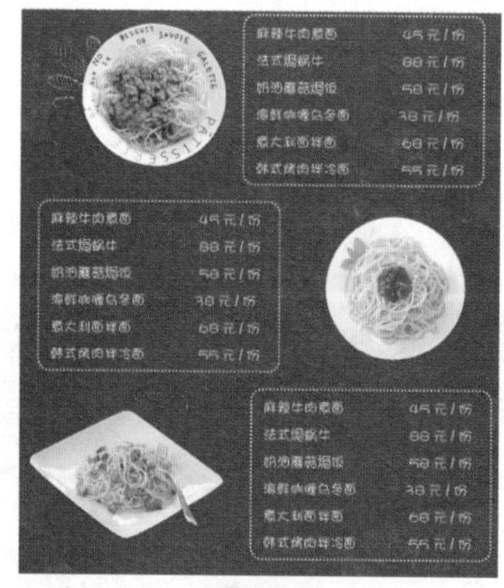

图9-32

Step 10 在工具箱中单击【文字工具】按钮T，输入文本，将【字体】设置为Berlin Sans FB，将【字体大小】设置为12点，【字符间距】设置为200，【颜色】设置为白色，如图9-33所示。

Step 11 确认选中输入的文本，在控制栏中将【旋转角度】设置为-26°，旋转文字后的效果如图9-34所示。

Step 12 使用【钢笔工具】绘制如图9-35所示的图形，并设置填充和描边色。

图9-33

图9-34

图9-35

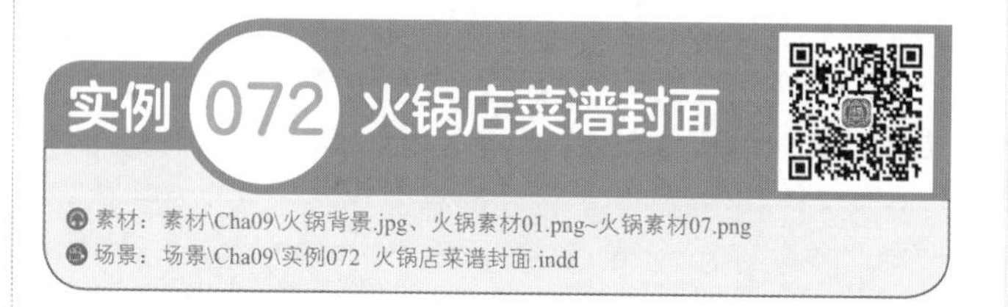

实例 072 火锅店菜谱封面

素材：素材\Cha09\火锅背景.jpg、火锅素材01.png~火锅素材07.png

场景：场景\Cha09\实例072 火锅店菜谱封面.indd

火锅不仅是美食，而且蕴含着饮食文化的内涵，为人们品尝美食倍添雅趣。吃火锅时，男女老少、亲朋好友围着热气腾腾的火锅，洋溢着热烈融洽的气氛，适合大团圆这一中国传统文化。本节将介绍如何制作火锅店菜谱封面，如图9-36所示。

图9-36

Step 01 新建【宽度】、【高度】为210毫米、297毫米的文档，将【页面】设置为2，勾选【对页】复选框，单击【边距和分栏】按钮，在弹出的对话框中将【上】、【下】、【内】、【外】均设置为0毫米，单击【确定】按钮。将文档模式更改为预览模式，在【页面】面板中选择页面1，单击【页面】面板右上角的 ≡ 按钮，在弹出的下拉列表中取消选择【允许文档页面随机排布】命令，在【页面】面板中选择页面2，按住鼠标将其拖曳至页面1的右侧，调整页面后的效果如图9-37所示。

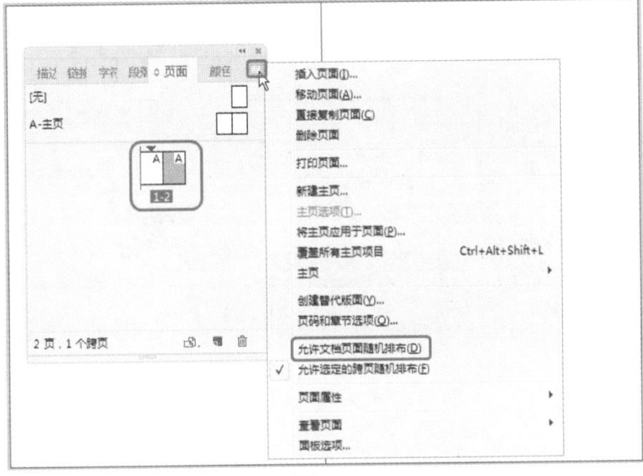
图9-37

Step 02 在【页面】面板中双击【A-主页】左侧页面，按Ctrl+D快捷组合键，在弹出的对话框中选择“素材\Cha09\火锅背景.jpg”素材文件，单击【打开】按钮，在页面中单击鼠标，将选中的素材文件置入文档中，并调整其位置，效果如图9-38所示。

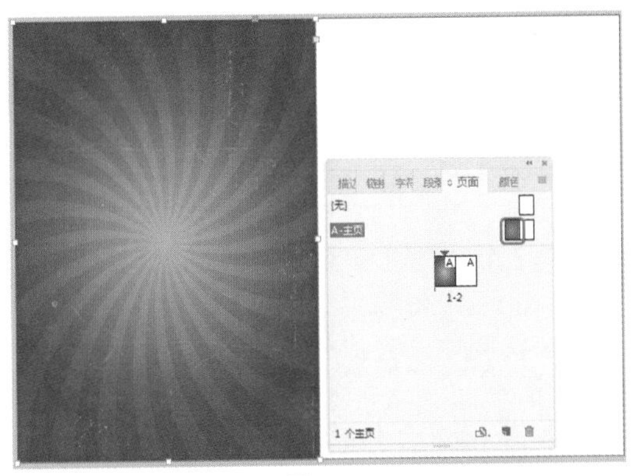
图9-38

Step 03 设置完成后，在【页面】面板中双击页面1，按Ctrl+D快捷组合键，在弹出的对话框中选择“素材\Cha09\火锅素材01.png”素材文件，单击【打开】按钮。在文档窗口中单击鼠标，将选中的素材文件置入文档中，并调整其位置，效果如图9-39所示。

Step 04 使用同样的方法将“火锅素材02.png、火锅素材03.png、火锅素材04.png”素材文件置入文档中，并调整素材文件的位置，效果如图9-40所示。

图9-39　图9-40

Step 05 在工具箱中单击【矩形工具】，在文档窗口中绘制一个矩形，在【颜色】面板中将【填色】的CMYK值设置为13、33、59、0，将【描边】设置为无，在【变换】面板中将W、H设置为70毫米、283毫米，并调整其位置，效果如图9-41所示。

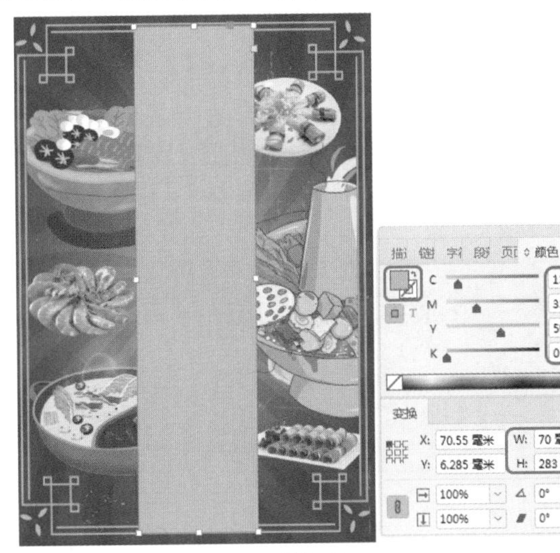
图9-41

Step 06 使用【矩形工具】在文档窗口中绘制一个矩形，在【颜色】面板中将【描边】的CMYK值设置为0、0、0、0，在【描边】面板中将【粗细】设置为9点，在【变换】面板中将W、H分别设置为62毫米、275毫米，如图9-42所示。

Step 07 根据前面所介绍的方法将“火锅素材05.png、火锅素材06.png、火锅素材07.png”素材文件置入文档中，对素材文件进行复制，并调整素材文件的位置，效果如图9-43所示。

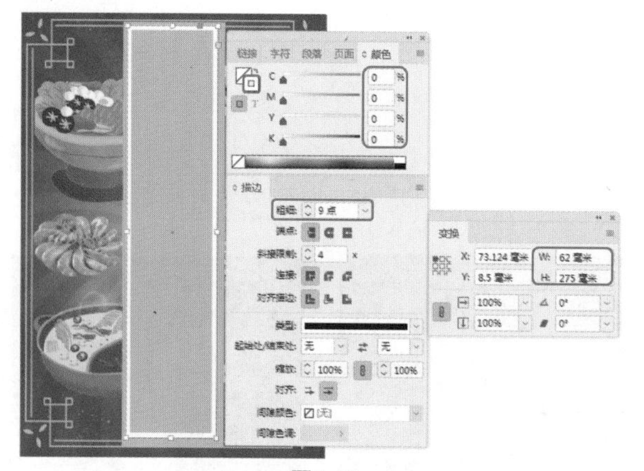

图9-42

图9-43

Step 08 在工具箱中单击【文字工具】按钮，在文档窗口中绘制一个文本框，输入“重”。选中输入的文字，在【字符】面板中将【字体】设置为【方正剪纸简体】，将【字体大小】设置为60点，在【颜色】面板中将【填色】的CMYK值设置为0、0、0、0，如图9-44所示。

图9-44

Step 09 使用同样的方法在文档窗口中创建其他文字，效果如图9-45所示。

图9-45

Step 10 在工具箱中单击【直线工具】，在文档窗口中按住Shift键绘制一条水平直线，在【颜色】面板中将【描边】的CMYK值设置为0、0、0、0，在【描边】面板中将【粗细】设置为2点，将【类型】设置为【虚线】，将【虚线】设置为8点，在【变换】面板中将L设置为49.5毫米，使用【选择工具】在文档窗口中选择绘制的直线，按住Ctrl+Alt快捷组合键向下拖动选中的直线，对其进行复制，效果如图9-46所示。

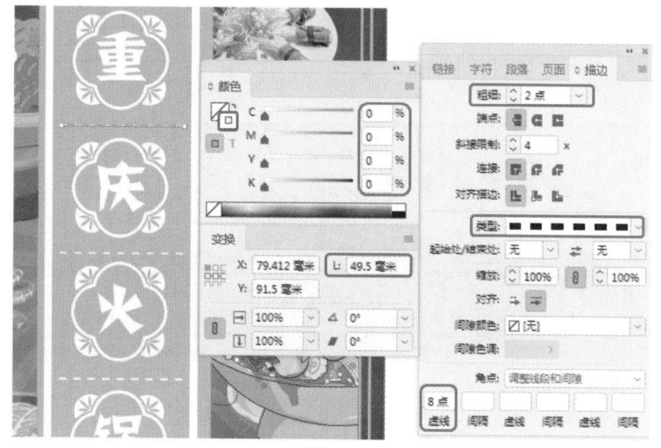

图9-46

实例073 火锅店菜谱背面

素材：素材\Cha09\火锅素材08.png、火锅素材09.png、火锅素材10.jpg、火锅素材11.jpg、火锅素材12.jpg

场景：场景\Cha09\实例073 火锅店菜谱背面.indd

下面将讲解如何制作火锅店菜谱背面，首先通过【矩形工具】绘制矩形并设置角半径制作背景部分，置入花纹框，输入菜谱文本内容，然后使用【矩形工具】绘制矩形，添加投影效果，在矩形内部置入相应的火锅素材文件，完成效果如图9-47所示。

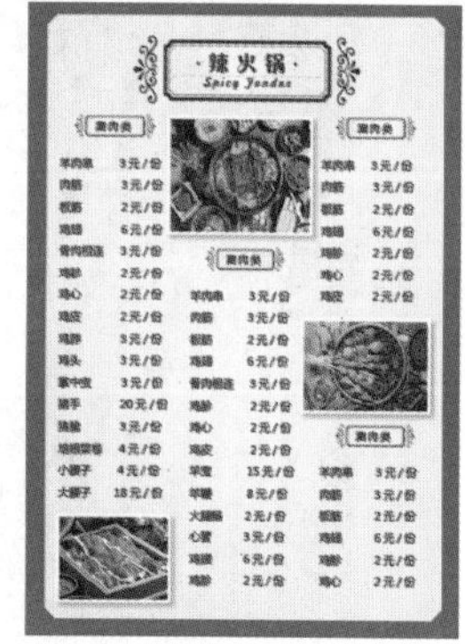

图9-47

Step 01 继续上一案例的操作，在【页面】面板中双击【A-主页】右侧页面，在工具箱中单击【矩形工具】，在文档窗口中绘制一个矩形，在【颜色】面板中将【填色】的CMYK值设置为15、100、90、10，将【描边】设置为无，在【变换】面板中将W、H分别设置为210毫米、297毫米，并调整矩形的位置，效果如图9-48所示。

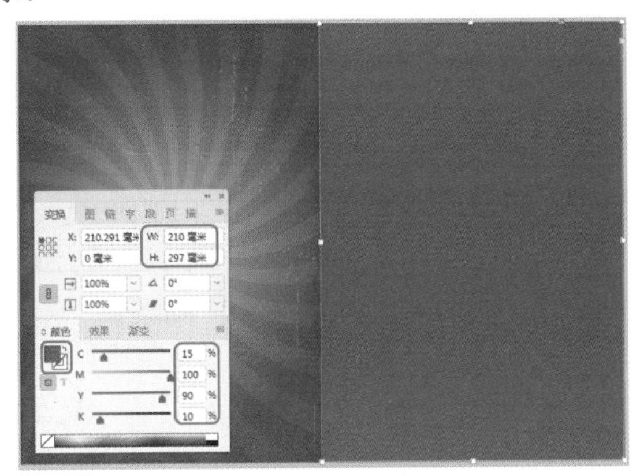

图9-48

Step 02 再次使用【矩形工具】在文档窗口中绘制一个矩形，在【渐变】面板中将【类型】设置为【径向】，将左侧色标的CMYK值设置为0、0、10、0，将右侧色标的CMYK值设置为0、10、20、0，将【描边】设置为无，在【变换】面板中将W、H分别设置为191毫米、282毫米，如图9-49所示。

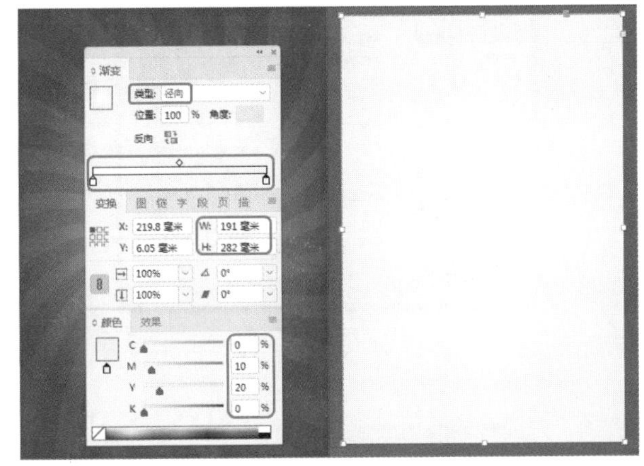

图9-49

◎提示◦◦

在【渐变】面板中只提供了渐变类型、位置、角度等参数设置，若需要对渐变颜色进行设置，可以在选中色标后，在【颜色】面板中对颜色参数进行设置。

Step 03 继续选中绘制的矩形，在【路径查找器】面板中单击【斜面矩形】按钮，如图9-50所示。

Step 04 打开【图层】面板，将绘制的两个矩形对象调整至“火锅背景.jpg”图层的下方，在【页面】面板中双击页面2，如图9-51所示。

图9-50

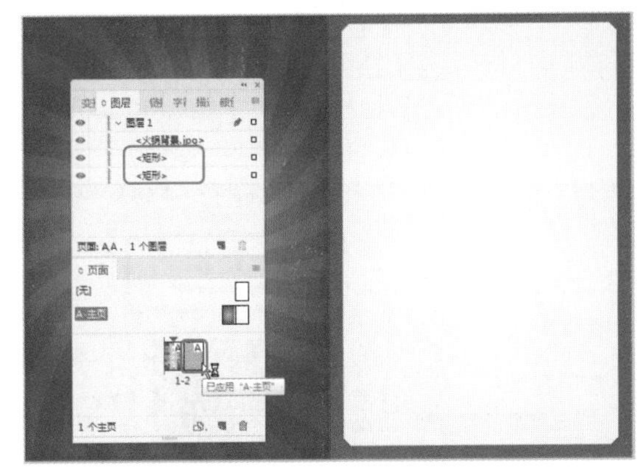

图9-51

Step 05 根据前面介绍的方法将“火锅素材08.png”素材文件置入文档中，并调整其大小与位置。在工具箱中单击【文字工具】，在文档窗口中绘制一个文本框，输入“辣火锅”。选中输入的文字，在【字符】面板中将【字体】设置为【方正粗活意简体】，将【字体大小】设置为30点，将【字符间距】设置为300，在【颜色】面板中将【填色】的CMYK值设置为58、96、89、50，如图9-52所示。

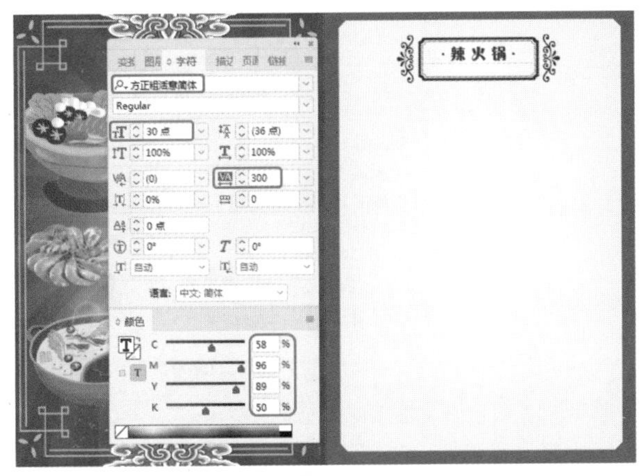

图9-52

Step 06 根据前面介绍的方法将“火锅素材09.png”素材文件置入文档中，然后输入文本并进行相应的设置，效果如图9-53所示。

图9-53

Step 07 将"火锅素材10.jpg"素材文件置入文档中，并调整其位置与大小，在【描边】面板中将【粗细】设置为5点，在【颜色】面板中将【描边】的CMYK值设置为0、0、0、0，如图9-54所示。

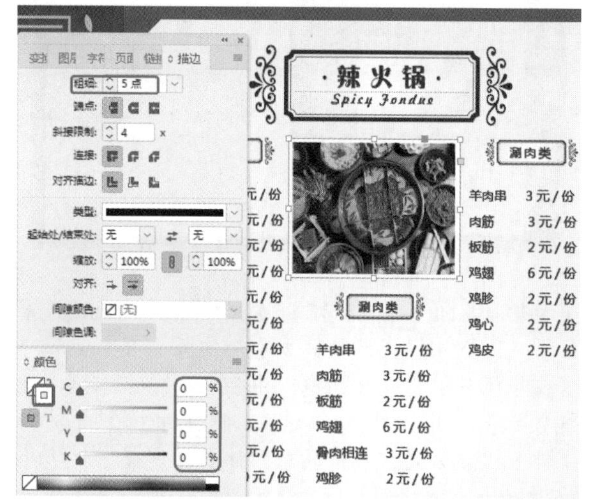

图9-54

Step 08 在【效果】面板中单击【向选定的目标添加对象效果】按钮 fx，在弹出的下拉列表中选择【投影】命令，如图9-55所示。

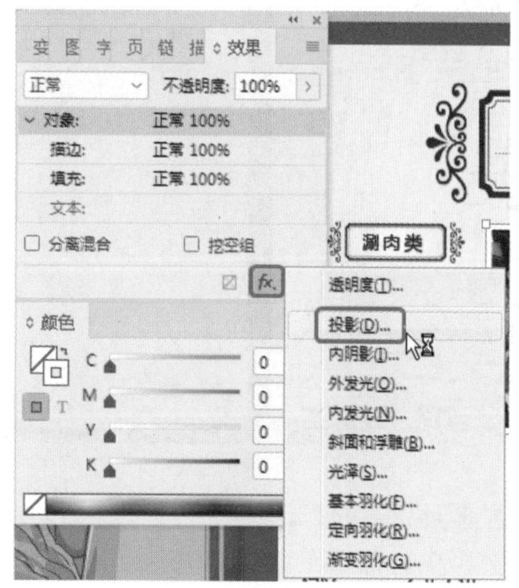

图9-55

Step 09 在弹出的对话框中将【不透明度】设置为50%，将【距离】设置为2毫米，将【角度】设置为135°，如图9-56所示。

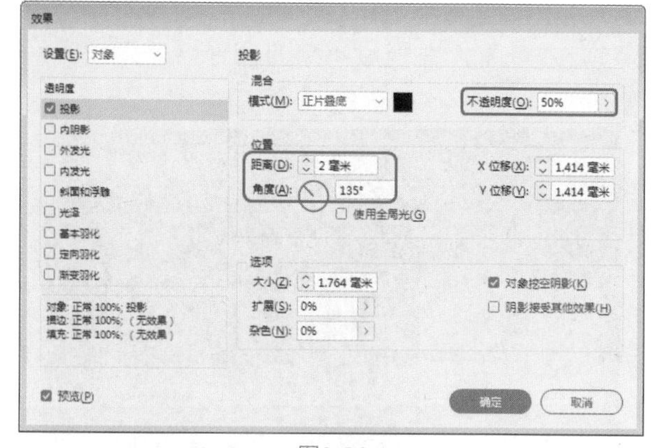

图9-56

Step 10 设置完成后，单击【确定】按钮，使用同样的方法将"火锅素材11.jpg、火锅素材12.jpg"素材文件置入文档中，并进行相应的设置，效果如图9-57所示。

图9-57

实例074 饮品店菜单封面

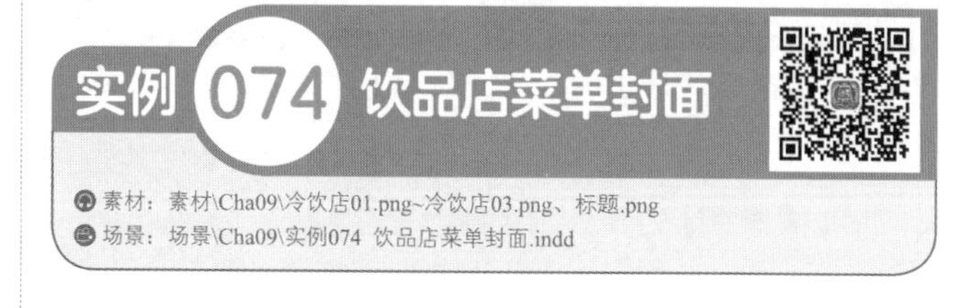

素材：素材\Cha09\冷饮店01.png~冷饮店03.png、标题.png

场景：场景\Cha09\实例074 饮品店菜单封面.indd

饮品是指以水为基本原料，由不同的配方和制造工艺生产出来，供人们直接饮用的液体食品。由于不同品种的饮品中含有不等量的糖、酸、乳以及各种氨基酸、维生素、无机盐等营养成分，因此有一定的营养。本案例将介绍如何制作饮品店菜单封面,效果如图9-58所示。

图9-58

Step 01 启动软件，按Ctrl+N快捷组合键，在弹出的对话框中将【宽度】、【高度】分别设置为210毫米、297毫米，将【页面】设置为1，单击【边距和分栏】按钮，在弹出的对话框中将【上】、【下】、【内】、【外】均设置为0毫米，设置完成后，单击【确定】按钮。将文档模式更改为预览模式，在【页面】面板中单击 ≡ 按钮，在弹出的下拉列表中选择【新建主页】命令，如图9-59所示。

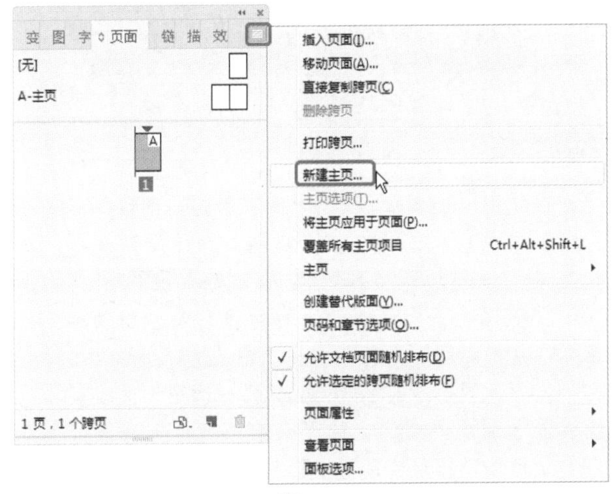

图9-59

Step 02 在弹出的对话框中使用其默认设置，如图9-60所示。

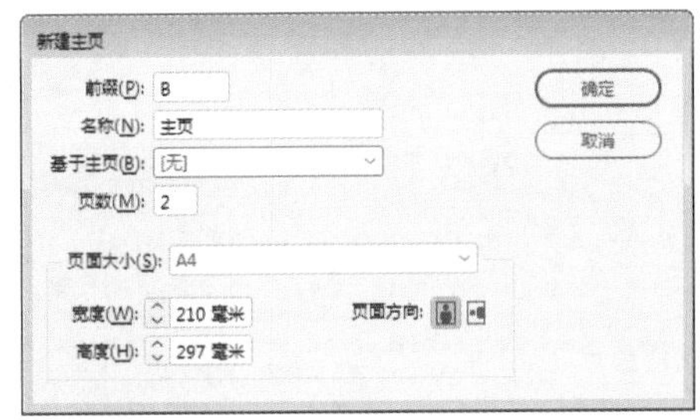

图9-60

Step 03 单击【确定】按钮，在工具箱中单击【矩形工具】 ，在文档窗口中绘制一个矩形，在【颜色】面板中将【填色】的CMYK值设置为0、76、39、0，将【描边】设置为无，在控制栏中将W、H分别设置为195毫米、284毫米，并调整其位置，效果如图9-61所示。

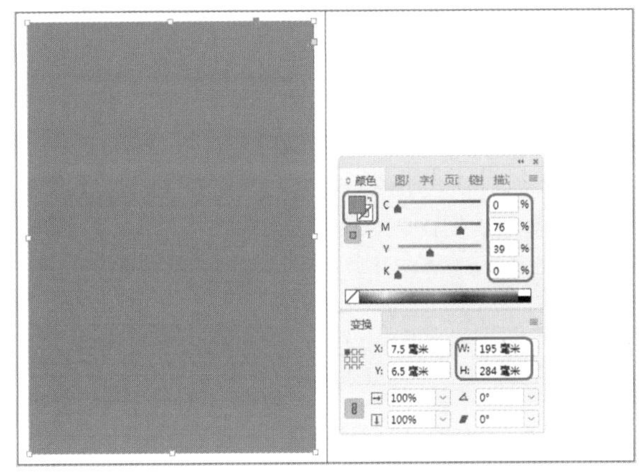

图9-61

Step 04 在工具箱中单击【选择工具】 ，在文档窗口中选择绘制的矩形，按住Shift+Alt快捷组合键将选中的矩形向右进行拖动，在合适的位置处释放鼠标，对其进行复制，效果如图9-62所示。

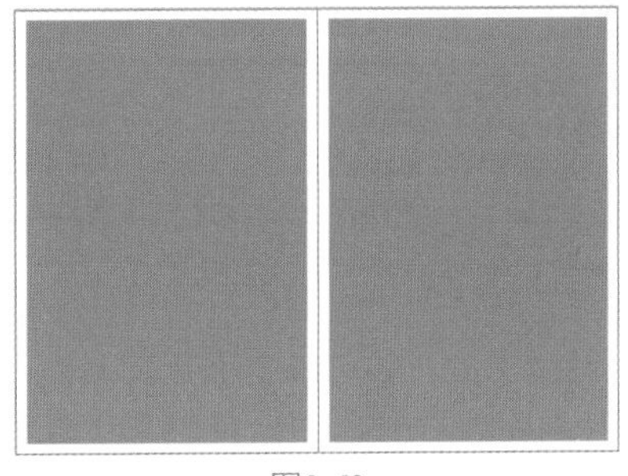

图9-62

Step 05 在【页面】面板中双击页面1，然后选中页面1，单击鼠标右键，在弹出的快捷菜单中选择【将主页应用于页面】命令，如图9-63所示。

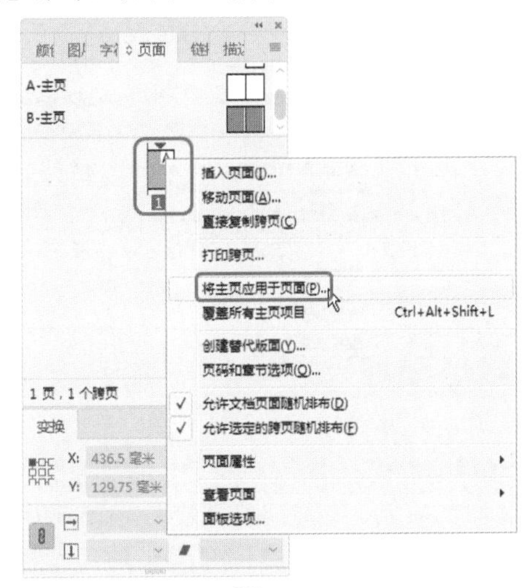

图9-63

Step 06 在弹出的对话框中将【应用主页】设置为【B-主页】，如图9-64所示。

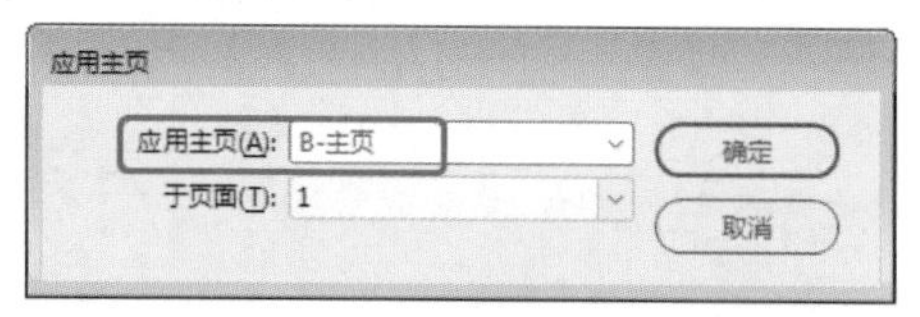

图9-64

Step 07 设置完成后，单击【确定】按钮。继续选中页面1，单击鼠标右键，在弹出的快捷菜单中选择【直接复制跨页】命令，如图9-65所示。

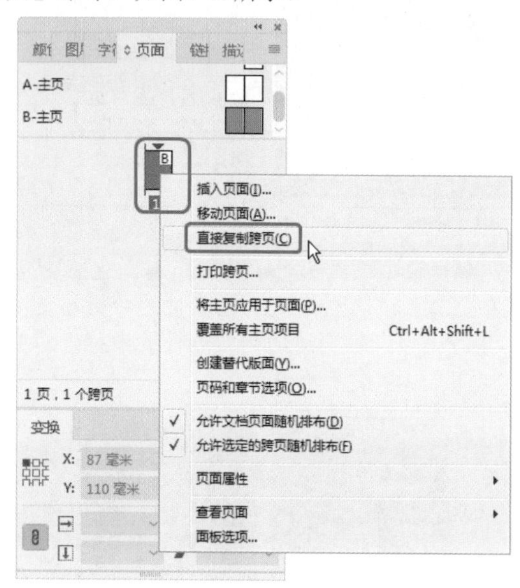

图9-65

Step 08 执行该操作后，即可对页面进行复制。选择页面2，单击鼠标右键，在弹出的快捷菜单中取消选择【允许文档页面随机排布】命令，如图9-66所示。

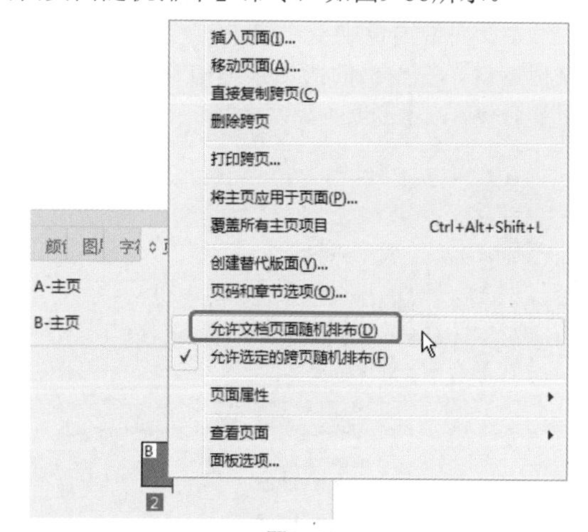

图9-66

Step 09 在【页面】面板中选择页面2，按住鼠标左键将其拖曳至页面1的右侧，完成调整，效果如图9-67所示。

Step 10 按Ctrl+D快捷组合键，在弹出的对话框中选择“素材\Cha09\冷饮店01.png”素材文件，单击【打开】按钮，在空白位置处单击鼠标，将选中的素材文件置入文档中，在文档窗口中调整其位置，调整后的效果如图9-68所示。

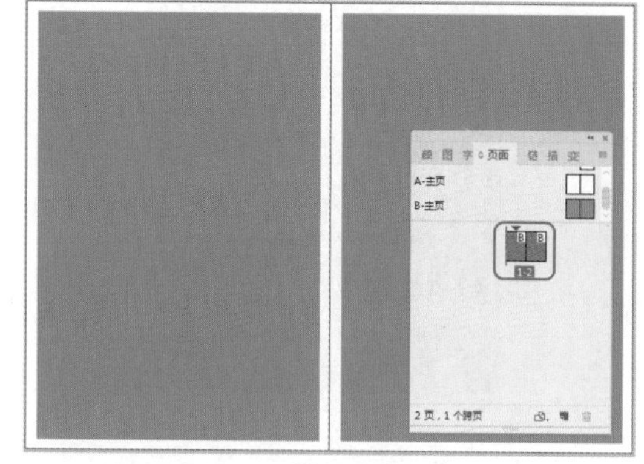

图9-67

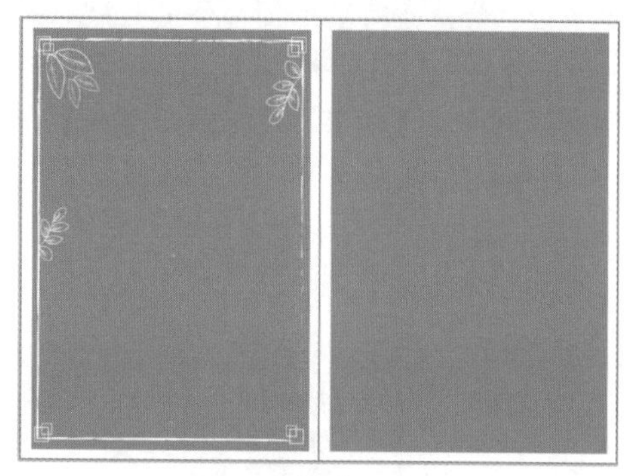

图9-68

◎提示

在使用InDesign插入图片时，经常会发现，高清图片置入文档后，图片会显示模糊，图片质量越高，模糊度越大，这是怎么回事呢？这其实是InDesign为了保持更快地运行，对图片的一种处理手段，如果想要将图片恢复清晰度，只需要在视图中调整一下即可。

当置入图片后，可以在菜单栏中选择【视图】|【显示性能】命令，在弹出的子菜单中选择【高质量】命令，执行该操作后，即可使图片清晰显示。

Step 11 使用同样的方法将“素材\Cha09\冷饮店02.png、标题.png、冷饮店03.png”素材文件置入文档中，并调整其位置，效果如图9-69所示。

Step 12 在工具箱中单击【钢笔工具】，在文档窗口中绘制图形，在【颜色】面板中将【填色】的CMYK值设置为6、5、5、0，将【描边】设置为无，如图9-70所示。

图9-69

图9-70

Step 13 在工具箱中单击【文字工具】T，绘制一个文本框，输入文字。选中输入的文字，在【字符】面板中将【字体】设置为【微软雅黑】，将【字体大小】设置为17.5点，将【字符间距】设置为-25，在【颜色】面板中将【填色】的CMYK值设置为13、96、16、0，如图9-71所示。

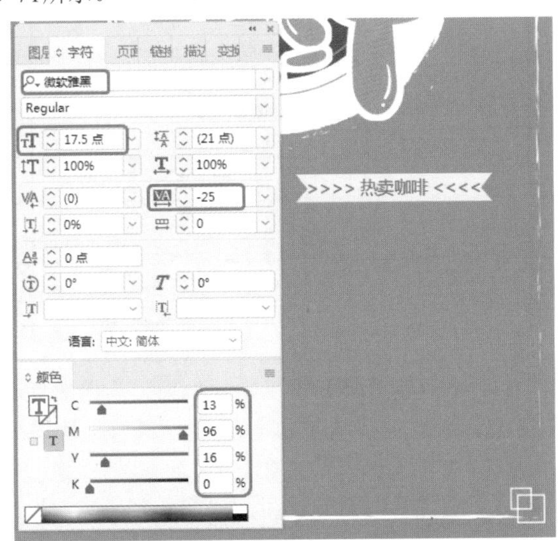

图9-71

Step 14 在工具箱中单击【文字工具】按钮T，输入文本，将【字体】设置为【微软雅黑】，将【字体大小】设置为13 点，将【字符间距】设置为0，将【填色】设置为白色，如图9-72所示。

Step 15 在工具箱中单击【文字工具】按钮T，输入文本，将【字体】设置为【创艺简黑体】，将【字体大小】设置为7 点，【行距】设置为14点，将【字符间距】设置为0，将【填色】的CMYK值设置为73、67、64、23，如图9-73所示。

Step 16 在工具箱中单击【椭圆工具】按钮，绘制椭圆形，将【填色】的CMYK值设置为3、54、88、0，将【描边】设置为无，在【变换】面板中将W、H均设置为16毫米，将椭圆进行复制并调整对象的位置，效果如图9-74所示。

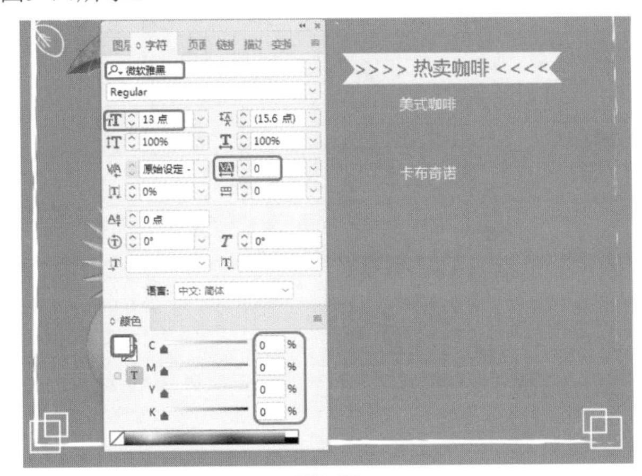

图9-72

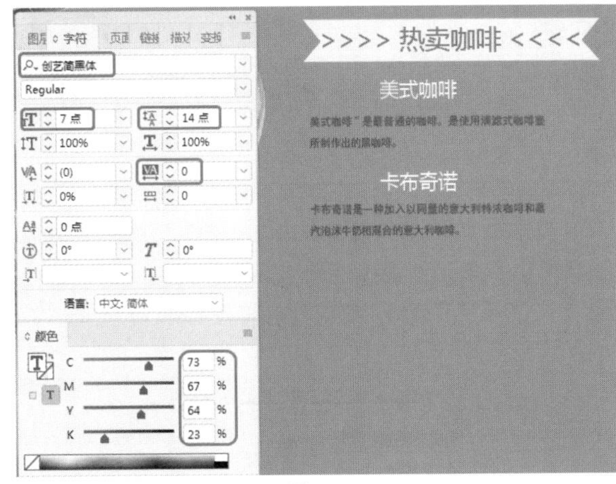

图9-73

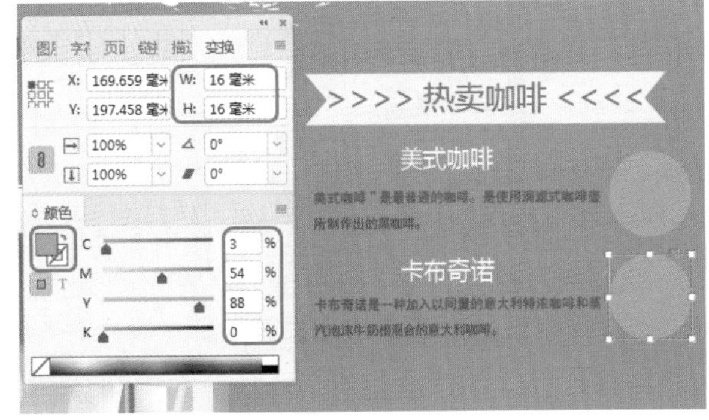

图9-74

Step 17 使用【文字工具】输入文本，将【字体】设置为微软雅黑，将【字体系列】设置为Bold，将【字符间距】设置为0，将数字的【字体大小】设置为21点，将“元”的【字体大小】设置为11点，将颜色设置为白色，如图9-75所示。

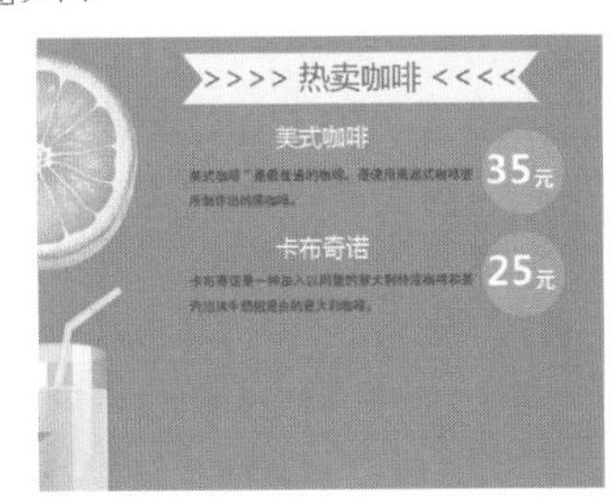

图9-75

Step 18 使用同样的方法制作如图9-76所示的内容。

图9-76

实例 075 饮品店菜单背面

素材：素材\Cha09\饮店04.png、冰激凌.png、果汁.png、咖啡.png、奶茶.png

场景：场景\Cha09\实例075 饮品店菜单背面.indd

下面讲解如何制作饮品店菜单背面。通过【矩形工具】制作出背景，使用【钢笔工具】绘制饮品标签部分，使用【文字工具】输入饮品店菜单内容，效果如图9-77所示。

图9-77

Step 01 继续上一案例的操作，在工具箱中单击【矩形工具】，在文档窗口中绘制一个矩形。在【颜色】面板中将【填色】的CMYK值设置为0、0、0、0，在【描边】面板中将【粗细】设置为3点，在控制栏中将W、H分别设置为176毫米、268毫米，如图9-78所示。

Step 02 在工具箱中单击【钢笔工具】，在文档窗口中绘制图形。在【颜色】面板中将【填色】的CMYK值设置为67、7、23、0，将【描边】设置为无，如图9-79所示。

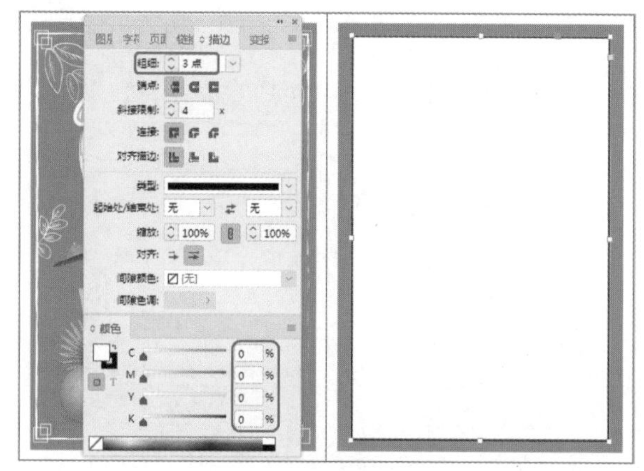

图9-78

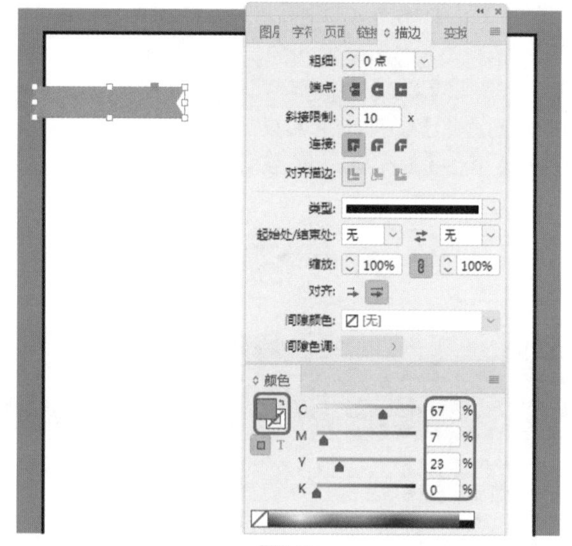

图9-79

Step 03 使用【钢笔工具】再次在文档窗口中绘制图形，在【颜色】面板中将【填色】的CMYK值设置为10、10、10、80，将【描边】设置为无，如图9-80所示。

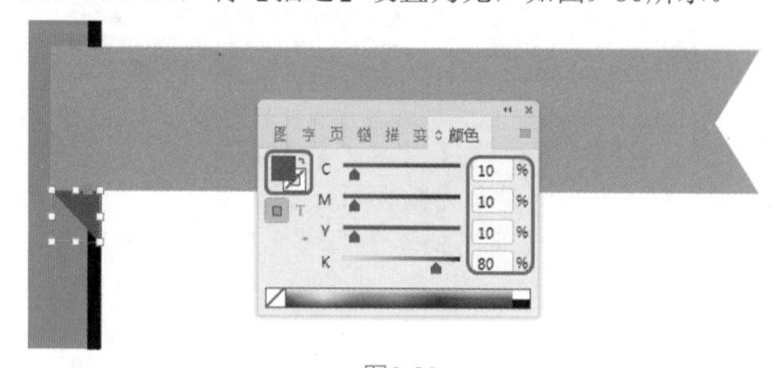

图9-80

Step 04 选中绘制的两个对象，单击鼠标右键，在弹出的快捷菜单中选择【编组】命令，如图9-81所示。

Step 05 在工具箱中单击【文字工具】，绘制一个文本框，输入文字。选中输入的文字，在【字符】面板中将【字体】设置为Myriad Pro，将【字体系列】设置为Semibold，将【字体大小】设置为21点，将【字符间距】设置为0，在【颜色】面板中将【填色】的CMYK

值设置为0、0、0、0，如图9-82所示。

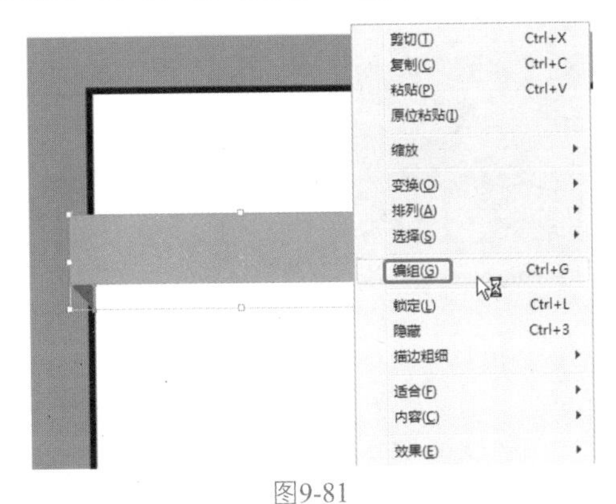

图9-81

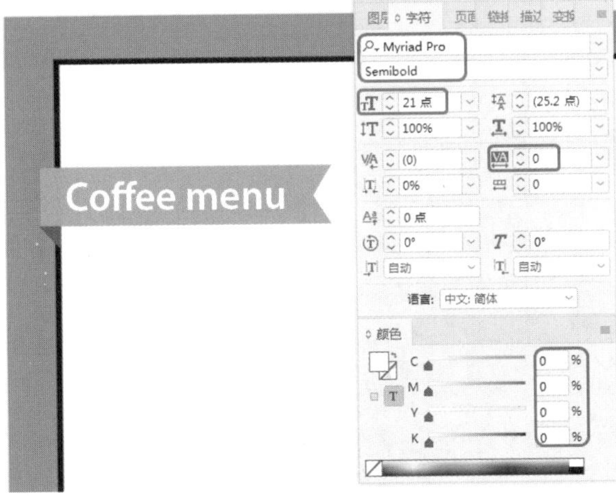

图9-82

Step 06 按Ctrl+D快捷组合键，在弹出的对话框中选择"素材\Cha09\咖啡.png"素材文件，单击【打开】按钮。在文档窗口的空白位置单击，将选中的素材文件置入文档中，并调整其位置，效果如图9-83所示。

Step 07 根据前面所介绍的方法创建其他图形与文字，并将相应的素材文件置入文档中，效果如图9-84所示。

图9-83

图9-84

Step 08 使用【钢笔工具】绘制图形，将【填色】的CMYK值设置为3、54、88、0，将【描边】设置为无，效果如图9-85所示。

图9-85

Step 09 在工具箱中单击【文字工具】按钮 T，输入文本，将【字体】设置为【方正水柱简体】，将【字体大小】设置为10 点，将【字符间距】设置为75，将【填色】设置为白色，如图9-86所示。

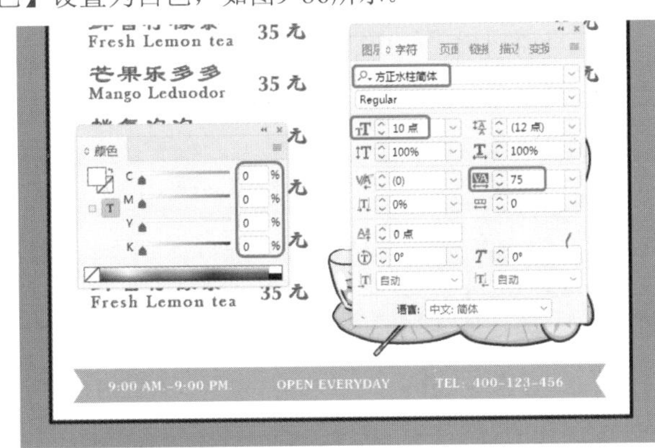

图9-86

Step 10 使用【钢笔工具】绘制如图9-87所示的刀叉图形，将【填色】设置为白色。

图9-87

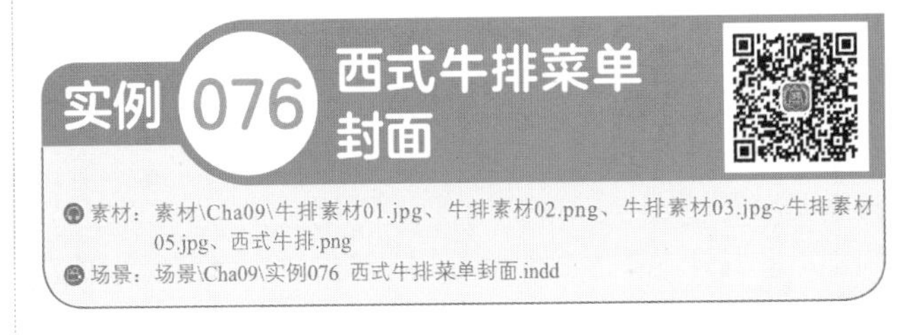

下面讲解如何制作西式牛排菜单封面，首先置入素

材文件并调整位置，然后通过【矩形工具】制作出背景的下半部分，绘制矩形并添加投影，置入牛排素材并进行调整，最后使用【文字工具】完善其他内容，效果如图9-88所示。

图9-88

Step 01 按Ctrl+N快捷组合键，弹出【新建文档】对话框，将【宽度】、【高度】分别设置为210毫米、297毫米，将【页面】设置为1，勾选【对页】复选框，单击【边距和分栏】按钮，在弹出的对话框中将【上】、【下】、【内】、【外】均设置为0毫米，将【栏数】设置为1，单击【确定】按钮。将文档模式更改为预览模式，在【页面】面板中选择页面，单击鼠标右键，在弹出的快捷菜单中取消选择【允许文档页面随机排布】命令，再次在页面上单击鼠标右键，在弹出的快捷菜单中选择【直接复制跨页】命令，设置完成后的页面效果如图9-89所示。

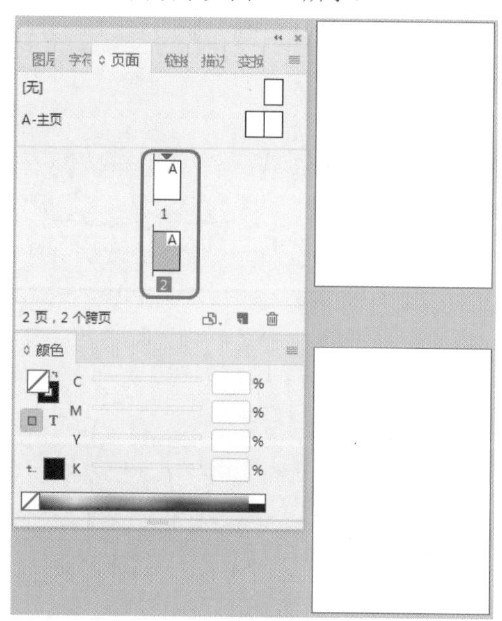

图9-89

Step 02 在第一个页面中置入“素材\Cha09\牛排素材01.jpg”素材文件，调整大小及位置，如图9-90所示。

提示

该案例的屏幕模式更改为预览模式。

Step 03 在工具箱中单击【矩形工具】按钮，绘制一个矩形，将【填色】的CMYK值设置为80、75、73、49，【描边】设置为无，在【变换】面板中将W、H分别设置为210毫米、122毫米，如图9-91所示。

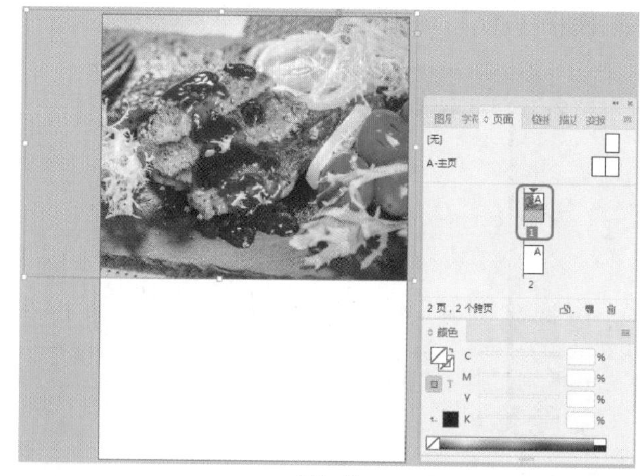

图9-90

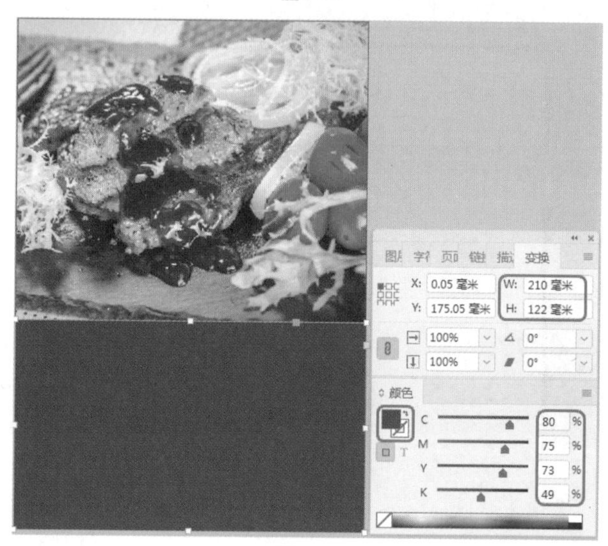

图9-91

Step 04 按Ctrl+D快捷组合键，置入“素材\Cha09\牛排素材02.png”素材文件，适当调整图像的大小及位置，如图9-92所示。

图9-92

Step 05 按Ctrl+D快捷组合键，置入“素材\Cha09\牛排素材03.jpg”素材文件，适当调整图像的大小及位置，在【颜色】面板中将【描边】的CMYK值设置为0、0、0、0，在【描边】面板中将【粗细】设置为5点，如图9-93所示。

Step 06 在【效果】面板中单击【向选定的目标添加对象效果】按钮，在弹出的下拉列表中选择【投影】命令，在弹出的对话框中将【不透明度】设置为50%，将【距离】设置为2毫米，将【角度】设置为135°，将【大小】设置为1.8毫米，单击【确定】按钮，如图9-94所示。

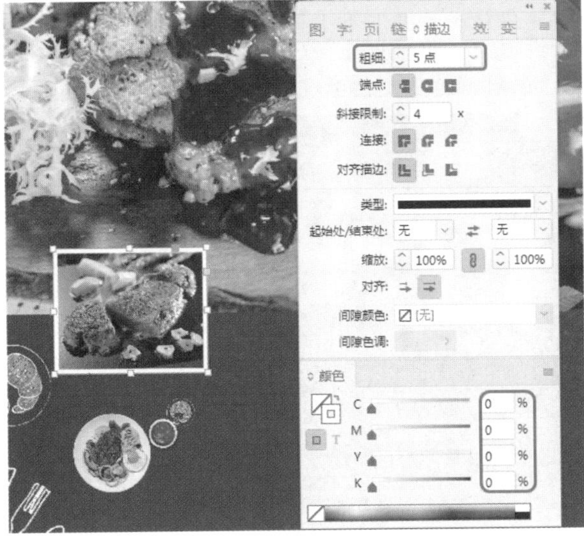

图9-93

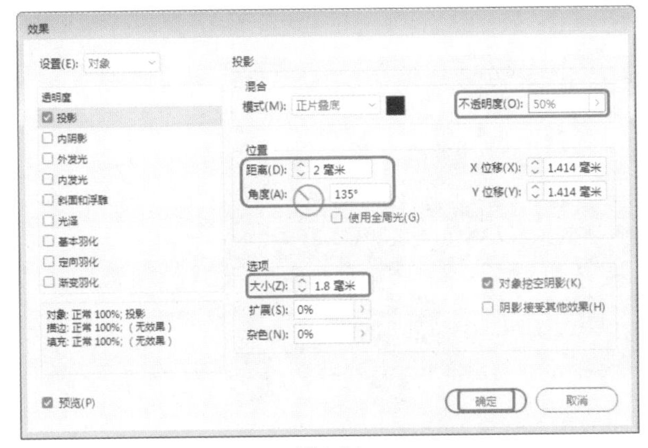

图9-94

Step 07 在文档窗口中置入“素材\Cha09\牛排素材04.jpg、牛排素材05.jpg”素材文件并设置描边和投影参数，效果如图9-95所示。

图9-95

Step 08 使用同样的方法置入“素材\Cha09\西式牛排.png”素材文件并调整对象的位置及大小，如图9-96所示。

Step 09 在工具箱中单击【矩形工具】按钮，在文档窗口绘制矩形，将【填色】的CMYK值设置为57、78、75、27，将【描边】设置为无，将【变换】面板中的W、H均设置为9.7毫米，如图9-97所示。

图9-96

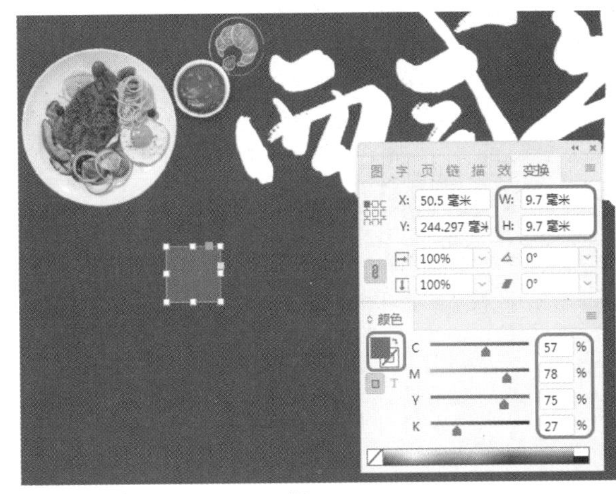

图9-97

Step 10 继续选中矩形，在菜单栏中选择【对象】|【角选项】命令，弹出【角选项】对话框，将【转角形状】设置为圆角，将【转角大小】设置为1毫米，单击【确定】按钮，如图9-98所示。

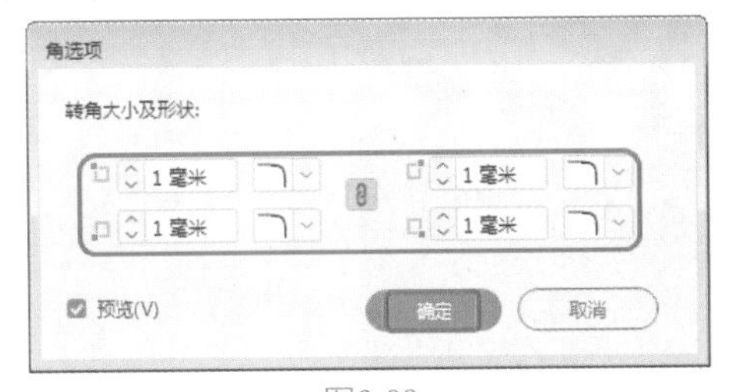

图9-98

Step 11 选中设置完成后的圆角矩形，对图形进行复制并调整对象的位置，如图9-99所示。

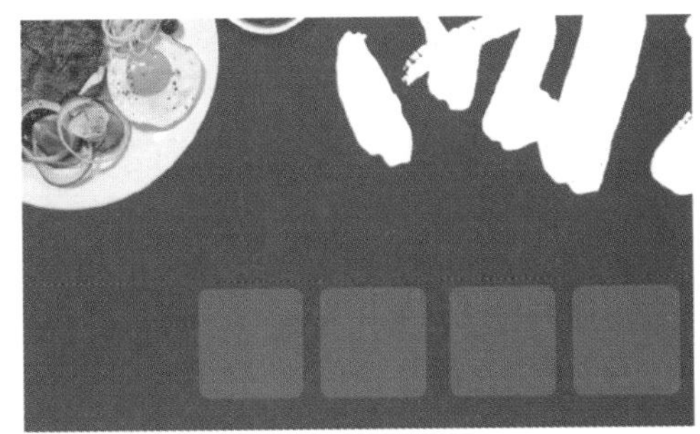
图9-99

Step 12 在工具箱中单击【文字工具】按钮T，绘制一个文本框并输入文本，将【字体】设置为【创艺简黑体】，【字体大小】设置为22点，将【字符间距】设置为500，将【填色】的CMYK值设置为0、0、0、0，如图9-100所示。

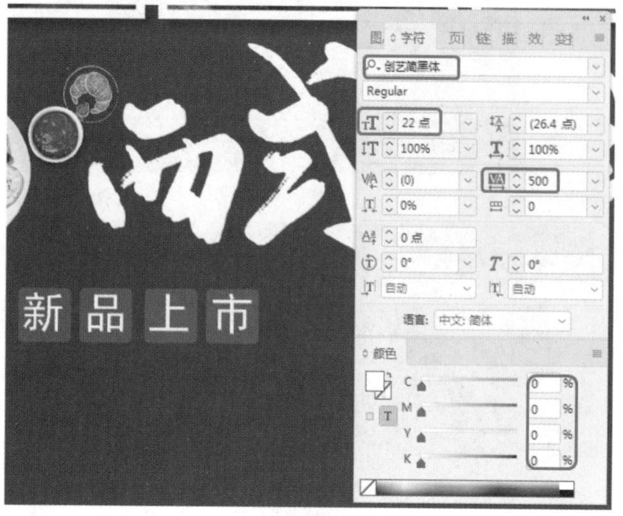

图9-100

Step 13 使用【文字工具】绘制文本框，确认光标置于文本框内，打开【字符】面板，将【字体】设置为【方正兰亭粗黑简体】，将【字体大小】设置为80点，打开【字形】面板，将【显示】设置为【破折号和引导】，双击如图9-101所示的字形，选中字形符号，将【填色】的CMYK值设置为57、78、75、27。

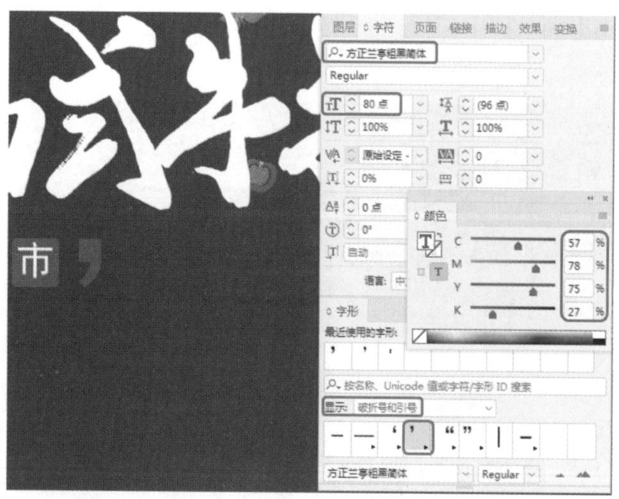

图9-101

Step 14 使用【文字工具】输入文本，将【字体】设置为Myriad Pro，【字体系列】设置为Semibold，【字体大小】设置为12，【行距】设置为14.4点，将【字符间距】设置为30，将【填色】的CMYK值设置为0、0、0、0，如图9-102所示。

Step 15 使用【文字工具】输入文本，将【字体】设置为【微软雅黑】，【字体系列】设置为Bold，【字体大小】设置为20点，将【字符间距】设置为100，将【填色】的CMYK值设置为0、0、0、0，如图9-103所示。

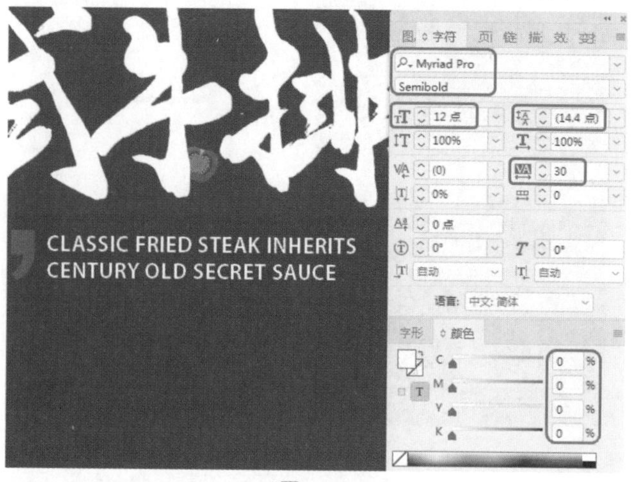

图9-102

图9-103

Step 16 使用【文字工具】输入文本，将【字体】设置为【微软雅黑】，【字体系列】设置为Bold，【字体大小】设置为10点，将【行距】设置为12点，将【字符间距】设置为100，将【填色】的CMYK值设置为0、0、0、0，如图9-104所示。

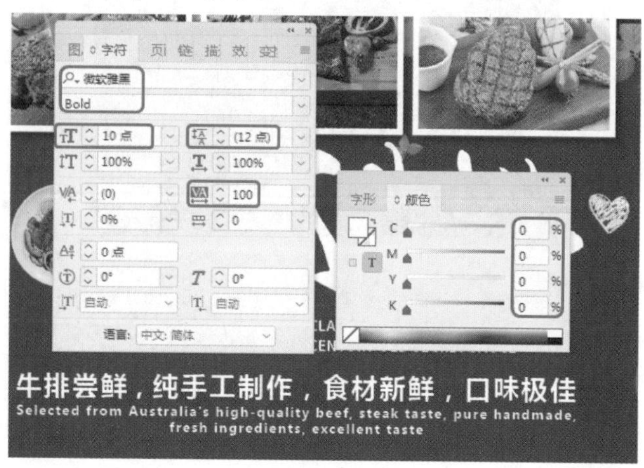

图9-104

实例077 西式牛排菜单背面

素材：素材\Cha09\牛排素材06.jpg、牛排素材07.jpg、二维码.png

场景：场景\Cha09\实例077 西式牛排菜单背面.indd

下面讲解如何制作西式牛排菜单背面，首先通过【矩形工具】制作背景，然后使用【钢笔工具】和【文字工具】制作如图9-105所示的效果。

Step 01 继续上一案例的操作，在【页面】面板中双击主页2，按Ctrl+D快捷组合键，置入“素材\Cha09\牛排素材06.jpg”素材文件，适当调整对象的大小及位置，如图9-106所示。

图9-105

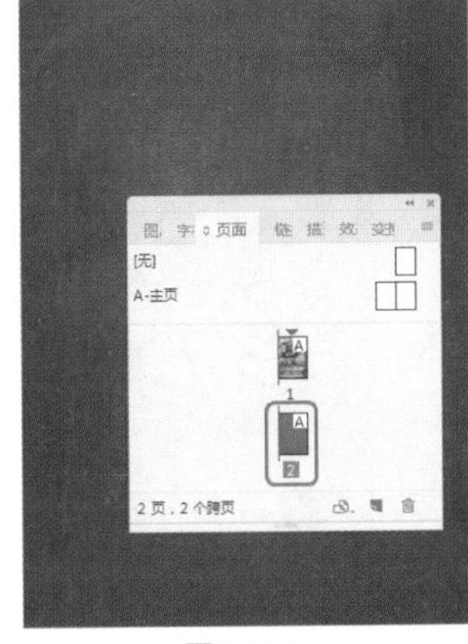

图9-106

Step 02 在工具箱中单击【文字工具】按钮T，输入文本，将【字体】设置为【方正剪纸简体】，【字体大小】设置为50点，【字符间距】设置为-50，将【填色】设置为0、0、0、0，如图9-107所示。

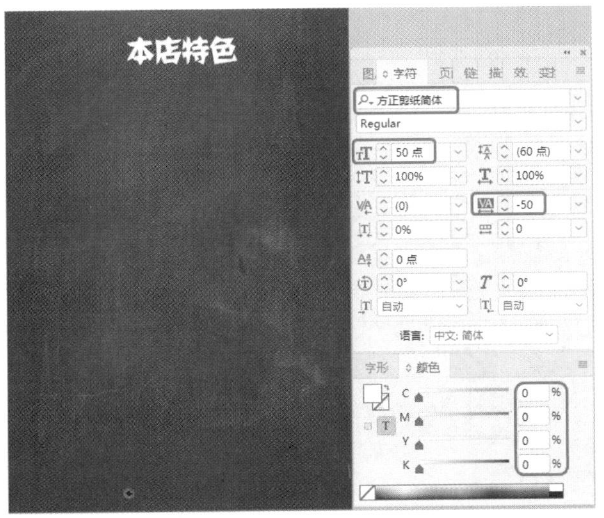

图9-107

Step 03 在工具箱中单击【文字工具】按钮T，输入文本，将【字体】设置为【方正大标宋简体】，【字体大小】设置为18点，【字符间距】设置为0，将【填色】设置为0、0、0、0，如图9-108所示。

图9-108

Step 04 在工具箱中单击【直线工具】按钮╱，绘制直线段，将【描边】设置为白色，在【描边】面板中将【粗细】设置为1.5点，将【类型】设置为【虚线（4和4）】，如图9-109所示。

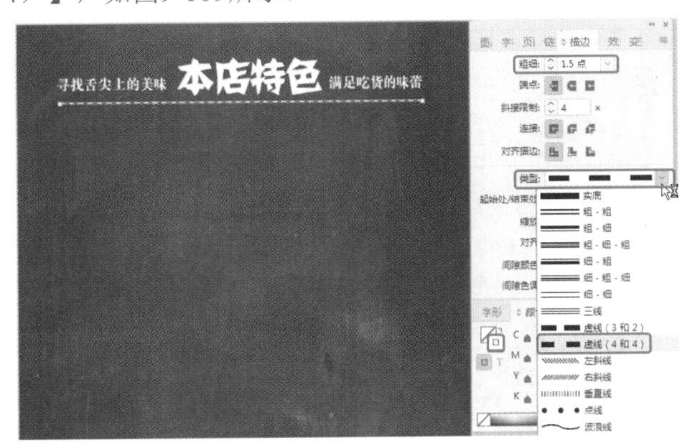

图9-109

Step 05 对绘制的直线段进行复制并调整对象的位置，按Ctrl+D快捷组合键，置入“素材\Cha09\牛排素材07.png”素材文件，适当调整对象的大小及位置，如图9-110所示。

图9-110

Step 06 在工具箱中单击【文字工具】按钮T，输入文本，将【字体】设置为【微软雅黑】，【字体系列】设置为Bold，【字体大小】设置为15点，【字符间距】设置为100，将【填色】的CMYK值设置为0、0、0、0，如图9-111所示。

图9-111

Step 07 使用【钢笔工具】绘制图形，将【填色】的CMYK值设置为11、99、99、0，将【描边】设置为无，如图9-112所示。

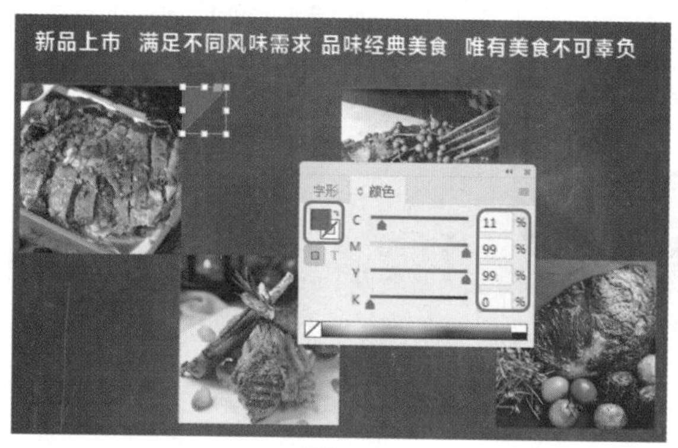

图9-112

Step 08 在工具箱中单击【文字工具】按钮T，输入文本，将【字体】设置为【微软雅黑】，【字体系列】设置为Bold，【字体大小】设置为10点，【字符间距】设置为100，将【填色】的CMYK值设置为0、0、0、0，在【变换】面板中将【旋转角度】设置为50°，如图9-113所示。

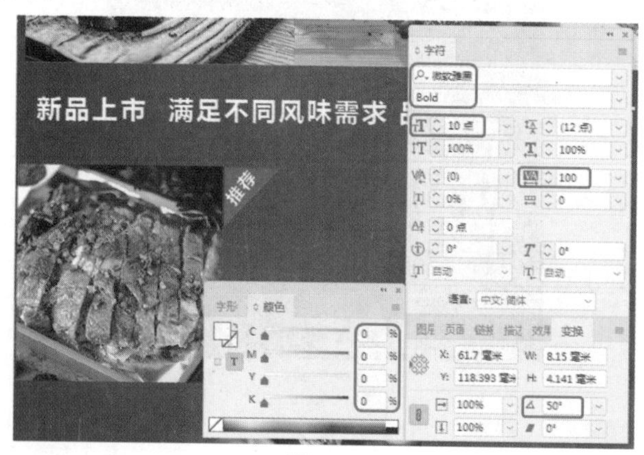

图9-113

Step 09 使用【钢笔工具】绘制三角形，将【填色】的CMYK值设置为50、46、43、0，【描边】设置为无，如图9-114所示。

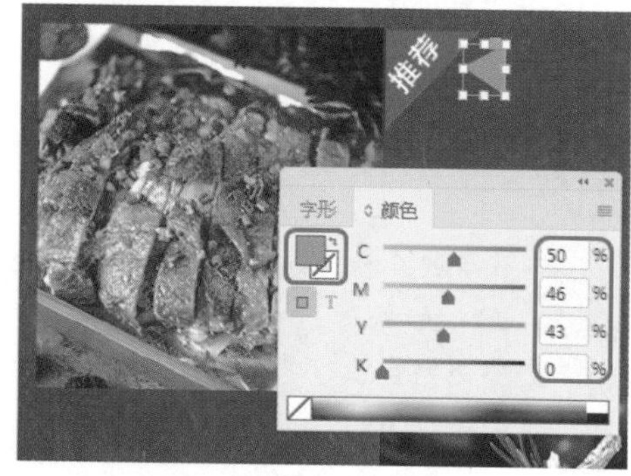

图9-114

Step 10 选中绘制的灰色三角形，按住Alt+Shift快捷组合键进行水平复制，调整对象的位置，效果如图9-115所示。

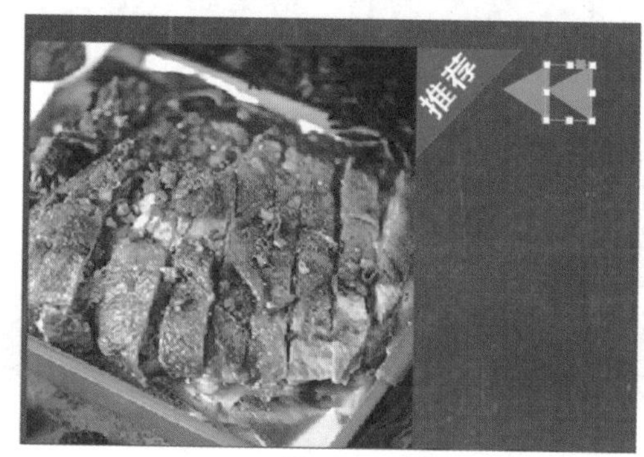

图9-115

Step 11 在工具箱中单击【文字工具】按钮T，输入文本，将【字体】设置为【微软雅黑】，【字体系列】设置为Bold，【字体大小】设置为10点，【字符间距】设置为100，将【填色】的CMYK值设置为0、0、0、0，如图9-116所示。

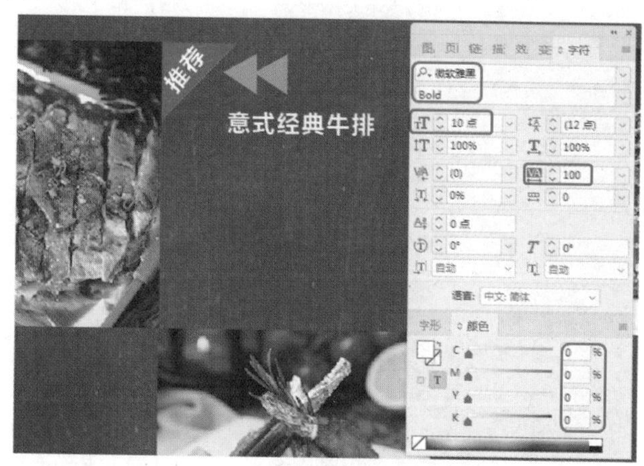

图9-116

Step 12 在工具箱中单击【多边形工具】按钮，在文档窗口中单击鼠标，弹出【多边形】对话框，将【多边形宽度】、【多边形高度】均设置为3.5毫米，【边数】设置为5，【星形内陷】设置为50%，单击【确定】按钮，如图9-117所示。

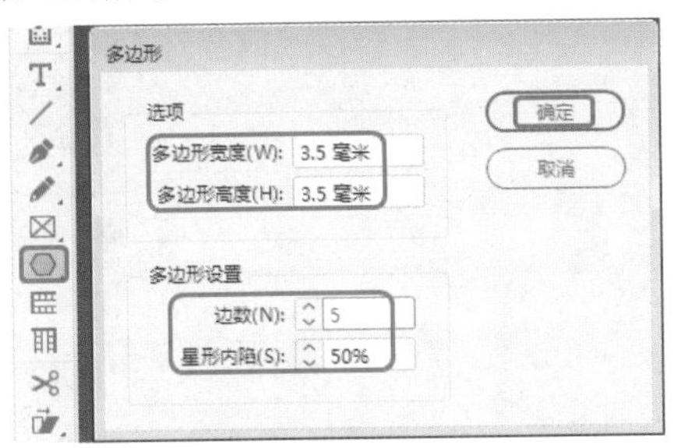

图9-117

Step 13 调整星形的位置，将【填色】的CMYK值设置为6、42、90、0，【描边】设置为无，如图9-118所示。

图9-118

Step 14 在菜单栏中选择【编辑】|【多重复制】命令，弹出【多重复制】对话框，将【垂直】、【水平】分别设置为0毫米、4.7毫米，将【计数】设置为4，单击【确定】按钮，如图9-119所示。

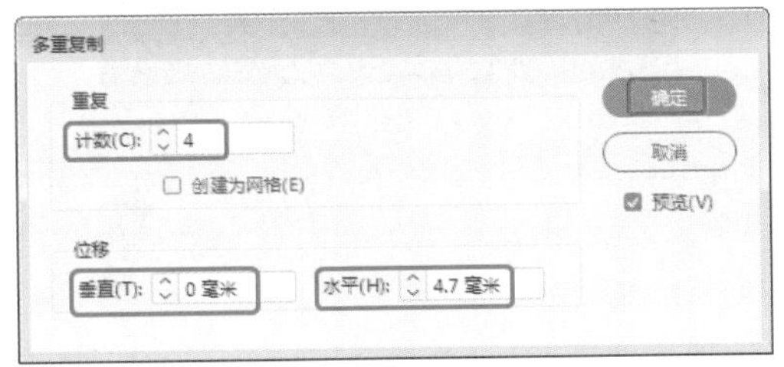

图9-119

Step 15 多重复制后的效果如图9-120所示。

Step 16 使用【文字工具】输入文本，将【字体】设置为【方正粗宋简体】，将【字体系列】设置为Bold，将【字体大小】设置为5点，将【行距】设置为5点，将【字符间距】设置为100，将【填色】的CMYK值设置为0、0、0、0，如图9-121所示。

图9-120

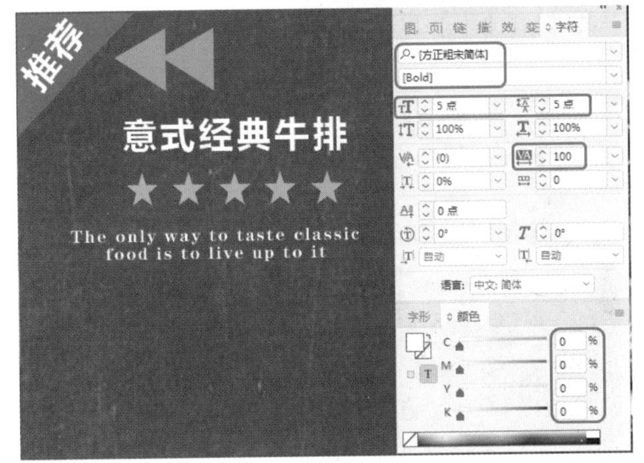

图9-121

Step 17 使用【文字工具】输入文本，将【字体】设置为【方正大黑简体】，将【字体大小】设置为8点，将【字符间距】设置为50，将【填色】的CMYK值设置为0、0、0、0，如图9-122所示。

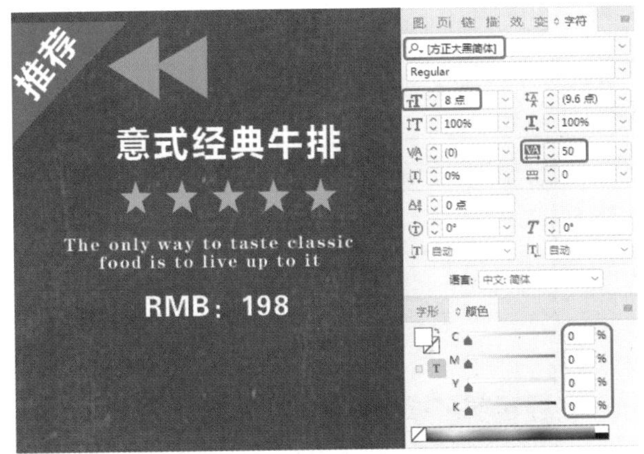

图9-122

Step 18 在工具箱中单击【矩形工具】按钮，绘制一个矩形，将【填色】的CMYK值设置为37、99、100、3，【描边】设置为无，将【变换】面板中的W、H分别设置为17毫米、5毫米，如图9-123所示。

Step 19 使用【文字工具】输入文本，将【字体】设置为【方正大标宋简体】，将【字体大小】设置为9点，将

【字符间距】设置为100，将【填色】的CMYK值设置为0、0、0、0，如图9-124所示。

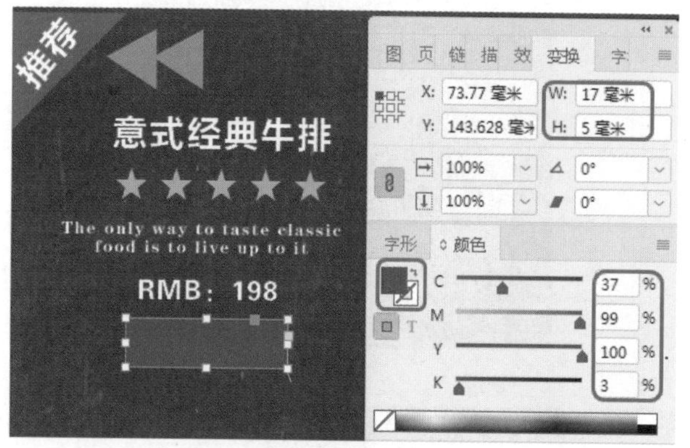

图9-123

图9-124

Step 20 选中绘制的矩形，在菜单栏中选择【对象】|【角选项】命令，弹出【角选项】对话框，将【转角形状】设置为斜角，将【转角大小】设置为1毫米，单击【确定】按钮，如图9-125所示。

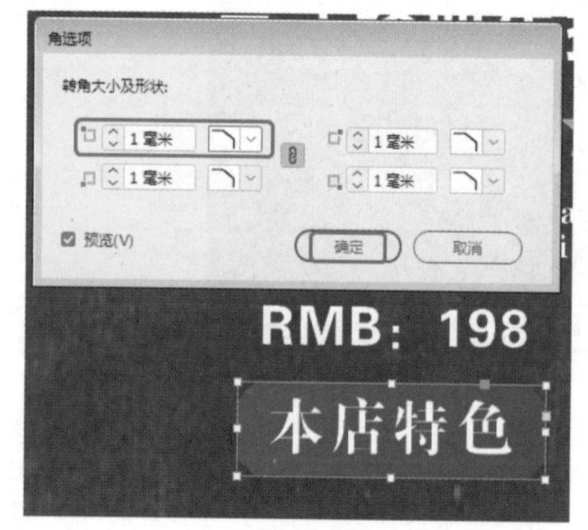

图9-125

Step 21 使用同样的方法制作如图9-126所示的对象。

Step 22 在工具箱中单击【矩形工具】按钮，绘制矩形，将【填色】的CMYK值设置为37、99、100、3，将【描边】设置为无，在【变换】面板中将W、H均设置为15毫米，如图9-127所示。

图9-126

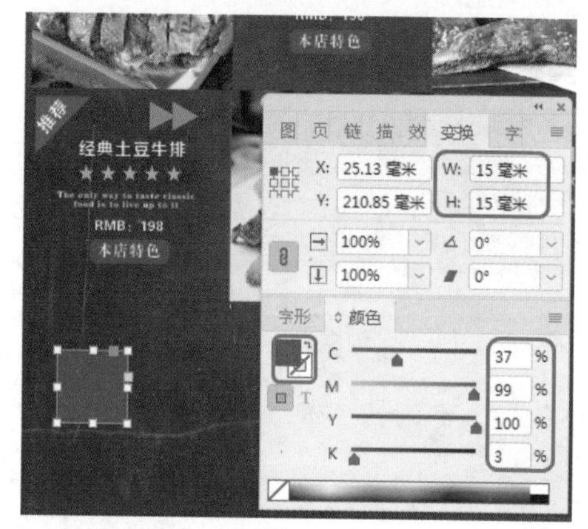

图9-127

Step 23 选中绘制的矩形，按住Alt+Shift快捷组合键进行水平复制，然后调整对象的位置，效果如图9-128所示。

图9-128

Step 24 使用【文字工具】输入文本，将【字体】设置为【微软雅黑】，将【字体系列】设置为Bold，将【字体大小】设置为35点，将【字符间距】设置为320，将【填色】的CMYK值设置为0、0、0、0，如图9-129所示。

Step 25 使用【文字工具】输入文本，将【字体】设置为【方正粗活意简体】，将【字体大小】设置为30点，将【字符间距】设置为0，将【填色】的CMYK值设置为0、0、0、0，如图9-130所示。

Step 26 使用【文字工具】输入文本，将【字体】设置为【创艺简黑体】，将【字体大小】设置为15点，将【字符间距】设置为100，将【填色】的CMYK值设置为0、0、0、0，如图9-131所示。

图9-129

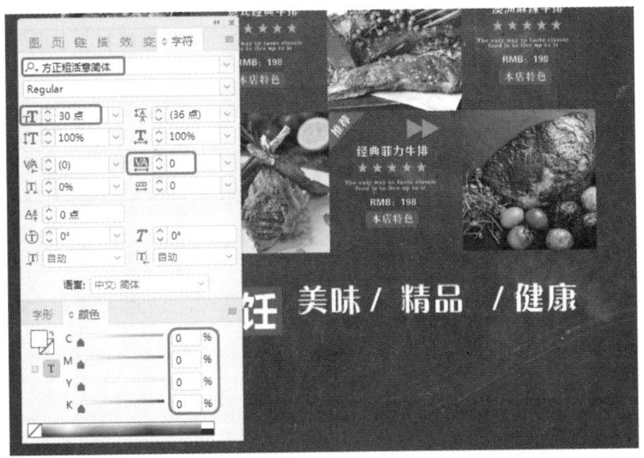

图9-130

图9-131

Step 27 使用【文字工具】输入文本，将【字体】设置为【微软雅黑】，将【字体系列】设置为Bold，将【字体大小】设置为23点，将【字符间距】设置为100，将【填色】的CMYK值设置为0、0、0、0，如图9-132所示。

Step 28 使用【文字工具】输入文本，将【字体】设置为【方正大黑简体】，将【字体系列】设置为Bold，将【字体大小】设置为12点，【行距】设置为12点，将【字符间距】设置为220，将【填色】的CMYK值设置为0、0、0、0，如图9-133所示。

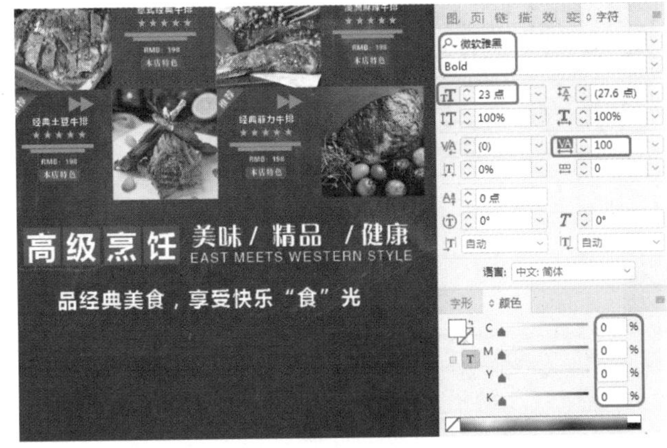

图9-132

图9-133

Step 29 使用【直线工具】绘制两条直线段，将【描边】的CMYK值设置为0、0、0、0，将【粗细】设置为1点，如图9-134所示。

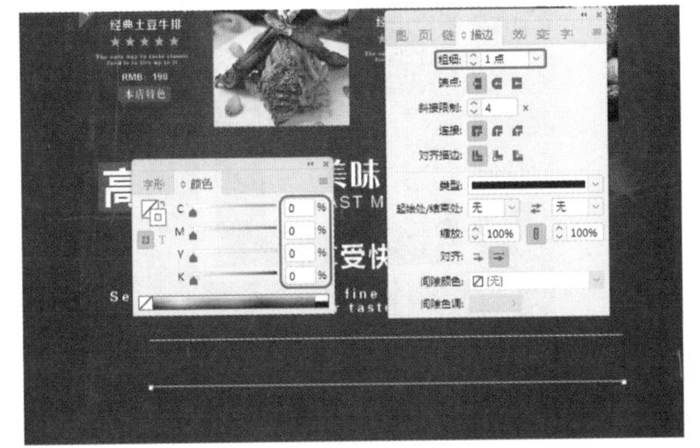

图9-134

Step 30 使用【文字工具】输入文本，将【字体】设置为【方正大黑简体】，将【字体大小】设置为8点，将【字符间距】设置为100，将【填色】的CMYK值设置为0、0、0、0，如图9-135所示。

Step 31 使用【矩形工具】绘制一个矩形，将【填色】设置为无，【描边】的CMYK值设置为0、0、0、0，在

【变换】面板中将W、H均设置为7毫米，将【描边】面板中的【粗细】设置为1，如图9-136所示。

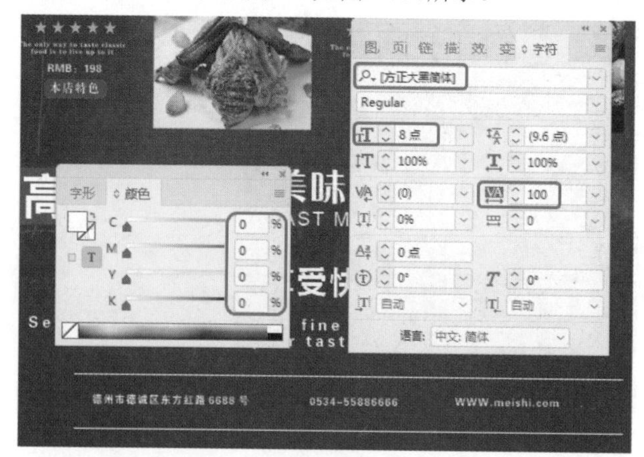

图9-135

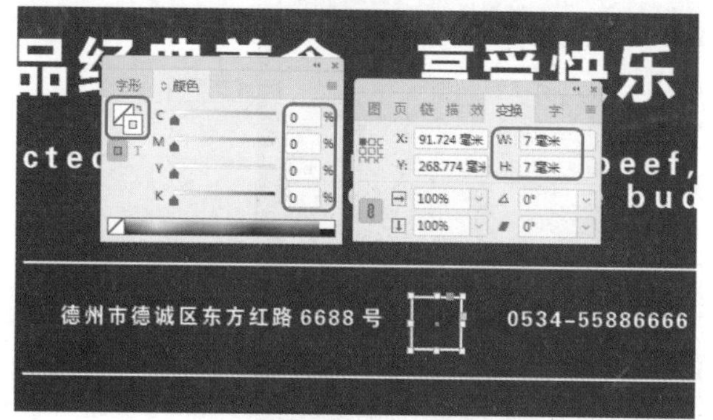

图9-136

Step 32 使用【钢笔工具】绘制如图9-137所示的白色图形，将【描边】设置为无。

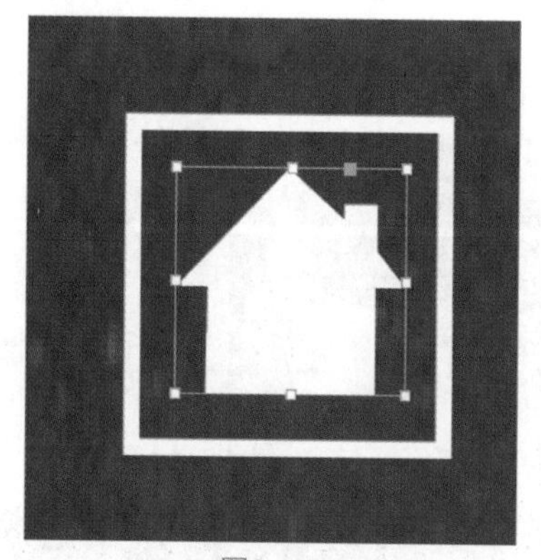

图9-137

Step 33 使用【矩形工具】绘制矩形，将【填色】的CMYK值设置为0、0、0、100，将【描边】设置为无，将【变换】面板中的W、H均设置为0.5毫米，对黑色矩形进行多次复制并调整对象的位置，如图9-138所示。

Step 34 使用同样的方法绘制如图9-139所示的手机标志，置入“素材\Cha09\二维码.png”素材文件，并调整对象的位置及大小。

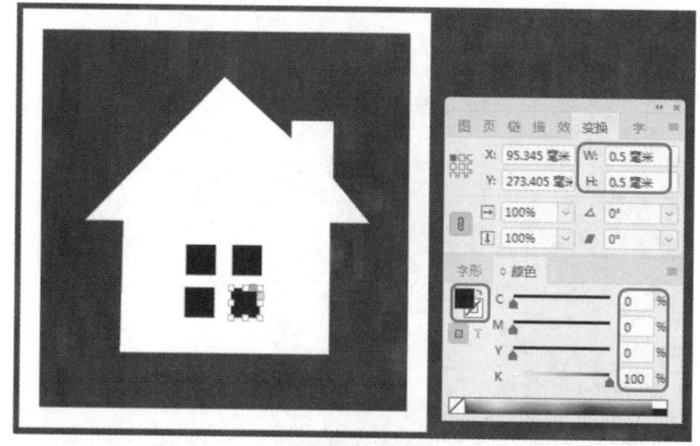

图9-138

图9-139

实例 078 健康沙拉菜单封面

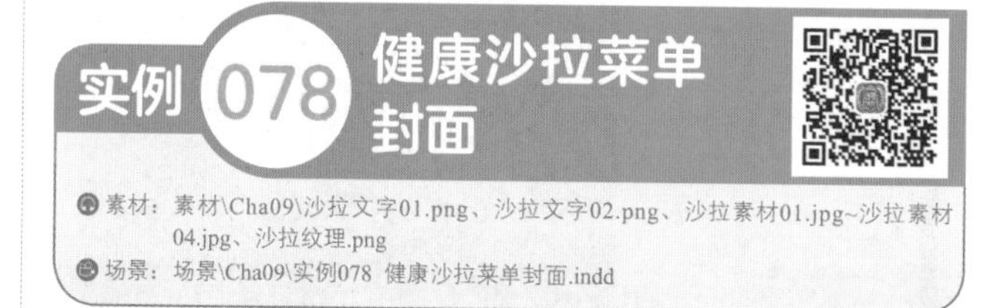

素材：素材\Cha09\沙拉文字01.png、沙拉文字02.png、沙拉素材01.jpg~沙拉素材04.jpg、沙拉纹理.png

场景：场景\Cha09\实例078 健康沙拉菜单封面.indd

下面讲解如何制作健康沙拉菜单封面，首先置入背景，然后通过【矩形工具】绘制矩形并设置填充颜色和描边颜色，设置旋转角度并置入素材，使用【钢笔工具】制作标签，使用【文字工具】完善其他内容，效果如图9-140所示。

图9-140

Step 01 按Ctrl+N快捷组合键，弹出【新建文档】对话框，将【宽度】、【高度】分别设置为210毫米、297毫米，将【页面】设置为1，勾选【对页】复选框，单击【边距和分栏】按钮，在弹出的对话框中将【上】、【下】、【内】、【外】均设置为0毫米，将【栏数】设置为1，单击【确定】按钮。将文档模式更改为预览模式，在【页面】面板中选择页面，单击鼠标右键，在弹出的快捷菜单中取消选择【允许文档页面随机排布】命令，再次在页面上右击，在弹出的快捷菜单中选择【直接复制跨页】命令，在第一个页面中置入“素材\Cha09\沙拉素材01.jpg”素材文件，调整大小及位置，如图9-141所示。

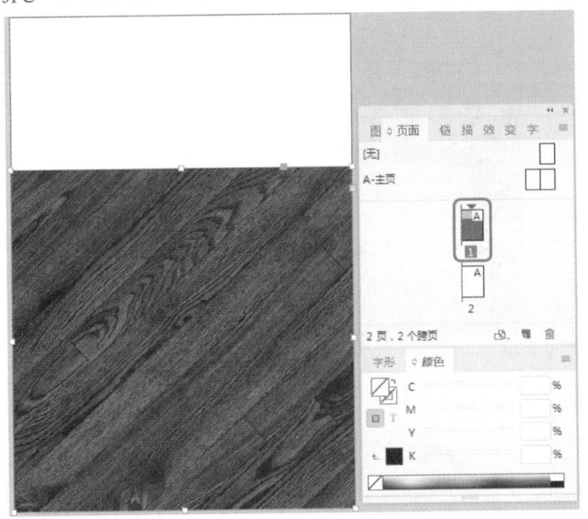

图9-141

Step 02 按Ctrl+D快捷组合键，置入“素材\Cha09\沙拉纹理.png”素材文件，调整大小及位置，如图9-142所示。

图9-142

Step 03 在工具箱中单击【矩形工具】按钮，绘制一个矩形，将【填色】的CMYK值设置为20、84、86、0，【描边】的CMYK值设置为30、100、100、0，在【描边】面板中将【粗细】设置为10点，将【变换】面板中的W、H均设置为80毫米，如图9-143所示。

Step 04 选中绘制的矩形对象，在菜单栏中选择【对象】|【角选项】命令，弹出【角选项】对话框，将【转角形状】设置为圆角，将【转角大小】设置为15毫米，单击【确定】按钮，如图9-144所示。

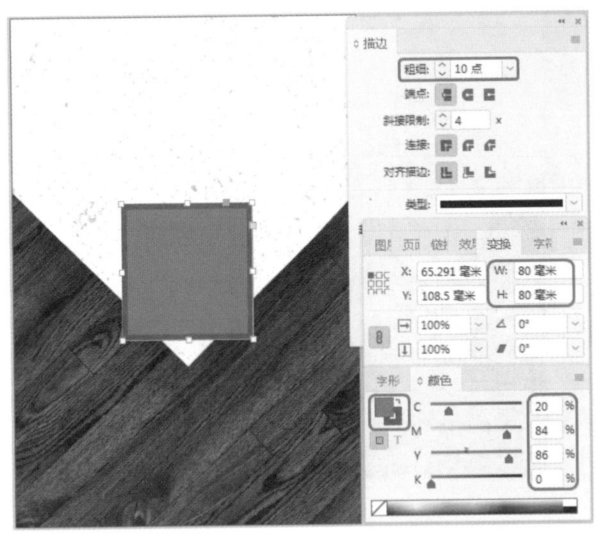

图9-143

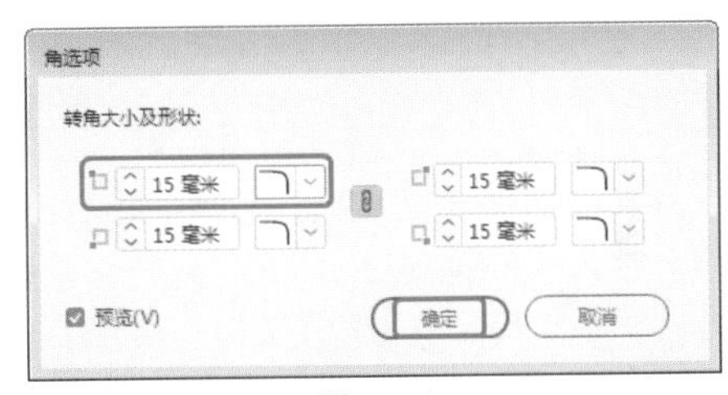

图9-144

Step 05 选中圆角后的矩形对象，在【变换】面板中将【旋转角度】设置为45°，调整对象的位置，如图9-145所示。

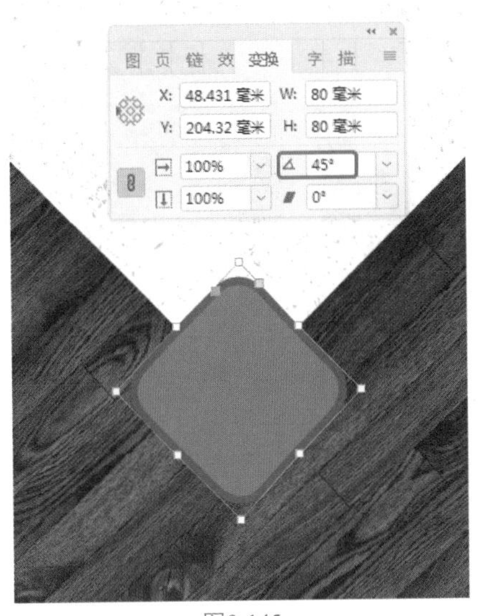

图9-145

Step 06 将矩形对象进行复制并调整对象的位置，将【变换】面板中的W、H均设置为90毫米，将【填色】设置为无，将【描边】的CMYK值设置为6、7、22、0，如图9-146所示。

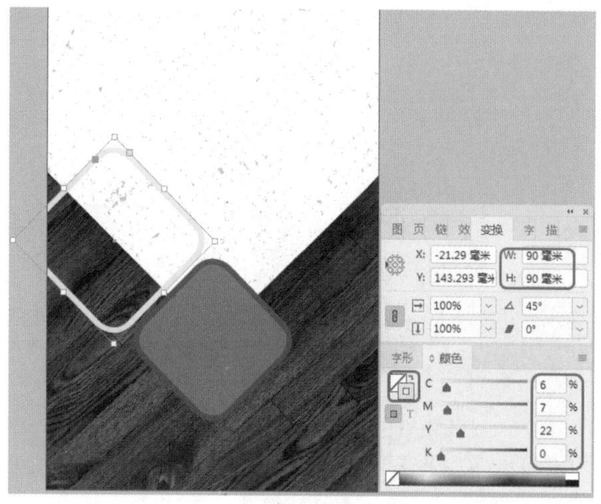

图9-146

Step 07 选中对象的同时按Ctrl+D快捷组合键，置入“素材\Cha09\沙拉素材02.jpg”素材文件，调整图像的大小及位置，如图9-147所示。

Step 08 将左侧的圆角矩形对象进行复制并调整对象的位置，选中如图9-148所示的对象，按Ctrl+D快捷组合键，置入“素材\Cha09\沙拉素材03.jpg”素材文件，在【变换】面板中将【旋转角度】设置为0°，适当调整对象的位置及大小。

图9-147

图9-148

Step 09 再次复制一个圆角矩形对象，按Ctrl+D快捷组合键，置入“素材\Cha09\沙拉素材04.jpg”素材文件，将【旋转角度】设置为45°，调整对象的大小及位置，如图9-149所示。

Step 10 在工具箱中单击【文字工具】按钮T，输入文本，将【字体】设置为【方正剪纸简体】，将【字体大小】设置为72点，将【字符间距】设置为-50，将【颜色】面板中的【填色】设置为白色，如图9-150所示。

Step 11 在工具箱中单击【文字工具】按钮T，输入文本，将【字体】设置为Tahoma，将【字体系列】设置为Bold，将【字体大小】设置为15点，将【字符间距】设置为100，将【颜色】面板中的【填色】设置为白色，如图9-151所示。

图9-149

图9-150

图9-151

Step 12 在工具箱中单击【文字工具】按钮 T，输入文本，将【字体】设置为BoltonShadowed，将【字体大小】设置为20点，将【字符间距】设置为200，将【颜色】面板中的【填色】设置为白色，如图9-152所示。

图9-152

Step 13 使用【矩形工具】绘制一个矩形，将【填色】设置为白色，将【描边】设置为无，将W、H均设置为2.9毫米，将【旋转角度】设置为50°，如图9-153所示。

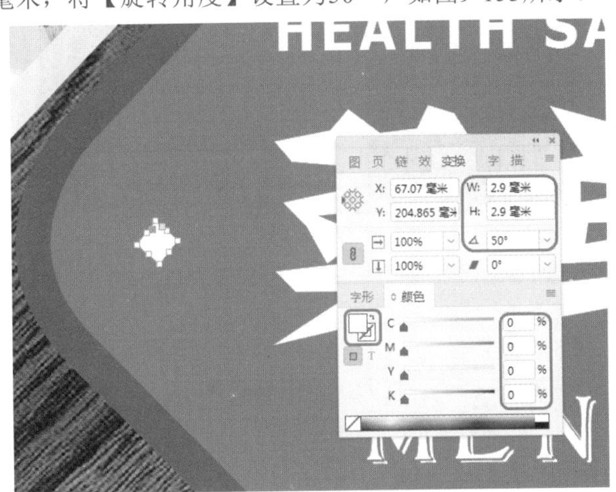

图9-153

Step 14 选中矩形的同时按住Alt+Shift快捷组合键，水平复制矩形对象，如图9-154所示。

图9-154

Step 15 在工具箱中单击【钢笔工具】按钮，绘制如图9-155所示的图形对象，将【填色】的CMYK值设置为65、36、91、0，将【描边】设置为无。

Step 16 继续选中绘制的对象，在【效果】面板中单击【向选定的目标添加对象效果】按钮 fx，在弹出的下拉列表中选择【投影】命令，在弹出的对话框中将【不透明度】设置为50%，将【距离】设置为1毫米，将【角度】设置为120°，将【大小】设置为1.8毫米，将【扩展】设置为2%，单击【确定】按钮，如图9-156所示。

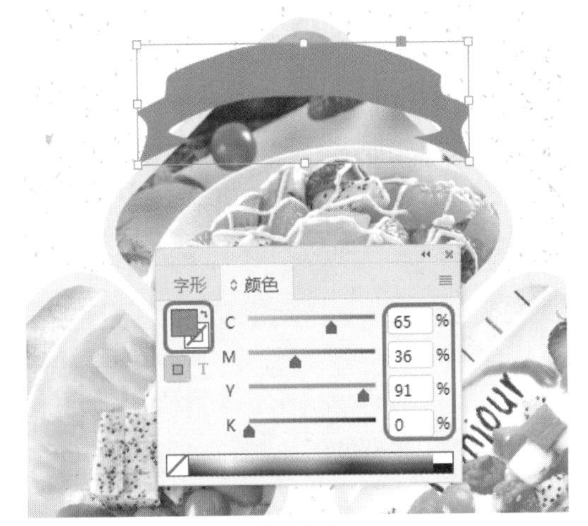

图9-155

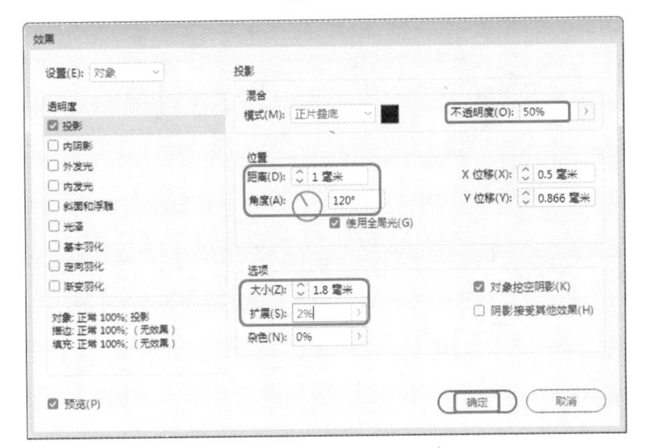

图9-156

Step 17 设置投影后的效果如图9-157所示。

图9-157

Step 18 使用【钢笔工具】绘制两个三角形，将【填色】的CMYK值设置为77、58、100、29，将【描边】设置为无，如图9-158所示。

Step 19 选中绘制的两个三角形，打开【图层】面板，将对象的图层调整至【路径】图层的下方，如图9-159所示。

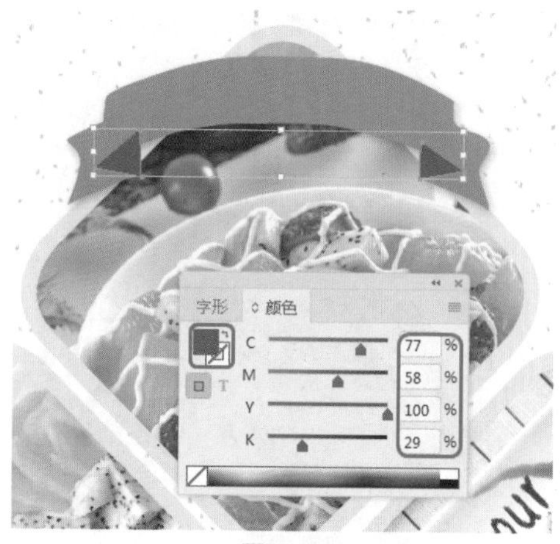

图9-158

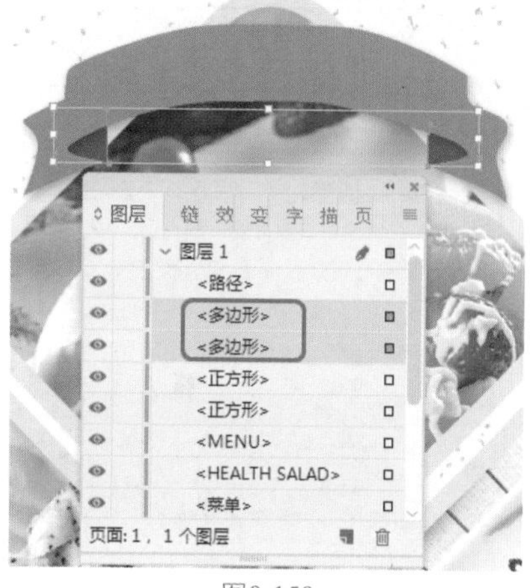

图9-159

Step 20 按Ctrl+D快捷组合键，置入“素材\Cha09\沙拉文字01.png”素材文件，调整对象的大小及位置，如图9-160所示。

图9-160

Step 21 在工具箱中单击【文字工具】按钮T，输入文本，将【字体】设置为【迷你简综艺】，将【字体大小】设置为11点，将【垂直缩放】设置为140%，将【字符间距】设置为35，将【颜色】面板中的【填色】设置为白色，如图9-161所示。

Step 22 使用【矩形工具】绘制一个矩形，将【填色】设置为白色，将【描边】设置为无，将W、H均设置为1.6毫米，将【旋转角度】设置为50°，如图9-162所示。

图9-161

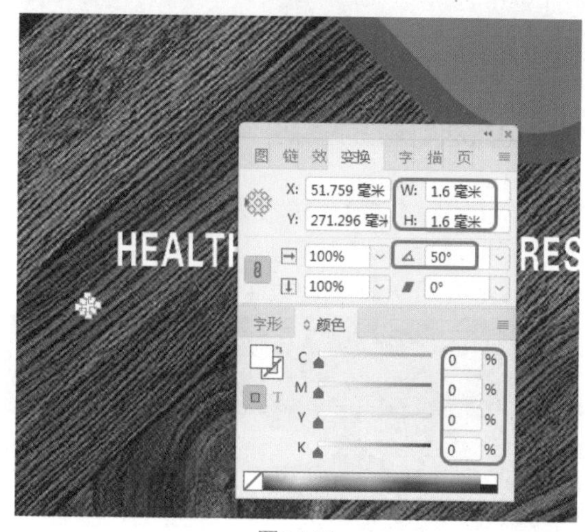

图9-162

Step 23 选中矩形对象，在菜单栏中选择【编辑】|【多重复制】命令，弹出【多重复制】对话框，将【垂直】、【水平】分别设置为0毫米、3毫米，将【计数】设置为34，单击【确定】按钮，如图9-163所示。

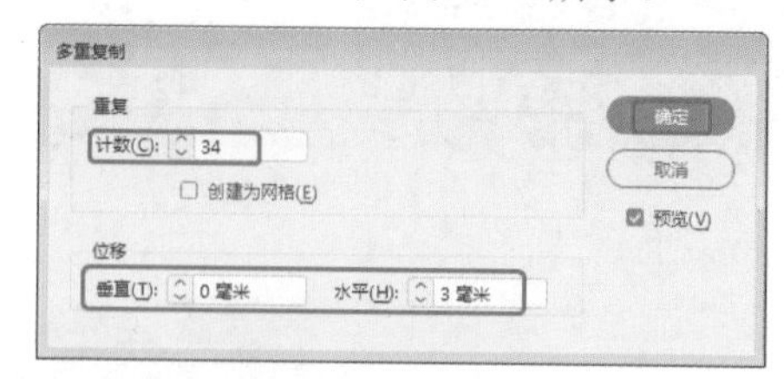

图9-163

Step 24 复制完成后的效果如图9-164所示。

图9-164

Step 25 在工具箱中单击【文字工具】按钮 T，输入文本，将【字体】设置为【迷你简综艺】，将【字体大小】设置为14点，将【行距】设置为17点，将【字符间距】设置为35，将【颜色】面板中的【填色】设置为白色，如图9-165所示。

图9-165

Step 26 按Ctrl+D快捷组合键，置入“素材\Cha09\沙拉文字02.png”素材文件，调整对象的大小及位置，如图9-166所示。

图9-166

实例079 健康沙拉菜单背面

素材：素材\Cha09\沙拉文字01.png、沙拉文字03.png、沙拉文字04.png、沙拉素材05.jpg~沙拉素材10.jpg、二维码.png

场景：场景\Cha09\实例079 健康沙拉菜单背面.indd

下面讲解如何制作健康沙拉菜单背面，首先置入背景素材，然后使用【矩形工具】和【文字工具】制作出如图9-167所示的效果。

Step 01 继续上一案例的操作，双击页面2，按Ctrl+D快捷组合键，置入“素材\Cha09\沙拉素材10.jpg”素材文件，调整对象的大小及位置，如图9-168所示。

Step 02 在工具箱中单击【矩形工具】按钮 ，绘制一个矩形，将【填色】的CMYK值设置为20、84、86、0，将【描边】设置为无，将【变换】面板中的W、H分别设置为210毫米、35毫米，如图9-169所示。

图9-167

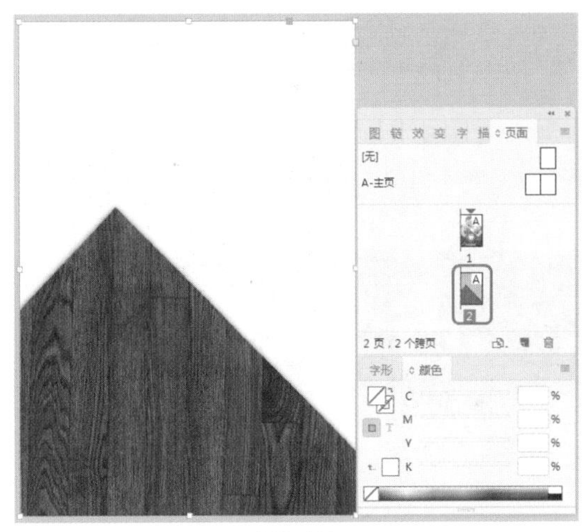

图9-168

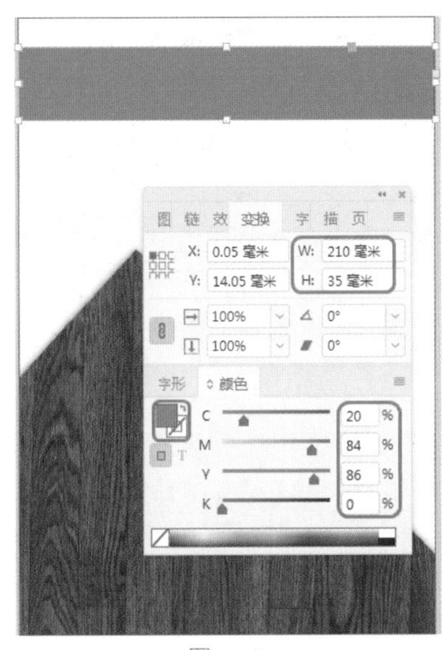

图9-169

Step 03 在工具箱中单击【文字工具】按钮T，输入文本，将【字体】设置为【方正兰亭粗黑简体】，将【字体系列】设置为Bold，将【字体大小】设置为40点，将【字符间距】设置为100，将【颜色】面板中的【填色】设置为白色，如图9-170所示。

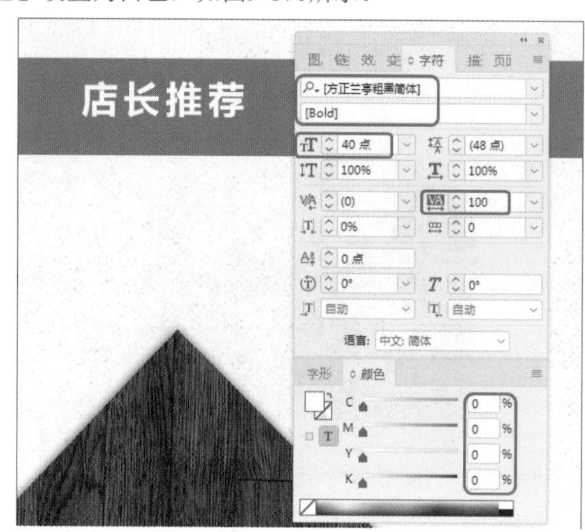

图9-170

Step 04 使用【矩形工具】绘制一个矩形，将【填色】设置为白色，将【描边】设置为无，将W、H均设置为2.2毫米，将【旋转角度】设置为50°，如图9-171所示。

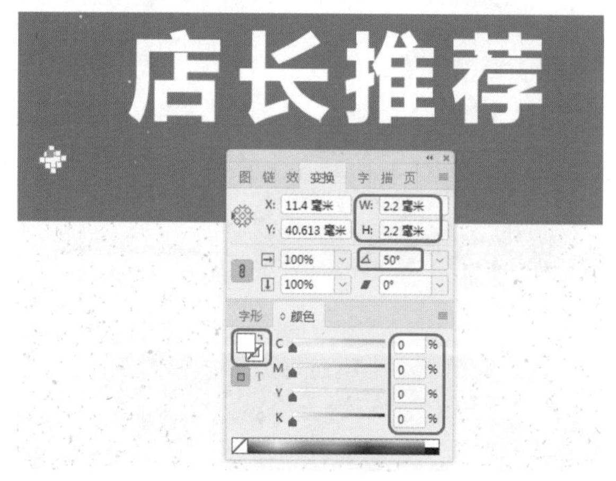

图9-171

Step 05 选中矩形对象，在菜单栏中选择【编辑】|【多重复制】命令，弹出【多重复制】对话框，将【垂直】、【水平】分别设置为0毫米、4毫米，将【计数】设置为20，单击【确定】按钮，如图9-172所示。

Step 06 根据前面介绍过的方法制作如图9-173所示的内容。

Step 07 在工具箱中单击【椭圆工具】按钮，绘制一个圆形，将【填色】的CMYK值设置为65、36、91、0，将【描边】设置为白色，将【描边】面板中的【粗细】设置为2点，如图9-174所示。

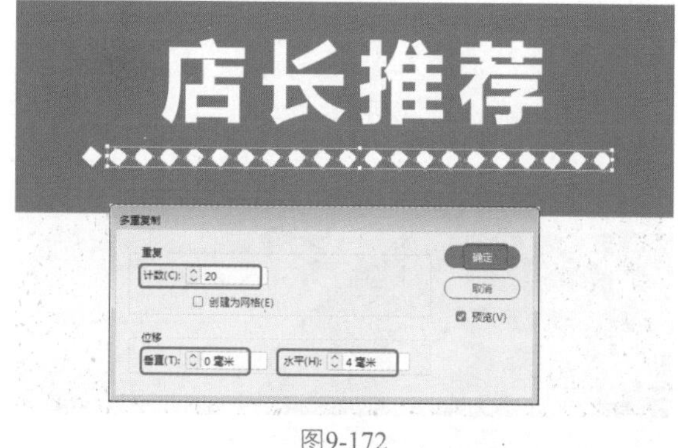

图9-172

图9-173

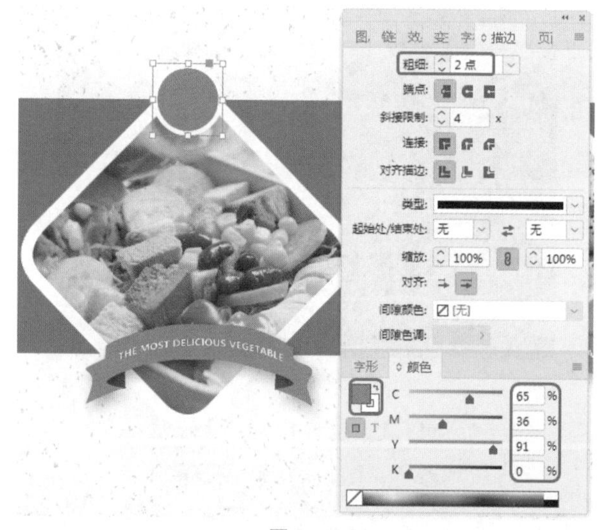

图9-174

Step 08 在【效果】面板中单击【向选定的目标添加对象效果】按钮fx，在弹出的下拉列表中选择【投影】命令，在弹出的对话框中将【不透明度】设置为50%，将【距离】、【角度】分别设置为1毫米、113°，将【大小】设置为1毫米，单击【确定】按钮，如图9-175所示。

Step 09 在工具箱中单击【文字工具】按钮T，输入文本，将【字体】设置为【微软雅黑】，将【字体系列】设置为Bold，将【字体大小】设置为7点，将【行距】设置为8.5点，将【字符间距】设置为0，将【颜色】面板中的【填色】设置为白色，如图9-176所示。

Step 10 将绘制的圆形和文本对象进行复制，更改文本内容，效果如图9-177所示。

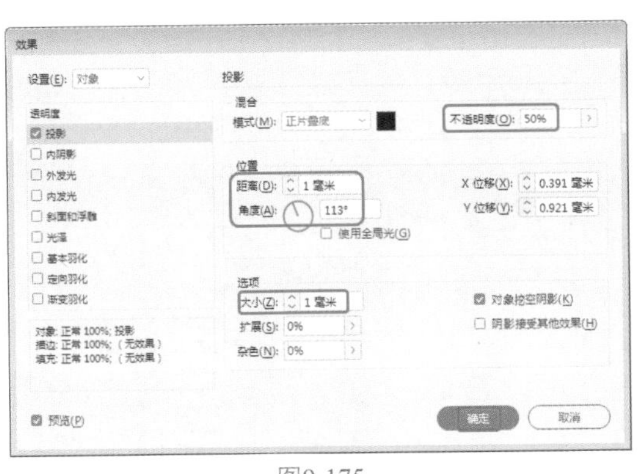

图9-175

图9-176

图9-177

Step 11 继续使用【文字工具】输入文本，将【字体】设置为【创艺简黑体】，将【字体大小】设置为15点，将【行距】设置为25点，将【字符间距】设置为0，将【填色】的CMYK值设置为47、59、75、2，如图9-178所示。

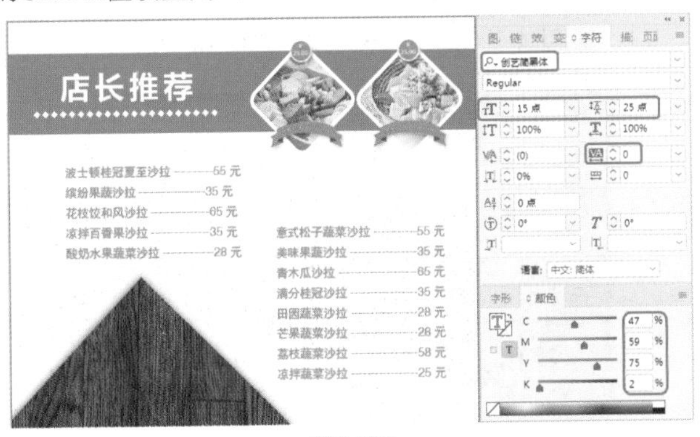

图9-178

Step 12 使用前面介绍过的方法制作如图9-179所示的内容。

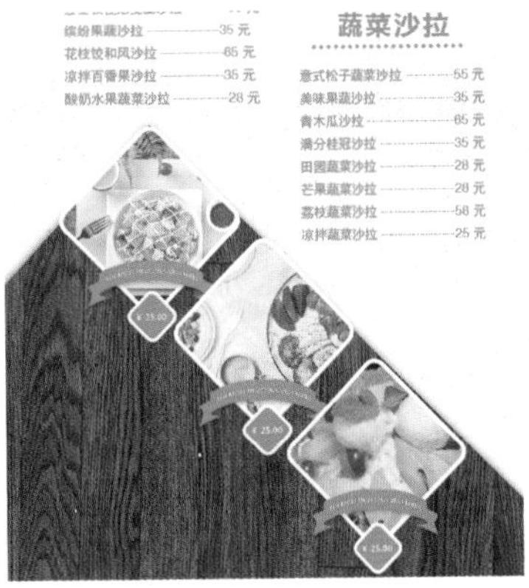

图9-179

Step 13 按Ctrl+D快捷组合键，置入“素材\Cha09\沙拉文字03.png、沙拉文字04.png、二维码.png”素材文件，适当调整对象的大小及位置，效果如图9-180所示。

图9-180

Step 14 使用【文字工具】输入文本，将【字体】设置为【微软雅黑】，将【字体系列】设置为Bold，将【字体大小】设置为18点，将【字符间距】设置为0，将【填色】设置为白色，如图9-181所示。

图9-181

实例 080 中式菜单封面

素材：素材\Cha09\中式菜单素材01.jpg
场景：场景\Cha09\实例080 中式菜单封面.indd

下面讲解如何制作中式菜单封面，首先使用【文字工具】输入封面标题并进行设置，然后通过【直排文字工具】制作菜单左右的文本内容，使用【钢笔工具】绘制装饰线条，效果如图9-182所示。

图9-182

Step 01 启动软件，按Ctrl+N快捷组合键，在弹出的对话框中将【宽度】、【高度】分别设置为210毫米、297毫米，将【页面】设置为2，勾选【对页】复选框，将【起点】设置为2，单击【边距和分栏】按钮，在弹出的对话框中将【上】、【下】、【内】、【外】均设置为20毫米，将【栏数】设置为1，单击【确定】按钮。将文档模式更改为预览模式，在【页面】面板中双击【A-主页】左侧页面，按Ctrl+D快捷组合键，在弹出的对话框中选择“素材\Cha09\中式菜单素材01.jpg”素材文件，单击【打开】按钮。在页面中单击鼠标，将选中的素材文件置入文档中，并调整其大小及位置，如图9-183所示。

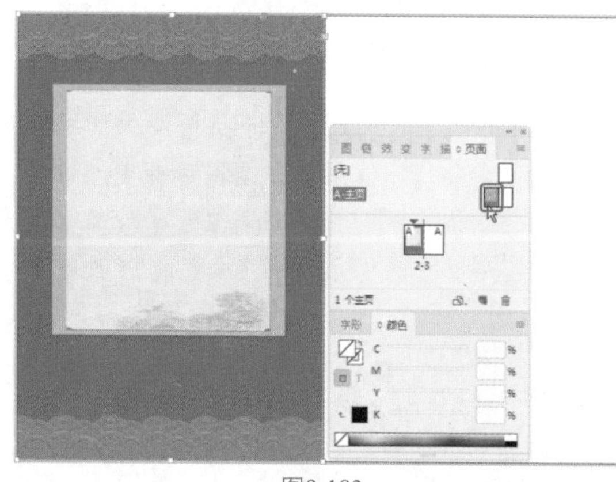
图9-183

Step 02 双击【页面2】，在工具箱中单击【矩形工具】按钮，绘制一个矩形，将【填色】设置为无，将【描边】的CMYK值设置为13、14、22、0，在【描边】面板中将【粗细】设置为2点，设置【类型】为虚线（3和2），将W、H分别设置为200毫米、290毫米，如图9-184所示。

Step 03 在工具箱中单击【文字工具】按钮，绘制文本框并输入文本，将【字体】设置为【方正隶二简体】，将【字体大小】设置为180点，将【行距】设置为180点，将【垂直缩放】和【水平缩放】分别设置为120%、100%，将【字符间距】设置为0，将【填色】的CMYK值设置为52、99、87、33，如图9-185所示。

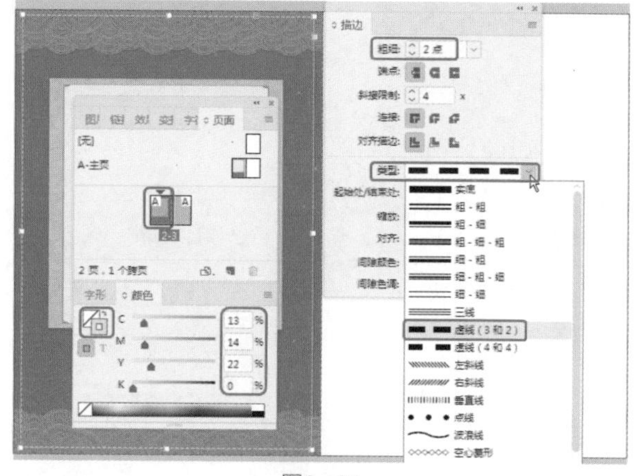
图9-184

图9-185

Step 04 在工具箱中单击【钢笔工具】按钮，绘制如图9-186所示的线段，将【描边】的CMYK值设置为12、13、22、0，将【描边】面板中的【粗细】设置为2点。

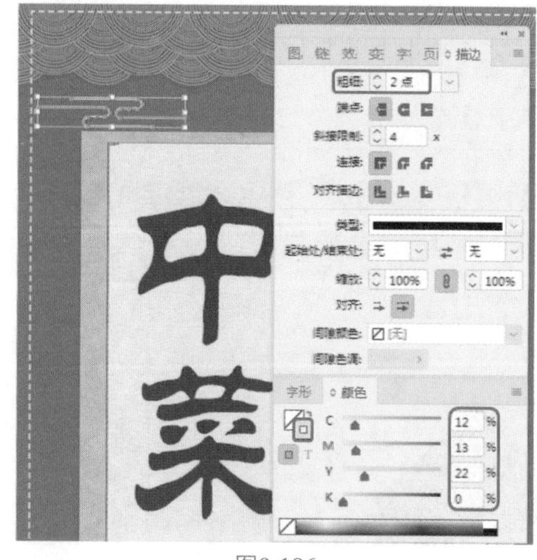
图9-186

Step 05 继续使用【钢笔工具】绘制图形，将【填色】的CMYK值设置为12、13、22、0，将【描边】设置为无，如图9-187所示。

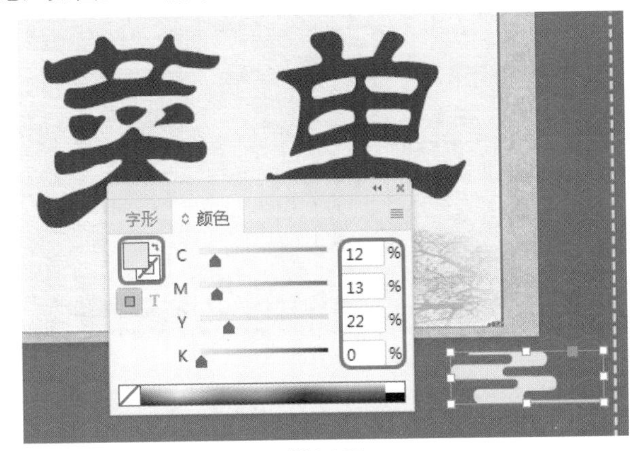

图9-187

Step 06 在工具箱中单击【直排文字工具】按钮，绘制文本框并输入文本，将【字体】设置为【微软雅黑】，将【字体大小】设置为18点，将【字符间距】设置为200，将【填色】设置为白色，如图9-188所示。

图9-188

Step 07 使用【文字工具】输入文本，将【字体】设置为【创艺简老宋】，将【字体大小】设置为20点，将【字符间距】设置为0，将【填色】设置为白色，如图9-189所示。

图9-189

Step 08 使用【文字工具】输入文本，将【字体】设置为【创艺简老宋】，将【字体大小】设置为14点，将【字符间距】设置为0，将【填色】设置为白色，如图9-190所示。

图9-190

Step 09 在工具箱中单击【矩形工具】按钮，绘制一个矩形，将【填色】设置为无，将【描边】的CMYK值设置为12、11、22、0，将【变换】面板中的W、H分别设置为76毫米、9.8毫米，将【描边】面板中的【粗细】设置为1.5，如图9-191所示。

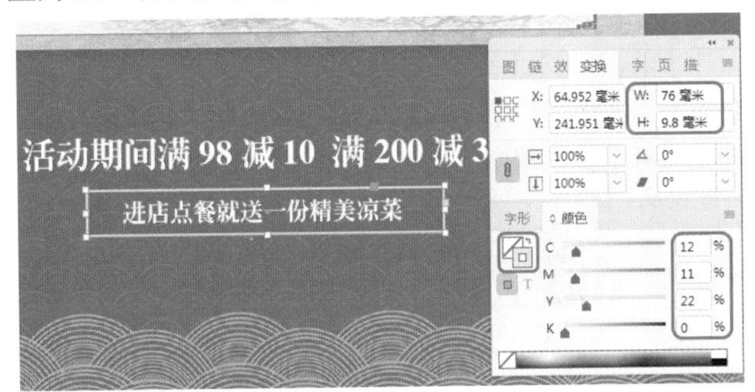

图9-191

Step 10 确认选中矩形的同时，在菜单栏中选择【对象】|【角选项】命令，弹出【角选项】对话框，将【转角形状】设置为圆角，将【转角大小】设置为5毫米，单击【确定】按钮，如图9-192所示。

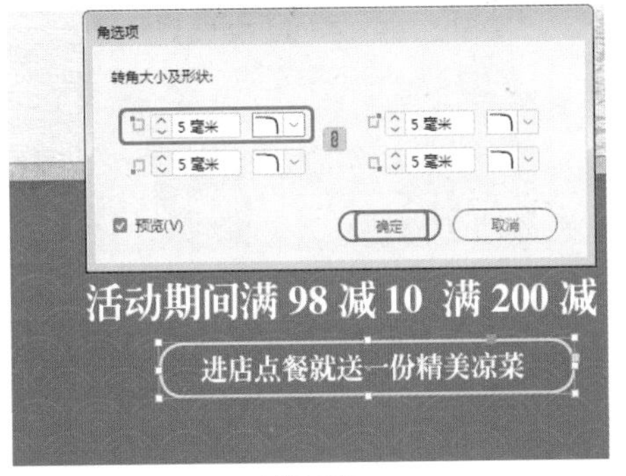

图9-192

Step 11 使用【文字工具】输入文本，将【字体】设置为【创艺简老宋】，将【字体大小】设置为16点，将【字符间距】设置为0，将【填色】设置为白色，如图9-193所示。

图9-193

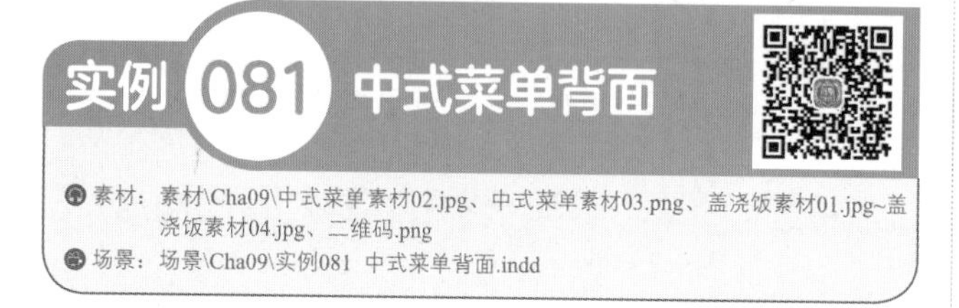

实例081 中式菜单背面

素材：素材\Cha09\中式菜单素材02.jpg、中式菜单素材03.png、盖浇饭素材01.jpg~盖浇饭素材04.jpg、二维码.png

场景：场景\Cha09\实例081 中式菜单背面.indd

下面讲解如何制作中式菜单背面，首先制作出菜单背景，然后使用【矩形工具】绘制矩形并通过【剪刀工具】进行裁剪，置入相应的素材文件，使用【文字工具】制作出如图9-194所示的文本内容。

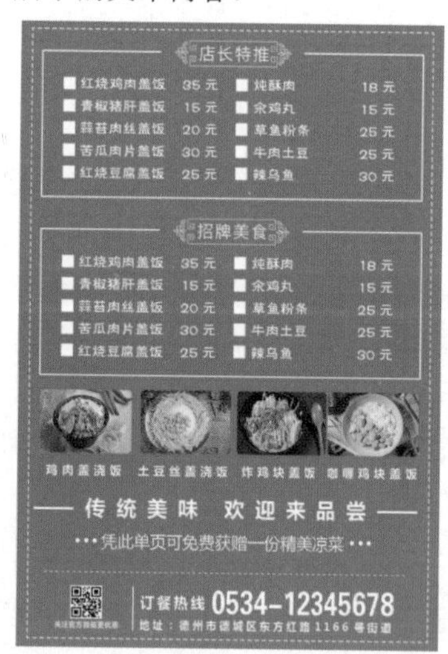

图9-194

Step 01 继续上一案例的操作，在【页面】面板中双击【A-主页】右侧页面，按Ctrl+D快捷组合键，置入“素材\Cha09\中式菜单素材02.jpg”素材文件，适当调整对象的大小及位置，效果如图9-195所示。

Step 02 双击页面3，按住Alt+Shift快捷组合键将菜单正面的虚线进行水平复制，调整对象的位置，效果如图9-196所示。

图9-195

图9-196

Step 03 使用【文字工具】输入文本，将【字体】设置为【微软雅黑】，将【字体大小】设置为22点，将【字符间距】设置为150，将【填色】设置为白色，如图9-197所示。

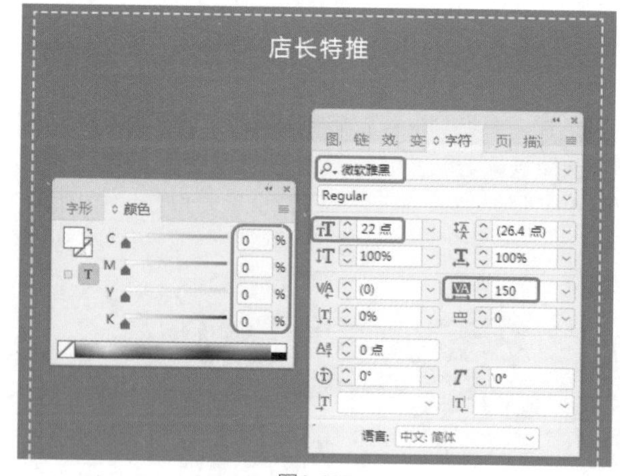

图9-197

Step 04 按Ctrl+D快捷组合键，置入“素材\Cha09\中式菜单素材03.png”素材文件，适当调整对象的大小及位置，如图9-198所示。

Step 05 在工具箱中单击【矩形工具】按钮，绘制一个矩形，将【填色】设置为无，将【描边】设置为白色，将【描边】面板中的【粗细】设置为2点，将W、H分别设置为190毫米、70毫米，如图9-199所示。

图9-198

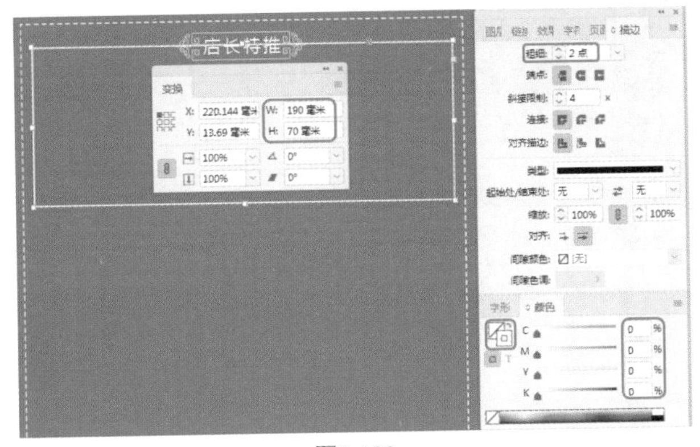

图9-199

Step 06 在工具箱中单击【剪刀工具】按钮，在矩形线段上如图9-200所示的位置单击鼠标。

图9-200

Step 07 将剪切后的线段部分删除，使用【文字工具】输入文本，将【字体】设置为【方正华隶简体】，将【字体大小】设置为20点，将【行距】设置为15点，将【字符间距】设置为0，将【填色】设置为白色，如图9-201所示。

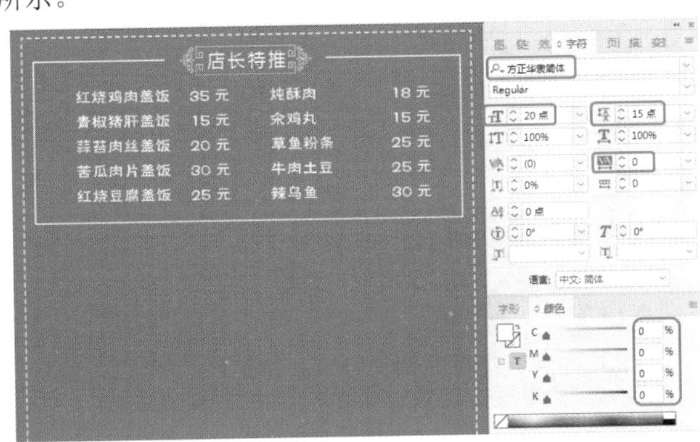

图9-201

Step 08 在工具箱中单击【矩形工具】按钮，绘制一个矩形，将【填色】设置为白色，将【描边】设置为无，在【变换】面板中将W、H设置为5.9毫米，如图9-202所示。

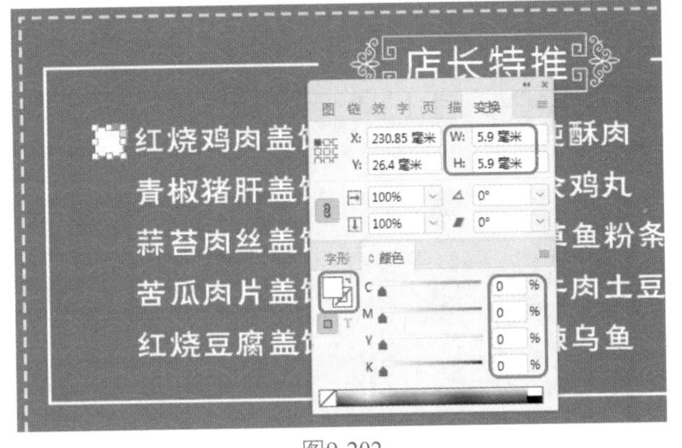

图9-202

Step 09 对白色矩形进行多次复制并调整对象的位置，选中所有的白色矩形，右击鼠标，在弹出的快捷菜单中选择【编组】命令，编组后的效果如图9-203所示。

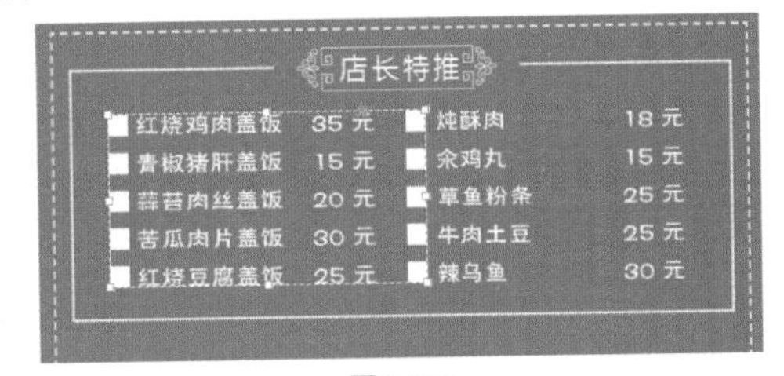

图9-203

Step 10 将“店长特推”部分对象进行复制，调整对象的位置，更改装饰框中的文本内容为“招牌美食”，如图9-204所示。

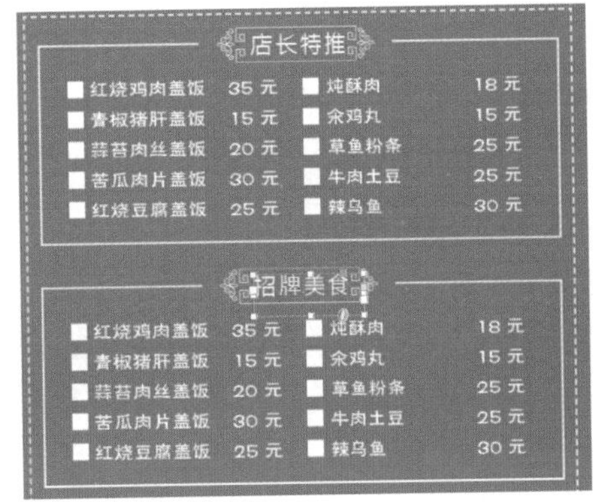

图9-204

Step 11 按Ctrl+D快捷组合键，置入“素材\Cha09\盖浇饭素材01.jpg~盖浇饭素材04.jpg”素材文件，适当调整对象的大小及位置，如图9-205所示。

Step 12 在工具箱中单击【文字工具】按钮，输入文本，将【字体】设置为【方正兰亭粗黑简体】，将【字体大小】设置为17点，将【字符间距】设置为300，将【填色】设置为白色，如图9-206所示。

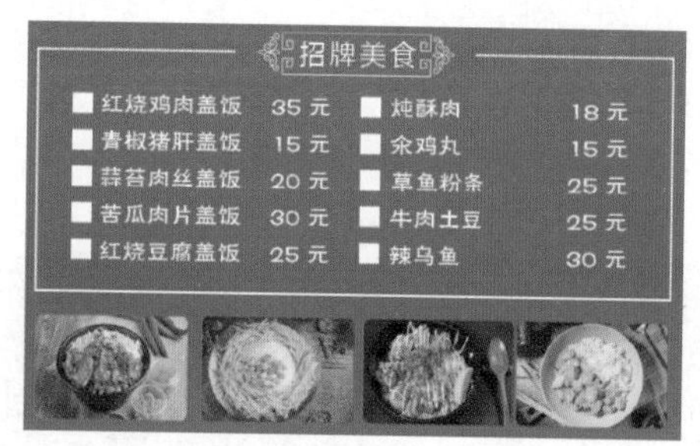

图9-205

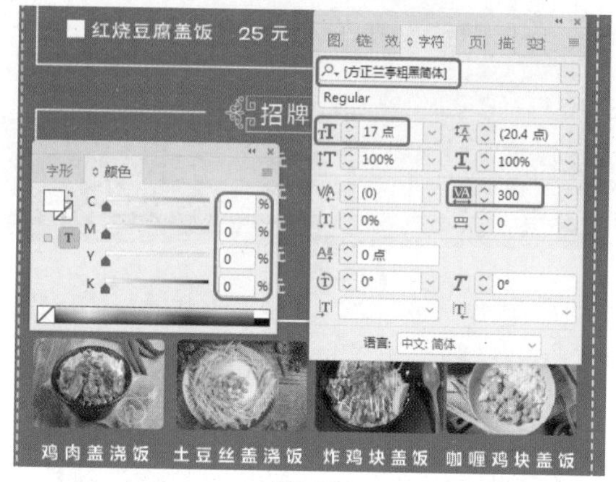

图9-206

Step 13 在工具箱中单击【文字工具】按钮T，输入文本，将【字体】设置为【方正兰亭粗黑简体】，将【字体大小】设置为30点，将【字符间距】设置为450，将【填色】设置为白色，如图9-207所示。

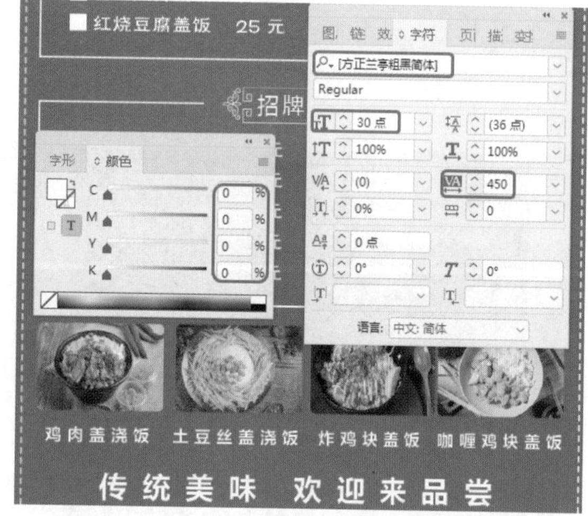

图9-207

Step 14 在工具箱中单击【直线工具】按钮／，绘制两条水平线段，将【变换】面板中的L设置为19.7毫米，将【描边】的CMYK值设置为0、0、0、0，将【描边】面板中的【粗细】设置为3点，如图9-208所示。

Step 15 在工具箱中单击【文字工具】按钮T，输入文本，将【字体】设置为【微软雅黑】，将【字体大小】设置为23点，将【字符间距】设置为0，将【填色】设置为白色，如图9-209所示。

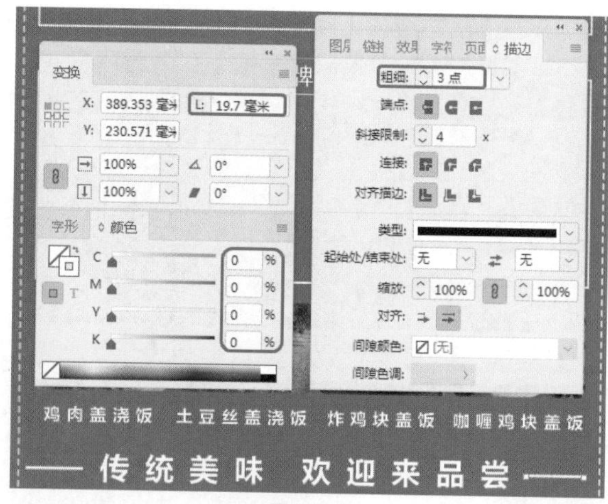

图9-208

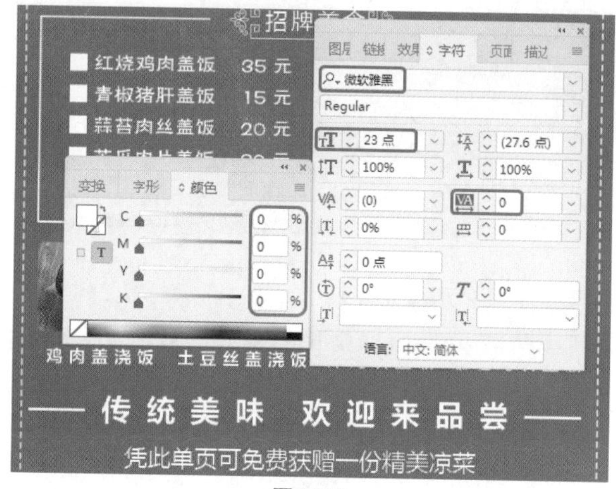

图9-209

Step 16 在工具箱中单击【椭圆工具】按钮◯，绘制一个圆形，将【填色】设置为白色，将【描边】设置为无，将【变换】面板中的W、H均设置为2.1毫米，如图9-210所示。

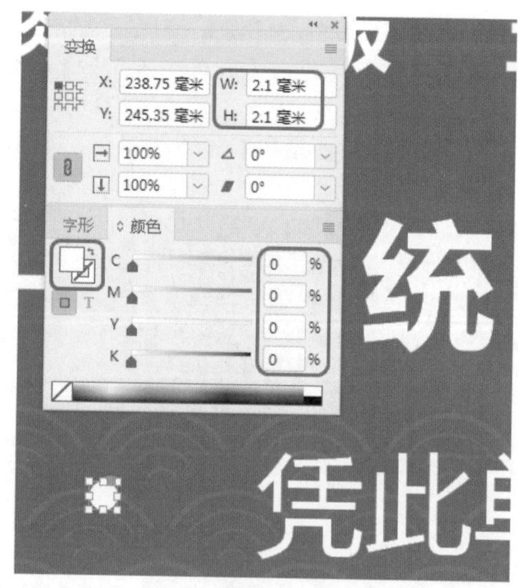

图9-210

Step 17 选中白色圆形，按住Alt+Shift快捷组合键水平复制圆形，调整对象的位置，效果如图9-211所示。

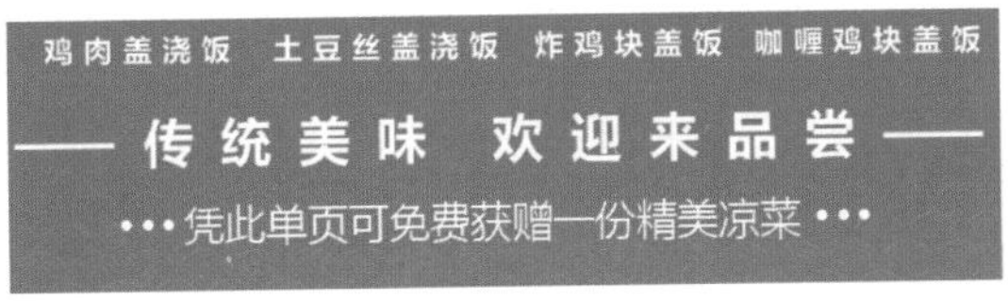

鸡肉盖浇饭　土豆丝盖浇饭　炸鸡块盖饭　咖喱鸡块盖饭
—— 传统美味　欢迎来品尝 ——
• • • 凭此单页可免费获赠一份精美凉菜 • • •

图9-211

Step 18 在工具箱中单击【直线工具】按钮，绘制L为180毫米的水平线段，将【描边】设置为白色，将【描边】面板中的【粗细】设置为1点，将【类型】设置为【虚线（4和4）】，如图9-212所示。

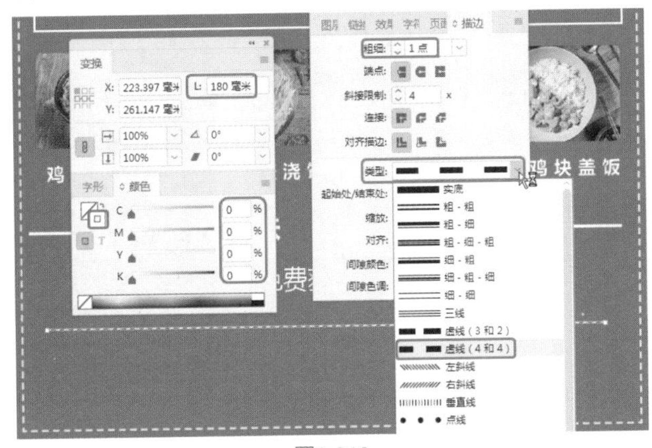

图9-212

Step 19 在工具箱中单击【直线工具】按钮，绘制L为21毫米的垂直线段，将【描边】设置为白色，将【描边】面板中的【粗细】设置为2点，如图9-213所示。

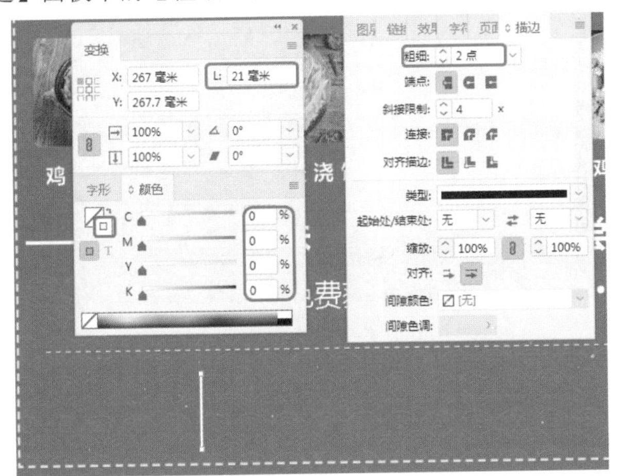

图9-213

Step 20 按Ctrl+D快捷组合键，置入"素材\Cha09\二维码.png"素材文件，适当调整对象的大小及位置，使用【文字工具】输入文本，将【字体】设置为【方正兰亭粗黑简体】，将【字体大小】设置为10点，将【字符间距】设置为0，将【填色】设置为白色，如图9-214所示。

Step 21 使用【文字工具】输入文本，将【字体】设置为【微软雅黑】，将【字体系列】设置为Bold，将【字体大小】设置为20点，将【字符间距】设置为200，将【填色】设置为白色，如图9-215所示。

图9-214

图9-215

Step 22 使用【文字工具】输入文本，将【字体】设置为【方正综艺简体】，【字体大小】设置为30点，将【垂直缩放】、【水平缩放】分别设置为150%、120%，将【字符间距】设置为0，将【填色】设置为白色，如图9-216所示。

图9-216

Step 23 使用【文字工具】输入文本，将【字体】设置为【微软雅黑】，将【字体系列】设置为Bold，【字体大小】设置为15点，将【字符间距】设置为260，将【填色】设置为白色，如图9-217所示。

图9-217

实例082 川菜菜单封面

素材：素材\Cha09\川菜菜单素材1.png~川菜菜单素材3.png、美食.jpg

场景：场景\Cha09\实例082 川菜菜单封面.indd

本实例采用了红色系风格来制作川菜菜单封面，首先通过【文字工具】输入文本，然后将其转换为轮廓，调整文本艺术字效果，最后为艺术字添加渐变效果，如图9-218所示。

图9-218

Step 01 启动软件，按Ctrl+N快捷组合键，在弹出的对话框中将【宽度】、【高度】分别设置为210毫米、297毫米，将【页面】设置为2，勾选【对页】复选框，将【起点】设置为2，单击【边距和分栏】按钮，在弹出的对话框中将【上】、【下】、【内】、【外】均设置为20毫米，将【栏数】设置为1，单击【确定】按钮。将文档模式更改为预览模式，在【页面】面板中双击【A-主页】左侧页面，使用【矩形工具】绘制一个矩形，将【填色】的CMYK值设置为32、100、100、1，【描边】设置为无，将【变换】面板中的W、H设置为210毫米、297毫米，如图9-219所示。

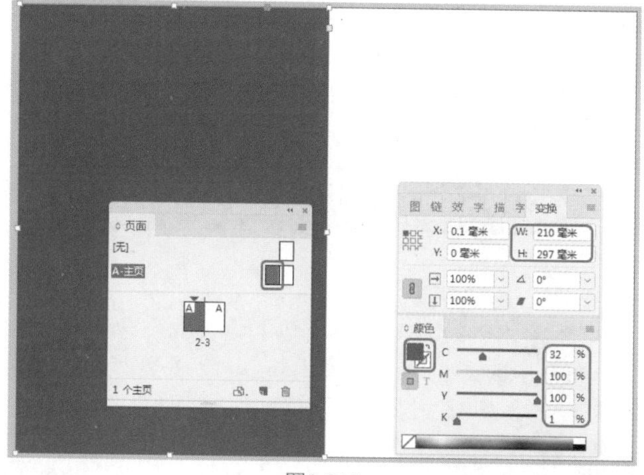

图9-219

Step 02 选中红色矩形的同时，按Ctrl+D快捷组合键，置入“素材\Cha09\川菜菜单素材1.png”素材文件，此时该花纹自动置入矩形内部，放大可观看花纹效果，然后置入“素材\Cha09\川菜菜单素材2.png”素材文件，适当调整对象的大小及位置，如图9-220所示。

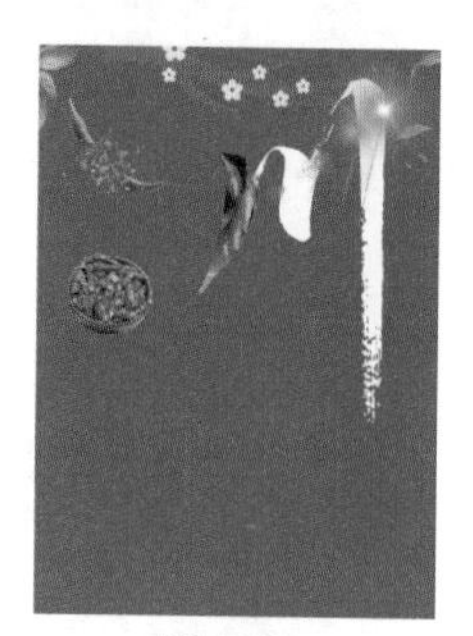

图9-220

Step 03 双击页面2，使用【钢笔工具】绘制如图9-221所示的对象。

图9-221

Step 04 选中绘制的对象，打开【渐变】面板，将【填色】的【类型】设置为【线性】，将左侧色标的CMYK值设置为28、35、74、0，将右侧色标的CMYK值设置为7、0、57、0，将【描边】设置为无，如图9-222所示。

Step 05 使用【钢笔工具】绘制白色图形，选中如图9-223所示的两个对象，在【路径查找器】面板中单击【减去】按钮。

Step 06 再次使用【钢笔工具】绘制白色图形，选中如图9-224所示的两个对象，在【路径查找器】面板中单击【减去】按钮。

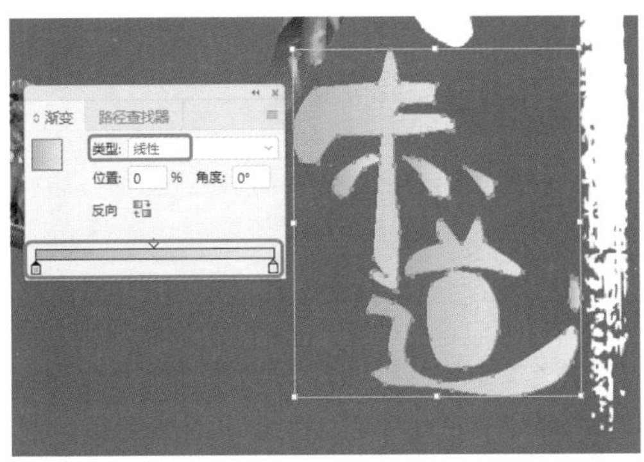

图9-222

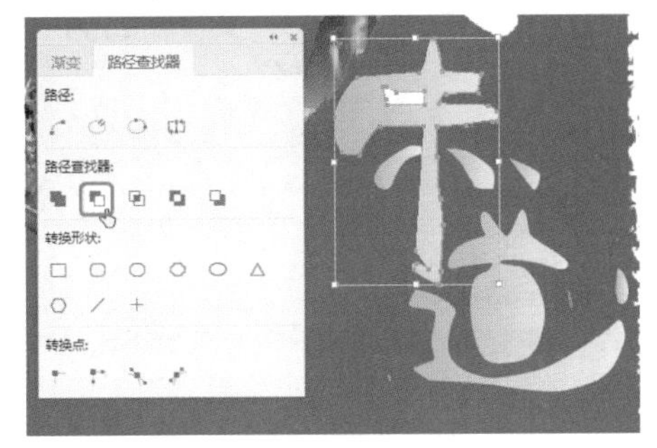

图9-223

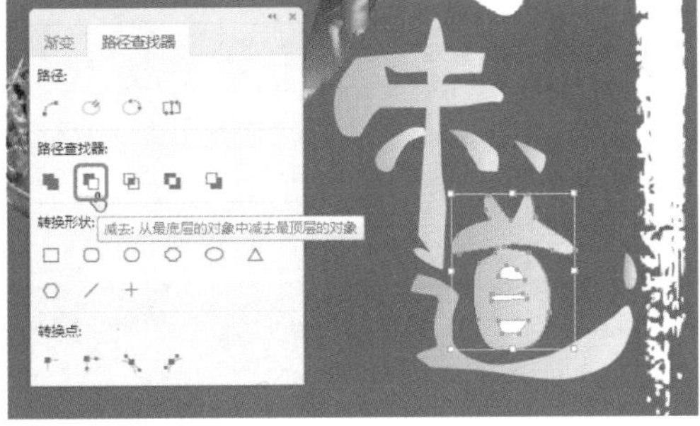

图9-224

Step 07 在工具箱中单击【直排文字工具】按钮，绘制文本框并分别输入文本，将【字体】设置为【方正大标宋简体】，将【字体大小】设置为20点，将【字符间距】设置为0，将【填色】设置为白色，如图9-225所示。

图9-225

Step 08 使用同样的方法制作如图9-226所示的文本内容，并设置相应的填色。

图9-226

Step 09 在工具箱中单击【直排文字工具】按钮，绘制文本框并输入文本，将【字体】设置为【方正大标宋简体】，将【字体大小】设置为15点，将【行距】设置为34点，将【字符间距】设置为0，将【填色】设置为白色，如图9-227所示。

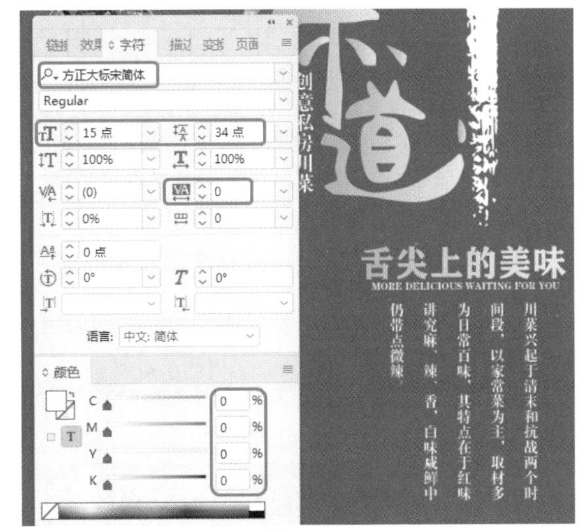

图9-227

Step 10 在工具箱中单击【直线工具】按钮，绘制垂直线段，将【描边】设置为白色，将【变换】面板中的L设置为70.5毫米，将【描边】面板中的【粗细】设置为2点，如图9-228所示。

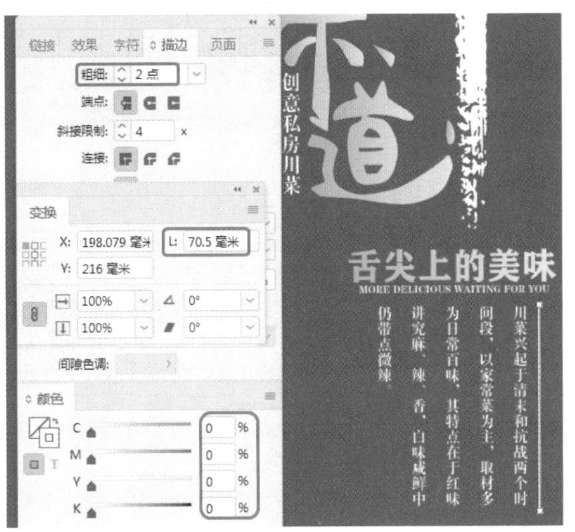

图9-228

Step 11 在菜单栏中选择【编辑】|【多重复制】命令，弹出【多重复制】对话框，将【垂直】、【水平】分别设

置为0毫米、-12.5毫米，将【计数】设置为5，单击【确定】按钮，如图9-229所示。

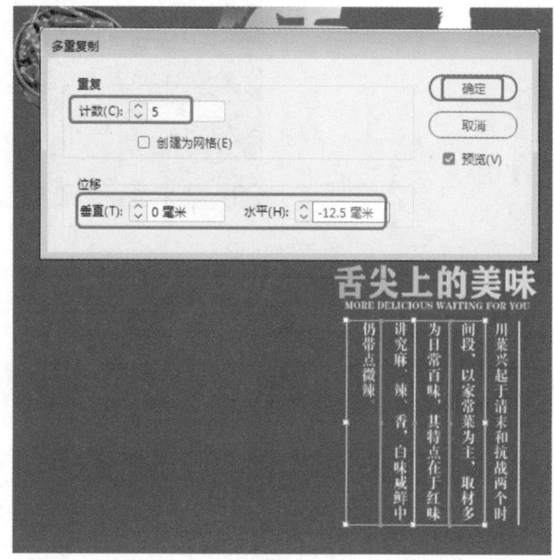

图9-229

Step 12 置入"素材\Cha09\川菜菜单素材3.png"素材文件，调整对象的大小及位置，使用【椭圆工具】绘制W、H均为157毫米的圆形，确认选中圆形的同时，按Ctrl+D快捷组合键，置入"素材\Cha09\美食.jpg"素材文件，适当调整对象，将圆形的【描边】设置为无，效果如图9-230所示。

图9-230

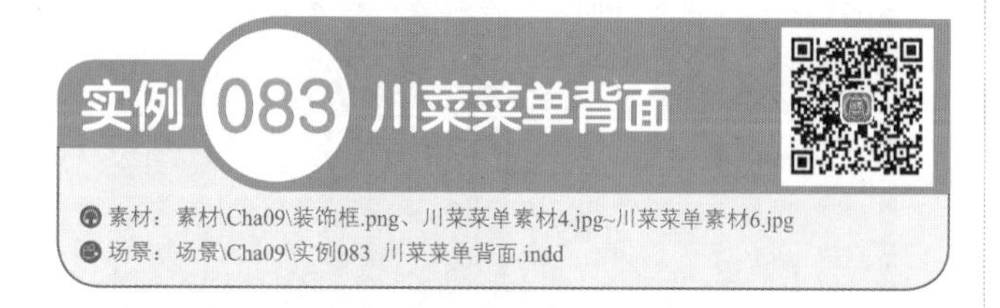

实例 083 川菜菜单背面

素材：素材\Cha09\装饰框.png、川菜菜单素材4.jpg~川菜菜单素材6.jpg

场景：场景\Cha09\实例083 川菜菜单背面.indd

本实例讲解如何制作川菜菜单背面，根据前面的方法制作出背景后，置入相应的装饰框，通过【文字工具】输入文本，最后制作出菜品展示效果，如图9-231所示。

图9-231

Step 01 继续上一案例的操作，在【页面】面板中双击【A-主页】右侧页面，在工具箱中单击【矩形工具】，在文档窗口中绘制一个矩形，在【颜色】面板中将【填色】的CMYK值设置为30、100、98、0，将【描边】设置为无，在【变换】面板中将W、H分别设置为210毫米、297毫米，并调整矩形的位置，效果如图9-232所示。

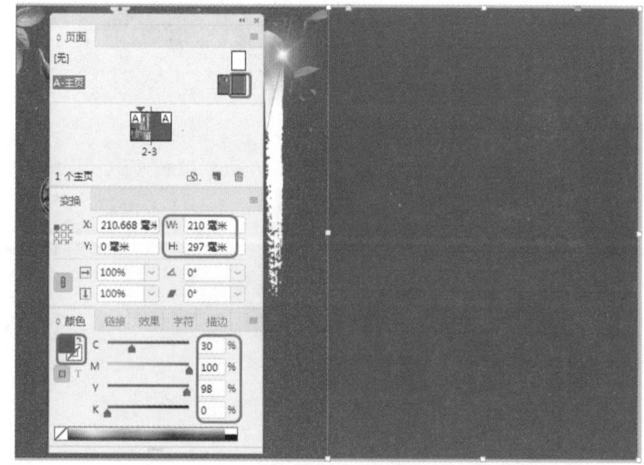

图9-232

Step 02 再次使用【矩形工具】在文档窗口中绘制一个矩形，在【渐变】面板中将【类型】设置为【径向】，将左侧色标的CMYK值设置为0、0、10、0，将右侧色标的CMYK值设置为0、10、20、0，将【描边】设置为无，在【变换】面板中将W、H分别设置为191毫米、282毫米，继续选中绘制的矩形，在【路径查找器】面板中单击【斜面矩形】按钮，效果如图9-233所示。

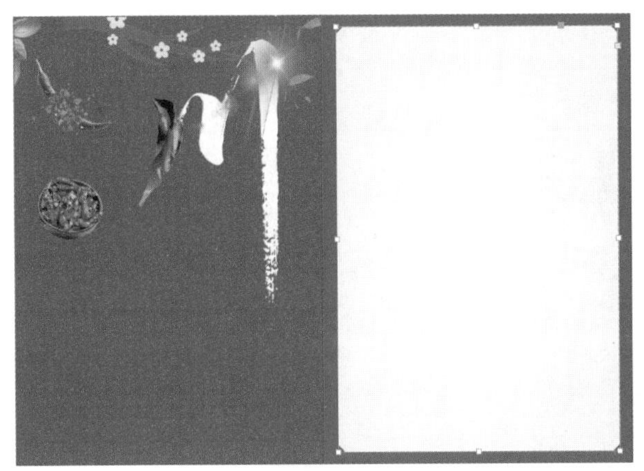

图9-233

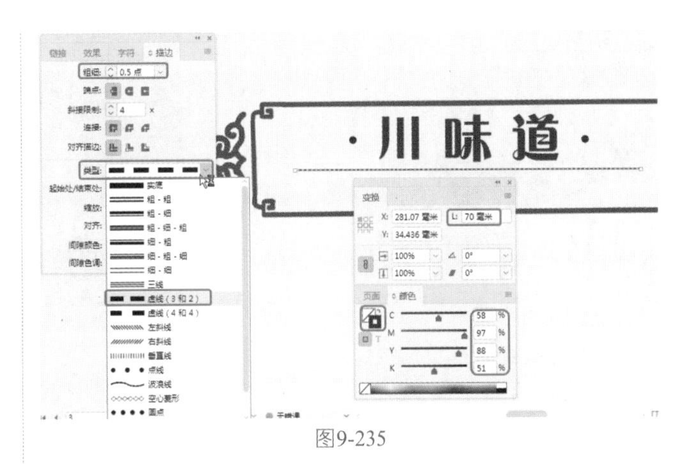

图9-235

Step 03 在【页面】面板中双击页面3，根据前面介绍的方法将“装饰框.png”素材文件置入文档中，并调整其大小与位置。在工具箱中单击【文字工具】，在文档窗口中绘制一个文本框，输入“川味道”，选中输入的文字，在【字符】面板中将【字体】设置为【方正粗活意简体】，将【字体大小】设置为30点，将【字符间距】设置为300，在【颜色】面板中将【填色】的CMYK值设置为58、96、89、50，如图9-234所示。

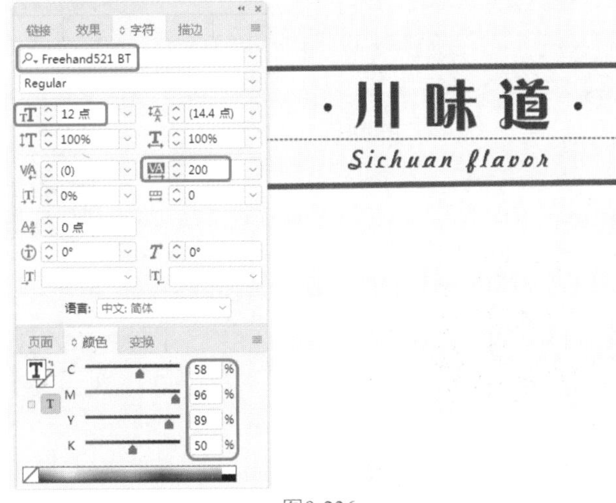

图9-236

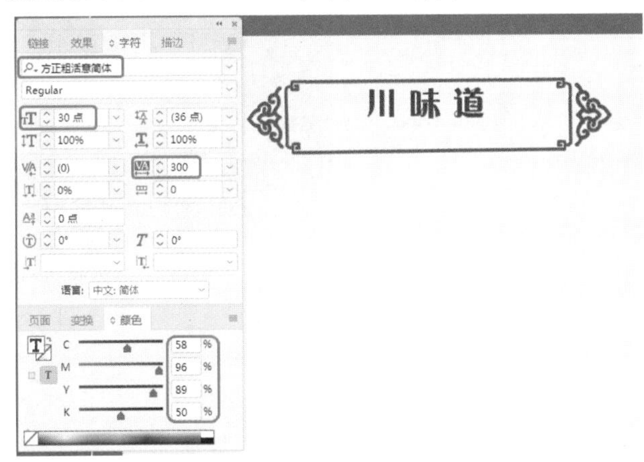

图9-234

Step 04 使用【椭圆工具】绘制两个W、H均为1.4毫米的圆形，将【填色】的CMYK值设置为59、100、99、56，将【描边】设置为无，使用【直线工具】绘制水平长度为70毫米的直线段，将【描边】的CMYK值设置为58、97、88、51，在【描边】面板中将【粗细】设置为0.5点，设置【类型】为【虚线（3和2）】，如图9-235所示。

Step 05 在工具箱中单击【文字工具】，在文档窗口中绘制一个文本框，输入文本。选中输入的文字，在【字符】面板中将【字体】设置为Freehand521 BT，将【字体大小】设置为12点，将【字符间距】设置为200，在【颜色】面板中将【填色】的CMYK值设置为58、96、89、50，如图9-236所示。

Step 06 使用前面介绍的方法输入其他文本，置入相应的素材文件并添加描边以及投影效果，如图9-237所示。

图9-237

第10章 海报设计

本章导读

在现在生活中，海报是一种最为常见的宣传方式，海报大多用于影视剧和新品、商业活动等宣传中，主要利用图片、文字、色彩、空间等要素，以恰当的形式向人们展示出宣传信息。

实例084 旅游海报

素材：素材\Cha10\旅游背景.jpg、旅游二维码.jpg
场景：场景\Cha10\实例084 旅游海报.indd

海报具有向群众介绍某一物体、事件的特性，所以又是一种广告。海报是极为常见的一种招贴形式，其语言要求简明扼要，形式要做到新颖美观，旅游海报效果如图10-1所示。

Step 01 新建【宽度】、【高度】分别为233毫米、343毫米，【页面】为1，边距为20毫米的文档。在菜单栏中选择【编辑】|【透明混合空间】|【文档RGB】命令，将文档模式更改为预览模式。按Ctrl+D快捷组合键，在弹出的对话框中选择“素材\Cha10\旅游背景.jpg”素材文件，单击【打开】按钮，将素材置入文档窗口中，适当调整对象的大小及位置，效果如图10-2所示。

图10-1

图10-2

Step 02 在工具箱中单击【矩形工具】，绘制一个W、H分别为225毫米、335毫米的矩形，在【颜色】面板中将【描边】的RGB值设置为255、255、255，在【描边】面板中将【粗细】设置为7点，如图10-3所示。

图10-3

Step 03 在工具箱中单击【文字工具】T，绘制一个文本框，输入文字。选中输入的文字，在【字符】面板中将【字体】设置为【方正毡笔黑繁体】，将【字体大小】设置为100点，将【字符间距】设置为-50，在【颜色】面板中将【填色】设置为白色，如图10-4所示。

图10-4

Step 04 在【效果】面板中单击【向选定的目标添加对象效果】按钮fx，在弹出的下拉列表中选择【投影】命令，在弹出的对话框中将【混合】组中的【模式】设置为正片叠底，将【颜色】的RGB值设置为34、142、255，将【不透明度】设置为70%，将【距离】设置为2毫米，将【角度】设置为90°，将【大小】、【扩展】、【杂色】分别设置为3毫米、0%、0%，如图10-5所示。

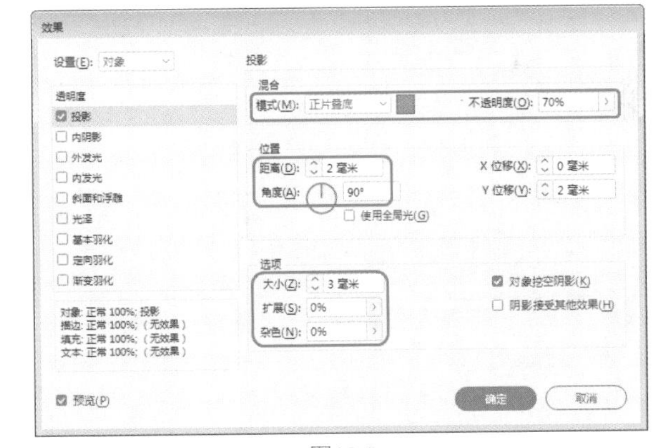

图10-5

Step 05 单击【确定】按钮，在工具箱中单击【直线工具】按钮／，绘制直线段，将【描边】设置为白色，在【描边】面板中将【粗细】设置为2点，如图10-6所示。

Step 06 在【效果】面板中单击【向选定的目标添加对象效果】按钮fx，在弹出的下拉列表中选择【投影】命令，在弹出的对话框中将混合模式设置为正片叠底，将【颜色】的CMYK值设置为100、0、0、0，将【不透明度】设置为40%，将【距离】设置为1毫米，将【角度】设置为90°，将【大小】、【扩展】、【杂色】设置为1毫米、0%、0%，如图10-7所示。

图10-6

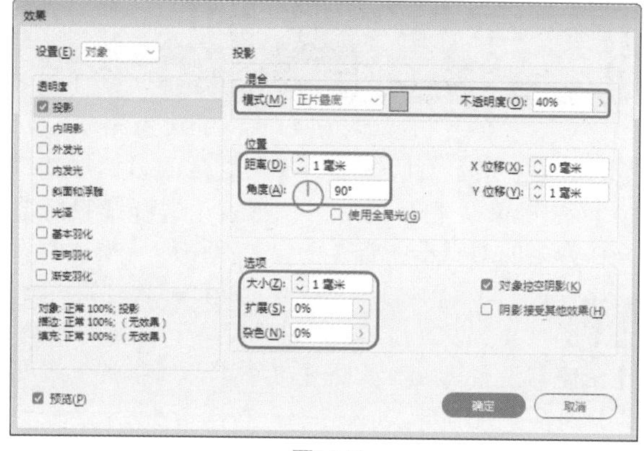

图10-7

Step 07 单击【确定】按钮，在工具箱中单击【文字工具】T，绘制一个文本框，输入文字。选中输入的文字，在【字符】面板中将【字体】设置为【方正毡笔黑繁体】，将【字体大小】设置为60 点，将【字符间距】设置为-80，在【颜色】面板中将【填色】设置为白色，如图10-8所示。

图10-8

Step 08 在【效果】面板中单击【向选定的目标添加对象效果】按钮 fx，在弹出的下拉列表中选择【投影】命令，在弹出的对话框中将混合模式设置为【正片叠底】，将【颜色】的RGB值设置为34、142、255，将【不透明度】设置为70%，将【距离】设置为2毫米，将【角度】设置为90°，将【大小】、【扩展】、【杂色】分别设置为3毫米、0%、0%，如图10-9所示，单击【确定】按钮。

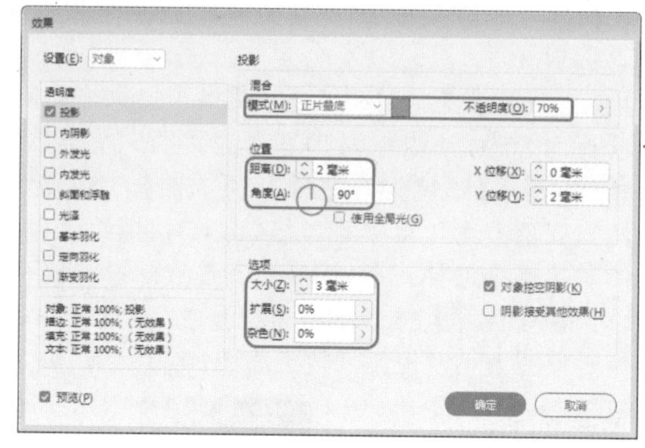

图10-9

Step 09 在工具箱中单击【文字工具】T，绘制一个文本框，输入文字。选中输入的文字，在【字符】面板中将【字体】设置为【经典粗宋简】，将【字体大小】设置为25 点，将【字符间距】设置为0，在【颜色】面板中将【填色】设置为白色，如图10-10所示。

图10-10

Step 10 使用【矩形工具】和【文字工具】制作其他内容，效果如图10-11所示。

图10-11

Step 11 使用【矩形工具】绘制W、H分别为73毫米、63毫米的白色矩形，将【描边】设置为无，如图10-12所示。

图10-12

Step 12 按Ctrl+D快捷组合键，置入“素材\Cha09\旅游二维码.jpg”素材文件，适当调整对象的大小及位置。在工具箱中单击【直排文字工具】按钮，绘制文本框并输入文本，将【字体】设置为【创艺简老宋】，将【字体大小】设置为26点，将【字符间距】设置为0，将【填色】的RGB值设置为41、133、226，如图10-13所示。

图10-13

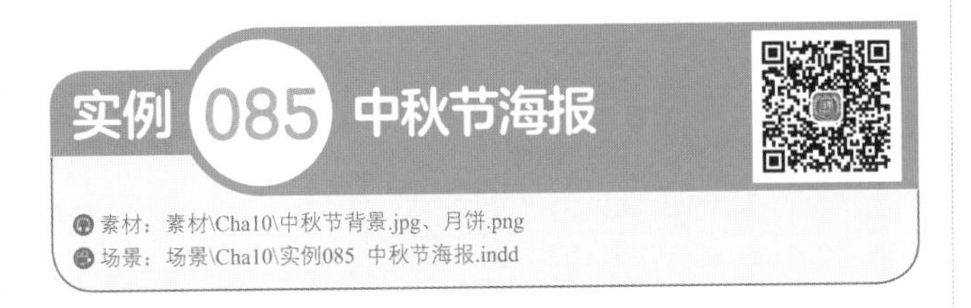

实例085 中秋节海报

素材：素材\Cha10\中秋节背景.jpg、月饼.png

场景：场景\Cha10\实例085 中秋节海报.indd

中秋节，又称月夕、秋节、八月节、八月会、追月节、玩月节、拜月节、女儿节或团圆节，是流行于中国众多民族与汉字文化圈诸国的传统文化节日。中秋节海报效果如图10-14所示。

Step 01 新建【宽度】、【高度】分别为228毫米、343毫米，【页面】为1，边距为20毫米的文档。在菜单栏中选择【编辑】|【透明混合空间】|【文档RGB】命令，将文档模式更改为预览模式，按Ctrl+D快捷组合键，在弹出的对话框中选择“素材\Cha10\中秋节背景.jpg”素材文件，单击【打开】按钮，将素材置入文档窗口中，适当调整对象的大小及位置，效果如图10-15所示。

图10-14　图10-15

Step 02 在工具箱中单击【钢笔工具】按钮，绘制如图10-16所示的中秋艺术字对象。

图10-16

Step 03 选中绘制的对象，将【填色】的【渐变类型】设置为【线性】，将左侧的RGB值设置为182、53、156，将右侧的RGB值设置为239、10、106，将【描边】设置为无，如图10-17所示。

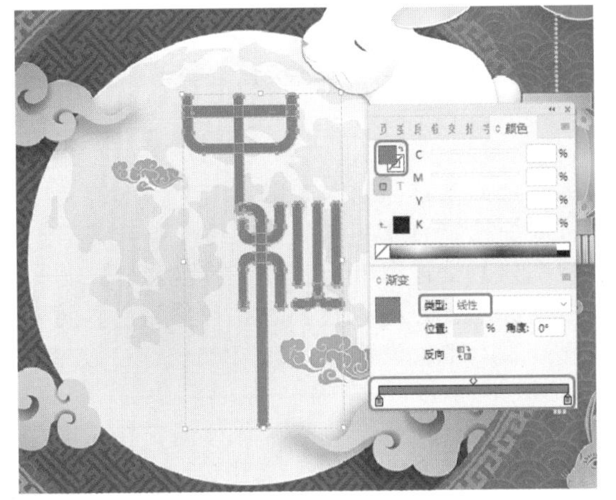

图10-17

Step 04 在工具箱中单击【直排文字工具】按钮，绘制文本框并输入文本，将【字体】设置为【微软雅黑】，将【字体系列】设置为Bold，将【字体大小】设置为15点，将【字符间距】设置为200，将【填色】的RGB值设置为233、79、85，如图10-18所示。

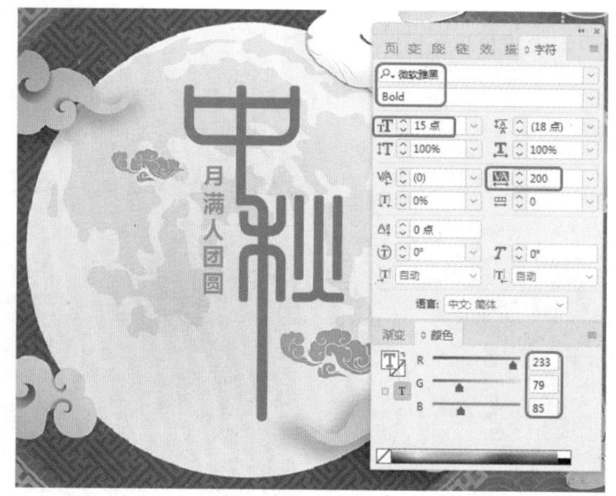

图10-18

Step 05 在工具箱中单击【矩形工具】，绘制一个矩形，在【颜色】面板中将【填色】的RGB值设置为213、14、33，将【描边】设置为无，在【变换】面板中将W、H分别设置为8毫米、34毫米，如图10-19所示。

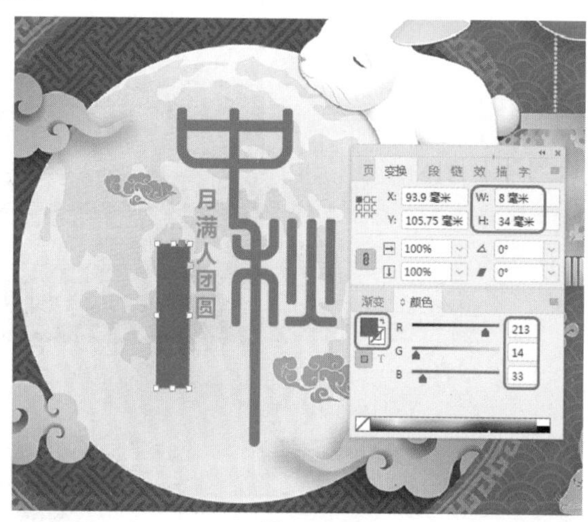

图10-19

Step 06 在工具箱中单击【文字工具】T，在文档窗口中绘制一个文本框，输入文字。选中输入的文字，在【字符】面板中将【字体】设置为【微软雅黑】，将【字体系列】设置为Bold，将【字体大小】设置为15点，将【字符间距】设置为120，在【颜色】面板中将【填色】的RGB值设置为255、255、255，如图10-20所示。

Step 07 继续使用【文字工具】输入文本，在【字符】面板中将【字体】设置为【微软雅黑】，将【字体系列】设置为Bold，将【字体大小】设置为22点，将【字符间距】设置为0，在【颜色】面板中将【填色】的RGB值设置为255、255、255，如图10-21所示。

Step 08 在工具箱中单击【矩形工具】按钮，绘制矩形，将【填色】设置为无，将【描边】的RGB值设置为28、171、99，将【描边】面板中的【粗细】设置为1.5点，将【变换】面板中的W、H分别设置为50毫米、10毫米，如图10-22所示。

图10-20

图10-21

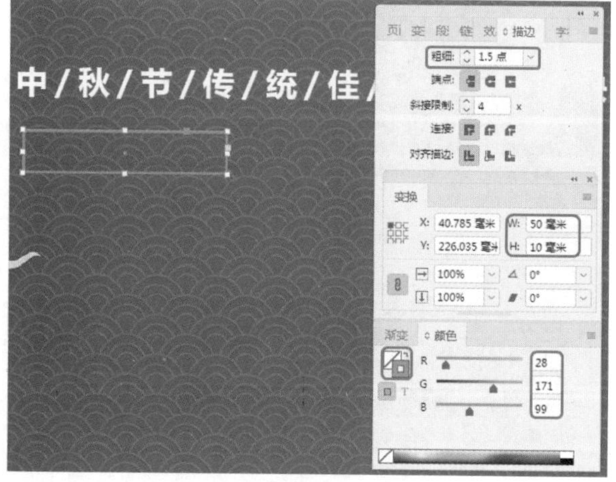

图10-22

Step 09 再次使用【矩形工具】绘制W、H分别为30毫米、9.9毫米的矩形，在【颜色】面板中将【填色】的RGB值设置为28、171、99，将【描边】设置为无，如图10-23所示。

Step 10 使用【文字工具】输入文本，将【字体】设置为

【创艺简老宋】，将【字体大小】设置为15点，将【字符间距】设置为0，将【填色】设置为白色，如图10-24所示。

图10-23

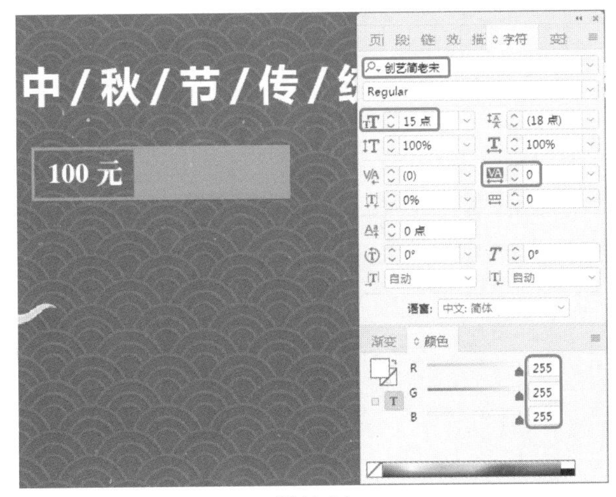

图10-24

Step 11 使用【文字工具】输入文本，将【字体】设置为【创艺简老宋】，将【字体大小】设置为15点，将【字符间距】设置为20，将【填色】设置为白色，如图10-25所示。

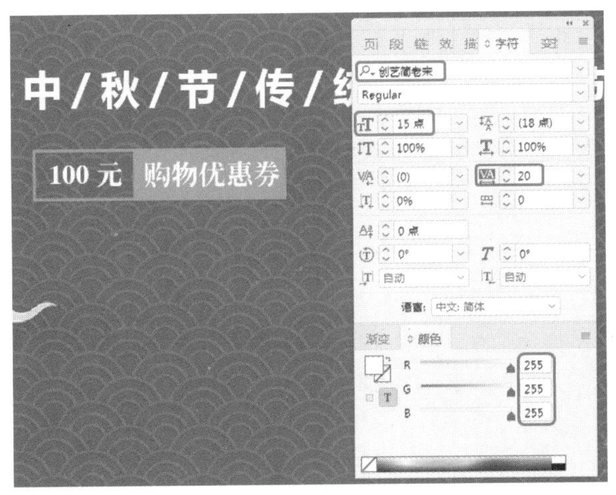

图10-25

Step 12 使用同样的方法制作如图10-26所示的内容。

图10-26

Step 13 使用【文字工具】输入其他文本，并进行相应的设置，效果如图10-27所示。

图10-27

Step 14 按Ctrl+D快捷组合键，置入“素材\Cha10\月饼.png”素材文件，调整大小及位置，如图10-28所示。

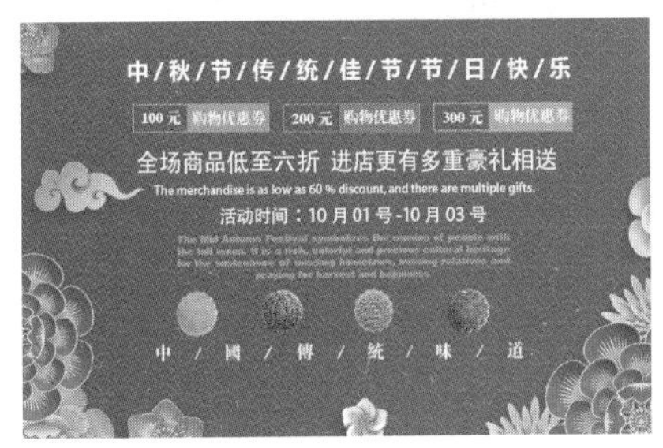

图10-28

实例086 护肤品海报

素材：素材\Cha10\护肤品背景.jpg

场景：场景\Cha10\实例086 护肤品海报.indd

护肤品已成为每个女性必备的法宝，随着消费者自我意识的日渐提升，护肤市场迅速发展，然而随着社会发展的加快，人们对于护肤品的消费已从实体店走向网购，因此，众多化妆品销售部门都专门制作了相应的宣传海报进行宣传。本节介绍如何制作护肤品海报，效果如图10-29所示。

Step 01 新建【宽度】、【高度】分别为666毫米、999毫米，【页面】为1，边距为20毫米的文档。在菜单栏中选择【编辑】|【透明混合空间】|【文档RGB】命令，将文档模式更改为预览模式，按Ctrl+D快捷组合键，在弹

出的对话框中选择“素材\Cha10\护肤品背景.jpg”素材文件，单击【打开】按钮，将素材置入文档窗口中，适当调整对象的大小及位置，效果如图10-30所示。

图10-29

图10-30

Step 02 在工具箱中单击【矩形工具】按钮，绘制W、H分别为480毫米、50毫米的矩形，将【填色】设置为无，将【描边】设置为白色，将【描边】面板中的【粗细】设置为5点，效果如图10-31所示。

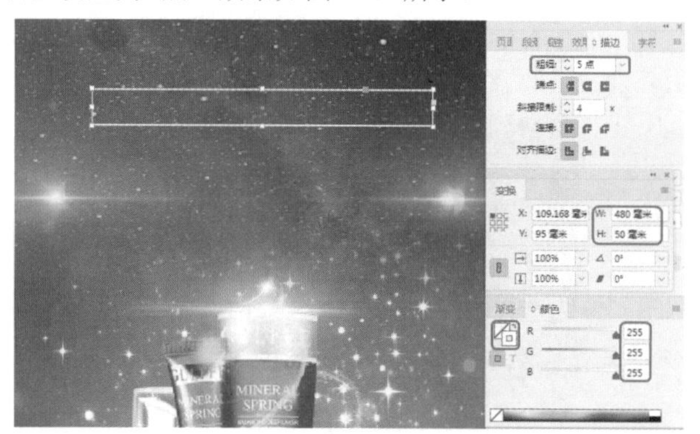

图10-31

Step 03 使用【钢笔工具】绘制图形，将【填色】设置为无，将【描边】设置为白色，将【描边】面板中的【粗细】设置为5点，如图10-32所示。

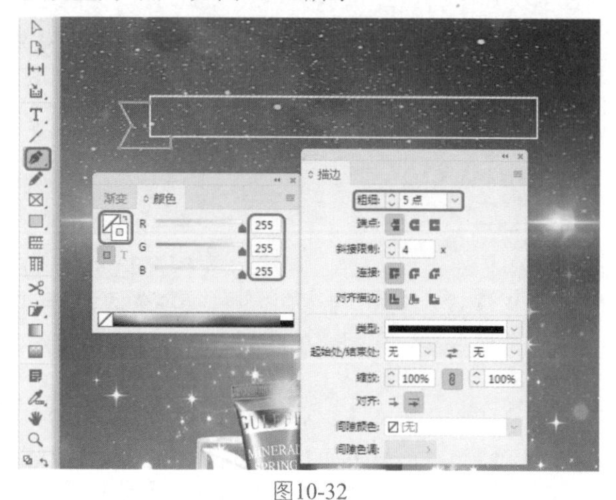

图10-32

Step 04 选中绘制的白色图形，按住Alt键的同时复制图形，右击鼠标，在弹出的快捷菜单中选择【变换】|【水平翻转】命令，调整对象的位置，效果如图10-33所示。

图10-33

Step 05 在工具箱中单击【文字工具】按钮，输入文本，将【字体】设置为【汉仪粗宋简】，【字体大小】设置为80点，【字符间距】设置为0，将【填色】设置为白色，如图10-34所示。

图10-34

Step 06 使用【文字工具】输入文本，将【字体】设置为【汉仪综艺体简】，【字体大小】设置为150点，【字符间距】设置为0，将“美白”“焕颜”文本颜色设置为白色，将“修复”“抗皱”文本颜色设置为0、240、249，如图10-35所示。

图10-35

Step 07 在工具箱中单击【文字工具】按钮，输入文本，将【字体】设置为【Adobe 黑体 Std】，【字体大小】设置为42点，【字符间距】设置为0，将【填色】设置为白色，如图10-36所示。

图10-36

Step 08 在工具箱中单击【文字工具】按钮，输入文本，将【字体】设置为【Adobe 黑体 Std】，【字体大小】设置为75点，【字符间距】设置为0，将【填色】设置为白色，如图10-37所示。

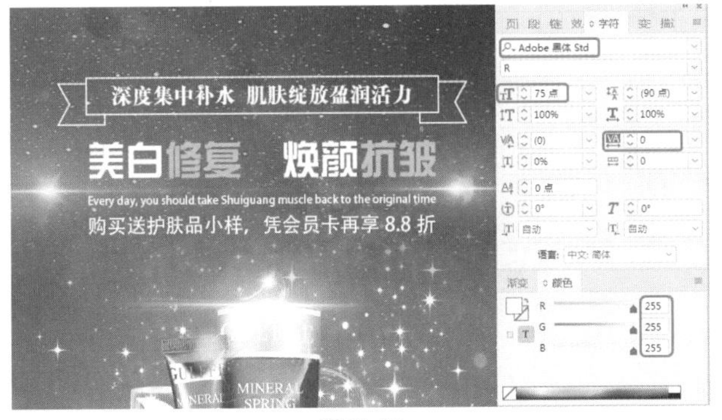

图10-37

Step 09 在工具箱中单击【文字工具】按钮，输入文本，将【字体】设置为【方正小标宋简体】，【字体大小】设置为43点，【字符间距】设置为0，将【填色】设置为白色，如图10-38所示。

图10-38

实例087 口红海报

素材：素材\Cha10\口红背景.jpg

场景：场景\Cha10\实例087 口红海报.indd

口红是唇用美容化妆品的一种，本实例讲解如何制作口红海报，首先通过文字工具输入文本内容，然后添加投影效果，如图10-39所示。

Step 01 新建【宽度】、【高度】分别为202毫米、303毫米，【页面】为1，边距为20毫米的文档。在菜单栏中选择【编辑】|【透明混合空间】|【文档RGB】命令，将文档模式更改为预览模式。按Ctrl+D快捷组合键，在弹出的对话框中选择“素材\Cha10\口红背景.jpg”素材文件，单击【打开】按钮，将素材置入文档窗口中，适当调整对象的大小及位置，效果如图10-40所示。

图10-39　　图10-40

Step 02 在工具箱中单击【文字工具】按钮T，输入文本，将【字体】设置为【方正毡笔黑繁体】，将【字体大小】设置为90点，将【字符间距】设置为0，将【颜色】面板中的【填色】的RGB值设置为248、216、159，效果如图10-41所示。

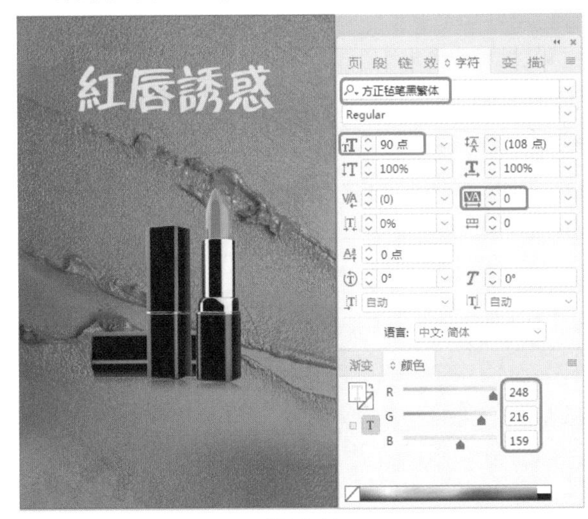

图10-41

Step 03 在工具箱中单击【文字工具】按钮 T，输入文本，将【字体】设置为【微软雅黑】，将【字体大小】设置为26点，将【字符间距】设置为500，将【颜色】面板中【填色】的RGB值设置为248、216、159，如图10-42所示。

图10-42

Step 04 选中输入的文本对象，在【效果】面板中单击【向选定的目标添加对象效果】按钮 fx，在弹出的下拉列表中选择【投影】命令，在弹出的对话框中将混合模式设置为【正常】，将【颜色】的RGB值设置为158、52、36，将【不透明度】设置为100%，将【距离】设置为1.5毫米，将【角度】设置为135°，将【大小】设置为3毫米，将【扩展】设置为14%，单击【确定】按钮，如图10-43所示。

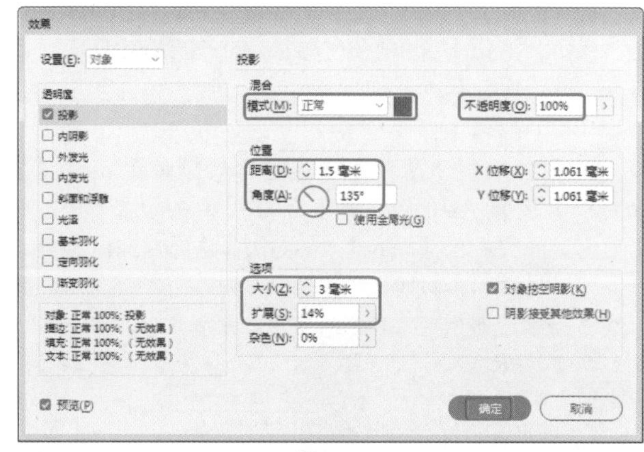

图10-43

Step 05 使用【矩形工具】绘制一个矩形，将【填色】的RGB值设置为186、28、33，将【描边】设置为无，将W、H设置为138毫米、19毫米，如图10-44所示。

Step 06 选中绘制的矩形对象，在【效果】面板中单击【向选定的目标添加对象效果】按钮 fx，在弹出的下拉列表中选择【投影】命令，在弹出的对话框中将混合模式设置为【正片叠底】，将【颜色】设置为黑色，将【不透明度】设置为30%，将【距离】设置为3毫米，将【角度】设置为135°，将【大小】设置为2毫米，将【扩展】、【杂色】均设置为0%，单击【确定】按钮，如图10-45所示。

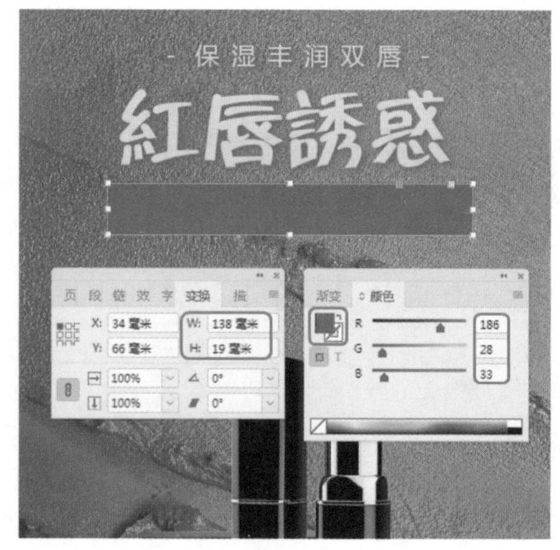

图10-44

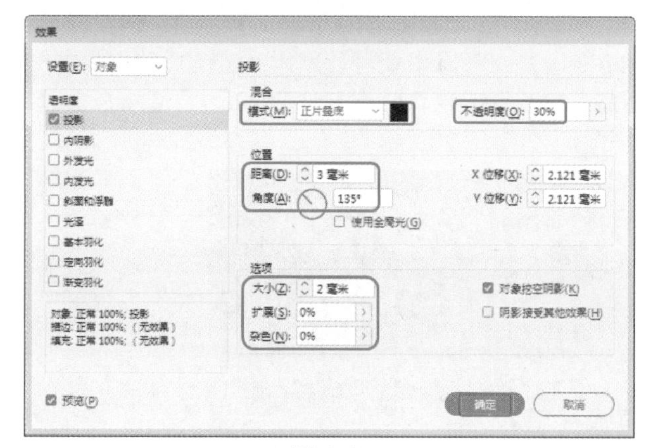

图10-45

Step 07 在工具箱中单击【文字工具】按钮，输入文本，将【字体】设置为【微软雅黑】，将【字体大小】设置为26点，将【字符间距】设置为300，将【颜色】面板中【填色】的RGB值设置为255、255、255，如图10-46所示。

图10-46

Step 08 使用【直线工具】绘制两条水平长度为180毫米的直线段，将【描边】的RGB值设置为233、204、156，将【描边】面板中的【粗细】设置为2点，如图10-47所示。

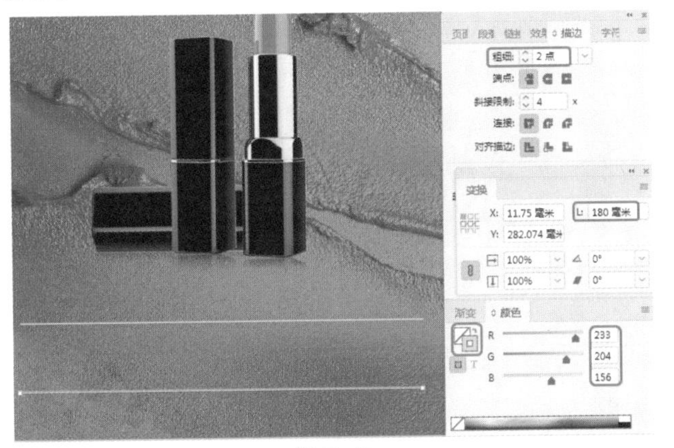

图10-47

Step 09 继续使用【文字工具】输入文本，将【字体】设置为【创艺简黑体】，将【字体大小】设置为25点，将【字符间距】设置为0，将【填色】的RGB值设置为248、216、159，如图10-48所示。

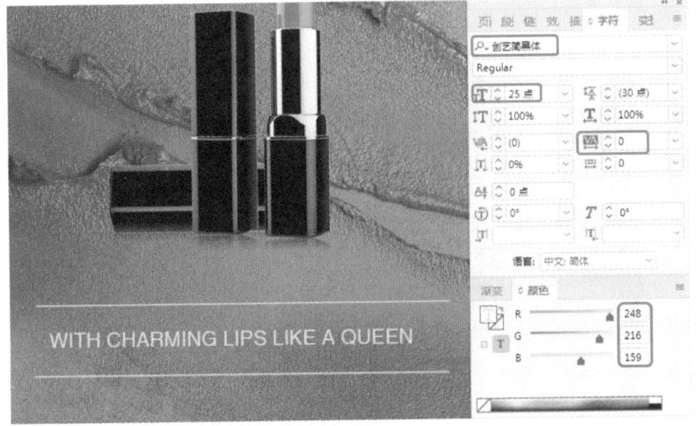

图10-48

Step 10 选中输入的文本对象，在【效果】面板中单击【向选定的目标添加对象效果】按钮 fx.，在弹出的下拉列表中选择【投影】命令，在弹出的对话框中将混合模式设置为【正片叠底】，将【颜色】设置为黑色，将【不透明度】设置为30%，将【距离】设置为1.5毫米，将【角度】设置为135°，将【大小】设置为1毫米，将【扩展】、【杂色】均设置为0%，单击【确定】按钮，效果如图10-49所示。

图10-49

实例088 健身海报

素材：素材\Cha10\健身素材01.jpg、健身素材02.png、健身二维码.png

场景：场景\Cha10\实例088 健身海报.indd

本实例讲解如何制作健身海报，首先置入素材文件，通过【钢笔工具】绘制图形并添加不透明度效果，然后添加相应的文案，最终效果如图10-50所示。

Step 01 新建【宽度】、【高度】分别为600毫米、900毫米，【页面】为1，边距为20毫米的文档。在菜单栏中选择【编辑】|【透明混合空间】|【文档RGB】命令，将文档模式更改为预览模式。按Ctrl+D快捷组合键，在弹出的对话框中选择“素材\Cha10\健身素材01.jpg”素材文件，单击【打开】按钮，将素材置入文档窗口中。选中对象并右击，在弹出的快捷菜单中选择【变换】|【水平翻转】命令，适当调整对象的大小及位置，效果如图10-51所示。

图10-50 图10-51

Step 02 使用【钢笔工具】绘制如图10-52所示的图形，将【填色】的RGB值设置为239、191、150，将【描边】设置为无，在【效果】面板中将【不透明度】设置为46%。

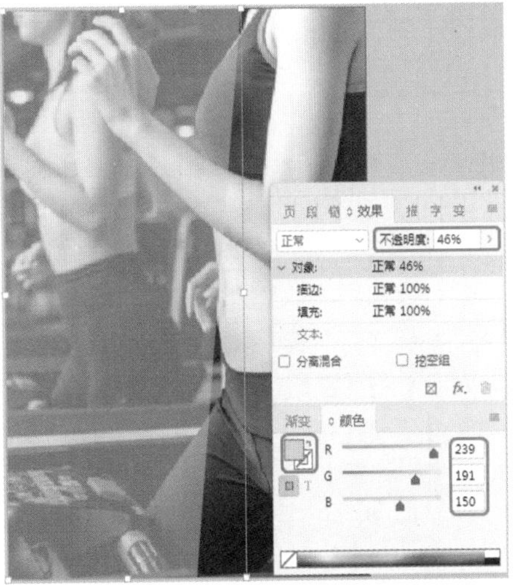

图10-52

Step 03 在工具箱中单击【直线工具】按钮，绘制线段，将【描边】设置为白色，在【描边】面板中将【粗细】设置为20点，如图10-53所示。

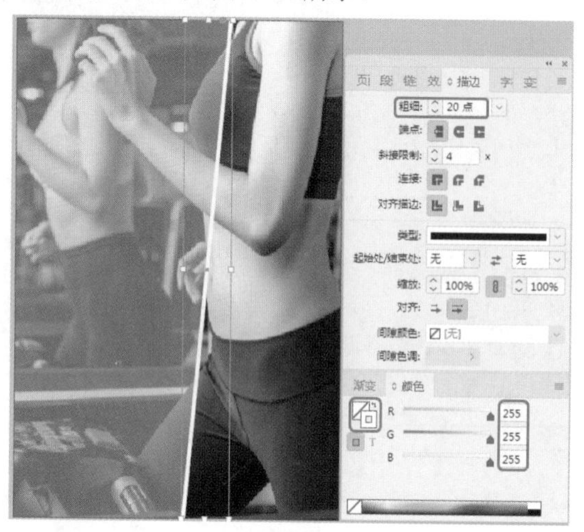

图10-53

Step 04 在工具箱中单击【文字工具】按钮，输入文本，将【字体】设置为【汉仪菱心体简】，【字体大小】设置为211点，【行距】设置为255点，【字符间距】设置为0，将【填色】的RGB值设置为94、94、94，如图10-54所示。

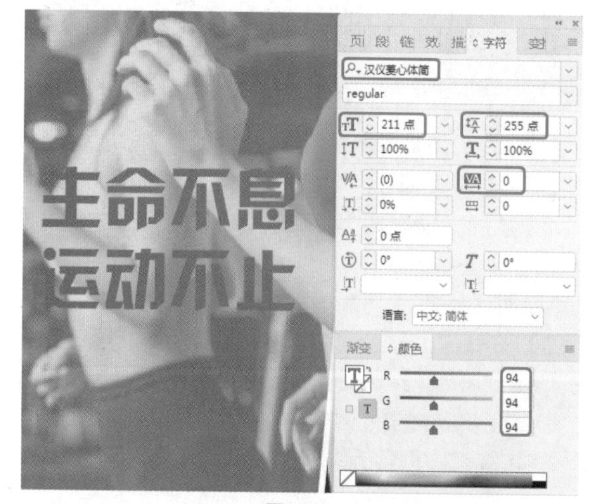

图10-54

Step 05 将设置完成后的文本进行复制，将复制后的文本颜色设置为白色，调整对象的位置，效果如图10-55所示。

图10-55

Step 06 在工具箱中单击【文字工具】按钮，输入文本，将【字体】设置为【方正粗黑宋简体】，【字体大小】设置为73点，【行距】设置为88点，【字符间距】设置为40，将【填色】的RGB值设置为255、255、255，如图10-56所示。

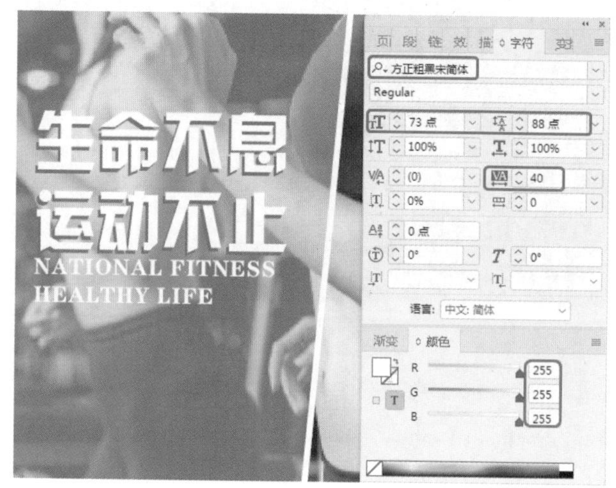

图10-56

Step 07 在工具箱中单击【矩形工具】按钮，绘制一个矩形，将【填色】设置为无，【描边】设置为白色，将【变换】面板中的W、H分别设置为278毫米、53毫米，在【描边】面板中将【粗细】设置为3点，如图10-57所示。

图10-57

Step 08 对绘制的矩形进行复制，并调整对象的位置。使用【文字工具】输入文本，在【字符】面板中将【字体】设置为【方正粗黑宋简体】，将【字体大小】设置为47点，将【字符间距】设置为40，将文本颜色设置为白色，如图10-58所示。

Step 09 在空白位置处单击鼠标，按Ctrl+D快捷组合键，在弹出的对话框中选择"素材\Cha10\健身素材02.png"素材文件，单击【打开】按钮，将素材置入文档窗口中，适当调整对象的大小及位置，如图10-59所示。

Step 10 使用【钢笔工具】绘制图形，将【填色】的RGB值设置为229、191、168，将【描边】设置为无，如图10-60所示。

图10-58

图10-59

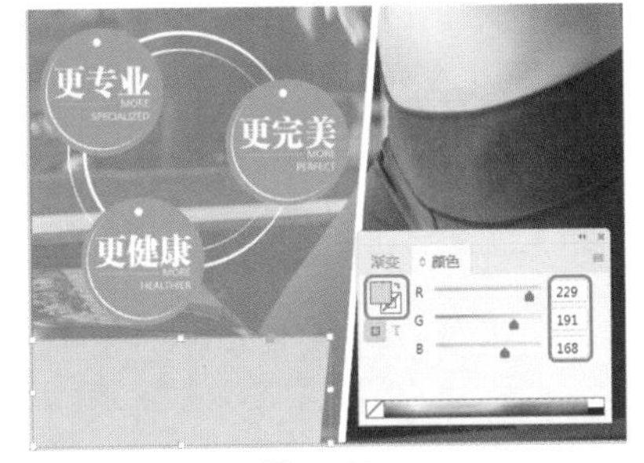

图10-60

Step 11 使用【文字工具】输入文本，将【字体】设置为【方正小标宋简体】，将【字体大小】设置为43点，将【行距】设置为52点，将【字符间距】设置为0，将【填色】的RGB值设置为131、83、58，如图10-61所示。

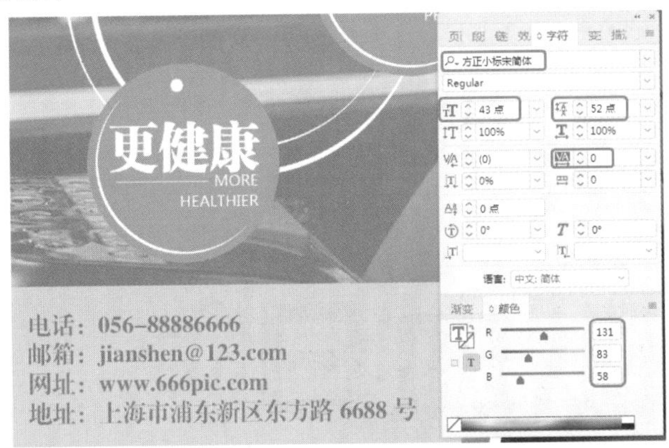

图10-61

Step 12 在空白位置处单击，按Ctrl+D快捷组合键，在弹出的对话框中选择“素材\Cha10\健身二维码.png”素材文件，单击【打开】按钮，将素材置入文档窗口中，适当调整对象的大小及位置，如图10-62所示。

图10-62

Step 13 使用【文字工具】输入文本，将【字体】设置为【汉仪菱心体简】，将【字体大小】设置为26点，将【字符间距】设置为1280，将【填色】设置为白色，如图10-63所示。

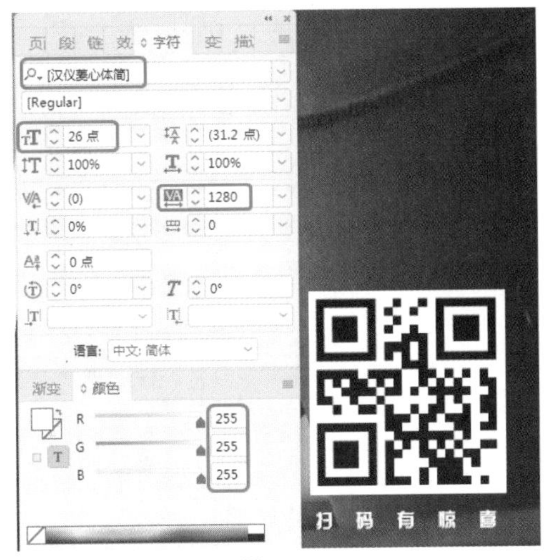

图10-63

实例089 公益海报

素材：素材\Cha10\公益背景.jpg、公益素材.png
场景：场景\Cha10\实例089 公益海报.indd

随着信息技术在传播媒体领域的广泛渗透，公益海报中的图形设计形式也随着现代广告活动步入国际化潮流，逐渐成为超越国度的具有共识基础的图形语言。本节将介绍如何制作公益海报，效果如图10-64所示。

Step 01 新建【宽度】、【高度】分别为140毫米、206毫米，【页面】为1，边距为20毫米的文档。在菜单栏中选择【编辑】|【透明混合空间】|【文档RGB】命令，将文档模式更改为预览模式。按Ctrl+D快捷组合键，在弹出的对话框中选择“素材\Cha10\公益背景.jpg”素材文件，单击【打开】按钮，将素材置入文档窗口中，适当调整对象的大小及位置，效果如图10-65所示。

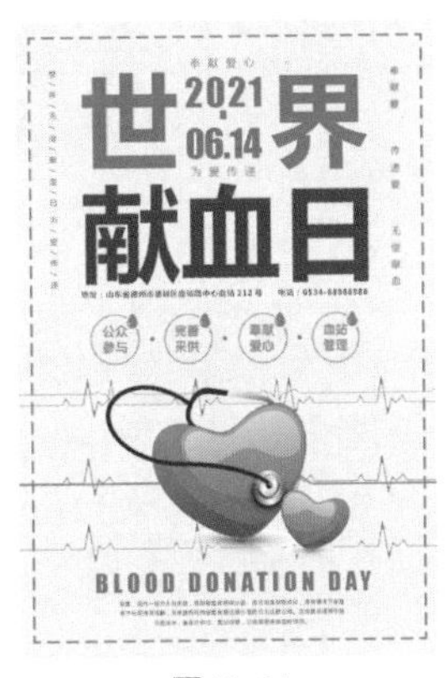

图10-64

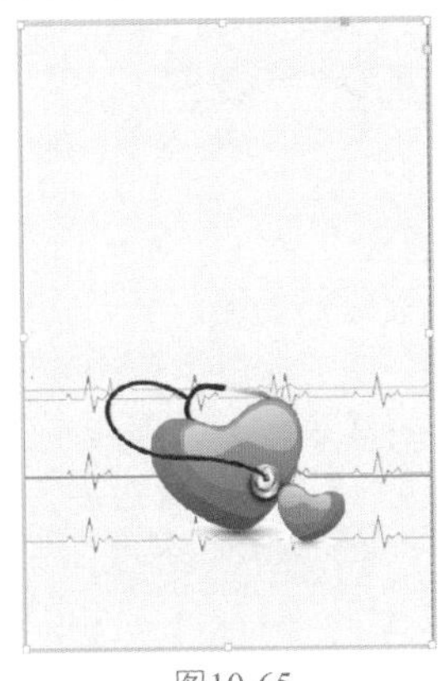
图10-65

Step 02 在工具箱中单击【矩形工具】按钮，绘制W、H分别为132毫米、196毫米的矩形，将【填色】设置为无，将【描边】的RGB值设置为191、31、46，将【描边】面板中的【粗细】设置为2点，将【类型】设置为虚线，将【虚线】、【间隔】分别设置为12点、6点，效果如图10-66所示。

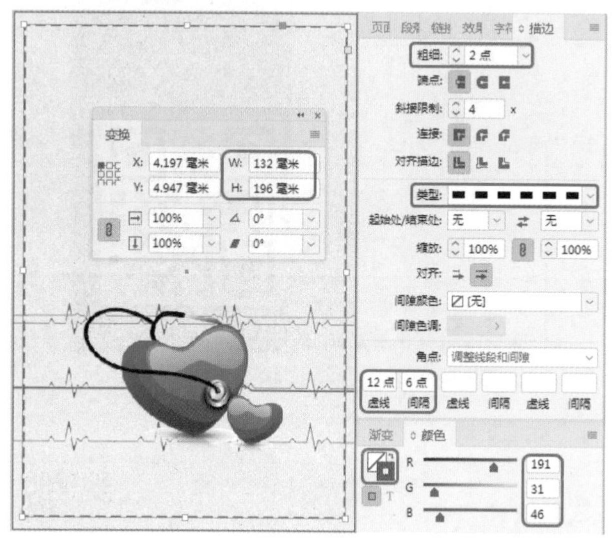

图10-66

Step 03 在工具箱中单击【文字工具】按钮T，输入文本，将【字体】设置为【微软雅黑】，将【字体系列】设置为Bold，将【字体大小】设置为95点，将【字符间距】设置为900，将【颜色】面板中【填色】RGB值设置为186、27、38，如图10-67所示。

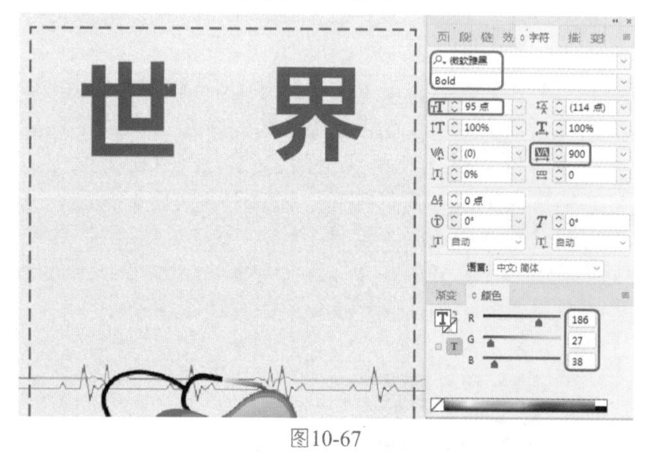

图10-67

Step 04 使用【文字工具】输入文本，参照如图10-68所示的参数进行设置。

Step 05 在工具箱中单击【文字工具】按钮T，输入文本，将【字体】设置为【微软雅黑】，将【字体大小】设置为10点，将【行距】设置为100点，将【字符间距】设置为700，将【颜色】面板中【填色】的RGB值设置为190、30、45，如图10-69所示。

Step 06 使用【文字工具】输入文本，将【字体】设置为Impact，将【字体大小】设置为35点，将【字符间距】设置为60，将【填色】的RGB值设置为186、27、38，如图10-70所示。

图10-68

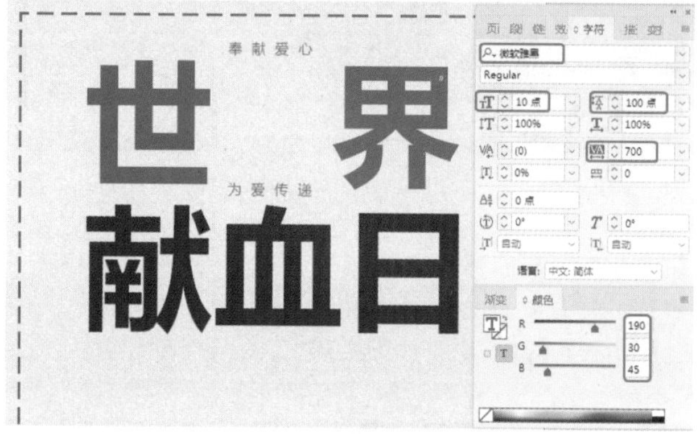

图10-69

图10-70

Step 07 使用【文字工具】输入文本，参照如图10-71所示的参数进行设置。

Step 08 在工具箱中单击【矩形工具】按钮，在文档窗口中绘制W、H分别为2毫米、3毫米的矩形，将【填色】的RGB值设置为191、31、46，将【描边】设置为无，如图10-72所示。

Step 09 在工具箱中单击【直排文字工具】按钮，输入文本，将【字体】设置为【微软雅黑】，将【字体大小】

设置为7点，将【字符间距】设置为450，将【填色】的RGB值设置为35、24、21，如图10-73所示。

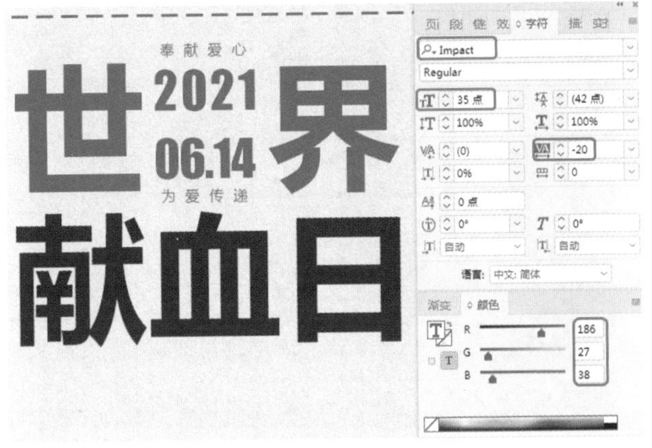

图10-71

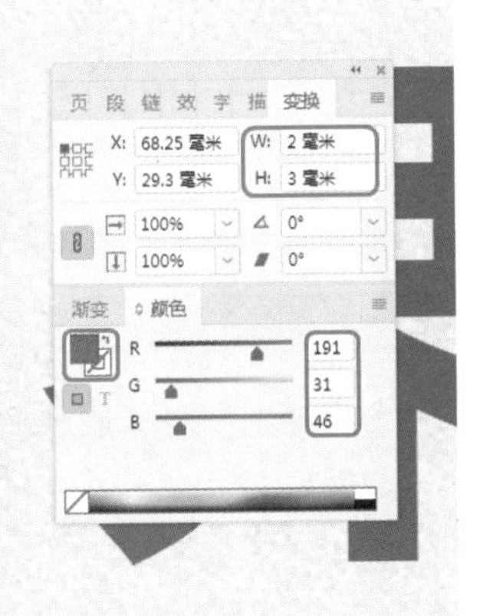

图10-72

图10-73

Step 10 继续使用【直排文字工具】输入文本，将【字体】设置为【微软雅黑】，将【字体大小】设置为8.44点，将【字符间距】设置为800，将【填色】的RGB值设置为35、24、21，如图10-74所示。

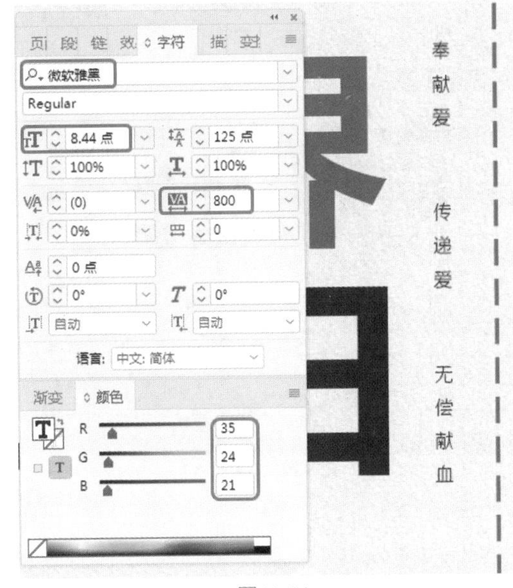

图10-74

Step 11 在工具箱中单击【文字工具】按钮T，输入文本，将【字体】设置为【微软雅黑】，将【字体系列】设置为Bold，将【字体大小】设置为7点，将【字符间距】设置为100，将【填色】的RGB值设置为35、24、21，如图10-75所示。

图10-75

Step 12 使用【文字工具】输入其他文本内容，并进行相应的设置，效果如图10-76所示。

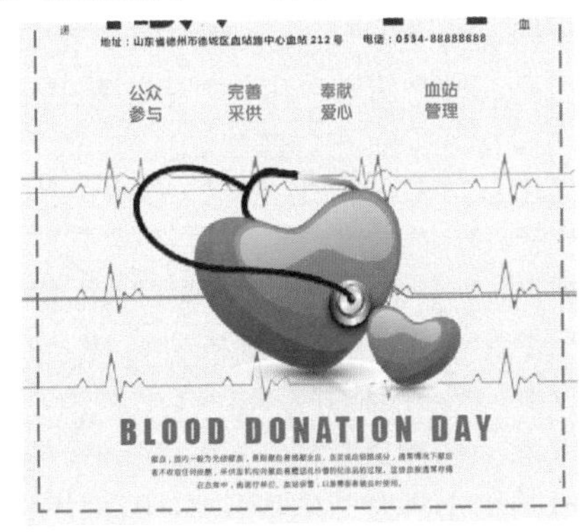

图10-76

Step 13 按Ctrl+D快捷组合键，在弹出的对话框中选择“素材\Cha10\公益素材.png”素材文件，单击【打开】按钮，将素材置入文档窗口中，复制对象，适当调整对象的大小及位置，如图10-77所示。

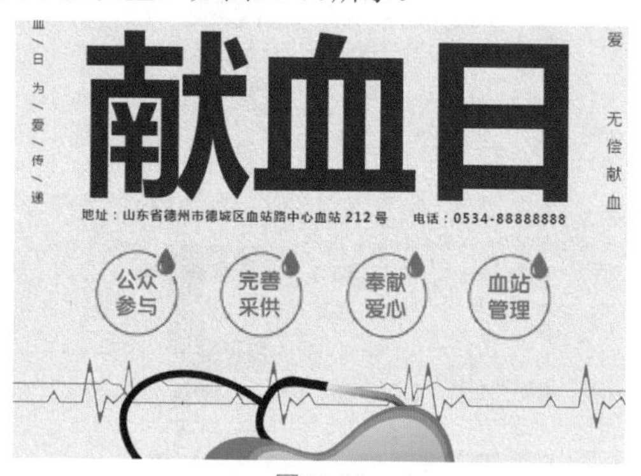

图10-77

Step 14 在工具箱中单击【椭圆工具】按钮，绘制W、H分别为1.4毫米的圆形，将【填色】的RGB值设置为204、26、23，将【描边】设置为无，对绘制的圆形进行复制并调整对象的位置，效果如图10-78所示。

图10-78

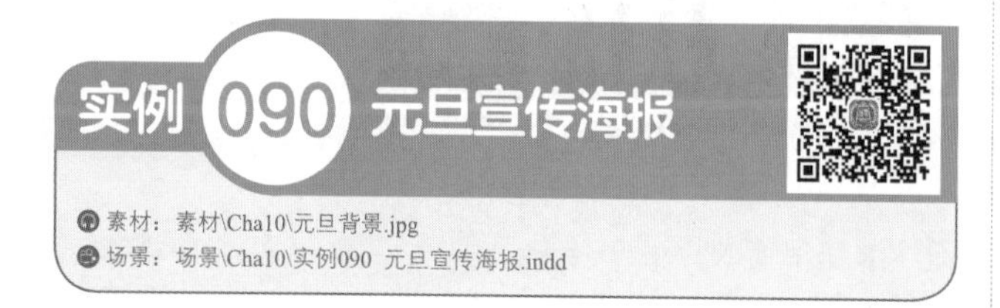

实例090 元旦宣传海报

素材：素材\Cha10\元旦背景.jpg

场景：场景\Cha10\实例090 元旦宣传海报.indd

元旦，即公历的1月1日，是世界多数国家通称的“新年”。元，谓“始”，凡数之始称为“元”；旦，谓“日”；“元旦”意即“初始之日”。元旦又称“三元”，即岁之元、月之元、时之元。本节将介绍如何制作元旦宣传海报，效果如图10-79所示。

Step 01 新建【宽度】、【高度】分别为186毫米、279毫米，【页面】为1，边距为20毫米的文档。在菜单栏中选择【编辑】|【透明混合空间】|【文档RGB】命令，将文档模式更改为预览模式。按Ctrl+D快捷组合键，在弹出的对话框中选择“素材\Cha10\元旦背景.jpg”素材文件，单击【打开】按钮，将素材置入文档窗口中，适当调整对象的大小及位置，效果如图10-80所示。

图10-79

图10-80

Step 02 在工具箱中单击【文字工具】T，绘制一个文本框，输入文字。选中输入的文字，在【字符】面板中将【字体】设置为【苏新诗卵石体】，将【字体大小】设置为100 点，将【字符间距】设置为0，在【颜色】面板中将【填色】的RGB值设置为239、215、108，效果如图10-81所示。

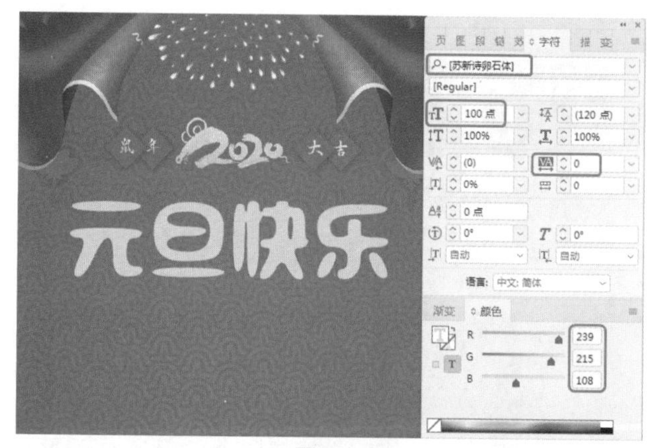

图10-81

Step 03 在【效果】面板中单击【向选定的目标添加对象效果】按钮fx，在弹出的下拉列表中选择【投影】命令，在弹出的对话框中将混合模式设置为【正片叠底】，将【颜色】设置为黑色，将【不透明度】设置为25%，将【距离】设置为4毫米，将【角度】设置为135°，将【大小】、【扩展】、【杂色】分别设置为2.5毫米、0%、0%，如图10-82所示，单击【确定】按钮。

Step 04 在工具箱中单击【文字工具】按钮T，输入文本，将【字体】设置为【方正综艺简体】，将【字体大小】设置为15点，将【字符间距】设置为100，将【颜色】面板中【填色】的RGB值设置为239、215、108，如图10-83所示。

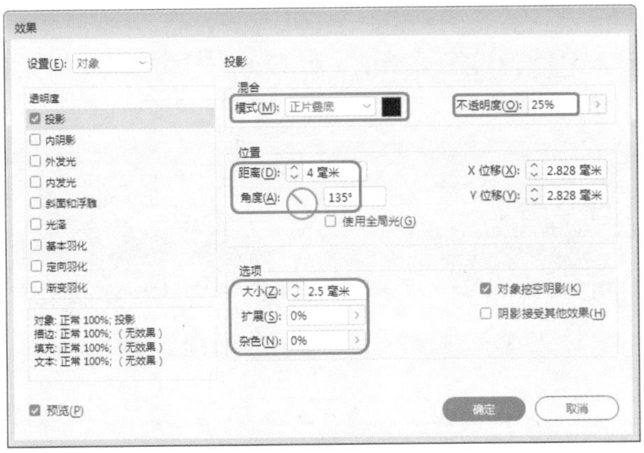

图10-82

图10-83

Step 05 在工具箱中单击【钢笔工具】按钮，在画板中绘制两个如图10-84所示的图形，任意填充对象的颜色。

Step 06 选中绘制的两个图形，在菜单栏中选择【对象】|【路径查找器】|【减去】命令，效果如图10-85所示。

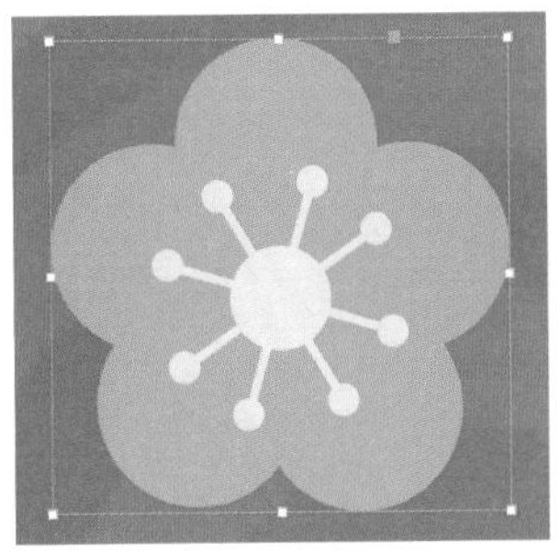

图10-84

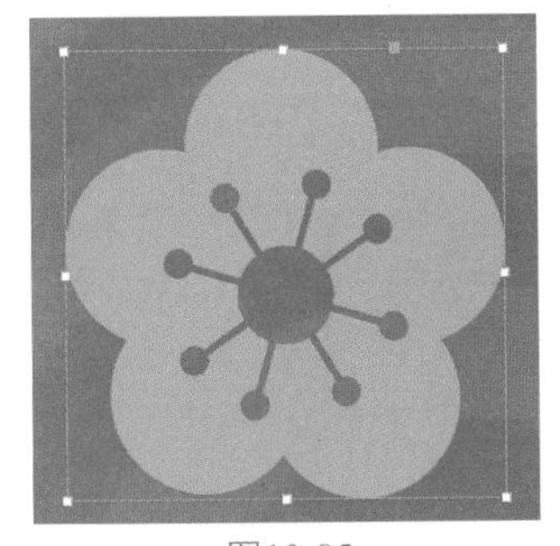

图10-85

Step 07 将对象【填色】的RGB值设置为245、222、117，将对象进行复制并调整对象的位置，如图10-86所示。

图10-86

Step 08 在工具箱中单击【文字工具】，绘制一个文本框，输入文字。选中输入的文字，在【字符】面板中将【字体】设置为【方正综艺简体】，将【字体大小】设置为14 点，将【字符间距】设置为100，在【颜色】面板中将【填色】的RGB值设置为239、215、108，如图10-87所示。

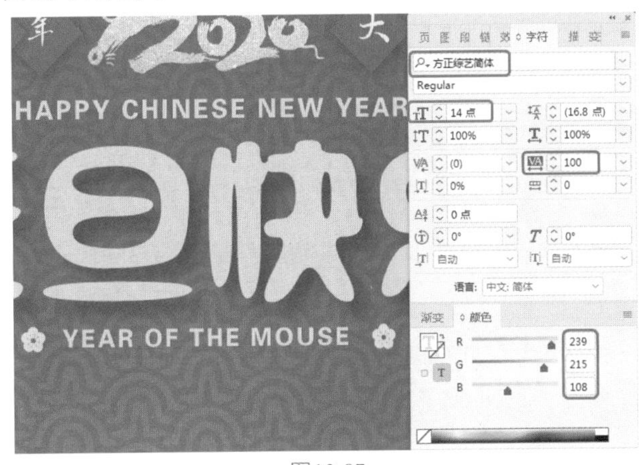

图10-87

Step 09 使用【文字工具】输入文本，在【字符】面板中将【字体】设置为【方正大黑简体】，将【字体大小】设置为38 点，将【字符间距】设置为75，在【颜色】面板中将【填色】设置为白色，如图10-88所示。

图10-88

Step 10 使用同样的方法输入其他文本，并进行相应的设置，使用【直线工具】绘制两条白色线段，将【描边粗细】设置为2点，如图10-89所示。

图10-89

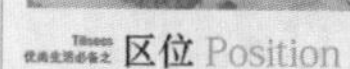

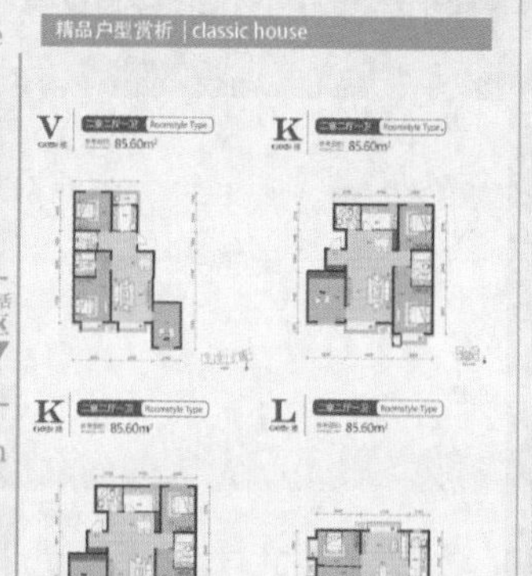
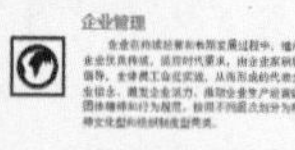

第11章 画册设计

本章导读

画册是一个展示平台，可以用流畅的线条，个人及企业的风貌、理念、和谐的图片或优美文字，设计制作一本具有宣传产品、展示品牌形象的精美画册。

实例 091 美食画册封面设计

素材：素材\Cha11\美食素材01.jpg

场景：场景\Cha11\实例091 美食画册封面设计.indd

本案例主要介绍美食画册封面设计，首先置入封面背景图片，然后利用【钢笔工具】与【文字工具】制作封面标题，最后使用【矩形工具】、【椭圆工具】以及【文字工具】制作封面背面，效果如图11-1所示。

图11-1

Step 01 新建一个【宽度】、【高度】分别为420毫米、210毫米，页面为2，边距为0毫米的文档。按Ctrl+D快捷组合键，在弹出的对话框中选择“素材\Cha11\美食素材01.jpg”素材文件，单击【打开】按钮。在文档窗口中单击鼠标，将选中的素材文件置入文档中，并调整其大小与位置，效果如图11-2所示。

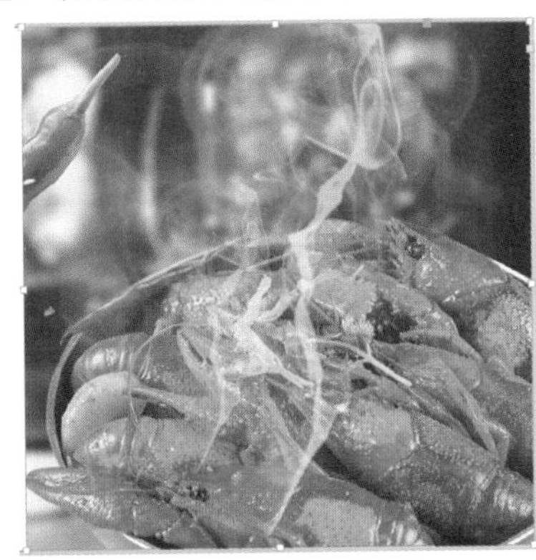

图11-2

Step 02 在工具箱中单击【矩形工具】，在文档窗口中绘制一个矩形，在【颜色】面板中将【填色】的颜色值设置为13、82、82、0，将【描边】设置为无，在【变换】面板中将W、H均设置为210毫米，在【效果】面板中将【混合模式】设置为【饱和度】，将【不透明度】设置为70%，并在文档窗口中调整其位置，效果如图11-3所示。

Step 03 在工具箱中单击【钢笔工具】，在文档窗口中绘制如图11-4所示的图形，在【颜色】面板中将【填色】的颜色值设置为13、82、82、0，将【描边】设置为无，在【效果】面板中将【混合模式】设置为【强光】，并在文档窗口中调整其位置。

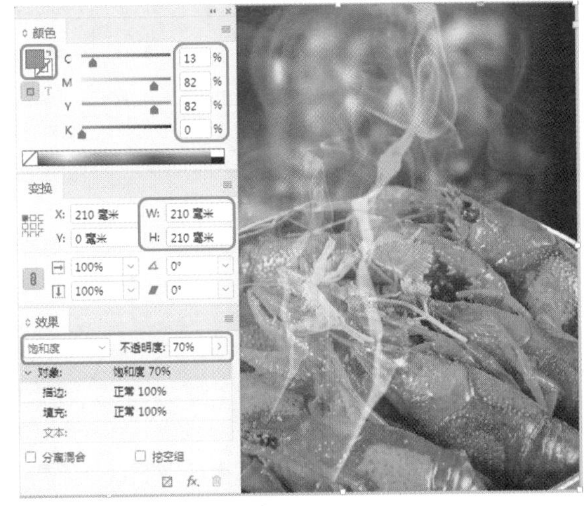

图11-3

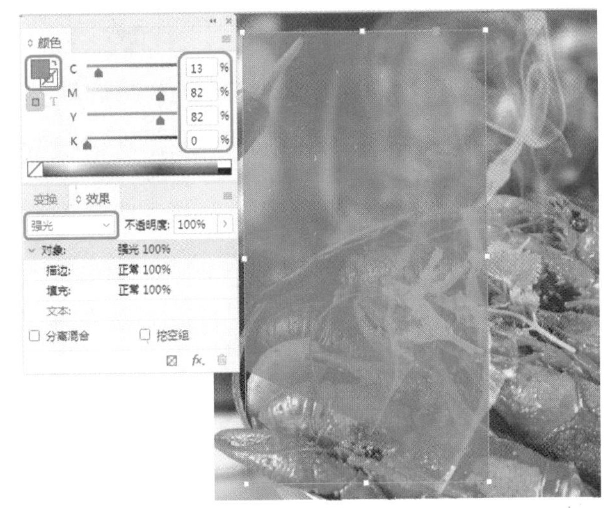

图11-4

Step 04 使用【钢笔工具】在文档窗口中绘制如图11-5所示的图形，在【颜色】面板中将【填色】设置为无，将【描边】设置为0、0、0、0，在【描边】面板中将【粗细】设置为11点，并在文档窗口中调整其位置。

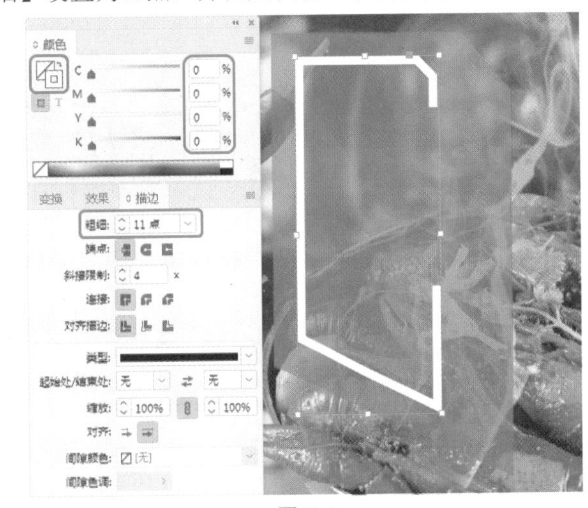

图11-5

Step 05 在工具箱中单击【文字工具】，在文档窗口中绘制一个文本框，输入文字。选中输入的文字，在【颜色】面板中将【填色】的颜色值设置为0、0、0、0，在【字符】面板中将字体设置为Arial，将字体样式设置为Bold，将【字体大小】设置为100点，将【字符间距】设置为-85，使用【选择工具】选中文字，在【效果】面板中将【不透明度】设置为80%，如图11-6所示。

图11-6

Step 06 继续使用【选择工具】选中文字，按住Alt键对其进行复制，对复制后的文字内容进行修改，在【字符】面板中将【字体大小】设置为30点，将【字符间距】设置为-25，如图11-7所示。

图11-7

Step 07 再次对文字进行复制，对复制后的文字内容进行修改，在【字符】面板中将字体设置为【方正综艺简体】，将【字体大小】设置为91点，将【字符间距】设置为0，如图11-8所示。

Step 08 根据前面介绍的方法在文档窗口中制作其他文字内容，并进行相应的设置，效果如图11-9所示。

Step 09 在工具箱中单击【钢笔工具】，在文档窗口中绘制如图11-10所示的图形，在【颜色】面板中将【填色】的颜色值设置为0、0、0、0，将【描边】设置为无，并在文档窗口中调整其位置。

图11-8

图11-9

图11-10

Step 10 对绘制的图形进行复制，并调整其位置，选中复制的图形，在【效果】面板中将【不透明度】设置为90%，如图11-11所示。

Step 11 在工具箱中单击【矩形工具】，在文档窗口中绘制一个矩形，在【颜色】面板中将【填色】的颜色值设置为2、93、100、0，将【描边】设置为无，在【变换】面板中将W、H均设置为210毫米，并调整其位置，效果如图11-12所示。

图11-11

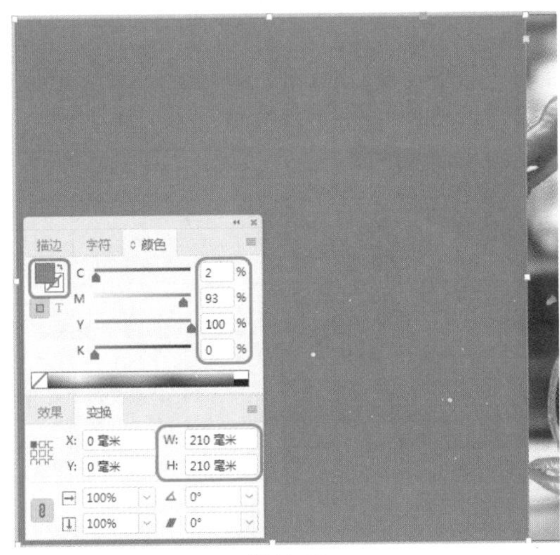

图11-12

Step 12 在工具箱中单击【椭圆工具】，在文档窗口中按住Shift键绘制一个正圆。选中绘制的圆形，在【颜色】面板中将【填色】的颜色值设置为0、0、0、0，将【描边】设置为无，在【变换】面板中将W、H均设置为10.6毫米，并调整其位置，效果如图11-13所示。

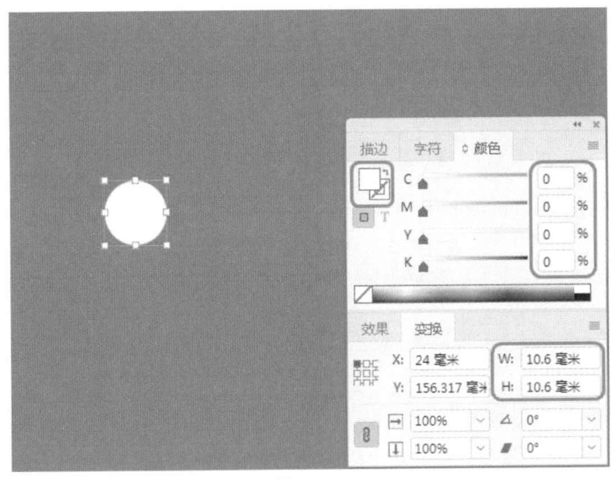

图11-13

Step 13 在工具箱中单击【钢笔工具】，在文档窗口中绘制如图11-14所示的图形。选中绘制的图形，在【颜色】面板中将【填色】的颜色值设置为2、93、100、0，并调整其位置。

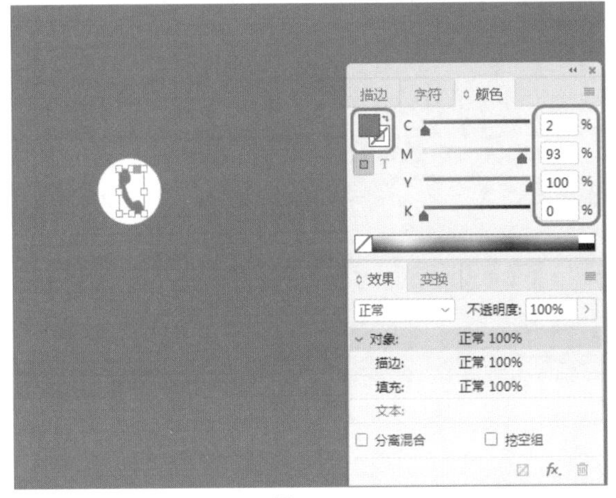

图11-14

Step 14 根据前面所介绍的方法在文档窗口中绘制其他图形，并进行设置，效果如图11-15所示。

图11-15

Step 15 在工具箱中单击【文字工具】，在文档窗口中绘制一个文本框，输入文字。选中输入的文字，在【字符】面板中将字体设置为【微软雅黑】，将字体样式设置为Bold，将【字体大小】设置为12点，将【字符间距】设置为100，在【颜色】面板中将【填色】的颜色值设置为0、0、0、0，如图11-16所示。

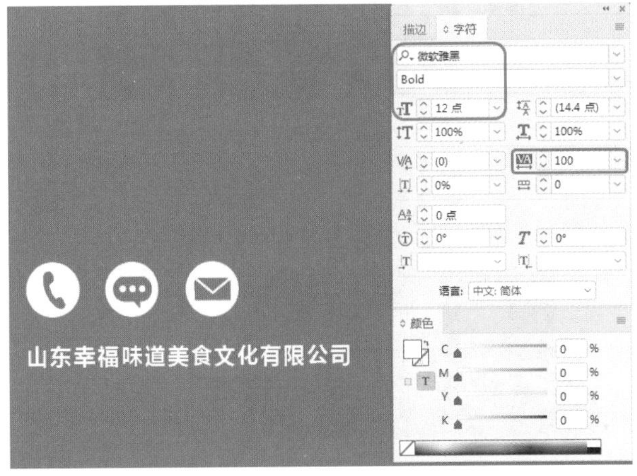

图11-16

Step 16 在工具箱中单击【文字工具】，在文档窗口中绘制一个文本框，输入文字。选中输入的文字，在【字符】面板中将字体设置为【微软雅黑】，将【字体大小】设置为9点，将【行距】设置为14点，将【字符间距】设置为100，在【颜色】面板中将【填色】的颜色值设置为0、0、0、0，如图11-17所示。

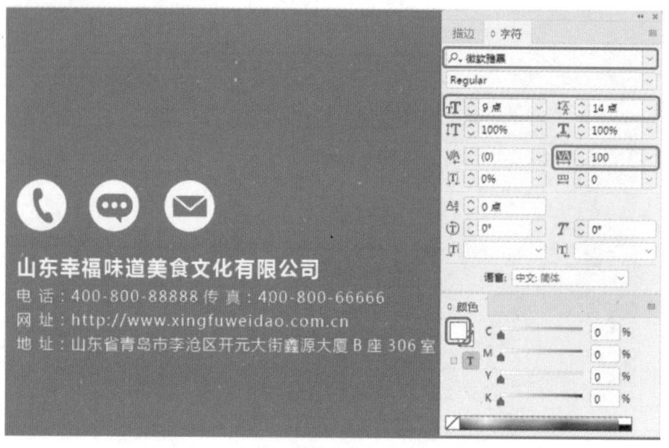

图11-17

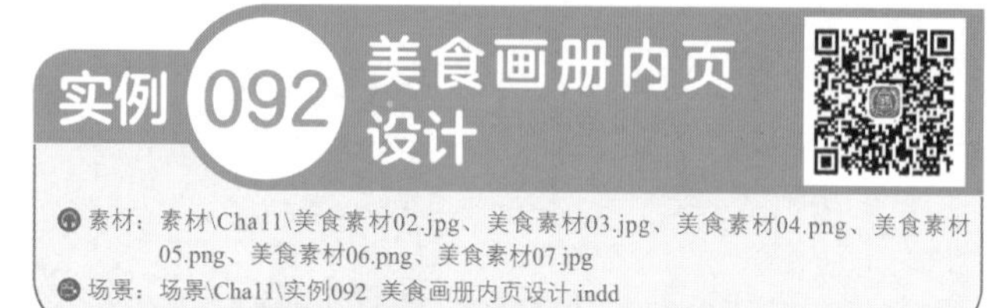

本案例将介绍美食画册内页设计，首先置入素材文件，然后使用【矩形工具】、【多边形工具】、【文字工具】等制作内页内容，并为添加的素材添加【渐变羽化】效果，使其完美地与背景色融合，效果如图11-18所示。

图11-18

Step 01 继续上一案例的操作，在【页面】面板中双击选择页面2，将“美食素材02.jpg”素材文件置入文档中，并调整大小与位置，效果如图11-19所示。

图11-19

Step 02 使用同样的方法将“美食素材03.jpg”素材文件置入文档中，并调整其大小与位置，效果如图11-20所示。

图11-20

Step 03 在工具箱中单击【矩形工具】，在文档窗口中绘制一个矩形，在【颜色】面板中将【填色】的颜色值设置为20、86、87、0，将【描边】设置为无，在【变换】面板中将W、H分别设置为210毫米、71.5毫米，并调整其位置，效果如图11-21所示。

图11-21

Step 04 在工具箱中单击【多边形工具】，在文档窗口中单击鼠标，在弹出的对话框中将【多边形宽度】、【多边形高度】分别设置为34毫米、30毫米，将【边数】设置为6，如图11-22所示。

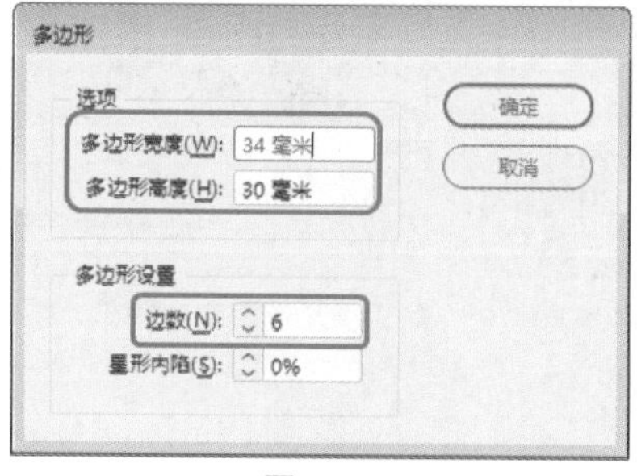

图11-22

Step 05 设置完成后，单击【确定】按钮，选中绘制的多边形，在【颜色】面板中将【填色】的颜色值设置为0、0、0、0，将【描边】设置为无，并在文档窗口中调整其位置，效果如图11-23所示。

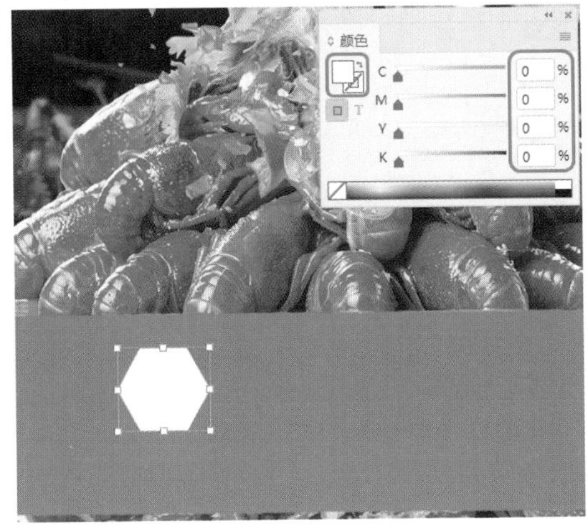

图11-23

Step 06 将“美食素材04.png”素材文件置入文档中，选中置入的素材文件，在【变换】面板中将【旋转角度】设置为15°，并调整其大小与位置，效果如图11-24所示。

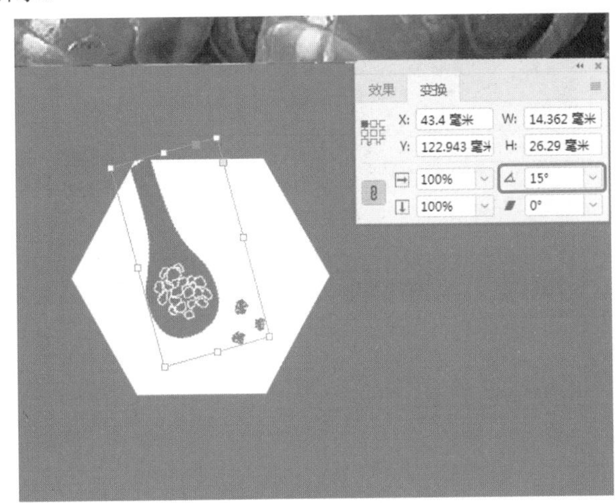

图11-24

Step 07 在工具箱中单击【文字工具】，在文档窗口中绘制一个文本框，输入文字。选中输入的文字，在【字符】面板中将字体设置为【微软雅黑】，将【字体大小】设置为8点，在【颜色】面板中将【填色】的颜色值设置为0、0、0、0，如图11-25所示。

Step 08 继续使用【文字工具】在文档窗口中绘制一个文本框，输入文字。选中输入的文字，在【字符】面板中将字体设置为【微软雅黑】，将字体样式设置为Bold，将【字体大小】设置为14.5点，在【颜色】面板中将【填色】的颜色值设置为0、0、0、0，如图11-26所示。

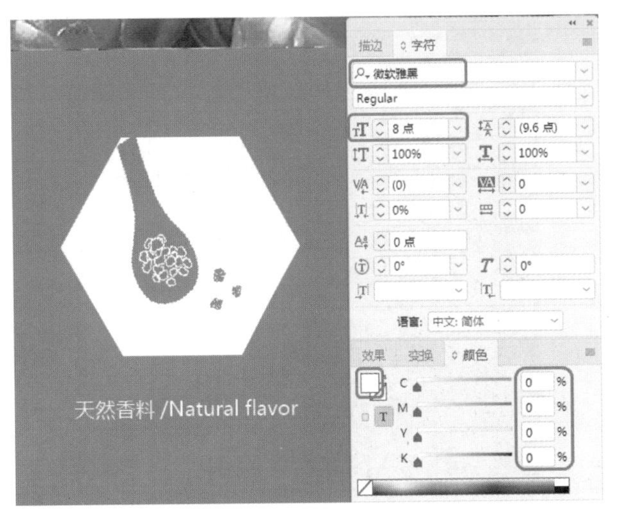

图11-25

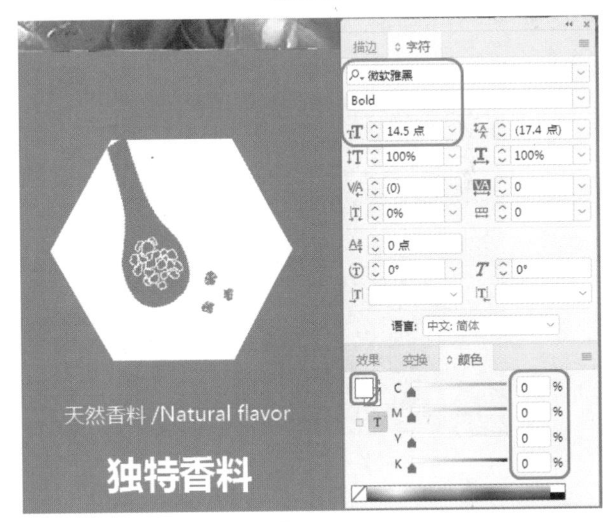

图11-26

Step 09 根据前面介绍的方法制作其他内容，效果如图11-27所示。

图11-27

Step 10 在工具箱中单击【矩形工具】，在文档窗口中绘制一个矩形，在【颜色】面板中将【填色】的颜色值设置为89、87、68、56，将【描边】设置为无，在【变换】面板中将W、H均设置为210毫米，并调整其位置，效果如图11-28所示。

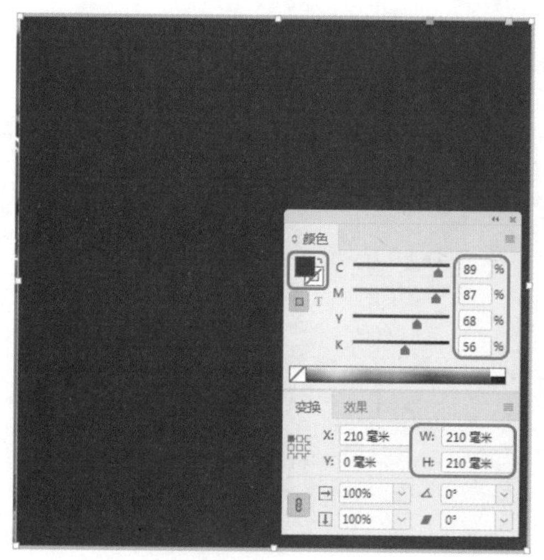

图11-28

Step 11 将“美食素材07.jpg”素材文件置入文档中，并调整其大小与位置，效果如图11-29所示。

图11-29

Step 12 选中置入的素材文件，在【效果】面板中单击【向选定的目标添加对象效果】按钮 fx.，在弹出的下拉菜单中选择【渐变羽化】命令，如图11-30所示。

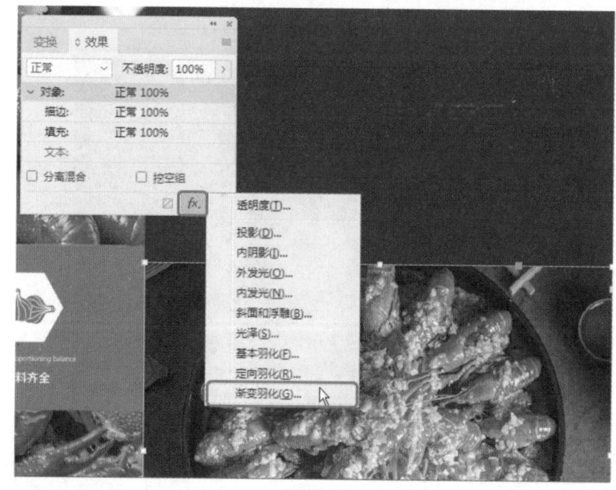

图11-30

Step 13 在弹出的对话框中将左侧色标调整至90.5%位置处，将【类型】设置为【线性】，将【角度】设置为90°，如图11-31所示。

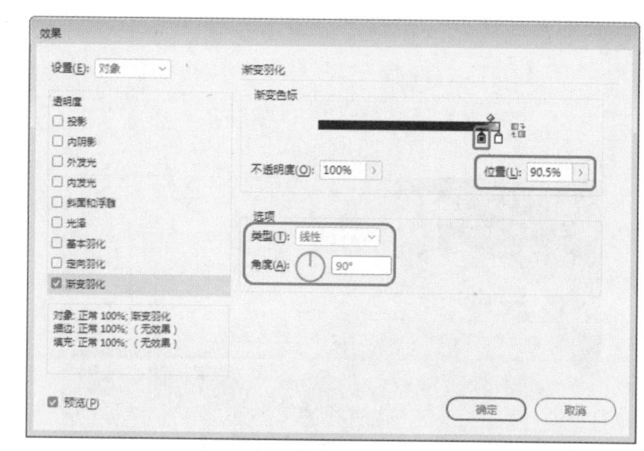

图11-31

Step 14 设置完成后，单击【确定】按钮。在工具箱中单击【矩形工具】，在文档窗口中绘制一个矩形，在【颜色】面板中将【填色】的颜色值设置为20、86、87、0，将【描边】设置为无，在【变换】面板中将W、H分别设置为64毫米、51毫米，如图11-32所示。

图11-32

Step 15 再次使用【矩形工具】在文档窗口中绘制一个矩形，在【颜色】面板中将【填色】的颜色值设置为20、86、87、0，将【描边】设置为无，在【变换】面板中将W、H分别设置为88毫米、5毫米，如图11-33所示。

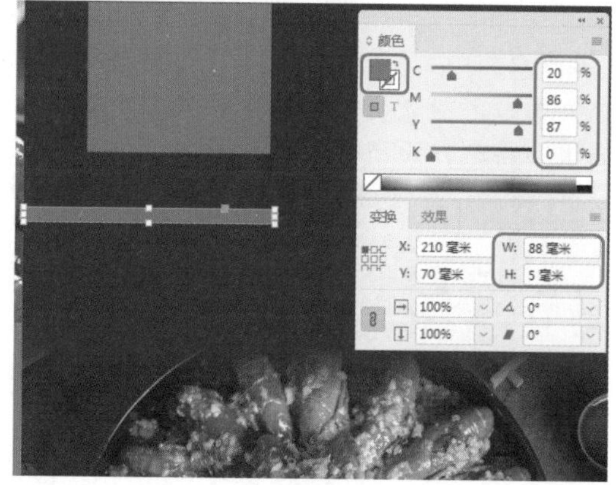

图11-33

Step 16 根据前面所介绍的方法在文档窗口中输入其他文字内容，并进行相应的设置，效果如图11-34所示。

图11-34

实例093 旅游画册封面设计

素材：素材\Cha11\旅游素材01.jpg、旅游素材02.indd、旅游素材03.png、旅游素材04.png

场景：场景\Cha11\实例093 旅游画册封面设计.indd

本案例将介绍旅游画册封面设计，首先置入素材图像，然后设置置入素材文件的混合模式与不透明度，最后使用【文字工具】、【椭圆工具】、【钢笔工具】等制作封面内容，效果如图11-35所示。

图11-35

Step 01 新建一个【宽度】、【高度】分别为420毫米、210毫米，页面为2，边距为0毫米的文档。按Ctrl+D快捷组合键，在弹出的对话框中选择“素材\Cha11\旅游素材01.jpg”素材文件，单击【打开】按钮。在文档窗口中单击鼠标，将选中的素材文件置入文档中，并调整其大小与位置，效果如图11-36所示。

图11-36

Step 02 将“旅游素材02.indd”素材文件置入文档中，并调整其大小与位置，选中置入的素材文件，在【效果】面板中将【混合模式】设置为【强光】，如图11-37所示。

图11-37

Step 03 将“旅游素材03.png”素材文件置入文档中，并调整其大小与位置，选中置入的素材文件，在【效果】面板中将【混合模式】设置为【强光】，将【不透明度】设置为50%，如图11-38所示。

图11-38

Step 04 在工具箱中单击【文字工具】，在文档窗口中绘制一个文本框，输入文字。选中输入的文字，在【字符】面板中将字体设置为【方正粗倩简体】，将【字体大小】设置为100点，在【颜色】面板中将【填色】的颜色值设置为0、0、0、0，并调整其位置，效果如图11-39所示。

图11-39

Step 05 再次使用【文字工具】在文档窗口中绘制一个文本框，输入文字。选中输入的文字，在【字符】面板中将字体设置为【方正粗倩简体】，将【字体大小】设置为42点，将【字符间距】设置为-10，在【颜色】面板中将【填色】的颜色值设置为0、0、0、0，并调整其位置，效果如图11-40所示。

图11-40

Step 06 在工具箱中单击【椭圆工具】，在文档窗口中按住Shift键绘制一个正圆，在【描边】面板中将【粗细】设置为2点，在【颜色】面板中将【填色】设置为无，将【描边】的颜色值设置为0、0、0、0，在【变换】面板中将W、H均设置为13.6毫米，并调整其位置，效果如图11-41所示。

Step 07 使用【选择工具】选中绘制的正圆，按住Alt键对其进行复制，并调整复制对象的位置，效果如图11-42所示。

Step 08 在工具箱中单击【文字工具】，在文档窗口中绘制一个文本框，输入文字。选中输入的文字，在【字符】面板中将字体设置为【方正大黑简体】，将【字体大小】设置为24点，将【字符间距】设置为710，在【颜色】面板中将【填色】的颜色值设置为0、0、0、0，并调整其位置，效果如图11-43所示。

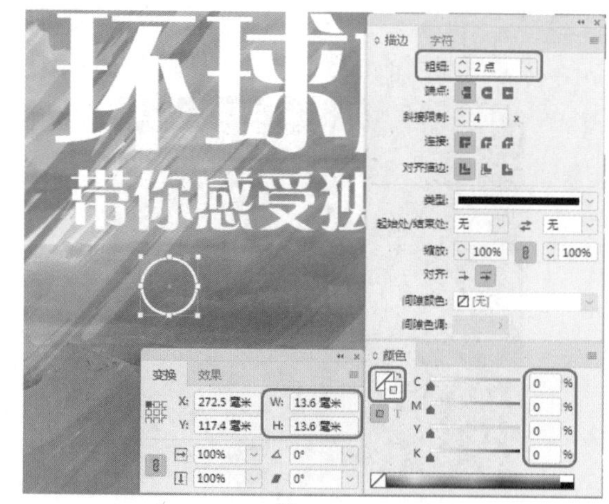

图11-41

图11-42

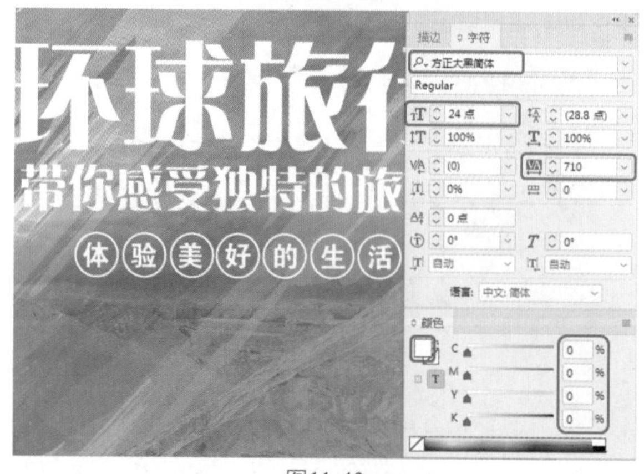

图11-43

Step 09 根据前面所介绍的方法在文档窗口中输入其他文字内容，并进行设置，效果如图11-44所示。

图11-44

Step 10 将“旅游素材04.png”素材文件置入文档中，并调整其大小与位置。在工具箱中单击【钢笔工具】，在文档窗口中绘制如图11-45所示的图形，在【颜色】面板中将【填色】的颜色值设置为0、0、0、0，将【描边】设置为无，并调整其位置。

图11-45

Step 11 使用【钢笔工具】在文档窗口中绘制如图11-46所示的图形，在【颜色】面板中将【填色】的颜色值设置为0、95、88、0，将【描边】设置为无。

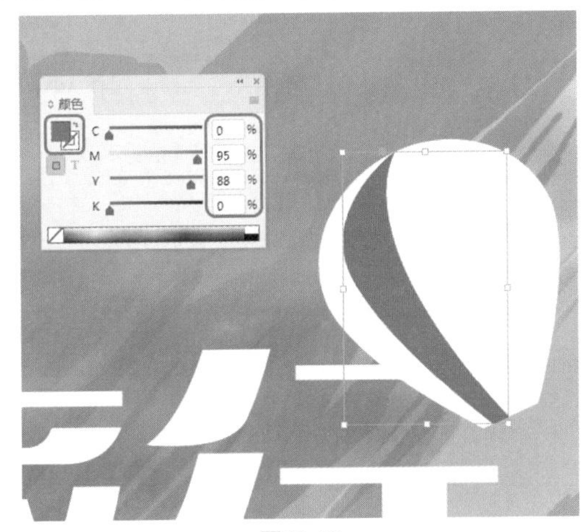

图11-46

Step 12 对绘制的图形进行复制，并调整其角度与位置，再次使用【钢笔工具】在文档窗口中绘制如图11-47所示的图形，在【颜色】面板中将【填色】的颜色值设置为50、67、85、10，将【描边】设置为无，并调整其位置。

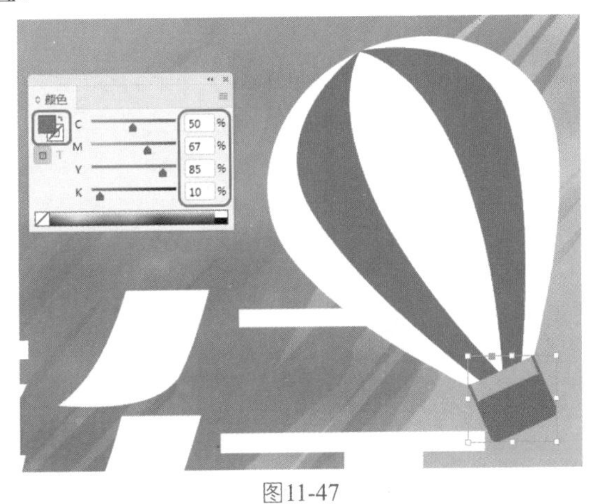

图11-47

Step 13 在工具箱中单击【矩形工具】，在文档窗口中绘制一个矩形，在【颜色】面板中将【填色】的颜色值设置为0、0、0、0，将【描边】设置为无，在【变换】面板中将W、H分别设置为24毫米、12毫米，并调整其位置，效果如图11-48所示。

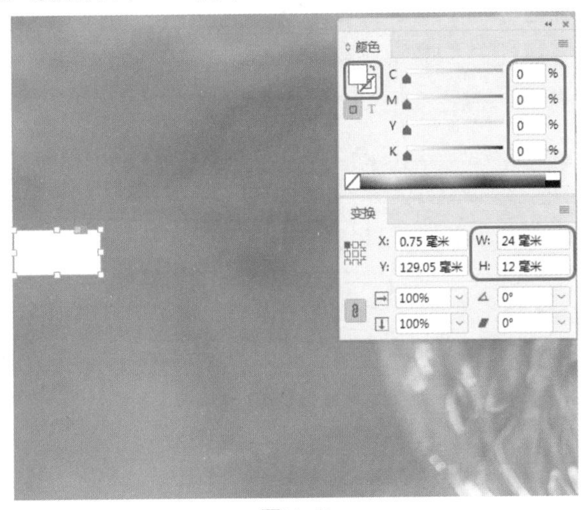

图11-48

Step 14 在工具箱中单击【文字工具】，在文档窗口中绘制一个文本框，输入文字。选中输入的文字，在【字符】面板中将字体设置为【微软雅黑】，将【字体样式】设置为Bold，将【字体大小】设置为17点，在【颜色】面板中将【填色】的颜色值设置为0、0、0、0，并调整其位置，效果如图11-49所示。

图11-49

Step 15 再次使用【文字工具】在文档窗口中绘制一个文本框，输入文字。选中输入的文字，在【字符】面板中将字体设置为【Adobe 黑体 Std】，将【字体大小】设置为10点，在【颜色】面板中将【填色】的颜色值设置为0、0、0、0，并调整其位置，效果如图11-50所示。

Step 16 在工具箱中单击【椭圆工具】，在文档窗口中按住Shift键绘制一个正圆，在【描边】面板中将【粗细】设置为1点，在【颜色】面板中将【填色】设置为无，将【描边】的颜色值设置为0、0、0、0，在【变换】面板中将W、H均设置为8.5毫米，并调整其位置，效果如图11-51所示。

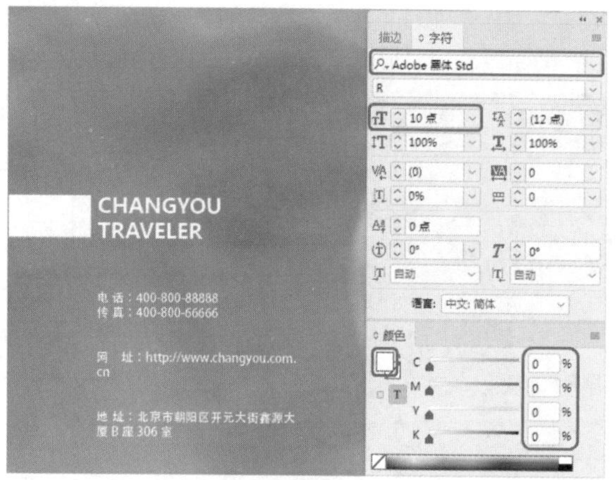

图11-50

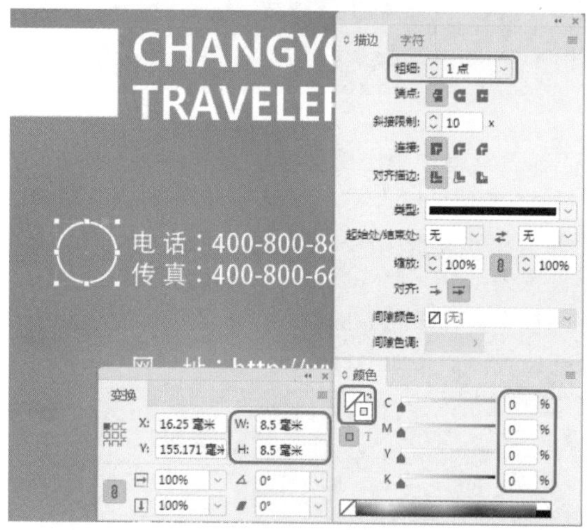

图11-51

Step 17 在工具箱中单击【钢笔工具】，在文档窗口中绘制如图11-52所示的图形，在【颜色】面板中将【填色】的颜色值设置为0、0、0、0，将【描边】设置为无，并调整其位置。

图11-52

Step 18 使用同样的方法在文档窗口中绘制其他图形，并进行相应的设置，效果如图11-53所示。

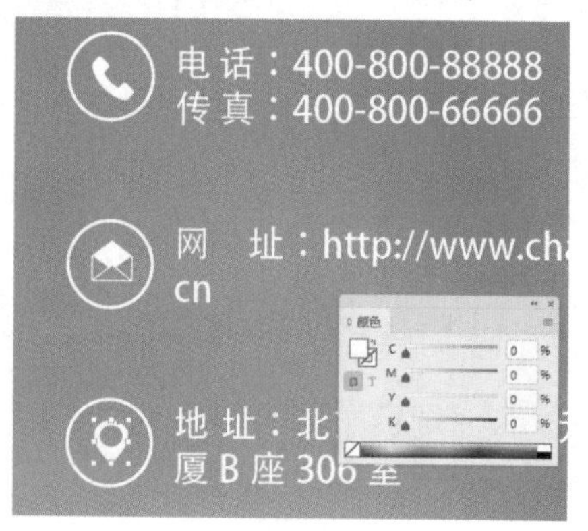

图11-53

实例094 旅游画册内页设计

素材：素材\Cha11\旅游素材05.jpg、旅游素材06.jpg、旅游素材07.jpg、旅游素材08.jpg

场景：场景\Cha11\实例094 旅游画册内页设计.indd

本案例将介绍旅游画册内页设计。本案例主要使用【矩形工具】绘制矩形，并为其添加锚点，然后将多余的锚点删除，使其产生透视的效果，最后为矩形设置角选项，并输入相应的文字内容，效果如图11-54所示。

图11-54

Step 01 继续上一案例的操作，在【页面】面板中双击选择页面2，将“旅游素材05.jpg”素材文件置入文档中，并调整大小与位置，效果如图11-55所示。

图11-55

Step 02 在工具箱中单击【矩形工具】，在文档窗口中绘制一个矩形，在【颜色】面板中将【填色】的颜色值设置为0、158、232，将【描边】设置为无，在【变换】面板中将W、H分别设置为210毫米、48毫米，并调整其位置，效果如图11-56所示。

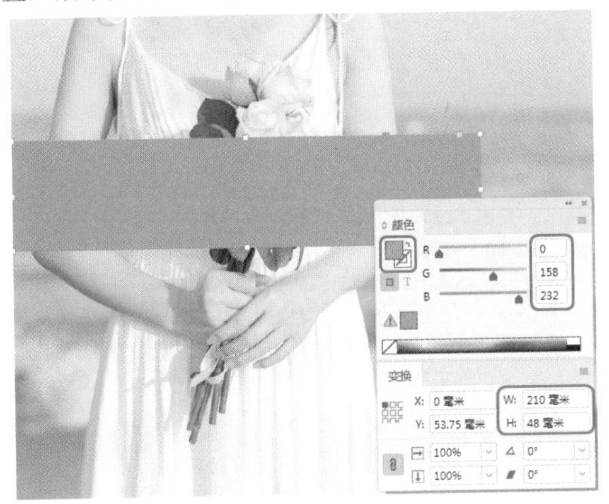

图11-56

Step 03 再次使用【矩形工具】在文档窗口中绘制一个矩形，在【颜色】面板中将【填色】设置为无，将【描边】的颜色值设置为255、255、255，在【描边】面板中将【粗细】设置为10点，在【变换】面板中将W、H分别设置为44.5毫米、88.5毫米，如图11-57所示。

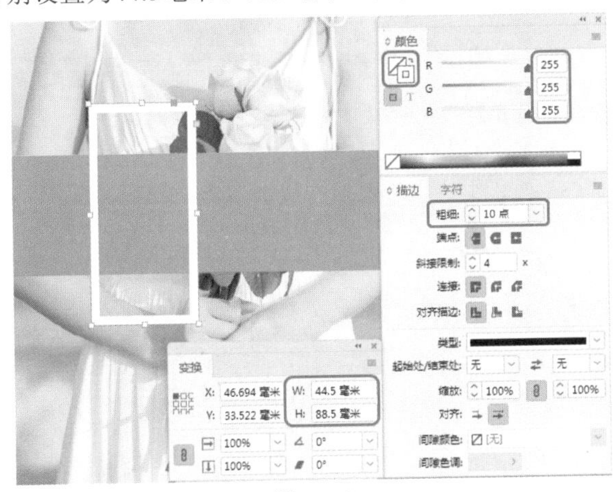

图11-57

Step 04 继续选中绘制的矩形，在工具箱中单击【添加锚点工具】，在文档窗口中添加三个锚点，如图11-58所示。

Step 05 使用【直接选择工具】选中中间添加的锚点，按Delete键将选中的锚点删除，效果如图11-59所示。

Step 06 在工具箱中单击【文字工具】，在文档窗口中绘制一个文本框，输入文字。选中输入的文字，在【字符】面板中将字体设置为【微软雅黑】，将字体样式设置为Bold，将【字体大小】设置为28点，将【行距】设置为26点，将【字符间距】设置为12，在【颜色】面板中将【填色】的颜色值设置为255、255、255，并调整其位置，效果如图11-60所示。

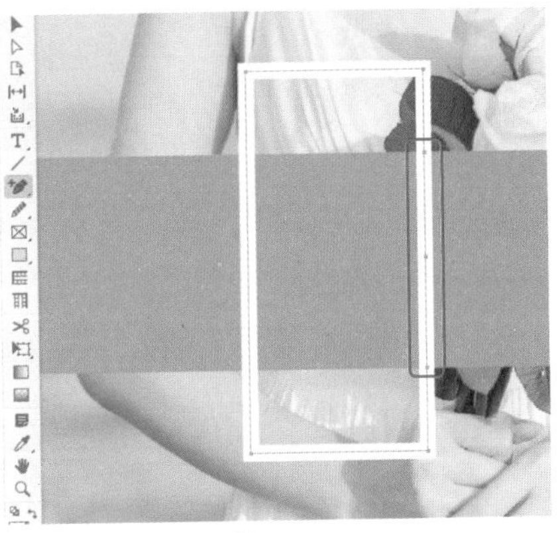

图11-58

图11-59

图11-60

Step 07 再次使用【文字工具】，在文档窗口中绘制一个文本框，输入文字。选中输入的文字，在【字符】面板中将字体设置为【汉仪大黑简】，将【字体大小】设置为26点，在【颜色】面板中将【填色】的颜色值设置为255、255、255，并调整其位置，效果如图11-61所示。

Step 08 在工具箱中单击【矩形工具】，在文档窗口中绘制一个矩形，在【颜色】面板中将【填色】的颜色值设置为242、242、242，将【描边】设置为无，在【变换】面板中将W、H均设置为210毫米，并调整其位置，效果如图11-62所示。

图11-61

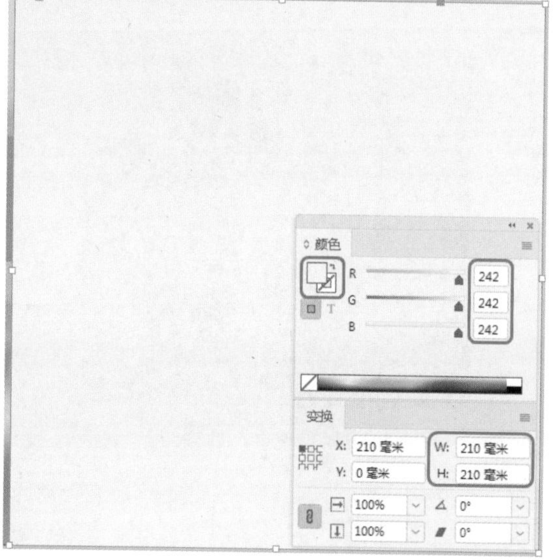

图11-62

Step 09 继续使用【矩形工具】在文档窗口中绘制矩形，在【颜色】面板中将【填色】的颜色值设置为199、201、201，将【描边】设置为无，在【变换】面板中将W、H分别设置为129毫米、5.5毫米，并调整其位置，效果如图11-63所示。

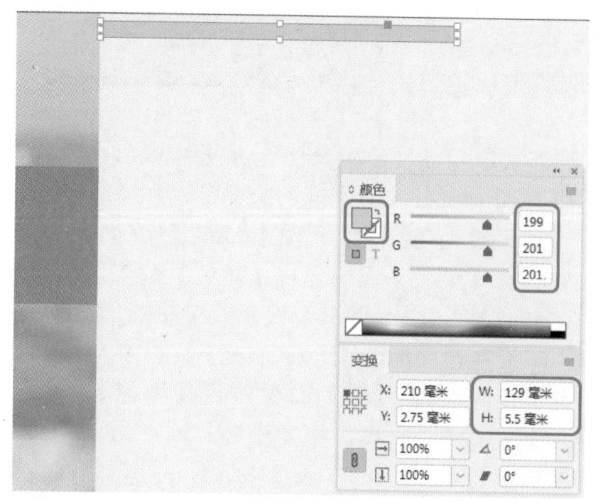

图11-63

Step 10 对绘制的矩形进行复制，选中复制后的矩形，在【颜色】面板中将【填色】的颜色值设置为0、158、232，在【变换】面板中将W、H分别设置为81毫米、5.5毫米，并调整其位置，效果如图11-64所示。

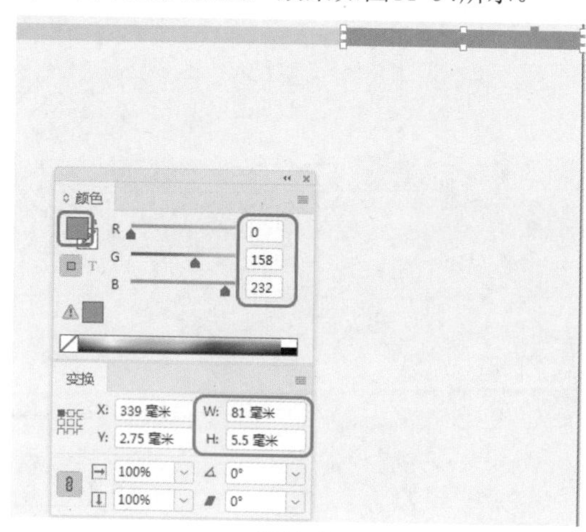

图11-64

Step 11 再次使用【矩形工具】在文档窗口中绘制矩形，在【颜色】面板中将【填色】的颜色值设置为0、158、232，将【描边】设置为无，在【变换】面板中将W、H均设置为78毫米，并调整其位置，效果如图11-65所示。

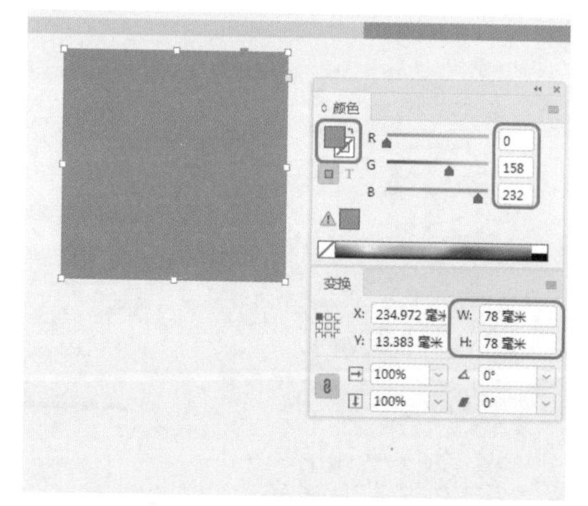

图11-65

Step 12 选中绘制的矩形，在菜单栏中选择【对象】|【角选项】命令，在弹出的对话框中取消转角大小的链接，将右下角转角大小设置为14毫米，将【转角形状】设置为【斜角】，如图11-66所示。

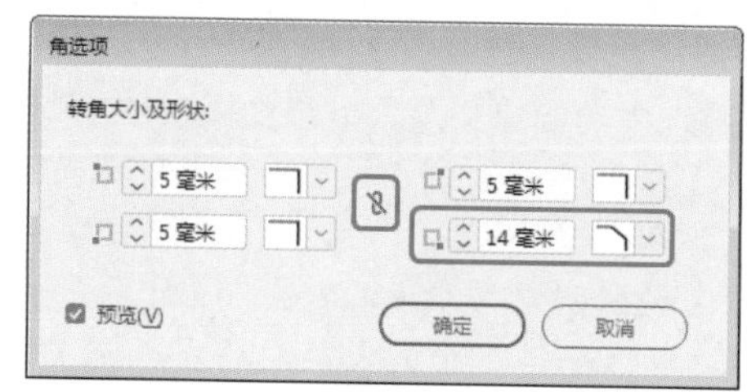

图11-66

Step 13 设置完成后，单击【确定】按钮，对绘制的矩形进行复制，并修改角选项参数，效果如图11-67所示。

Step 14 选中四个矩形中右上角的矩形，按Ctrl+D快捷组合键，在弹出的对话框中选择“素材\Cha11\旅游素材06.jpg”素材文件，单击【打开】按钮，并在文档窗口中调整置入素材的大小，效果如图11-68所示。

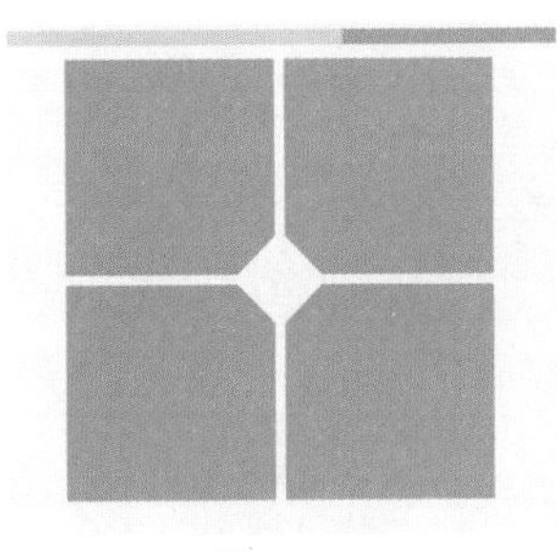

图11-67

图11-68

Step 15 使用同样的方法为左下角、右下角的矩形置入相应的素材文件，并调整其大小与位置，效果如图11-69所示。

图11-69

Step 16 在工具箱中单击【文字工具】，在文档窗口中绘制一个文本框，输入文字。选中输入的文字，在【字符】面板中将字体设置为【方正大黑简体】，将【字体大小】设置为47点，在【颜色】面板中将【填色】设置为255、255、255，并在文档窗口中调整其位置，效果如图11-70所示。

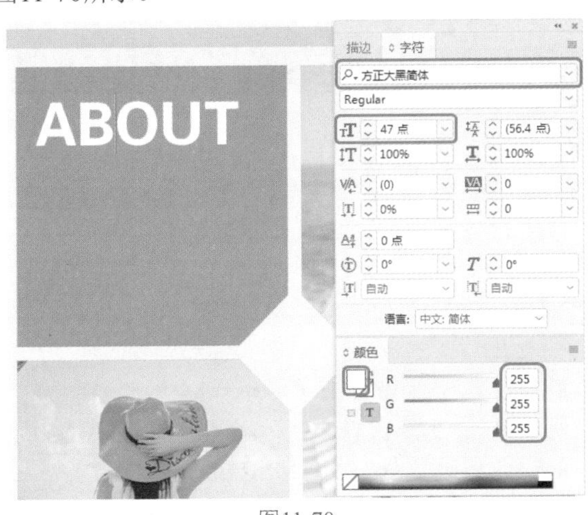

图11-70

Step 17 再次使用【文字工具】在文档窗口中绘制一个文本框，输入文字。选中输入的文字，在【字符】面板中将字体设置为Arial，将【字体大小】设置为30点，在【颜色】面板中将【填色】设置为255、255、255，并在文档窗口中调整其位置，效果如图11-71所示。

图11-71

Step 18 根据前面介绍的方法，在文档窗口中输入其他文字内容，并绘制图形，效果如图11-72所示。

图11-72

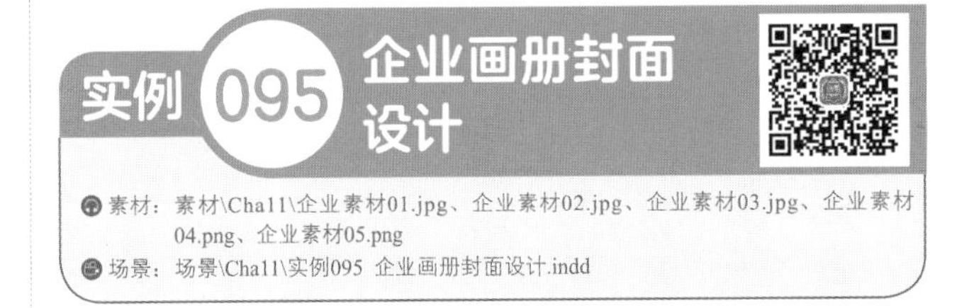

实例095 企业画册封面设计

素材：素材\Cha11\企业素材01.jpg、企业素材02.jpg、企业素材03.jpg、企业素材04.png、企业素材05.png

场景：场景\Cha11\实例095 企业画册封面设计.indd

企业画册有着很大的作用，很多企业都会以一本小小的画册来展现本企业的规章制度，以及企业的发展方向。本案例将介绍如何制作企业画册封面，效果如图11-73所示。

图11-73

Step 01 新建一个【宽度】、【高度】分别为420毫米、297毫米，页面为2，边距为0毫米的文档。在工具箱中单击【矩形工具】，在文档窗口中绘制一个矩形，在【颜色】面板中将【填色】的颜色值设置为243、242、241，将【描边】设置为无，在【变换】面板中将W、H分别设置为420毫米、297毫米，如图11-74所示。

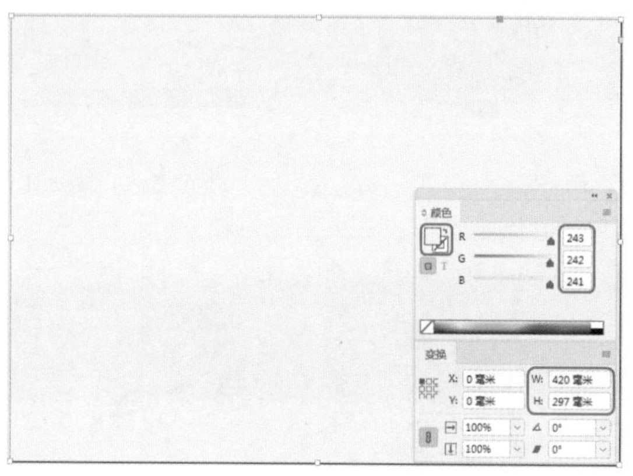

图11-74

Step 02 按Ctrl+D快捷组合键，在弹出的对话框中选择“素材\Cha11\企业素材01.jpg”素材文件，单击【打开】按钮。在文档窗口中单击鼠标，将选中的素材文件置入文档中，并调整其大小与位置，选中置入的素材文件，在【效果】面板中将【不透明度】设置为70%，效果如图11-75所示。

图11-75

Step 03 在工具箱中单击【钢笔工具】，在文档窗口中绘制一个如图11-76所示的图形，在【颜色】面板中将【填色】的颜色值设置为171、31、36，将【描边】设置为无，在【变换】面板中将W设置为210毫米，并调整其位置。

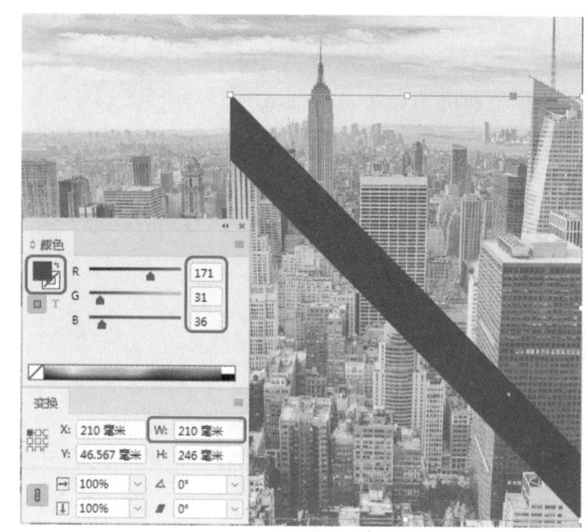

图11-76

Step 04 再次使用【钢笔工具】在文档窗口中绘制一个如图11-77所示的图形，在【颜色】面板中将【填色】的颜色值设置为222、38、38，将【描边】设置为无，并调整其位置。

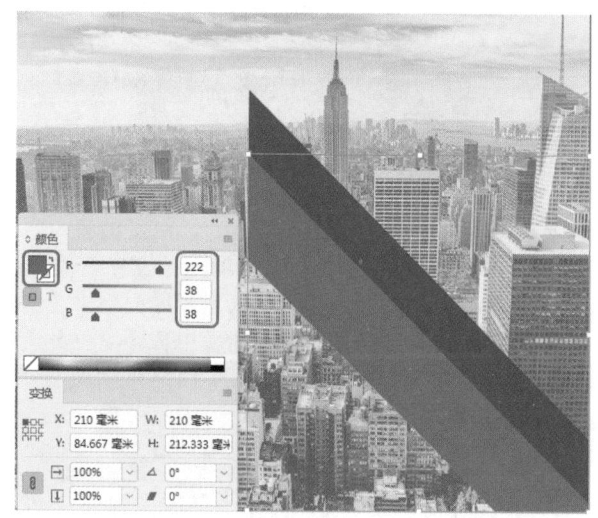

图11-77

Step 05 使用【钢笔工具】在文档窗口中绘制一个如图11-78所示的图形，在【颜色】面板中将【填色】的颜色值设置为51、51、51，将【描边】设置为无，并调整其位置。

Step 06 在工具箱中单击【文字工具】，在文档窗口中绘制一个文本框，输入文字。选中输入的文字，在【字符】面板中将字体设置为【方正兰亭中黑_GBK】，将【字体大小】设置为36点，在【颜色】面板中将【填色】的颜色值设置为255、255、255，并调整其位置，效果如图11-79所示。

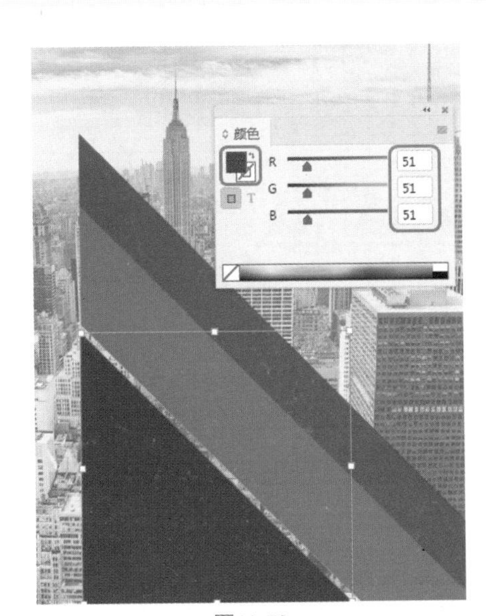

图11-78

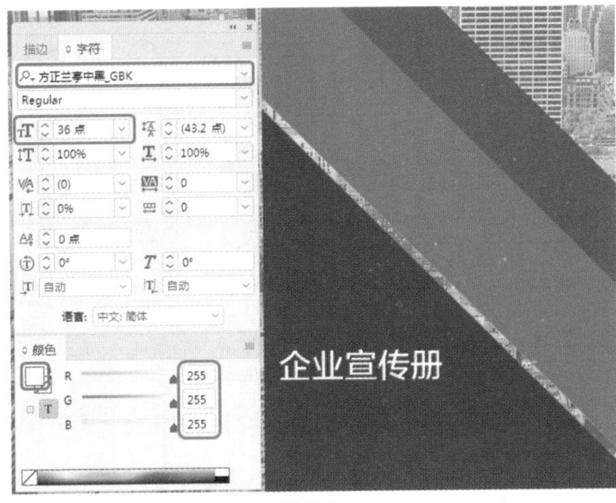

图11-79

Step 07 再次使用【文字工具】在文档窗口中绘制一个文本框，输入文字。选中输入的文字，在【字符】面板中将字体设置为Arial，将【字体大小】设置为43点，在【颜色】面板中将【填色】的颜色值设置为255、255、255，并调整其位置，效果如图11-80所示。

图11-80

Step 08 使用同样的方法在文档窗口中输入图11-81所示的文字内容，并对其进行设置。

图11-81

Step 09 在工具箱中单击【椭圆工具】，在文档窗口中按住Shift键绘制一个正圆，在【颜色】面板中将【填色】设置为255、255、255，将【描边】设置为无，在【变换】面板中将W、H均设置为146毫米，并调整其位置，效果如图11-82所示。

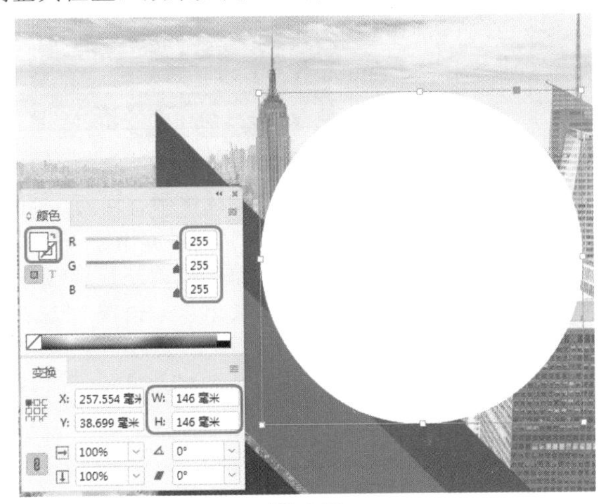

图11-82

Step 10 选中绘制的正圆，在【效果】面板中单击【向选定的目标添加对象效果】按钮 fx，在弹出的下拉列表中选择【投影】命令，在弹出的对话框中将【不透明度】设置为20%，将【X位移】、【Y位移】均设置为2.5毫米，将【角度】设置为135°，将【大小】设置为1.8毫米，效果如图11-83所示。

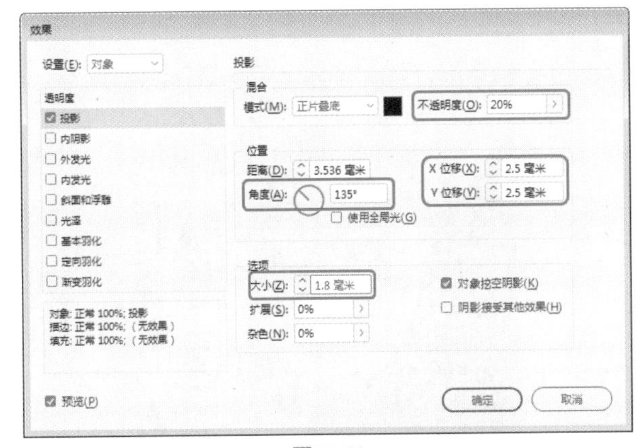

图11-83

Step 11 设置完成后，单击【确定】按钮。在工具箱中单击【椭圆工具】，在文档窗口中按住Shift键绘制一个正圆，在【颜色】面板中将【填色】设置为0、0、0，将【描边】设置为无，在【变换】面板中将W、

H均设置为136毫米，并调整其位置，效果如图11-84所示。

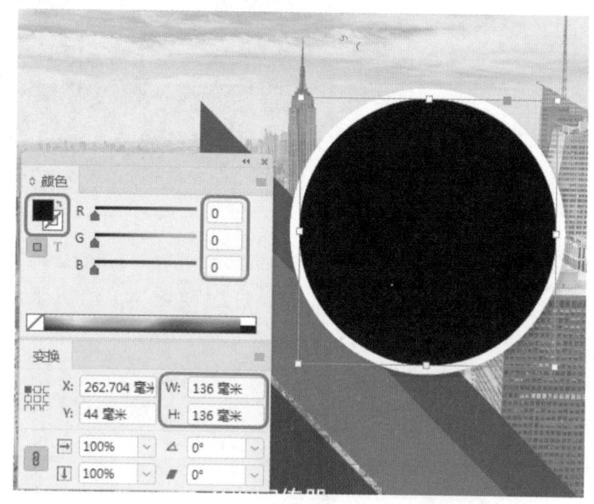
图11-84

Step 12 选中绘制的正圆，按Ctrl+D快捷组合键，在弹出的对话框中选择“素材\Cha11\企业素材02.jpg”素材文件，单击【打开】按钮，在文档窗口中调整其位置，并选中正圆，在【颜色】面板中将【填色】设置为无，效果如图11-85所示。

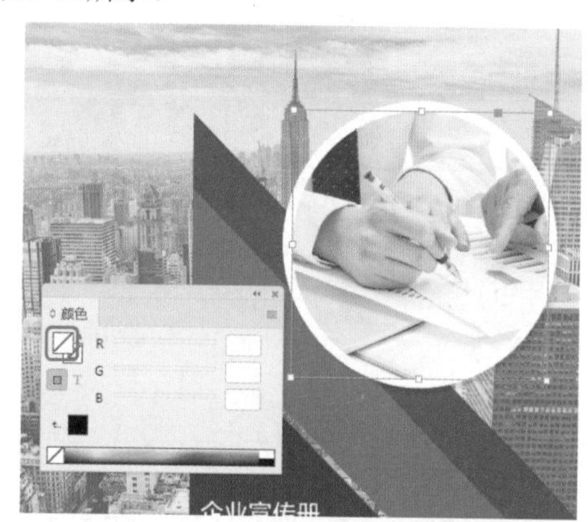
图11-85

Step 13 使用同样的方法在文档窗口中再次绘制图形，并置入素材文件，效果如图11-86所示。

图11-86

Step 14 将“企业素材04.png”素材文件置入文档中，并调整其大小与位置。在工具箱中单击【钢笔工具】，在文档窗口中绘制如图11-87所示的图形，在【颜色】面板中将【填色】的颜色值设置为209、36、31，将【描边】设置为无。

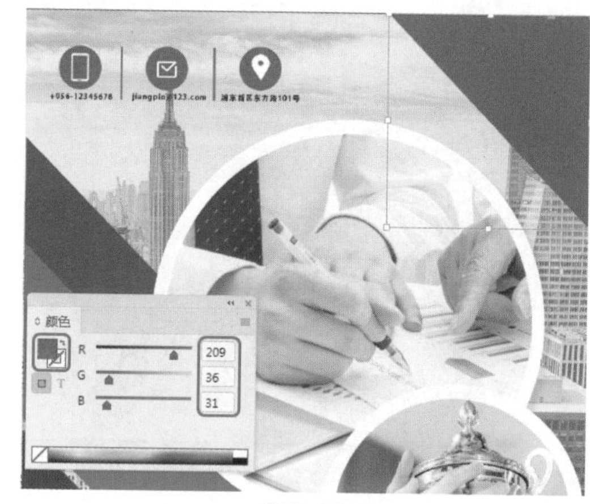
图11-87

Step 15 根据前面介绍的方法在文档窗口中绘制如图11-88所示的图形，并输入文字。

图11-88

Step 16 在工具箱中单击【钢笔工具】，在文档窗口中绘制如图11-89所示的图形，在【颜色】面板中将【填色】的颜色值设置为198、39、32，将【描边】设置为无，选中绘制的图形，在【效果】面板中将【不透明度】设置为80%，并调整其位置。

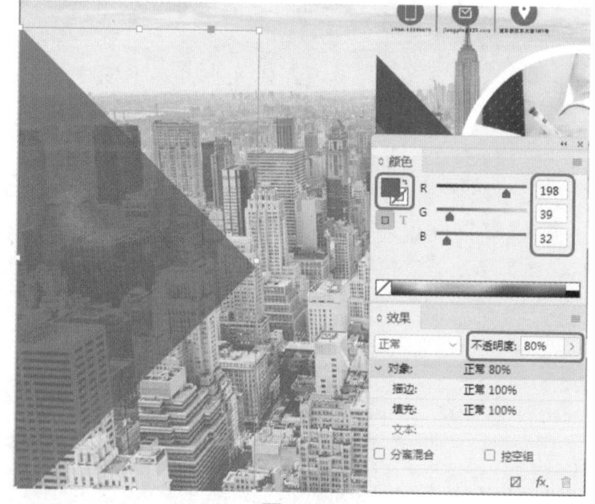
图11-89

Step 17 根据前面介绍的方法在文档窗口中输入其他文字内容，效果如图11-90所示。

Step 18 在工具箱中单击【矩形工具】，在文档窗口中绘制一个矩形，在【颜色】面板中将【填色】的颜色值设置为209、36、31，将【描边】设置为无，在【变换】

面板中将W、H分别设置为15毫米、16毫米，并调整其位置，效果如图11-91所示。

图11-90

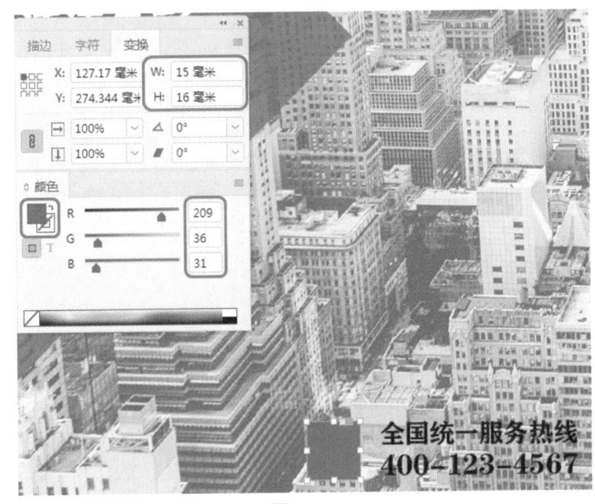

图11-91

Step 19 在工具箱中单击【文字工具】，在文档窗口中绘制一个文本框，输入文字。选中输入的文字，在【字符】面板中将字体设置为Arial，将字体样式设置为Bold，将【字体大小】设置为42点，在【颜色】面板中将【填色】的颜色值设置为255、255、255，并调整其位置，效果如图11-92所示。

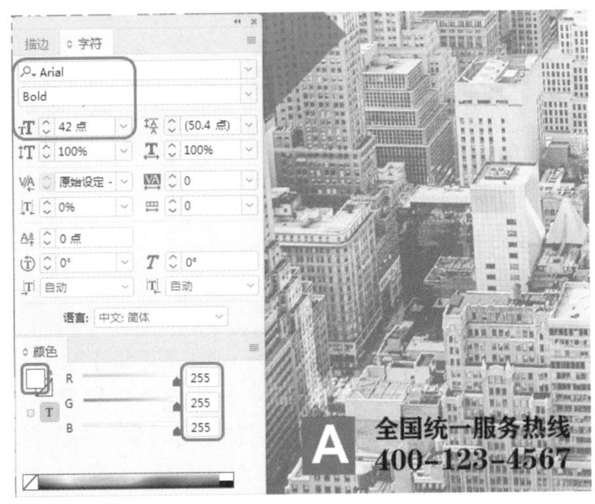

图11-92

Step 20 根据前面介绍的方法在文档窗口中绘制其他图形，并输入文字，将“企业素材05.png”素材文件置入文档中，效果如图11-93所示。

图11-93

实例096 企业画册内页设计

素材：素材\Cha11\企业素材06.jpg、企业素材07.jpg、企业素材08.jpg

场景：场景\Cha11\实例096 企业画册内页设计.indd

本案例将介绍如何制作企业画册内页，首先使用【矩形工具】绘制内容介绍的底纹，然后利用【文字工具】输入内容介绍，最后利用【钢笔工具】绘制图形，使内页产生立体效果，如图11-94所示。

图11-94

Step 01 继续上一案例的操作，在【页面】面板中双击选择页面2，在工具箱中单击【矩形工具】，在文档窗口中绘制一个矩形，在【颜色】面板中将【填色】的颜色值设置为242、242、242，将【描边】设置为无，在【变换】面板中将W、H分别设置为420毫米、297毫米，如图11-95所示。

Step 02 再次使用【矩形工具】在文档窗口中绘制一个矩形，在【颜色】面板中将【填色】的颜色值设置为209、36、31，将【描边】设置为无，在【变换】面板中将W、H分别设置为210毫米、92毫米，如图11-96所示。

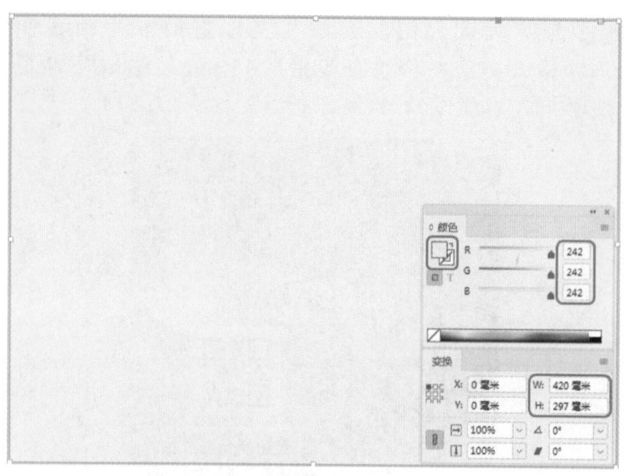

图11-95

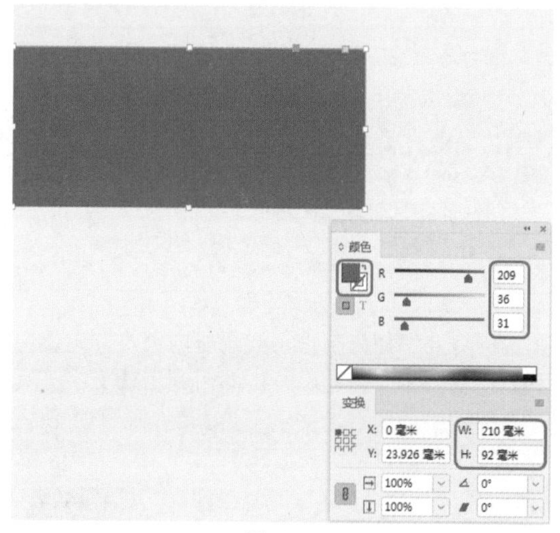

图11-96

Step 03 在工具箱中单击【文字工具】，在文档窗口中绘制一个文本框，输入文字。选中输入的文字，在【字符】面板中将字体设置为【微软雅黑】，将字体样式设置为Bold，将【字体大小】设置为64点，在【颜色】面板中将【填色】的颜色值设置为255、255、255，并调整其位置，效果如图11-97所示。

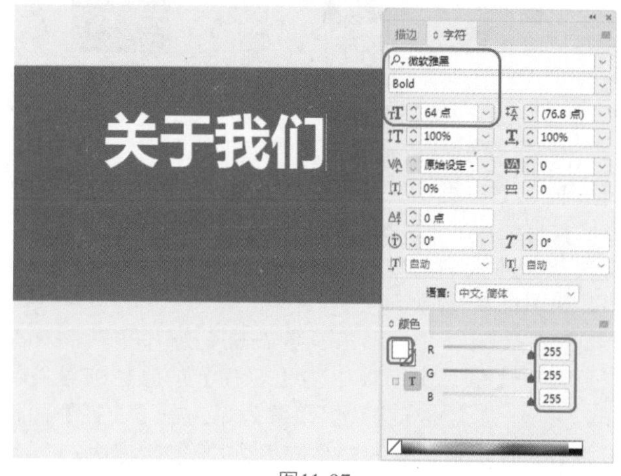

图11-97

Step 04 再次使用【文字工具】在文档窗口中绘制一个文本框，输入文字。选中输入的文字，在【字符】面板中将字体设置为Minion Pro，将字体样式设置为Bold，将【字体大小】设置为22点，在【颜色】面板中将【填色】的颜色值设置为255、255、255，并调整其位置，效果如图11-98所示。

图11-98

Step 05 使用【文字工具】在文档窗口中绘制一个文本框，输入文字。选中输入的文字，在【字符】面板中将字体设置为【Adobe 黑体 Std】，将【字体大小】设置为12点，将【行距】、【字符间距】分别设置为19点、50，将其【填色】设置为白色，在【段落】面板中将【首行左缩进】设置为9毫米，并调整其位置，效果如图11-99所示。

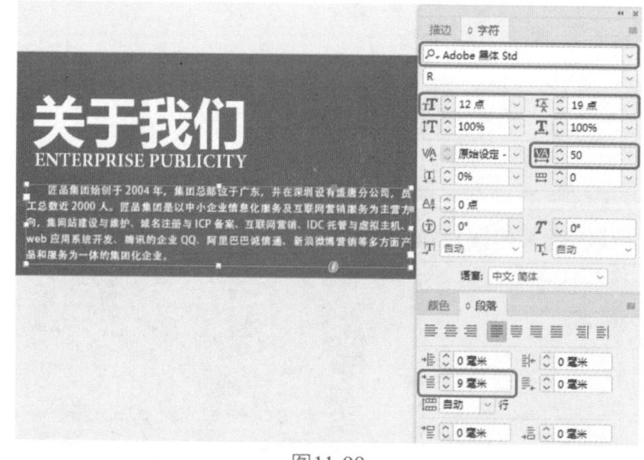

图11-99

Step 06 使用同样的方法在文档窗口中输入其他文字内容，并进行相应的设置，效果如图11-100所示。

Step 07 在工具箱中单击【矩形工具】，在文档窗口中绘制一个矩形，在【描边】面板中将【粗细】设置为3点，在【颜色】面板中将【填色】的颜色值设置为0、0、0，在【变换】面板中将W、H分别设置为18毫米、19毫米，并调整其位置，效果如图11-101所示。

Step 08 在工具箱中单击【椭圆工具】，在文档窗口中绘制一个圆形，在【颜色】面板中将【填色】的颜色值设置为0、0、0，将【描边】设置为无，在【变换】面板中将W、H分别设置为13.5毫米、14毫米，并调整其位置，效果如图11-102所示。

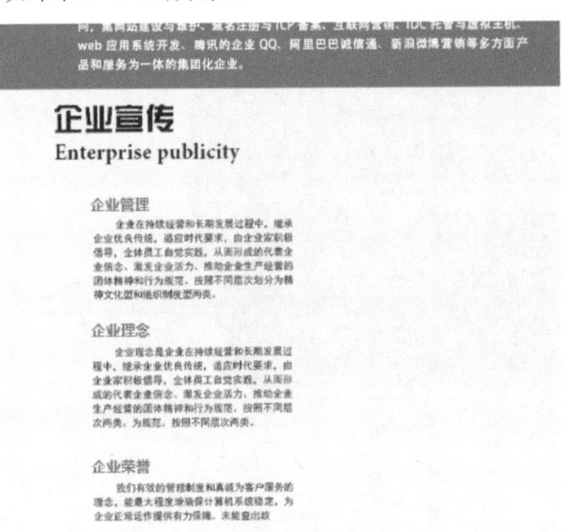

图11-100

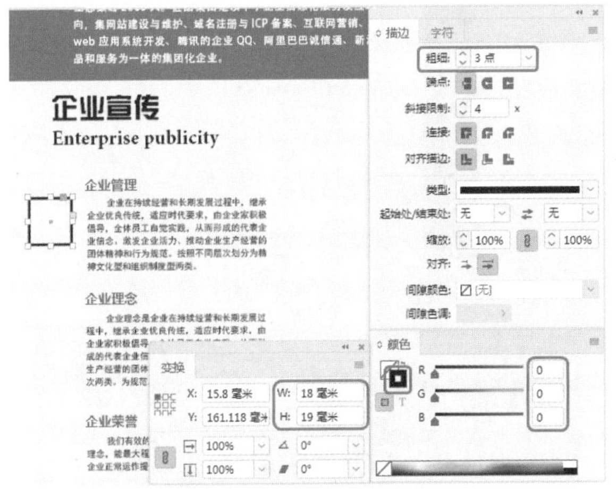

图11-101

图11-102

Step 09 在工具箱中单击【钢笔工具】，在文档窗口中绘制如图11-103所示的图形，并为其填充任意一种颜色，将【描边】设置为无。

Step 10 在文档窗口中选择新绘制的图形与黑色圆形，在菜单栏中选择【对象】|【路径查找器】|【减去】命令，执行该操作后，即可将顶层的图形减去。根据前面介绍的方法在文档窗口中绘制其他图形，并进行设置，效果如图11-104所示。

图11-103

图11-104

Step 11 将“企业素材06.jpg”素材文件置入文档中，并调整其大小与位置，效果如图11-105所示。

图11-105

Step 12 在工具箱中单击【矩形工具】，在文档窗口中绘制一个矩形，在【颜色】面板中将【填色】的颜色值设置为0、0、0，将【描边】设置为无，在【变换】面板中将W、H分别设置为92毫米、96毫米，并调整其位置，效果如图11-106所示。

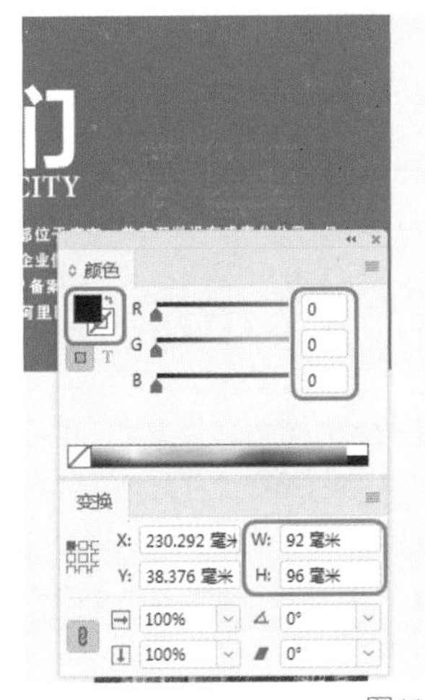

图11-106

Step 13 使用【矩形工具】在文档窗口中绘制两个垂直相

交的矩形，并为其填充任意一种颜色，将【描边】设置为无，效果如图11-107所示。

Step 14 在文档窗口中选中绘制的三个矩形，在菜单栏中选择【对象】|【路径查找器】|【减去】命令，执行该操作后，即可将顶层的图形减去。选中减去后的图形，按Ctrl+D快捷组合键，在弹出的对话框中选择“素材\Cha11\企业素材07.jpg”素材文件，单击【打开】按钮，并调整其大小与位置，效果如图11-108所示。

图11-107

图11-108

Step 15 在工具箱中单击【钢笔工具】，在文档窗口中绘制如图11-109所示的图形，在【颜色】面板中将【填色】的颜色值设置为51、51、51，将【描边】设置为无。

图11-109

Step 16 再次使用【钢笔工具】在文档窗口中绘制如图11-110所示的图形，在【颜色】面板中将【填色】的颜色值设置为171、31、36，将【描边】设置为无。

Step 17 根据前面所介绍的方法在文档窗口中输入其他文字内容，并进行相应的设置，效果如图11-111所示。

Step 18 将“企业素材08.jpg”素材文件置入文档中，并调整其大小与位置。在工具箱中单击【直线工具】，在文档窗口中按住Shift键绘制一条垂直直线，在【变换】面板中将L设置为297毫米，将X、Y分别设置为210毫米、0毫米，效果如图11-112所示。

图11-110

图11-111

图11-112

实例097 房地产宣传画册封面

素材：素材\Cha11\房地产背景.jpg、古建筑.psd

场景：场景\Cha11\实例097 房地产宣传画册封面.indd

房地产是一个综合的较为复杂的概念，从实物现象看，它是由建筑物与土地共同构成的。土地可以分为未开发的土地和已开发的土地，建筑物依附土地而存在，与土地结合在一起。本节将介绍如何制作房地产宣传画册封面，其效果如图11-113所示。

图11-113

Step 01 新建一个【宽度】、【高度】分别为300毫米、207毫米，页面为4，取消勾选【对页】复选框，边距为0毫米的文档。在【页面】面板中双击【A-主页】，按Ctrl+D快捷组合键，在弹出的对话框中选择“素材\Cha11\房地产背景.jpg”素材文件，单击【打开】按钮，在文档窗口中单击鼠标，将选中的素材文件置入文档中，并调整其大小与位置，如图11-114所示。

图11-114

Step 02 双击页面1，在工具箱中单击【钢笔工具】，在文档窗口中绘制一个如图11-115所示的图形，在【颜色】面板中将【填色】的颜色值设置为0、0、0、0，将【描边】设置为无。

图11-115

Step 03 在工具箱中单击【文字工具】，在文档窗口中绘制一个文本框，并输入文字。选中输入的文字，将字体设置为【汉仪综艺体简】，将【字体大小】设置为36点，在【颜色】面板中将【填色】的颜色值设置为0、0、0、100，如图11-116所示。

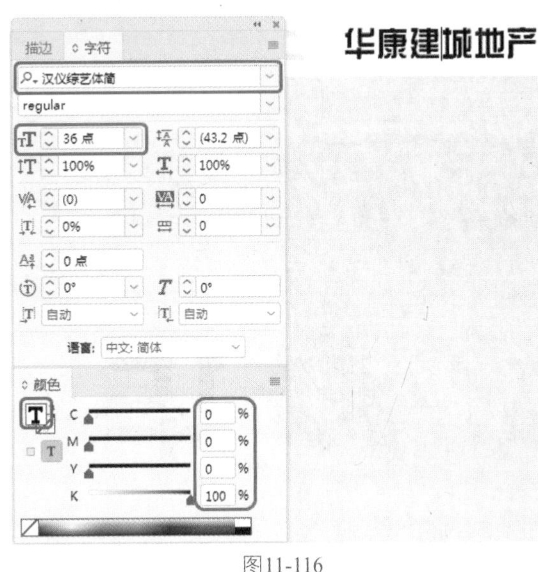

图11-116

Step 04 在工具箱中单击【矩形工具】，在文档窗口中绘制一个矩形，在【颜色】面板中将【填色】的颜色值设置为0、92、86、31，将【描边】设置为无，在【变换】面板中将W、H均设置为9毫米，并调整其位置，效果如图11-117所示。

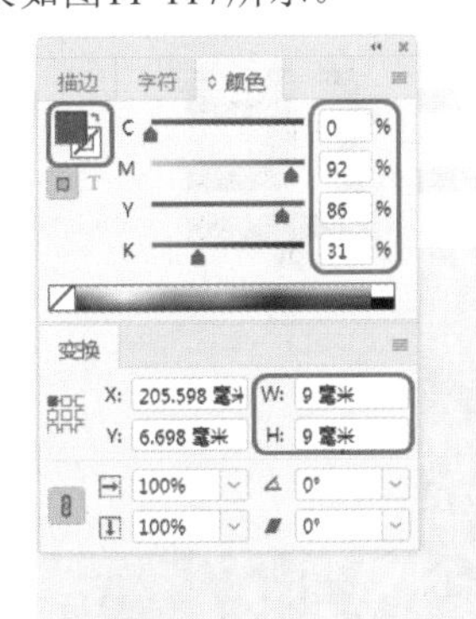

图11-117

Step 05 选中绘制的矩形，按Ctrl+C快捷组合键对其进行复制，按Ctrl+V快捷组合键进行粘贴。选中粘贴后的矩形，在【变换】面板中将【旋转角度】设置为45°，并调整其位置，如图11-118所示。

Step 06 选中两个矩形对象，在菜单栏中选择【对象】|【路径查找器】|【添加】命令，将选中的图形进行合并。在工具箱中单击【钢笔工具】，在文档窗口中绘制如图11-119所示的多个图形，并为其填充任意一种颜

色，将【描边】设置为无。

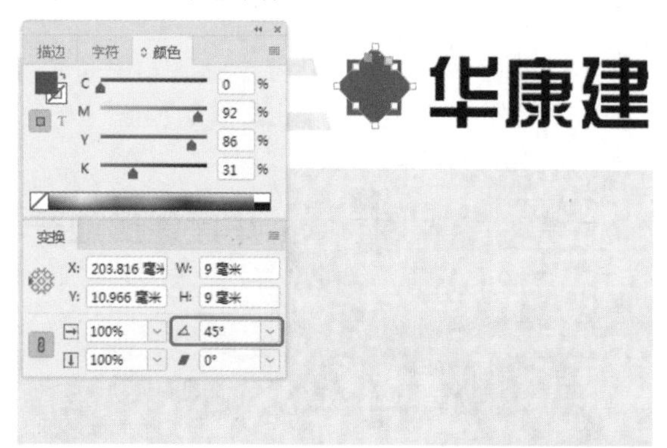

图11-118

图11-119

Step 07 选中新绘制的图形与前面合并的红色矩形，在菜单栏中选择【对象】|【路径查找器】|【减去】命令，将顶层的对象减去，效果如图11-120所示。

图11-120

Step 08 将“古建筑.psd”素材文件置入文档中，并调整其大小与位置，效果如图11-121所示。

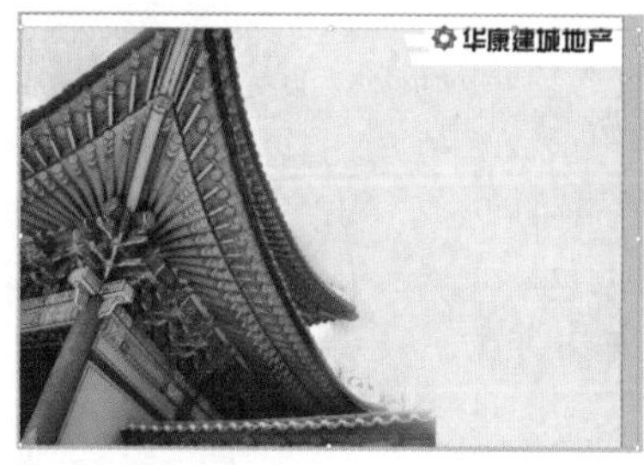

图11-121

Step 09 选中置入的素材文件，在【效果】面板中单击【向选定的目标添加对象效果】按钮fx，在弹出的下拉列表中选择【渐变羽化】命令，如图11-122所示。

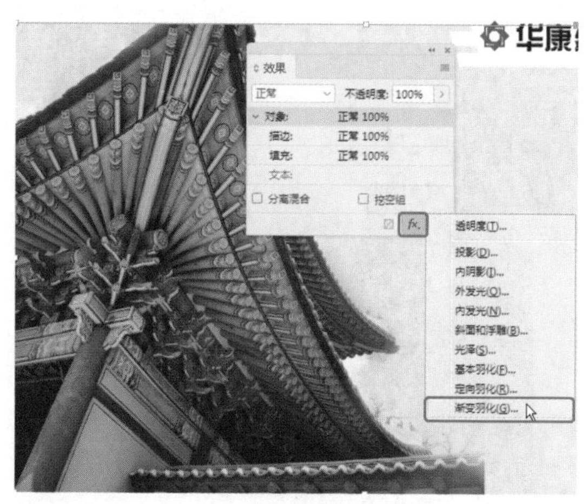

图11-122

Step 10 在弹出的【效果】对话框中选择左侧的色标，将其【位置】设置为48.5%，选中右侧的色标，将其【位置】设置为67%，如图11-123所示。

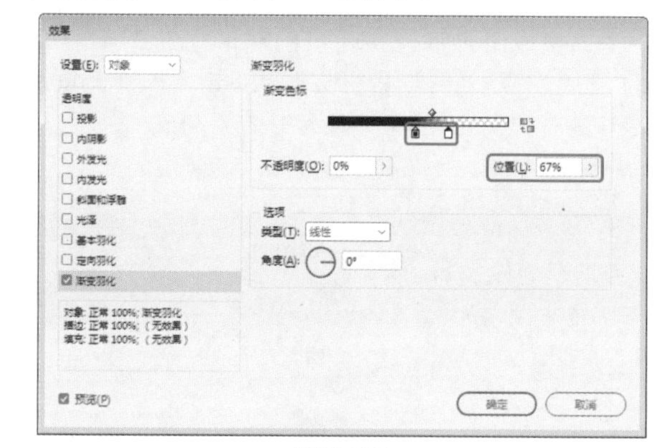

图11-123

Step 11 设置完成后，单击【确定】按钮。在工具箱中单击【文字工具】，在文档窗口中绘制一个文本框，输入文字。选中输入的文字，在【字符】面板中将字体设置为【创艺简黑体】，将【字体大小】设置为26点，在【颜色】面板中将【填色】的颜色值设置为0、0、0、100，并调整其位置，如图11-124所示。

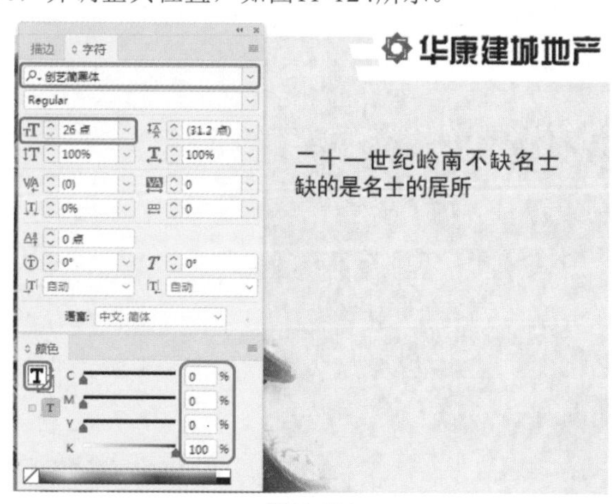

图11-124

Step 12 使用同样的方法在文档窗口中输入其他文字内容，并进行设置，效果如图11-125所示。

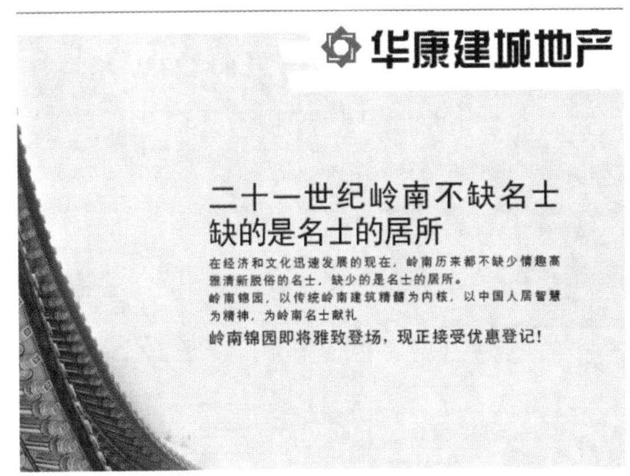

图11-125

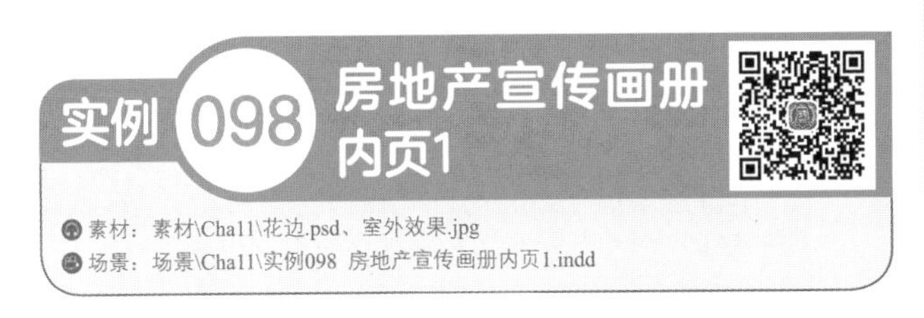

实例098 房地产宣传画册内页1

素材：素材\Cha11\花边.psd、室外效果.jpg

场景：场景\Cha11\实例098 房地产宣传画册内页1.indd

本案例将介绍如何制作房地产宣传画册内页1。本案例主要利用【矩形工具】绘制页面边框，然后输入文字，并插入相应的字形符号，最后置入相应的素材文件，绘制直线进行分隔，效果如图11-126所示。

图11-126

Step 01 继续上例的操作，双击页面2，在工具箱中单击【矩形工具】，在文档窗口中绘制一个矩形，在【描边】面板中将【粗细】设置为1，在【颜色】面板中将【描边】的颜色值设置为0、23、48、47，在【变换】面板中将W、H分别设置为289毫米、196毫米，效果如图11-127所示。

Step 02 选中绘制的矩形，在工具箱中单击【添加锚点工具】，在矩形上添加三个锚点，如图11-128所示。

Step 03 继续选中添加锚点后的矩形，在工具箱中单击【直接选择工具】，在文档窗口中选择中间所添加的锚点，按Delete键将选中的锚点删除，效果如图11-129所示。

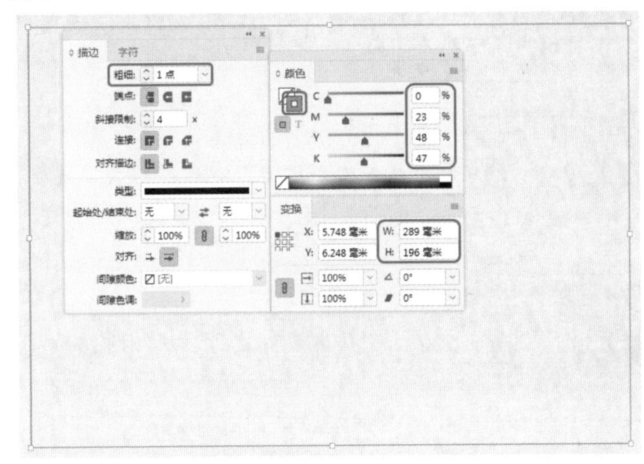

图11-127

图11-128

图11-129

Step 04 在工具箱中单击【文字工具】，在文档窗口中绘制一个文本框，并输入文字。选中输入的文字，在【字符】面板中将字体设置为【方正大黑简体】，将【字体大小】设置为13点，在【颜色】面板中将【填色】的颜色值设置为0、2、0、91，并调整其位置，如图11-130所示。

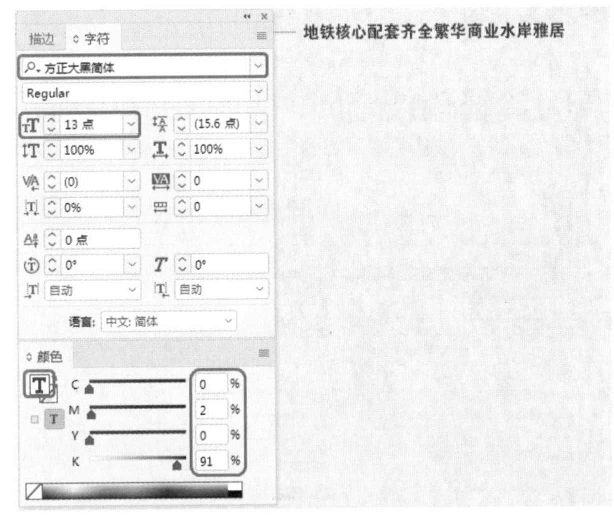

图11-130

Step 05 将光标置入“地铁核心”文字的右侧，在【字形】面板中选择如图11-131所示的字形符号，双击该符号，在文字之间添加字形符号。

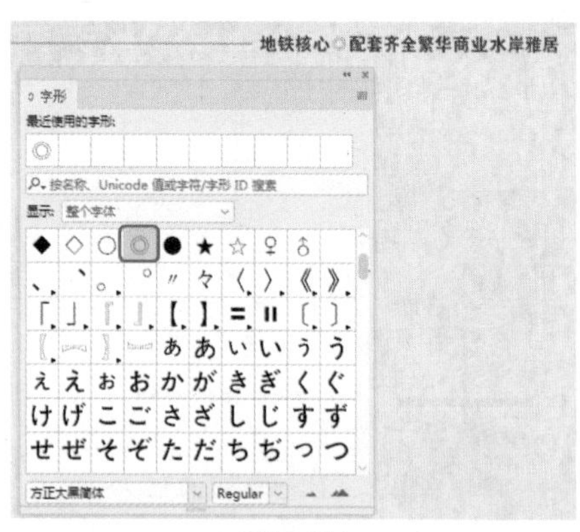

图11-131

Step 06 使用同样的方法在其他文字之间添加相同的字形符号，如图11-132所示。

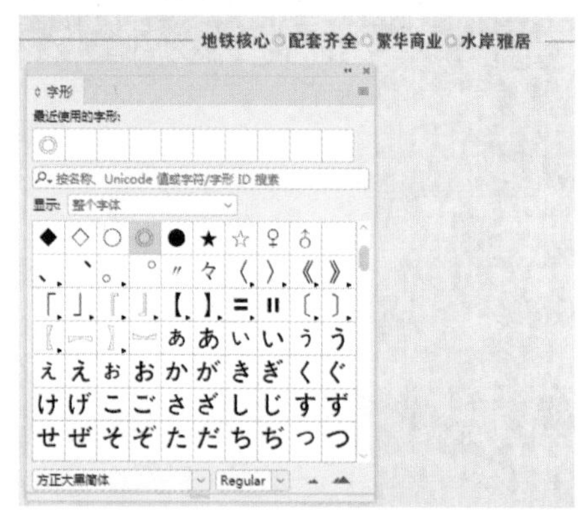

图11-132

Step 07 在工具箱中单击【文字工具】，在文档窗口中绘制一个文本框，并输入文字。选中输入的文字，在【字符】面板中将字体设置为【创艺简老宋】，将【字体大小】设置为43点，在【颜色】面板中将【填色】的颜色值设置为0、22、13、87，如图11-133所示。

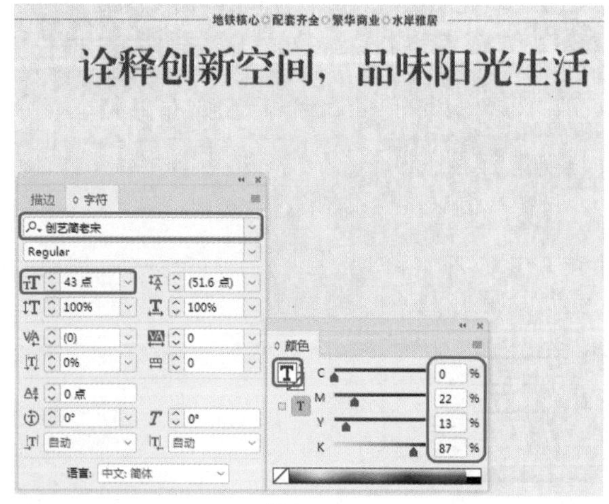

图11-133

Step 08 再次使用【文字工具】在文档窗口中绘制一个文本框，输入文字。选中输入的文字，在【字符】面板中将字体设置为【方正华隶简体】，将【字体大小】设置为23点，在【颜色】面板中将【填色】的颜色值设置为0、2、0、91，如图11-134所示。

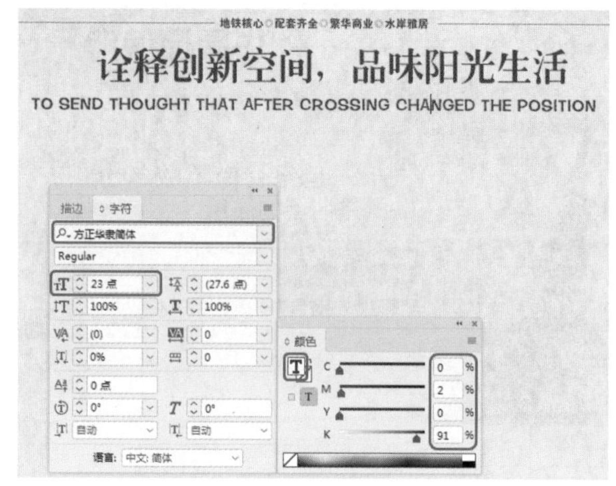

图11-134

Step 09 将“花边.psd”素材文件置入文档中，并调整其大小与位置，效果如图11-135所示。

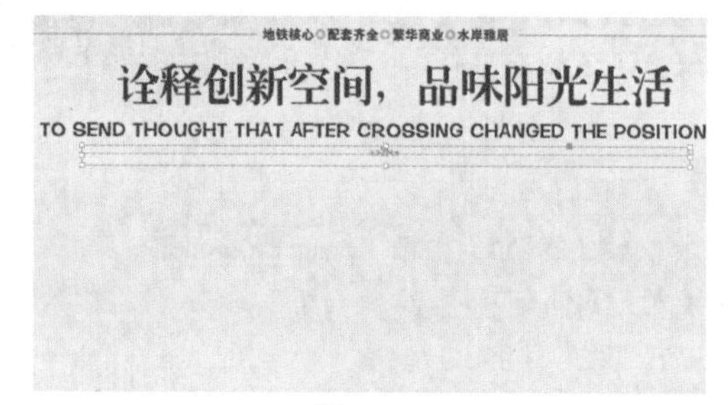

图11-135

Step 10 在工具箱中单击【文字工具】，在文档窗口中绘制一个文本框，输入文字。选中输入的文字，在【字符】面板中将字体设置为【Adobe 黑体 Std】，将【字体大小】设置为11点，将【行距】、【字符间距】分别设置为18点、100，在【段落】面板中单击【居中对齐】按钮，在【颜色】面板中将【填色】的颜色值设置为0、22、13、87，如图11-136所示。

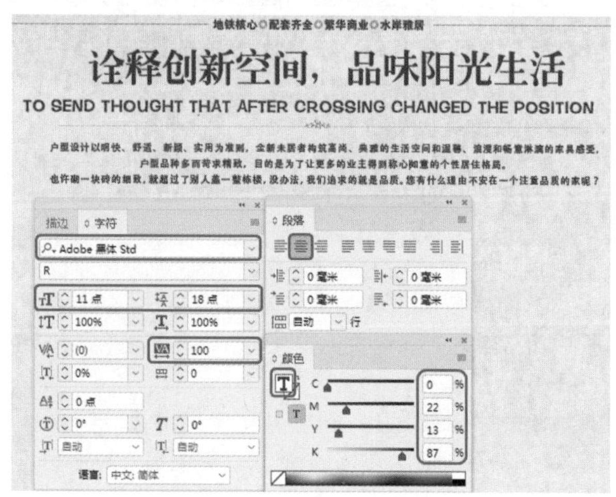

图11-136

Step 11 根据相同的方法在文档窗口中输入其他文字，并进行相应的设置，效果如图11-137所示。

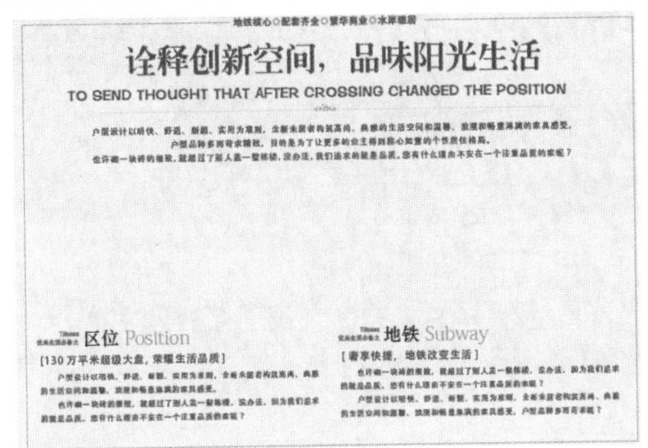

图11-137

Step 12 将“室外效果.jpg”素材文件置入文档中，并调整其大小及位置，调整后的效果如图11-138所示。

图11-138

Step 13 在工具箱中单击【直线工具】，在文档窗口中绘制一条垂直直线，在【描边】面板中将【粗细】设置为1，在【变换】面板中将L设置为52.5毫米，在【颜色】面板中将【描边】的颜色值设置为0、23、48、47，如图11-139所示。

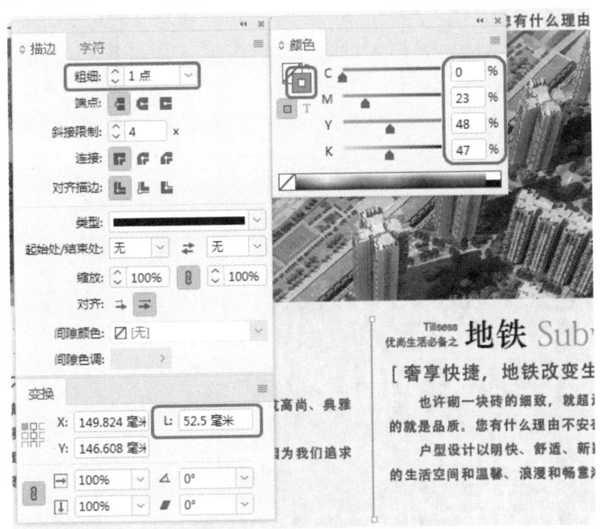

图11-139

Step 14 使用同样的方法在文档窗口中绘制其他直线，并进行相应的设置，效果如图11-140所示。

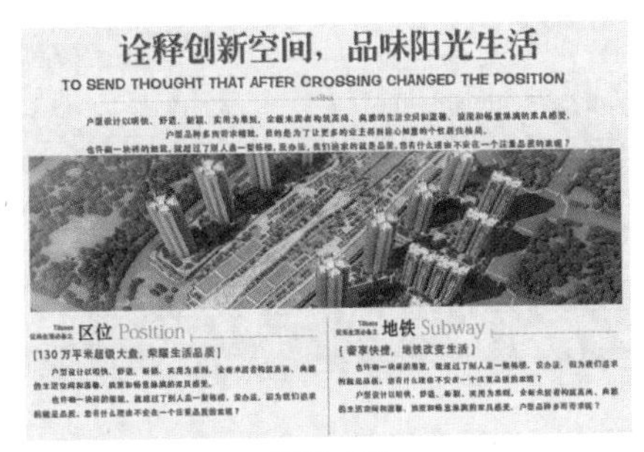

图11-140

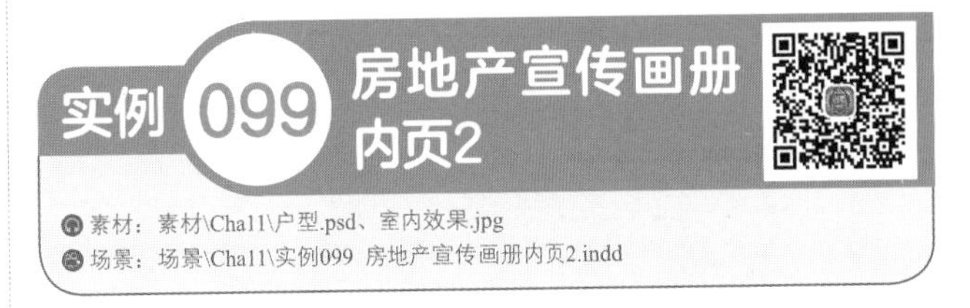

素材：素材\Cha11\户型.psd、室内效果.jpg

场景：场景\Cha11\实例099 房地产宣传画册内页2.indd

下面将介绍如何制作房地产宣传画册内页2，效果如图11-141所示。

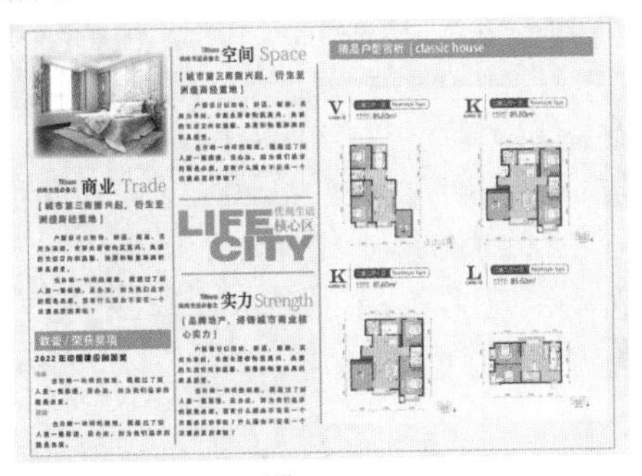

图11-141

Step 01 继续上面的操作，双击页面3，在工具箱中单击【矩形工具】，在文档窗口中绘制一个矩形，在【描边】面板中将【粗细】设置为1点，在【颜色】面板中将【描边】的颜色值设置为0、23、48、47，在【变换】面板中将W、H分别设置为285毫米、200毫米，效果如图11-142所示。

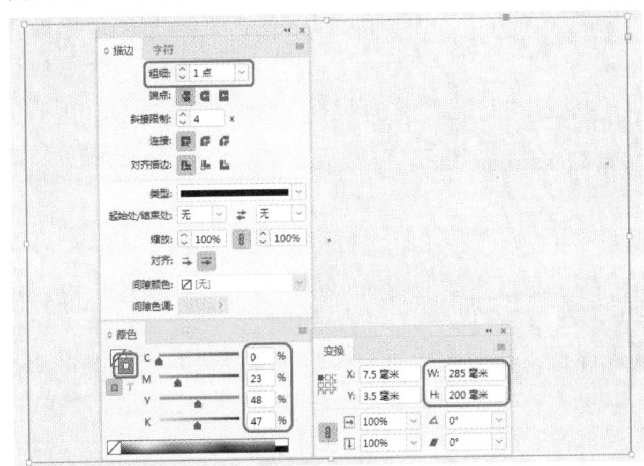

图11-142

Step 02 再次使用【矩形工具】在文档窗口中绘制一个矩形，在【颜色】面板中将【填色】的颜色值设置为0、24、49、47，将【描边】设置无，在【变换】面板中将W、H分别设置为129毫米、9毫米，并调整其位置，效果如图11-143所示。

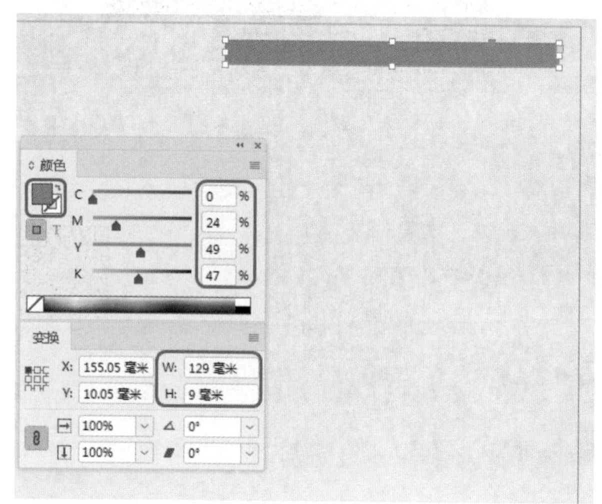

图11-143

Step 03 在工具箱中单击【文字工具】，在文档窗口中绘制一个文本框，输入文字。选中输入的文字，在【字符】面板中将字体设置为【Adobe 黑体 Std】，将【字体大小】设置为16点，在【颜色】面板中将【填色】的颜色值设置为0、0、0、0，并调整其位置，效果如图11-144所示。

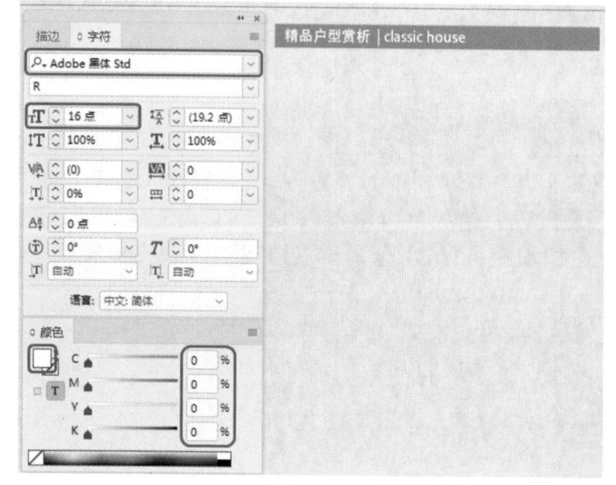

图11-144

Step 04 将“户型.psd”素材文件置入文档中，并调整其大小与位置，效果如图11-145所示。

Step 05 在工具箱中单击【直线工具】，在文档窗口中按住Shift键绘制一条垂直直线，在【描边】面板中将【粗细】设置为2点，在【颜色】面板中将【描边】的颜色值设置为0、23、48、47，在【变换】面板中将L设置为169毫米，并调整其位置，效果如图11-146所示。

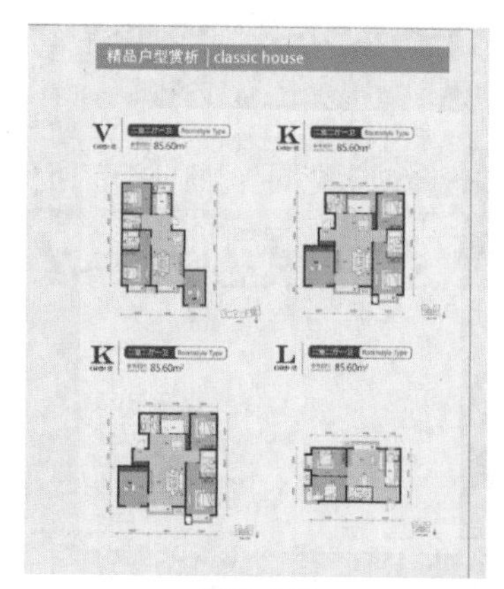

图11-145

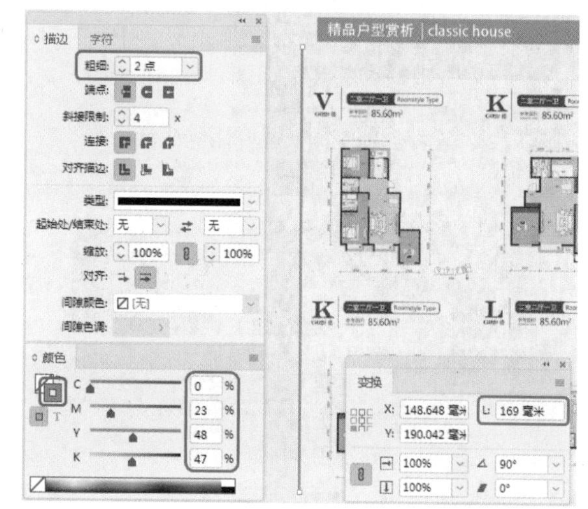

图11-146

Step 06 在工具箱中单击【文字工具】，在文档窗口中绘制一个文本框，输入文字。选中输入的文字，在【字符】面板中将字体设置为【Adobe 黑体 Std】，将【字体大小】设置为8点，将【行距】设置为11点，在【段落】面板中单击【右对齐】按钮，在【颜色】面板中将【填色】的颜色值设置为0、86、75、50，效果如图11-147所示。

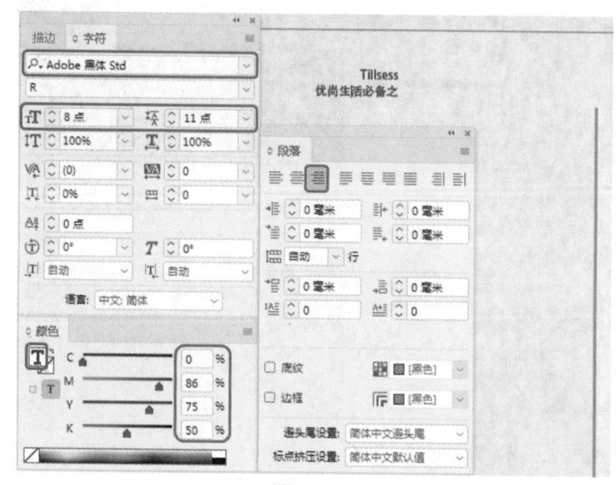

图11-147

Step 07 再次使用【文字工具】在文档窗口中绘制一个文本框，输入文字。选中输入的文字，在【字符】面板中将字体设置为【华文中宋】，将【字体大小】设置为24点，在【颜色】面板中将【填色】的颜色值设置为0、0、0、100，效果如图11-148所示。

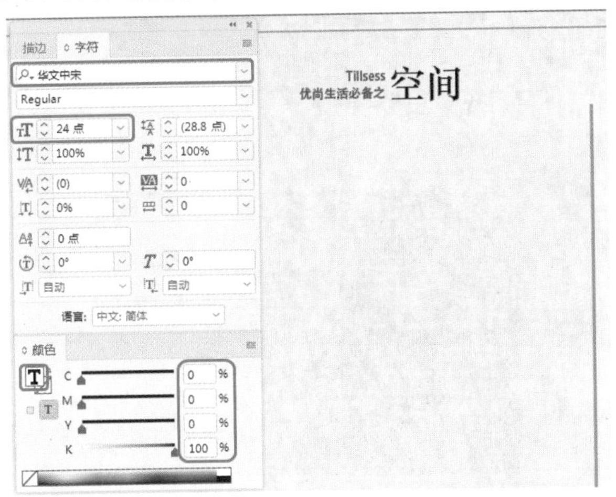

图11-148

Step 08 使用【文字工具】在文档窗口中绘制一个文本框，输入文字。选中输入的文字，在【字符】面板中将字体设置为Kozuka Mincho Pro，将【字体大小】设置为24.5点，在【颜色】面板中将【填色】的颜色值设置为0、24、48、47，效果如图11-149所示。

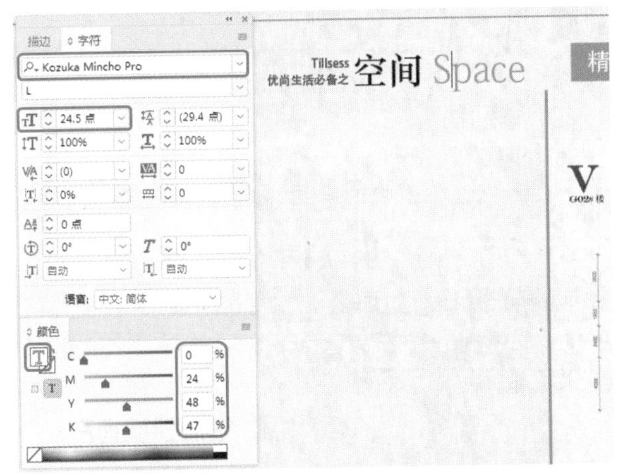

图11-149

Step 09 再次使用【文字工具】在文档窗口中绘制一个文本框，输入文字。选中输入的文字，在【字符】面板中将字体设置为【Adobe 黑体 Std】，将【字体大小】设置为12点，将【行距】设置为18点，将【字符间距】设置为150，在【颜色】面板中将【填色】的颜色值设置为0、22、13、87，效果如图11-150所示。

Step 10 使用同样的方法在文档窗口中绘制其他图形并输入文字，并进行相应的设置，效果如图11-151所示。

Step 11 根据前面所介绍的方法在文档窗口中绘制直线，并进行相应的设置，效果如图11-152所示。

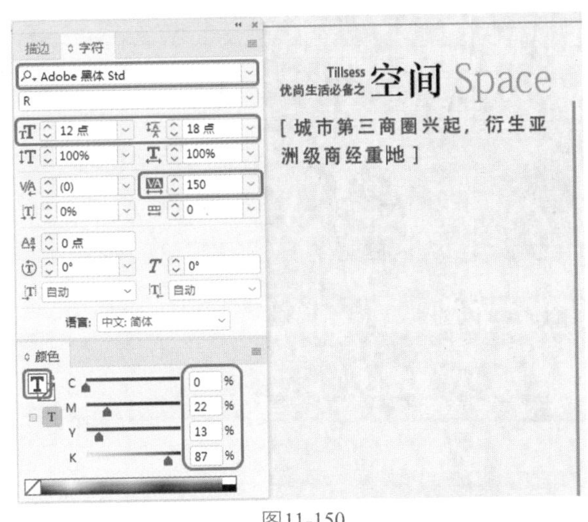

图11-150

图11-151

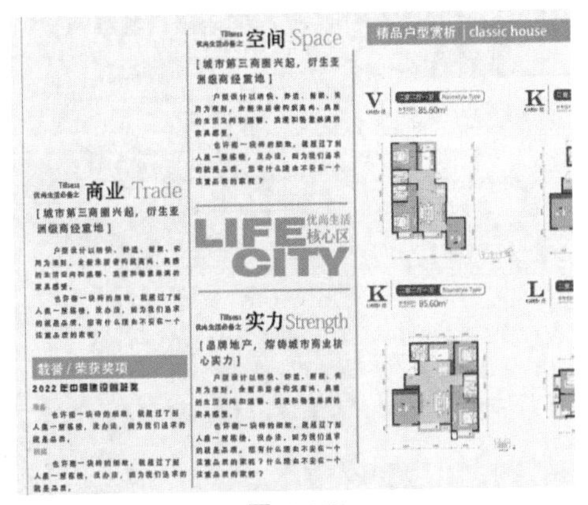

图11-152

Step 12 将"室内效果.jpg"素材文件置入文档中，并调整其大小与位置。选中置入的素材文件，在【效果】面板中单击【向选定的目标添加对象效果】按钮，在弹出的下拉列表中选择【基本羽化】命令，如图11-153所示。

Step 13 在弹出的对话框中将【羽化宽度】设置为5毫米，如图11-154所示。

Step 14 设置完成后，单击【确定】按钮，完成羽化后的效果如图11-155所示。

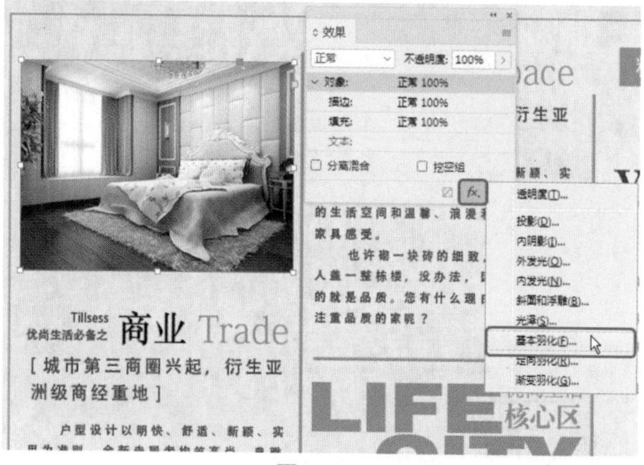

图11-153

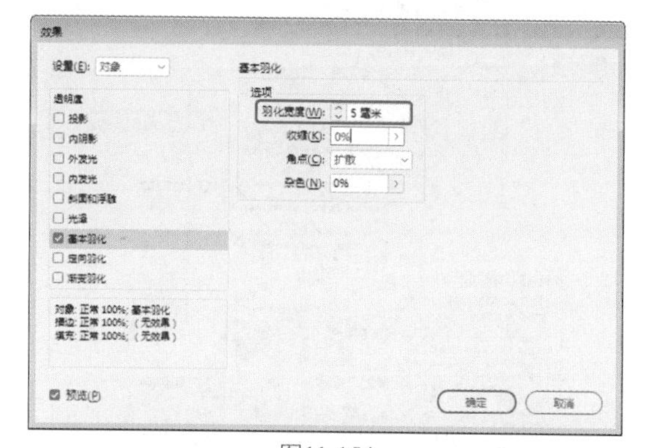

图11-154

图11-155

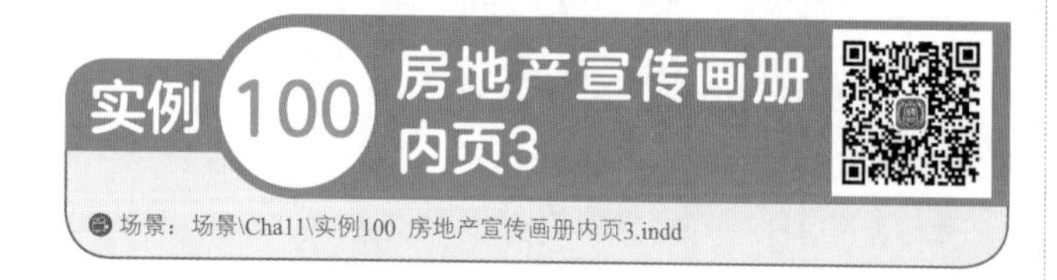

实例100 房地产宣传画册内页3

场景：场景\Cha11\实例100 房地产宣传画册内页3.indd

本案例将介绍如何制作房地产宣传画册内页3。本案例主要利用【钢笔工具】绘制图形，并为其创建复合路径，制作出路线图，并输入相应的文字，效果如图11-156所示。

Step 01 继续上面的操作，在页面1中选择如图11-157所示的对象。

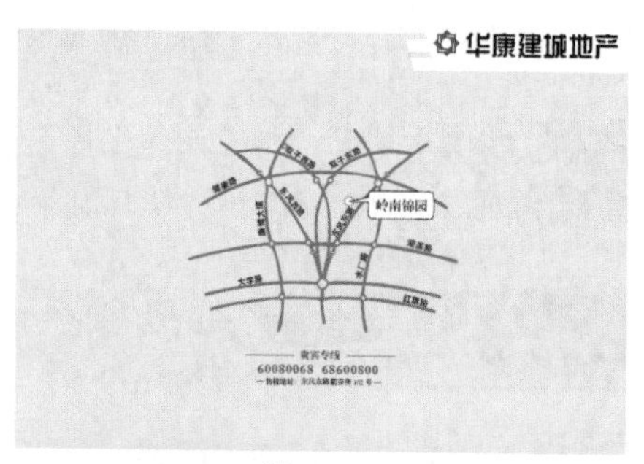

图11-156

图11-157

Step 02 按Ctrl+C快捷组合键进行复制，双击页面4，按Ctrl+V快捷组合键进行粘贴，效果如图11-158所示。

图11-158

Step 03 在工具箱中单击【钢笔工具】，在文档窗口中绘制如图11-159所示的图形，在【颜色】面板中将【填色】的颜色值设置为1、1、0、69，将【描边】设置为无，在文档窗口中调整其位置。

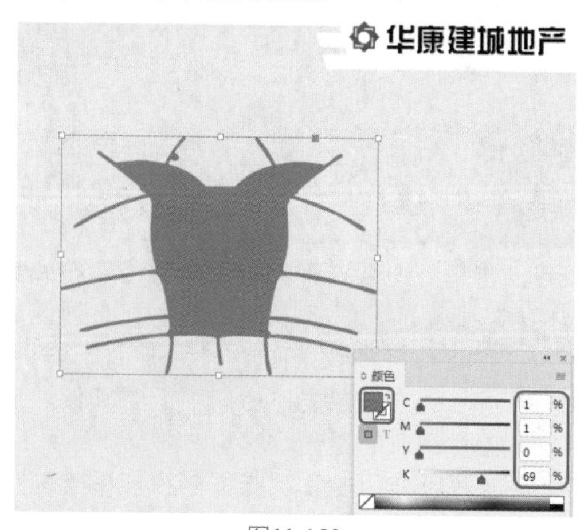

图11-159

Step 04 使用【钢笔工具】在文档窗口中绘制如图11-160所示的多个图形，并为其填充任意一种颜色，将【描边】设置为无。

Step 05 在文档窗口中选择绘制的图形，按Ctrl+8快捷组合键，为选中的图形建立复合路径，效果如图11-161所示。

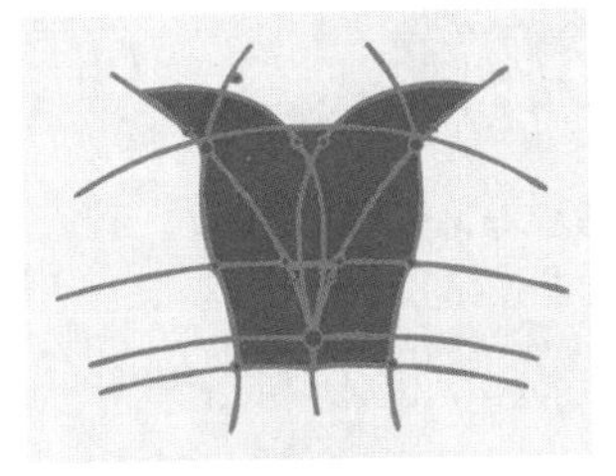

图11-160

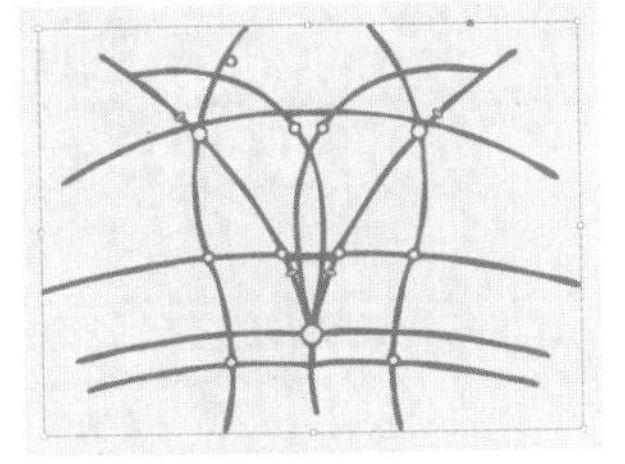

图11-161

Step 06 在工具箱中单击【椭圆工具】，在文档窗口中按住Shift键绘制一个正圆，在【描边】面板中将【粗细】设置为2点，在【颜色】面板中将【填色】的颜色值设置为0、0、0、0，将【描边】的颜色值设置为42、0、89、8，在【变换】面板中将W、H均设置为5毫米，并调整其位置，效果如图11-162所示。

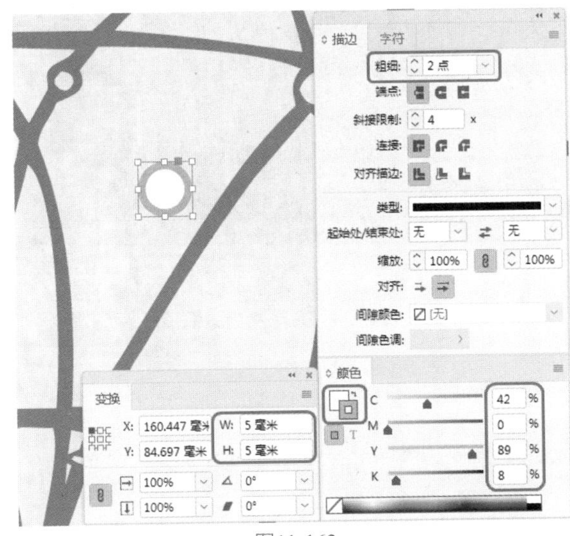

图11-162

Step 07 在工具箱中单击【钢笔工具】，在文档窗口中绘制如图11-163所示的图形，在【描边】面板中将【粗细】设置为1.3点，在【颜色】面板中将【填色】的颜色值设置为0、0、0、0，将【描边】的颜色值设置为0、0、0、100，并调整其位置。

Step 08 在工具箱中单击【文字工具】，在文档窗口中绘制一个文本框，输入文字。选中输入的文字，在【字符】面板中将字体设置为【创艺简老宋】，将【字体大小】设置为18点，在【颜色】面板中将【填色】设置为黑色，并调整其位置，效果如图11-164所示。

Step 09 使用同样的方法在文档窗口中输入其他文字内容，并进行相应的设置，效果如图11-165所示。

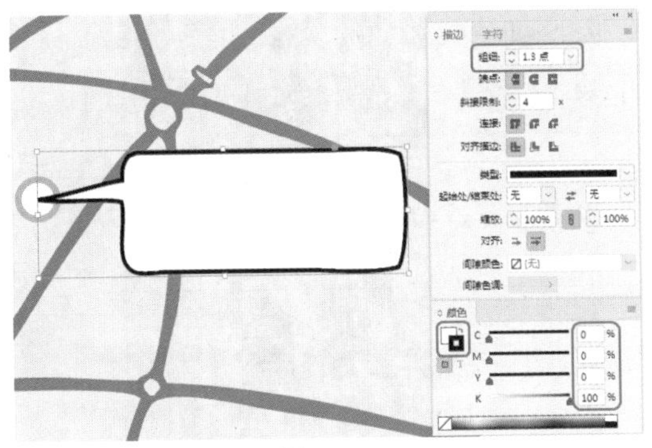

图11-163

图11-164

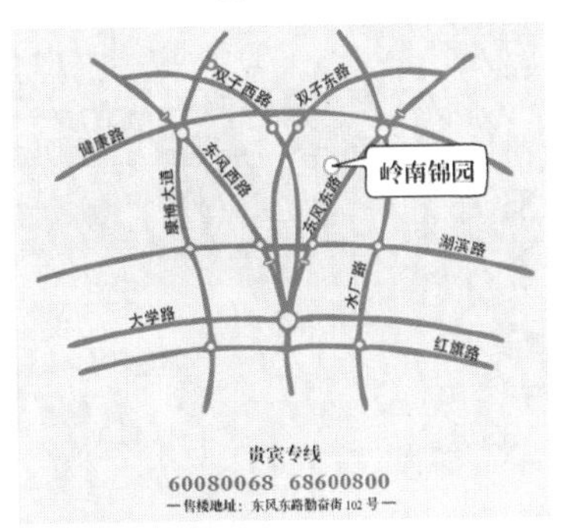

图11-165

Step 10 在工具箱中单击【直线工具】，在文档窗口中绘制两条水平直线，在【描边】面板中将【粗细】设置为1点，在【颜色】面板中将【填色】设置为黑色，效果如图11-166所示。

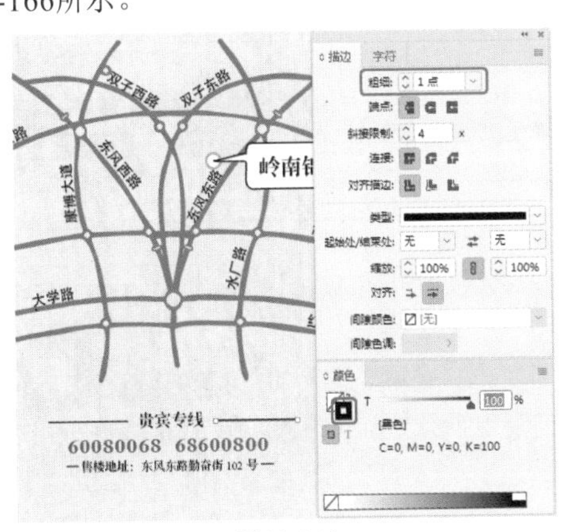

图11-166

第12章 户外广告

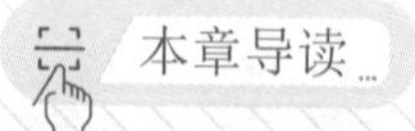

户外广告是运用形象、语句、色彩鲜艳、主体鲜明、设计新颖、具有形象生动、简单明快等特点来为实现表达广告目的和意图，所进行平面艺术创意的一种设计活动或过程。

本章简单讲解图文混排的应用，其中重点学习环保广告、手表广告以及影院广告的制作。

实例101 影院广告

素材：素材\Cha12\影院素材01.png、影院素材02.png、影院素材03.jpg、影院素材04.png、影院素材05.jpg、影院素材06.jpg、影院素材07.jpg、影院素材08.jpg、影院素材09.png、影院素材10.png

场景：场景\Cha12\实例101 影院广告.indd

本例讲解【钢笔工具】、【文字工具】、【矩形工具】的基本操作，为绘制的图形添加渐变颜色效果，然后置入素材文件为文档添加视觉效果，最终制作出影院广告，效果如图12-1所示。

图12-1

Step 01 新建一个【宽度】、【高度】分别为198毫米、297毫米，【页面】为1的文档，勾选【对页】复选框，并将边距均设置为10毫米。使用【矩形工具】绘制一个与文档窗口一样大小的矩形，将【描边】设置为无，在菜单栏中选择【窗口】|【颜色】|【渐变】命令，弹出【渐变】面板，将【类型】设置为【线性】，将【角度】设置为-69°，将左侧颜色块的RGB值设置为226、0、17，在48%位置处添加一个色块，将色块的RGB值设置为19、0、9，将右侧色块的位置设置为74%，将色块的RGB值设置为150、0、1，如图12-2所示。

图12-2

Step 02 按Ctrl+D快捷组合键，弹出【置入】对话框，选择“素材\Cha12\影院素材01.png”素材文件，单击【打开】按钮，拖曳鼠标，调整素材的位置与大小，释放鼠标即可置入素材，如图12-3所示。

Step 03 在工具箱中选择【钢笔工具】绘制图形，将【填色】的RGB值设置为255、241、0，将【描边】设置无，如图12-4所示。

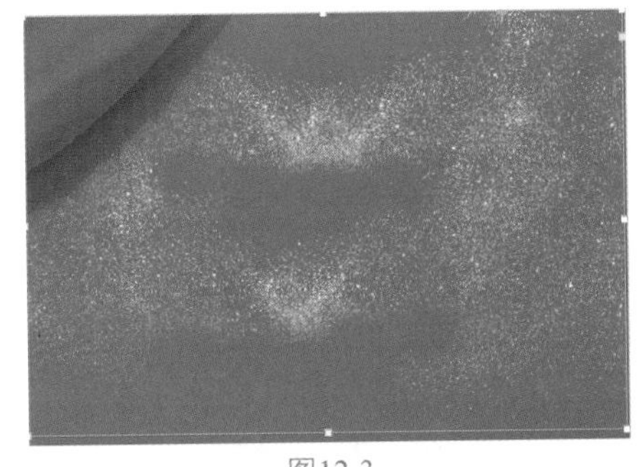

图12-3

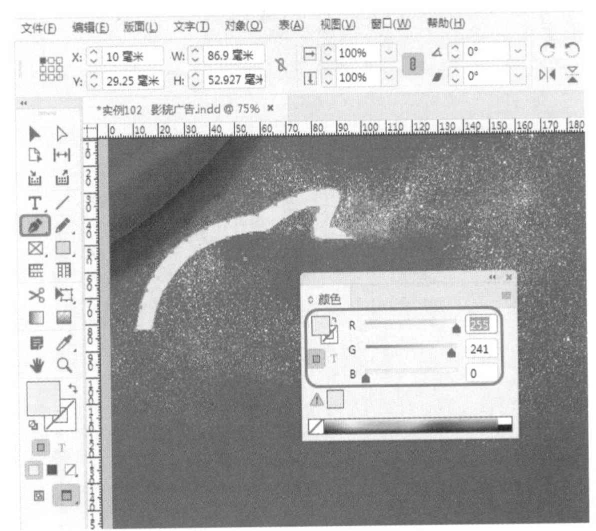

图12-4

Step 04 再次使用【钢笔工具】绘制图形，将【填色】的RGB值设置为39、38、52，将【描边】设置无，设置完成后右击，在弹出的快捷菜单中选择【排列】|【后移一层】命令，如图12-5所示。

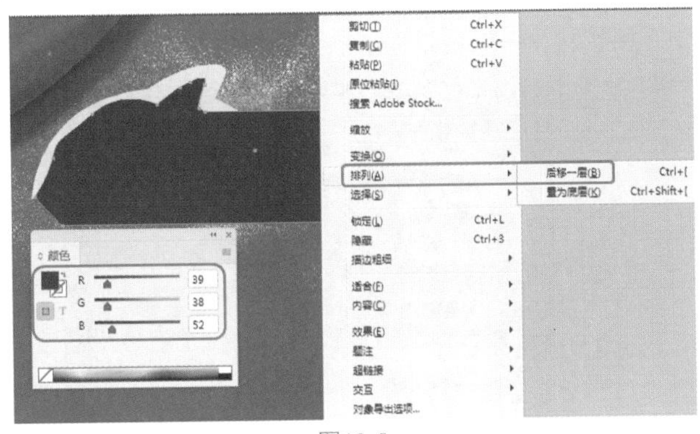

图12-5

Step 05 在工具箱中选择【文字工具】，在文档窗口中绘制一个文本框，输入文本“电影盛宴”，将【字体】设置为【汉仪菱心体简】，将【字体大小】设置为113点，将【倾斜】设置为11°，将【填色】的RGB值设置为173、31、36，如图12-6所示。

Step 06 在图层面板中选中【电影盛宴】图层，按Alt键鼠标拖曳进行复制，调整复制文字后的位置，将【填色】设置为245、233、40，如图12-7所示。

图12-6

图12-7

Step 07 在工具箱中选择【矩形工具】绘制图形，将【填色】的RGB值设置为217、21、41，将【描边】设置为无。在菜单栏中选择【对象】|【角选项】命令，弹出对话框将【转角形状】设置为圆角，将【转角大小】设置为3毫米，单击【确定】按钮，调整矩形的大小与位置，如图12-8所示，单击【确定】按钮。

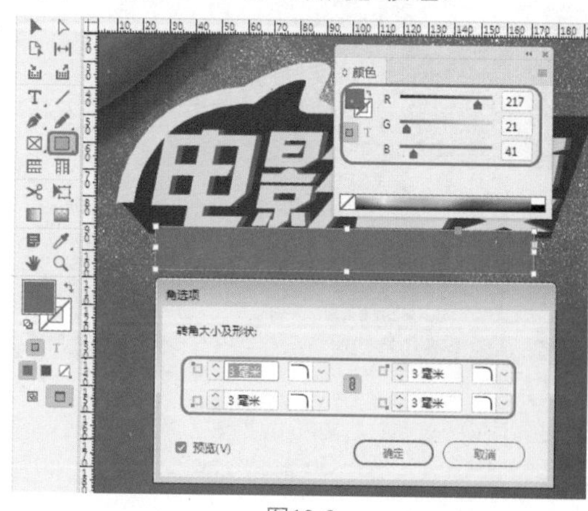

图12-8

Step 08 选中绘制的矩形，在菜单栏中选择【窗口】|【效果】命令，打开【效果】面板，单击右下角的【向选定的目标添加对象效果】按钮，弹出快捷菜单，选择【投影】命令，图12-9所示。

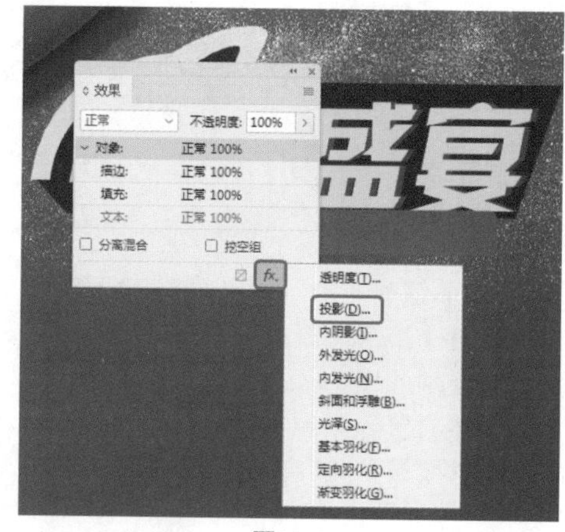

图12-9

Step 09 在弹出的对话框中，将混合模式设置为正片叠底，将【颜色】设置为黑色，将【不透明度】设置为75%，将【距离】、【X位移】、【Y位移】都设置为0毫米，将【角度】设置为180°，取消勾选【使用全局光】复选框，将【大小】设置为2毫米，如图12-10所示。

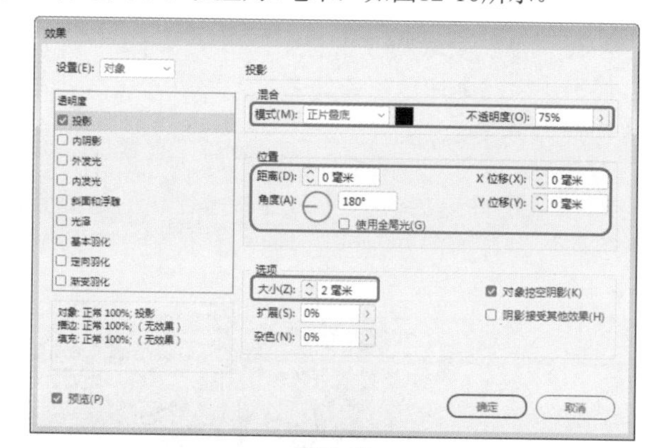

图12-10

Step 10 勾选【外发光】复选框，将混合模式设置为【滤色】，将【不透明度】设置为40%，将【方法】设置为【柔和】，将【杂色】、【大小】、【扩展】都设置为0，图12-11所示。

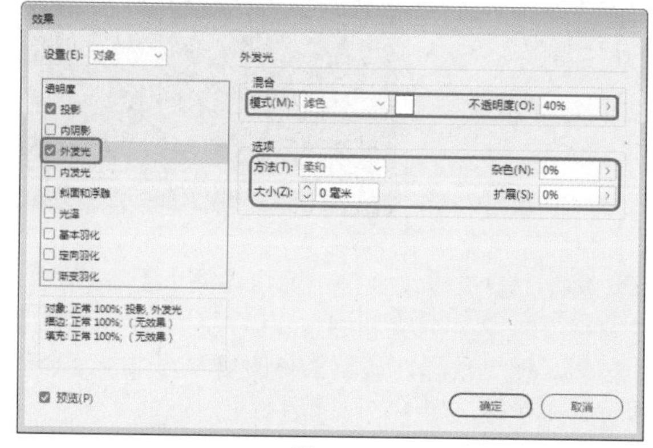

图12-11

Step 11 勾选【内发光】复选框，将混合模式设置为【滤色】，将【颜色】设置为紫色，将【不透明度】设置为30%，将【方法】设置为【柔和】，将【源】设置为【边缘】，将【大小】、【杂色】、【收缩】分别设置为2毫米、0%、0%，如图12-12所示。

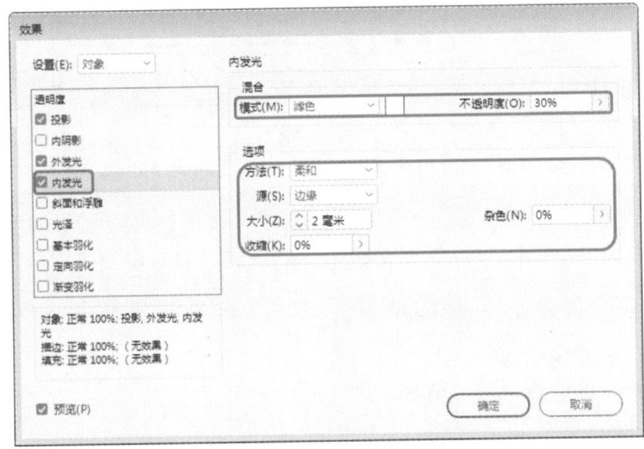

图12-12

Step 12 勾选【斜面和浮雕】复选框，将【样式】设置为【内斜面】，将【方法】设置为【平滑】，将【方向】设置为【向上】，将【大小】、【柔化】都设置为1毫米，将【深度】设置为59%，将【角度】设置为120°，将【高度】设置为30°，勾选【使用全局光】复选框，如图12-13所示。

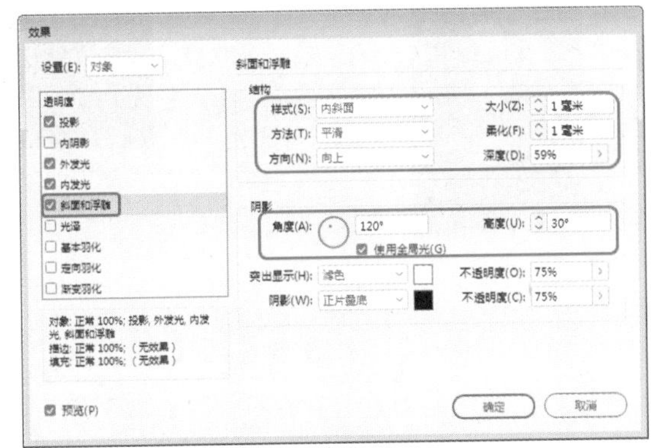

图12-13

Step 13 单击【确定】按钮，使用【文字工具】输入文本“3D IMAX 超级巨幕”，将【字体】设置为【方正兰亭粗黑简体】，将【字体大小】设置为44点，将【填色】设置为白色，如图12-14所示。

图12-14

Step 14 再次使用【文字工具】输入文字，将【字体】设置为【Adobe 黑体 Std】，将【字体大小】设置为18点，将【字符间距】设置为130，将【填色】设置为白色，如图12-15所示。

图12-15

Step 15 按Ctrl+D快捷组合键，弹出【置入】对话框，选择“素材\Cha12\影院素材02.png”素材文件，单击【打开】按钮，拖曳鼠标，调整素材的位置与大小，释放鼠标即可置入素材，如图12-16所示。

图12-16

Step 16 使用同样的方法置入“影院素材03.jpg”素材文件，拖曳鼠标，调整素材的位置与大小，释放鼠标即可置入素材。在【效果】面板中，将【混合模式】设置为【变暗】，在【图层】面板中将【影院素材03.jpg】图层拖曳至【影院素材01.png】图层的上方，如图12-17所示。

图12-17

Step 17 使用【矩形工具】绘制图形，将【填色】设置为黑色，将【描边】设置为无。在菜单栏中选择【对象】|【角选项】命令，弹出对话框，将【转角形状】设置为圆角，单击取消【统一所有设置】按钮，将【左上角】、【左下角】的【转角大小】设置为0毫米，将【右上角】、【右下角】的【转角大小】设置为2毫米，单击【确定】按钮，调整矩形大小与位置，如图12-18所示。

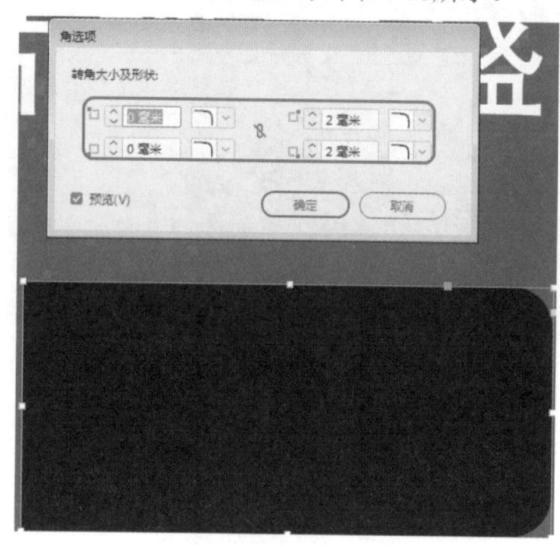

图12-18

Step 18 在菜单栏中选择【窗口】|【颜色】|【渐变】命令，弹出【渐变】面板，将【类型】设置为【线性】，将【角度】设置为162°，将左侧颜色块的RGB值设置为151、70、26，在30%位置添加色块，将色块颜色设置为251、216、197，在83%位置添加色块，将色块颜色设置为108、46、22，将100%位置的色块颜色设置为239、219、205，如图12-19所示。

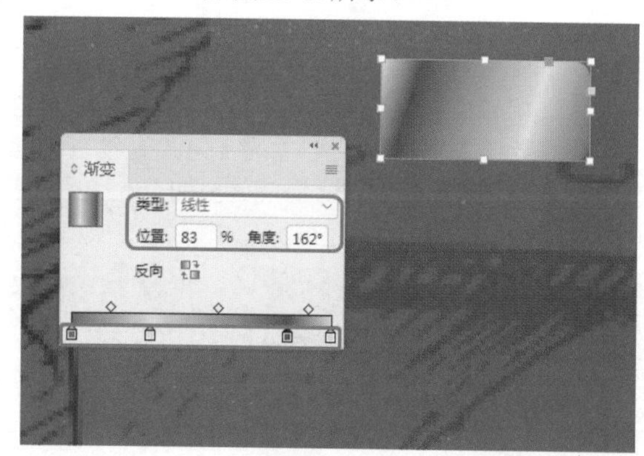

图12-19

Step 19 使用【矩形工具】绘制图形，将【填色】设置为黑色，将【描边】设置为无。在菜单栏中选择【对象】|【角选项】命令，单击【统一所有设置】按钮，将【转角形状】设置为圆角，单击取消【统一所有设置】按钮，将【左上角】、【左下角】的【转角大小】设置为2毫米，将【右上角】、【右下角】的【转角大小】设置为0毫米，单击【确定】按钮，调整矩形大小与位置，如图12-20所示。

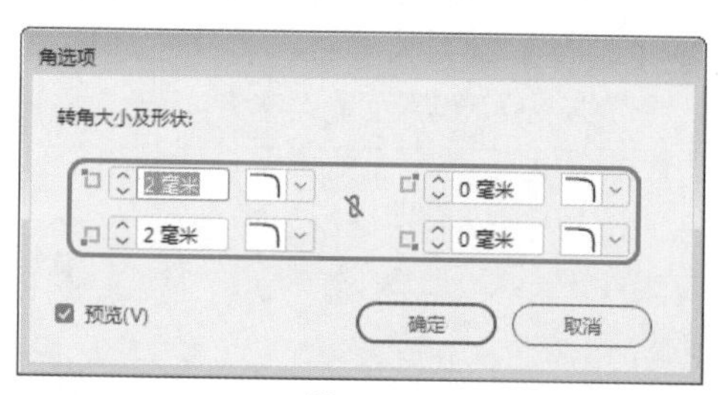

图12-20

Step 20 使用【椭圆工具】绘制图形，将【填色】设置为白色，将【描边】设置为无，按Alt键鼠标拖曳复制多个椭圆，调整复制图形的位置，选中黑色矩形与三个圆形，在菜单栏中选择【对象】|【路径查找器】|【减去】命令，如图12-21所示。

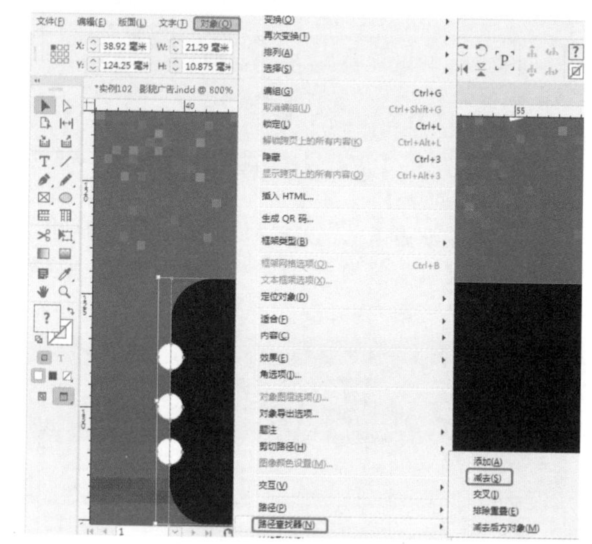

图12-21

Step 21 使用【文字工具】绘制文本框，通过【字形】面板插入“￥”符号，将【字体】设置为微软雅黑，将【字体大小】设置为8点，在“￥”符号右侧输入文本“20”，将【字体】设置为Adobe 黑体 Std，将【字体大小】设置为18点，选中所有文本，将【填色】的RGB值设置为241、215、175，如图12-22所示。

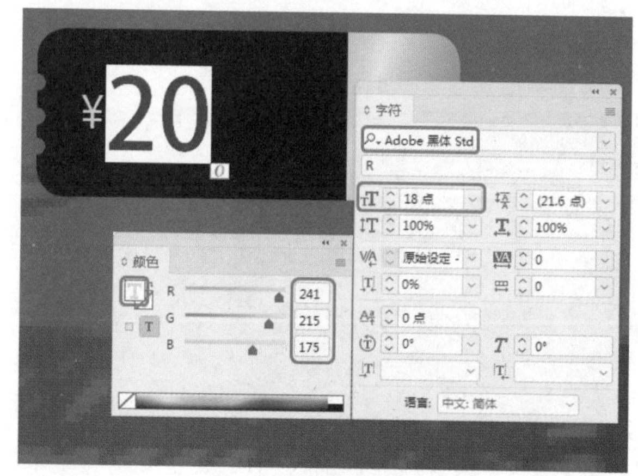

图12-22

Step 22 使用【文字工具】输入文本“优惠券满40元使用”，将【字体】设置为【Adobe 黑体 Std】，将【字体大小】设置为7点，将【填色】的RGB值设置为241、215、174，将文本“满40元使用”的【字体大小】设置为4点，将【字符间距】设置为-100，如图12-23所示。

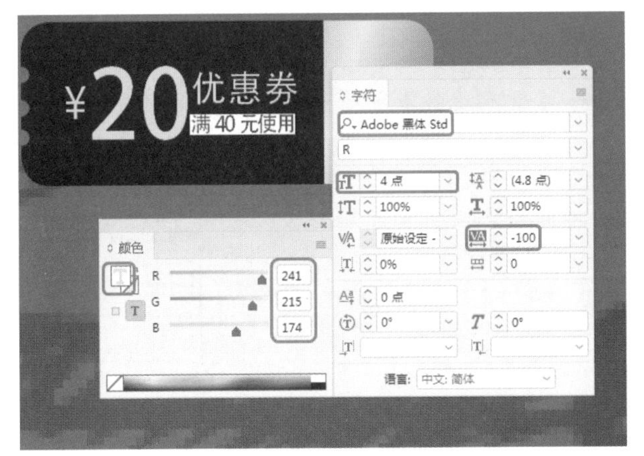

图12-23

Step 23 使用【文字工具】输入文本“点击领取”，将【字体】设置为【方正粗黑宋简体】，将【字体大小】设置为6点，将【填色】设置为黑色，如图12-24所示。

图12-24

Step 24 选择输入的文字与绘制的图形，右击，弹出快捷菜单选择【编组】命令，选择编组后的图层，按住Alt键鼠标拖曳进行复制，调整复制对象的位置，将内容进行更改，如图12-25所示。

图12-25

Step 25 按Ctrl+D快捷组合键，弹出【置入】对话框，选择“素材\Cha12\影院素材04.png”素材文件，单击【打开】按钮，鼠标拖曳调整素材的位置与大小，释放鼠标即可置入素材，如图12-26所示。

Step 26 使用同样方法置入“素材\Cha12\影院素材05.jpg”素材文件，单击【打开】按钮，鼠标拖曳调整素材的位置与大小，释放鼠标即可置入素材，如图12-27所示。

图12-26　图12-27

Step 27 使用同样的方法置入“影院素材06.jpg、影院素材07.jpg、影院素材08.jpg”素材文件，鼠标拖曳调整素材的位置与大小，释放鼠标即可置入素材，如图12-28所示。

Step 28 按Ctrl+D快捷组合键，弹出【置入】对话框，选择“素材\Cha12\影院素材09.png”素材文件，单击【打开】按钮，鼠标拖曳调整素材的位置与大小，释放鼠标即可置入素材，如图12-29所示。

图12-28　图12-29

Step 29 使用【文字工具】输入文本，在文档窗口中绘制一个文本框并输入文本，将【字体】设置为Base 02，将【字体大小】设置为78点，将【字符间距】设置为80，将【填色】的RGB值设置为191、26、32，如图12-30所示。

图12-30

Step 30 在菜单栏中选择【窗口】|【效果】命令，打开【效果】面板，将【不透明度】设置为32%，如图12-31所示。

图12-31

Step 31 使用同样的方法置入“影院素材10.png”素材文件，鼠标拖曳调整素材的位置与大小，释放鼠标即可置入素材，如图12-32所示。

图12-32

Step 32 使用【文字工具】在文档窗口中绘制一个文本框，输入文本。选中输入的文本，在【字符】面板中将【字体】设置为【Adobe 黑体 Std】，将【字体大小】设置为13点，将【填色】设置为白色，如图12-33所示。

图12-33

实例 102 招聘广告

素材：素材\Cha12\招聘素材01.jpg、招聘素材02.png、招聘素材03.png、招聘素材04.png

场景：场景\Cha12\实例102 招聘广告.indd

本次讲解如何使用【钢笔工具】、【文字工具】、【矩形工具】、【直线工具】制作文字效果，然后为绘制的图形添加颜色效果，最后置入素材文件并进行设置，效果如图12-34所示。

图12-34

Step 01 新建一个【宽度】、【高度】分别为198毫米、297毫米，【页面】为1的文档，并将边距均设置为10毫米。按Ctrl+D快捷组合键，弹出【置入】对话框，选择“素材\Cha12\招聘素材01.jpg、招聘素材02.png”素材文件，单击【打开】按钮，鼠标拖曳调整素材的位置与大小，释放鼠标即可置入素材，如图12-35所示。

Step 02 使用同样方法置入“招聘素材03.png”素材文件，单击【打开】按钮，鼠标拖曳调整素材的位置与大小，释放鼠标即可置入素材，如图12-36所示。

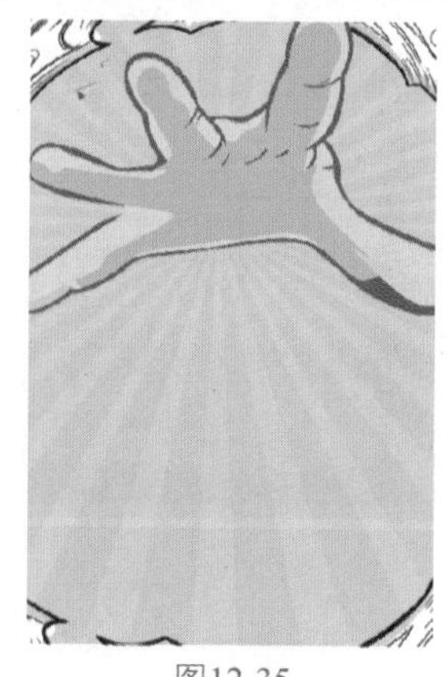

图12-35

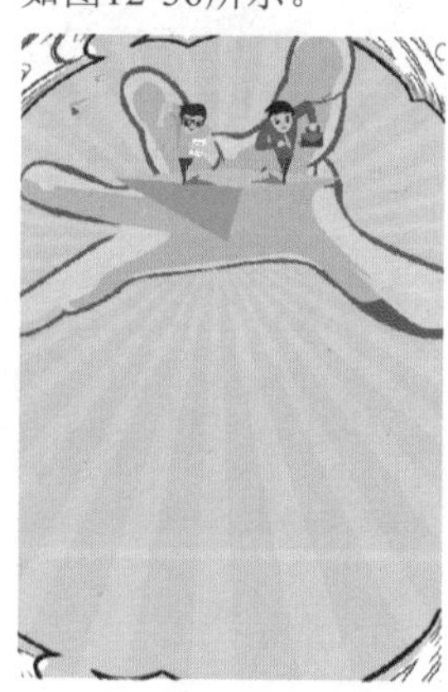

图12-36

Step 03 在工具箱中单击【钢笔工具】按钮，在文档窗口中绘制一个图形，将【填色】设置为25、50、114，将【描边】设置为无，设置完成后调整图形位置，如图12-37所示。

Step 04 确认选中图形的情况下，按住Alt键鼠标拖曳进行复制，选中复制后的图形，并调整图形的位置，如图12-38所示。

Step 05 在工具箱中单击【文字工具】按钮T，在文档窗口中绘制一个文本框，输入文字并选中。在【字符】面板中将【字体】设置为【方正兰亭粗黑简体】，将【字体大小】设置为105点，将【行距】设置为106点，将【填色】设置为白色，将【描边】设置为30、48、

106，将【旋转角度】、【X切变角度】都设置为9°，如图12-39所示。

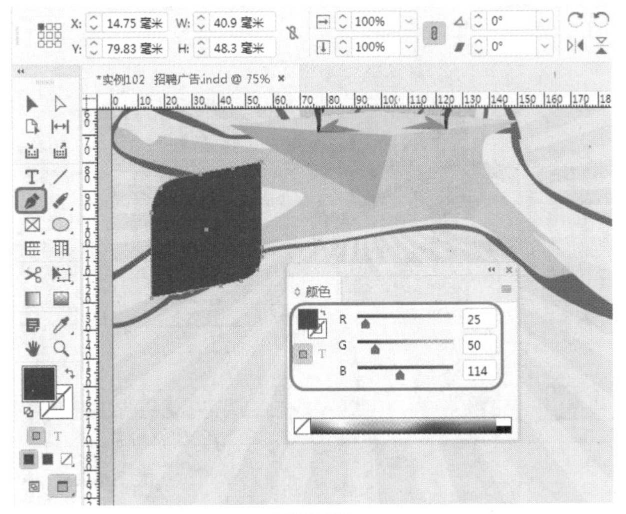

图12-37

图12-38

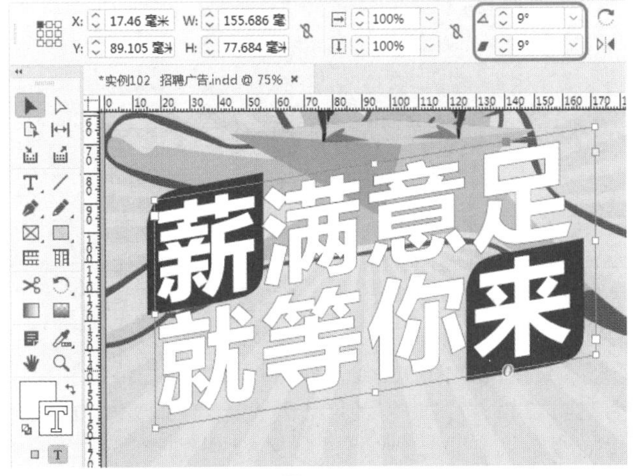

图12-39

Step 06 选中文本，在菜单栏中选择【窗口】|【描边】命令，打开【描边】面板，将【粗细】设置为2点，如图12-40所示。

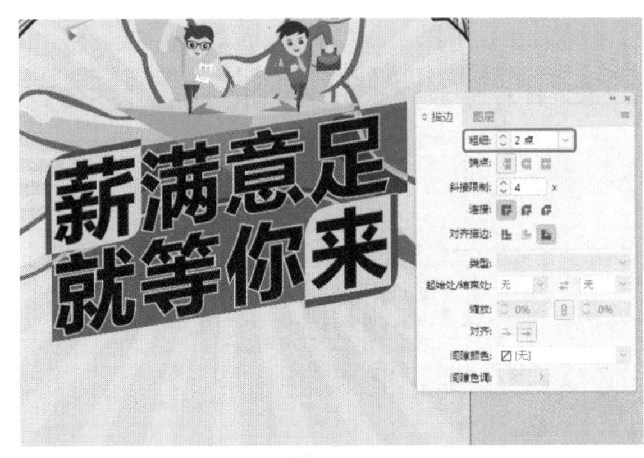

图12-40

Step 07 选中绘制的图形与输入的文字，单击鼠标右键，弹出快捷菜单，执行【编组】命令，然后打开【图层】面板，将【组】图层拖曳至【创建新图层】按钮上，如图12-41所示。

图12-41

Step 08 选择复制后的【组】图层，将两个图形的【填色】设置为218、28、30，将【描边】设置为34、49、111，在【描边】面板中将【粗细】设置为2点，适当调整图形的大小，将文本的【填色】设置为218、28、30，将【描边】设置为34、49、111，在【描边】面板中将【粗细】设置为7点，如图12-42所示。设置完成后调整图形的位置。

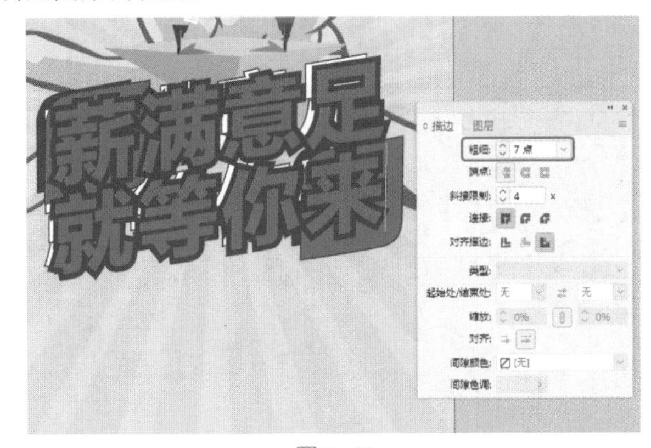

图12-42

Step 09 打开【图层】面板，再次将【组】图层拖曳至

【创建新图层】按钮上，如图12-43所示。

图12-43

Step 10 选择复制后的【组】图层，将两个图形的【填色】设置为218、28、30，【描边】设置为34、49、111，将文本的【填色】、【描边】设置为218、28、30，选中文字内容，在【描边】面板中将【粗细】设置为5点，如图12-44所示。

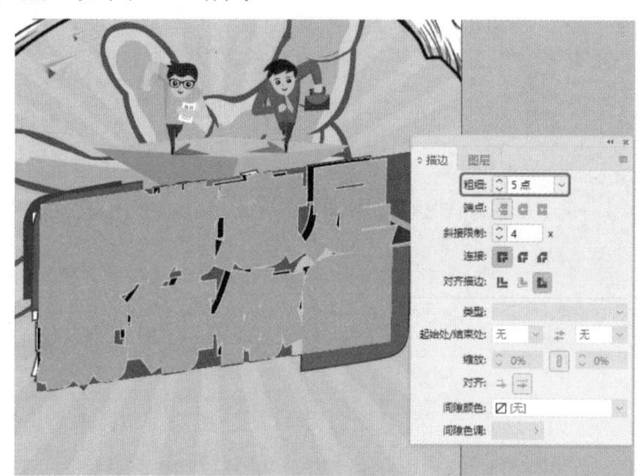

图12-44

Step 11 设置完成后调整图形位置，打开【图层】面板，选择最底层的【组】图层，按住鼠标拖曳至最顶层的【组】图层上方，如图12-45所示。

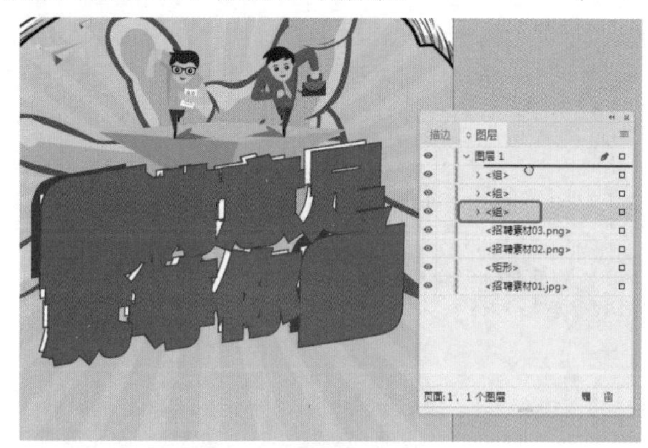

图12-45

Step 12 在工具箱中单击【直线工具】按钮，在文本"满"下方绘制图形，将【填色】设置为白色，将【描边】设置为30、48、106，在【描边】面板中将【粗细】设置为2点，如图12-46所示。

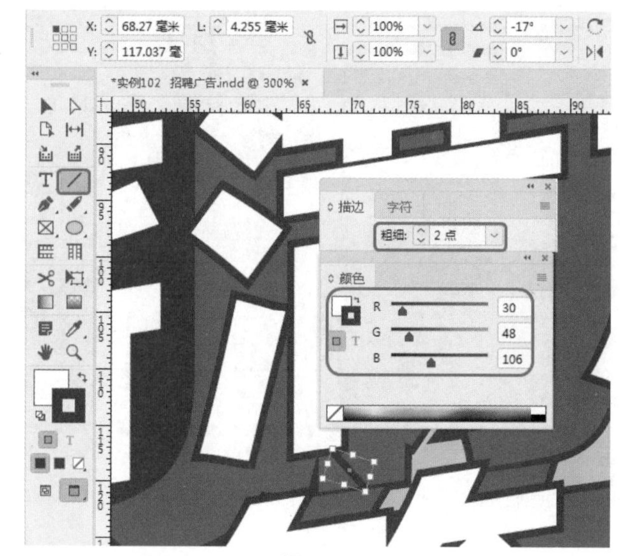

图12-46

Step 13 使用同样的方法绘制其他直线图形，设置完成后调整图形位置，选中所绘制的直线图形，单击鼠标右键，弹出快捷菜单，选择【编组】命令，如图12-47所示。

图12-47

Step 14 在工具箱中单击【矩形工具】按钮，在文档窗口中绘制一个图形，将【填色】设置为48、40、37，将【描边】设置为无，将X、Y分别设置为19毫米、172毫米，将W、H分别设置为159毫米、103毫米，如图12-48所示。

Step 15 使用同样的方法绘制矩形图形，将【填色】设置为244、244、232，将【描边】设置为48、40、37，将【描边粗细】设置为1点，将X、Y分别设置为21.5毫米、170.5毫米，将W、H分别设置为156毫米、102毫米，如图12-49所示。

Step 16 在工具箱中单击【文字工具】按钮T，在文档窗口中绘制一个文本框，输入文字并选中，在【字符】面板中将【字体】设置为【Adobe 黑体 Std】，将【字体大小】设置为25点，将【填色】设置48、39、36，设置完成后调整文本位置，如图12-50所示。

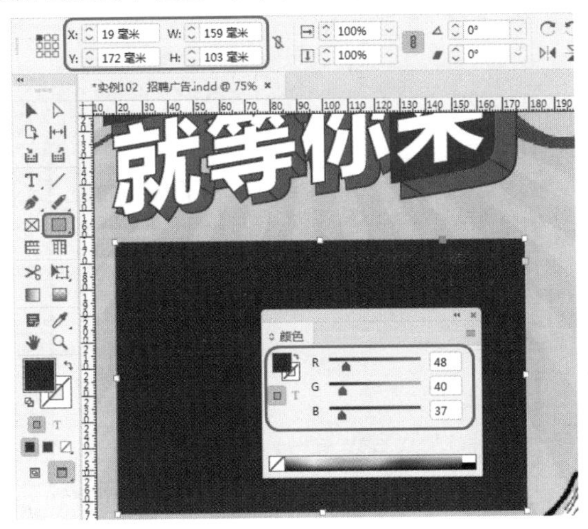

图12-48

图12-49

图12-50

Step 17 使用【矩形工具】在文档窗口绘制一个图形，将【填色】设置为48、40、37，将【描边】设置为无，设置完成后调整图形的位置，使用【文字工具】绘制一个文本，输入文本“1”，选中输入的文本，在【字符】面板中将【字体】设置为【方正大黑简体】，将【字体大小】设置为14点，将【填色】设置为白色，如图12-51所示。

图12-51

Step 18 使用同样的方法制作其他内容，并选中所绘制的图形与输入的文字，单击鼠标右键，在弹出的快捷菜单中选择【编组】命令，如图12-52所示。

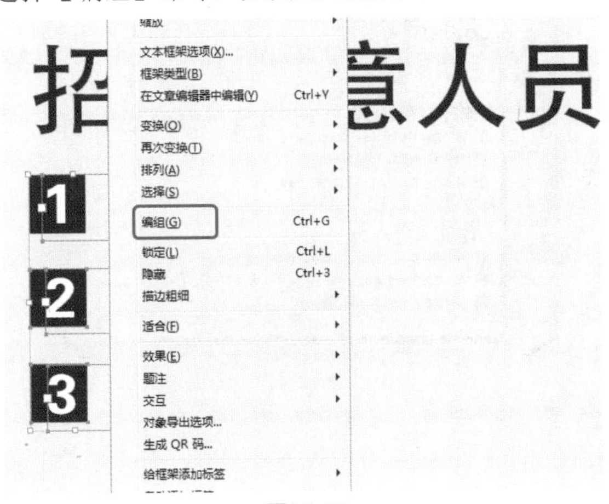

图12-52

Step 19 在工具箱中单击【文字工具】按钮T，在文档窗口中绘制一个文本框，输入文字并选中，在【字符】面板中将【字体】设置为【方正大黑简体】，将【字体大小】设置为13点，将【水平缩放】设置为95%，将【填色】设置为48、39、36，设置完成后调整文本位置，如图12-53所示。

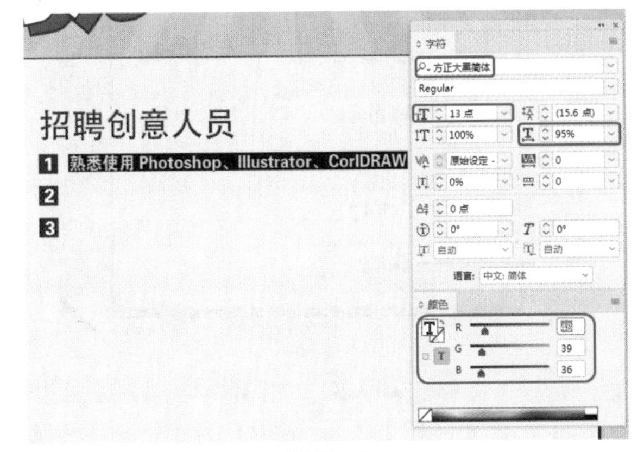

图12-53

Step 20 使用同样的方法输入其他内容，并进行相应的设置，如图12-54所示。

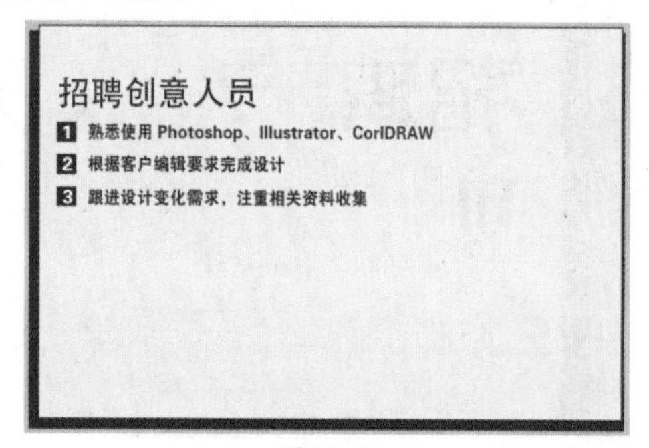

图12-54

Step 21 选择绘制的图形与输入的文字，按住Alt键拖曳鼠标向下移动，复制完成后修改内容，如图12-55所示。

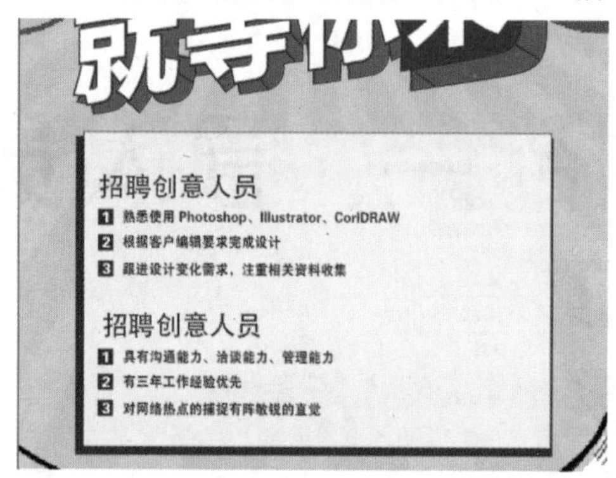

图12-55

Step 22 在工具箱中单击【文字工具】按钮，在文档窗口中绘制一个文本框，输入文字并选中，在【字符】面板中将【字体】设置为【方正综艺简体】，将【字体大小】设置为21点，将【填色】设置为48、39、36，在工具箱中单击【选择工具】按钮，将【旋转角度】设置为-3°，设置完成后调整文本位置，如图12-56所示。

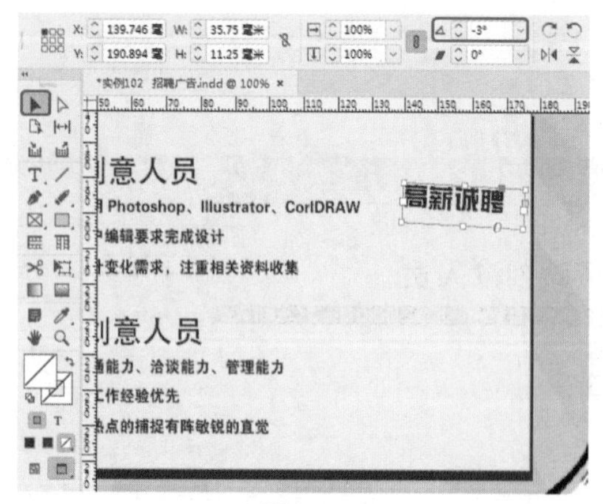

图12-56

Step 23 使用【文字工具】在文档窗口中输入文本“面试预约”，在【字符】面板中将【字体】设置为【方正综艺简体】，将【字体大小】设置为12点，将【填色】设置为48、39、36，使用同样方法输入文本“023-666666”，将【字体大小】设置为14点，将【填色】设置为黑色，如图12-57所示。

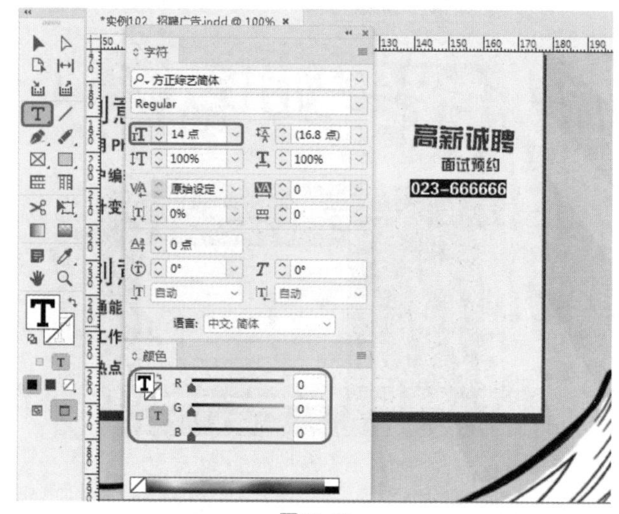

图12-57

Step 24 在工具箱中单击【矩形工具】按钮，在文档窗口中绘制一个矩形，将【填色】设置为48、40、37，将【描边】设置为无，将W、H分别设置为8毫米、1毫米，设置完成后调整矩形的位置，如图12-58所示。

图12-58

Step 25 使用【矩形工具】绘制图形，将【填色】设置为无，将【描边】设置为142、77、40，在【描边】面板中将【粗细】设置为1点，将X、Y分别设置为109毫米、237毫米，W、H分别设置为50毫米、22毫米，然后在菜单栏中选择【对象】|【角选项】命令，在弹出的对话框中将【转角大小】设置为9毫米，将【转角形状】设置为【圆角】，如图12-59所示。

Step 26 设置完成后，单击【确定】按钮，使用【钢笔工具】绘制图形，将【填色】设置为无，将【描边】设置为142、77、40，在【描边】面板中将【粗细】设置为1点，如图12-60所示。

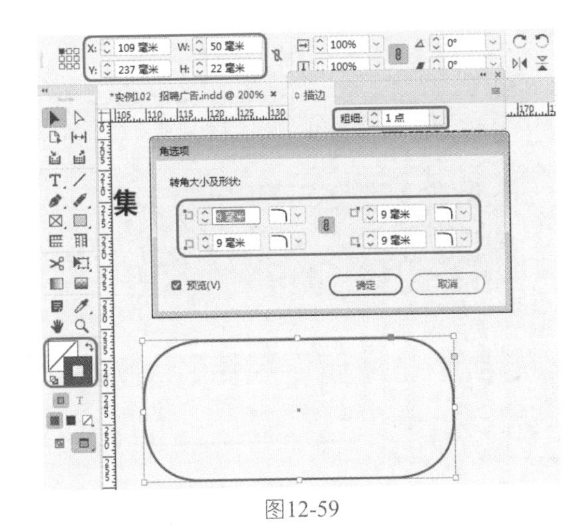

图12-59

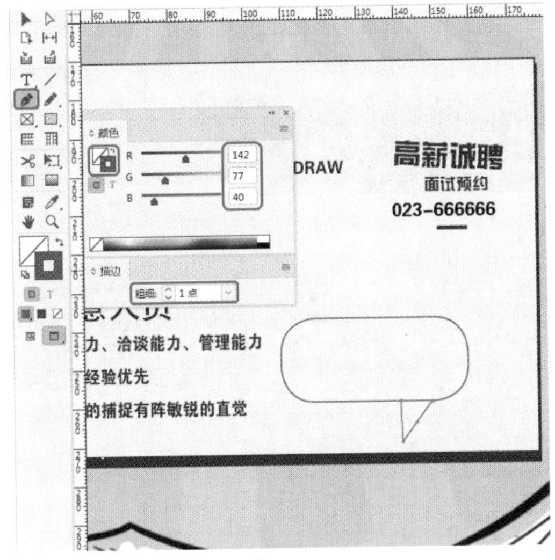

图12-60

Step 27 在工具箱中单击【文字工具】按钮，在文档窗口中绘制一个文本框，输入文字并选中，在【字符】面板中将【字体】设置为【汉仪菱心体简】，将【字体大小】设置为16点，将【填色】设置为108、46、23，设置完成后调整文本位置，如图12-61所示。

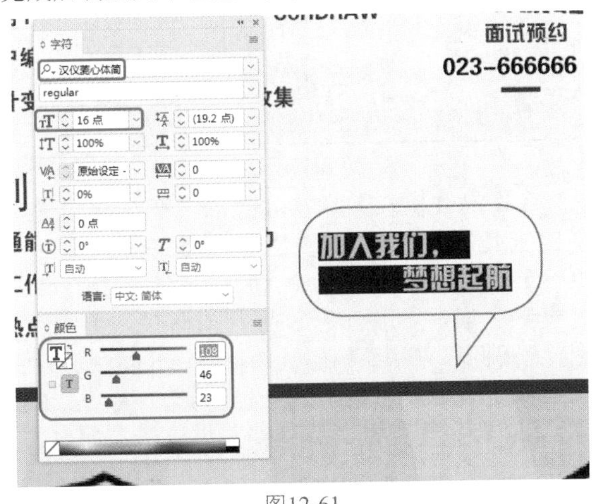

图12-61

Step 28 按Ctrl+D快捷组合键，弹出【置入】对话框，选择“素材\Cha12\招聘素材04.png”素材文件，单击【打开】按钮，拖曳鼠标调整素材的位置与大小，释放鼠标即可置入素材，如图12-62所示。

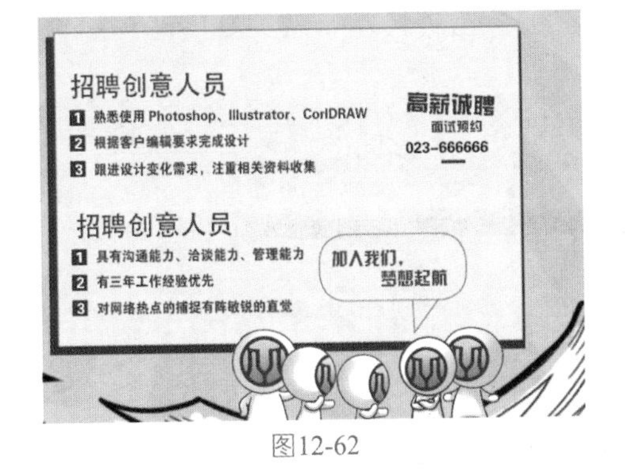

图12-62

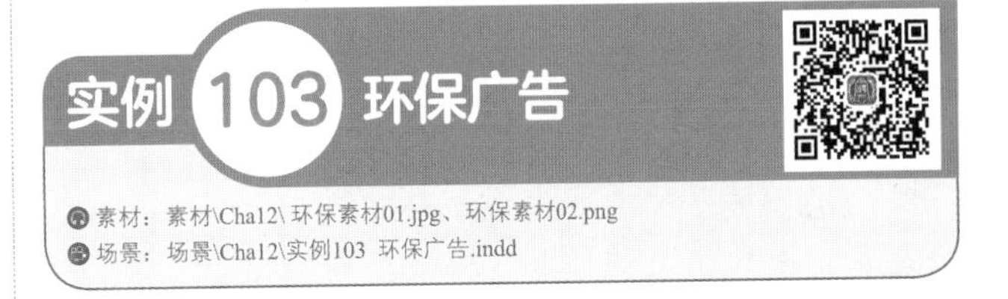

实例103 环保广告

素材：素材\Cha12\环保素材01.jpg、环保素材02.png
场景：场景\Cha12\实例103 环保广告.indd

本例讲解如何为绘制的图形添加【定向羽化】效果，对文本应用【创建轮廓】命令，然后置入素材文件并进行旋转设置，最终制作出环保广告，如图12-63所示。

图12-63

Step 01 新建一个【宽度】、【高度】分别为716毫米、403毫米，【页面】为1的文档，并将边距均设置为20毫米。按Ctrl+D快捷组合键，弹出【置入】对话框，选择“素材\Cha12\环保素材01.jpg”素材文件，单击【打开】按钮，拖曳鼠标调整素材的位置与大小，释放鼠标即可置入素材，如图12-64所示。

图12-64

Step 02 在工具箱中单击【文字工具】按钮，在文档窗口中绘制一个文本框，输入文字并选中，在【字符】面板中将【字体】设置为【Adobe 黑体 Std】，将【字体大小】设置为57点，将【字符间距】设置为200，将【填色】设置为55、45、43，设置完成后调整文本位置，如图12-65所示。

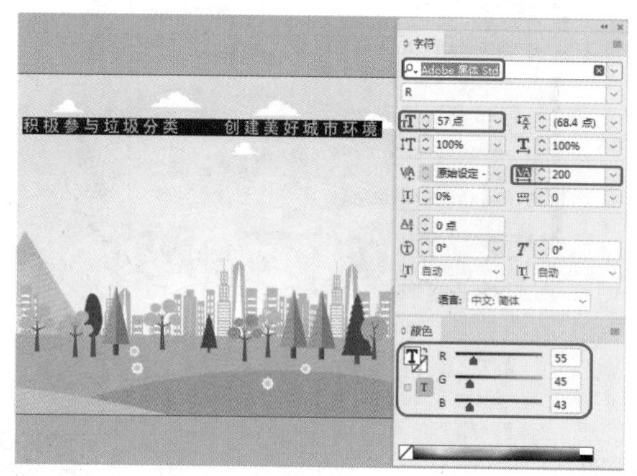

图12-65

Step 03 在工具箱中单击【钢笔工具】按钮，在文档窗口中绘制图形，将【填色】设置为214、64、88，将【描边】设置为无，设置完成后调整图形位置，如图12-66所示。

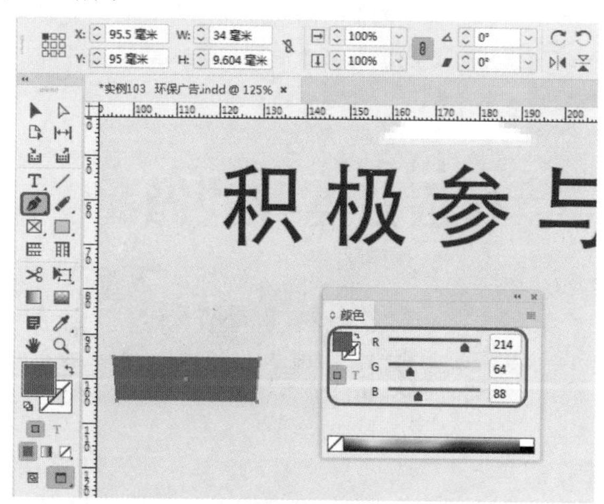

图12-66

Step 04 使用同样的方法绘制其他图形，将【填色】设置为235、92、57，将【描边】设置为无，设置完成后调整图形位置，如图12-67所示。

Step 05 选中绘制的图形，在菜单栏中选择【窗口】|【效果】命令，打开【效果】面板，单击右下角的【向选定的目标添加对象效果】按钮，弹出快捷菜单，选择【定向羽化】命令，如图12-68所示。

Step 06 在弹出的对话框中，将【上】、【下】、【左】、【右】分别设置为0、0、9、0，将【杂色】、【收缩】、【角度】都设置为0，将【形状】设置为【前导边缘】，如图12-69所示，单击【确定】按钮。

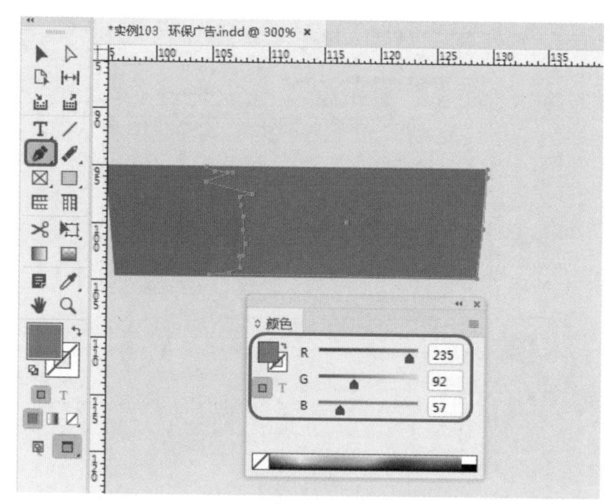

图12-67

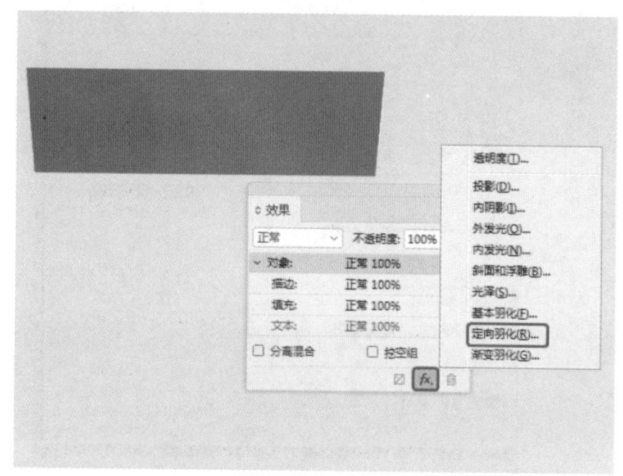

图12-68

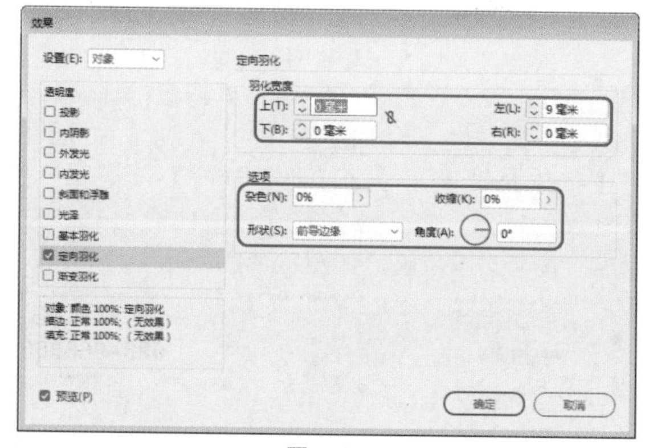

图12-69

Step 07 将【混合模式】设置为颜色，在工具箱中单击【椭圆工具】按钮，在文档窗口中绘制图形，将【填色】设置为245、181、162，将【描边】设置为无，设置完成后调整图形位置，如图12-70所示。

Step 08 使用同样方法绘制椭圆图形，将【填色】设置为245、181、162，将【描边】设置为无，将W、H都设置为1.4毫米，设置完成后调整图形位置，如图12-71所示。

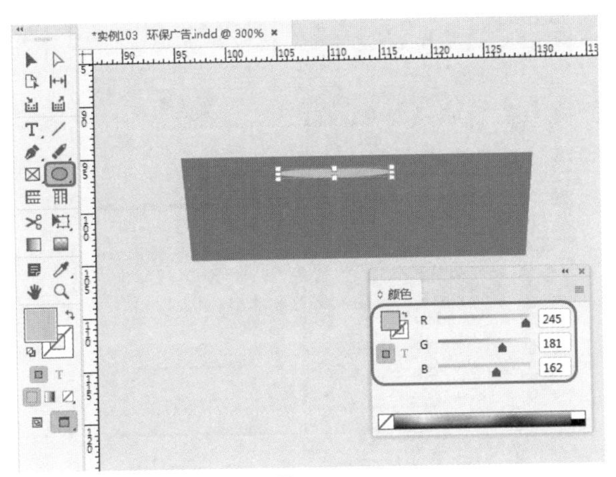

图12-70

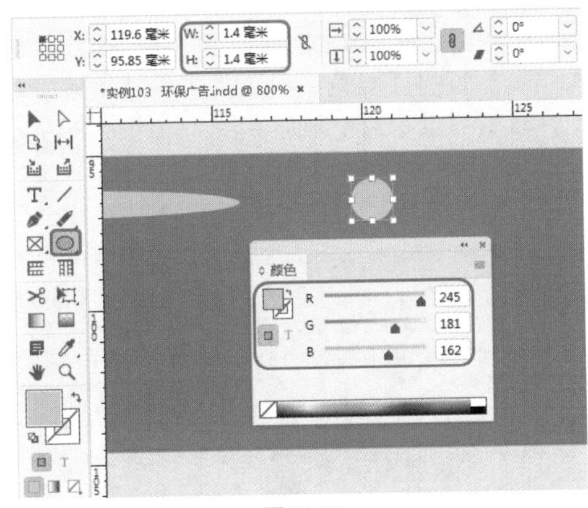

图12-71

Step 09 在工具箱中单击【钢笔工具】按钮，在文档窗口中绘制图形，将【填色】设置为203、18、48，将【描边】设置为无，设置完成后调整图形位置，如图12-72所示。

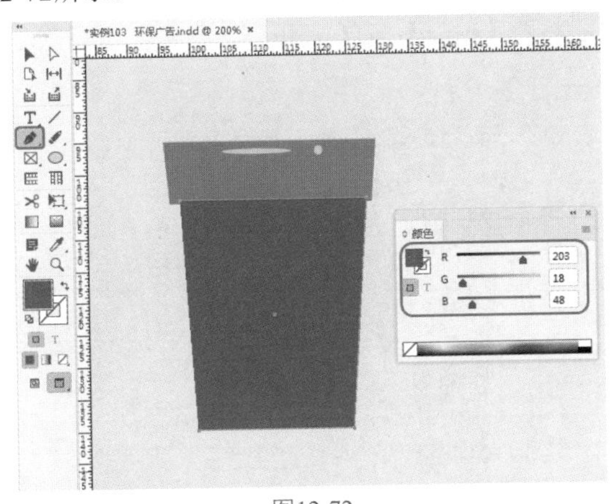

图12-72

Step 10 在工具箱中单击【钢笔工具】按钮，在文档窗口中绘制图形，将【填色】设置为221、43、20，将【描边】设置为无，设置完成后调整图形位置，如图12-73所示。

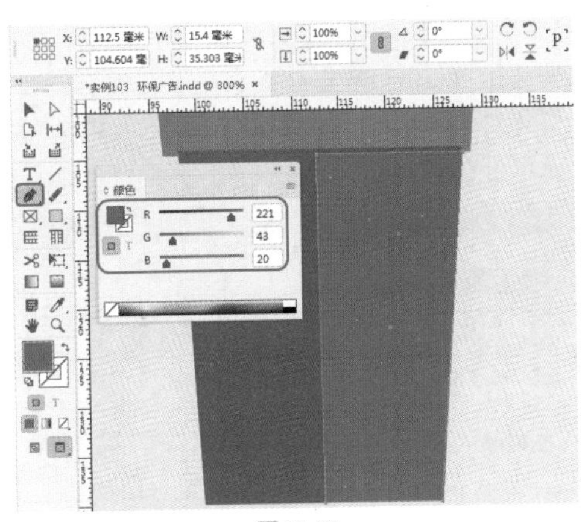

图12-73

Step 11 选中绘制的图形，在菜单栏中选择【窗口】|【效果】命令，打开【效果】面板，单击右下角的【向选定的目标添加对象效果】按钮，弹出快捷菜单，选择【定向羽化】命令，在弹出的对话框中，将【上】、【下】、【左】、【右】分别设置为0、0、11、0，将【杂色】、【收缩】、【角度】都设置为0，将【形状】设置为【前导边缘】，如图12-74所示，设置完成后，单击【确定】按钮。

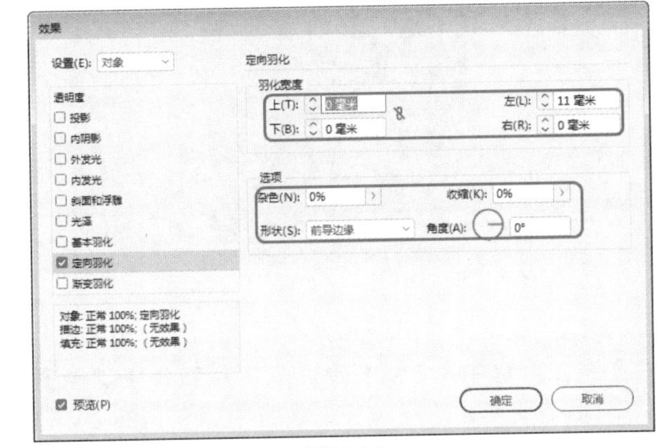

图12-74

Step 12 在工具箱中单击【矩形工具】按钮，在文档窗口中绘制图形，将【填色】设置为174、39、42，将【描边】设置为无，设置完成后调整图形位置，如图12-75所示。

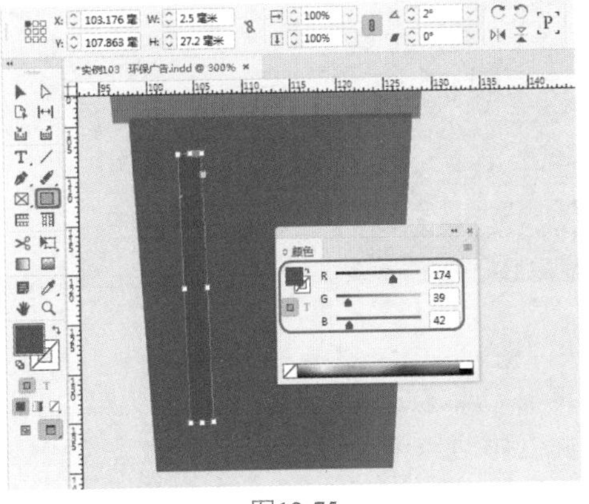

图12-75

Step 13 选择绘制的矩形，在菜单栏中选择【对象】|【角选项】命令，弹出对话框，将【转角形状】设置为【圆角】，将【转角大小】设置为6毫米，如图12-76所示，单击【确定】按钮。

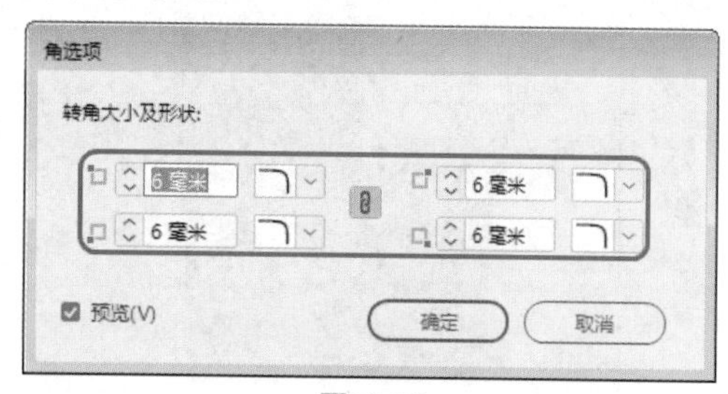

图12-76

Step 14 调整矩形的大小与位置，选中绘制的图形，按住Alt键拖曳鼠标复制多个图形，并设置旋转角度，如图12-77所示。

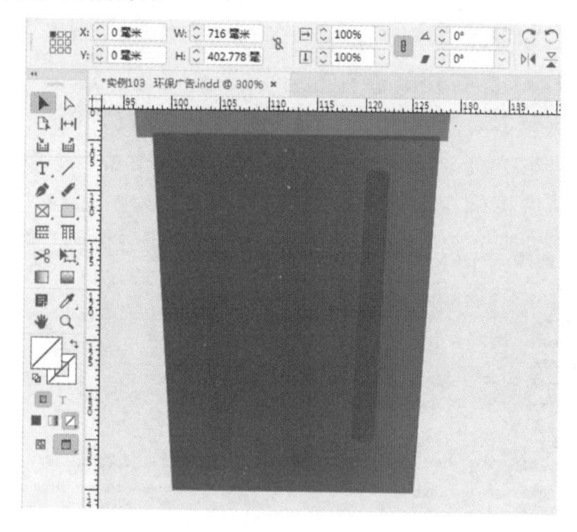

图12-77

Step 15 在工具箱中单击【椭圆工具】按钮，在文档窗口中绘制多个图形，将【填色】设置为245、181、162，将【描边】设置为无，设置完成后调整图形位置，如图12-78所示。

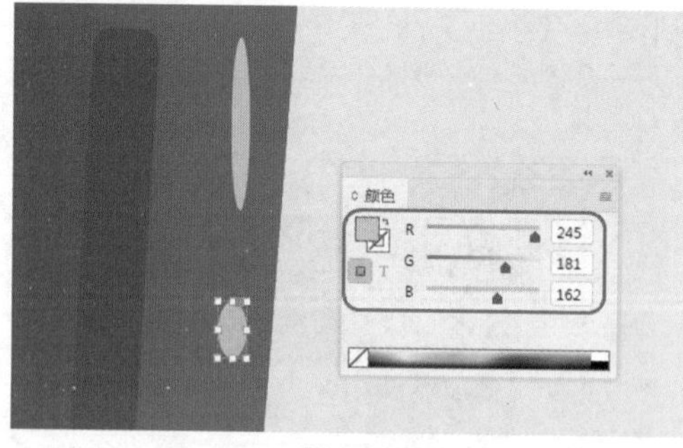

图12-78

Step 16 在工具箱中单击【矩形工具】按钮，在文档窗口中绘制图形，将【填色】设置为无，将【描边】设置为白色，将【描边粗细】设置为2点，设置完成后调整图形位置，如图12-79所示。

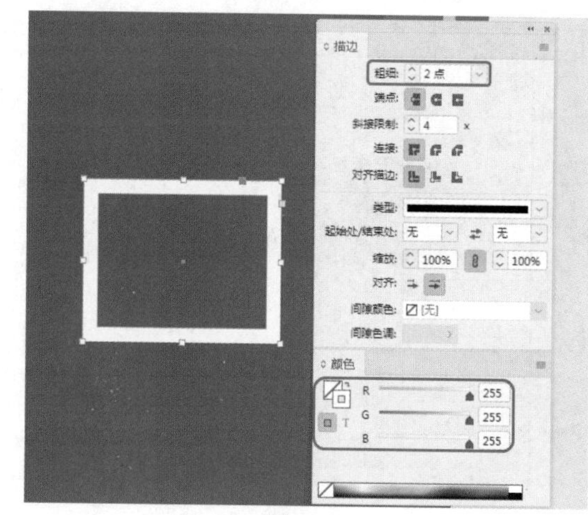

图12-79

Step 17 在工具箱中单击【钢笔工具】按钮，在文档窗口中绘制图形，将【填色】设置为白色，将【描边】设置为无，设置完成后调整图形位置，如图12-80所示。

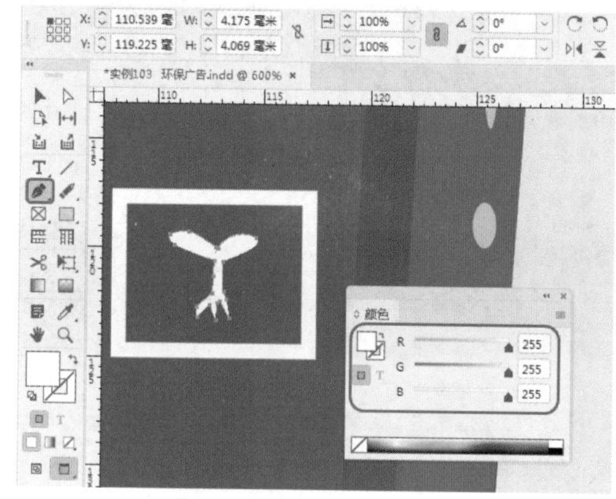

图12-80

Step 18 选中所有绘制的图形，单击鼠标右键，弹出快捷菜单，选择【编组】命令，如图12-81所示。

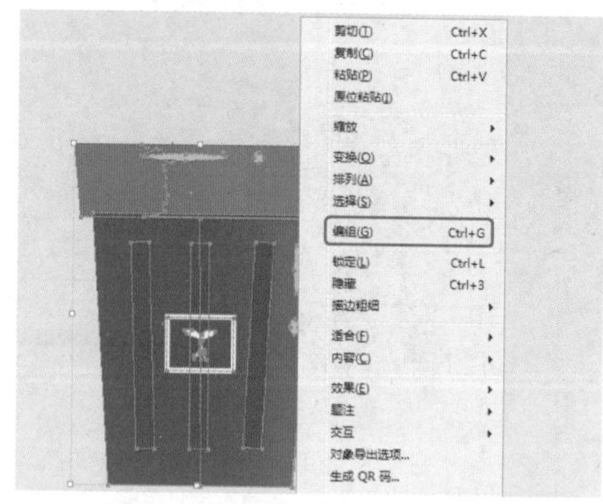

图12-81

Step 19 打开【图层】面板，将【组】图层隐藏，使用【文字工具】在文档窗口中输入文字并选中，在【字符】面板中将【字体】设置为【方正粗倩简体】，将【字体大小】设置为208点，将【填色】设置为0、

153、68，设置完成后调整文本位置，如图12-82所示。

图12-82

Step 20 选中输入的文本，在菜单栏中选择【文字】|【创建轮廓】命令，如图12-83所示。

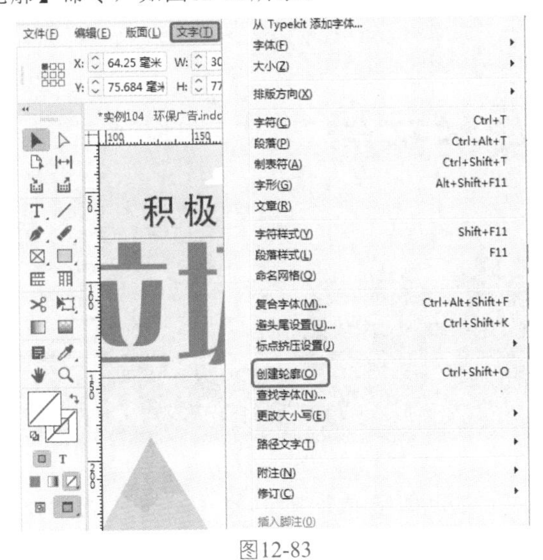

图12-83

Step 21 确认选中文本的情况下，在工具箱中单击【钢笔工具】按钮，参考如图12-84所示进行删除。

图12-84

Step 22 选择工具箱中的【选择工具】，选中输入的文本，将【填色】设置为0、153、68，将【描边】设置为白色，在【描边】面板中将【粗细】设置为13点，如图12-85所示。

图12-85

Step 23 打开图层面板，将【复合路径】图层拖曳至【创建新图层】按钮上，如图12-86所示。

图12-86

Step 24 选中复制完成后的文本，将【填色】设置为0、153、68，将【描边】设置为无，如图12-87所示。

图12-87

Step 25 打开图层面板，单击【组】图层左侧的【切换可视性】按钮，即可显示图形，将【组】图层调整至最顶层，如图12-88所示。

图12-88

Step 26 在工具箱中单击【文字工具】按钮，在文档窗口中绘制一个文本框，输入文字并选中，在【字符】面板中将【字体】设置为【方正粗倩简体】，将【字体大小】设置为208点，将【填色】设置为0、153、68，将【描边】设置为白色，将描边【粗细】设置为8点，设置完成后调整文本位置，如图12-89所示。

图12-89

Step 27 使用同样的方法输入文本“保护环境 低碳生活”，选中输入的文本，将【字体】设置为【方正兰亭粗黑简体】，将【字体大小】设置为102点，将【水平缩放】设置为99%，将【填色】设置为0、153、68，将【描边】设置为白色，将【描边粗细】设置为9点，选中“低碳生活”文本，将【填色】设置为239、217、150，如图12-90所示。

图12-90

Step 28 选择工具箱中的【选择工具】，将文本的【X切变角度】设置为9°，如图12-91所示。

图12-91

Step 29 选中输入的文本，在菜单栏中选择【窗口】|【效果】命令，打开【效果】面板，单击右下角的【向选定的目标添加对象效果】按钮，弹出快捷菜单，选择【投影】命令，如图12-92所示。

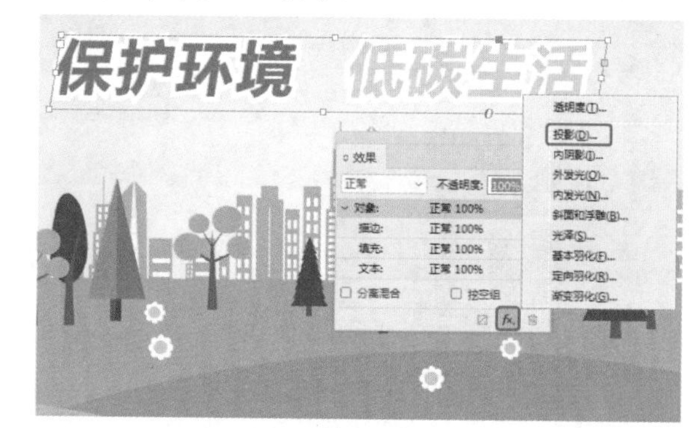

图12-92

Step 30 在弹出的对话框中，将【不透明度】设置为50%，将【距离】、【X位移】、【Y位移】分别设置为6毫米、6毫米、0毫米，将【角度】设置为180°，取消勾选【使用全局光】复选框，将【大小】、【扩展】、【杂色】分别设置为3毫米、0、0，如图12-93所示。

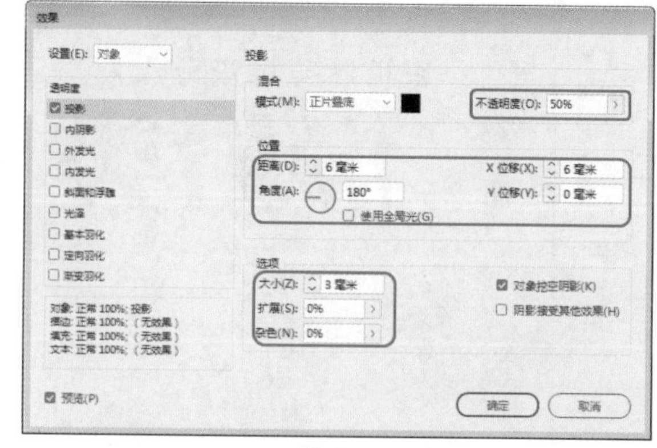

图12-93

Step 31 单击【确定】按钮，按Ctrl+D快捷组合键，弹出

【置入】对话框，选择“素材\Cha12\环保素材02.png”素材文件，单击【打开】按钮，拖曳鼠标调整素材的位置与大小，释放鼠标即可置入素材，如图12-94所示。

图12-94

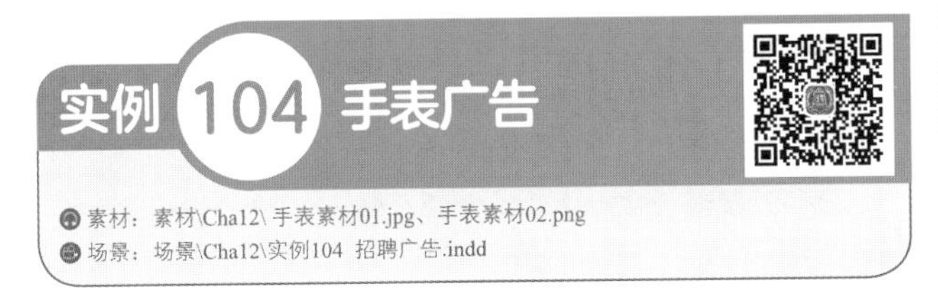

本例讲解【钢笔工具】、【文字工具】、【直线工具】的基本操作，然后为绘制的图形添加颜色与投影效果，最终制作出手表广告，如图12-95所示。

图12-95

Step 01 新建一个【宽度】、【高度】分别为122毫米、58毫米，【页面】为1的文档，并将边距均设置为20毫米。按Ctrl+D快捷组合键，弹出【置入】对话框，选择“素材\Cha12\手表素材01.jpg”素材文件，单击【打开】按钮，拖曳鼠标调整素材的位置与大小，释放鼠标即可置入素材，如图12-96所示。

图12-96

Step 02 在工具箱中单击【矩形工具】按钮，在文档窗口中绘制一个矩形，将【填色】设置为202、33、34，将【描边】设置为无，将W、H分别设置为38毫米、48毫米，如图12-97所示。

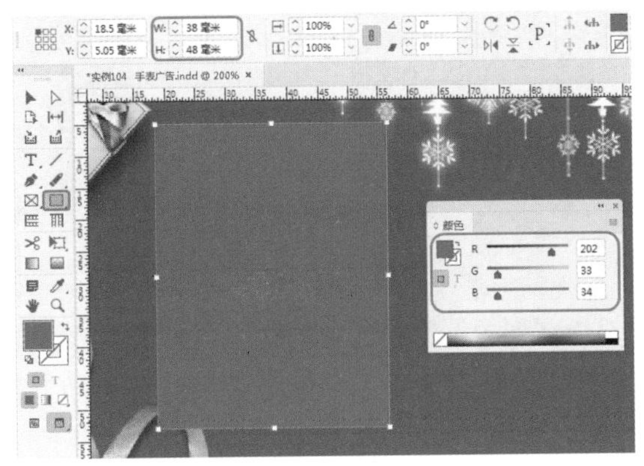

图12-97

Step 03 在【色板】面板中单击☰按钮，在弹出的下拉列表中选择【新建颜色色板】命令，如图12-98所示。

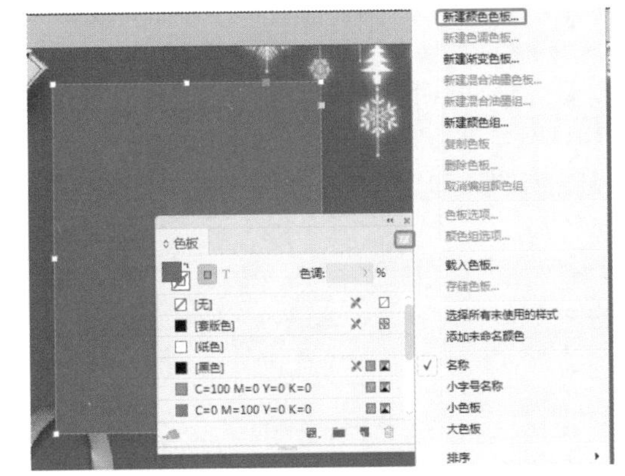

图12-98

Step 04 在弹出的对话框中将【颜色模式】设置为RGB，将【红色】、【绿色】、【蓝色】分别设置为219、162、149，单击【确定】按钮，如图12-99所示。

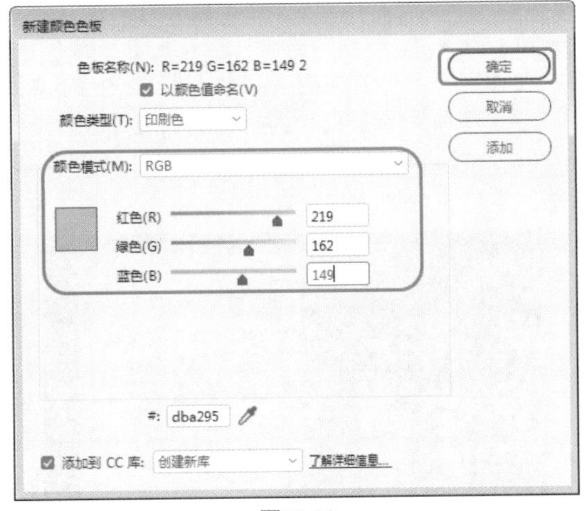

图12-99

Step 05 选中绘制的矩形，在菜单栏中选择【窗口】|【效果】命令，打开【效果】面板，单击右下角的【向选定的目标添加对象效果】按钮，弹出快捷菜单，选择【投影】命令，如图12-100所示。

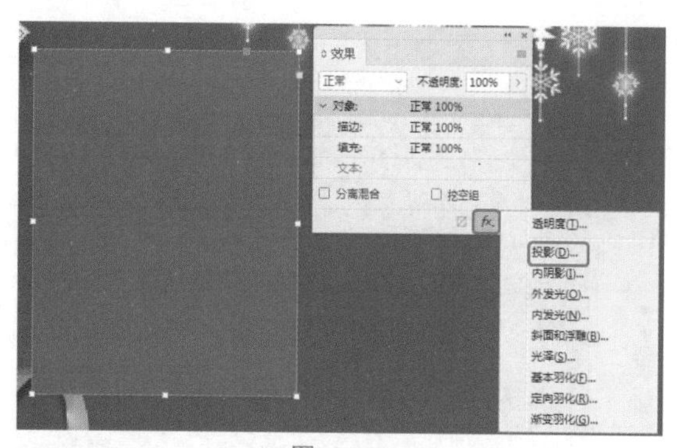

图12-100

Step 06 在弹出的对话框中，将混合【模式】设置为【正片叠底】，将【颜色】设置为前面所添加的色块，将【不透明度】设置为77%，将【距离】、【X位移】、【Y位移】分别设置为0、0、0，将【角度】设置为180°，取消勾选【使用全局光】复选框，将【大小】、【扩展】、【杂色】分别设置为21、11、0，如图12-101所示。

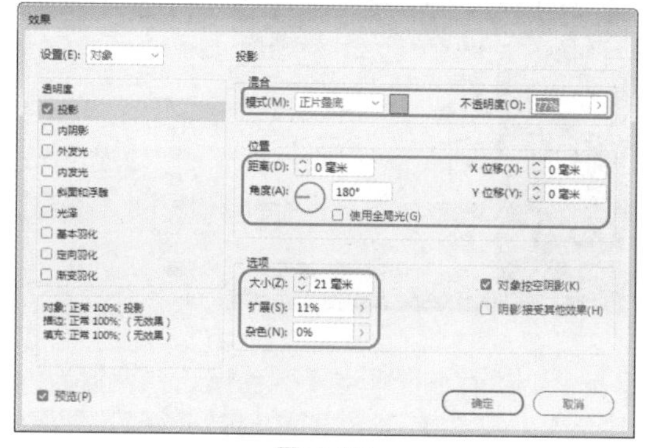

图12-101

Step 07 单击【确定】按钮，在工具箱中单击【文字工具】按钮，在文档窗口中绘制一个文本框，输入文字并选中，在【字符】面板中将【字体】设置为【长城新艺体】，将【字体大小】设置为13点，将【字符间距】设置为100，将【填色】设置为239、230、192，设置完成后调整文本位置，如图12-102所示。

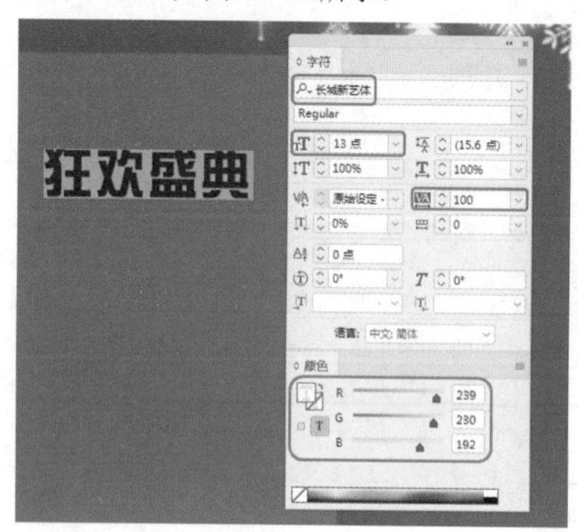

图12-102

Step 08 使用同样的方法，在文档窗口中绘制一个文本框，输入文字并选中，在【字符】面板中将【字体】设置为【汉仪菱心体简】，将【字体大小】设置为18点，将【字符间距】设置为150，将【填色】设置为239、230、192，设置完成后调整文本位置，如图12-103所示。

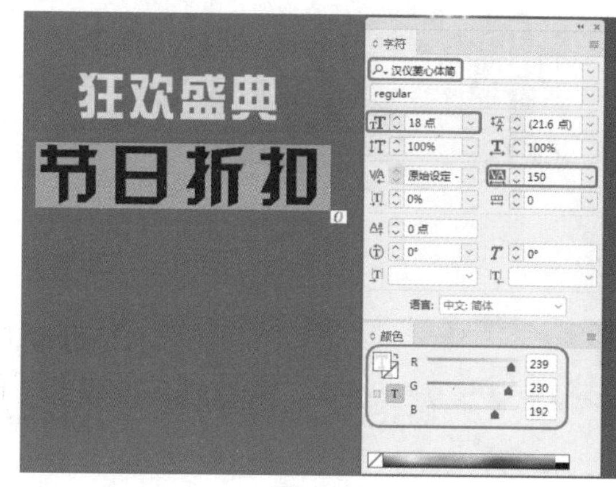

图12-103

Step 09 在工具箱中单击【矩形工具】按钮，在文档窗口中绘制一个矩形，将【填色】设置为218、30、37，将【描边】设置为无，将W、H分别设置为46毫米、6毫米，设置完成后调整图形的位置，如图12-104所示。

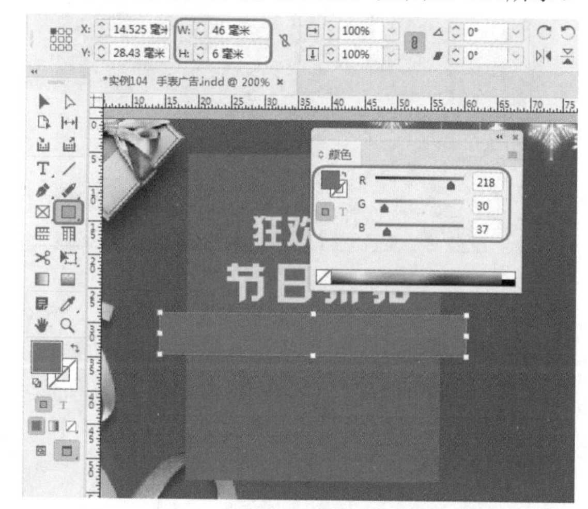

图12-104

Step 10 在工具箱中单击【钢笔工具】按钮，在文档窗口中绘制一个图形，将【填色】设置为50、5、5，将【描边】设置为无，设置完成后调整图形位置，如图12-105所示。

Step 11 选中绘制的图形，按住Alt键拖曳鼠标复制图形，单击鼠标右键，弹出快捷菜单，选择【变换】|【水平翻转】命令，如图12-106所示。

Step 12 设置完成后调整图形位置，在工具箱中单击【文字工具】按钮，在文档窗口中绘制一个文本框，输入文字并选中，在【字符】面板中将【字体】设置为【微软雅黑】，将【字体样式】设置为Bold，将【字体大小】设置为8点，将【字符间距】设置为150，将【填色】设置为244、232、194，设置完成后调整文本位置，如图12-107所示。

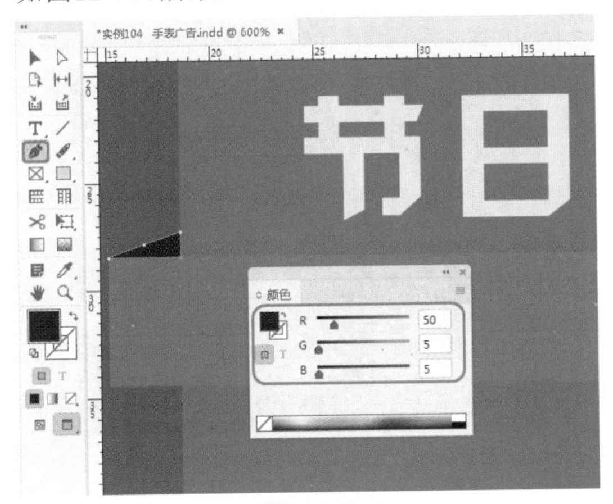

图12-105

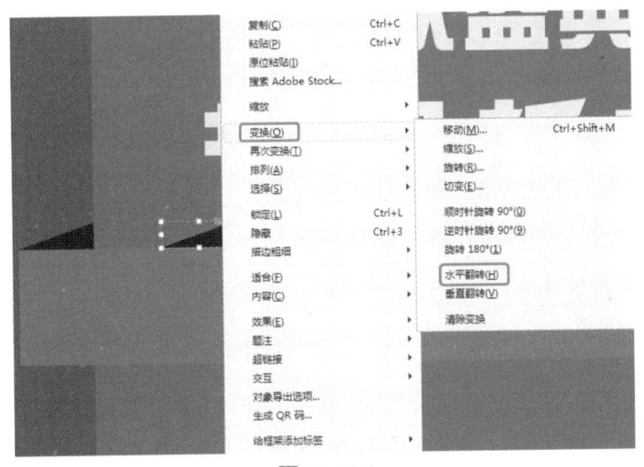

图12-106

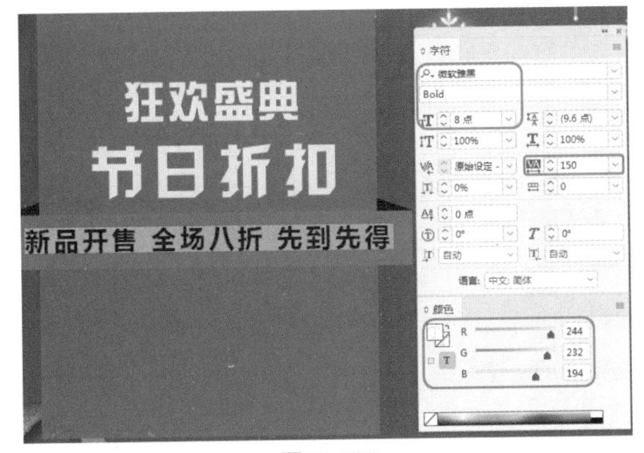

图12-107

Step 13 使用同样的方法，在文档窗口中绘制一个文本框，输入文字并选中，在【字符】面板中将【字体】设置为【微软雅黑】，将【字体样式】设置为Regular，将【字体大小】设置为4点，将【字符间距】设置为150，将【填色】设置为244、232、194，设置完成后调整文本位置，如图12-108所示。

Step 14 在工具箱中单击【矩形工具】按钮，在文档窗口中绘制一个矩形，将【填色】设置为244、227、201，将【描边】设置为无。在菜单栏中选择【对象】|【角选项】命令，弹出对话框将【转角形状】设置为【圆角】，将【转角大小】设置为5毫米，单击【确定】按钮，调整矩形的大小与位置，如图12-109所示。

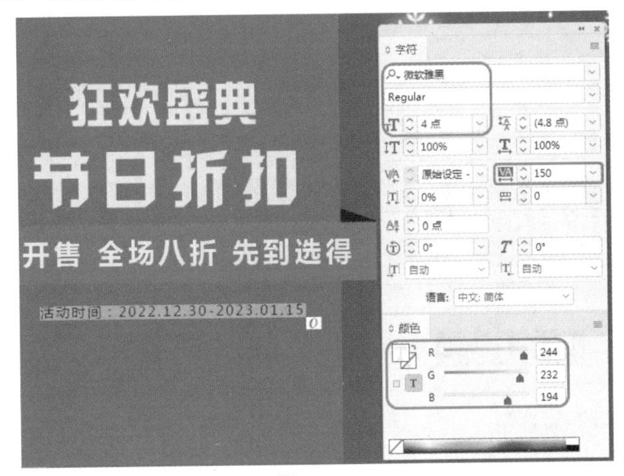

图12-108

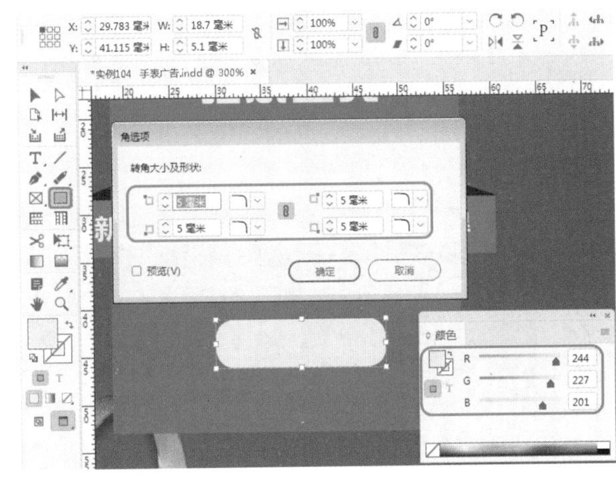

图12-109

Step 15 使用同样的方法绘制矩形，将【填色】设置为无，将【描边】设置为204、32、35，在【描边】面板中将【粗细】设置为0.5点，调整矩形大小与位置，根据前面的方法为矩形设置为圆角，如图12-110所示。

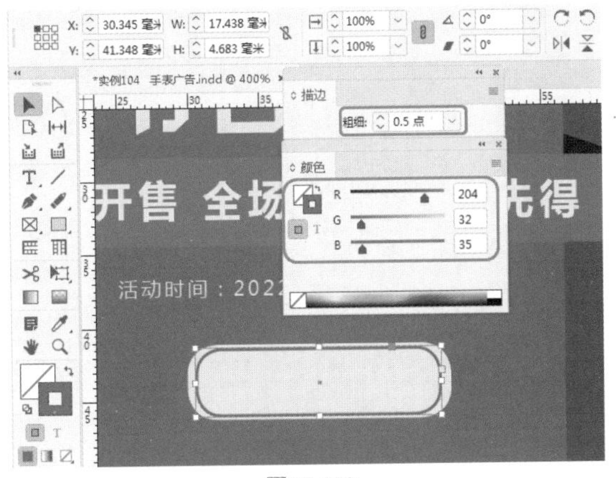

图12-110

Step 16 在工具箱中单击【文字工具】按钮，在文档窗口中绘制一个文本框，输入文字并选中，在【字符】面板中将【字体】设置为【微软雅黑】，将【字体大小】设置为5点，将【字符间距】设置为100，将【填色】设置为204、32、35，设置完成后调整文本位置，如图12-111所示。

图12-111

Step 17 使用【钢笔工具】在文档窗口中绘制其他图形，将【填色】设置为218、30、37，将【描边】设置为无，选中绘制的图形并进行复制，调整图形的大小与位置，如图12-112所示。

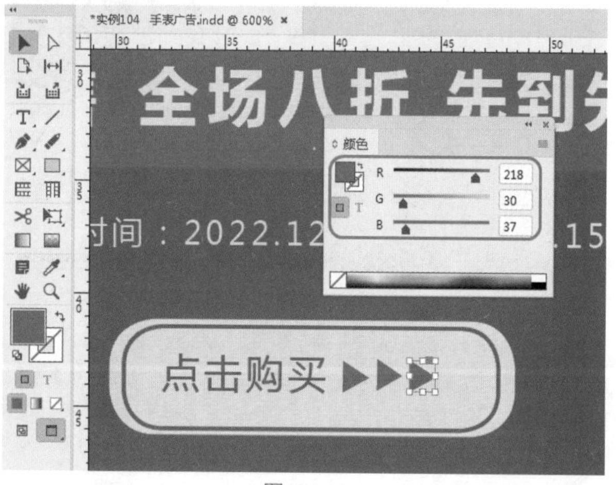

图12-112

Step 18 按Ctrl+D快捷组合键，弹出【置入】对话框，选择“素材\Cha12\手表素材02.png”素材文件，单击【打开】按钮，拖曳鼠标调整素材的位置与大小，释放鼠标即可置入素材，如图12-113所示。

图12-113

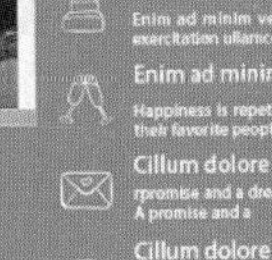

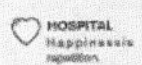

第13章 折页设计

本章导读

折页的封面及封底要抓住商品的特点，以定位的方式、艺术的表现吸引消费者，而内页的设计要做到图文并茂。封面形象需要色彩强烈而醒目；内页色彩相对柔和便于阅读。对于复杂的图文，要求讲究排列的秩序性，并突出重点。封面、内页要注意形式、内容的连贯性和整体性，统一风格。

实例105 企业折页正面

素材：素材\Cha13\企业素材01.jpg、企业素材02.png、企业素材03.png、企业素材04.png、企业素材05.jpg、企业素材06.png

场景：场景\Cha13\实例105 企业折页正面.indd

本例讲解【钢笔工具】、【文字工具】、【直线工具】的基本操作，并为绘制的图形添加颜色效果，之后置入素材文件并进行旋转设置，最终制作出企业折页正面，如图13-1所示。

图13-1

Step 01 新建一个【宽度】、【高度】分别为297毫米、210毫米，【页面】为1的文档，勾选【对页】复选框，并将边距均设置为10毫米。使用【钢笔工具】绘制图形，将描边设置为无，在菜单栏中选择【文件】|【置入】命令，弹出【置入】对话框，选择“素材\Cha13\企业素材01.jpg”素材文件，单击【打开】按钮，即可将选择的图片置入图形中，然后双击图片将其选中，并在按住Shift键的同时拖动图片调整其大小和位置，如图13-2所示。

图13-2

Step 02 按Ctrl+D快捷组合键，弹出【置入】对话框，选择“素材\Cha13\企业素材02.png”素材文件，单击【打开】按钮，置入素材并进行调整。使用【钢笔工具】绘制图形，将【填色】设置为无，将【描边粗细】设置为18点，将【描边】的CMYK值设置为12、87、68、1，如图13-3所示。

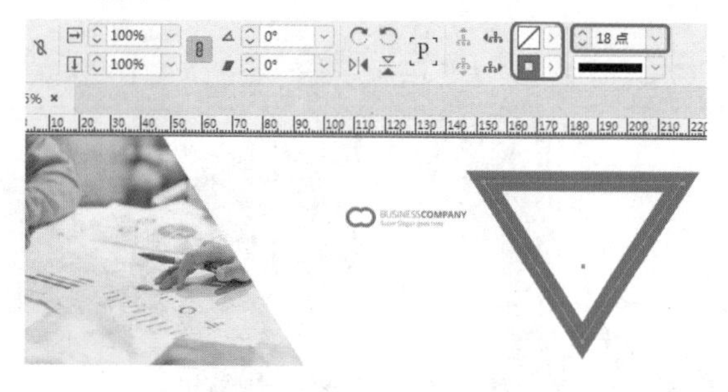

图13-3

Step 03 在文档窗口中选择绘制的图形，对其进行复制并调整位置，将复制图形的【旋转角度】设置为180°，在【颜色】面板将【描边】的CMYK值设置为80、68、50、9，如图13-4所示。

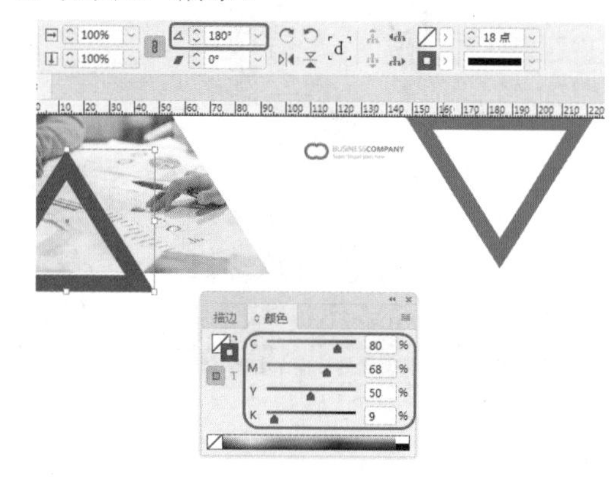

图13-4

Step 04 在工具箱中单击【文字工具】按钮T，在文档窗口中绘制一个文本框，输入文字“OUR SERVICES.”。将文字选中，在【字符】面板中将【字体】设置为Kalinga，将【字体样式】设置为Bold，将【字体大小】设置为10点，将【字符间距】设置为-50。使用同样方法输入文字“了解我们”，将【字体】设置为【Adobe 黑体 Std】，将【字体大小】设置为18点，将【填色】设置为20、86、63、0，如图13-5所示。

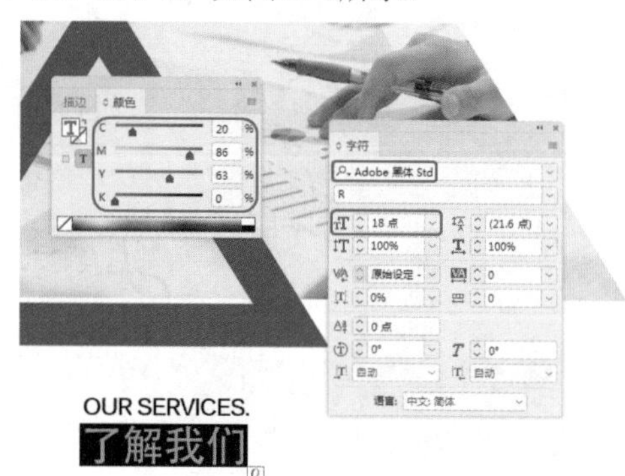

图13-5

Step 05 使用同样方法输入文字，在【字符】面板中将【字体】设置为【Adobe 仿宋 Std】，将【字体大小】设置为6点，将【行距】设置为12点，将【填色】的CMYK值设置为74、67、64、22，如图13-6所示。

图13-6

Step 06 按Ctrl+D快捷组合键，弹出【置入】对话框，选择“素材\Cha13\企业素材03.png”素材文件，单击【打开】按钮，置入素材并进行调整。使用【文字工具】输入文字，将【字体】设置为【Adobe 黑体 Std】，将【字体大小】设置为14点，将【填色】的CMYK值设置为20、86、63、0，如图13-7所示。

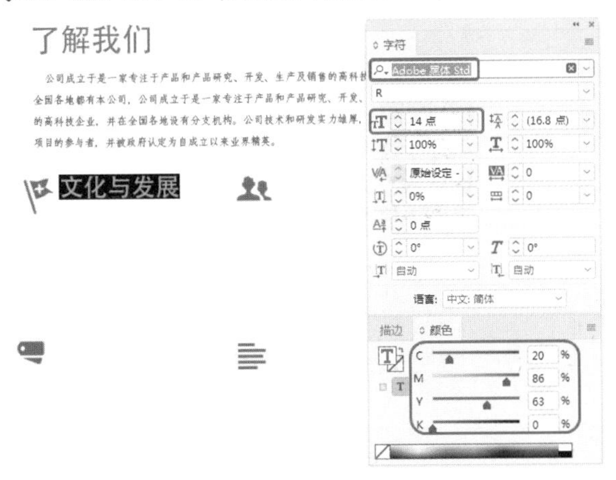

图13-7

Step 07 单击工具箱中的【文字工具】按钮T，在文档窗口输入文字，在【字符】面板中将【字体】设置为Kalinga，将【字体样式】设置为Regular，将【字体大小】设置为8点，将【行距】设置为8点，将【字符间距】设置为-50，将【填色】的CMYK值设置为76、69、66、30，如图13-8所示。

Step 08 使用同样的方法输入其他文字，单击工具箱中的【直线工具】按钮，在文档窗口绘制线段，将【描边】设置为20、86、63、0，将【描边粗细】设置为1点，将【类型】设置为虚线(4和4)，选中绘制的图形进行复制，将复制图形的【旋转角度】设置为90°，如图13-9所示。

图13-8

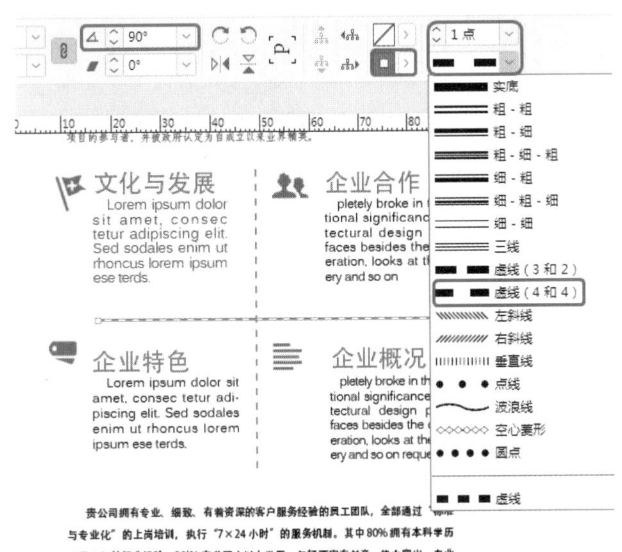

图13-9

Step 09 单击工具箱中的【钢笔工具】按钮，在文档窗口绘制图形，将【填色】设置为12、87、68、1，将【描边】设置为无。按Ctrl+D快捷组合键，弹出【置入】对话框，选择“素材\Cha13\企业素材04.png”素材文件，单击【打开】按钮，置入素材并进行调整，打开【效果】面板将【混合模式】设置为【正片叠底】，将【不透明度】设置为61%，如图13-10所示。

Step 10 单击工具箱中的【文字工具】按钮T，在文档窗口输入文字，在【字符】面板中将【字体】设置为Kalinga，将【字体样式】设置为Bold，将【字体大小】设置为11点，将【字符间距】设置为5，将【填色】设置为白色，使用同样方法输入文字“企业三折页”，将【字体】设置为【长城新艺体】，将【字体大小】设置为52点，将【水平缩放】设置为80%，将【填色】设置为白色，如图13-11所示。

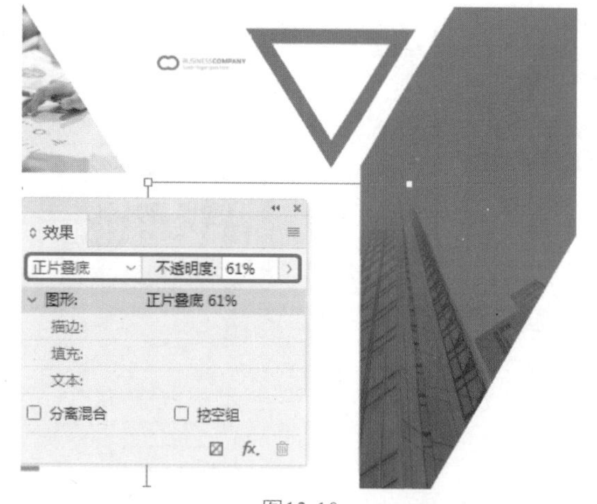

图13-10

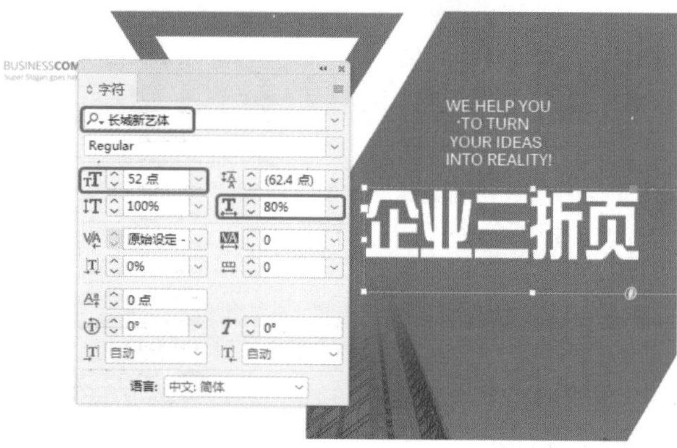

图13-11

Step 11 单击工具箱中的【矩形工具】按钮，在文档窗口绘制图形，将【填色】设置为白色，将【描边】设置为无。使用同样方法绘制矩形，将【填色】设置为15、12、11、0，将【描边】设置为无，使用【选择工具】在空白位置单击鼠标。按Ctrl+D快捷组合键，弹出【置入】对话框，选择“素材\Cha13\企业素材05.jpg”素材文件，单击【打开】按钮，置入素材并进行调整，如图13-12所示。

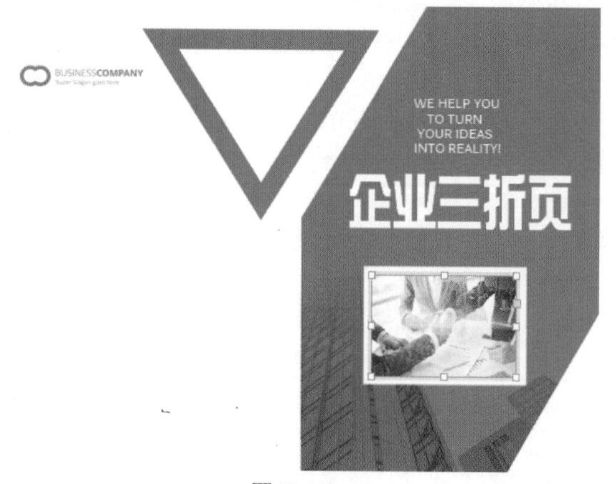

图13-12

Step 12 使用前面介绍的方法输入其他文字与置入素材，并进行旋转与设置，如图13-13所示。

图13-13

Step 13 按Ctrl+D快捷组合键，弹出【置入】对话框，选择“素材\Cha13\企业素材06.jpg”素材文件，单击【打开】按钮，置入素材并进行调整。单击工具箱中的【文字工具】按钮，在文档窗口绘制文本并输入文字，在【字符】面板中将【字体】设置为【Adobe 黑体 Std】，将【字体大小】设置为14点，将【填色】设置为黑色，如图13-14所示。

图13-14

Step 14 使用前面介绍的方法输入其他文字与直线，并设置合适位置，如图13-15所示。

JOIN US
加入我们
Phone: 531-0000 6666
Fax: 531-0001 7777
全国统一服务热线
400-123789

图13-15

实例106 企业折页背面

素材：素材\Cha13\企业素材02.png、企业素材07.png、企业素材08.jpg、企业素材09.jpg、企业素材10.jpg、企业素材11.jpg、企业素材12.png

场景：场景\Cha13\实例106 企业折页背面.indd

本例讲解如何使用【钢笔工具】、【文字工具】、【直线工具】绘制图形效果，为空白部分填充文字并设置颜色效果，然后置入素材文件并进行设置，最终制作出企业折页背面，如图13-16所示。

图13-16

Step 01 新建一个【宽度】、【高度】分别为297毫米、210毫米，【页面】为1的文档，勾选【对页】复选框，并将边距均设置为10毫米。在菜单栏中选择【文件】|【置入】命令，弹出【置入】对话框，选择“素材\Cha13\企业素材02.png、企业素材07.png”素材文件，单击【打开】按钮，置入素材文件并调整其大小与位置，如图13-17所示。

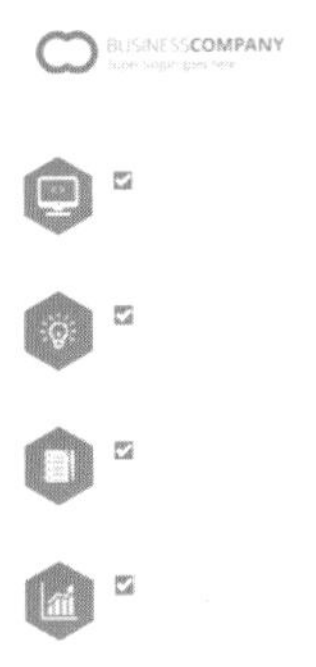

图13-17

Step 02 使用【钢笔工具】绘制图形，将【描边粗细】设置为18点，将【描边】的CMYK值设置为12、87、68、1。单击工具箱中的【文字工具】按钮，在文档窗口输入文字，在【字符】面板中将【字体】设置为Kalinga，将【字体样式】设置为Bold，将【字体大小】设置为11点，将【字符间距】设置为-10，将【填色】的CMYK值设置为76、69、67、30，如图13-18所示。

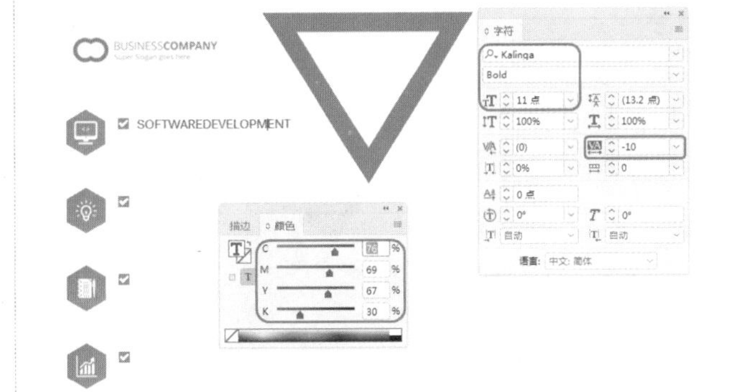

图13-18

Step 03 使用【文字工具】输入文字，将【字体】设置为Kalinga，将【字体样式】设置为Regular，将【字体大小】设置为10点，将【填色】设置为黑色，使用同样的方法输入其他文字，如图13-19所示。

图13-19

Step 04 单击工具箱中的【钢笔工具】按钮，在文档窗口绘制图形，将【描边】设置为无。按Ctrl+D快捷组合键，弹出【置入】对话框，选择“素材\Cha13\企业素材08.jpg”素材文件，单击【打开】按钮，置入素材并进行调整，如图13-20所示。

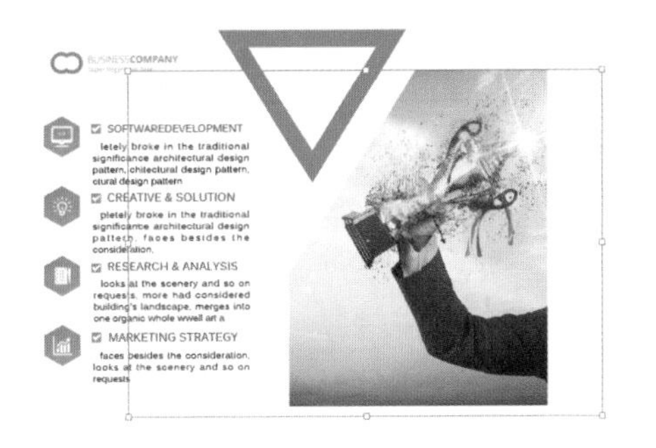

图13-20

Step 05 单击工具箱中的【矩形工具】按钮，在文档窗口绘制图形，将【填色】设置为11、79、63、1，将【描边】设置为无。在菜单栏中选择【窗口】|【效果】命令，打开【效果】面板，将【不透明度】设置为89%，如图13-21所示。

图13-21

Step 06 使用【文字工具】输入文字，将“Company profile”的【字体】设置为Kalinga，将【字体样式】设置为Bold，将【字体大小】设置为10点，将【字符间距】设置为-50，将【填色】设置为白色。将“企业介绍”文字的【字体】设置为【Adobe 黑体 Std】，将【字体大小】设置为24，将【字符间距】设置为10，将【填色】设置为白色，使用同样方法输入文本，参照如图13-22所示进行设置。

图13-22

Step 07 单击工具箱中的【钢笔工具】按钮，在文档窗口绘制图形，将【描边】设置为无。按Ctrl+D快捷组合键，弹出【置入】对话框，选择“素材\Cha13\企业素材09.jpg”素材文件，单击【打开】按钮，即可将选择的图片置入图形中，使用【选择工具】双击图片将其选中，调整其大小和位置，如图13-23所示。

Step 08 使用同样方法绘制图形，并置入“企业素材10.jpg、企业素材11.jpg”素材文件，然后调整素材位置。使用【文字工具】输入文字，将【字体】设置为Kalinga，将【字体样式】设置为Regular，将【字体大小】设置为9点，将【填色】的CMYK值设置为20、86、63、0，如图13-24所示。

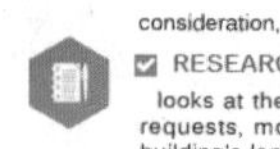

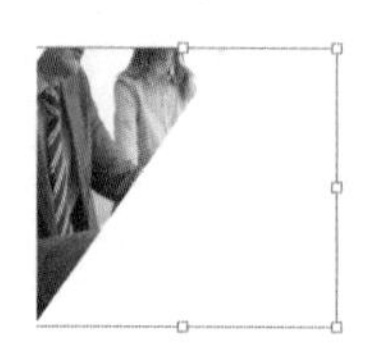

图13-23

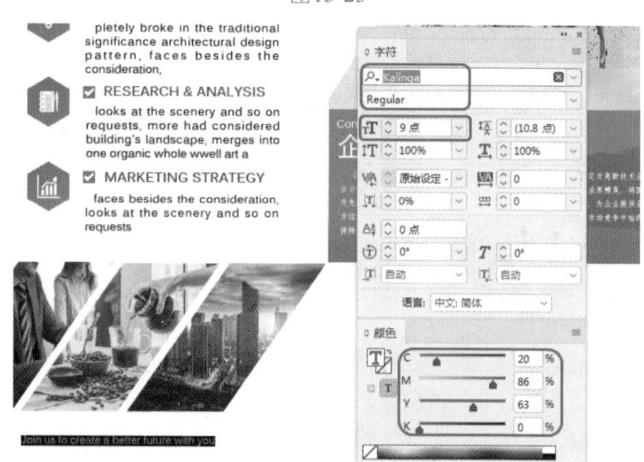

图13-24

Step 09 单击工具箱中的【钢笔工具】按钮，在文档窗口绘制一个三角图形，将【填色】的CMYK值设置为12、87、68、1，将【描边】设置为无。使用【文字工具】输入文字，将【字体】设置为【Adobe 仿宋 Std】，将【字体大小】设置为11点，将【行距】设置为14点，将【填色】的CMYK值设置为93、88、89、80，如图13-25所示。

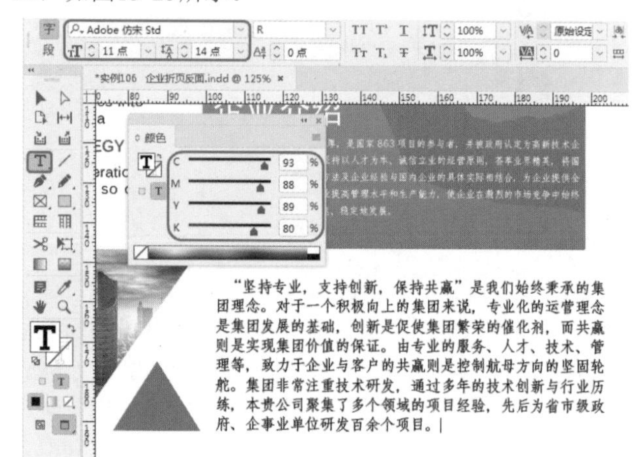

图13-25

Step 10 单击工具箱中的【文字工具】按钮T，在文档窗口输入文字，将【字体】设置为Kalinga，将【字体样式】设置为Regular，将【字体大小】设置为10点，将【行距】设置为9点，将【填色】的CMYK值设置为79、67、50、9。将“YOUR IDEAS INTO REALITY!”文字的【字体样式】设置为Bold，将【字体大小】设置为11点，如图13-26所示。

图13-26

Step 11 单击工具箱中的【文字工具】按钮T，在文档窗口输入文字，将“ENTERPRISE ECONMY”的【字体】设置为Kalinga，将【字体样式】设置为Bold，将【字体大小】设置为10点，将【字符间距】设置为-50，将【填色】设置为黑色。将“企业经济”文字的【字体】设置为【Adobe 黑体 Std】，将【字体大小】设置为18点，将【字符间距】设置为10，将【填色】的CMYK值设置为26、87、66、0，如图13-27所示。

图13-27

Step 12 在菜单栏中选择【文件】|【置入】命令，弹出【置入】对话框，选择“素材\Cha13\企业素材12.png”素材文件，单击【打开】按钮，将选择的图片置入文档中，调整其大小和位置，如图13-28所示。

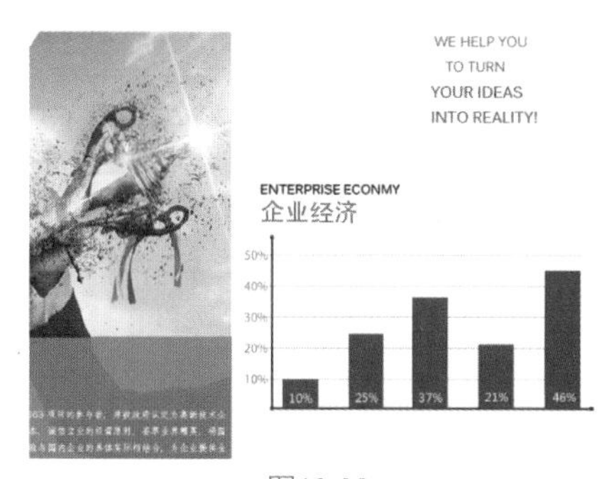

图13-28

Step 13 单击工具箱中的【钢笔工具】按钮，在文档窗口绘制图形。在【描边】面板中将【粗细】设置为1点，将【描边】的CMYK值设置为20、85、63、0，使用同样方法绘制其他图形，如图13-29所示。

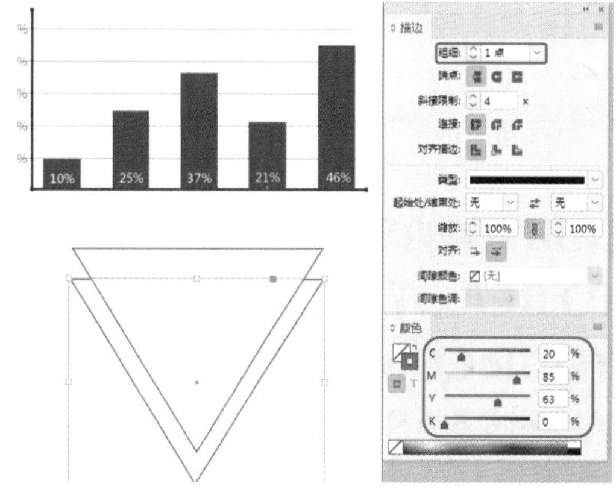

图13-29

Step 14 单击工具箱中的【文字工具】按钮，在文档窗口输入文字“WE HELP YOU TO TURN”，在控制栏中将【字体】设置为Myriad Pro，将【字体样式】设置为Regular，将【字体大小】设置为12点，单击【全部大写字母】按钮，将【填色】的CMYK值设置为79、67、50、9，继续使用【文字工具】输入其他文本，参照如图13-30所示的参数进行设置。

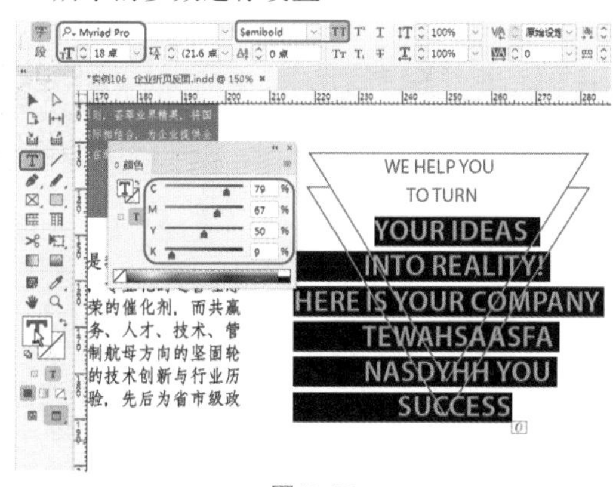

图13-30

Step 15 选中输入的文字，在菜单栏中选择【窗口】|【描边】命令，打开【描边】面板，将【粗细】设置为1.5点，将【描边】设置为白色，如图13-31所示。

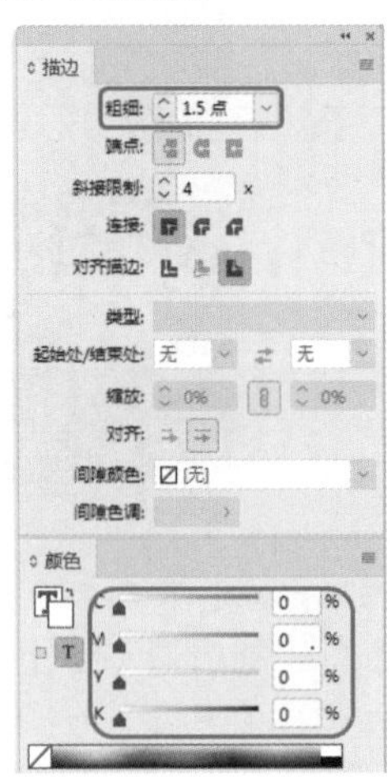

图13-31

Step 16 单击工具箱中的【文字工具】按钮，在文档窗口输入文字，在【字符】面板将【字体】设置为Kalinga，将【字体大小】设置为9点，将【填色】的CMYK值设置为20、86、63、0，如图13-32所示。

图13-32

实例 107 婚礼折页正面

素材：素材\Cha13\ 婚礼素材01.jpg、婚礼素材02.png、婚礼素材03.jpg、婚礼素材04.jpg、婚礼素材05.jpg、婚礼素材06.jpg、婚礼素材07.jpg、婚礼素材08.png

场景：场景\Cha13\实例107 婚礼折页正面.indd

本例讲解如何制作婚礼折页正面，首先设置页面面板，为页面置入素材文件，并设置素材文件的不透明度，然后使用【矩形工具】、【文字工具】完善页面空白部分，如图13-33所示。

图13-33

Step 01 新建一个【宽度】、【高度】分别为297毫米、210毫米，【页面】为1的文档，勾选【对页】复选框，并将边距均设置为10毫米。将【透明混合空间】设置为文档RGB。在菜单栏中选择【文件】|【置入】命令，弹出【置入】对话框，选择素材\Cha13\“婚礼素材01.jpg”素材文件，单击【打开】按钮，在文档窗口中拖曳鼠标，置入素材文件，如图13-34所示。

Step 02 在菜单栏中选择【窗口】|【效果】命令，打开【效果】面板，将【不透明度】设置为57%。在菜单栏中选择【文件】|【置入】命令，弹出【置入】对话框，选择“素材\Cha13\婚礼素材02.png”素材文件，单击【打开】按钮，在文档窗口中拖曳鼠标，置入素材文件，并调整其位置，如图13-35所示。

图13-34　　图13-35

Step 03 单击工具箱中的【文字工具】按钮T，在文档窗口输入文字“浪|漫|婚|礼”，将【字体】设置为【方正中等线简体】，将【字体大小】设置为19点，将【填色】设置为黑色。使用同样方法输入文字，将【字体】设置为【方正宋黑简体】，将【字体大小】设置为10点，将【行距】设置为14点，将【填色】的RGB值设置为209、67、146，如图13-36所示。

Step 04 单击工具箱中的【矩形工具】按钮，在文档窗口绘制图形，将【填色】的RGB值设置为244、50、175，将【描边】设置为无。使用【椭圆工具】绘制图形，在【描边】面板中将【粗细】设置为2点，将【描边】设置为白色，如图13-37所示。

图13-36

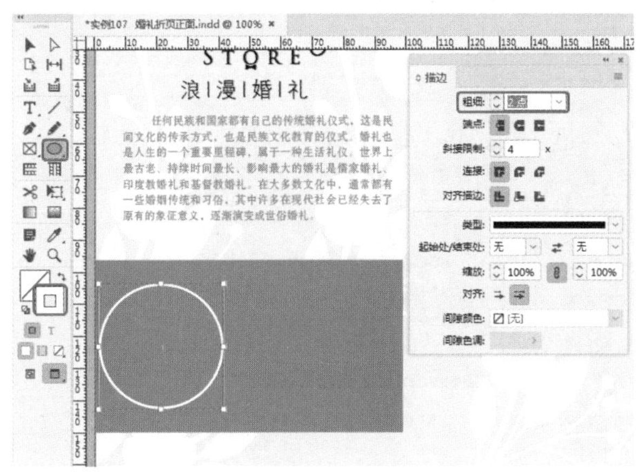

图13-37

Step 05 使用【椭圆工具】绘制图形，将【填色】设置为白色，将【描边】设置为无。在菜单栏中选择【文件】|【置入】命令，弹出【置入】对话框，选择“素材\Cha13\婚礼素材03.jpg”素材文件，单击【打开】按钮，即可将选择的图片置入图形中，并调整其大小与位置，如图13-38所示。

图13-38

Step 06 双击置入的素材，将【旋转角度】设置为21°，单击鼠标右键，弹出快捷菜单选择【变换】|【水平翻转】命令，设置完成后调整素材位置，如图13-39所示。

图13-39

Step 07 单击工具箱中的【文字工具】按钮，在文档窗口输入文字，在【字符】面板中将【字体】设置为Khmer UI，将【字体样式】设置为Bold，将【字体大小】设置为8点，将【字符间距】设置为-10，将【填色】设置为白色，在控制栏中单击【全部大写字母】按钮，如图13-40所示。

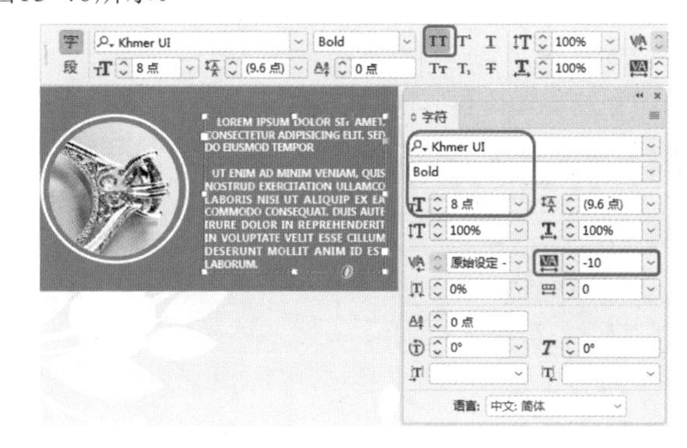

图13-40

Step 08 使用同样方法导入“婚礼素材04.jpg”素材文件，绘制图形，输入文字并进行设置，如图13-41所示。

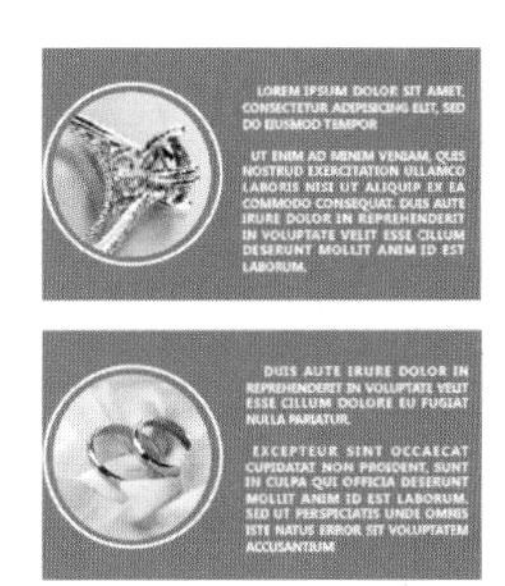

图13-41

Step 09 单击工具箱中的【矩形工具】按钮，在文档窗口绘制图形，打开【渐变】面板，将【类型】设置为【线性】，将左侧颜色块的RGB值设置为216、187、67，在28%位置处添加一个色块，将色块的RGB值设置为248、227、153，在67%位置处添加一个色块，将色块的RGB值设置为248、227、153，将100%位置处颜色块的RGB值设置为216、187、67，将【描边】设置为无，如图13-42所示。

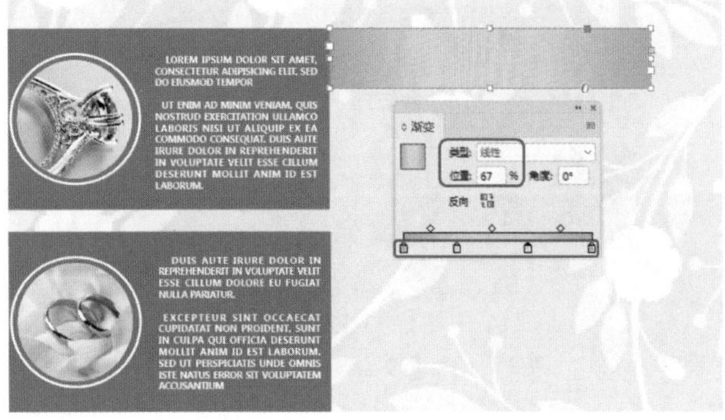

图13-42

Step 10 单击工具箱中的【矩形工具】按钮，在文档窗口绘制图形，将图形的W、H设置为99毫米、36毫米。按Ctrl+D快捷组合键，弹出【置入】对话框，选择“素材\Cha13\婚礼素材05.jpg”素材文件，单击【打开】按钮，即可将选择的图片置入图形中，然后双击图片将其选中，并调整其位置，如图13-43所示。

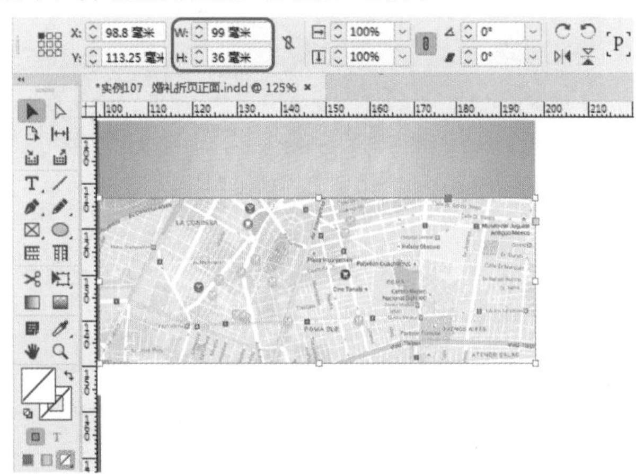

图13-43

Step 11 使用同样方法置入“婚礼素材06.jpg”素材文件，调整素材的位置与大小。使用【矩形工具】绘制图形，将【填色】设置为244、50、175，将【描边】设置为无，使用【文字工具】输入文字，将【字体】设置为Myriad Pro，将【字体样式】设置为Regular，将【字体大小】设置为24点，将【填色】设置为白色，如图13-44所示。

Step 12 单击工具箱中的【文字工具】按钮，在文档窗口输入文字“婚礼策划”，将【字体】设置为【微软雅黑】，将【字体大小】设置为Bold，将【字体大小】设置为36点，将【字符间距】设置为25，将【填色】的RGB值设置为209、67、146。使用同样方法输入文字，将【字体】设置为Myriad Pro，将【字体样式】设置为Regular，将【字体大小】设置为16点，单击【全部大写字母】按钮，将【填色】的RGB值设置为209、67、146，如图13-45所示。

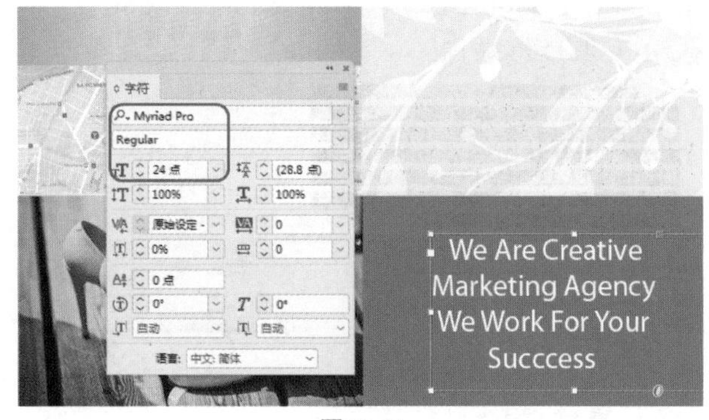

图13-44

图13-45

Step 13 单击工具箱中的【文字工具】按钮，在文档窗口输入文字“Contect us”，在【字符】面板中将【字体】设置为Adobe Caslon Pro，将【字体大小】设置为28点，将【字符间距】设置为25，将【填色】设置为黑色。使用同样方法输入“关注微博”，将【字体】设置为【方正宋黑简体】，将【字体大小】设置为20点，将【填色】设置为黑色，如图13-46所示。

图13-46

Step 14 根据前面介绍的方法置入“婚礼素材07.jpg、婚礼素材08.png”素材文件，然后输入文字并设置颜色，如图13-47所示。

图13-47

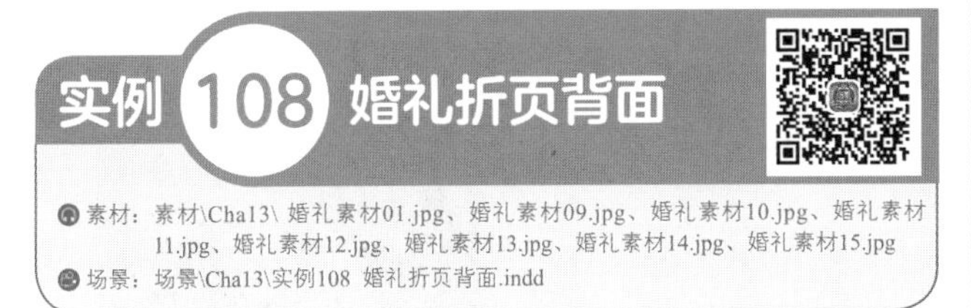

实例108 婚礼折页背面

素材：素材\Cha13\婚礼素材01.jpg、婚礼素材09.jpg、婚礼素材10.jpg、婚礼素材11.jpg、婚礼素材12.jpg、婚礼素材13.jpg、婚礼素材14.jpg、婚礼素材15.jpg

场景：场景\Cha13\实例108 婚礼折页背面.indd

首先设置页面面板，为页面置入素材文件，并设置素材文件的不透明度，然后使用【钢笔工具】、【文字工具】、【直线工具】绘制图形效果，为空白部分填充文字并设置颜色效果，最终制作出企业折页背面，如图13-48所示。

图13-48

Step 01 新建一个【宽度】、【高度】分别为297毫米、210毫米，【页面】为1的文档，勾选【对页】复选框，并将边距均设置为10毫米，将【透明混合空间】设置为文档RGB。在菜单栏中选择【文件】|【置入】命令，弹出【置入】对话框，选择“素材\Cha13\婚礼素材01.jpg”素材文件，单击【打开】按钮，置入素材后并调整其位置。在菜单栏中选择【窗口】|【效果】命令，打开【效果】面板将【不透明度】设置为57%，如图13-49所示。

图13-49

Step 02 使用【文字工具】输入文字，在【字符】面板中将【字体】设置为Base 02，将【字体大小】设置为44点，将【字符间距】设置为-50，将【填色】的RGB值设置为244、50、175，如图13-50所示。

图13-50

Step 03 单击工具箱中的【文字工具】按钮，在文档窗口输入“Wedding”，在【字符】面板中将【字体】设置为Microsoft Himalaya，将【字体大小】设置为44点，将【填色】设置为244、50、175。使用同样方法输入“西式婚礼”，将【字体】设置为【汉仪秀英体简】，将【字体大小】设置为18点，将【字符间距】设置为220，将【填色】设置为244、50、147，如图13-51所示。

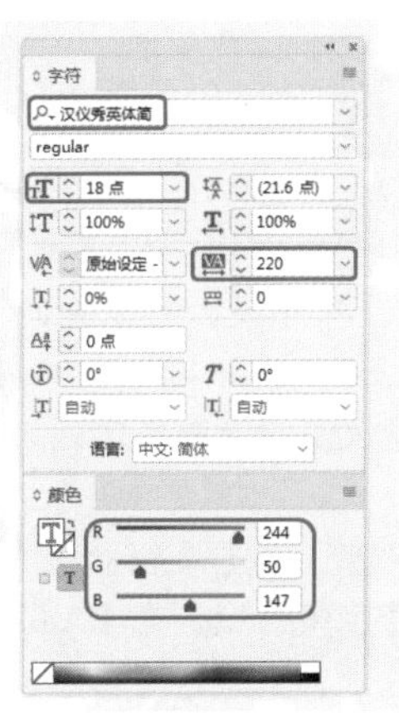

图13-51

Step 04 使用【文字工具】在“西式婚礼”文字下方输入文字内容，将【字体】设置为Kalinga，将【字符样式】设置为Bold，将【字体大小】设置为9点，将【字符间距】设置为100，单击【全部大写字母】按钮，将【填色】设置为黑色，根据前面介绍的方法输入其他文字并填充颜色，如图13-52所示。

图13-52

Step 05 在菜单栏中选择【文件】|【置入】命令，弹出【置入】对话框，选择“素材\Cha13\婚礼素材09.jpg”素材文件，单击【打开】按钮，置入素材后调整其位置。单击工具箱中的【文字工具】按钮，在文档窗口输入文字，在【字符】面板中将【字体】设置为Viner Hand ITC，将【字体大小】设置为24点，将【填色】设置为白色，如图13-53所示。

图13-53

Step 06 单击工具箱中的【钢笔工具】按钮，在文档窗口绘制图形，将【填色】的RGB值设置为244、50、175，将【描边】设置为无，如图13-54所示。

Step 07 在菜单栏中选择【文件】|【置入】命令，弹出【置入】对话框，选择“素材\Cha13\婚礼素材10.jpg”素材文件，单击【打开】按钮，并调整素材的位置。使用【文字工具】在文档窗口输入文字，在【字符】面板中将【字体】设置为【Adobe 黑体 Std】，将【字体大小】设置为14点，将【填色】设置为白色，如图13-55所示。

Step 08 再次使用【文字工具】输入文字，在【字符】面板中将【字体】设置为【Adobe 黑体 Std】，将【字体大小】设置为10点，将【填色】设置为白色，如图13-56所示。

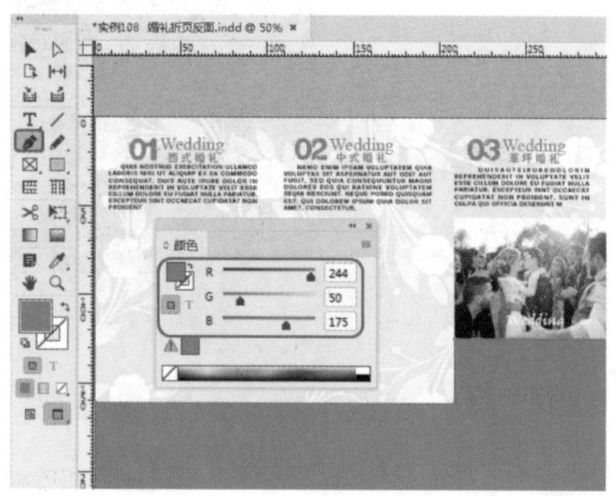

图13-54

图13-55

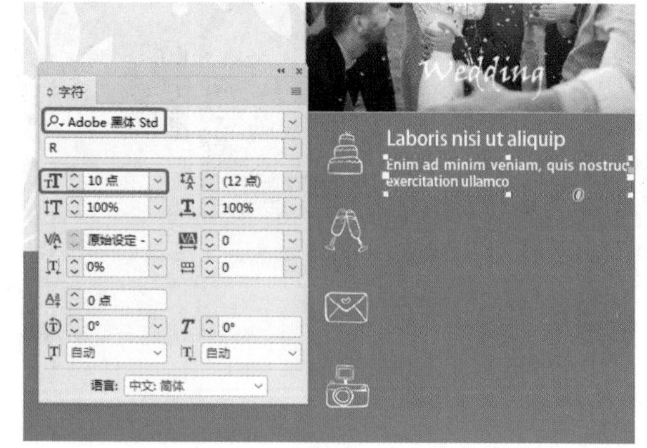

图13-56

Step 09 使用同样的方法输入其他文字并设置字体与颜色，如图13-57所示。

Step 10 单击工具箱中的【矩形工具】按钮，在文档窗口绘制图形，将【填色】设置为无，将【描边】设置为白色，将【描边粗细】设置为1点，使用【文字工具】在文档窗口中绘制一个文本框，在菜单栏中选择【窗口】|【文

字和表】|【字形】命令，打开【字形】面板，将【显示】设置为【数学符号】，选择如图13-58所示的符号并双击，将【字体】设置为【汉仪超粗黑简】，将【字体大小】设置为14点，将【填色】设置为白色。

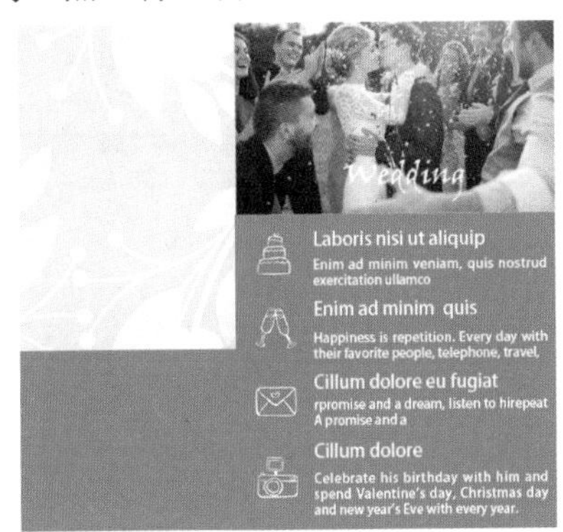

图13-57

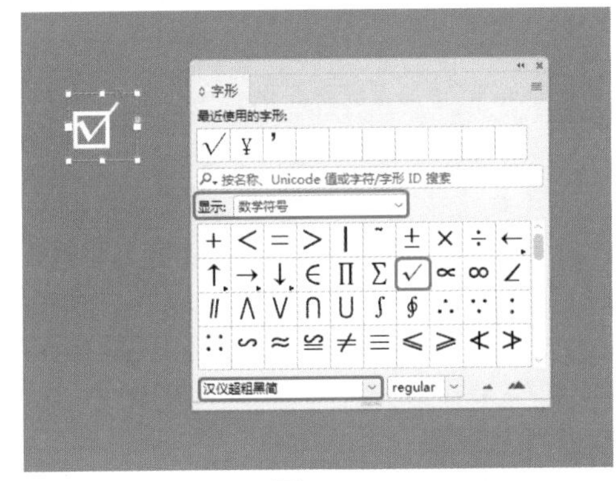

图13-58

Step 11 单击工具箱中的【文字工具】按钮，在文档窗口输入文字，在控制栏中将【字体】设置为Myriad Pro，将【字体样式】设置为Italic，将【字体大小】设置为10点，将【填色】设置为白色，如图13-59所示。

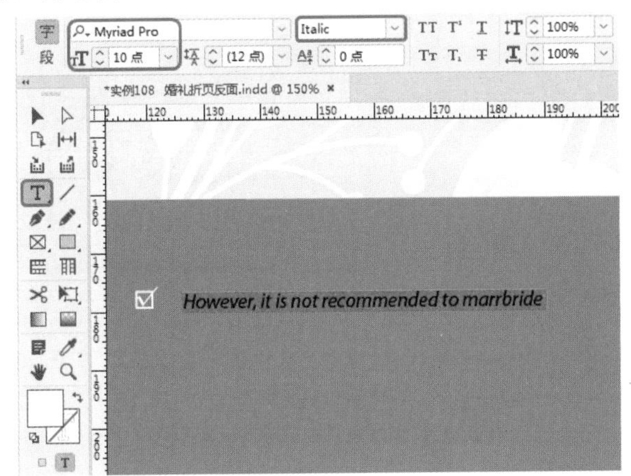

图13-59

Step 12 根据前面介绍的方法绘制其他图形，输入文字并设置颜色，如图13-60所示。

Step 13 再次使用【文字工具】输入文字，在控制栏中将【字体】设置为Kalinga，将【字体样式】设置为Bold，将【字体大小】设置为14点，将【填色】设置为白色，如图13-61所示。

图13-60

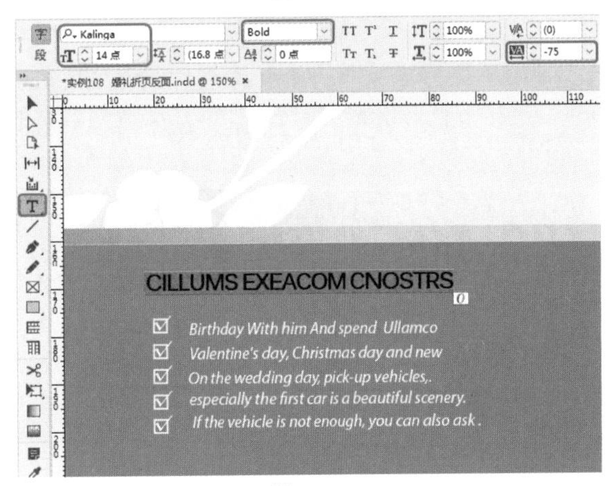

图13-61

Step 14 单击工具箱中的【矩形工具】按钮，在文档窗口绘制图形。打开【渐变】面板，将【类型】设置为【线性】，将左侧颜色块的RGB值设置为204、174、79，在28%位置处添加一个色块，将色块的RGB值设置为248、226、153，在67%位置处添加一个色块，将色块的RGB值设置为248、226、153，将100%位置处颜色块的RGB值设置为204、174、79，将【描边】设置为无，如图13-62所示。

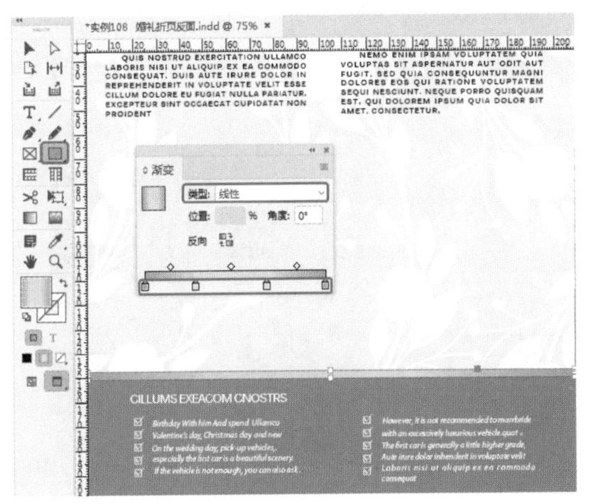

图13-62

Step 15 在菜单栏中选择【文件】|【置入】命令，弹出【置入】对话框，选择“素材\Cha13\婚礼素材11.jpg、

婚礼素材12.jpg”素材文件，单击【打开】按钮，置入素材后并调整其位置，如图13-63所示。

图13-63

Step 16 使用同样方法置入“婚礼素材13.jpg、婚礼素材14.jpg、婚礼素材15.jpg”素材文件，然后调整素材的位置，如图13-64所示。

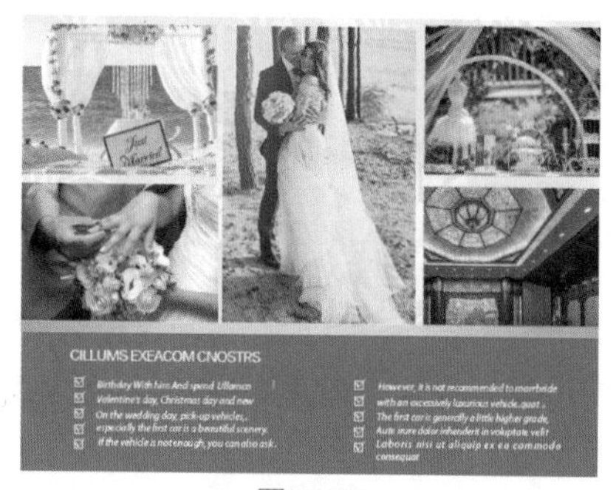

图13-64

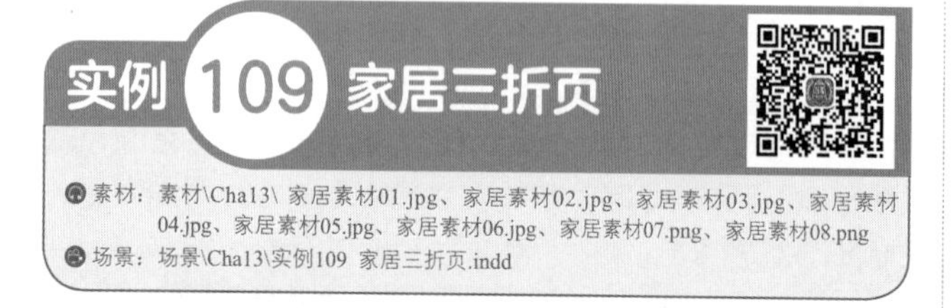

实例 109 家居三折页

素材：素材\Cha13\ 家居素材01.jpg、家居素材02.jpg、家居素材03.jpg、家居素材04.jpg、家居素材05.jpg、家居素材06.jpg、家居素材07.png、家居素材08.png

场景：场景\Cha13\实例109 家居三折页.indd

本例简单介绍如何使用【文字工具】、【矩形工具】、【直线工具】制作家居三折页，如图13-65所示。

图13-65

Step 01 新建一个【宽度】、【高度】分别为297毫米、230毫米，【页面】为1的文档，勾选【对页】复选框，并将边距均设置为10毫米。使用【矩形工具】绘制与文档窗口一样大小的图形，将【填色】的CMYK值设置为8、6、12、0，将【描边】设置为无，如图13-66所示。

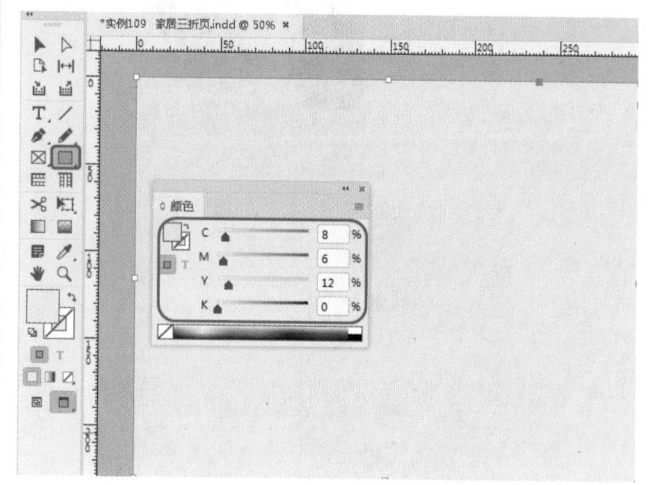

图13-66

Step 02 使用【文字工具】输入文字，在【字符】面板中将【字体】设置为【微软雅黑】，将【字体样式】设置为Bold，将【字体大小】设置为50点，将【填色】的CMYK值设置为13、25、82、0，如图13-67所示。

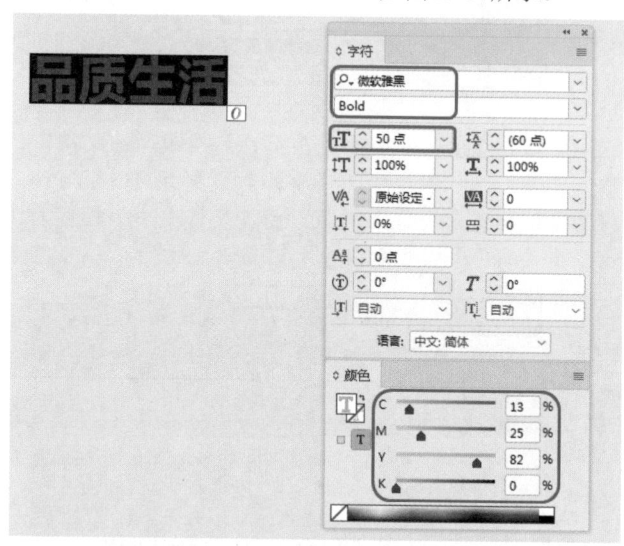

图13-67

Step 03 单击工具箱中的【直线工具】按钮，在文档窗口绘制图形，在【描边】面板中将【粗细】设置为1点，将【描边】的CMYK值设置为91、88、88、79，如图13-68所示。

Step 04 使用【文字工具】输入文字，在控制栏中将【字体】设置为Kalinga，将【字体大小】设置为10点，单击【全部大写字母】按钮，将【字符间距】设置为100，将【填色】设置为黑色，如图13-69所示。

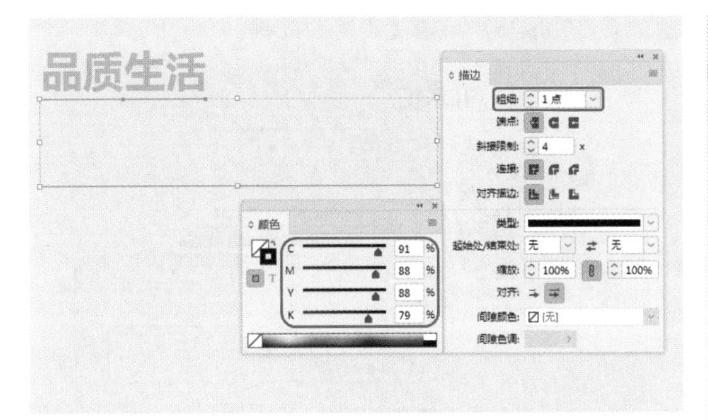

图13-68

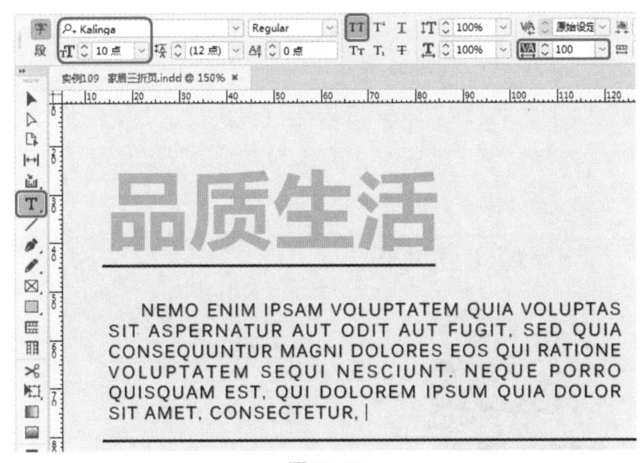

图13-69

Step 05 单击工具箱中的【矩形工具】按钮，在文档窗口绘制图形，将【填色】的CMYK值设置为49、37、24、0，将【描边】设置为无。使用【文字工具】输入“时尚家具”文字，在【字符】面板中将【字体】设置为【黑体】，将【字体大小】设置为19点，将【填色】设置为白色，如图13-70所示。

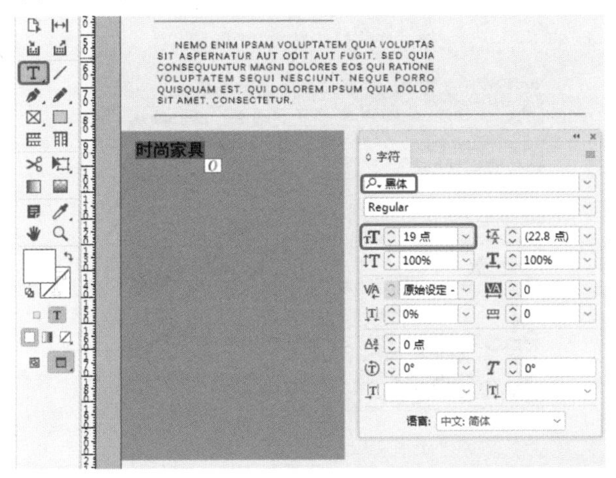

图13-70

Step 06 单击工具箱中的【文字工具】按钮，在文档窗口输入文字，将【字体】设置为【黑体】，将【字体大小】设置为11点，将【行距】设置为11点，将【字符间距】设置为-25，将【填色】设置为白色，如图13-71所示。

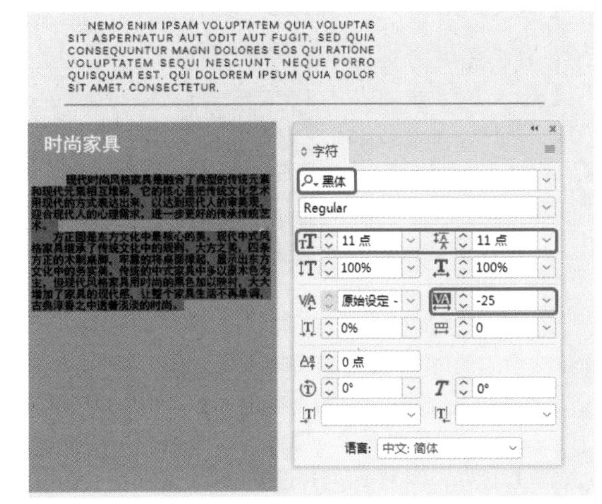

图13-71

Step 07 单击工具箱中的【矩形工具】按钮，在文档窗口绘制图形，将【填色】设置为白色，将【描边】设置为无。在菜单栏中选择【窗口】|【效果】命令，打开【效果】面板，单击【向选定的目标添加对象效果】按钮 fx，弹出下拉菜单选择【投影】命令，如图13-72所示。

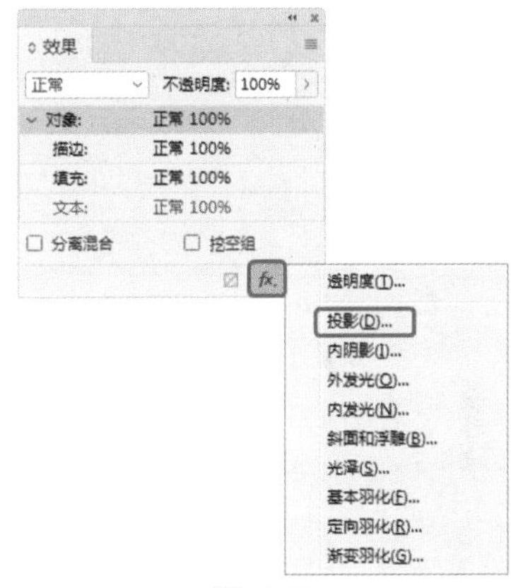

图13-72

Step 08 弹出【效果】对话框，将【不透明度】设置为43%，将【位置】选项组下的【距离】设置为3毫米，将【角度】设置为64.5°，如图13-73所示，单击【确定】按钮。

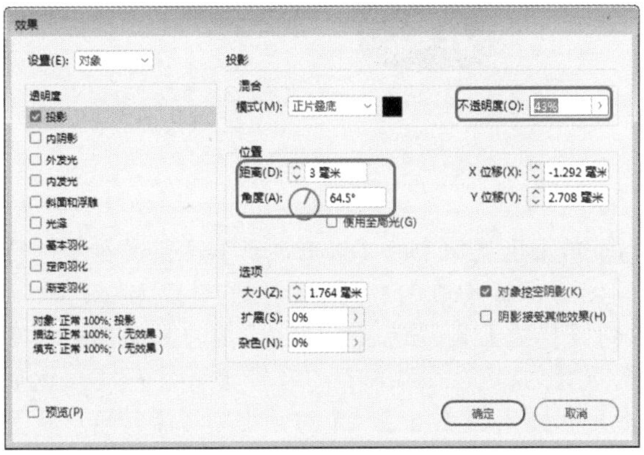

图13-73

Step 09 使用【选择工具】在空白位置单击，按Ctrl+D快捷组合键，弹出【置入】对话框，选择“素材\Cha13\家居素材01.jpg”素材文件，单击【打开】按钮，置入素材并进行调整，如图13-74所示。

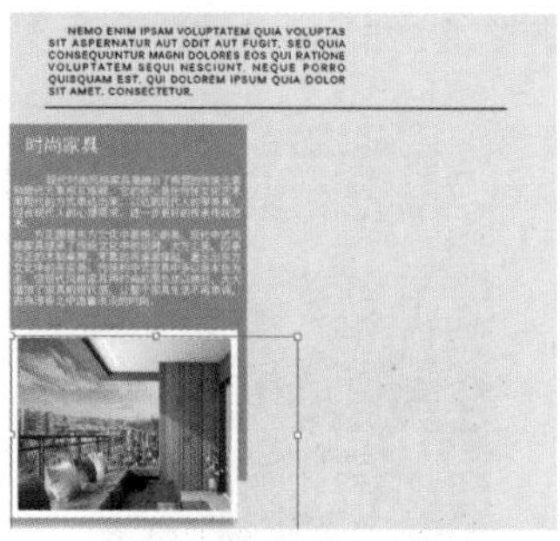

图13-74

Step 10 单击工具箱中的【文字工具】按钮，在文档窗口输入文字，将【字体】设置为Kalinga，将【字体样式】设置为Bold，将【字体大小】设置为19点，单击【全部大写字母】按钮，将【填色】设置为74、67、64、23，使用【矩形工具】绘制图形，在菜单栏中选择【对象】|【角选项】命令，参照如图13-75所示进行设置，单击【确定】按钮。

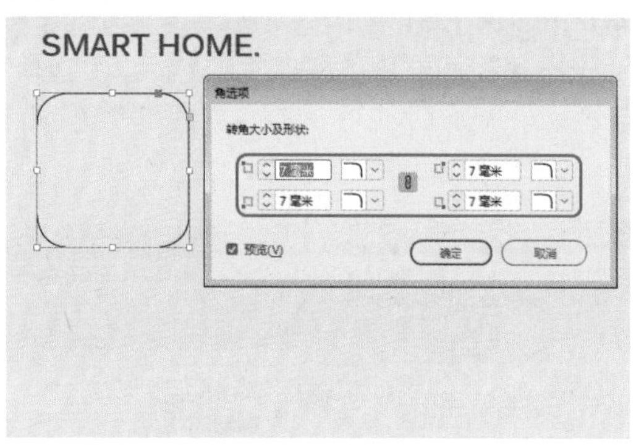

图13-75

Step 11 继续选中设置后的矩形对象，将【描边】设置为无。按Ctrl+D快捷组合键，弹出【置入】对话框，选择“素材\Cha13\家居素材02.jpg”素材文件，单击【打开】按钮，置入素材并进行调整，如图13-76所示。

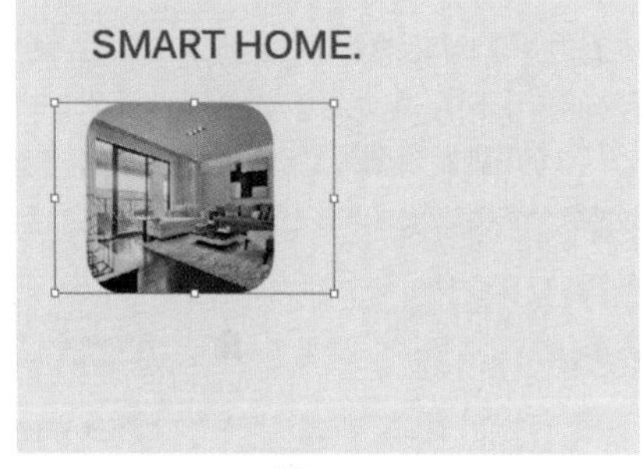

图13-76

Step 12 单击工具箱中的【矩形工具】按钮，在文档窗口绘制图形，将【填色】的CMYK值设置为54、4、0、0，将【描边】设置为白色，在【描边】面板中将【粗细】设置为1点，在菜单栏中选择【对象】|【角选项】命令，在弹出的【角选项】对话框中将【转角形状】设置为圆角，将【转角大小】设置为2毫米，如图13-77所示。设置完成后，单击【确定】按钮。

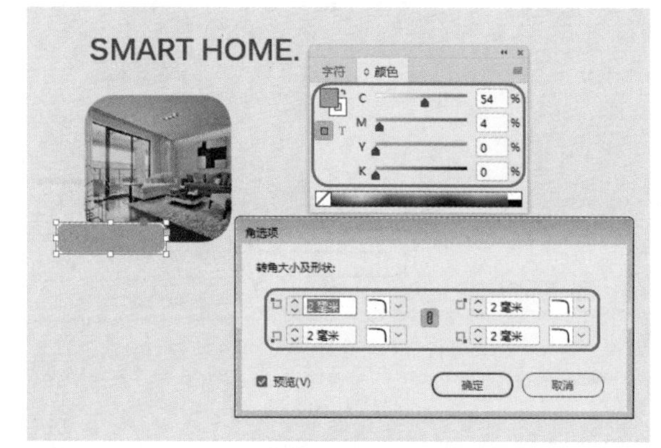

图13-77

Step 13 单击工具箱中的【文字工具】按钮，在文档窗口输入文字，将【字体】设置为【微软雅黑】，将【字体大小】设置为10点，将【填色】设置为白色，如图13-78所示。

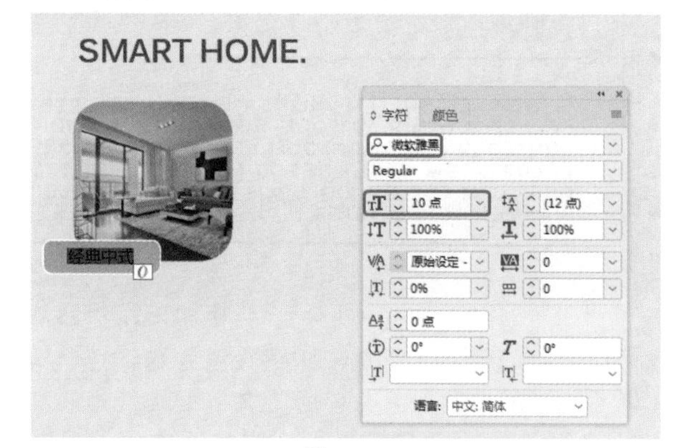

图13-78

Step 14 根据前面介绍的方法绘制图形并置入“家居素材03.jpg、家居素材04.jpg、家居素材05.jpg”素材文件，输入相应的文本内容，效果如图13-79所示。

图13-79

Step 15 单击工具箱中的【文字工具】按钮，在文档窗口输入文字，将【字体】设置为【方正仿宋简体】，将【字体大小】设置为11点，将【字符间距】设置为-25，将【填色】的CMYK值设置为74、67、64、23，如图13-80所示。

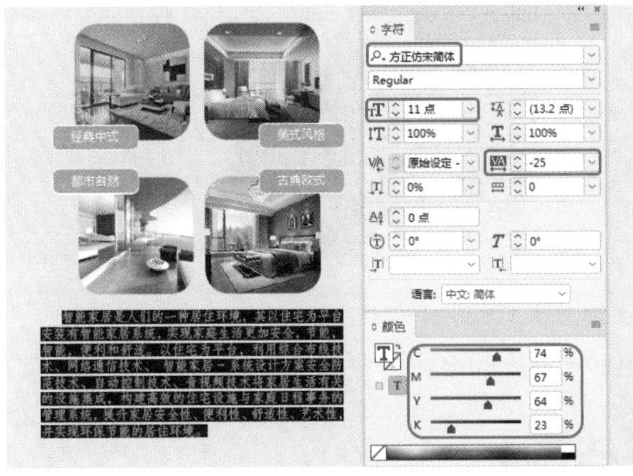
图13-80

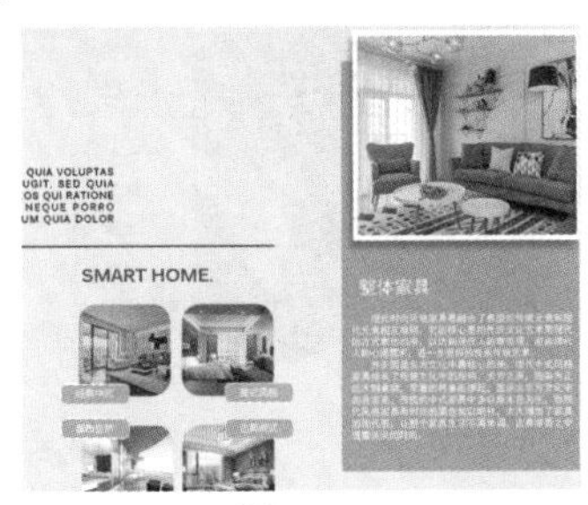
图13-81

Step 16 根据前面介绍的方法绘制图形并置入“家居素材06.jpg”素材文件，然后输入文字并填色，如图13-81所示。

Step 17 单击工具箱中的【文字工具】按钮，在文档窗口输入文字，将【字体】设置为Kalinga，将【字体样式】设置为Bold，将【字体大小】设置为11点，单击【全部大写字母】按钮，将【字符间距】设置为-25，将【填色】设置为黑色，使用【直线工具】绘制图形，将【描边粗细】设置为0.75点，将【描边】设置为黑色，如图13-82所示。

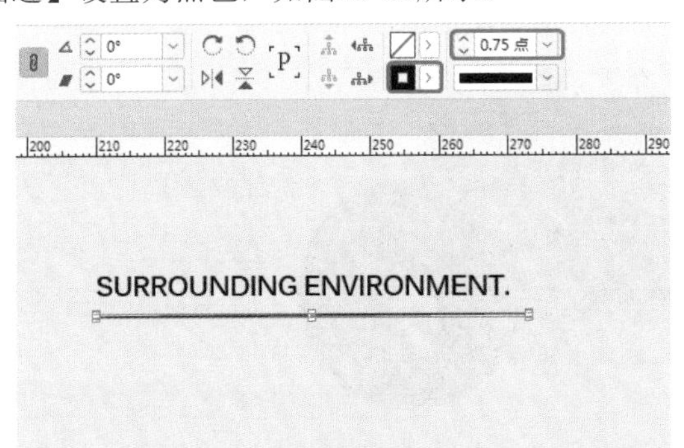

图13-82

Step 18 按Ctrl+D快捷组合键，弹出【置入】对话框，选择“素材\Cha13\家居素材07.png”素材文件，单击【打开】按钮，置入素材并进行调整。使用【文字工具】输入文字，将【字体】设置为Kalinga，将【字体样式】设置为Bold，将【字体大小】设置为9点，单击【全部大写字母】按钮，如图13-83所示。

Step 19 单击工具箱中的【文字工具】按钮，在文档窗口输入文字，将【字体】设置为Kalinga，将【字体大小】设置为8点，将【填色】的CMYK值设置为74、67、64、23，如图13-84所示。

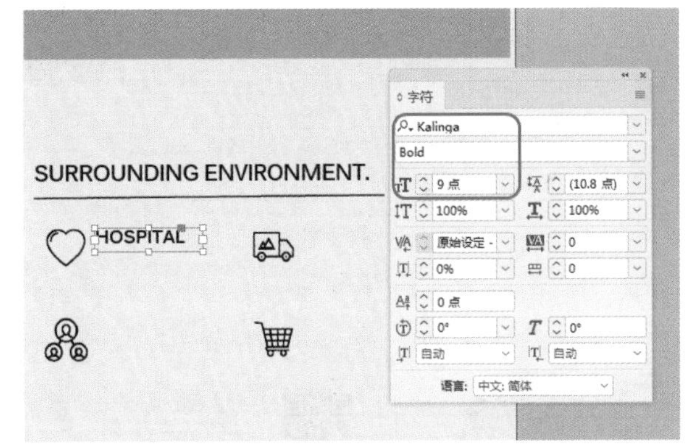

图13-83

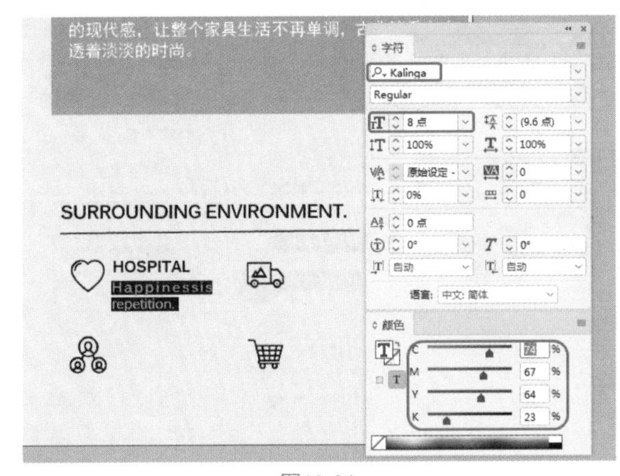

图13-84

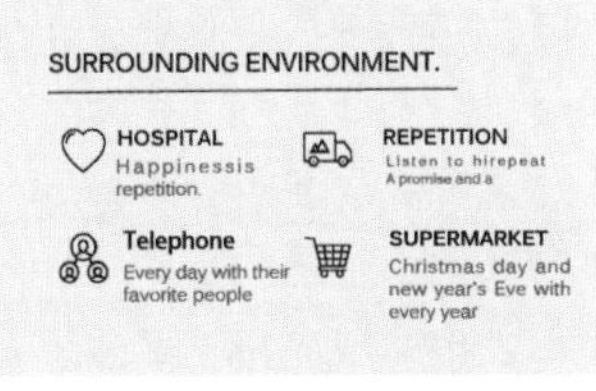

图13-85

Step 20 使用同样的方法输入其他文字并进行设置，如图13-85所示。

Step 21 按Ctrl+D快捷组合键，弹出【置入】对话框，选择“素材\Cha13\家居素材08.png”素材文件，单击【打开】按钮，置入素材并进行调整。使用【文字工具】输入文字，将【字体】设置为【Adobe 黑体 Std】，将【字体大小】设置为14点，如图13-86所示。

图13-86

实例 110 餐厅三折页

素材：素材\Cha13\餐厅素材01.jpg、餐厅素材02.jpg、餐厅素材03.jpg、餐厅素材04.jpg、餐厅素材05.jpg、餐厅素材06.jpg、餐厅素材07.png

场景：场景\Cha13\实例110 餐厅三折页.indd

首先为页面置入素材文件，并设置素材文件的不透明度，然后使用【钢笔工具】、【文字工具】、【直线工具】绘制图形效果，餐厅三折页的效果如图13-87所示。

图13-87

Step 01 新建一个【宽度】、【高度】分别为297毫米、210毫米，【页面】为1的文档，勾选【对页】复选框，并将边距均设置为10毫米，使用【椭圆工具】绘制一个圆形，将【描边】设置为20、86、63、0，将【描边粗细】设置为5点，将W、H均设置为125像素，如图13-88所示。

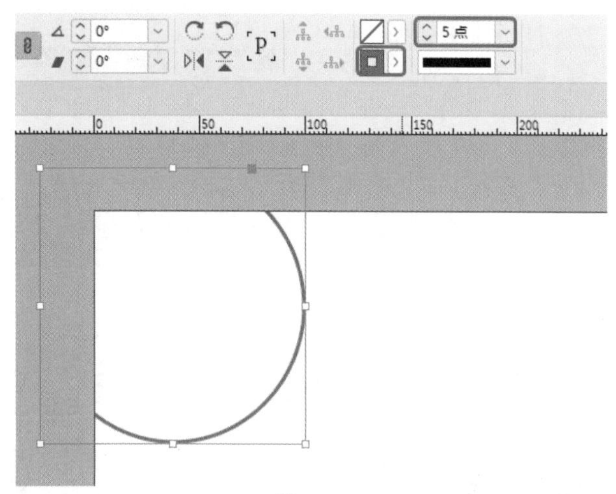

图13-88

Step 02 选中绘制的圆形，按Ctrl+D快捷组合键，弹出【置入】对话框，选择“素材\Cha13\餐厅素材01.jpg”素材文件，单击【打开】按钮，置入素材并进行调整。使用同样方法绘制图形并置入“餐厅素材02.jpg”素材文件，将【描边】设置为无，如图13-89所示。

图13-89

Step 03 选中绘制的图形并右击，弹出快捷菜单，选择【排列】|【后移一层】命令，如图13-90所示。

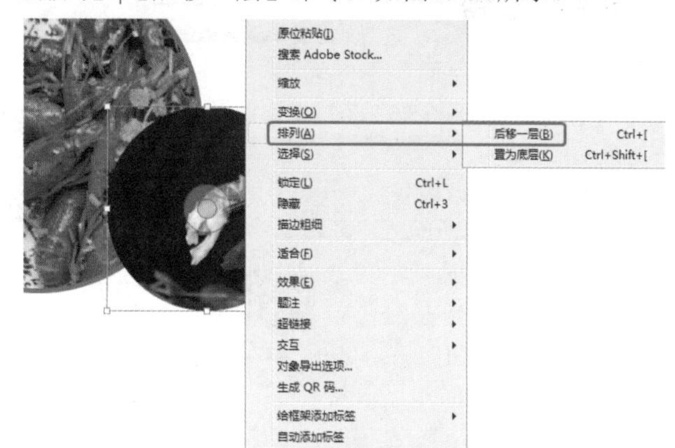

图13-90

Step 04 使用【椭圆工具】绘制多个图形，将【填色】设置为13、89、58、0，将【描边】设置为无，使用【文字工具】输入文字1，将【字体】设置为【创艺简黑体】，将【字体大小】设置为24点，将【填色】设置为白色，如图13-91所示。

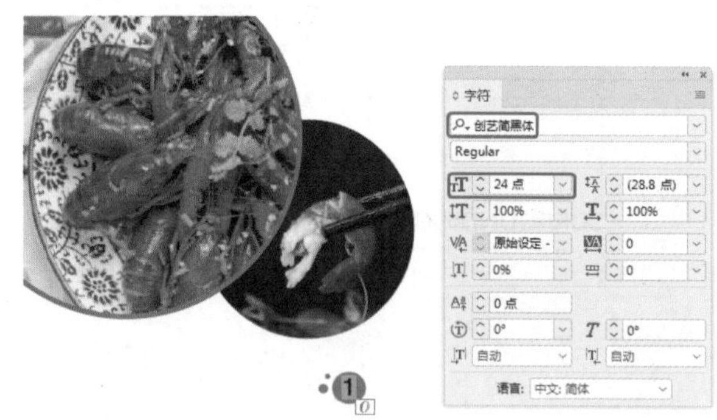

图13-91

Step 05 使用【文字工具】输入文字“本店招牌”，将【字体】设置为【创艺简老宋】，将【字体大小】设置为18，将【填色】设置为20、86、63、0。使用同样方法输入其他文字，将【字体】设置为Kalinga，将【字体样式】设置为Bold，将【字体大小】设置为11点，单击【全部大写字母】按钮，将【字符间距】设置为-50，将【填色】设置为20、86、63、0，如图13-92所示。

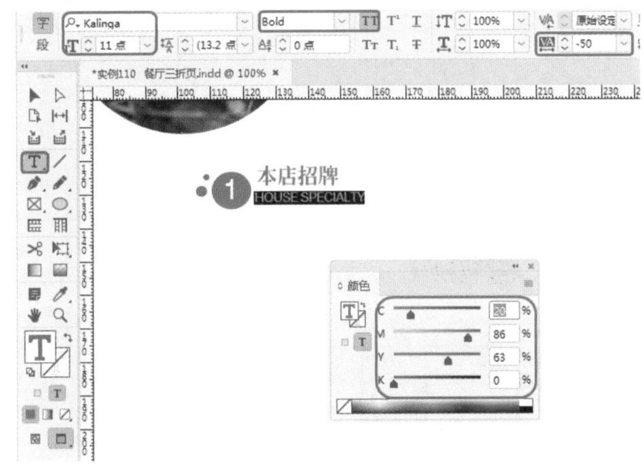

图13-92

Step 06 使用同样方法输入文字并进行设置。按Ctrl+D快捷组合键，弹出【置入】对话框，选择“素材\Cha13\餐厅素材03.jpg”素材文件，单击【打开】按钮，置入素材并进行调整，如图13-93所示。

图13-93

Step 07 使用【文字工具】输入文字“藤椒烤鱼”，将【字体】设置为【Adobe 宋体 Std】，将【字体大小】设置为12点，将【填色】设置为黑色。使用同样方法输入其他文字，在【字符】面板中将【字体】设置为Kalinga，将【字体样式】设置为Bold，将【字体大小】设置为10点，单击【全部大写字母】按钮，将【字符间距】设置为-100，将【填色】设置为93、88、89、80，如图13-94所示。

图13-94

Step 08 使用【直线工具】绘制图形，将【描边粗细】设置为1点，将【描边】设置为74、67、64、23，将【类型】设置为虚线（3和2）。使用【文字工具】在文档窗口中绘制一个文本框，在菜单栏中选择【窗口】|【文字和表】|【字形】命令，打开【字形】面板，将【显示】设置为【货币】，选择如图13-95所示的符号并双击，将【字体】设置为Constantia，将【字体大小】设置为15点，将【填色】设置为31、40、61、0。

图13-95

Step 09 设置完成后，在符号后面输入“148”数字，将【字体】设置为SimSun-ExtB，将【字体大小】设置为15点，将【填色】设置为31、40、61、0，如图13-96所示。

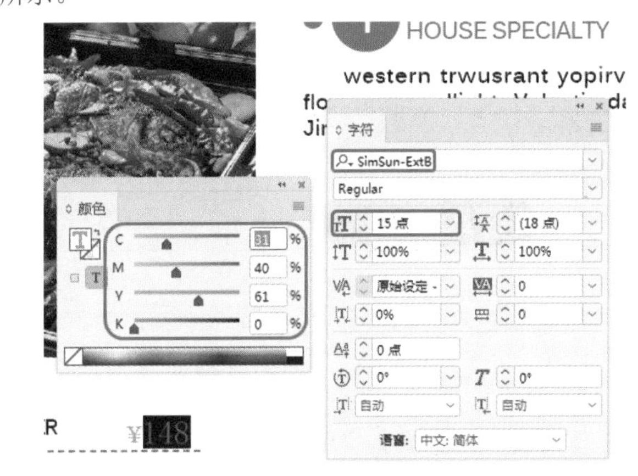

图13-96

Step 10 使用同样方法置入“餐厅素材04.jpg”素材文件，绘制其他图形与文字并进行设置，如图13-97所示。

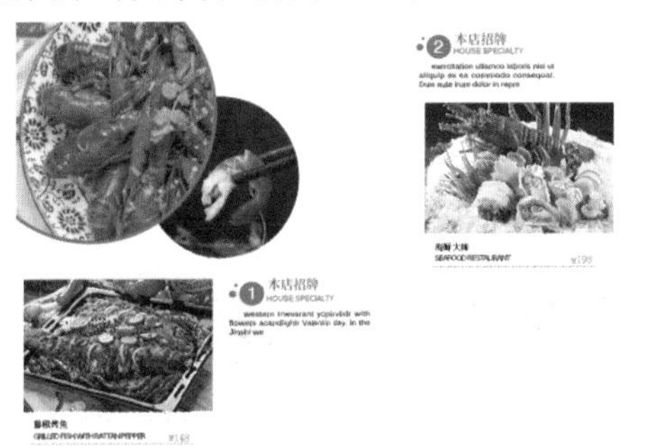

图13-97

Step 11 单击工具箱中的【矩形工具】按钮，在文档窗口绘制图形，将【填色】的CMYK值设置为100、100、61、35，将【描边】设置为无。在菜单栏中选择【对象】|【角选项】命令，在弹出的对话框中将【转角形状】设置为圆角，将【转角大小】设置为5毫米，单击【确定】按钮，如图13-98所示。

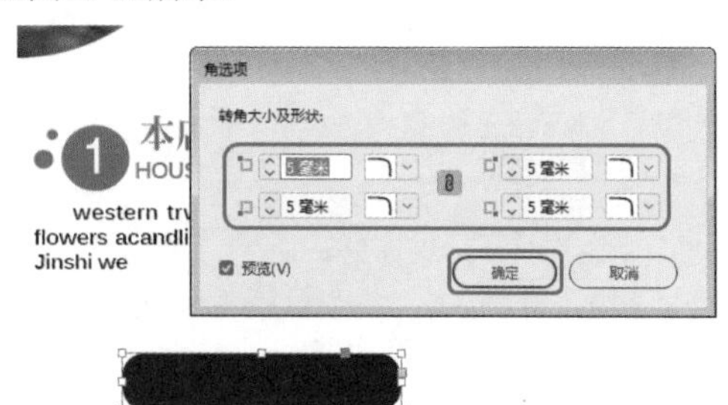

图13-98

Step 12 单击工具箱中的【椭圆工具】按钮，在文档窗口绘制图形，将【填色】的CMYK值设置为38、51、74、0，将【描边】设置为无，使用【文字工具】输入文字，将【字体】设置为Kalinga，将【字体样式】设置为Bold，将【字体大小】设置为11点，将【字符间距】设置为-50，将【填色】设置为白色，如图13-99所示。

图13-99

Step 13 使用【椭圆工具】绘制图形，将【描边】设置为无，在选中图形的情况下按Ctrl+D快捷组合键，弹出【置入】对话框，选择“素材\Cha13\餐厅素材05.jpg”素材文件，单击【打开】按钮，置入素材并进行调整，如图13-100所示。

Step 14 使用同样方法置入“餐厅素材06.jpg”素材文件，绘制其他图形与文字并进行设置，如图13-101所示。

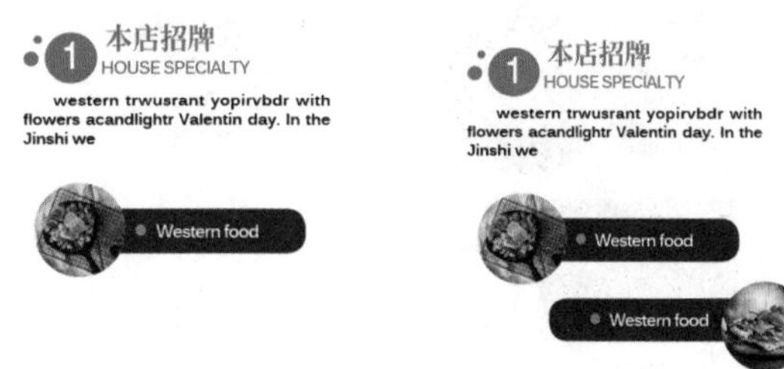

图13-100　　图13-101

Step 15 使用【文字工具】输入文字，在【字符】面板中将【字体】设置为【创艺简老宋】，将【字体大小】设置为24点，将【填色】的CMYK值设置为20、86、63、0，如图13-102所示。

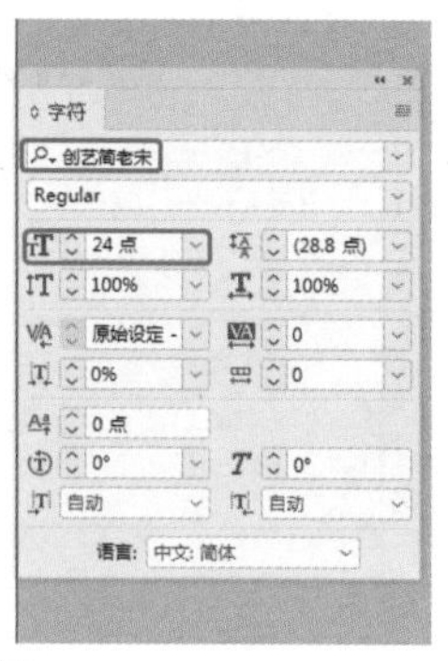

图13-102

Step 16 再次使用【文字工具】输入文字，将【字体】设置为Kalinga，将【字体样式】设置为Bold，将【字体大小】设置为13点，将【填色】的CMYK值设置为93、88、89、80，如图13-103所示。

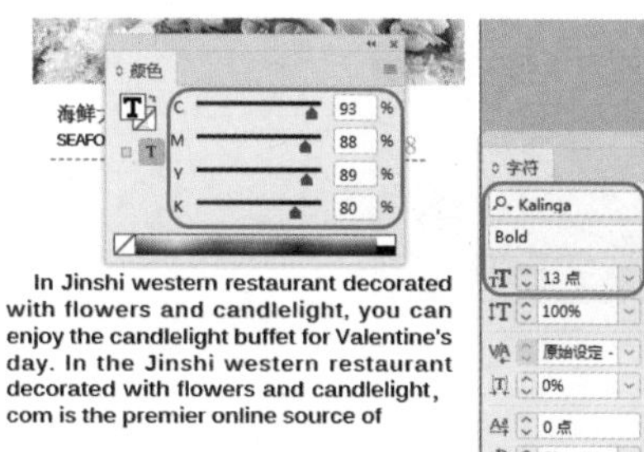

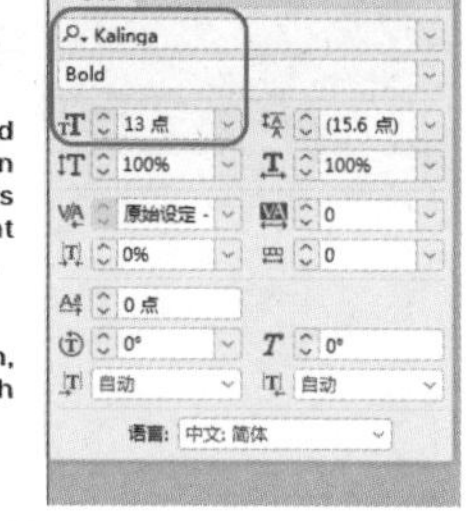

图13-103

Step 17 按Ctrl+D快捷组合键，弹出【置入】对话框，选择“素材\Cha13\餐厅素材07.png”素材文件，单击【打开】按钮，置入素材并进行调整。使用【文字工具】输入文字，在【字符】面板中将【字体】设置为【Adobe 黑体 Std】，将【字体大小】设置为14点，将【填色】设置为黑色，如图13-104所示。

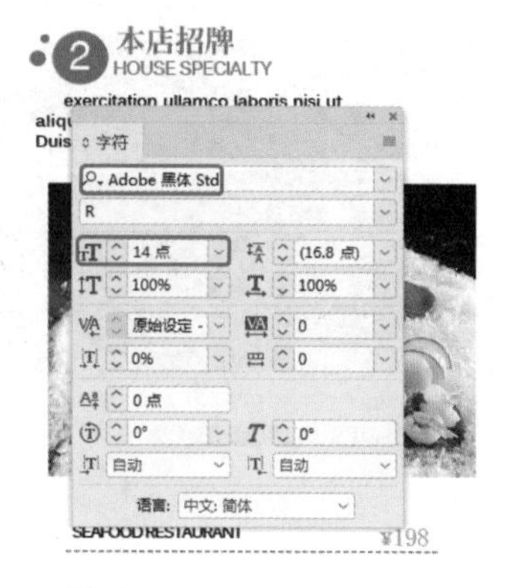

图13-104

InDesign CC 2018常用快捷键

编辑菜单		
查找/更改...：Ctrl+F	查找下一个：Ctrl+Alt+F	多重复制...：Ctrl+Alt+U
复制：Ctrl+C	还原：Ctrl+Z	剪切：Ctrl+X
快速应用...：Ctrl+Enter	拼写检查；拼写检查...：Ctrl+I	清除：Backspace,：Ctrl+Backspace,：删除,：Ctrl+删除
全部取消选择：Shift+Ctrl+A	全选：Ctrl+A	首选项；常规...：Ctrl+K
贴入内部：Ctrl+Alt+V	在文章编辑器中编辑：Ctrl+Y	粘贴：Ctrl+V
粘贴时不包含格式：Shift+Ctrl+V	直接复制：Shift+Ctrl+Alt+D	重做：Shift+Ctrl+Z
表菜单		
表选项；表设置...：Shift+Ctrl+Alt+B	插入列...、表：Ctrl+Alt+9	插入行...、表：Ctrl+9
插入表...：文本：Shift+Ctrl+Alt+T	单元格选项、文本...：表：Ctrl+Alt+B	删除列、表：Shift+Backspace
删除行：表：Ctrl+Backspace	选择表：Ctrl+Alt+A	选择单元格、表：Ctrl+/
选择列、表：Ctrl+Alt+3	选择行、表：Ctrl+3	
窗口菜单		
变换：F9	表：Shift+F9	对齐：Shift+F7
对象样式：Ctrl+F7	分色预览：Shift+F6	控制：Ctrl+Alt+6
链接：Shift+Ctrl+D	描边：F10	色板：F5
索引：Shift+F8	透明度：Shift+F10	图层：F7
信息：F8	颜色：F6	页面：F12
调板菜单		
标签；自动添加标签；文本：Shift+Ctrl+Alt+F7	段落；罗马字距调整...：Shift+Ctrl+Alt+J	段落样式；重新定义样式；文本：Shift+Ctrl+Alt+R
索引；新建...：Ctrl+U	页面；覆盖全部主页项目：Shift+Ctrl+Alt+L	字符；删除线：Shift+Ctrl+/
字符；上标：Shift+Ctrl+=	字符；下标：Shift+Ctrl+Alt+=	字符；下划线：Shift+Ctrl+U
字符样式；重新定义样式；文本：Shift+Ctrl+Alt+C		
对象菜单		
编组：Ctrl+G	变换；移动...：Shift+Ctrl+M	复合：建立：Ctrl+8
复合；释放：Ctrl+Alt+8	剪切路径...：Shift+Ctrl+Alt+K	解锁位置：Ctrl+Alt+L
排列；后移一层：Ctrl+[	排列；前移一层：Ctrl+]	排列；置为底层：Shift+Ctrl+[
排列；置于顶层：Shift+Ctrl+]	取消编组：Shift+Ctrl+G	适合；按比例适合内容：Shift+Ctrl+Alt+E
适合；按比例填充框架：Shift+Ctrl+Alt+C	锁定位置：Ctrl+L	投影...：Ctrl+Alt+M

续表

选择上方第一个对象：Shift+Ctrl+Alt+]	选择上方下一个对象：Ctrl+Alt+]	选择下方下一个对象：Ctrl+Alt+[
选择下方最后一个对象：Shift+Ctrl+Alt+[	再次变换：Ctrl+Alt+3	再次变换：再次变换序列：Ctrl+Alt+4
工具		
按钮工具：B	垂直网格工具：Q	度量工具：K
钢笔工具：P	互换填色和描边启用：X	互换填色和描边颜色：Shift+X
剪刀工具：C	渐变工具：G	矩形工具：M
矩形框架工具：F	路径文字工具：Shift+T	铅笔工具：N
切换文本和对象控制：J	删除锚点工具：-	水平网格工具：Y
缩放工具：Z	缩放显示工具：S	添加锚点工具：=
椭圆工具：L	位置工具：Shift+A	文字工具：T
吸管工具：I	旋转工具：R	选择工具：V
应用渐变：.	应用填色和描边颜色：D	应用无：Num /；/
应用颜色：,	在和预览视图设置之间切换：W	直接选择工具：A
直线工具：\	抓手工具：H	转换方向点工具：Shift+C
自由变换工具：E		
排版规则		
创建轮廓：Shift+Ctrl+O	创建轮廓而不删除文本：Shift+Ctrl+Alt+O	自动直排内横排...：Shift+Ctrl+Alt+H
存储全部：Shift+Ctrl+Alt+S	关闭全部：Shift+Ctrl+Alt+W	关闭文档：Shift+Ctrl+W
清除对象级显示设置：Shift+Ctrl+F2	添加新索引条目；文本：Shift+Ctrl+Alt+[	添加新索引条目（已还原）；文本：Shift+Ctrl+Alt+]
新建文档：Ctrl+Alt+N		
文件菜单		
存储：Ctrl+S	存储副本...：Ctrl+Alt+S	打开...：Ctrl+O
打印...：Ctrl+P	导出...：Ctrl+E	关闭：Ctrl+W；Ctrl+F4
退出：Ctrl+Q	文件信息...：Shift+Ctrl+Alt+I	新建文档...：Ctrl+N
页面设置...：Ctrl+Alt+P	置入...：Ctrl+D	浏览...：Ctrl+Alt+O